FAIRE LES MATHS, C'EST ESSENTIELLEMENT RÉSOUDRE DES PROBLÈMES

Mohamed Lamine TOURÉ

FAIRE LES MATHS, C'EST ESSENTIELLEMENT RÉSOUDRE DES PROBLÈMES

L'Harmattan

Du même auteur, chez L'Harmattan

La formation en didactique des disciplines, 2020
L'enseignement des identités remarquables, 2021

5-7, rue de l'École-Polytechnique, 75 005 Paris
http://www.editions-harmattan.fr
ISBN : 978-2-336-47067-2
EAN : 9782336470672

Des généralités

Les mathématiques, reine des sciences et langage universel, concourent de façon importante au développement intellectuel de l'individu et contribuent à structurer son identité. Elles se trouvent dans plusieurs activités de la vie quotidienne : on les utilise dans les médias, les arts, l'architecture, la biologie, l'ingénierie, l'informatique, les assurances, la conception d'objets divers, etc. Pour apprécier et saisir cette omniprésence des mathématiques, il nous faut, certes, acquérir certaines connaissances de base dans ses différents champs : arithmétique, algèbre, probabilité, statistique, géométrie, topologie, programmation (linéaire ou dynamique), recherche opérationnelle, etc.

La diversité des situations à partir desquelles les mathématiques dégagent ses structures donnent un aperçu de l'envergure des liens qu'elles entretiennent avec les autres domaines d'apprentissage. Les mathématiques permettent d'interpréter les quantités grâce à l'arithmétique et à l'algèbre, l'espace et les formes grâce à la géométrie, et les phénomènes aléatoires grâce à la statistique et aux probabilités. C'est ainsi qu'elles manifestent leur présence dans des domaines aussi divers que les arts, l'univers social, les langues, le développement personnel, la science et la technologie.

On emploie des modèles mathématiques dans des *situations d'ordre social, politique et économique*. Certains modèles permettent d'assurer une répartition équitable d'individus ou de biens ; d'autres modèles, comme des procédures de vote, favorisent une mise en commun (agrégation) des préférences individuelles et éclairent les choix à faire pour satisfaire le plus grand nombre (ex. : élections, étude de marché, classements). Ainsi, en mettant à profit les concepts et processus mathématiques qu'ils connaissent déjà, les élèves ont l'occasion de comparer et d'analyser différents modèles concernant les procédures de vote.

S'agissant du vote, les élèves cherchent à déterminer la méthode la plus juste, celle qui est la plus représentative pour illustrer ce que souhaite la majorité, et la façon dont on pourrait influencer les résultats du vote. Aussi, comparent-ils et analysent-ils notamment la règle de la majorité, la règle de la pluralité, la *méthode de Borda* (vote pondéré, où le vainqueur est celui qui a gagné tous les duels avec les autres candidats), le *principe de Condorcet* (« *Si un choix est préféré à tout autre par une majorité ou une autre, alors ce choix doit être élu.* »), le vote par assentiment (où le candidat qui obtient plus de la moitié des votes, soit 50 %, est vainqueur) et le vote par élimination (lors des scrutins à deux ou plusieurs tours).

Au lycée, l'*étude des matrices* est intégrée aux différents champs mathématiques de la séquence *Technico-sciences*. Elle se fait à partir de situations où leur utilisation est pertinente et le vocabulaire qui s'y rapporte est introduit lorsque nécessaire. Les *matrices* sont considérées comme un registre de représentation (grille, tableau) qui permet d'interpréter, de traiter et de manipuler efficacement plusieurs données à la fois. Des opérations telles que l'addition de matrices, la multiplication d'une matrice par un scalaire et la multiplication de matrices (ex. : achats/ventes, inventaire, etc.) sont à la base du fonctionnement d'un tableur. La représentation matricielle permet d'effectuer des transformations géométriques (réflexion, translation, rotation, homothétie) en exploitant des concepts et processus associés à la géométrie analytique et à la trigonométrie. La résolution de systèmes d'équations à l'aide d'une matrice augmentée en recourant à la méthode de réduction est un autre exemple d'utilisation des matrices.

Lors de la dernière année du Secondaire, les élèves sont amenés à aborder les *mathématiques financières* et à se familiariser avec le vocabulaire qui leur est associé. Ils décrivent les composantes des maths financières : taux d'intérêt (intérêt simple et composé), période d'intérêt, actualisation (valeur actuelle), capitalisation (valeur future). Puisqu'il s'agit d'une initiation, tous les calculs (de capitalisation, d'actualisation) se font à l'aide de formules préalablement présentées. C'est en s'appuyant sur les concepts et les processus visés que les élèves peuvent développer les trois compétences du programme : résoudre une situation-problème, raisonner à l'aide de concepts et de processus mathématiques, communiquer à l'aide du langage mathématique.

Bon nombre d'enseignants-chercheurs, de didacticiens et de psychopédagogues soutiennent l'idée que de nombreuses connaissances (savoirs, savoir-faire, conceptions, etc.) se construisent et prennent du (des) sens à travers des actions finalisées, c'est-à-dire des activités qui permettent aux élèves de résoudre des situations-problèmes qu'ils ont pu s'approprier, de déployer un raisonnement mathématique, d'établir des liens et d'utiliser les éléments du langage mathématique pour clarifier et expliquer leurs démarches. La résolution de situations-problèmes est au cœur des activités mathématiques comme de celles de la vie courante. Elle est considérée, d'une part, comme un processus, d'où la compétence *Résoudre une situation-problème* et, d'autre part, comme une modalité pédagogique qui soutient la plupart des démarches d'apprentissage des mathématiques.

Apprendre les maths par la résolution de problèmes

L'enseignement des maths a pour objet d'amener les élèves à résoudre des situations-problèmes, c'est-à-dire à gérer des situations dans lesquelles ces derniers peuvent investir leurs connaissances antérieures les plus variées de façon, d'une part, à bien comprendre les questions qui se posent et, d'autre part, à pouvoir décider eux-mêmes de la pertinence et de la validité de la solution qu'ils construisent, mais pour l'élaboration de laquelle ces connaissances se révèlent, malgré tout, insuffisantes, voire erronées. C'est justement la prise de conscience de cette *insuffisance* qui va pousser les élèves à élaborer de nouvelles connaissances.

Si les élèves disposent déjà des outils nécessaires à la résolution de la situation-problème et si ces outils leur ont déjà servi à résoudre des problèmes du même type, il n'y aura pas apprentissage, au sens fort où le didacticien l'entend. Il est, bien sûr, difficile de mettre en pratique cette conception de la résolution de problèmes et de son rôle dans l'apprentissage des maths : difficulté à élaborer des situations-problèmes pertinentes et à la fois par le rapport aux concepts visés et par rapport aux possibilités des élèves ; difficulté pour les enseignants à mettre cette conception en œuvre, à accepter et à respecter la totale responsabilité des élèves dans l'élaboration d'une solution et dans la validation de celle-ci.

Résoudre quels types de problèmes …

- Des ***problèmes scolaires*** que les enseignants utilisent pour tester les connaissances acquises par les élèves au terme d'un certain cursus.
- Des problèmes liés à ***l'orientation et à l'entrepreneuriat*** : lorsqu'il résout des situations-problèmes, l'élève apprend à mener à terme des projets, en mobilisant et en réinvestissant des stratégies ainsi que les savoirs mathématiques associés à ces projets.
- Des problèmes liés au ***vivre-ensemble et à la citoyenneté*** : en élaborant les règles de vie en société, à l'école, l'élève peut faire appel, entre autres, à la ***statistique***, ce qui lui permet de recueillir et d'analyser l'opinion des autres pour enrichir sa compréhension des différents problèmes et pour alimenter son argumentation en vue d'une prise de décision.
- Des problèmes liés aux ***médias*** : le raisonnement mathématique favorise le développement du sens éthique et critique, notamment à l'égard des médias. En mobilisant les raisonnements proportionnel, probabiliste et statistique, les élèves peuvent établir des comparaisons et jauger l'écart entre la réalité et l'idée que certains s'en font. La réalisation de sondages peut les aider à comprendre comment leurs résultats constituent des sources d'information dont peuvent s'inspirer les médias pour élaborer leurs articles et éditoriaux.
- Des problèmes liés à la ***santé et au bien-être*** : Les acquis des élèves dans le domaine de la statistique et des probabilités peuvent les aider à juger de l'importance relative de leurs habitudes de vie pour leur santé, en comparaison d'autres facteurs, ou de l'efficacité relative d'un traitement ou d'un médicament.
- Des problèmes liés à ***l'environnement*** : En faisant appel à leurs aptitudes mathématiques en matière de notation et de représentation, telles que la réalisation de plans, la reproduction à l'échelle ou l'illustration par des

diagrammes, les élèves peuvent manifester leur compréhension des caractéristiques environnementales et de phénomènes de leur milieu ou de l'interdépendance de l'environnement et de l'activité humaine.

- Des ***problèmes quotidiens*** ou ***professionnels*** qui préoccupent le citoyen du 21e siècle : en science et technologie, par exemple, l'ingénieur qui mobilise ses connaissances scientifiques et technologiques sollicite aussi ses aptitudes à déployer un raisonnement mathématique et à communiquer à l'aide du langage mathématique lorsqu'il tente d'expliquer des phénomènes au moyen de schémas ou de modèles mathématiques. En lisant l'organisation d'un territoire, le géographe fait appel à ses compétences et aux concepts mathématiques pour traiter des données de nature statistique ou autre, ou pour lire et interpréter des cartes ou des graphiques.
- Des ***problèmes du chaudronnier*** liés au traçage requièrent un certain nombre de constructions géométriques : le traceur doit résoudre plusieurs problèmes, notamment, construire des arcs de grands rayons et des courbes usuelles ; partager en parties égales des segments, des droites, des arcs, des angles plans et des angles dièdres ; trouver les surfaces des pièces cylindriques, coniques, sphériques ou de forme quelconque ; construire les coniques (ellipse, parabole, hyperbole) et leurs tangentes.
- Des problèmes liés aux ***arts plastiques*** : la création d'images personnelles ou médiatiques en arts plastiques se prête bien au raisonnement géométrique et à l'exploitation de concepts et de processus mathématiques, puisqu'il faut organiser dans l'espace des formes bidimensionnelles et tridimensionnelles.
- Des ***problèmes des mathématiciens*** qui sont confrontés à une étude totalement nouvelle, aussi bien pour eux que pour l'ensemble de la communauté scientifique. Au cours de leur travail, les mathématiciens tissent des réseaux de relations entre différents concepts d'un même cadre ou de cadres distincts. Les changements de cadres conduisent à des questionnements nouveaux, à des formulations nouvelles de questions anciennes. Ce faisant, ils créent des notions et des méthodes, nous disons des *outils* qui répondent à leurs besoins du moment. Évaluer la portée des outils modifiés ou créés et les transmettre à la communauté scientifique est important et significatif pour les mathématiciens.

Le travail du mathématicien

De tous temps et dans toutes les cultures, les mathématiciens ont été confrontés à des problèmes que personne n'a encore su résoudre. Une part importante de leur activité a consisté à poser des questions, à forger des conjectures et à résoudre des problèmes. Certains de ces problèmes sont nés de l'activité mathématique elle-même, ou ont été apportés aux mathématiciens par d'autres activités humaines (la construction de bâtiments et d'ouvrages divers, le commerce, l'industrie, les jeux de hasard, etc.) ou par d'autres sciences (astronomie, physique, biologie, géographie, etc.) ou encore par des préoccupations philosophiques, en particulier celle de la recherche de la vérité.

Des recréations mathématiques

Des problèmes sont nés du désir de jouer avec les concepts mathématiques, comme on joue aux dames, aux échecs. D'ailleurs, de nombreux livres de *recréations mathématiques* constituent d'excellents ouvrages de vulgarisation, qui ont même parfois eu une certaine portée scientifique et un apport didactique non négligeable. En général, on traite les mathématiques de « récréatives » lorsqu'elles présentent un aspect ludique que les non-mathématiciens peuvent facilement comprendre et apprécier. Les maths récréatives comprennent des problèmes élémentaires avec des solutions élégantes et parfois surprenantes. Elles comprennent aussi des paradoxes hallucinants, des jeux ingénieux, des tours de magie déroutants et des curiosités topologiques. En fait, presque toutes les branches des mathématiques plus simples que le calcul numérique comportent des domaines que l'on peut considérer comme récréatifs.

L'une des recréations mathématiques concernant *les traversées en bateau* contient la discussion, la rectification et la généralisation de plusieurs problèmes de l'Antiquité qui se rapportent à la *géométrie de l'ordre et de la situation.* Fortement ancrée dans la tradition des récréations mathématiques, cette géométrie considère moins la grandeur et la proportion des figures que l'ordre et la situation des divers éléments qui les composent. Il s'agit notamment de la traversée d'un régiment dans un batelet, de la traversée du batelier et de la traversée de trois ménages.

- **La traversée d'un régiment dans un batelet**

Une compagnie d'infanterie s'avance sur le bord d'un fleuve ; mais le pont est brisé, la rivière est profonde. Le capitaine aperçoit sur le bord deux enfants qui jouent dans un petit canot. Ce bateau est si petit qu'il ne peut porter plus d'un soldat. Comment s'y prendra le capitaine pour faire passer le fleuve aux soldats de sa garnison ?

Les deux enfants traversent la rivière. L'un d'eux reste sur la seconde rive et l'autre ramène le bateau. Puis, l'un des soldats traverse la rivière, et l'enfant passé ramène le bateau. Par cette tactique, de deux allers et de deux retours, un soldat passe. On la recommence autant de fois qu'il y a d'hommes dans la compagnie, en y comprenant le capitaine et ses lieutenants.

- **La traversée du batelier**

Sur le bord d'une rivière se trouvent un loup, une chèvre et un chou. Il n'y a qu'un bateau si petit que le batelier seul et l'un d'eux peuvent y tenir. Il est question de les passer tous trois, de telle sorte que le loup ne mange la chèvre, ni la chèvre le chou, pendant l'absence du batelier.

Le batelier commence par passer la chèvre, puis retournera prendre le loup. Quand il aura passé le loup, il ramènera la chèvre qu'il laissera sur la première rive, pour passer le chou du côté du loup. Enfin, il retournera prendre la chèvre et la passera. Par ce moyen, le loup ne se trouvera donc pas avec la chèvre, ni la chèvre avec le chou, qu'en présence du batelier.

- **La traversée des trois ménages**

Trois maris jaloux se trouvent avec leurs femmes au passage d'une rivière, et rencontrent un bateau sans batelier. Ce bateau est si petit qu'il ne peut porter plus de deux personnes à la fois. On demande comment ces six personnes passeront, de telle sorte qu'aucune femme ne demeure en la compagnie d'un ou de deux hommes, si son mari n'est présent.

Désignons les maris jaloux par les lettres majuscules A, B, C et leurs femmes respectives par les lettres minuscules correspondantes a, b, c.

On a, au départ :

Première rive	Deuxième rive
C B A	• • •
c b a	• • •

On opère de la manière suivante, en observant qu'après chaque voyage le bateau est amarré à la seconde rive.

I – Deux femmes passent d'abord :

Première rive	Deuxième rive
C B A	• • •
c • •	• b a

II – Une femme revient et emmène la troisième :

Première rive	Deuxième rive
C B A	• • •
• • •	c b a

III – Une femme revient, reste avec son mari, et les 2 autres maris passent :

Première rive	Deuxième rive
C • •	• B A
c • •	c b a

IV – Un mari revient avec sa femme qu'il laisse, et emmène l'autre mari :

Première rive	Deuxième rive
• • •	C B A
c b •	• • a

V – La femme passée revient chercher l'une des deux autres :

Première rive	Deuxième rive
• • •	C B A
c • •	• b a

VI – Une femme ou le mari revient chercher la dernière femme :

Première rive	Deuxième rive
• • •	C B A
• • •	c b a

Le raisonnement précédant montre que le problème proposé ne comporte qu'une seule solution en six étapes, au plus. On peut voir qu'il est opportun d'utiliser un *schéma*, c'est-à-dire « un bloc de connaissances relatives à une situation générale. [...]. C'est une sorte d'intermédiaire entre la réalité parce qu'il fixe, dans un temps ou un espace, les relations entre les éléments et le concept » (Devidal, 1997). Il est opportun, en formation de maîtres, de souligner le rôle important que joue le schéma, celui de l'organisation des relations d'un énoncé. En effet, l'une des difficultés rencontrées dans la compréhension d'un énoncé est la mise en séquences des éléments du problème. Certains schémas, comme celui que l'on utilise ici, permettent de mettre dans l'ordre chronologique les éléments de l'énoncé.

La traversée de quatre ménages

Dans son *Traité d'Arithmétique*, Tartaglia, illustre mathématicien italien, s'est proposé de résoudre le problème pour quatre ménages, en conservant les conditions de l'énoncé précédent. Bachelet, qui le fait remarquer, a reconnu que la chose est impossible, mais sans en donner de démonstration.

Voici comment on peut démontrer l'impossibilité de ce problème lorsqu'on ne peut faire passer plus de deux personnes à la fois. On peut d'abord observer que, d'un passage au suivant, le nombre de personnes passées, s'il augmente, ne peut augmenter que d'une unité. Par conséquent, supposons qu'on ait fait passer deux, puis trois, puis quatre personnes avec les conditions imposées, et voyons si l'on peut faire passer cinq personnes. Ces cinq personnes peuvent passer de l'une des quatre façons suivantes :

4 femmes	3 femmes	2 femmes	1 femme
1 homme	2 hommes	3 hommes	4 hommes

Mais les deux premiers cas sont impossibles, d'après l'énoncé, puisque sur la seconde rive les femmes seraient en majorité et, par la suite, il y aurait quelque femme qui se trouverait avec un homme sans son mari. De même, le troisième cas est impossible, puisque sur la première rive les femmes seraient encore en majorité sur les hommes présents. Quant au dernier cas, s'il peut avoir lieu, c'est que le dernier passage a amené deux hommes, ou un homme et une femme. Or, il n'a pu amener deux hommes, car alors il y aurait eu sur la première rive deux hommes et trois femmes, ce qui est impossible, comme dans le premier cas. On ne peut donc faire passer cinq personnes, par suite des exigences de l'énoncé du problème.

On peut, cependant, résoudre le problème de la traversée de 4 ménages si le bateau a la capacité de contenir jusqu'à trois personnes, en conservant les autres conditions imposées, ainsi que l'a démontré Labosne. Désignons les maris ou les rois des quatre couleurs de jeu de cartes par les lettres majuscules A, B, C, D, et les femmes ou les reines respectives par les lettres minuscules correspondantes a, b, c, d. On a, au départ :

Première rive	Deuxième rive
D C B A	. . . .
d c b a	. . . .

En admettant que le bateau puisse contenir jusqu'à trois personnes, on opérera conformément au tableau suivant :

I – Trois reines passent d'abord :

Première rive	Deuxième rive
D C B A	. . . .
d . . .	. c b a

II – Une reine (ou deux) revient et emmène la quatrième :

Première rive	Deuxième rive
D C B A	. . . .
. . . .	d c b a

III – Une reine revient, reste avec son mari; les trois autres rois passent :

Première rive	Deuxième rive
D . . .	. C B A
d . . .	. c b a

IV – Un roi revient avec sa femme et emmène l'autre roi :

Première rive	Deuxième rive
. . . .	D C B A
d . . .	. c b a

V – Enfin, le dernier des rois revient chercher sa femme :

Première rive	Deuxième rive
. . . .	D C B A
. . . .	d c b a

En suivant la même voie, on généralise le problème précédent que l'on peut énoncer comme suit :

Des maris en nombre quelconque n se trouvent avec leurs femmes au passage d'une rivière. Quel doit être le plus petit nombre x de personnes qu'un bateau peut au plus contenir pour effectuer la traversée, sans batelier, avec la condition qu'aucune femme ne demeure dans le bateau ou sur l'une des rives en compagnie d'un ou de plusieurs hommes, si son mari n'est présent ?

Voici la solution très simple proposée par Delannoy, ancien élève de l'École Polytechnique. Il y a deux cas à examiner, suivant que le bateau peut contenir quatre personnes, ou moins de quatre.

- Dans le premier cas, on fait passer deux ménages à la fois, et l'un d'eux revient chercher un autre couple. En répétant cette manœuvre, les *n* couples passeront la rivière en *n* voyages.
- Dans le second cas, où le bateau ne peut contenir deux couples, le nombre *x* des personnes que le bateau peut au plus contenir est deux ou trois. On est alors obligé de commencer par faire passer un certain nombre de femmes, ou bien un seul couple, afin de satisfaire à la condition de ne pas laisser une femme sans son mari en présence d'autres hommes.

On démontre, comme à la page 13, qu'on ne peut faire passer 6 ménages avec un bateau contenant moins de 4 personnes. Il reste donc à donner le tableau de la traversée des 5 ménages avec un bateau contenant 3 personnes.

On a, au départ :

Première rive	Deuxième rive
E D C B A	• • • • •
e d c b a	• • • • •

I – Trois femmes passent d'abord :

Première rive	Deuxième rive
E D C B A	• • • • •
e d • • •	• • c b a

II – Une femme (ou deux) revient et emmène la quatrième :

Première rive	Deuxième rive
E D C B A	• • • • •
e • • • •	• d c b a

III – Une femme revient et trois maris rejoignent leurs femmes :

Première rive	Deuxième rive
E D • • •	• • C B A
e d • • •	• • c b a

IV – Un couple revient, et trois maris passent :

Première rive	Deuxième rive
• • • • •	• • C B A
e d c • •	• • • b a

V et VI – Une femme revient chercher successivement les trois dernières :

Première rive	Deuxième rive
• • • • •	E D C B A
• • • • •	e d c b a

En résumé, en désignant par *n* le nombre de ménages, par *x* le nombre des personnes que le bateau peut au plus contenir, et par *N* le nombre de voyages, on obtient le tableau suivant :

n = 2	x = 2	N = 3
n = 3	x = 2	N = 6
n = 4	x = 3	N = 5
n = 5	x = 3	N = 6
n > 5	x = 4	N = n

S'il y a *n* ménages, la traversée s'effectue en un nombre de voyages au plus égal à 4(n – 1).

Les mathématiciens ont résolu un grand nombre de tels problèmes ; d'autres sont restés longtemps sans solution (le problème de la *quadrature du cercle*, par exemple, dont on parle déjà dans un papyrus copié vers 1800 avant notre ère, est résolu par Lindemann, qui établit la transcendance du nombre irrationnel π, en 1882). S'agissant du « *postulat d'Euclide* » (par un point donné, il passe une parallèle à une droite donnée et une seule), plusieurs mathématiciens ont essayé de le démontrer sans succès. C'est au 18e siècle que Saccheri (en 1733) et Lambert (en 1770) ont utilisé le raisonnement par l'absurde pour y arriver.

Des problèmes non encore résolus

Les mathématiques peuvent être parfois très compliquées, même pour les meilleurs ingénieurs. Les passionnés disent parfois que tous les problèmes de mathématiques ont une solution ; mais il existe pourtant encore de grands mystères dans le domaine des mathématiques. Un article publié sur *GineersNow* nous montre cela en nous présentant sept problèmes de mathématiques qui n'ont toujours pas été résolus. En voici cinq.

1. La conjecture de Collatz

Choisissez n'importe quel nombre. Si vous avez choisi un nombre pair, divisez-le par 2 ; sinon multipliez-le par 3 et ajoutez 1. Répétez le même processus avec chaque résultat, et vous finirez par arriver à 1. À chaque fois.

Cette conjecture n'a jamais été démontrée. Peut-être qu'un nombre trop grand arriverait plutôt à l'infini ou se retrouverait coincé dans un cycle sans jamais atteindre 1. Mais personne n'a encore réussi à prouver cela.

2. Le problème du sofa mouvant

Disons que vous emménagez dans un nouvel appartement et que vous devez faire rentrer votre sofa. Cependant, le couloir par lequel vous passez est en forme de " ***L*** *", et vous devez faire passer votre sofa par le coin. Votre sofa risque de se coincer.*

Voilà principalement le problème du sofa mouvant : imaginez un espace en deux dimensions ; le coin est à 90° et la largeur du couloir correspond à 1. Quel espace en deux dimensions peut passer par le coin au mieux ?

L'espace le plus grand pouvant passer par le coin est appelé la *constante du sofa*. Oui, oui, pour de vrai ! Personne n'est sûr de sa taille ou de sa forme. Selon les résolutions les plus avancées, cette constante se situerait entre 2,2195 et 2,8284.

3. Le « problème de la fin heureuse »

Étant donné cinq points du plan dont trois ne sont pas colinéaires [i.e., *n'appartiennent pas à une même droite*], *prouver que quatre d'entre eux forment un quadrilatère convexe.*

Szekeres et Erdös ont écrit un article en 1935 généralisant ce résultat, qui est devenu l'une des pierres angulaires de la géométrie combinatoire.

Créez cinq points à des endroits au hasard sur un bout de papier. En partant du principe que ces points ne sont pas arrangés de manière intentionnelle – en ligne par exemple – vous serez toujours capable d'en connecter quatre pour créer un quadrilatère convexe – c'est-à-dire un quadrilatère où les coins font moins de 180°.

Maintenant, on souhaite appliquer ce principe au pentagone. Vous aurez besoin de neuf points. Puis, pour un hexagone, vous aurez besoin de 17 points. Cependant, nous ne savons toujours pas ce qu'il y a au-delà de cela ! Combien faudra-t-il de points pour créer un heptagone ? Un octogone ? Et les autres après ?

C'est Paul Erdös qui a choisi le nom de « *problème de fin heureuse* » puisque ce problème a mené au mariage de deux mathématiciens, George Szekeres et Esther Klein, qui ont travaillé dessus et qui se sont mariés le 13 juin 1937.

4. Le problème du carré inscrit

Tout d'abord, dessinez un circuit fermé. Il n'a pas à être forcément un cercle ; tant qu'il est fermé et ne se croise pas. Vous serez capable de dessiner un carré dans ce circuit de manière à ce que chacun de ses coins soit en contact avec lui.

Eh bien, selon l'hypothèse du carré inscrit, n'importe quel circuit fermé devrait pouvoir inscrire tel carré en son sein, ce qui n'a toujours pas été prouvé. Cela rend bien évidemment beaucoup de mathématiciens perplexes !

5. Le problème du cuboïde parfait

Vous connaissez le théorème de Pythagore : $a^2 + b^2 = c^2$*. Ces trois lettres correspondent aux mesures des trois côtés d'un triangle rectangle. Si l'on transpose ce problème en trois dimensions, il y a quatre nombres. Les trois premiers sont les dimensions d'une boîte, et le quatrième est la diagonale qui va de l'un des coins du haut au coin du bas du côté opposé.*

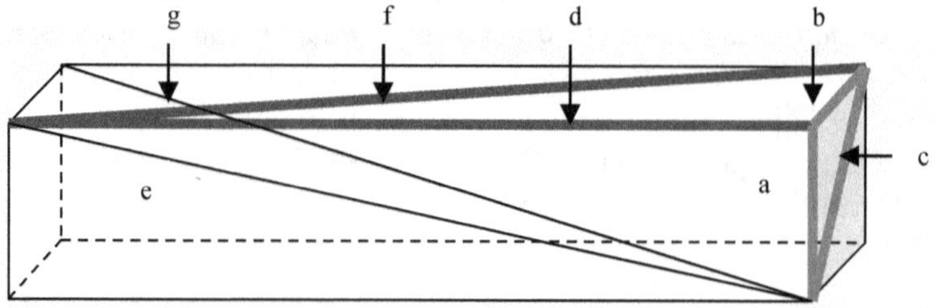

Comme pour certains triangles où les trois côtés sont des nombres entiers, il y a aussi des boîtes où les trois côtés et la diagonale sont des nombres entiers. Néanmoins, il y a aussi trois autres diagonales sur les trois surfaces. Voici la question : Peut-il y avoir une boîte où toutes les longueurs sont des nombres entiers ? Une telle boîte serait un *cuboïde parfait*, et personne n'a réussi à prouver qu'il existe un tel cuboïde pour l'instant.

Pour la plupart des ingénieurs, des industriels, des agriculteurs, des médecins, des gestionnaires, des biologistes – pour ne citer que ceux-ci, les maths sont un moyen en vue d'atteindre une fin. D'ordinaire, cette fin est la réponse numérique à un problème, bien qu'un usage plus subtil et moins commun des maths se rencontre dans l'exploration des analogies, dans les considérations sur la validité de certaines hypothèses. Dans bon nombre de situations, les réponses numériques recherchées par l'ingénieur, le médecin ou le gestionnaire sont obtenues par l'emploi de formules arithmétiques (algébriques) simples. Lorsque cette façon de procéder réussit, l'intéressé est satisfait et n'éprouve pas le besoin d'emprunter le chemin des maths supérieures. Mais, au cours des dernières décennies, il est apparu de plus en plus fréquemment que des problèmes se posent dans divers secteurs de la vie auxquels on ne peut appliquer le même traitement simple.

Il en est ainsi parce que les formules arithmétiques simples limitent le calcul des contraintes de production industrielle, de traitement médical ou de gestion comptable, par exemple, à des approximations grossières. La recherche de l'efficacité a poussé les ingénieurs, médecins et gestionnaires, entre autres, à adopter des méthodes plus raffinées d'analyse et de calcul. Pour conduire les calculs appropriés, il faut être familiarisé avec les probabilités, la statistique, la recherche opérationnelle, la programmation (linéaire ou dynamique), etc. Une autre raison de la nécessité de recourir aux maths supérieures, en l'occurrence aux probabilités et à la statistique, vient de la nature statistique de certaines situations physiques, cliniques ou de gestion. Par exemple, les biologistes ont une longue expérience des techniques statistiques parce les systèmes qu'ils étudient sont très complexes et parce que de nombreuses variables qui les touchent ne peuvent pas être contrôlées.

Au contraire, dans le passé, les ingénieurs ont dû affronter des problèmes de nature déterministe. Mais la complexité croissante des systèmes technologiques conduit de plus en plus à considérer leur comportement comme étant de *nature stochastique* (probabiliste) plutôt que déterministe. Par exemple, dans le problème de systèmes directeurs de tir automatique des pièces d'artillerie antiaérienne, où l'on voit un ensemble de radars qui suivent automatiquement un avion et qui fournissent des informations sur sa route et sa vitesse, le calculateur choisit la position future *la plus probable*. Si un calcul d'efficacité est effectué, le résultat donnera l'*espérance* de destruction de l'objectif. Les termes en italique sont tous caractéristiques des mathématiques de l'aléatoire ou du calcul des probabilités.

De façon générale, on peut dire que la détermination expérimentale du comportement d'un système doit tenir compte des tolérances de fabrication, de différences dans le comportement des matériaux, des différences individuelles sans l'opinion des contrôleurs et, aussi, de la variété des conditions d'emploi anticipées. De telles considérations réduisent tous les essais à des considérations sur les probabilités. Depuis la Seconde guerre mondiale, on a compris l'idée que beaucoup de problèmes qu'on avait résolus d'après l'intuition ou le « sens commun » sont, en fait, susceptibles d'un traitement quantitatif (probabiliste ou statistique). La résolution de tels problèmes impose l'emploi de multiples techniques mathématiques dont la plupart sont associées à la théorie des probabilités.

Si le travail du mathématicien consiste à fournir des preuves ou des démonstrations pour justifier des énoncés ou résoudre des problèmes en vue de trouver des solutions, il arrive parfois que des erreurs se produisent. Le mathématicien se voit alors contraint de revenir sur son travail pour trouver ou « réparer » son erreur. Ce travail de révision et d'ajustement lui permet de progresser et d'élaborer des raisonnements mathématiques. C'est dire que, si l'apprentissage des maths doit accorder la priorité aux problèmes et à leur résolution, ceux-ci doivent être choisis avec perspicacité, l'objectif étant de provoquer la réflexion, et non de la dérouter. Aussi, l'un des rôles les plus importants que joue l'enseignante (la formatrice) est-il de choisir des problèmes pertinents, signifiants et intéressants.

De la formulation et du sens des problèmes

Dans l'enseignement des maths, on a toujours cherché des situations-problèmes à faire résoudre par les élèves. Mais, la nature de ces problèmes, les raisons de leur existence et le rôle qu'on leur fait jouer ne cessent de changer. Encore faut-il présenter aux élèves des problèmes bien formulés, c'est-à-dire dont l'énoncé est compréhensible des élèves et leur permet de s'engager facilement dans une procédure, de susciter leur réflexion, sans toutefois les induire en erreur. Le problème suivant, qui est devenu le titre d'un des livres de Stella Baruk – *L'âge du capitaine* – est un exemple édifiant du fait que l'enseignement des maths a transformé bon nombre d'élèves du Primaire en « automathes », c'est-à-dire des élèves prêts à répondre à des questions qui n'ont pour eux aucun sens, en appliquant mécaniquement des règles qui n'en ont pas non plus.

Des « *automathes* » ...

On a demandé à des enfants de répondre à la question suivante : « *Sur un bateau, il y a 26 moutons et 10 chèvres. Quel est l'âge du capitaine* ? ». Cette question fut posée à une centaine d'élèves Grenoblois de CE1 et CE2. Les trois-quarts y ont répondu en donnant 36 ans au capitaine. Cela illustre à quel point les maths leur apparaissent dépourvues de sens. Peut-on donner une explication du genre de « rupture massive de contrat didactique » comme on l'a souvent fait pour expliquer que tant d'enfants normaux puissent « donner l'âge du capitaine » ? C'est le signe d'un renoncement de l'élève à la compréhension des énoncés de problèmes qu'on lui propose, souvent vides de sens. Dégagés de l'obligation de comprendre, les élèves deviennent ce que Stella Baruk appelle des « ***automathes*** ».

Le titre « ***Si 7 = 0 ...*** » d'un autre livre de Baruk a pour origine une anecdote tragicomique. Une classe de lycéens ayant eu à résoudre une équation du second degré, les élèves ont appliqué la procédure requise en pareil cas : ils ont calculé le *discriminant* ($\Delta = b^2 - 4ac$), lequel se trouve être égal à 7. Mais – patatras! – quelques-uns ont cru, ensuite, devoir *discuter* :
- si 7 est *positif*, l'équation a deux racines ;
- si 7 est *négatif*, elle n'en a pas ;
- et si 7 ***est égal*** à 0, elle a une racine double.

Envisager que 7 soit égal à 0 ne trouble pas ces lycéens. On comprend dès lors que Baruk soit révoltée par un enseignement des maths qui, dès le Primaire, transforme bon nombre d'élèves en des « *automathes* » : des élèves qui, comme le dit le mathématicien Michel Broué, « retiennent par cœur et appliquent [aveuglément] des règles et des techniques n'ayant, pour eux, aucun sens ; des élèves qui reproduisent mécaniquement des expressions mathématiques, tout en ayant renoncé à leur attribuer du sens ».

« Être "bon en maths" n'est pas seulement, comme on le croit souvent, avoir une disposition d'esprit particulière, être [plus] scientifique que littéraire. Il suffit de voir briller les yeux des jeunes enfants confrontés à des défis mathématiques pour se persuader qu'ils peuvent, dès le CP, être intéressés et parfois passionnés. Il faudrait se demander pourquoi, malgré le travail des enseignants, tant d'élèves ne le sont plus du tout, au bout de quelques années d'école. Et aussi pourquoi, alors que tous sont capables d'arriver là où on veut qu'ils arrivent, au brevet, au baccalauréat, pourquoi les collégiens, les lycéens sont ces "automathes" que je décris depuis quatre décennies », s'interroge Baruk. Il ne faudrait rien de moins qu'une éducation mathématique différente par rapport au rôle des nombres et des mathématiques (des probabilités et de la statistique) dans la vie quotidienne pour faire évoluer les attitudes dans le cadre de la résolution de problèmes.

Des situations-problèmes prétendument « concrètes »

L'école fait proliférer les élèves en difficulté, ne serait-ce qu'à cause de l'ineptie de certains exercices ou problèmes. Baruk multiplie les exemples, sans toutefois préciser s'ils relèvent de l'exception ou du tout-venant.

- Exercice dans le *genre fastidieux* : faire compter des dizaines, voire des centaines, d'objets dessinés.
- Dans le *genre bizarre* : « Écris en chiffres le nombre d'Alex, le nombre de Lisa, le nombre de Moustik », Alex, Lisa et Moustik étant des personnages dessinés, à côté de chacun desquels sont empilés en vrac et de guingois (de travers) vingt cases marquées « dizaine », « unité » ou « centaine ».
- Dans le *genre pervers*, des énoncés incomplets : les élèves doivent poser eux-mêmes la question à laquelle il leur faudra ensuite répondre. On va parfois jusqu'à proposer des énoncés qui ne mènent à aucune question. Exemple : « Marie a huit ans. Son frère, Alex, pèse deux kilogrammes de plus qu'elle et il possède 150 francs dans sa tirelire ». L'élève doit répondre « impossible », parce qu'il est, paraît-il, impossible de compléter ce texte pour en faire un énoncé de problème.

Baruk dénonce l'invasion de l'argent dans les exercices de calcul. Elle s'oppose à l'utilisation, au Primaire, de situations-problèmes portant sur la monnaie comme support d'activités, qui sont des conceptions d'adultes le plus souvent étrangères aux enfants. En effet, « stimule-ton un enfant en l'informant du prix d'une batterie de casseroles et en lui demandant si M. Dupont a de quoi les acheter ? », nous interroge-t-elle. Trop d'exercices ont pour ressort le désir de consommer. Cela renforce l'exclusion des enfants dans la famille desquels le souci n'est pas de consommer toujours plus, mais de boucler les fins de mois.

Les cours de didactique des maths peuvent aider les futurs enseignants des écoles nationales d'instituteurs (ÉNI) et de l'Institut supérieur des sciences de l'éducation de Guinée (ISSEG) à comprendre comment et pourquoi bon nombre d'élèves normaux peuvent si vite renoncer au sens, malgré tous les remèdes supposés les dissuader de donner et redonner l'âge du capitaine. C'est ce travail essentiel sur la nécessaire distinction entre le langage courant et le langage mathématique, spécifique et complexe, qui a incité Baruk à se lancer dans la grande aventure d'un *Dictionnaire des mathématiques élémentaires* (Seuil, 1992) qui constitue l'outil précieux pour de nombreux enseignants convertis à la « *méthode Baruk* ».

De la « méthode Baruk »

Professeure de mathématiques et chercheuse en pédagogie, Stella Baruk s'intéresse à l'apprentissage des maths depuis quatre décennies. Elle en a tiré une certitude : au royaume des maths, personne n'est intrinsèquement mauvais en ce domaine. Elle propose de repenser la façon d'enseigner cette matière. Sa méthode, que nous nommons « méthode Baruk », consiste essentiellement à lutter contre « l'innumérisme » comme on part en guerre contre l'illettrisme. « *Certains enfants sont dans un brouillard numérique incroyable,* révélait-elle dans le magazine du Monde. *Tout cela à cause de l'archaïsme de l'enseignement de la numération (...). On est constamment dans l'*ordinal, *on compte, mais il faut aussi être dans le* cardinal, *donner le sentiment du nombre. C'est ce qui permet, ensuite, le calcul mental* ».

Baruk en appelle à une « *révolution douce* » de l'enseignement des mathématiques, où l'erreur ne serait plus une faute et où la remédiation ne serait plus un objectif : « *Il y a mieux à faire que réparer les enfants, ne pas les abîmer* », assure la pédagogue. Grâce à une riche variété de situations d'apprentissage par la résolution de problèmes, les élèves peuvent entretenir un rapport dynamique avec leur milieu, tout en gardant une distance critique à l'égard des biens de consommation. À l'aide de leur sens du nombre et de leur raisonnement proportionnel, ils interprètent des pourcentages, des taux et des indices afin de juger, par exemple, des taxes, des modalités de paiement ou des rabais qui leur sont offerts. Ils ont ainsi l'occasion de mettre à profit leur jugement critique et d'élaborer des stratégies de consommation et d'utilisation responsable des biens et des services.

Paru en 2019, le « *Dictionnaire de mathématiques élémentaires* » de Baruk, sans équivalent, éclaire d'une manière originale la terminologie parfois obscure du langage mathématique. Par son aspect instrumental et méthodique, ce dictionnaire apporte le savoir de base indispensable aux lycéens, aux étudiants et même aux futurs enseignants. À partir d'une réflexion générale sur la langue et le sens des savoirs mathématiques élémentaires, Baruk en fait un outil précieux pour tous ceux qui ont pour mission de les transmettre, enseignants et parents qui voudraient aider leurs enfants.

Baruk enseigne toujours à des enfants qui éprouvent des difficultés en maths. Elle les reçoit chez elle, où s'effectue une sorte de travail de laboratoire. « *Ils m'apprennent que certaines erreurs en mathématiques sont tout à fait légitimées par l'emploi de la langue. Il m'est alors possible de comprendre ce qu'ils ont compris et donc pourquoi ils ont répondu de telle ou telle manière. La plupart du temps, ils ont eu raison* », rapporte-t-elle. Baruk demandait à une élève qu'est-ce qui *double* le trois ? Au lieu de dire *six*, celle-ci lui disait *quatre*. Qu'est-ce qui double le *dix* ? Sa réponse était le *onze*. Interrogée, l'élève a fini par lui expliquer que pour elle, *doubler* voulait dire *passer devant* en voiture.

Ce type d'erreur se produit fréquemment en maths. C'est, selon Baruk, la base de toute la confusion en maths. « L'utilisation de mots appartenant à la langue courante entraîne une épaisseur de sens qui n'est pas prise en compte dans l'enseignement parce qu'on n'a pas l'impression que c'est difficile », remarque-t-elle. Le tableau qui suit présente quelques exemples de mots qui ont une signification mathématique différente de celle de la vie courante.

Mot	**Signification courante**	**Signification mathématique**
Différence	Caractère (une différence) ou un ensemble de caractères (la différence qui distingue une chose d'une autre ou un être d'un autre).	Résultat d'une soustraction.
Volume	Livre	Espace occupé par un objet.
Mode	Manière collective de faire quelque chose (ex : se vêtir).	Valeur qui se répète le plus fréquemment (valeur dominante)
Facteur	Travailleur (de la Poste) traitant et distribuant le courrier.	Chacun des termes intervenant dans la multiplication (ex : 15 x 3 est un produit de 2 facteurs)
Sommet	Point le plus élevé en altitude d'un lieu ou point le plus haut d'un objet (ex : sommet d'une montagne).	Dans le cas d'une figure géométrique, point particulier d'une figure, situé à la rencontre de deux côtés ou arêtes de cette figure.

Prenons, par exemple, le mot *facteur*. Parler d'un *produit de facteurs*, c'est loin d'être clair pour un enfant, quoi qu'en pensent bon nombre de profs de maths. Pour un enfant, un *facteur* c'est quelqu'un (travailleur de la Poste) qui distribue les lettres. L'enseignante doit lui dire qu'en maths, le sens de ce mot est différent. C'est un mot *commun* dans le langage courant, mais un mot *savant* en mathématiques.

Tout ce que Baruk dit depuis des décennies est destiné à faire sentir l'opacité que produit le mélange de langues différentes. Il est difficile de ne pas être d'accord avec elle lorsqu'elle soutient que l'une des causes de la perte de sens en mathématiques est la confusion entretenue entre trois langues distinctes : la langue *usuelle*, la langue *académique* (dans laquelle sont rédigés les énoncés, par exemple) et la langue *mathématique* elle-même. L'enseignement a pour mission de transmettre du sens et, pour cela, il faut savoir où il est et où il n'est pas. Cette mission est d'autant plus importante qu'un concept prend des sens différents suivant les types de situations-problèmes dans lesquelles les élèves sont impliqués.

Apport de la psychologie, de la psychopédagogie et des moyens technologiques

Sans doute, aujourd'hui, forts de nouvelles connaissances dans les domaines de la didactique, de la psychologie et de la psychopédagogie, et outillés de moyens technologiques (informatiques), les professeurs de maths ne procèdent pas comme ceux des années 1970-1980. Ils vont, par exemple, proposer à leurs élèves des situations-problèmes qui peuvent être résolues par les moyens arithmétiques connus de ceux-ci, mais qui peuvent également l'être beaucoup plus facilement par les équations, à condition de disposer de ces connaissances. Les élèves de 2024 ne vont pas « réinventer » la mise en équation et ses règles que l'humanité a mis des siècles à élaborer : ce *savoir social* existe déjà, il est disponible.

Dans une conception de l'apprentissage des mathématiques par la résolution de problèmes, le rôle de l'enseignante consiste donc à :

- dévoluer, au bon moment, une situation-problème bien choisie ;
- veiller à ce que les élèves (élèves-maîtres) se l'approprient, se sentent responsables de sa résolution ;
- laisser les élèves (élèves-maîtres) résoudre la situation-problème avec leurs propres procédures, si laborieuses voire erronées, soient-elles ;
- amener ces derniers à rechercher des procédures de validation de la solution élaborée ;
- organiser la mise en commun (la synthèse) de ces procédures personnelles de façon à faire émerger des ressemblances ou des différences, le degré d'efficience, de fiabilité, etc. ;
- amener, par exemple, l'outil « équation » comme un *nouvel outil*, efficace, moins coûteux que les procédures arithmétiques dont disposent jusque-là les élèves ;
- institutionnaliser le nouvel outil, c'est-à-dire lui donner le statut officiel de savoir, de procédure sociale issue du patrimoine culturel disponible ;
- donner de nouvelles occasions à la fois de choisir ce nouvel outil, de le faire fonctionner (réinvestir) dans d'autres contextes et d'améliorer son fonctionnement (à force d'entraînement).

Fonctions dévolues à la résolution de problèmes

Les problèmes proposés à l'école changent en fonction des époques, des programmes d'enseignement, des approches pédagogiques et des outils didactiques disponibles. L'analyse des documents institutionnels fait ressortir différentes fonctions assignées à la résolution de problèmes au cours du 20e siècle (Lajoie et Bednarz, 2012). Deux de ces fonctions ont été constamment présentes : une *fonction d'application*, traditionnellement réservée aux problèmes, et une *fonction de formation*. Une analyse plus fine fait apparaître des évolutions : de l'idée d'application, vue comme une mise en pratique des acquis, à celle de réinvestissement des concepts. L'intention n'est plus seulement celle d'une utilisation de connaissances introduites au préalable, d'une mise en pratique de celles-ci. Elle est beaucoup plus ambitieuse : le problème devient une occasion de revoir ces connaissances, d'en élargir le sens, de les approfondir, voire de faire des liens, d'intégrer des concepts et des processus mathématiques.

Une autre évolution a trait aux problèmes qui forcent l'analyse et le raisonnement des notions aux problèmes visant le développement de la pensée mathématique et d'habiletés générales (généraliser, abstraire, etc.). Apparaissant dès les années 1970, de nouvelles fonctions marquent une rupture avec ce qui précède. En effet, des problèmes avant tout attachés à une fonction d'application des connaissances et, de ce fait, souvent placés en fin de séquence d'enseignement, on passe, dans les années 1970, au recours à des problèmes dont l'intention est d'introduire, d'explorer de nouveaux concepts et de processus mathématiques, un rôle qui va s'affirmer davantage dans les années 1980-1990.

Désormais placés en début de séquence d'enseignement, ou au cours de celle-ci, les problèmes sont à la source de la construction de connaissances nouvelles. Au cours de cette évolution, on observe, enfin, un glissement plus contemporain du rôle des problèmes comme *moyen d'étude*, comme *modalité pédagogique* appuyant le travail en classe, à celui qu'ils remplissent comme *objet d'étude*. Ce nouvel enjeu s'accompagne d'un développement par (dans) la résolution de problèmes des stratégies générales de résolution et des attitudes positives.

La notion de situation-problème : une notion essentielle

Les didacticiens ont repris les différentes fonctions ci-haut décrites en y introduisant la notion de *situation-problème*. Toutefois, ce qui marque ce début de 21e siècle, c'est l'accent mis non plus uniquement sur les connaissances, mais aussi sur les processus mathématiques. Le Ministère de l'éducation du Québec (MEQ), devenu celui de l'éducation, des loisirs et des sports (MELS), repère une telle présence dans chacune des fonctions remplies par la résolution de situations-problèmes.

- Dans la *fonction d'application* : « le recours régulier à la résolution de situations-problèmes en tant que modalité pédagogique permet à l'élève [...] d'élargir, d'approfondir et d'intégrer des concepts et des processus mathématiques » (MELS, 2003, p. 237).
- Dans la *fonction d'amorce à l'apprentissage* : la résolution de situations-problèmes « permet à l'élève d'explorer, d'inventer, de construire [...] des concepts et des processus mathématiques » (MELS, 2003, p. 237).

- Dans sa *fonction de formation* : « […] sur un plan plus abstrait, elle [la résolution de situations-problèmes] s'avère aussi un outil intellectuel puissant au service du raisonnement et de l'intuition créatrice » (MELS, 2003, p. 237).

Rôles généraux de la RP au Secondaire

C'est ce même processus que le Ministère de l'Éducation vise lorsqu'il aborde les situations-problèmes comme objet d'apprentissage : « En tant que processus, la résolution de situations-problèmes constitue un objet d'apprentissage en soi » (MEQ, 2001, p. 124 ; MELS, 2003, p. 231 ; MELS, 2005, p. 1). L'entrée dans le 21e siècle est également marquée par l'apparition de rôles *plus généraux* et apparemment plus ambitieux par leur ampleur : exercer et développer les deux autres compétences du programme, déployer un raisonnement mathématique et communiquer à l'aide du langage mathématique (MELS, 2003, p. 240) ; et favoriser le développement de l'ensemble des compétences transversales, plus particulièrement en sollicitant la pensée créatrice de l'élève, en l'incitant à traiter de l'information, à rechercher l'efficacité dans son travail, souvent collectif, et à développer des façons appropriées de communiquer (MEQ, 2001, p. 126).

Le MELS (2005) précise ce rôle plus général dans le programme du Secondaire, où il explicite le lien spécifique avec des compétences d'ordre intellectuel ou d'ordre méthodologique, telles que la compétence transversale à résoudre des problèmes qui « partage [avec la résolution de situations-problèmes en maths] plusieurs éléments de stratégies et cerne, de façon analogue, le questionnement et la réflexion » (p. 8) ; la pensée créatrice, lorsqu'en « cherchant à résoudre une situation-problème, [l'élève] envisage plusieurs solutions, explore divers modèles, pistes et stratégies, laisse émerger ses intuitions, accepte le risque et l'inconnu, joue avec les idées, met à l'essai différentes façons de faire, explore de nouvelles stratégies et exprime ses idées sous de nouvelles formes » (ibidem, p. 8) ; ou encore l'acquisition de méthodes de travail efficaces, l'élève - confronté à une situation-problème - devant « structurer sa pensée et organiser sa démarche, [et au moment] de présenter sa démarche et d'expliciter son raisonnement, [devant] recourir à des registres de représentation sémiotique appropriés et respecter les règles de rédaction des modèles de présentation retenus ».

Au fil du temps, l'enseignement des maths au Primaire a cherché à répondre aux impératifs qui ont découlé d'une scolarité obligatoire prolongée et de l'évolution contemporaine de la pensée mathématique. Il s'agit, dès lors, de faire en sorte que cet enseignement contribue efficacement au meilleur épanouissement intellectuel de tous les enfants de 6 à 12 ans pour qu'ils entrent au Secondaire avec les plus grandes chances de succès. Les programmes actuels continuent dans cette voie, l'enseignement des mathématiques visant à développer les capacités d'analyse, de raisonnement, d'imagination, et mettant en valeur l'utilisation des situations-problèmes autrement que pour vérifier l'acquisition individuelle d'un savoir ou d'un savoir-faire.

L'étendue du continent "Mathématique"

Le corpus des maths enseignées au Secondaire se présente presque naturellement comme divisé en trois grands domaines, dont deux sont anciens. Autrefois, on a pu définir les maths comme la science de la quantité et de l'étendue. L'étendue ou la *spatialité* est l'objet des sciences géométriques. La quantité, appelée aussi *numérosité*, est l'objet des sciences arithmétiques. Le troisième domaine des maths est celui de la *variabilité*, objet propre de la statistique. Bien sûr, en chaque domaine, l'objet premier, primordial, va s'augmenter, avec le progrès de la connaissance mathématique, d'objets construits, internes au mouvement de mathématisation (et perçus pour cela comme "purement mathématiques"), qui vont donner aux maths leur puissance d'intelligibilité et leur opérativité. C'est ainsi qu'en géométrie, grâce à la création des calculs (vectoriel, barycentrique, etc.), on apprendra tardivement, à partir du 19e siècle, pour l'essentiel, à calculer sur des objets sur lesquels on n'avait su longtemps que raisonner. De même, sur la base de l'arithmétique primitive se construiront différents calculs – algébrique, différentiel, intégral, etc. C'est là, sans doute, que la géométrie et l'arithmétique se différencient sensiblement par leur état historique actuel de développement, du domaine de l'aléatoire.

Un long travail d'épuration a, en effet, séparé l'espace « pur » et la quantité « pure » des situations spatiales ou numériques concrètes et, en un sens, forcément « métissées ». De là est sortie la géométrie déductive, qui ne compte guère que sur elle-même, et dont le succès scolaire ne s'est jamais démenti. De là est sorti également un abord de la quantité qui a refoulé profondément le lien du nombre à la grandeur qu'il permet de mesurer ou de nombrer. De cette séparation par épuration, la distinction des maths *pures* et des maths *mixtes* (qui deviendra après 1800 celle des maths *pures* et des maths *appliquées*) s'est, pendant plus de deux siècles, fait l'écho.

La statistique, domaine des maths mixtes

Par rapport à ce long processus historique, la statistique, saisie dans son état primordial, apparaît aujourd'hui encore comme un domaine des maths mixtes, où le processus d'épuration ontologique n'a pas encore trouvé sa formule, et où le « métissage » ontologique se réduit à peu près à l'évocation de pièces, de dés et d'urnes. On sait, aujourd'hui, qu'une voie d'épuration a été trouvée, celle de la *simulation*, que l'on a commencé à pratiquer, qui permet de refouler le réel extramathématique hors de la classe des maths.

Simuler une expérience aléatoire, c'est la modéliser par une certaine loi de probabilité, et simuler ensuite cette loi de probabilité ; c'est produire une liste de résultats que l'on peut assimiler à un échantillon de cette expérience. En fait, on se contentera de simuler des situations très simples, reposant le plus souvent sur la simulation d'expériences de référence où toutes les issues ont des chances égales d'apparaître. Simuler ne peut se faire que par rapport à un référent, référent dont ne disposeront pas les élèves avant d'avoir réalisé des séries d'expériences.

Ici, le mot *référen*t renvoie à une *expérience réelle* qu'il serait loisible de simuler. Sans bagage probabiliste aucun, il s'agit de faire découvrir l'aléatoire. Les pédagogues et les didacticiens des maths préconisent de le faire par le moyen d'*expériences familières* telles que le lancer de dés ou de pièces équilibrées, et rappellent que c'est là l'origine d'un commerce avec l'aléatoire qui fut celui de l'honnête homme du 17e siècle, grâce à sa familiarité avec les jeux de hasard. Les expériences de tirages de boules dans des urnes sont simples à décrire et aisées à concevoir. À l'instar des tirages de cartes dans un jeu ou des lancers de dés et autres tirages à la roulette, ces expériences-là sont regardées comme des expériences de référence.

La simulation ne doit pas se substituer à l'expérimentation, mais la prolonger. À l'instar de l'honnête homme du 17e siècle, les élèves ont une familiarité avec des expériences aléatoires culturellement communes (ex : lancers de dés, des pièces de monnaie) avec lesquelles ils reprendront contact pour les « enrichir ». Mais, il y a plus : l'utilisation de générateurs pseudo-aléatoires, qui peut être faite dans un but de simulation, peut, en même temps, être regardée comme une authentique expérimentation portant sur le dispositif lui-même. Les calculatrices et les ordinateurs permettent de produire aisément des listes de chiffres au hasard. La production de telles fiches fera partie, à côté des lancers de dés ou de pièces équilibrées, à côté de tirage de boules dans les urnes, du bagage d'expériences de référence des élèves.

L'activité suivante sert d'exemple de comment générer une table de nombres aléatoires (chiffres au hasard) et en quoi cette table peut être utile.

Activité 1 : Usage de la table de nombres aléatoires

Une table de nombres aléatoires est une simulation de la loi équirépartie sur l'ensemble des chiffres. Elle peut s'avérer particulièrement utile pour construire un échantillon aléatoire. Ces nombres aléatoires sont constitués à partir de l'ensemble de dix chiffres : 0, 1, 2, 3, 4, 5, 6, 7, 8, 9.

a) À partir de cet ensemble de chiffres, combien peut-on constituer de nombres de deux chiffres (00 à 99), répétitions permises ?

b) Combien peut-on constituer de nombres de trois chiffres (000 à 999) ? De quatre chiffres (0000 à 9999) ?

c) *Dans une table de nombres aléatoires constituée de 2 chiffres, quelle est la probabilité de tirer au hasard le nombre : i) 84 ?   ii) 99 ?*

a. Déterminer le nombre de deux chiffres (00 à 99), répétitions permises, revient à déterminer le nombre d'arrangements avec répétitions de deux chiffres pris dans un ensemble de dix chiffres, soit $10^2 = 100$. On obtient donc 100 nombres possibles.
b. Dans le premier cas (000 à 999), on trouve $10^3 = 1\,000$ nombres et dans le second (0000 à 9999), on a $10^4 = 10\,000$ nombres.
c. Dans une table de nombres aléatoires constituée de deux chiffres, la probabilité de tirer chacun des nombres (84 et 99) est la même, soit 1/100 (un seul cas favorable parmi 100 cas possibles).

L'enseignante (la formatrice) peut faire remarquer que dans une table de nombres aléatoires, chaque nombre constitué de *n* chiffres a la même probabilité d'être choisi, soit $1/10^n$.

Domaines ou centres d'application

De façon générale, l'enseignement secondaire des maths, en ses trois domaines, souffre du rejet persévérant de l'objet même – les faits de spatialité, les faits de numérosité et les faits de variabilité – qu'il s'agirait pourtant, en principe, de mathématiser afin de parvenir avec eux à un commerce fait d'intelligence conceptuelle et d'efficacité pratique. Dans son livre intitulé *Statistique et applications*, que nous citons ici d'après sa deuxième édition (1941), Georges Darmois écrit : « La méthode statistique développe ses applications dans un champ très étendu. On peut regrouper ces applications autour des principaux centres suivants : 1) la présentation des observations, 2) leur réduction, 3) la description, l'interprétation et l'explication des régularités statistiques ». Ces trois centres structurent le continent de la statistique.

À propos du premier centre (la présentation des observations), Darmois indique encore que : « La tâche initiale de la statistique a été, comme le dit Cournot "le recueil des faits auxquels donne lieu l'agglomération des hommes en sociétés politiques". Elle cherchait, en somme, à dégager les éléments les plus importants, caractéristiques, à certains points de vue, de la situation d'un groupement. Et, sans doute, est-ce cette activité première qui lui a donné son nom de *status* (pris soit au sens d'*État*, soit à celui de *situation*). C'est encore maintenant l'activité essentielle des différents services de statistique ». Les deux autres centres névralgiques de l'activité statistique (réduction et interprétation) appartiennent davantage à ce qui deviendra le *corps central* de la statistique.

Mais Darmois ne se limite pas à une statistique réduite à une technologie elle-même réduite à ses composants mathématiques. Aussi, pour illustrer la notion de régularité statistique, Darmois se réfère-t-il successivement aux jeux de hasard, au taux de masculinité, aux lois mendéliennes de l'hybridation, à la radioactivité, aux taux des mariages, de mortalité, de morbidité. La mixité des contenus est frappante : si on le regarde comme un sous-continent des maths, le « continent Statistique » relève, sans aucun doute, des mathématiques *mixtes* : toute statistique mêle nécessairement des objets mathématiques et des objets non mathématiques.

Les maths mixtes interviennent de façon souvent ponctuelle, dans un domaine de réalité extramathématique dont quelques éléments sont ainsi mathématisés (modélisés). Dans ce mode d'intervention mathématique, le contact avec l'extramathématique a pris, à l'époque moderne, dans l'enseignement des maths tel qu'il a évolué au niveau mondial, une forme repérée par l'étiquette de *mathematical modelling* (modélisation mathématique). On peut trouver quelque vingt et une petites études de modélisation, qui touchent à un grand nombre de domaines ou de l'activité humaine : durée de vie des oiseaux, records olympiques sur 200 m plat (pour les hommes et pour les femmes), efficacité de certains types d'essuie-glaces, fonctionnement des feux de circulation, problèmes de prix, d'évacuation d'un bâtiment en cas d'urgence, problèmes de transport dans des couloirs faisant des coudes, problèmes de pêcherie, de prêts aux étudiants, problèmes de gestion du plan de travail dans un atelier de mécanique automobile, d'organisation de tournois de football, d'utilisation de chasse-neige en cas de chutes de neige imprévues, problèmes de marches aléatoires, etc.

De la méthode statistique

La mise en œuvre de la *méthode statistique*, c'est-à-dire de la technologie statistique, enclenche ainsi, dans le meilleur des cas, de véritables synergies codisciplinaires, en articulant les énergies de deux disciplines au moins, l'une mathématique, l'autre non. Sur ce patron générique, on pourra faire de la statistique *en* médecine, ou *en* démographie, ou *en* lexicologie, ou *en* psychologie, ou *en* didactique, etc. Il est ainsi souhaitable que les notions mathématiques de base applicables en linguistique (algèbre logique, théorie des ensembles, théorie de l'information, calculs de probabilités, méthodes statistiques) prennent une place dans la formation donnée par les universités aux futurs linguistes, comme c'est le cas en France et au Québec, jusqu'à un certain point, pour les étudiants en psychologie et sociologie.

La puissante réforme des maths modernes, qui affecte tout le corpus mathématique traditionnellement ou nouvellement enseigné, est un facteur de contexte qu'on ne saurait ignorer. La "modernisation" engagée dynamise certaines parties du corpus (l'algèbre et les structures numériques), en allège d'autres tout en tentant de leur donner un fondement plus solide (on pense, ici, à la géométrie), et est contemporaine de l'amenuisement – sinon de l'éviction – d'autres parties, encore qu'elles soient anciennes (les coniques, par exemple) ou nouvellement instituées (la statistique, presque absente au Secondaire, au profit des probabilités, petitement présente dans certaines de nos classes terminales).

Pourtant, les commentaires du programme de maths au Secondaire assignent à la Statistique un quadruple intérêt. Le premier est celui d'apprendre à effectuer une *lecture pertinente de tableaux statistiques*, cela parce qu'un tel savoir-faire est maintenant nécessaire à la compréhension des phénomènes économiques et du fonctionnement de la société. Un deuxième mobile, à peine plus *occasionnaliste*, tient dans ce que l'étude de la statistique serait un excellent terrain pour des *activités interdisciplinaires*, où les élèves peuvent faire preuve d'initiative et développer leurs méthodes de travail.

Une troisième raison, qui oblige à savoir organiser, représenter et traiter des données fournies à l'état brut, est que la statistique serait encore l'occasion de se frotter au problème de la *mathématisation* ou *modélisation* d'une situation, d'apprécier l'intérêt et les limites d'un processus, ce qui est un élément majeur de toute formation scientifique. Quatrième motif, enfin, la statistique se présente comme un *secteur d'investissement des activités numériques*, des *représentations graphiques ou des outils de calcul* (calculatrices, ordinateurs). Ainsi, la statistique n'est appréciée, ici, que par sa contribution à la réalisation d'objectifs généraux de formation, sans que la spécificité de son apport ne soit jamais explicitement mise en avant.

Le fleuron d'une telle apologétique se trouve, sans doute, dans cette ultime assertion : se familiariser progressivement avec le concept de *moyenne* est un objectif intéressant pour la formation proprement mathématique. Et, la mesure de dispersion retenue est l'*étendue* qui, bien que grossière, figure sur toutes les cartes de contrôle industriel et est systématiquement calculée par tous les grands logiciels de statistique. On utilise cette mesure pour estimer un *écart-type* théorique lorsqu'on a moins de 10 données (et cela arrive aussi bien dans l'industrie pour des expériences coûteuses qu'en médecine pour des résultats d'examens invasifs ou concernant des maladies rares).

Les programmes du Secondaire

Les programmes du Secondaire en vigueur mettent l'accent sur la résolution de problèmes qui occupe une place centrale dans la construction et l'appropriation par les élèves des connaissances mathématiques. Ils sont axés sur le développement de trois compétences intimement liées, analogues à celles qu'on trouve dans le programme du Primaire : *Résoudre une situation-problème*, *Déployer un raisonnement mathématique* et *Communiquer à l'aide du langage mathématique*. La préoccupation à l'égard de l'aptitude à transférer concepts et processus dans des situations-problèmes ou des situations d'application joue un rôle déterminant dans le développement de ces trois compétences.

Les programmes préconisent des situations didactiques où les élèves découvrent des notions comme réponses à des problèmes. Ils promeuvent l'élaboration des situations de formulation (de communication) et de validation, l'utilisation de problèmes ouverts pour réinvestir et approfondir les notions étudiées, la recherche de problèmes complexes pour un apprentissage méthodologique. Ce faisant, la nécessité pour l'enseignante d'analyser l'échec et de prendre en compte les erreurs de façon positive pour les apprentissages des élèves accentue sa volonté de donner une éducation mathématique (scientifique) de qualité à ces derniers.

Les nouveaux programmes soulignent aussi la nécessité d'élargir les problèmes de l'école à des domaines autres que le numérique (à l'informatique, aux probabilités, en particulier). Or, on peut souligner les résistances de la part des enseignants qui, pour la plupart, n'ont reçu aucune formation de base en statistique, en probabilité et en informatique. Dans ce nouveau paradigme, on ne devrait donc plus percevoir les opérations qu'effectuent les élèves pour résoudre des problèmes comme des techniques formelles et rebutantes, mais comme des procédures facilitatrices et économiques, propres à épargner des détours inutiles. Cela ne signifie nullement qu'il faille, à la manière de certains pédagogues démagogues et bruyants, se mettre « au niveau » des élèves mais, bien au contraire, se placer à leur « portée », pour ne pas rester à leur niveau et afin de les faire "monter".

Les évaluations nationales (le brevet et le baccalauréat) constituent un outil d'observation qui devrait permettre de cerner précisément les performances des élèves dans le domaine de la résolution de problèmes et de poser le constat de leurs acquis, notamment en français et en mathématiques. Ces évaluations devraient permettent de repérer les erreurs fréquentes et les lacunes dans l'optique d'une action pédagogique mieux adaptée à l'état du savoir des élèves. Fondée sur la résolution de situations-problèmes, la conception de l'enseignement des mathématiques « donne un véritable statut à l'erreur : elle est significative de l'état de connaissance de celui qui la fait ; elle a une cohérence et une logique. [...] C'est le dépassement [des erreurs] qui est source d'acquisition du concept » (Charnay et Mante, 1995).

De la formation des enseignants

Beaucoup d'enseignants de maths ont encore du mal à intégrer des problèmes ouverts (problèmes de recherche) dans leur pratique usuelle d'enseignement. Cette difficile intégration n'est pas seulement due au fait que les contenus d'enseignement eux-mêmes et l'évaluation de leurs apprentissages n'en nécessitent pas directement l'usage. Elle vient aussi des résistances des enseignants aux coûts cognitifs et organisationnels de changements complexes, dans un milieu par ailleurs bien régulé au sens de contraintes institutionnelles extrêmement fortes. On peut souligner les résistances prévisibles de la part des enseignants qui, pour la plupart, n'ont pas reçu de formation de base en statistique. L'accent est mis sur l'incompétence relative de la profession, effet mécanique de l'indigence de la formation initiale des profs de maths dans le domaine de la statistique.

Alors qu'en France, depuis la création des Instituts universitaires de formation de maîtres (IUFM) en 1989, le recrutement des professeurs d'école se fait après l'obtention d'une Licence, quelle qu'elle soit, en Guinée, les trois quarts des candidats à l'ÉNI ou à l'ISSEG, détenteurs du seul baccalauréat, sont majoritairement issus des filières de lettres et de sciences humaines. Les candidats issus des disciplines scientifiques (maths, physique, chimie, biologie) ne représentent qu'une portion congrue des admis à ces institutions de formation au métier d'enseignant. L'élévation du niveau de recrutement des élèves-maîtres n'a pas allégé la tâche des formateurs des ÉNI et de l'ISSEG, surtout en maths. En effet, à l'exception de ceux qui ont reçu une formation préuniversitaire scientifique, bon nombre de futurs enseignants en formation initiale ont oublié les connaissances mathématiques de base.

L'expérience plutôt négative que beaucoup de ces futurs enseignants ont eu des mathématiques au cours de leur scolarité fait que les formateurs doivent commencer par les réconcilier avec cette discipline. Les formateurs des ÉNI et de l'ISSEG doivent à la fois tenir compte du faible sentiment de compétence dont les futurs enseignants témoignent par rapport à l'enseignement des probabilités et de la statistique, de la nécessité d'une préparation particulière pour cet enseignement et de la formation initiale permettant de faire acquérir des connaissances solides en ces domaines particuliers. Ils doivent aussi leur fournir des outils didactiques qui leur permettent de prendre un recul suffisant, d'analyser leurs propres difficultés (et celles des élèves) et de concevoir des séquences d'enseignement porteuses de sens.

Devant le défi que représente l'enseignement des probabilités et de la statistique pour les futurs enseignants, les formateurs des ÉNI et de l'ISSEG doivent réfléchir à la nature et à la qualité de la formation pour cet enseignement. Ils doivent s'inspirer de ce qui se fait ailleurs (en France, au Québec, par exemple) en didactique pour s'adapter continuellement aux diverses innovations intervenues dans la formation des enseignants à la didactique des disciplines (Touré, 2020). Ceci est d'autant plus nécessaire que la formation en didactique des probabilités demande une préparation particulière, non seulement parce que la pensée probabiliste est contre-intuitive et distincte des autres pensées mathématiques, mais aussi en raison du fait que les élèves-maîtres rencontrent de nombreuses difficultés et conceptions dans l'apprentissage des probabilités.

Les formateurs des ÉNI et de l'ISSEG doivent observer et en analyser les situations didactiques qui permettent de considérer les types de difficultés en résolution de problèmes. Il s'agit, entre autres, des difficultés spécifiques à l'organisation de l'activité de résolution elle-même et concernant à la fois les intentions et les choix de l'enseignante dans une séquence d'enseignement des concepts de probabilités ou de statistique (quels problèmes l'enseignante va-t-elle choisir ? Selon quels critères ? Par quelle progression ? Pour quelles intentions d'apprentissage ?), mais aussi, dans une certaine mesure, de la prise en charge de l'activité par les élèves. Il peut aussi s'agir des difficultés concernant plus spécifiquement les processus mentaux mis en œuvre en situation de résolution de problèmes. Il est également question, en formation de maîtres, d'expliciter les principales étapes de la résolution de problèmes pour comprendre diverses difficultés pouvant survenir à chacune de ces étapes.

La pédagogie des gestes mentaux

Pour répondre à ces questions et pour apporter des éléments de remédiation aux difficultés ci-haut mentionnées, on associe à la didactique (des maths) la *pédagogie des gestes mentaux* initiée par Antoine de La Garanderie, pédagogie qui vient conforter les travaux en didactique sur des points essentiels et qui permet de proposer des solutions aux difficultés des élèves que la didactique n'étudie pas. Antoine de La Garanderie distingue cinq gestes qu'il définit de façon descriptive : l'attention, la mémorisation, l'imagination, la compréhension et la réflexion.

- « L'***attention*** est le geste mental grâce auquel on fait exister en images visuelles, ou en paroles qu'on se dit à soi-même, ce qu'on perçoit. Mais, pour faire exister ainsi ce qu'on perçoit, il faut en avoir le projet avant et pendant la perception. Ce geste d'attention est indispensable dans tout travail d'évocation. Il permet de rendre présent à la conscience ce que l'on perçoit. »
- « La ***compréhension*** est le geste mental par lequel on a l'intuition du sens de ce qu'on regarde, de ce qu'on écoute, de ce qu'on lit. ... Pour cela, on établit des rapports de comparaison entre l'objet de perception et l'évocation qu'on s'en donne [...]. C'est de ces rapports de comparaison que naît l'intuition de sens. »
- « La ***mémorisation*** est le geste mental par lequel on fait exister dans un imaginaire d'avenir ce qu'on entend conserver. »
- « La ***réflexion*** est le geste mental par lequel des acquis culturels vont pouvoir servir à la compréhension d'une situation plus ou moins complexe, théorique ou pratique. »
- « L'***imagination*** créatrice est le geste mental par lequel on regarde, on écoute, on perçoit le monde afin d'évoquer ce qui peut être découvert ou inventé et qui demeurait jusqu'à présent caché. »

Chaque geste mental renvoie à un projet de sens. Au travers d'un objet d'apprentissage, on cherche à développer un ou plusieurs gestes mentaux, d'où l'utilisation de l'expression « *pédagogie des gestes mentaux* ». Les cinq gestes sont en étroite interaction. Dans le cas de la résolution de problèmes, les évocations seront dirigées par un projet de sens défini à la fois par un but à atteindre et par les moyens mentaux pour y parvenir. Il est question aussi bien de l'intention que l'enseignante donne à la résolution du problème proposé que des évocations successives que les élèves vont faire, de l'itinéraire mental que ces derniers vont suivre, itinéraire ancré dans leurs habitudes qu'on peut caractériser, décrire et nommer. Par ces évocations successives, les élèves transforment (traduisent) le problème posé et élaborent la solution à partir de ce cheminement mental.

Des difficultés d'évocation

L'une des grandes difficultés rencontrées, lorsqu'on aborde les énoncés de problèmes au Primaire, c'est de traiter l'absence d'évocation. Certains élèves n'élaborent pas d'images mentales de la situation qu'on leur propose. Ils ont, par exemple, du mal à reformuler une consigne, une explication dans leurs propres mots. Ils peuvent reproduire des mécanismes, mais ils ont de la difficulté à s'investir dans les activités (comme celles de résolution de problèmes) qui demandent une réflexion. On peut envisager deux origines à cette absence d'évocations :

- Les élèves n'ont pas acquis d'autonomie intellectuelle, la relation éducative entre les enseignants et ces enfants pouvant être l'une des causes de ce manque d'autonomie. Dépendants des adultes (parents et enseignants), les élèves n'ont pas cet espace de liberté qui leur permet de penser par eux-mêmes ; ils se conforment à ce que dit et pense l'enseignant. Une relation éducative où prévaut l'injonction « Fais ceci, ne fais pas cela » ou encore une surprotection excessive des parents peuvent générer ce genre de situation.
- Le manque de motivation par rapport à la tâche de résolution de problèmes en est une autre raison. En effet, la motivation est le moteur des évocations. Certes, l'enseignante doit jouer son rôle pour rendre plus attrayantes les activités de résolution de problèmes. Elle peut travailler sur le sens des tâches, répondre à certaines questions : « À quoi cela va-t-il servir ? », « Quel usage peut-on en faire ? » La motivation, entendue comme intérêt pour l'activité, aide à la performance. Elle est le moteur des apprentissages scolaires ou non scolaires.

Pour favoriser les évocations dans la résolution de situations-problèmes, l'enseignante peut faire travailler les élèves en *binômes* (groupe de deux). Le premier reçoit un énoncé, le lit puis le communique (texte caché) à son camarade. Celui-ci le reformule et cherche à le résoudre. Les élèves doivent savoir que l'énoncé du problème est à traiter d'une manière particulière. Le sens qu'ils donnent à cette activité est une première étape pour qu'ils développent dans ce type de situation le projet de sens adéquat. L'intérêt de décoder l'énoncé est de développer un certain savoir mathématique.

Pour résoudre correctement un problème, il faut avant tout bien le comprendre. Il est donc nécessaire de lire attentivement, plusieurs fois si c'est nécessaire, l'énoncé du problème. Comme le dit Duquesne (2003), « la compréhension d'un énoncé requiert à la fois une lecture narrative, une lecture informative et une lecture prescriptive pour se construire une première interprétation de la situation et de la tâche attendue » :

- une *lecture narrative*, parce que l'énoncé fait référence à des situations souvent fictives, présentées comme des situations réelles ;
- une *lecture informative*, parce que des informations sont données à propos de l'objet du problème, mais le contexte n'a pas pour fonction d'expliciter complètement son contenu car il n'y aurait plus de problème ;
- une *lecture prescriptive*, parce qu'elle engage une action.

Pour mettre en œuvre le projet de sens qui convient, l'élève doit faire l'expérience de ces différentes lectures.

L'autre grande difficulté rencontrée dans l'enseignement des maths est, sans doute, celle du sens. Les évaluations nationales indiquent que les élèves ont des connaissances en maths, sont performants dans les techniques opératoires, mais ont de la difficulté à les mobiliser pour résoudre des problèmes. Les pratiques développées en classe de maths, elles-mêmes sous l'emprise de la pédagogie traditionnelle et de la pression sociale, peuvent être la cause d'une telle difficulté. Les travaux de Brousseau sur le *contrat didactique* ont éclairé ce point de vue mais ne se penchent pas suffisamment sur les différences entre individus. La pédagogie des gestes mentaux considère que le sens prend racine d'abord dans les habitudes évocatives de chaque élève et que les modes de mémorisation, de compréhension, de traitement des informations sont différents d'un élève à l'autre.

Évocation dans le domaine de résolution de problèmes

Dans le domaine spécifique de la résolution de problèmes arithmétiques, on peut décomposer la traduction d'un problème en deux mouvements :

1. ***évocation de la situation***, comme dans la réalité : l'élève se donne des images concrètes de la situation ;
2. ***évocation des relations***. Celle de la situation concrète ne suffit pas. On doit mettre les éléments (les données du problème) en relation ; l'élève se donnera donc une traduction de ces relations ; soit dans le prolongement de l'évocation de la situation, il évoquera les échanges, soit il se représentera cette relation par un schéma, une opération. Sa production écrite (schémas, dessins) pourra porter l'empreinte de ce traitement mental.

Les élèves qui utilisent de façon exclusive le paramètre de la logique, de la réflexion, de l'esprit de synthèse et de toute acquisition structurée ne verront dans la résolution de problèmes qu'un exercice de recherche de calcul. Ils auront du mal à argumenter leur réponse, à l'analyser, à entrer dans un entretien de type métacognitif. En se situant dans un registre plus pédagogique, on peut envisager deux niveaux de traduction pour comprendre et traiter un énoncé de problème : d'abord une évocation permettant de situer le contexte de l'énoncé, puis une évocation des relations en vue de sa traduction mathématique. Ce ne sont pas tous les élèves qui font ce double mouvement. Certains imaginent l'énoncé exclusivement en référence à une situation concrète ou aux évènements perçus ou vécus. Parmi ceux-là, il convient de distinguer deux cas :

1. ceux qui évoquent la situation concrète (comme pour un récit) envisagent simplement l'énoncé comme un texte, une histoire à comprendre. Il manque alors la dimension mathématique, car les relations entre les éléments de l'énoncé ne sont pas traitées et le langage symbolique est inadéquatement utilisé ;
2. ceux qui ont, toujours en référence à une situation concrète ou aux évènements perçus ou vécus, une évocation à la fois du contexte et des relations qui en découlent. Il manque à ceux-là les outils pour généraliser et abstraire.

En formation de maîtres, on peut parfois utiliser une approche plus psychologique pour comprendre les « blocages » de certains élèves et leurs difficultés à s'éloigner « du concret ». Les formateurs des ÉNI et de l'ISSEG devraient donc situer leur questionnement au niveau du « comment » on peut aider les élèves-maîtres à traiter petit à petit un langage symbolique et non « pourquoi » les élèves-maîtres ne parviennent pas spontanément à établir cette transition. Ce travail de conceptualisation est d'autant plus important qu'en résolution de problèmes, si on n'autorise pas l'élève qui vit de tels blocages à manipuler ou à mimer la situation, il sera en difficulté ; la solution qu'il proposera n'aura alors pas de lien avec ses propres évocations.

De tels élèves sont capables d'appliquer des techniques (effectuer des opérations) mais il y a « rupture de sens » entre les évocations concrètes qu'ils se font d'une situation et l'utilisation d'une opération. De tels élèves sont souvent en échec car, chez eux, le langage mathématique ne trouve pas de lien avec le langage courant. Lorsqu'on leur demande d'utiliser une opération pour résoudre un problème, le choix de celle-ci va dépendre bien souvent d'éléments extérieurs, d'indices extrinsèques, sans lien réel avec l'énoncé. De tels élèves ont de la difficulté à donner du sens aux nombres s'ils ne sont pas rattachés à une situation concrète.

La didactique, qui ne traite pas de ces aspects pédagogiques, se propose de traiter des processus de transmission et d'acquisition des connaissances mathématiques. C'est grâce à la résolution de situations-problèmes que l'on évalue la capacité des élèves à utiliser ces connaissances en jeu, mais c'est aussi (et peut-être surtout) par la résolution de problèmes que les élèves vont acquérir progressivement de nouvelles connaissances. Le problème est donc un levier essentiel de l'apprentissage. Sa résolution permet d'entraîner la gymnastique de l'intelligence, de l'esprit critique, de l'imagination créatrice, de la rigueur de la pensée ; sa résolution permet d'encourager la curiosité, la recherche de l'autonomie intellectuelle et de l'effort persévérant.

Nécessité de la formation pédagogique et didactique

Face à des questions essentielles, qui doivent être traitées en formation de maîtres, il nous faut souligner vigoureusement le dénuement de la profession enseignante ; il nous faut mettre l'accent sur l'incompétence relative de nos enseignants, effet mécanique de l'indigence de leur formation initiale, notamment dans le domaine des probabilités et de la statistique. Aussi, réclame-t-on une formation didactique et pédagogique à la fois théorique et pratique, qui est urgente et indispensable. Faute d'une telle formation, les futurs profs seront incapables d'enseigner les programmes de probabilité et de statistique par la résolution de situations-problèmes, ce qui aura pour conséquence de ne pas atteindre l'objectif de fournir aux futurs citoyens des outils leur permettant de comprendre le monde si complexe d'aujourd'hui.

Des nouveaux programmes de formation

Les nouveaux programmes du Lycée et l'emploi corrélatif des calculatrices suscitent des questions où la connaissance de la statistique importe moins que certains éléments auxiliaires de la statistique : Comment programme-t-on les statistiques sur une calculatrice ? L'examen des questions portant plus généralement sur la partie Probabilités et Statistique confirme le déficit sévère de connaissances en ces matières. La situation pousse certains futurs enseignants à se contenter de répondre aux exigences minimales qui attendent le professeur du Secondaire qu'ils espèrent devenir.

Au-delà de ces constats, il faut retenir que le domaine de la statistique reste peu attractif pour les futurs enseignants. Les probabilités, et tout particulièrement la statistique, constituent des matières auxquelles les futurs enseignants sont, en général, mal préparés et sur lesquelles, au demeurant, les préparations sont elles-mêmes souvent peu généreuses. Cette situation soulève plusieurs problèmes : le premier est tout simplement celui de la mauvaise culture des futurs profs de maths en matière de statistique, alors que, dans le curriculum du Secondaire, ils sont en charge d'une part importante de son enseignement. Le second problème est plus propre à la formation des profs de maths : il s'agit de l'absence de connaissances – et a fortiori, de maîtrise – sur les constituants essentiels de la théorie mathématique de la statistique.

Ce problème s'accompagne d'une attitude ambivalente, doublement douloureuse. D'un côté, il est de coutume chez certains mathématiciens de regarder de haut les "pauvres" mathématiques mobilisées en statistique. D'un autre côté, en même temps, la connaissance des outils mathématiques qu'appelle la statistique ne font pas véritablement partie du noyau dur de la culture mathématique donnée à l'université, par rapport à laquelle elle apparaît quelque peu périphérique, voire tout à fait marginale. La première attitude, dépréciative, va à l'encontre de l'effort qu'il convient d'accomplir dans le curriculum mathématique des ÉNI et de l'ISSEG pour que les futurs enseignants de maths acquièrent une formation véritablement adéquate au projet de leur faire enseigner efficacement la statistique au Secondaire.

L'enseignant moderne de ce début du 21e siècle doit être un pédagogue doublé de didacticien. Un bon didacticien n'est pas nécessairement un bon pédagogue et vice versa. Selon Laurin et Gaudreau (2001), la situation idéale serait que les deux facettes indissociables de cette relation didactique-pédagogie puissent également coexister de façon appropriée. Le présent ouvrage montre qu'en ce sens, la résolution d'une riche variété de situation-problèmes significatives, ouvertes et pertinentes reste bien le lieu d'élaboration des savoirs pédagogiques et didactiques de nos futurs enseignants, de leur prise de conscience, du moteur spécifique de l'apprentissage des mathématiques par la résolution de problèmes.

Le rôle des formateurs des ÉNI et de l'ISSEG

Les formateurs des ÉNI et de l'ISSEG, quant à eux, doivent veiller sur l'élaboration de ces savoirs pédagogiques et didactiques dont ils ont la responsabilité ; ils doivent la rendre possible ; ils doivent la faciliter. Pour cela, ils chercheront à connaître et à prendre en compte les conceptions de leurs élèves-maîtres ou futurs enseignants qui peuvent parfois fonctionner comme obstacles à cette élaboration de nouveaux savoirs pédagogiques et didactiques ou qui, au contraire, peuvent constituer des points d'appui. Ils mettront à la disposition de leurs « apprentis », sous une forme qui leur soit accessible et dans des conditions qui en assurent le sens (ou les sens), des parcelles de savoirs savants que ces derniers ne peuvent inventer ni aller chercher tout seul.

Les formateurs des ÉNI et de l'ISSEG construiront ou proposeront des situations-problèmes variées qui engagent chaque futur enseignant dans une série d'*activités finalisées*, c'est-à-dire telles que la résolution de ces situations nécessite l'élaboration de connaissances nouvelles (en probabilité, en statistique, en pédagogie et en didactique). Ces formateurs et encadreurs assureront, grâce à des activités de résolution de problèmes et de communication adéquates (langage oral ou écrit) le développement d'une pensée mathématique (probabiliste ou statistique) solide, permettant un réel débat de connaissances entre les futurs enseignants.

INTRODUCTION

Cet ouvrage est le fruit de nos travaux de recherche et de nos expériences d'enseignement à de futurs enseignants de Guinée, du Mozambique, des États-Unis et du Canada. Beaucoup d'élèves, mais aussi d'élèves-maîtres, n'aiment pas du tout les mathématiques, en l'occurrence les probabilités et la statistique. Cet ouvrage s'adresse à eux et à tous ceux qui pensent qu'ils n'y arriveront jamais. Il s'adresse à un public très varié : il est destiné aussi bien aux étudiants en Licence de mathématiques, aux élèves-maîtres du Préuniversitaire en formation initiale ou continue dans les Écoles nationales d'instituteurs (ÉNI) qu'aux enseignants de l'Institut Supérieur des Sciences de l'Éducation de Guinée (ISSEG) chargés de former les futurs enseignants du Secondaire. Cet ouvrage intéresse tous les intervenants scolaires désirant approfondir plus particulièrement l'enseignement et l'apprentissage des probabilités et de la statistique par la résolution de problèmes.

L'ouvrage peut être utile à tout enseignant-chercheur, formateur de formateurs impliqué dans un programme de formation professionnelle en enseignement des maths. Il peut également l'être à tous ceux qui sont désireux d'acquérir ou de revoir des notions opérationnelles des méthodes de la statistique. L'ouvrage concerne les probabilités discrètes sur un univers fini. Il comporte des rappels de cours sans démonstration, des exercices de difficultés progressives, ainsi que des situations-problèmes plus ou moins complexes permettant d'aborder des cas concrets d'utilisation des probabilités et de la statistique dans différents domaines d'application. Il évite le formalisme mathématique ésotérique qui peut être rébarbatif aux lecteurs non mathématiciens, pour privilégier une terminologie courante.

Outre les considérations d'ordre général et les propos introductifs, l'ouvrage comporte essentiellement deux grandes parties : la première concerne les probabilités et porte sur des rappels de cours plus ou moins complets et qui aborde des notions et des calculs de probabilités utilisés en statistique. On y reconnaît, selon le contexte, les différents types de probabilités : fréquentielle, théorique, subjective. On y dénombre les résultats possibles d'une expérience aléatoire à l'aide d'un diagramme. On y présente d'autres modes de représentation, comme la grille, le schéma, le diagramme de Venn et le tableau à double entrée, ce dernier étant particulièrement utile lorsqu'il s'agit d'évaluer une probabilité conditionnelle.

La première partie fait aussi reconnaître des évènements certains, probables, impossibles, élémentaires, complémentaires, compatibles, incompatibles, dépendants, indépendants, mutuellement exclusifs ou non. On y calcule la probabilité de résultats d'expériences aléatoires associées à des situations faisant appel à des arrangements, des permutations ou des combinaisons. La première partie aborde aussi le calcul des probabilités, dont les probabilités conditionnelles, des probabilités géométriques dans des contextes de mesure. Elle aborde finalement la notion d'espérance mathématique, quantité qui permet, par exemple, de déterminer le montant d'argent qu'on peut gagner ou perdre en jouant à un jeu de hasard un grand nombre de fois. Elle fait interpréter l'espérance mathématique obtenue et prendre des décisions.

La deuxième grande partie de l'ouvrage propose des activités qui amènent les élèves à s'approprier des outils pour traiter des données qu'ils ont ou non recueillies, à les représenter à l'aide de tableaux ou de diagrammes selon le type de données et à déterminer certaines mesures statistiques : mesures de tendance centrale (mode, médiane, moyenne pondérée), mesures de position (minimum, maximum, rang centile) ou mesures de dispersion (étendue, écart moyen, écart type). Les concepts et les processus visés offrent des outils de plus en plus complexes pour développer et exercer les trois compétences en mathématiques : résoudre une situation-problème, déployer un raisonnement mathématique et communiquer à l'aide du langage mathématique.

L'ouvrage constitue une aide efficace et agréable aux professeurs de maths, aux élèves et aux élèves-maîtres en leur prouvant que la résolution d'une riche variété de problèmes est indispensable à la bonne compréhension de tous ces concepts et processus statistiques et que cette activité essentielle leur apporte souvent plus que les solutions elles-mêmes. Ceci est d'autant plus important que le monde de l'éducation foisonne de données statistiques. En effet, dans leurs pratiques quotidiennes, les enseignants et les administrateurs scolaires utilisent et commentent des tableaux statistiques de toutes sortes. De même, les recherches en pédagogie, en psychopédagogie et en didactique s'appuient fréquemment sur des données statistiques : résultats d'enquêtes, étude de flux d'orientation, taux de réussite ou d'échec aux différents examens, pourcentages d'admission à des concours, etc.

Les enseignants corrigent des examens et des concours ; ils établissent des profils d'élèves ou des bilans scolaires qui sont autant de diagnostics, de constats ou de pronostics. Consciemment ou non, volontairement ou non, ils mesurent et sont mesurés, ils évaluent et sont évalués. Sans le savoir ou tout en le sachant, ils font de la statistique. Il se trouve, cependant, que la statistique est bien le point faible par excellence de plusieurs d'entre eux.

La statistique, le point faible de plusieurs enseignants

La statistique est effectivement le point faible de plusieurs enseignants qui se plaignent de l'insuffisance sinon de l'absence de leur formation dans ce domaine : difficultés en probabilité (notions mal acquises, difficultés à résoudre les problèmes, surtout en ce qui concerne les statistiques) ; carences notoires en statistique (ils n'en ont jamais fait) ; probabilité étudiée superficiellement en Terminale, donc peu manipulée ; les notions de probabilité et de statistique leur posent des problèmes (n'ayant pas ou presque pas manipulé ces notions).

Les enseignants se posent beaucoup de questions : quels types de problèmes la statistique essaie-t-elle de résoudre ? Que doivent-ils savoir sur les différentes heuristiques ? Quelles sont les caractéristiques des différents outils statistiques ? Quelles sont les différentes applications que la statistique peut avoir ? Où trouver les notions de statistique à maîtriser ? Pour la comprendre la moyenne, par exemple, quelle méthode doit-on connaître ? En statistique, quelle est l'utilité du calcul des déciles ? Comment interpréter ce calcul ? En réalité, on ne peut espérer changer les conditions de l'enseignement de la statistique sans changer solidairement les contenus de cet enseignement. Ainsi, on ne peut guère envisager que, pour se former à la statistique en vue de l'enseigner, les professeurs aient besoin de se pencher sur les questions mentionnées ci-haut et que, dans le même temps, ces questions restent à la porte des classes, au lieu d'être elles-mêmes travaillées dans la classe avec les élèves.

La statistique : pour le constat, l'explication, l'action

La statistique « sert à démontrer qu'il y a plus de morts en temps de guerre qu'en temps de paix », a noté le journaliste, écrivain et humoriste Alphonse Allais. Définition certes humoristique, illustrant bien le caractère d'évidence de certaines démonstrations statistiques. Mais combien de faits ne sont devenus des évidences qu'après avoir été démontrés. Par exemple, en milieu éducatif, la liaison entre la réussite scolaire et l'origine sociale est de ceux-là. Bien sûr que le fait d'avoir établi cette liaison ne résout pas les problèmes d'équité et de l'égalisation des chances pour tous à l'éducation ; c'est pourtant le premier pas, indispensable, vers sa résolution. La statistique permet de connaître pour agir. Elle serait un bien piètre outil si, justement, elle ne permettait pas de dépasser le simple niveau du constat pour atteindre celui de l'explication, de l'action.

« La statistique est l'art de préciser ce qu'on ignore », affirmait l'homme politique et historien Adolphe Thiers. Il est impossible, en ce début du 21e siècle, de penser statistique sans évoquer les sondages d'opinion dont les résultats font la *une* des quotidiens ou des hebdomadaires, tout particulièrement au cours des périodes pré-électorales, sans parler de ceux qui ne sont jamais publiés. Les résultats parfois contradictoires selon les instituts de sondage, et l'excessive précision des pourcentages annoncés ne sont certainement pas le meilleur gage de scientificité. Les hommes politiques ne s'y trompent d'ailleurs pas : ils retiennent, voire vénèrent les sondages qui leur sont favorables et ignorent ou abhorrent les autres.

Le recueil et le traitement des données statistiques ne sont pas choses nouvelles. L'histoire en fournit maints exemples. Plus de 3 000 ans avant Jésus-Christ, les Chinois utilisaient des tables de statistiques agricoles ; les Égyptiens établissaient des renseignements de population et relevaient régulièrement les hauteurs des crues du Nil afin de déterminer l'impôt. C'est à cause d'un recensement que Jésus-Christ est né dans une étable. On cite 69 recensements pour la seule ville de Rome et, selon le plus célèbre des historiens latins, Marcus Cornelius Tacite, l'empereur Auguste aurait, le premier, établi un bilan de l'ensemble des richesses de l'empire romain.

Le stade essentiellement descriptif est dépassé à partir du 17e siècle, particulièrement en Angleterre, plus tardivement en France : étude des taux de mortalité par tranches d'âges ou en fonction du sexe, des proportions de naissances masculines ou féminines ; études comparatives de taux de mortalité infantile. On en a tiré des conclusions qui paraissent évidentes aujourd'hui parce qu'elles ont été confirmées. Par exemple, « les femmes vivent plus longtemps que les hommes » (Deparcieux, 1746). En 1801, Jean-François Chaptal fait procéder au premier recensement général de la population française. La phase d'interprétation et de d'analyse critique des données s'est affinée et s'est développée.

Au début du 18e siècle, le mathématicien et physicien Jacques Bernoulli (1654-1705) énonce la *loi des grands nombres* qui permet d'interpréter la probabilité comme une fréquence, justifiant ainsi le principe des sondages, et qui présente l'*espérance mathématique* comme une moyenne. En d'autres termes, cette loi signifie que, lorsqu'on effectue un tirage aléatoire dans une population de grande taille, plus l'échantillon choisi est grand, plus ses caractéristiques sont proches de celles de la population-mère. Un siècle plus tard, le mathématicien et physicien Pierre-Simon Laplace (1749-1827) publie la *Théorie analytique des probabilités* (1812) et le mathématicien, physicien et astronome Carl Friederich Gauss formule la *loi normale*. Les conditions du développement de la statistique moderne sont ainsi réunies. Son champ d'application ne cessera alors de croître. Au cours des dernières années, l'introduction de l'électronique, de l'informatique et la facilitation des calculs qu'elles entraînent, de l'utilisation de la simple calculatrice à celle des ordinateurs, en multiplient prodigieusement les possibilités.

Méthode de raisonnement permettant d'interpréter les données dont le caractère essentiel est la *variabilité*, la statistique s'appuie sur les théories probabilistes. Elle permet d'établir des conclusions probables sur des ensembles imparfaitement connus. *Science de l'incertain*, elle cherche à établir les limites de l'incertitude. *Science autonome*, son apport aux autres sciences, qu'il s'agisse de l'agronomie, de la biologie, de la psychologie, de la médecine, de l'économie ou de la technologie est incontestable et incontesté. En sciences de l'éducation, notamment en psychopédagogie et en didactique, sa place et son rôle sont importants. Maîtriser l'outil statistique dans son utilisation pédagogique et didactique est d'ailleurs l'un des objectifs principaux assignés à cet ouvrage. L'ouvrage choisit d'employer un langage simple, de n'utiliser que des symboles nécessaires aux raisonnements mathématiques, et d'admettre certaines formules sans démonstration. Ce choix est délibérément fait en fonction du public hétéroclite auquel s'adresse cet ouvrage.

Considérons les exemples suivants qui montrent que les probabilités et la statistique nous servent réellement sans nous ligoter.

1. *Deux hommes décident de jouer à Pile ou Face et conviennent que le premier qui aura gagné six coups recevra 100 000 GNF. Mais la partie est interrompue au bout de huit coups et le vainqueur mène par 5 à 3. Comment répartir la mise ?*

Ce type de problème avait été abordé par de nombreux mathématiciens italiens de la Renaissance, notamment Pacioli, Cardan et Tartaglia ; mais aucun d'eux n'avait obtenu la solution complète. Fermat opta pour l'énumération de toutes les situations possibles, déterminant pour chacune d'elles le vainqueur global. Il pouvait dire que le vainqueur devait recevoir les 100 000 GNF puisque le pari était total et que celui-ci restait en tête. Mais il pouvait aussi dire que le vainqueur n'avait droit qu'à 5/8ᵉ de la mise et le vaincu 3/8ᵉ, puisque la partie n'était pas finie.

Le calcul devenant extrêmement fastidieux à mesure que le nombre de parties augmente, le physicien, mathématicien, philosophe et théologien Blaise Pascal (1623-1662) préféra aborder ce problème dans le cadre de la théorie des probabilités. Aussi, pouvait-il dire que le vainqueur avait 7 chances sur 8 de gagner (la seule façon pour le second de remporter la partie étant de gagner trois fois d'affilée, évènement dont la probabilité est de $(\frac{1}{2})^3$ soit 1/8). Dans ce cas, le vainqueur recevrait 7/8 de la mise et le vaincu 1/8.

Dans son *Traité du triangle arithmétique*, Pascal met au jour une relation entre les nombres de son triangle et les combinaisons requises, chaque ligne du triangle donnant les coefficients du développement binomial.

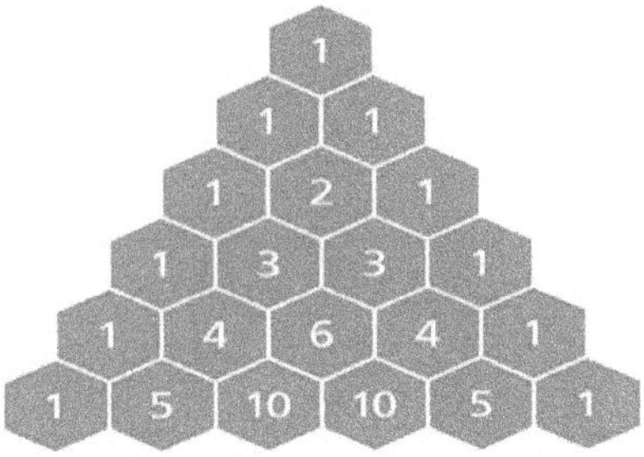

Par exemple, la troisième ligne du triangle porte les nombres 1, 3, 3, 1, coefficients du développement de $\mathbf{(a + b)^3 = a^3 + 3a^2b + 3ab^2 + b^3}$, le nombre 3 dans le deuxième terme indiquant qu'il y a 3 combinaisons $\mathbf{a^2b}$, à savoir **aab**, **aba** et **baa**. En regardant la bonne ligne sur son triangle, Pascal pouvait ainsi rapidement déterminer la répartition des mises. Si le joueur Alpha a besoin de deux parties pour gagner alors que le joueur Gamma en a besoin de trois, l'un des joueurs doit gagner au moins quatre parties ; la ligne 1, 4, 6, 4, 1 montre alors qu'on doit diviser les mises dans le rapport (1 + 4 + 6)/(4 + 1), soit 11/5.

L'ouvrage montre comment de nouveaux problèmes de probabilités naissent à partir de questions aussi simples que le dénombrement des différentes façons d'assembler des objets. Ainsi, l'énumération des chemins qu'une élève, comme Maï, peut prendre pour se rendre à l'école est étroitement liée au fameux *triangle de Pascal*, lequel sert à résoudre nombre de questions élémentaires de probabilités.

2. *On considère quatre dés A, B, C et D numérotés de la façon suivante : Le dé A comporte le chiffre 4 sur quatre faces et 0 sur les deux autres ; le dé B, le chiffre 3 sur ses six faces ; le dé C, le chiffre 2 sur quatre faces et 6 sur les deux autres ; le dé D, le chiffre 5 sur trois faces et 1 sur les trois autres. Si l'on jette ensemble les dés A et B, A gagnera deux fois sur trois en indiquant un numéro plus élevé ; la même chose pour B par rapport à C, et pour C par rapport à D. Néanmoins, si D est joué contre A, il gagnera aussi deux fois sur trois. En bref, deux fois sur trois, A battra B qui battra C qui battra D qui battra A.*

On peut tirer profit de cette bizarrerie des probabilités en proposant à quelqu'un de choisir le dé qu'il veut et, en choisissant après coup, un dé qui le battra deux fois sur trois. S'il choisit B, vous prendrez A ; s'il choisit A, vous choisirez D, etc. Le fait que le dé C soit meilleur que le dé D mérite une explication. La moitié du temps, le dé D indiquera 1 et le dé C gagnera automatiquement. L'autre moitié du temps, avec un 5 sur le dé D, le dé C gagnera une fois sur trois. Le dé C gagnera donc [1/2 + (1/2 x 1/3)] = 2/3 du temps. Le même calcul montre pourquoi le dé D battra le dé A dans les mêmes proportions. Cette espèce de non-transitivité (X bat Y qui bat Z qui bat W, mais W bat néanmoins X) est à la base de nombreux *paradoxes* de votes étudiés par le philosophe et mathématicien Marie Jean Antoine Nicolas de Caritat (1743-1794), marquis de Condorcet, connu sous le nom de Nicolas de Condorcet, au dix-huitième siècle.

La possibilité d'aboutir à une irrationalité collective en partant d'une rationalité individuelle apparaît dans l'exemple suivant, légère adaptation de la thèse de Condorcet.

3. *Considérons trois candidats à une fonction publique, que l'on nommerait Dukakis, Gore et Jackson, en souvenir des élections primaires démocrates de 1988 aux États-Unis. L'hypothèse est la suivante : 1/3 de l'électorat préfère Dukakis à Gore et Gore à Jackson ; 1/3 préfère Gore à Jackson et Jackson à Dukakis ; 1/3 préfère Jackson à Dukakis et Dukakis à Gore.*

Il n'y a, jusque-là, aucun problème. Mais si l'on examine les « duels » possibles, un paradoxe apparaît. Chacun des trois candidats pourra clamer que 2/3 des votants le préfèrent à l'un de ses concurrents (Dukakis/Gore, Gore/Jackson, Jackson/Dukakis). Si le choix collectif est déterminé par un vote à la majorité, la « collectivité » préfèrera Dukakis devant Gore, Gore devant Jackson, mais Jackson devant Dukakis. Donc, même si les préférences individuelles de tous les électeurs sont rationnelles, c'est-à-dire transitives (si quelqu'un préfère X à Y et Y à Z, il préfèrera X à Z), il ne s'ensuit pas nécessairement que les préférences collectives déterminées par un vote à la majorité le sont aussi.

En réalité, les choses peuvent encore être bien plus complexes. À propos de l'élection présidentielle de 1980, par exemple, le comédien, acteur et satiriste social américain d'origine canadienne Morton Lyon Sahl (1927-2021) a observé que les gens votaient moins pour Reagan que contre Carter et que si Reagan n'avait pas eu d'adversaire il aurait perdu. Il faut se garder d'en conclure hâtivement que le paradoxe de Condorcet et la plaisanterie de Sahl sont irréalistes. En effet, l'économiste Kenneth Joseph Arrow (1921-2017), cotitulaire, avec John Hicks, du prix Nobel d'économie en 1972, a su démontrer sur une large échelle que cette situation se retrouve dans tous les systèmes électoraux. Il a prouvé, en particulier, qu'aucune démarche visant à déduire un choix collectif de choix individuels ne peut garantir absolument la vérification des quatre conditions minimales suivantes : (i) le choix collectif doit être transitif ; (ii) le choix individuel doit se restreindre aux alternatives possibles ; (iii) si chaque électeur préfère X à Y, alors la collectivité doit préférer X à Y ; enfin, (iv) aucun choix individuel ne détermine automatiquement un choix collectif.

La théorie des probabilités est partie, au 18e siècle, de problèmes de jeu, et cet aspect ludique continue de lui conférer aujourd'hui encore un certain attrait. Ici, on évoque les jeux à deux joueurs, les jeux à somme nulle ou non nulle et les jeux stratégiques.

Le jeu à deux joueurs, jeu à somme nulle

Le type le plus simple de jeu est le jeu à deux joueurs, à deux stratégies et à somme nulle - un jeu dans lequel deux joueurs parfaitement rationnels sont résolus à gagner et dont le score total est nul, c'est-à-dire les gains d'un joueur égalent les pertes de l'autre. Considérons, par exemple, deux enfants seuls face à un gâteau. Comment faire le partage du gâteau sans qu'aucun d'eux ne se sente lésé ? La solution s'effectue en deux temps : l'un des enfants découpe le gâteau, puis l'autre choisit sa part. Tous deux voudraient avoir la plus grosse part. Mais, si on suppose rationnellement que chaque enfant connaît la cupidité de l'autre, il y a une solution optimale. Le premier enfant doit découper le gâteau de la manière la plus honnête possible, car s'il y fait une part plus grosse, l'autre enfant la prendra immanquablement. Selon la théorie dite du « minimax », due à Neumann, ce problème admet un « point selle », c'est-à-dire une solution optimale qui satisfait les deux joueurs. Cette théorie fut élargie pour inclure davantage de joueurs, mais son application devient vite délicate à mesure que le nombre de joueurs nombre augmente.

Jeu à somme non nulle

Dans les années 1940, John Forbes Nash généralisa la théorie de von Neumann aux jeux à somme non nulle. Un exemple de tels jeux est fourni par la Bourse : le nombre de gagnants et de perdants varie, et la masse d'argent en jeu évolue avec l'accroissement de la capitalisation. Nash a découvert que les jeux à somme non nulle admettent également une solution d'équilibre. Il a démontré l'existence de scénarios dans lesquels l'issue optimale ne résulte pas de ce qui semble être à l'évidence le déroulement de l'action. Un exemple célèbre de ce processus est fourni par le dilemme dit « du prisonnier » conçu par Melvin Dresher.

Deux hommes sont arrêtés pour une violation de la loi et placés dans des cellules distinctes. Si l'un avoue, il recevra une récompense et l'autre recevra une amende ; si tous les deux avouent, ils recevront une amende ; et si aucun d'eux n'avoue, ils seront libérés. Le dilemme est que l'issue optimale, pour tous les deux, consiste à rester muets afin d'être relâchés. Mais la crainte que cette stratégie se retourne contre soi si l'autre avoue peut conduire les deux hommes à avouer, auquel cas ils recevront tous deux une amende.

Ce type de jeux de stratégie et de scénarios a fait l'objet d'applications dans le domaine des négociations, qu'elles soient militaires, professionnelles ou personnelles. On a expérimentalement constaté que les gens avaient un sens aigu de l'issue théoriquement optimale et qu'une trahison occasionnelle se traduisait immédiatement par des représailles de l'adversaire – tactique d'« un prêté pour un rendu ».

Jeux stratégiques, jeux à somme non nulle

La terminologie utilisée dans les jeux stratégiques repose essentiellement sur les deux mots « coopération » et « trahison ». La théorie des jeux fut, par la suite, grandement critiquée pour le cynisme avec lequel elle percevait l'être humain comme fondamentalement égoïste. Des études ont toutefois montré que les stratégies des gens dans la vie réelle traduisent une sensibilité au gain relatif. Dans un jeu à somme nulle, une partie nulle laisse chaque joueur tel qu'il était au début de la partie. En revanche, dans un jeu à somme non nulle – la Bourse, par exemple -, les gains et les pertes sont relatifs, et le jeu consiste davantage à maximiser ses gains qu'à battre l'adversaire. La coopération devient ainsi plus courante si les adversaires retirent chacun un gain de leur démarche. Bien qu'initialement lente à se développer, la théorie des jeux est aujourd'hui partie intégrante de l'analyse de l'économie du marché. Son utilisation lors de récentes privatisations a entraîné un accroissement des prix de vente et ouvert de nouveaux marchés au développement. Le marché mondial est une scène changeante de collaborations et de compétitions – un univers de théorie des jeux.

La statistique comme « maths appliquées »

La statistique ne relève pas uniquement des maths qui ne sont qu'un instrument. Sa raison d'être consiste à appréhender le monde réel à partir des observations que l'on en fait. C'est pourquoi elle est rangée dans le domaine des maths appliquées. La statistique a débuté au même siècle que la théorie des probabilités par la compilation de tables de mortalité et l'on peut dire, de la même manière, qu'elle demeure marquée par ses origines. Il existe deux types de statistique : la *descriptive* et l'*inférentielle*. Il est vrai que la statistique descriptive (la plus ancienne et la mieux connue du public) paraît quelquefois un peu morne avec ses énumérations monotones de tranches, de moyennes et d'écarts-types ; mais elle ne l'est pas toujours. L'inférence statistique est intéressante en ce qu'elle se sert des probabilités pour faire des prévisions, évaluer les principales caractéristiques d'une population et tester la validité de certaines hypothèses.

Le principe de la vérification statistique d'une hypothèse est simple. On fait une supposition (souvent appelée rébarbativement « *hypothèse zéro* » ou « *hypothèse nulle* ») ; on définit l'expérimentation, on la réalise, puis on détermine par des calculs si les résultats sont suffisamment crédibles pour confirmer l'hypothèse. S'ils ne le sont pas, on rejette l'hypothèse ou on adopte provisoirement une hypothèse alternative. En ce sens, les statistiques sont aux probabilités ce que la technique est à la physique, une science appliquée fondée sur une discipline de base intellectuellement stimulante.

Voici un autre exemple de vérification statistique.

4. *Supposons qu'on parte de l'hypothèse que 15 % au moins des voitures circulant dans la région de Conakry sont des Toyota Corolla. Nous observons mille voitures passant dans des carrefours représentatifs du Grand Conakry et nous notons seulement quatre-vingts Toyota Corolla.*

En utilisant la théorie des probabilités et en tenant compte de l'hypothèse nulle, on calcule que la probabilité de ce résultat est bien au-dessous de 5 %, généralement considéré comme seuil de signification. Et on rejette donc l'hypothèse, à savoir que 5 % des voitures de la région de Conakry sont des Toyota Corolla.

Des « erreurs de type 1 », des « erreurs de type 2 »

En faisant une expérience statistique, on peut commettre deux sortes d'erreurs. De façon très originale, ces erreurs ont été baptisées « erreurs de type 1 » et « erreurs de type 2 ». L'erreur de type 1 consiste à accepter une hypothèse fausse ; l'erreur de type 2 consiste à rejeter une hypothèse exacte. Ainsi, si un grand nombre de Toyota Corolla circulent dans le Grand Conakry à la suite d'une démonstration quelconque et que l'on en déduise que 15 % au moins des voitures de la région sont des Toyota Corolla, on fait une erreur de type 1. Inversement, si l'on ne pense pas au fait que la plupart des Toyota Corolla de la région sont peut-être dans leur garage et non sur la route, et que l'on rejette l'hypothèse exacte, on commet une erreur de type 2.

Le même genre de considération s'applique à la pharmacie, notamment au Laboratoire National de Contrôle de qualité des médicaments et à la Commission Nationale d'autorisation de mise sur le marché des médicaments par la pharmacie centrale de Guinée (PharmaGuinée). En Guinée, l'article 8 de la loi ordinaire N° L/2018/024/AN relative aux médicaments, produits de santé et à l'exercice de la profession de pharmacien stipule que :

« *La commission d'autorisation de mise sur le marché des médicaments propose au Ministre en charge de la santé, selon les cas, d'accepter un médicament, de le rejeter ou de faire procéder à son expertise* ». Cela requiert, en vertu de l'article 20 de ladite loi, que « *Toute promotion d'un médicament doit être sincère, éthique, fiable, exacte, véridique, instructive, équilibrée, à jour, de bon goût, et justifiable. Elle ne doit contenir ni affirmation fallacieuse ou invérifiable ni omission pouvant entraîner la consommation médicalement injustifiée d'un médicament ou faire courir des risques indus aux malades* ».

Il y aura toujours, bien sûr, des gens pour se plaindre à la fois de la rigidité de ladite Commission lorsque celle-ci tarde à accepter un médicament qui est approuvé par ledit Laboratoire et qui pourrait soulager des souffrances, et de la négligence de ladite Commission lorsqu'elle accepte trop vite un autre médicament pouvant entraîner de graves complications. Tout comme la Commission de contrôle pharmaceutique, qui doit évaluer la probabilité d'une erreur de type 1 (accepter un médicament nocif) et celle d'une erreur de type 2 (refuser un médicament utile), on doit, sans cesse, faire ce genre d'évaluation pour soi-même. Devons-nous, par exemple, tenter une opération chirurgicale ou nous en tenir à un traitement médical ? Aliou doit-il demander en mariage la main d'Aïssa et risquer un refus, ou doit-il se taire pour préserver son amour-propre, mais risquer de ne jamais savoir qu'Aïssa lui aurait dit oui ?

Le même genre de considérations s'applique à l'industrie. Il arrive souvent qu'à la suite d'une déficience mécanique pour vice de fabrication ou d'une série de produits défectueux (ampoules, boîtes de potage, composants électroniques, préservatifs, etc.) on souhaite procéder à des contrôles pour s'assurer que tout est rentré dans l'ordre. Mais, comme dans la plupart des cas, le contrôle exhaustif coûterait une fortune ; on se contentera de contrôler des échantillons de chaque lot. Ces contrôles permettent de vérifier qu'il n'y a plus ou presque plus d'objets défectueux dans l'échantillon testé ; mais toutes les unités produites ne sont pas vérifiées ni vérifiables. Il existe presque toujours un phénomène de compensation entre le prix et la qualité d'un produit, entre les erreurs de type 1 (accepter un lot contenant trop d'unités défectueuses) et les erreurs de type 2 (rejeter un lot qui contient très peu d'articles défectueux). En outre, si le principe de cette compensation n'est pas reconnu et accepté, il y a une tendance à nier ou à cacher l'existence des inévitables articles défectueux, ce qui complique d'autant les contrôles de qualité.

De façon générale, quelle que soit l'hypothèse expérimentale formulée par le chercheur (H_1), le statisticien pose toujours l'hypothèse nulle (H_0). À l'issue de son test d'hypothèse, le statisticien prend une décision : il accepte ou rejette H_0. En prenant cette décision, il court un risque d'erreur qu'il maîtrise, en partie, avec le choix du seuil (P). Quelle que soit la décision prise par le statisticien, l'hypothèse nulle est vraie ou fausse. Le statisticien risque donc de commettre deux types différents d'erreurs qu'on peut résumer à l'aide du tableau suivant :

		Réalité	
		H_0 vraie	H_0 fausse
Décision du statisticien	H_0 acceptée	Accord	Erreur II
	H_0 rejetée	Erreur I	Accord

- *Erreur I* : c'est celle que l'on commet lorsqu'on rejette H_0 alors que H_0 est vraie. On peut diminuer ce risque d'erreur I en diminuant le seuil P.
- *Erreur II* : c'est celle que l'on commet lorsqu'on accepte H_0 alors que H_0 est fausse. On peut diminuer ce risque d'erreur I en augmentant le seuil P.

Le paradoxe de la statistique inférentielle, c'est qu'en diminuant le premier risque d'erreur (I), on accroît le second risque d'erreur (II), et réciproquement. Le test d'hypothèse permet la vérification, toujours entachée d'un *risque d'erreur*, de l'hypothèse nulle (H_0) formulée et, par déduction, de l'hypothèse expérimentale (H_1). Le choix du test n'est jamais arbitraire ; il dépend du type de données utilisées, du niveau des mesures, de la forme et des effectifs des distributions de mesure, et il doit *nécessairement être justifié*. Le test d'hypothèse aboutit à la détermination d'une *valeur calculée* (ou observée). Les conclusions (infirmation ou confirmation de l'hypothèse) se font à partir de la comparaison de cette valeur calculée avec une ou plusieurs *valeurs lues* (ou théoriques) d'une loi tabulée. Deux cas sont alors envisageables :

a) La comparaison permet de conclure au *rejet de l'hypothèse nulle* : cela signifie, à un seuil de probabilité donné ou choisi (donc avec un risque d'erreur défini), que la différence constatée ne peut pas s'expliquer uniquement par les variations de type aléatoire et qu'elle résulte donc d'une variation systématique. Rejeter l'hypothèse nulle, c'est (au risque d'erreur encouru près) apporter la *preuve d'une différence* due à une variation systématique.

b) La comparaison ne permet pas de conclure au rejet de l'hypothèse nulle ; on dit alors qu'on accepte l'hypothèse nulle et cela signifie, à un seuil de probabilité donné ou choisi (donc avec un risque d'erreur défini) que les différences constatées peuvent être dues à des facteurs aléatoires. Accepter l'hypothèse nulle, c'est donc (au risque d'erreur encouru près) *ne pas pouvoir apporter la preuve d'une différence* due à une variation systématique, ce qui, bien entendu, ne signifie absolument pas qu'on a apporté la preuve d'une absence de différence systématique.

Définir les caractéristiques d'une population donnée (par exemple, le pourcentage de personnes favorables à un certain candidat aux élections communales ou à une marque de pâtes alimentaires) est aussi simple au niveau du principe que la vérification statistique. On choisit un échantillon aléatoire ; on détermine quel pourcentage de cet échantillon est pour le candidat (disons 45 %) ou pour la marque de pâtes alimentaires (disons 28 %) et l'on pose que ces pourcentages sont représentatifs de l'opinion générale. Il est important d'apporter un grand soin au choix de l'échantillon pour que le résultat soit assez crédible. Le problème évident avec les sondages du style « 67 % ou 75 % des médecins interrogés préfèrent les comprimés X » est qu'ils peuvent se fonder sur des échantillons minuscules de trois ou quatre personnes. Le cas est encore plus flagrant lorsqu'une célébrité quelconque vante les mérites d'un régime ou d'un médicament ou de n'importe quoi, et que l'échantillon se réduit à une seule personne (souvent payée de surcroît !).

Retenons qu'il est plus difficile de savoir quelle confiance on doit accorder à de tels sondages que de réaliser les sondages eux-mêmes. Si l'échantillon est important, on peut présumer que ses caractéristiques se rapprochent de celles de la population globale. Et notre confiance peut être d'autant plus grande que cette population n'est ni trop variée, ni trop dispersée. En utilisant quelques principes et théorèmes de probabilités et de statistique, on peut définir ce que l'on appelle des « *intervalles de confiance* », c'est-à-dire des probabilités pour un échantillon d'être représentatif de la population globale. Et même si l'échantillon est suffisamment grand et représentatif, on ne peut généraliser l'information qu'en termes probabilistes, sous forme de « fourchette », avec un risque d'erreur connu, accepté et qui doit être clairement énoncé.

Par exemple, un intervalle de confiance de 95 % pour le pourcentage d'électeurs favorables au candidat Lambda donne une estimation de 45 % plus ou moins 6 %. Cela veut dire que l'on peut être sûr à 95 % que le pourcentage de la population se trouvera dans une fourchette de 6 % par rapport au pourcentage simple (donc que 39 % à 51 % de cette population sont pour le candidat Lambda). De même, un intervalle de confiance de 99 % donnant 28 % plus ou moins 11 % de consommateurs favorables à la pâte *Barilla lasagne* signifie que l'on peut être certain à 99 % que les consommateurs potentiels de ce type de macaroni se situeront dans une fourchette de 11 % par rapport au chiffre obtenu (ici, entre 17 % et 39 %).

Mais, comme pour les vérifications statistiques, on n'a rien sans rien. Pour des échantillons d'une taille donnée, plus la fourchette d'estimation sera étroite (et plus grande la précision), moins on devra avoir confiance. Inversement, plus la fourchette d'estimation sera grande (et plus faible la précision), plus on pourra lui accorder de crédit. On peut, certes, toujours diminuer la fourchette d'estimation et accroître la fiabilité du sondage en augmentant la taille de l'échantillon, mais cela coûte cher. Les enquêtes ou les sondages qui ne mentionnent pas de fourchette d'estimation ou de marge d'erreur peuvent souvent être trompeurs. En fait, la plupart du temps, ces fourchettes ou ces marges d'erreur sont connues, mais on préfère ne pas les citer. Les précautions et les incertitudes sont rarement jugées indispensables à l'information.

Si, par exemple, le Ministère de la Jeunesse et de l'emploi Jeune annonce que le chômage a décru de 70 % à 60 %, sans préciser que la fourchette d'estimation est de plus ou moins 1 %, on peut avoir l'impression qu'il s'agit d'une bonne nouvelle. En réalité, compte tenu de l'erreur liée à l'échantillonnage (qui ne touche que les jeunes âgés de 21 à 30 ans, économiquement inactifs ou au chômage), il se peut que la baisse soit inexistante ou qu'il y ait même une légère hausse (surtout parmi la population instruite ou les jeunes diplômés). Si les marges d'erreur ne sont pas indiquées, il suffit de savoir qu'en gros, un échantillon de 1 000 jeunes ou plus donne un intervalle de confiance assez étroit dans la plupart des cas, mais qu'un échantillon de 100 personnes ou moins laisse une marge d'erreur trop grande, quel que soit l'objet du sondage.

Par ailleurs, nombreux sont les gens qui sont surpris du petit nombre d'individus que les enquêteurs interrogent pour établir leurs résultats, sachant que la largeur de la fourchette d'estimation, en pourcentages, varie inversement à la racine carrée de la taille de l'échantillon. En fait, ils interrogent généralement un nombre de personnes supérieur à ce qui serait nécessaire, en théorie, pour compenser les problèmes liés à l'échantillonnage aléatoire. Un échantillon de mille personnes donne une fourchette de + ou – 3 % pour une fiabilité de 95 %. Les enquêteurs utilisent souvent une fourchette de + ou – 4 % pour tenir compte des non-réponses ou d'autres difficultés.

Des difficultés liées au sondage

S'agissant des difficultés, considérons les problèmes liés à un sondage classique par téléphone. Les résultats du sondage sont-ils affectés par le fait que l'on écarte les foyers qui ne possèdent pas de téléphones ? Quels pourcentages d'individus refusent de répondre, ou raccrochent dès qu'ils comprennent qu'il s'agit d'un enquêteur ? Que se passe-t-il lorsqu'il n'y a personne, ou que ce sont les enfants qui répondent ? Quelle est l'incidence du sexe (ou de la voix, ou du comportement) de l'enquêteur sur les réponses obtenues ? L'enquêteur note-t-il toujours les réponses avec soin, et même avec honnêteté ? La méthode utilisée pour sélectionner les numéros de téléphone est-elle vraiment aléatoire ? Les questions sont-elles directives, biaisées ? Sont-elles compréhensibles ? Quelle réponse compte s'il y a deux adultes ou plus dans le foyer appelé ? Quelles méthodes sont employées pour pondérer les résultats ? Si le sondage porte sur un domaine où l'opinion change très vite, comment tenir compte de la durée de l'enquête ?

On rencontre les mêmes difficultés avec les enquêtes directes ou les sondages par courrier. Poser des questions directives ou prendre un ton insinuant est un piège fréquent dans les enquêtes directes, tandis que les sondages par courrier peuvent viser un échantillon trop sélectif au départ qui réagira d'une façon trop unanime (on appelle parfois ces échantillons sélectifs des "lobbies"). Les magazines et les journaux annoncent parfois des résultats biaisés fondés sur les réponses aux questionnaires qu'ils publient eux-mêmes. Ces sondages informels mentionnent rarement l'intervalle de confiance ou tout autre détail relatif aux méthodes utilisées, ce qui fait que la sélectivité de l'échantillon n'apparaît pas toujours au premier plan.

L'essentiel de la démarche statistique est de déduire des informations sur une population donnée à partir d'un petit échantillon aléatoire. Les différentes techniques utilisées (de l'induction énumérative de Francis Bacon aux théories de la vérification d'hypothèses et du modèle expérimental de Karl Pearson et de Ronald Aylmer Fisher, pères fondateurs de la statistique moderne) reposent toutes sur cette idée devenue évidente. Mais, pour obtenir les informations de départ, on peut être amené à employer des méthodes assez particulières.

Des méthodes particulières

La première méthode consiste à obtenir d'un groupe de personnes des renseignements délicats ou gênants, sans porter atteinte à l'intimité de leur vie privée. C'est, par exemple, le cas où l'on veut savoir combien de personnes se sont adonnées à certaines pratiques sexuelles, afin de déterminer l'incidence de ces pratiques sur le Sida. Une autre méthode, assez peu commune, est celle du « lâché-repris ». Supposons que l'on veuille évaluer le nombre de poissons contenus dans un certain lac. On attrape cent poissons, on les marque et on les remet à l'eau. On leur laisse le temps de se disperser, puis on pêche à nouveau cent poissons et on regarde combien d'entre eux sont marqués. S'il y en a huit, on peut raisonnablement estimer que les poissons marqués représentent 8 % de la population du lac.

Si 100 poissons marqués représentent 8 % des poissons existants, la population globale sera d'environ 1 250 poissons. Il faut, bien sûr, s'assurer que les poissons marqués ne meurent pas à la suite du marquage, qu'ils sont assez uniformément répartis dans tout le lac, qu'ils n'appartiennent pas tous à une espèce particulièrement lente ou facile à attraper, etc. Néanmoins, cette méthode du « lâché-repris » est assez efficace pour obtenir une bonne estimation approchée, et elle est à une portée plus grande que l'exemple des poissons pourrait le laisser penser. D'autres méthodes de ce genre sont nécessaires dans d'autres domaines, par exemple, l'analyse statistique d'écrits dont l'origine est parfois contestée (certains livres d'histoire, de la Bible, des *hadîths*[1], etc.), parce que les sources d'information (des morts) sont *de facto* peu coopératives.

Le *théorème central limite* établit qu'il en sera toujours ainsi, même dans des circonstances aussi nombreuses que variées. Les moyennes et les sommes de quantités anormalement distribuées auront néanmoins une distribution normale. Pour ce qui est des problèmes de mesure, ce théorème justifie le fait que les mesures d'une quantité quelconque tendent à suivre une « courbe

---

[1] *Hadiths* : Recueil des paroles du Prophète Muhammad (Que la Paix et le Salut d'Allah soient sur Lui !) traitant de plusieurs sujets concernant, entre autres, la croyance, les adorations, les relations sociales, le comportement, la politique, les pactes, les accords de paix, la guerre, le commandement, l'administration, la médecine, le monde invisible, etc.

d'erreur » normale, en forme de cloche, centrée sur la valeur réelle de la quantité mesurée. D'autres quantités tendant à avoir une distribution normale sont, par exemple, les poids et les tailles en fonction de l'âge, la consommation d'eau d'une ville en une journée, les largeurs des pièces fabriquées, le nombre d'admissions dans un grand hôpital un jour donné, la quantité de jus distribuée par une machine automatique.

Corrélation et causalité

Ces deux notions, fort différentes, sont souvent prises l'une pour l'autre et particulièrement par les personnes *achiffrées* (i.e., troublées, apeurées par les chiffres). Pourtant, deux quantités peuvent très bien être liées par une corrélation sans que l'une soit pour autant la cause de l'autre. Lors de l'étude simultanée de deux variables statistiques, on est amené à calculer le coefficient de corrélation linéaire (r) de ces deux variables. On apprend que cette corrélation est forte si $|r| > 0{,}87$. Mais est-ce vraiment significatif ?

Dans un exercice, on a étudié le nombre de postes de télévisions dans les foyers et le nombre de divorces $r = 0{,}98$. Peut-on en déduire que la TV fait divorcer ? Ce genre de méprise se produit fréquemment lorsque deux quantités ou deux données changent en même temps sous l'influence d'un troisième facteur. Un exemple bien connu est la corrélation modérée qui existe entre la consommation de lait et le nombre de cancers dans un certain nombre de sociétés. Cette corrélation s'explique probablement par la différence de niveau entre ces sociétés, les plus grandes consommatrices de lait étant aussi celles où les gens vivent plus longtemps et ont, par conséquent, plus de cancers.

Il arrive aussi que des données liées par une corrélation aient un lien causal, mais que d'autres facteurs, sources de confusion, compliquent ou obscurcissent cette relation de cause à effet. Par exemple, la corrélation négative existant entre le diplôme d'une personne (Licence, Maîtrise ou Doctorat) et son salaire de départ peut s'expliquer lorsqu'on éclaircit la question des employeurs potentiels. Par exemple, les docteurs en philosophie sont plus susceptibles d'accepter des postes relativement mal payés dans une université, alors que les titulaires d'une Licence ou d'une Maîtrise de sciences ou de gestion iront plutôt vers l'industrie ou les banques. Ce n'est pas le diplôme en lui-même qui diminue le salaire, mais les débouchés qui lui sont conjoncturellement offerts.

Par ailleurs, le tabac contribue, sans aucun doute et d'une façon importante, à l'apparition d'un cancer ou d'une maladie cardiaque ou pulmonaire. Mais, pendant des années, des facteurs liés au style de vie et à l'environnement socioprofessionnel ont occulté ce fait. Il existe aussi une petite corrélation entre le fait que, dans le monde occidental, une femme soit célibataire et son cursus universitaire. Mais, là encore, les facteurs « parasites » sont nombreux et il est difficile de savoir s'il y a effectivement une relation de cause à effet, et dans quel sens. Peut-être, est-ce le penchant d'une femme pour le célibat qui la pousse à faire des études universitaires, et non le contraire.

Il y a, finalement, de nombreuses corrélations qui sont purement accidentelles. Les études faisant état de corrélations infimes ne font souvent que rapporter des phénomènes de pur hasard, et n'ont pas plus de sens qu'une série de cinquante lancers à Pile ou Face dans laquelle on n'a pas obtenu des Faces la moitié du temps. Définir l'humour (propriété X) d'après le nombre de rires provoqués par une série de plaisanteries, puis l'autosatisfaction (propriété Y) en fonction du nombre de réponses positives à une liste de caractéristiques donnée, et dire ensuite que la corrélation entre l'humour et l'autosatisfaction est de 0,271 est complètement absurde !

L'analyse régressive, un autre outil statistique

Un autre outil statistique très important, l'analyse régressive, qui essaie d'introduire un rapport entre les valeurs d'une quantité X et celles d'une quantité Y, est lui aussi fréquemment employé à tort. Trop souvent, on voit des résultats du type Y = 2,5 + X, où X est une quantité aléatoire qui peut varier avec une telle ampleur que la relation présumée entre X et Y ne veut plus rien dire. Malheureusement, de telles études défectueuses sont souvent à la base de tests psychologiques d'embauche, de taux d'assurances ou de calculs de solvabilité. Ainsi, même si le candidat Lambda est tout à fait apte à occuper un poste donné, s'il mérite une prime d'assurance assez faible ou s'il peut supporter un crédit important, il pourra lui être difficile de faire valoir ses droits si ses « coefficients de corrélation » semblent ne pas être aussi bons qu'ils devraient l'être.

Des erreurs courantes de statistiques

Même si les notions que nous venons de voir peuvent toutes donner lieu à de fausses interprétations, les erreurs les plus courantes en statistique reposent souvent sur des choses aussi simples que des fractions ou des pourcentages. En voici quelques illustrations typiques.

1. Une statistique fréquemment citée est qu'*une femme sur onze aura un cancer du sein*. Ce chiffre induit en erreur, car il repose sur un échantillon imaginaire de femmes qui vivraient toutes jusqu'à 85 ans et qui auraient, à tous les âges, les mêmes chances d'avoir un cancer qu'à cet âge-là. Or, une minorité de femmes seulement vivent jusqu'à 85 ans, les taux varient avec l'âge et sont beaucoup plus élevés pour les femmes âgées. À 40 ans, une femme sur mille est atteinte d'un cancer du sein chaque année ; à 60 ans, le taux est de 1/500. Une quadragénaire-type a environ 1,4 % de chances d'avoir un cancer avant l'âge de 50 ans, et 3,3 % de chances d'en avoir un avant soixante ans.

2. Un autre exemple d'une statistique techniquement correcte mais induisant en erreur est le fait de dire que *les maladies cardiaques et le cancer sont les deux principales causes de mortalité aux États-Unis.* C'est indubitablement exact ; mais, selon les Services américains de contrôle des maladies, ce sont les morts accidentelles (accidents de voiture, empoisonnements, noyades, chutes, brûlures, armes à feu) qui entraînent les plus grosses pertes en années de vie potentielle, l'âge moyen des victimes étant considérablement plus bas que celui des victimes du cancer ou des maladies cardiaques.

3. *Les pourcentages* que l'on apprend pourtant au Primaire *sont continuellement mal employés.* En effet, malgré une opinion largement répandue, un article dont le prix a été augmenté de 50 % puis réduit de 50 % n'a, en fait, subi qu'une réduction de 25 %. De même, une robe dont le prix a été cassé de 40 %, puis une nouvelle fois de 40 % est seulement 64 % moins chère, et non 80 %.

- Faire des additions, même si c'est amusant et facile, n'est pas toujours approprié. Par exemple, si chacun des dix articles utilisés dans la fabrication d'un produit quelconque augmente de 8 %, le prix du produit augmentera lui aussi de 8 % et non de 80 %.
- Un météorologue avait commis ce genre d'erreur en annonçant que 50 % de risques de pluie pour le samedi + 50 % de risques de pluie pour le dimanche équivalaient à 100 % de risques de pluie pour le weekend. Un autre annonça un jour qu'il fera deux fois plus chaud le lendemain, puisque les températures allaient grimper de 25 à 50 degrés.
- À l'heure où les dentifrices traditionnels sont de plus en plus décriés à cause de leur contenu en fluor et en aluminium et de leurs effets néfastes sur la santé buccale, le nouveau dentifrice qui, selon le spot publicitaire, supprimerait les caries à 200 %, devrait être capable de les supprimer deux fois plus : une première fois en comblant les trous et une seconde fois en formant une bosse dessus.

Ce chiffre de 200 %, s'il signifie quelque chose, indique peut-être que le nouveau dentifrice réduirait les caries de 30 % alors que les anciens dentifrices ne les réduisaient que de 10 % (la réduction de 30 % représentant un progrès de 200 % par rapport aux 10 % de départ). Mais cette dernière explication, si elle est plus juste, est moins spectaculaire ; cela explique qu'elle ne soit pas utilisée. Une bonne attitude à adopter devant un pourcentage est de toujours se demander : « Pour-cent de quoi ? ». Par exemple, si des bénéfices sont de 12 %, s'agit-il de 12 % des frais, des ventes, des bénéfices de l'année précédente ou de quoi ?

4. *Les fractions sont une autre source de frustration* pour les achiffrés. Combien d'écoliers (dont ceux de Guinée) seraient incapables de passer un examen tout simple à base de fractions, de décimaux, de pourcentages et de conversions entre les uns et les autres ? Aux États-Unis, un homme agressé au centre-ville déclare que son agresseur était un Noir. Pourtant, lors de multiples reconstitutions de l'agression dans des conditions similaires d'éclairage, la

victime n'identifie correctement la race de son agresseur que dans 80 % des cas. Quelle est la probabilité que son assaillant ait effectivement été noir ?

Beaucoup de gens répondront 80 %, bien sûr, alors que le chiffre correct, compte tenu d'un certain nombre d'hypothèses raisonnables, est beaucoup plus bas. On peut considérer les hypothèses suivantes : (i) on compte à peu près 90 % de Blancs pour 10 % de Noirs ; le quartier où l'agression a eu lieu est représentatif de cette proportion ; (ii) aucune race n'est prédisposée plus que l'autre à commettre une agression, et la victime peut aussi bien se tromper dans un sens que dans l'autre, c'est-à-dire prendre un Blanc pour un Noir ou un Noir pour un Blanc.

Cela étant, pour une centaine d'agressions se produisant dans des circonstances identiques, la victime croira dans vingt-six cas avoir affaire à un Noir (80 % des 10 personnes effectivement noires, soit 8, plus 20 % des Blancs, soit 18, ce qui donne un total de 26). Ainsi, comme huit seulement des personnes prises pour des Noirs étaient effectivement noires (sur vingt-six), la probabilité que la victime ait été attaquée par un Noir, en étant persuadée de l'avoir été, est seulement de 8/26, soit environ 31 % ! Ce calcul est similaire à celui qui portait sur les faux résultats positifs de certaines analyses de laboratoire. Comme lui, il démontre que mal interpréter une fraction peut être une question de vie ou de mort.

5. En 1980, les femmes américaines gagnaient 59 % de ce que gagnaient les hommes. Bien qu'elle ait été maintes fois citée depuis, cette statistique n'est pas assez solide pour supporter tout ce qu'on lui a fait supporter. D'abord, sans autres informations, on ne savait pas très bien ce qu'elle signifiait. Est-ce que les femmes ne gagnaient que 59 % des salaires masculins à travail égal ? Est-ce que ce chiffre tenait compte du nombre croissant de femmes sur le marché du travail, de leur âge et de leur expérience ? Tenait-il compte du fait que de nombreux métiers exercés par les femmes étaient relativement peu payés (emplois de bureau, enseignement, professions paramédicales, etc.) ? Tenait-il compte du fait que c'était généralement la profession du mari qui déterminait la résidence du couple ?

La réponse à toutes ces questions est non. Le chiffre brut indiquait simplement que le salaire moyen des femmes travaillant à plein-temps était égal à 59 % de celui des hommes. Lorsque les statistiques sont fournies de manière aussi « nue », sans préciser l'échantillonnage ni les méthodes employées, il nous reste deux solutions : hausser les épaules ou, si elles nous intriguent assez, essayer de retrouver par nous-mêmes ce qui les fonde.

La résolution de problèmes, pierre angulaire de l'enseignement-apprentissage des maths

Proposer la résolution de problèmes (désormais RP) comme la pierre angulaire de l'enseignement et de l'apprentissage des maths, en général, des probabilités et de la statistique, en particulier, tel est l'objectif général assigné à cet ouvrage. L'expérience de l'enseignement que nous avons donné à des futurs enseignants de Guinée, du Mozambique, des États-Unis et du Canada, en majorité de formation littéraire, au cours des quatre dernières décennies, nous a montré qu'il n'était point besoin, pour ce faire, d'un niveau sophistiqué de connaissances mathématiques. Cette expérience nous a montré que les connaissances des élèves (élèves-maîtres) se construisent à travers de véritables activités de RP, incitant ces derniers à résoudre des problèmes qui ont du sens pour eux dès le départ ou dont le sens leur apparaît très vite au cours de leur résolution. Les sujets ne sont plus amenés à construire uniquement des savoirs, des savoir-faire ou des conceptions, mais à bien mobiliser des savoir-agir qui leur permettent de résoudre des problèmes complexes et authentiques.

Trois intentions didactiques

En contexte d'enseignement-apprentissage par la RP, il est essentiel que l'enseignante détermine avec précision les intentions didactiques qu'elle poursuit afin de choisir un ou plusieurs problèmes qui permettent de faire cheminer les élèves vers cet apprentissage. L'ouvrage montre notamment que l'apprentissage des maths (des probabilités et de la statistique) peut se faire selon trois intentions didactiques :

- apprendre les concepts et les processus mathématiques visés,
- mobiliser, combiner et appliquer ces concepts et ces processus dans une variété de contextes signifiants,
- développer des stratégies cognitives et métacognitives au service de la RP.

Parce que la résistance de nos enseignants à entrer dans la Réforme est liée à leur rapport au savoir mathématique et plus particulièrement à la RP, parce que la formation de nos élèves-maîtres des ÉNI et de nos futurs enseignants de l'ISSEG nous paraît indispensable et parce que cette formation est notoirement insuffisante, nous avons souhaité que cet ouvrage soit un outil d'autodidaxie. À cet effet, l'ouvrage emploie un langage aussi simple que possible. Aussi, l'un de ses chapitres est-il entièrement consacré à la clarification des termes et expressions techniques (didactiques) fréquemment utilisés. Il n'utilise que les symboles qui sont absolument indispensables aux raisonnements mathématiques qu'il implique. Les formules sont admises sans démonstration. Chaque notion est illustrée d'exemples simples, le plus souvent familiers à tous ceux qui participent à l'action éducative.

L'ouvrage propose des exercices et des situations-problèmes, suite à la plupart des rappels théoriques. Le lecteur est vivement encouragé à les résoudre, au fur et à mesure de sa progression. Les éléments de solution (du corrigé) lui permettent de vérifier à la fois ses résultats et sa démarche. En outre, des problèmes plus globaux sont proposés pour permettre de faire, à divers niveaux, une synthèse plus approfondie des connaissances abordées. L'ouvrage propose des activités de RP qui amènent les élèves (élèves–maîtres) à faire appel à leur intuition, à leur sens de l'observation, à leurs habiletés manuelles ainsi qu'à leur capacité de s'exprimer, de réfléchir et d'analyser – toutes actions essentielles au développement des compétences.

C'est ainsi que les élèves (élèves–maîtres) construisent leur boîte à outils pour communiquer adéquatement dans ce langage qu'est la mathématique, pour raisonner efficacement en établissant des liens entre les concepts et les processus mathématiques (probabilistes, statistiques) et pour résoudre une riche variété de situations-problèmes. L'utilisation pertinente de concepts mathématiques et de stratégies variées leur permet alors de prendre des décisions éclairées sur divers sujets de la vie courante. L'ouvrage propose des activités d'apprentissage qui sont associées aux situations vécues par les élèves (élèves–maîtres) et qui favorisent le développement des savoir-faire et des savoir-agir mathématiques leur permettant de mobiliser leurs connaissances en probabilité et statistique, et d'en acquérir de nouvelles.

L'expérience québécoise, source d'inspiration

Nous avons pris le Québec, province francophone du Canada, comme un « beau cas », au sens d'un « observatoire » privilégié dans lequel la résolution de problèmes (RP) a, de tout temps, été un élément important de la réalité de l'enseignement des maths, un sujet constant de préoccupation de la communauté professionnelle en enseignement des maths, plus particulièrement au Primaire. En effet, le *Fascicule K*, guide sur la RP élaboré par le Ministère de l'Éducation du Québec (MEQ, 1988) qui s'adresse aux enseignants du Primaire, témoigne de l'importance du travail dans ce domaine. Témoins aussi de cette effervescence concernant la RP les rubriques régulières dont la RP fait l'objet dans la revue *Instantanés mathématiques* et la mise sur pied par les membres de l'Association pour l'avancement des mathématiques à l'élémentaire (APAME) du concours *Mathématlon* autour duquel de nombreux problèmes sont expérimentés dans les écoles du Québec.

Par ailleurs, la RP a été un sujet important de réflexions de la communauté des didacticiens, comme en témoignent plusieurs publications sur ce sujet (Lemoyne, Giroux et Biron, 1990 ; Lemoyne et Tremblay, 1986 ; Bednarz, 1996 ; Pallascio, 2005 ; Voyer, 2006 ; Mary et Theis, 2007). En ce sens, le Québec constitue un observatoire privilégié pour comprendre comment un certain objet lié à l'enseignement et à l'apprentissage des maths, un cadre référentiel fourni aux enseignants pour aborder la RP, s'est développé sur une longue période. Aussi, nous sommes-nous profondément inspiré du Programme de formation de l'école québécoise (PFEQ) qui s'appuie sur les plus récentes recherches menées en Occident, aussi bien dans le domaine de l'éducation que dans celui de l'apprentissage.

Le PFEQ basé sur le développement des compétences

Ce programme de formation est basé sur le développement des compétences, la compétence étant définie par le Ministère de l'Éducation du Québec (2000) comme « un savoir-agir fondé sur la mobilisation et l'utilisation efficaces d'un ensemble de ressources » Ces ressources sont formées de connaissances théoriques, pratiques, procédurales et de démarches d'apprentissage. La compétence mobilise donc plusieurs ressources qui peuvent servir d'outils pour l'action comme pour la pensée. Elle se manifeste dans des contextes d'une certaine complexité, contrairement à un savoir-faire qu'on appliquerait isolément.

Un parcours scolaire réussi devrait faire en sorte que les connaissances acquises par les élèves leur servent à comprendre le monde dans lequel ils évoluent et les guident dans leurs actions. Le PFEQ est défini autour de compétences pour cette raison. Toutefois, les seules compétences disciplinaires ne couvrent que partiellement l'ensemble des habiletés requises pour l'atteinte de cet objectif. Certaines se situent à l'intersection des compétences disciplinaires et ne peuvent être véritablement prises en compte que si un lieu d'intervention leur est associé. C'est ainsi qu'ont été définies les *compétences transversales*. Ces compétences sont dites transversales en raison de leur caractère générique, en raison du fait qu'elles se déploient à travers les divers domaines d'apprentissage et parce qu'elles doivent être promues par tout le personnel de l'école.

Des compétences transversales

Tout comme les compétences disciplinaires, les compétences transversales correspondent à des savoir-agir fondés sur la mobilisation et l'utilisation efficaces d'un ensemble de ressources. Toutefois, elles ont ceci de particulier qu'elles dépassent les frontières des savoirs disciplinaires tout en accentuant leur consolidation et leur réinvestissement dans les situations concrètes de la vie, précisément en raison de leur caractère transversal. Le Programme de formation retient neuf compétences transversales regroupées en quatre ordres :

- ***les compétences d'ordre intellectuel*** (exploiter l'information ; résoudre des problèmes ; exercer son jugement critique ; mettre en œuvre sa pensée créatrice) ;
- ***les compétences d'ordre méthodologique*** (se donner des méthodes de travail efficaces ; exploiter les technologies de l'information et de la communication) ;
- ***les compétences d'ordre personnel et social*** (structurer son identité ; coopérer) ;
- ***la compétence de l'ordre de la communication*** (communiquer de façon appropriée).

Chacune de ces compétences est présentée sous quatre rubriques : le sens de la compétence, qui en précise la raison d'être ; les composantes de la compétence, qui en donnent les éléments constitutifs ; les critères d'évaluation, qui indiquent des pistes pour juger de la maîtrise de la compétence ; l'évolution de la compétence, qui offre un aperçu du développement de la compétence dans le temps, l'aperçu que l'expérience permettra d'enrichir et de préciser. Le développement de ces compétences est un processus évolutif, qui se poursuit aussi bien à l'intérieur qu'à l'extérieur des murs de l'école et bien au-delà du Primaire, car il n'est jamais complètement achevé. Ces compétences sont complémentaires les unes par rapport aux autres et toute situation complexe fait nécessairement appel à plusieurs d'entre elles à la fois.

Pour ce qui a essentiellement trait à cet ouvrage, nous nous intéressons particulièrement à la compétence transversale d'ordre intellectuel ***Résoudre des problèmes***, qui invite les élèves à dépasser la mémorisation superficielle des contenus et le conformisme dépourvu de compréhension pour viser l'acquisition de capacités supérieures, et aux compétences transversales d'ordre méthodologique qui ont trait à la pratique de méthodes de travail efficaces et à l'exploitation des technologies de l'information et de la communication.

Compétence « Résoudre des situations-problèmes »

La démarche de RP s'étend à toutes les sphères de l'activité humaine. Au quotidien, une multitude de situations exigent que nous réagissions. Nous sommes tenus de faire des choix, d'opter pour une réponse parmi un éventail de possibilités qui ne sont pas toutes d'égale valeur. Développer l'habileté à gérer rationnellement ces situations peut se révéler fort utile lorsque l'enjeu est important. C'est essentiellement cette habileté qui est en cause dans la compétence à résoudre des problèmes. Le caractère transversal de cette compétence est aussi confirmé par la présence de compétences disciplinaires modelées sur le processus de résolution de problèmes (par exemple, en mathématiques et en science) et par la multiplicité des problèmes à portée didactique que peuvent imaginer les enseignants, toutes disciplines confondues.

Dans le premier cas, développement de compétences et apprentissage disciplinaire chevauchent. Dans le second, la situation-problème devient un outil pédagogique au service des apprentissages disciplinaires. Les élèves doivent parvenir à reconnaître, dans une situation complexe, les éléments qui définissent le problème. Ils doivent apprendre à s'appuyer sur les ressources internes et externes dont ils disposent pour imaginer diverses solutions et mettre en pratique celle qui leur paraîtra la plus appropriée, la plus efficiente, compte tenu du contexte et des objectifs qu'ils poursuivent.

Les élèves découvriront aussi qu'il peut y avoir plusieurs démarches pour résoudre un problème et que certaines sont plus efficaces que d'autres.

Le plus souvent, ils devront faire des retours en arrière parce qu'ils auront mal évalué un aspect du problème ou parce que la solution retenue ne sera pas la bonne. En fait, cela signifie qu'il ne leur est pas toujours facile de savoir où ils en sont, tellement le va-et-vient est rapide et incessant entre les essais et les réajustements. Ce fonctionnement souple constitue, lorsqu'il est raisonné et contrôlé, le processus de résolution de problèmes. Le rôle de l'école (en l'occurrence de l'enseignante) est d'amener les élèves à bien comprendre ce fonctionnement et à en systématiser l'utilisation.

Développer la compétence « Résoudre des problèmes » revient à : ***analyser les éléments de la situation-problème***, c'est-à-dire cerner le contexte, en percevoir les éléments déterminants et les liens qui les unissent, reconnaître les ressemblances avec des situations semblables résolues antérieurement ; ***évaluer sa démarche***, c'est-à-dire effectuer un retour sur les étapes franchies, dégager les éléments de réussite et analyser les difficultés rencontrées ; ***imaginer des pistes de solution***, c'est-à-dire générer et inventorier des pistes de solution, en examiner la pertinence, en apprécier les exigences et les conséquences, se représenter la situation-problème résolue ; ***mettre à l'essai des pistes de solution***, c'est-à-dire choisir une piste de solution, la mettre en pratique et juger de son efficacité, choisir et mettre à l'essai une autre piste, au besoin ; ***adopter un fonctionnement souple***, c'est-à-dire reprendre les exercices précédents dans l'ordre ou le désordre autant de fois que nécessaire pour résoudre le problème proposé.

Se donner des méthodes de travail efficaces

Nombreuses et diversifiées, les situations dans lesquelles on est appelé à mener à terme une activité, un projet, ou à réaliser une œuvre présupposent des savoir-agir que l'on retrouve à la base de toute réalisation humaine. Ces savoir-agir sont multiples et requis dans des proportions très variables selon la nature des tâches à accomplir ; mais ils constituent un bagage éminemment utile à qui les maîtrise bien. L'école peut contribuer à leur acquisition en faisant appel à l'autonomie des élèves, en incitant ces derniers à associer objectifs et moyens, en les invitant à analyser leur façon de recourir aux ressources disponibles et en les amenant à évaluer l'efficacité de leur démarche. Toutes les disciplines se prêtent à cet exercice et les méthodes appliquées dans une situation donnée gagnent à être réinvesties d'un domaine à l'autre.

Développer cette compétence transversale d'ordre méthodologique consiste à : ***analyser la tâche à accomplir***, c'est-à-dire s'approprier l'objectif à atteindre, comprendre les consignes et visualiser les éléments de la tâche, situer le contexte de la tâche ; ***analyser sa démarche***, c'est-à-dire examiner la démarche tout au long de son déroulement, en comprendre l'efficacité et les limites, en dégager les leçons ; ***s'engager dans la démarche***, c'est-à-dire réfléchir avant et pendant l'action à la meilleure façon d'atteindre l'objectif, adapter sa méthode de travail à la tâche et au contexte, anticiper sur les exigences de la méthode retenue et sur les ressources requises, faire appel à son imagination ; ***accomplir la tâche***, c'est-à-dire mobiliser les ressources requises (personnes, matériel, etc.), gérer son matériel et son temps, réajuster ses actions au besoin, mener sa tâche à terme, découvrir le plaisir et la satisfaction du travail achevé et bien fait.

Exploiter les technologies de l'information et de la communication (TIC)

Les technologies de l'information et de la communication (TIC) s'intègrent au quotidien d'une partie sans cesse croissante de la population. À l'origine, principalement réservés au monde de la recherche et de l'administration des affaires, leur usage et leur contenu se sont considérablement démocratisés, si bien que chacun peut maintenant y trouver son compte. On peut également penser que d'ici une décennie ou deux, il n'y aura pratiquement plus d'emplois qui ne requerront une maîtrise minimale de ce médium, à la fois langage et outil. Il est heureux de constater que, déjà, plusieurs enfants arrivent à l'école avec une compétence dans le domaine des TIC qui rend futile tout exercice d'initiation. Toutefois, l'école continue d'avoir un rôle important à jouer auprès de ceux qui n'y ont toujours pas accès à la maison. L'école doit également amener tous les élèves à diversifier l'usage qu'ils en font et à développer un sens critique à leur endroit.

Mises à profit dans les champs disciplinaires, les TIC peuvent servir d'accélérateur au développement d'un large éventail de compétences du Programme de formation, compétences transversales comme disciplinaires. En donnant accès à une multitude de sources d'information et à un nombre illimité d'interlocuteurs, les TIC permettent de bénéficier de l'expertise de spécialistes du monde entier et de partager des idées et des réalisations avec plusieurs individus ou organismes.

Développer cette compétence transversale revient à : ***s'approprier les TIC***, c'est-à-dire connaître les objets, les concepts, le vocabulaire, les procédures et les techniques propres aux TIC, reconnaître dans un nouveau contexte les concepts déjà connus, explorer les nouvelles fonctions des logiciels et du système d'exploitation ; ***évaluer l'efficacité de l'utilisation de la technologie***, c'est-à-dire reconnaître ses réussites et ses difficultés, cerner les limites de la technologie utilisée dans une situation donnée, chercher les améliorations possibles dans sa manière de faire ; ***utiliser les TIC pour effectuer une tâche***, c'est-à-dire explorer l'apport des TIC à une tâche donnée, sélectionner les logiciels et exploiter les fonctions appropriées à la tâche, appliquer les stratégies d'exécution et de dépannage requises.

Dans cette perspective socioconstructiviste, les jeunes Guinéennes et Guinéens pourront donc bénéficier des contenus probabilistes et statistiques les plus à jour qu'on puisse trouver. En effet, riche et diversifié, le présent ouvrage privilégie un apprentissage des probabilités et de statistique basé sur la RP. Cet apprentissage est adapté à la réalité des jeunes, tout en assurant le développement de compétences générales essentielles, et ce, tant pour ce qui concerne leur parcours scolaire que leur vie socioculturelle. Comme l'atteste Vergnaud, « le savoir se forme à partir de problèmes à résoudre, c'est-à-dire de situations à maîtriser (…). Les conceptions des élèves sont façonnées par les situations qu'ils ont rencontrées ». C'est dire l'importance de l'activité de résolution de problèmes, qui constitue non seulement le critère ou le mobile de l'apprentissage, mais aussi le lieu et le moyen de celui-ci.

La résolution d'une riche variété de situations-problèmes permet de développer la capacité des élèves (élèves–maîtres) à utiliser leurs connaissances dans des situations qui réfèrent à des réalités autres que scolaires. Bon nombre de ces situations mettent l'accent sur l'exploration et l'approfondissement des dimensions de la vie quotidienne, amenant les élèves (élèves–maîtres) à tisser des liens entre leurs apprentissages des probabilités, de la statistique et les situations de la vie courante. C'est en cela que cet ouvrage constitue une aide efficace et agréable aux professeurs de maths et aux élèves en leur rappelant que la RP est indispensable à la bonne compréhension des concepts et des processus mathématiques et que cette activité essentielle apporte souvent plus que les solutions elles-mêmes.

Résoudre des problèmes pour mieux comprendre

Cet ouvrage est un outil de formation didactique en ce qu'il propose des aides que le formateur peut apporter aux élèves-maîtres ou aux futurs enseignants désireux d'appréhender les concepts et les notions de base des probabilités, ainsi que des éléments servant à l'élaboration des activités de RP. Il peut être utile à tous ceux qui veulent acquérir ou revoir les notions opérationnelles des méthodes de la statistique. L'ouvrage est d'autant plus précieux que les probabilités sont un sujet spécial dans l'étude des mathématiques, sujet dont la simplicité n'est qu'apparente. L'étude des probabilités exige que les élèves (les élèves-maîtres) utilisent leur intuition, car beaucoup de problèmes abordés et traités dans cet ouvrage traduisent des situations quotidiennes. Résoudre les problèmes de probabilités amène les élèves (élèves-maîtres) à se servir de leurs connaissances pour comprendre le monde dans lequel ils vivent et les guide dans leurs actions.

Mottier-Lopez (2012) souligne que les enseignants ne disposent pas tous de connaissances suffisantes tant au niveau des objets probabilistes et statistiques que des variables didactiques au niveau de la résolution de problèmes complexes. Apprendre à enseigner les probabilités n'est pas une mince affaire ; cela nécessite :

- d'une part, une bonne maîtrise des contenus mathématiques destinés à être enseignés de façon significative et signifiante ; un éclairage épistémologique et une analyse didactique y contribuent grandement ; et,

- ➢ d'autre part, une réflexion sur le processus d'enseignement-apprentissage des différents contenus notionnels, c'est-à-dire une réflexion concernant la didactique des mathématiques, réflexion indispensable à toute formation professionnelle d'enseignants.

Vertus pédagogiques et didactiques de la RP

Pour mettre en évidence les vertus pédagogiques et didactiques de la RP, le manuel prend en compte tous les aspects ci-haut énumérés et bien d'autres, comme les difficultés ou obstacles, l'analyse des tâches, la dialectique de l'action, de la formulation, de la validation, de l'institutionnalisation, l'explicitation d'une situation didactique et la transposition didactique. L'ouvrage propose plusieurs activités de RP qui amènent l'enseignante (la formatrice) ou le futur enseignant à :

- ✓ mobiliser ses connaissances aussi lointaines, aussi floues soient-elles pour leur donner du sens, les reformuler, les faire évoluer, les approfondir ;
- ✓ participer activement aux activités d'apprentissage (de résolution de problèmes) et les finaliser de la même manière que les élèves dont il aura la charge devront le faire ;
- ✓ intégrer les connaissances mathématiques et didactiques acquises au cours de ces activités afin de les réinvestir dans de nouvelles situations didactiques ou adidactiques, amorcer une réflexion sur la transposition didactique ;
- ✓ expliciter le rôle des différents aspects ci-haut mentionnés concernant la didactique des maths, aussi bien lors de sa planification pédagogique que lors de l'analyse ou de la formulation des situations-problèmes proposées aux élèves.

Calculer des probabilités consiste essentiellement à savoir dénombrer des « cas possibles » et des « cas favorables ». L'ouvrage évitera autant que possible de recourir à la théorie des ensembles, qui débouche vite sur des questions à la fois complexes et presque philosophiques. On y aborde les notions de probabilité et de statistique à l'aide d'exemples concrets. Chaque séquence didactique (chaque activité) ne présente qu'un nombre minimum de concepts afin de permettre aux lecteurs de les approfondir tout de suite par des exercices ou problèmes nombreux. L'utilisation pratique des notions étudiées revient de façon périodique et progressive afin de renforcer la compréhension et d'affiner les techniques de résolution. La présentation et l'enrichissement des concepts partent de l'acquis des apprenants et suivent un rythme modéré. Les probabilités et la statistique obtiennent leur juste part, une part négligée dans plusieurs programmes du Préuniversitaire.

Stratégies d'enseignement

La stratégie d'enseignement s'adapte à la personnalité de l'enseignante. En effet, il n'y a pas de façon unique pour enseigner les maths (les probabilités, la statistique) à tous les élèves. Certains élèves réagissent bien à certaines situations-problèmes dites traditionnelles ou « fermées » ; d'autres fonctionnent mieux dans des situations-problèmes dites « ouvertes » ou lorsqu'ils sont en « situation de résolution de problèmes ». Le présent ouvrage endosse la philosophie de l'importance d'assurer la compréhension avant l'usage de l'algorithme de calcul. Toutefois, la compréhension n'est assurée que si elle est suivie de beaucoup d'exercices d'application et de situations-problèmes pertinentes et signifiantes.

Pour développer des stratégies de RP, les élèves doivent pratiquer souvent et dans des présentations diverses les habiletés de base qu'ils ont acquises. Dans les discussions, l'enseignante (la formatrice) devra surveiller et récapituler des stratégies qui pourraient conduire à résoudre efficacement les problèmes. La confrontation des résultats et des démarches dans des moments de débat, où la classe s'apparente à une petite « communauté de mathématiciens », permet de développer les compétences dans le domaine de l'argumentation, amène les élèves (élèves-maîtres) à considérer les points de vue des autres et, par le fait même, contribue au développement de la socialisation par l'écoute et le respect des autres.

Stratégies générales, stratégies d'appoint

Au début, l'enseignante devra, peut-être, suggérer des stratégies ; mais, à la longue, elle devrait encourager les élèves à exprimer leurs propres stratégies et à les mettre en marche. Les stratégies dont certaines viennent d'être soulignées peuvent se classer en deux catégories :

a) les *stratégies générales* comme les essais et erreurs, le *brainstorming* (i.e.; recherche d'idées originales dans un groupe, par la libre expression, sur un sujet donné, de tout ce qui vient à l'esprit de chacun des membres du groupe), la simplification, la recherche d'un modèle, l'expérimentation, la déduction ;
b) les *stratégies d'appoint*, c'est-à-dire certaines étapes à l'intérieur des stratégies générales, comme la fabrication de diagrammes, de tables, de graphiques, de listes et d'équations.

Ce qui est important, ce n'est pas que l'élève résolve immédiatement le problème, mais plutôt qu'il pousse la stratégie choisie jusqu'à la limite. Pour quelques élèves, une stratégie peut très bien ne pas conduire à la solution. Si la stratégie conduit à une impasse, l'élève doit retourner à la phase de la planification de la résolution du problème et repartir avec une nouvelle stratégie. Le rôle de l'enseignante doit, à ce niveau, se limiter à faire expliquer pourquoi une stratégie n'a pas fonctionné. La tentation peut être forte chez elle de hâter le développement de la recherche et de raccourcir ainsi les phases. Elle peut aussi être tentée de trop insister sur l'exactitude de la réponse, au détriment de la démarche qu'il faut analyser et louanger.

Choix des situations-problèmes

Pour bien initier les élèves aux différentes phases du processus de RP, l'enseignante devra faire attention au choix des situations-problèmes qui tendent, de par leur formulation, à être solutionnées de diverses façons et à l'utilisation de peu de mathématique formelle, ces situations devant être intéressantes pour les élèves. Ce que nous déplorons dans les problèmes écrits de plusieurs manuels de maths, c'est qu'ils sont souvent rédigés pour fournir des exercices de calculs plutôt que pour faciliter le processus de RP. Ce fait indéniable place une responsabilité importante sur les épaules de l'enseignante qui doit concevoir (créer) des situations-problèmes propres à entamer le processus, même à partir de situations que certains éducateurs qualifient de situations simulées, ne faisant pas partie du vécu de l'élève.

Certains éducateurs croient que l'élève ne se crée pas tellement de problèmes avec sa VIE et que pour celui-ci, presque toutes les situations mathématiques qu'on lui demande de résoudre sont simulées, imaginaires ou imposées. Évidemment, pour l'enseignante, s'il se présente des situations réelles (voyages, commande d'épicerie à faire, évènements communautaires, etc.), elle devra en profiter ; mais ces évènements ne sont pas si fréquents que cela et c'est probablement l'une des raisons qui expliquent la réticence des enseignants à utiliser les processus de RP. Le présent ouvrage aide à comprendre que des situations simulées en probabilités et statistique, comme celles des jeux de hasard ou d'argent, peuvent se prêter à une démarche de RP pour autant que l'enseignante y réfléchisse.

L'ouvrage contribue à mettre en évidence les finalités assignées à la RP : développer l'apprentissage des maths par la résolution de problèmes et développer l'apprentissage de démarches et de processus de résolution de problèmes. Étant donné que la RP est l'une des matières dans lesquelles les enseignants se sentent les plus impuissants et que les résultats nationaux et internationaux confirment ce sentiment en relevant des résultats particulièrement faibles chez les jeunes (Artigue, 2012 ; Demonty, 2013 ; MENFP, 2013), l'ouvrage répond à la grande attente d'outils pédagogiques et didactiques qui permettent aux enseignants de faire face adéquatement à leurs propres difficultés et à celles qu'ils observent intuitivement chez les élèves dans la résolution de problèmes.

Structure pédagogique de l'ouvrage

La conception pédagogique de cet ouvrage se caractérise par les points suivants :

a. Chaque activité de RP débute par une application de la probabilité ou de la statistique avec une situation-problème réelle ou réaliste, qui permet d'avoir une vue d'ensemble et détaillée des notions à acquérir.
b. Les outils probabilistes ou statistiques sont présentés avec une approche intuitive, souvent à partir d'applications réelles ; cette présentation se veut structurée et très visuelle.
c. La diversité et les contextes d'application provenant de divers secteurs des sciences de la gestion, des sciences économiques, des relations industrielles et des sciences sociales en font un ouvrage à caractère professionnel.
d. La majorité des exemples ou des activités sont constitués de données réelles ou réalistes d'entreprises ou d'organismes, d'articles de revues spécialisées, de journaux ou de rapports de recherche.
e. Tous les concepts importants en jeu sont définis avec clarté et sont illustrés d'exemples pour en dégager l'importance, susciter la réflexion et faciliter la révision.
f. De nombreuses remarques font ressortir soit certains aspects didactiques importants, soit certains points complémentaires, soit une réflexion sur certaines notions qui seront traitées ultérieurement.
g. La résolution d'une riche variété de situations-problèmes et la participation active des sujets à travers de nombreuses activités permettent l'assimilation pratique et rapide des outils présentés. Ces activités d'enseignement/apprentissage peuvent servir de session de travail lors des formations en classe.

Organisation de l'ouvrage

Après avoir jeté un coup d'œil sur les fonctions dévolues à la résolution de problèmes et sur la nécessité de la formation didactique des enseignants (Généralités), et après avoir expliqué en quoi la résolution de problèmes est la pierre angulaire de l'enseignement et de l'apprentissage des maths (Chapitre 1), il nous semble nécessaire de procéder à une clarification terminologique et épistémologique des termes et expressions clés que nous avons utilisés jusqu'ici et que nous continuerons d'employer par la suite. Puisqu'il s'agit essentiellement de la résolution de problèmes (RP), nous traiterons, dans le chapitre 3, des trois grandes finalités ou intentions didactiques de la résolution de problèmes.

Après avoir traité dans le chapitre 4 des aspects didactiques de la RP en se basant sur quelques expériences aléatoires, l'ouvrage raconte, dans le chapitre 5, l'aventure du « hasard » et explique quelques mots clés liés aux probabilités. L'ouvrage consacre l'essentiel de son contenu à la résolution des problèmes de probabilités (chapitre 6) et aux nombreux services que les probabilités et la statistique rendent à l'enquête (chapitre 7). L'ouvrage aura montré ainsi que faire les maths, c'est essentiellement résoudre des problèmes. Mais il établira aussi, dans le chapitre 8, que faire les maths, ce n'est pas que résoudre des problèmes, c'est aussi en formuler, et c'est aussi penser. Il proposera quelques choix didactiques pour le Préuniversitaire et suggérera quelques axes de travail pour développer des stratégies de recherche et les différents supports de la RP.

En soulignant le rôle de l'écrit en RP, des débats et des mises en commun, l'ouvrage montre comment ou en quoi, en formation de maîtres, la RP est une activité didactique centrale qui aide les futurs enseignants à vivre et à faire vivre les maths sans grande souffrance, à cultiver le goût d'en faire en mettant en évidence leur portée utilitaire dans plusieurs domaines de la vie quotidienne, aussi bien à l'école que dans le milieu socioculturel.

Cet ouvrage présente plusieurs parties indépendantes ; il ne nécessite donc pas une lecture linéaire. Les principaux concepts mathématiques abordés sont introduits et illustrés à l'aide de nombreux exemples. Pour développer ses compétences à résoudre des problèmes, le lecteur est invité à réaliser lui-même le maximum d'activités proposées. Il peut constater que les contextes (géographique, social, géopolitique, économique) évoqués dans cet ouvrage ne sont pas toujours guinéens, et que les monnaies de référence parfois utilisées (euros, dollars) dans les énoncés ne sont pas des francs guinéens. Les solveurs guinéens ne devraient pas percevoir cela comme un handicap, mais plutôt une opportunité de s'ouvrir à la mondialisation ; certains d'entre eux devront compter en euros ou en dollars lorsqu'ils poursuivront leurs études en Occident ou lorsqu'ils y passeront leurs vacances. La maîtrise des taux de change participe aussi de l'ouverture des mathématiques (financières) sur la réalité de la globalisation du marché.

CHAPITRE 1

CLARIFICATION TERMINOLOGIQUE ET ÉPISTÉMOLOGIQUE DES TERMES ET EXPRESSIONS CLÉS

Avant d'aborder les enjeux de l'enseignement et de l'apprentissage des maths et le rôle que joue la résolution de problèmes (RP) dans la formation des futurs enseignants, il nous faut définir et clarifier bon nombre de termes et expressions didactiques qui sont utilisés dans cet ouvrage. Il s'agit, entre autres, de didactique, de didactique des maths (DDM), de situation (didactique, adidactique, non didactique), d'institutionnalisation, de dévolution, de situation-problème, de variables didactiques, de contrat (pédagogique ou didactique), de transposition didactique (TD), des représentations (de l'enseignant et des élèves), de l'approche par résolution de problèmes.

Didactique

Le terme « ***didactique*** » vient du mot grec *didaskein* qui signifie *enseigner* et son emploi remonte aux 16e et 17e siècles. Considéré comme le père de la pédagogie moderne par son souci permanent de perfectionner les méthodes d'enseignement, le philosophe, grammairien et pédagogue tchèque Comenius (1592-1670) expose dans son livre, *La Grande Didactique,* édité en 1632, les principes généraux pour enseigner.

Pour certains chercheurs, comme Boissinot (1991), la différence entre la didactique et la pédagogie est très mince. Les concepts de didactique et de pédagogie s'opposent souvent seulement par des « angles d'attaque » différents : d'un côté, on se soucie de la séquence et des conditions d'enseignement de l'objet d'apprentissage et, de l'autre, on porte davantage attention à l'application de cet objet d'apprentissage dans un contexte authentique, en temps réel. L'interrelation entre ces deux concepts contribue à leur enrichissement mutuel. La pédagogie utilise les données de la didactique pour ajuster les pratiques.

De son côté, la didactique valide les contenus planifiés en vue de s'adapter aux pratiques pédagogiques. La pédagogie s'intéresse particulièrement aux relations entre l'enseignant et les élèves. Exemples d'actions pédagogiques pouvant être effectuées par l'enseignante en classe : préciser les règles de fonctionnement aux élèves, inviter ceux-ci à former des équipes hétérogènes en respectant le code de vie de la classe, etc. La didactique s'appuie sur d'autres domaines contributifs tels que la psychopédagogie, la docimologie, la psychologie et les technologies. La sociologie et la politique (l'idéologie) peuvent aussi avoir des répercussions sur les choix didactiques effectués par une enseignante ou les membres de la direction d'un système scolaire.

Dans son emploi adjectival, le terme « didactique » peut être utilisé pour qualifier un champ de recherches, des objets, des méthodes, des discours, etc., comme l'attestent les occurrences : configuration didactique, système didactique, transposition didactique, contrat didactique, choix didactiques, aides didactiques, intervention didactique, discours didactique, système didactique, relation didactique, triangle didactique (maître–élève–savoir), etc. Ce sont là autant de notions qui permettent de définir, en compréhension et en extension, une théorie scientifique de référence. Aborder la notion de didactique, c'est entrer dans un ou plusieurs champs avec de multiples terminologies : la didactique disciplinaire, la didactique des apprentissages, la didactique cognitive, la didactique comparée, la didactique du curriculum, la didactique professionnelle, etc.

Le « ***système didactique***[2]» est le système des relations qui s'établissent entre trois éléments : le contenu d'enseignement, l'apprenant et l'enseignant. Il rend compte de ce qui se joue, dans une classe, pour une discipline particulière. L'ensemble des systèmes didactiques, en nombre fini à une époque donnée mais variable dans l'histoire de l'institution scolaire, forme le « ***système d'enseignement*** ». Ce dernier, à l'intérieur d'un cadre défini par les règles de l'instruction publique, s'incarne dans des établissements (écoles, collèges et lycées) différents, selon les publics scolarisés, la politique de l'établissement et les types d'interactions entre les systèmes didactiques. Les systèmes didactiques sont à la fois des lieux de relative autonomie à propos desquels débattent des spécialistes (enseignants, inspecteurs, universitaires, chercheurs, etc.) et des structures ouvertes sur la société.

---

[2] En didactique, c'est le pôle « contenu » qui caractérise les relations entre les trois éléments. Par conséquent, la relation « apprenant-enseignant » ne relève pas de la didactique ; elle est d'ordre pédagogique ou psychologique. La relation « contenu-apprenant » concerne beaucoup de champs disciplinaires : didactique, psychologie (représentations qu'ont les apprenants des questions d'apprentissages ou comment ils les abordent, leurs rapports aux savoirs ...), sociologie, philosophie ; c'est dans cette relation qu'est définie la notion disciplinaire des contenus. La relation « contenu-enseignant » ne relève que de la didactique, qui met cette relation dans le système didactique.

Didactique des mathématiques (DDM)

La ***didactique des mathématiques*** (DDM) étudie les conditions et les processus de diffusion et d'apprentissage des différents contenus mathématiques, particulièrement en situation scolaire ou universitaire. Selon Brousseau (2009), la DDM se propose comme objectifs, entre autres, de donner des moyens de contrôle de l'enseignement des maths, des moyens de diffusion des savoirs mathématiques et des moyens d'étude et d'analyse des phénomènes didactiques : obstacles, erreurs, difficultés, contrat didactique, transposition didactique, etc.

L'expression « didactique des mathématiques » est réapparue en France dans les années 1970 pour faire une distinction entre *recherche didactique* et *recherche pédagogique*. Le didacticien considère la classe comme un lieu de vie où se nouent des relations complexes entre l'enseignante et les élèves, dont l'enjeu est la communication d'un certain savoir, en l'occurrence les mathématiques. À ce propos, le didacticien des maths se pose de nombreuses questions : Que veut dire "faire des maths" ? Comment en apprend-on ? Y a-t-il plusieurs façons d'en apprendre ? Quelles sont les rôles de l'enseignante et de l'élève ? Quelles sont les contraintes auxquelles l'enseignante est soumise et les espaces de liberté dont elle dispose pour remplir correctement sa fonction ? Comment gère-t-elle ces espaces de liberté ? Quel type de relation *élève-savoir* l'enseignante peut-elle prévoir et favoriser ? Quel est le rôle du langage et, en particulier, de la nominalisation dans l'évolution de la relation *élève-savoir* ? Comment organiser et conduire l'enseignement d'un certain concept pour que les effets observés (ce que les élèves savent) soient aussi proches que possible des effets attendus ? Comment analyser et interpréter les éventuels décalages ?

Au cours des séquences didactiques, les élèves ont l'occasion d'exprimer leur relation aux mathématiques de différentes façons : quelle signification l'enseignante donne-t-elle à leurs erreurs, à leurs questions, à leurs propositions, à leurs silences ? Comment l'enseignante peut-elle en tenir compte dans ses choix, dans ses décisions ? Qui plus est, le didacticien s'intéresse à tous les phénomènes didactiques liés à l'enseignement des maths, notamment aux difficultés des élèves, aux erreurs, aux obstacles (ontogéniques, épistémologiques, didactiques), aux stratégies (cognitives et métacognitives) des élèves, aux pratiques d'enseignement, aux contenus, aux connaissances et savoirs, aux processus d'apprentissage, aux interactions induites par le triangle didactique dont les trois éléments (contenu d'enseignement, apprenant, enseignant) forment les pôles. L'interaction entre les trois partenaires du système didactique définit la relation didactique qui permet de comprendre la dynamique en vue de prévoir et d'anticiper sur les éventuelles remédiations ou interventions didactiques.

La didactique côtoie d'autres champs de la connaissance qui ont des rapports de similitude ou de dépendance avec elle ; en premier lieu, bien sûr, les *mathématiques* (objet d'enseignement/apprentissage), l'*épistémologie* des maths (le didacticien étudie des contenus dans les divers secteurs des maths comme objets d'enseignement et d'apprentissage ; il ne peut étudier un contenu que dans une discipline qu'il maîtrise), mais aussi la *sociologie* (on est en présence d'un projet social, culturel), la *sémiotique* et la *linguistique* (il s'agit de communication), la *psychologie* (plus particulièrement la psychologie cognitive, les théories de l'apprentissage, l'épistémologie génétique), les *technologies de l'information et de la communication* (TIC), outils didactiques par excellence. La didactique utilise les travaux récents sur la *docimologie* (étude systématique des facteurs déterminant la notation des examens et des concours), l'*évaluation* des apprentissages. Elle puise donc dans chacun de ces domaines et se constitue en science par ses questionnements propres.

Par référence aux travaux de Piaget, issus de la psychologie génétique, le didacticien retient le caractère constructiviste de l'acquisition des connaissances mathématiques. C'est en agissant que l'enfant apprend ; en maths, agir c'est résoudre des problèmes ; c'est donc en résolvant des problèmes que l'élève apprend, donne du sens aux objets mathématiques, construit ses connaissances. Le didacticien propose une modélisation qui repose sur une hypothèse forte concernant le sujet apprenant : « L'élève apprend en s'adaptant à un milieu qui est un facteur de contradictions, de difficultés, de déséquilibres, un peu comme le fait la société humaine. Ce savoir, fruit de l'adaptation de l'élève, se manifeste par des réponses nouvelles qui sont la preuve de l'apprentissage » (Brousseau, 1986).

Situation didactique

Une ***situation didactique*** est un ensemble de rapports établis explicitement ou implicitement entre un élève ou un groupe d'élèves, un certain milieu (comprenant éventuellement des moyens ou des objets) et un système éducatif (y compris l'enseignante) aux fins de faire approprier à ses élèves un savoir constitué ou en voie de constitution (Brousseau, 1991). En d'autres termes, une situation est dite didactique lorsqu'un individu (en l'occurrence le maître) a l'intention d'enseigner à un autre individu (en général, l'élève) un savoir donné.

Brousseau distingue des situations d'action, de formulation, de validation et d'institutionnalisation qui sont les reflets de quatre étapes clés de la construction du savoir mathématique. Dans le but d'organiser les échanges de l'élève avec le milieu de façon productive, Brousseau classifie ces situations autour de trois dialectiques qui ont des fonctions différentes.

La dialectique de l'action

L'élève est confronté à une situation qui lui pose problème. Dans sa recherche d'une solution, il produit des actions qui peuvent aboutir à la *création d'un savoir*. Le problème qui lui est posé présente plusieurs caractéristiques : (i) la solution est la connaissance visée ;(ii) l'élève doit posséder un ou des modèles de référence plus ou moins perfectionnés qui lui permettent de prendre des décisions ; la situation doit renvoyer à l'élève des informations sur son action lui permettant de juger du résultat, d'ajuster sa stratégie ou sa procédure, sans l'intervention de l'enseignante.

Il faut éviter de ramener l'*action* à la *manipulation d'objets*. Certes, chaque élève devrait avoir l'occasion de participer activement à des expériences concrètes (jeux de dés, de cartes, de Pile ou Face, etc.) L'activité mathématique est, certes, un travail d'esprit qui s'exerce, surtout au Primaire, à partir des questions posées sur des objets ou sur des expériences. Mais ce n'est pas la manipulation d'un matériel qui constitue l'activité mathématique, mais plutôt les questions qu'elle suggère. L'enseignante doit donc distinguer les tâches de constat ou d'observation (qui invitent les élèves à lire une réponse sur le matériel) des tâches d'anticipation (qui leur demandent d'élaborer et de construire pour eux-mêmes une réponse dont ils pourront, ensuite, vérifier la validité en revenant à l'expérience).

La dialectique de la formulation

Des conditions différentes rendent nécessaires un échange d'informations et la *création d'un langage* pour assurer l'échange. Le travail de formulation ne se réduit pas à une simple traduction des actions. Il pose en lui-même des problèmes conceptuels. L'élève est invité à verbaliser : clarifier sa pensée, produire des messages qui tiennent compte du contexte, en combinant le langage courant et les éléments spécifiques du langage mathématique, partager l'information relative à la solution, etc. Apprendre, c'est, entre autres, communiquer avec d'autres. La première conséquence de cela est l'importance accordée au travail de groupe dans les classes ; la deuxième est la reconnaissance du rôle essentiel de médiation de l'adulte (de l'enseignante).

La dialectique de la validation

Les échanges ne concernent plus seulement les informations mais aussi les déclarations. Il faut *prouver* ce que l'on affirme autrement que par l'action. Pour Balacheff (1982), « La nécessité de prouver est liée à la situation dans laquelle on se trouve. La preuve est un acte social ; elle s'adresse à un individu (éventuellement à soi-même) qu'il faut convaincre ». Dans cette phase, l'enseignante doit concevoir une situation qui invite l'élève à construire une démonstration qui ait du sens pour lui et pour les autres. Elle doit, en outre, aider ses élèves à *décontextualiser* leurs connaissances pour en retenir les formes culturelles. Certains résultats pourront être vite oubliés, d'autres doivent être retenus. L'enseignante a la responsabilité d'organiser cette distinction au cours de la phase d'*institutionnalisation*.

Institutionnalisation

L'***institutionnalisation*** est l'ensemble des actes par lesquels l'enseignante fixe conventionnellement et explicitement le statut cognitif d'une connaissance (d'un savoir). Elle consiste à donner un statut scolaire au savoir produit dans la situation didactique. C'est au moment de la mise en commun que les méthodes vont être peu à peu affinées. Ce faisant, on peut viser deux objectifs : (i) ce temps va permettre aux élèves de valider leur réponse, mais aussi de s'ouvrir à d'autres moyens d'élaborer une solution ; (ii) pour l'enseignante, cela peut être le moment de situer le niveau de connaissance et de maîtrise des élèves à partir de la situation-problème traitée.

Lors de la mise en commun, il incombe à l'enseignante de prendre acte de ce que les élèves ont fait, de décrire ce qui s'est effectivement passé par rapport à la connaissance visée, d'apporter des informations nouvelles, de souligner ce qui a été appris de façon à donner aux connaissances le *statut officiel* de savoir (transformer la connaissance en savoir) ; c'est à elle de rapprocher ce savoir des autres connaissances, et d'indiquer qu'il peut servir dans d'autres contextes. L'institutionnalisation porte aussi bien sur une situation d'action que sur une situation de formulation ou de validation.

Aucune des dialectiques (action, formulation, validation) ci-haut explicitées n'est indépendante des autres, bien au contraire. En effet, la formulation est souvent facilitée s'il existe un modèle implicite d'action : l'élève sait mieux formuler un problème qu'il a su résoudre. De même, l'action est facilitée par une formulation convenable, comme l'a montré Vygotsky. Le langage découpe la situation en objets et relations pertinentes. L'action fournit un type de validation implicite fondamental et la formulation un autre. Mais, inversement, chaque domaine peut faire obstacle à un progrès dans les autres. Certaines choses se font mieux qu'elles ne se disent. Les modèles implicites prennent mieux ensemble un plus grand nombre de données et sont plus souples, plus faciles à restructurer.

L'ouvrage-ci, consacré à l'enseignement et à l'apprentissage des mathématiques ***par*** et ***pour*** la résolution de problèmes, s'intéresse particulièrement à différents types de problèmes, notamment aux questions de validation, de formulation et d'action.

Les questions de validation

L'élève doit établir la validité d'une assertion ; il doit s'adresser en tant que sujet à un autre sujet susceptible d'accepter ou de refuser ses assertions, de lui demander d'administrer des preuves de ce qu'il avance, de lui opposer d'autres assertions. Ces échanges contribuent à faire expliciter les théories mathématiques mais aussi à mettre en place les maths en tant que moyen d'éprouver celles que l'on conçoit. Une démarche de preuve est construite dans une dialectique de la validation qui conduit successivement l'élève à user spontanément des figures de rhétorique puis à y renoncer. Les relations que l'élève doit pouvoir établir pour cela sont spécifiques de cette dialectique. Un problème de validation est bien plus un problème de comparaison, d'évaluation, de rejet des preuves que de recherche de la démonstration.

Les questions de formulation

Pour ses démarches de validation, la pensée de l'élève doit s'appuyer sur des formulations préalables, même s'il faut pour cela les modifier. Les langages s'élaborent eux aussi dans des dialectiques moins spécifiques que celles de la validation. La communication et ses contraintes y jouent un grand rôle indépendant, en partie, des problèmes de validité, du moins de la validité explicitable. Car, pour amener la pertinence du langage, cette communication doit être assujettie à remplir un rôle qui la soumet à des validations pragmatiques. C'est dans ce cadre que se font sentir le mieux les contraintes d'économie qui commandent les choix mathématiques judicieux.

Les questions d'action ou de décision mathématique

Ce sont celles où le seul critère est l'adéquation de la décision : le système d'élaboration de cette décision peut rester totalement implicite ainsi que sa justification. Il n'y a, à ce sujet, aucune contrainte ni de formulation, ni de validation. C'est la dialectique la plus générale ; les autres n'en sont que des cas particuliers. Elle aboutit à la construction, chez le sujet, de régularités, de schémas, de modèles d'action, le plus souvent inconscients ou implicites.

Situation adidactique

Une ***situation adidactique*** est la part de la situation didactique dans laquelle l'intention d'enseigner n'est pas explicite au regard de l'élève. Celui-ci a un but à atteindre, mais il ne sait pas a priori comment y parvenir. La situation adidactique est conçue pour faire acquérir une connaissance nouvelle, celle-ci étant entièrement justifiée par la logique interne de la situation. C'est une situation que l'élève peut et doit gérer lui-même. Les activités de résolution de problèmes placent les élèves dans une situation adidactique.

Voici une situation adidactique qu'on peut proposer à des élèves de fin d'école primaire et début collège : « *Vous travaillez en situation de communication. Chaque émetteur dessine un triangle et envoie un message (écrit sans dessin) pour que le récepteur dessine un triangle superposable* ».

Tous les élèves savent dessiner des triangles et mesurer des longueurs de segments. Ils savent tous contrôler, par superposition en transparence, si deux triangles coïncident. L'énoncé du problème a du sens pour tous et les élèves peuvent démarrer. Travailler en situation de communication veut dire que chaque élève est *émetteur* vers un autre et *récepteur* d'un autre. Lorsqu'un message n'est pas compris par le récepteur, celui-ci pose des questions par écrit. L'enseignante joue le rôle de facteur. Les élèves sont ainsi placés dans une situation adidactique, où l'enseignante n'est plus impliquée dans le système des interactions de l'élève avec le problème à résoudre, comme dans la situation didactique. L'élève a la responsabilité de résoudre le problème, de produire des réponses personnelles en faisant fonctionner ses connaissances ou en les modifiant selon le contexte. On dit alors qu'il y a *dévolution* du problème.

Les premières situations que Brousseau a étudiées et catégorisées en situations d'action, de formulation et de validation interviennent de façon significative dans le processus enseignement-apprentissage mais ne peuvent supporter, à elles seules, la responsabilité du processus d'apprentissage. C'est le constat de Brousseau (1987) qui, après avoir donné la priorité à l'étude des situations quasi-isolées où l'enseignante est en retrait, a réintroduit l'enseignante en force dans les processus de *dévolution* et d'*institutionnalisation*.

Dévolution

Brousseau définit la ***dévolution*** comme un « acte par lequel l'enseignant fait accepter à l'élève la responsabilité d'une situation d'apprentissage [...] et accepte lui-même les conséquences de ce transfert (de responsabilité) ». La dévolution consiste non seulement à présenter à l'élève le jeu auquel l'enseignante veut qu'il se livre (consignes, règles, but, état final, etc.), mais aussi à faire en sorte que l'élève se sente responsable (du point de vue de l'acquisition des connaissances et non pas de la culpabilité) du résultat qu'il doit rechercher. La dévolution de la situation fait appel à la motivation des élèves ; mais elle ne peut se réduire à cela. Elle est l'ensemble des conditions (enjeu intellectuel et contexte favorable) qui permettent à l'élève de s'approprier la situation (faire ***du*** problème proposé par le "prof" ***son*** problème), d'aller au-delà du jeu, de rechercher des stratégies "gagnantes", de soupçonner un enjeu de savoir. C'est à l'élève de formuler des hypothèses, de prendre des décisions, d'engager des stratégies, d'évaluer l'efficacité de celles-ci.

Touré (2021) trouve, cependant, que « l'ingénierie de formation suppose un double mouvement de transfert de responsabilité entre le formé et les élèves : les moments de dévolution et les moments d'institutionnalisation ». Aussi, allons-nous le citer in extenso :

« *Le formé ne doit ni effectuer la dévolution comme si celle-ci le déchargeait complètement de ses responsabilités vis-à-vis des élèves ; c'est, au contraire, un contrôle indirect qu'il exerce, au lieu de dire aux élèves ce qu'il attend d'eux et leur faire connaître ses attentes à travers les tâches qu'il leur propose ; il ne doit ni mettre en place des institutionnalisations hâtives qui ont pour effet de priver les élèves d'occasion de penser mathématiquement [...], de conceptualiser progressivement [les modèles probabilistes ou statistiques]. La dévolution n'est pas le début de l'enseignement et l'institutionnalisation n'en est pas la fin. Ces deux pôles s'entrelacent en permanence dans le déroulement des situations didactiques. Le formé doit donc adapter ce qu'il dit et ce qu'il fait pour que les élèves construisent des modèles. S'il faut refuser de répondre, il faut le faire ; s'il faut, par contre, donner quelques éléments de réponse pour que l'élève ne soit pas bloqué, il faut le faire aussi. L'essentiel, c'est de créer et de maintenir des occasions de questionnement et de recherche chez les élèves* (p. 321) ».

L'enseignante peut ainsi conduire à faire avancer la connaissance grâce au jeu sur le contrat didactique et par la mise en place de situations didactiques dans lesquelles elle enrôle successivement les élèves. L'utilisation des situations adidactiques est nécessaire pour que les élèves puissent gérer des situations non didactiques.

Situation non didactique

Une ***situation non didactique*** est une situation qui demande des connaissances pour être résolue, mais qui est en dehors de tout contexte d'enseignement. Par exemple, en dehors du milieu scolaire, les jeux de hasard sont une sorte de situation non didactique bien qu'ils permettent aux enfants d'acquérir certaines connaissances. L'enseignante peut proposer ces jeux à des élèves avec l'intention d'enseigner, par exemple, le calcul des probabilités ; dans ce cas, la situation devient didactique. Le présent ouvrage consacre une très grande partie aux jeux de hasard.

En fait, il faut une situation didactique pour faire la dévolution. Dévolution et institutionnalisation se complètent et s'alternent en permanence. Il y a souvent l'une et l'autre au cours d'une même situation didactique. L'utilisation des situations didactiques et des situations adidactiques va permettre, entre autres, de (i) combler le vide créé par la pratique pédagogique mécaniste de nos enseignants, pratique qui se caractérise par le peu d'autonomie qu'ils accordent aux élèves, (ii) relativiser le rapport d'autorité que la pédagogie traditionnelle établit entre enseignant et enseigné, (iii) provoquer chez les élèves les adaptations souhaitées, par un choix judicieux de problèmes qui les amènent à agir, à communiquer, à réfléchir, à raisonner, à formuler des hypothèses, à vérifier leurs résultats, à évoluer de leur propre mouvement dans la RP.

"Pensée mathématique", d'une part, et "connaissances mathématiques", d'autre part, constituent les deux pôles de l'enseignement dans ce domaine. On dit qu'un apprentissage est réussi s'il coordonne les deux pôles dans des situations conçues par l'enseignante. La résolution de problèmes (RP) est donc le moyen prévu dans les nouveaux programmes pour exercer ces deux pôles. Il convient donc de définir le terme « problème », l'expression « situation-problème » et de donner les raisons pour lesquelles l'activité de RP a toute sa pertinence dans l'apprentissage des mathématiques, en général, des probabilités et de la statistique, en particulier.

« Problème » ou « situation-problème »

De quoi parle-t-on exactement lorsqu'on utilise le terme « problème » ou les expressions « situation-problème », « problème ouvert » ou « problème de recherche », « problème complexe », « problème d'application » ou « de réinvestissement » des connaissances ? Les terminologies sont nombreuses, tant dans la littérature de recherche en sciences de l'éducation que dans les programmes officiels pour évoquer les problèmes et le rôle que leur résolution peut jouer dans l'enseignement et l'apprentissage des mathématiques. Il y a donc lieu d'apporter un éclairage sur ces terminologies en rendant compte des finalités assignées à la RP dans les programmes de mathématiques.

Situation-problème (SP)

Selon son intention didactique, l'enseignante va proposer à ses élèves différentes formes de problèmes pour l'apprentissage des notions mathématiques. Parmi celles-ci, il en est une qui permet aux élèves d'élaborer de nouvelles connaissances. Un problème de cette catégorie, que Roland Charnay et Michel Mante (1995) appellent encore « ***situation-problème*** », peut être défini de la façon suivante : « [C'] est une situation d'enseignement qui a pour objectif de permettre aux élèves d'acquérir une connaissance nouvelle (savoir, savoir-faire, méthode, raisonnement) et qui s'appuie sur une conception ***socioconstructiviste*** de l'apprentissage ».

Le concept de « ***situation-problème*** » – désormais **SP** – a fait son apparition dans les années 70 dans le domaine de la recherche en DDM. Selon Pallascio (2005), cette approche est liée à une conception instrumentale des mathématiques : les mathématiques sont perçues comme des instruments créés par les êtres humains pour résoudre des problèmes qui se posent à eux. L'activité « *le puzzle de tangram* », créée par Brousseau pour l'apprentissage de la proportionnalité est, sans doute, l'exemple le plus connu de ce type de situation.

« Le puzzle de tangram » est une activité sur l'application de la proportionnalité aux problèmes d'agrandissement, activité qui s'inscrit dans le tryptique *manipuler – verbaliser – abstraire* : chaque élève va penser et réaliser un agrandissement d'une pièce du puzzle. Les élèves collaborent, ensuite, pour valider ou invalider leurs productions. De telles situations-problèmes, inscrites au CM1 (5e année) et au CM2 (6e année), interviennent en début d'apprentissage et se distinguent des problèmes d'application qui, eux, interviennent plus tard dans le processus.

L'ouvrage-ci s'inspire fortement du programme de formation de l'école québécoise qui propose une approche par compétences donnant une place centrale au concept de SP. Les programmes de plusieurs pays ou régions francophones (France, Québec, Suisse romande, Communauté française de Belgique) s'inscrivent dans une perspective socioconstructiviste où on envisage la résolution de problèmes comme une modalité pédagogique (1ère finalité : les SP sont une méthode d'enseignement/apprentissage qui permet de construire les concepts et les procédures en leur donnant du sens), tout en attribuant également une place aux processus de résolution de problèmes (2ème finalité : apprendre diverses stratégies heuristiques et métacognitives propres à la démarche même de résolution de problèmes).

Le ***socioconstructivisme*** repose sur l'idée que toute connaissance s'inscrit dans un contexte social qui la caractérise en précisant son sens et sa portée (Fourez, 1992 ; Vygotsky, 1997). Dans cette perspective, l'activité cognitive d'un individu – comme celle de RP – est indissociable de l'activité cognitive de sa collectivité. Jonnaert (2007) soutient que « en tant que modalité pédagogique, [la résolution de problèmes] supporte la grande majorité des démarches d'apprentissage en mathématiques ». Il évoque également la deuxième finalité : « en tant que processus, la résolution de situations-problèmes constitue un objet d'apprentissage en soi ».

Caractéristiques de la situation-problème

Une situation-problème (SP) se caractérise par le fait qu'il y a un but à atteindre, une tâche à réaliser ou une solution à trouver. On n'atteindra pas d'emblée l'objectif, car il ne s'agit pas de traiter un exercice d'application. La quête de l'objectif suppose, au contraire, raisonnement, recherche et mise en place de stratégies mobilisant des connaissances. La SP se caractérise aussi par le fait qu'elle est contextualisée et qu'elle représente un défi à la portée de l'élève. Elle doit susciter l'intérêt des élèves, leur adhésion ; elle doit les inciter à se mobiliser pour élaborer une solution. La SP doit, enfin, inclure une préoccupation à l'égard de la réflexion métacognitive.

Roland Charnay et Michel Mante (1992) déterminent un certain nombre de caractéristiques aux situations-problèmes :

- Mettre en place une SP suppose qu'on a repéré au préalable : (i) soit une ou des conceptions erronées chez les élèves, liées à l'acquisition de la connaissance que l'on souhaite enseigner. Ces conceptions sont repérées en analysant les erreurs que les élèves font habituellement quand ils mettent en œuvre cette connaissance ; (ii) soit une procédure correcte, mais fastidieuse, c'est-à-dire coûteuse en énergie et en temps ou qui, par son caractère uniforme, répétitif et importun, va s'avérer source d'erreurs.
- Les élèves doivent pouvoir facilement s'engager dans la résolution de la SP en mobilisant leurs conceptions erronées.
- Les connaissances de l'élève doivent être insuffisantes ou peu économiques pour résoudre la SP, sinon il ne s'agit plus d'une situation qui lui permet d'acquérir une connaissance nouvelle, mais seulement de réinvestir des connaissances déjà construites.
- Les élèves doivent avoir la possibilité de contrôler eux-mêmes leurs résultats, par exemple, au moment de la mise en commun au sein d'un sous-groupe ou de la classe.
- La connaissance que l'enseignante désire les voir acquérir doit être l'*outil* le plus adapté à la RP, à leur niveau. Pour cela, l'enseignante doit effectuer une analyse *a priori* de la situation (quelles stratégies les élèves vont-ils mettre en place dans la situation ? Quelles connaissances vont-ils investir ?). Elle peut s'appuyer sur les variables didactiques, c'est-à-dire les éléments de la SP qu'elle peut modifier, pour simplifier ou complexifier une tâche, pour amener les élèves vers d'autres procédures.

Problème

Afin de bien comprendre ce qu'est la résolution de problèmes mathématiques, le concept de problème au sens général doit être défini. S'appuyant sur une perspective psycho-cognitive, Mayer (1991) suggère de considérer trois caractéristiques essentielles pour définir convenablement le concept de problème : (i) un ***état initial***, qui renvoie aux informations et aux conditions qui composent le problème donné ;un but, qui constitue l'***état final*** à atteindre ; (ii) un ***obstacle***, ensuite, qui précise que bien que certains moyens soient à la disposition du solutionneur pour transformer le problème de l'état initial à l'état final, la séquence appropriée de comportements à adopter pour y parvenir n'est pas immédiatement évidente.

Exercice ou problème

Il est important de distinguer d'emblée entre ce qu'on appelle communément « exercice » et « problème ». Un exercice est une question dans laquelle l'élève a à appliquer ce qu'il a appris précédemment dans un cours, tandis qu'un problème est une situation initiale, avec un but à atteindre, demandant à l'élève d'élaborer une suite d'actions ou d'opérations pour atteindre ce but. De cette distinction, on peut déduire qu'il n'y a problème que si la solution n'est pas disponible d'emblée, mais possible à construire et que, par contre, un exercice représente une tâche à accomplir nécessitant, avant tout, la mémoire et requérant aussi l'usage d'une habileté préalablement acquise ; la procédure pour obtenir la solution est donc disponible sur le champ.

Il y a problème si, connaissant un certain nombre d'informations concernant une situation, on se propose de déduire de ces informations des renseignements non explicités initialement. Résoudre un problème, c'est analyser la situation et les informations données, dégager éventuellement des chaînes de situations élémentaires, les schématiser afin de mettre en évidence les relations mathématiques qui les décrivent, utiliser ces relations et leurs propriétés pour en déduire les renseignements cherchés.

Il y a problème mathématique si les deux conditions suivantes sont réunies : d'une part, s'il existe une intention mathématique du côté de l'enseignante, celle de vouloir activer certaines notions antérieurement acquises ou de préparer la construction de nouvelles notions et, d'autre part, si l'élève prend à sa charge le mode de traitement des données pour anticiper le résultat. On peut donc dire que l'enseignante qui développe chez ses élèves une technique opératoire sans inscrire celle-ci dans des situations qui lui donneraient sens ne touche qu'à un aspect des mathématiques. En donnant la primauté à la RP, les concepteurs des nouveaux programmes répondent donc bien à la finalité des mathématiques.

Des exemples concrets

Hayes (1981) illustre la notion de problème en donnant des exemples concrets. En voici quelques-uns : « Si nous sommes d'un côté du fleuve et que nous voulons aller de l'autre côté, mais que nous ne savons pas comment nous y rendre, nous avons un problème ». « Si nous avons commandé un meuble par la poste et que les instructions pour monter ce meuble ne nous disent pas comment assembler la partie A à la partie B, nous avons un problème ». « Si nous écrivons une lettre à un ami qui doit nous rendre visite et que nous ne trouvons pas la manière de lui dire que nous ne voulons pas qu'il reste pendant un mois, nous avons un problème ». C'est dire que chaque fois qu'il y a une situation initiale et que l'on veut obtenir une situation finale, mais que l'on ne sait pas comment y parvenir, on est face à un problème.

Poirier-Proulx (1999), quant à lui, attribue trois éléments importants au problème. D'abord, on doit retrouver l'existence d'un écart entre une situation présente, jugée insatisfaisante, et une situation désirée ou un but à atteindre. On doit, ensuite, observer l'absence d'existence du chemin conduisant à la réduction de cet écart – ce qui exige dès lors une démarche cognitive active d'élaboration et de vérification d'hypothèses sur la nature de cet écart et sur les moyens de le réduire. Le troisième élément important du problème est l'existence d'une subjectivité : une même situation est un problème pour un élève et un exercice pour un autre.

Il est également important de lever la confusion fréquemment entretenue sur les termes « situation », « problème » et l'expression « situation-problème » et sur ce qu'ils recouvrent aux plans pédagogique et didactique. Au *plan pédagogique*, le mot « problème » a très longtemps désigné une question d'application relative à une règle mathématique (partages égaux, calcul d'aires de surfaces, etc.) ou à une règle pratique consacrée par l'usage (bénéfice, loyer, etc.), question qui était enveloppée par des données accessoires, variables selon les cas multiples de la vie courante. Sous cette acception, on ne pouvait pas proposer à un élève de CE1, qui n'avait pas encore appris la multiplication, un énoncé du type : « *Une jardinière a planté trois rangées de 25 salades chacune. Combien a-t-elle planté de salades ?* », alors que l'élève peut résoudre ce problème, sans avoir à effectuer la multiplication, par simple addition répétée : 25 + 25 + 25.

Dans le *contexte scolaire*, le mot « problème » a longtemps désigné un énoncé, à la forme stéréotypée, évoquant le monde des adultes (ex : panier des ménages, salaires des employés, etc.), contenant quelques données (souvent numériques) et se terminant par une question. Pour répondre à cette question, l'élève doit effectuer un calcul en utilisant une ou plusieurs opérations arithmétiques (addition, soustraction, multiplication, division). Le contrat implicite de la RP reposait sur l'idée d'un entraînement des savoir-faire acquis préalablement à cette résolution.

Par exemple, après que les élèves aient appris à effectuer des multiplications, l'enseignante pouvait leur proposer l'énoncé suivant en assumant que les élèves n'avaient qu'à appliquer directement la « leçon » précédente : « *La fermière porte au marché 26 boîtes contenant chacune une douzaine d'œufs. Combien a-t-elle d'œufs* ? » Les élèves pouvaient recevoir une fiche contenant une dizaine d'énoncés du même type multiplicatif. Ce type d'énoncé a pour fonction claire l'application de connaissances arithmétiques qui viennent d'être enseignées. Très souvent, ces énoncés sont regroupés à la fin du chapitre portant le titre « Multiplication », si bien que les élèves savent à quels concepts se réfèrent lesdits énoncés.

Références à la psychologie cognitive

Pour préciser ce qu'on entend par « problème », on peut se référer à des travaux de psychologie cognitive. Newell et Simon (1972) trouvent qu'« un problème surgit de l'écart qui se forme entre un état initial et un état but. Résoudre un problème, c'est chercher un ensemble de procédures qui permettent le passage d'un état à un autre ». Pour Jean-François Richard (1991), « un problème est une tâche à réaliser dans des conditions définies et pour laquelle on ne connaît pas de mode de réalisation dans ces conditions. On sait quel est le but à atteindre, on connaît le contexte dans lequel il doit être atteint, mais on ne connaît pas la procédure pour l'atteindre ». Quant à Vergnaud (1986), « Par problème, il faut entendre dans le sens large que lui donne le psychologue, toute situation dans laquelle il faut découvrir des relations, développer des activités d'exploration, d'hypothèses et de vérification, pour produire une solution ».

On peut compléter cette définition par celle de Jean Brun (1996) : « *Un problème est généralement défini comme une situation initiale avec un but à atteindre, demandant au sujet d'élaborer une suite d'actions ou d'opérations pour atteindre ce but. Il n'y a problème que si la solution n'est pas disponible d'emblée mais possible à construire. C'est dire aussi qu'un problème pour un sujet donné peut ne pas être un problème pour un autre sujet, en fonction de leur développement intellectuel, par exemple* ».

Cette définition insiste davantage sur la nécessité d'élaborer des procédures que sur la simple déduction d'informations à partir des données.

Sur le plan didactique, on voit bien que la majeure partie des énoncés proposés dans les différents manuels d'avant les dernières réformes curriculaires sous le nom de « problème » ne sont pas des problèmes au sens où l'entend Jean Brun et avec lui de nombreux didacticiens. On devrait les appeler tout bonnement « des exercices d'application » ; mais il semble difficile d'aller contre des habitudes qui sont si fortement ancrées dans les mentalités. Si l'on parle aujourd'hui de « situation » et de « situation-problème », c'est d'abord pour insister sur la *globalité de l'activité de résolution* : analyse du contexte, recherche et tri des informations, élaboration des stratégies de résolution qui ne se réduisent pas à la seule application d'une connaissance nouvellement acquise.

Après l'évaluation du Programme international pour le suivi des acquis des élèves (PISA), évaluation périodique commandée par l'organisation de coopération et de développement économiques (OCDE) sur les performances des élèves en maths, en lecture, en sciences et en résolution de problèmes, on peut voir que la définition du « problème » n'a pas beaucoup évolué, mais qu'elle s'est développée. Pour PISA, un problème est tiré de contextes de la vie réelle avec des informations disponibles, qui vont permettre aux élèves de repérer les éléments pertinents (informations utiles) et les relations qui les unissent. C'est aussi construire ou appliquer une représentation externe, puis résoudre le problème et, pour finir, évaluer, justifier et communiquer les solutions.

On peut constater que, dans les différentes définitions ci-haut énoncées, il y a un point commun : la procédure de résolution n'est pas connue d'emblée.

Définition de Legendre & Al.

Voici une définition du problème bien utile aujourd'hui, donnée par Legendre et al. (2005) dans leur « Dictionnaire actuel de l'éducation » : « *Un problème est une situation préoccupante à laquelle est confronté un individu ou un groupe, et dont la modification présente un niveau certain de difficulté. [Il y a] nécessité de réduire ou d'éliminer la différence entre ce qui est et ce qui est requis* ».

Ainsi, on ne devrait plus confondre le terme « problème » avec la résolution d'exercices répétitifs, demandant la plupart du temps l'application à plusieurs reprises de règles et de connaissances déjà acquises.

Au Canada, en France, comme dans la plupart des pays de l'Organisation de coopération et de développement économiques (OCDE), les chercheurs en didactique des maths se dévouent à une profonde réflexion sur le rôle de la résolution de problèmes dans la construction des connaissances et le développement des compétences en mathématiques.

Bair, Haesbroeck et Haesbroeck (2000), quant à eux, affirment qu'une question pose un problème lorsqu'elle est inhabituelle, mais accessible, et nécessite une pensée réflexive. Pour eux, un problème doit représenter un défi exigeant « la mobilisation d'aptitudes de compréhension et la mise en œuvre de connaissances dans des situations inédites ». Leur idée de défi appuie l'idée d'obstacle soulevée par Mayer (1991), en ce sens où la démarche ne doit pas être connue d'emblée par le solutionneur. Ainsi, pour qu'il s'agisse d'un problème, la solution doit être accessible à l'individu, sans être trop facile ou trop difficile.

L'essentiel pour l'enseignante est de bien repérer la « situation du problème » en distinguant la fonction des situations qu'elle propose à ses élèves. Cette fonction implique des choix didactiques quant à leur réalisation en classe : la situation proposée a-t-elle pour but d'engager les élèves dans la construction d'un savoir nouveau ? L'enseignante cherche-t-elle à placer les élèves dans une situation de recherche, d'élaboration de méthodes ? Ou donne-t-elle aux élèves l'occasion d'utiliser leurs connaissances à bon escient, sans que celles-ci aient été explicitement désignées par elle comme pertinentes ? Le vocabulaire utilisé actuellement cherche à faire cette distinction : la situation-problème désigne le problème destiné à la construction de connaissances nouvelles.

Qu'en est-il en Guinée ...

En Guinée, comme dans beaucoup de pays qui n'ont pas régulièrement renouvelé leur curriculum, les programmes de mathématiques du Préuniversitaire sont conçus avec l'objectif que les élèves sachent calculer, qu'ils soient capables de résoudre des problèmes types, c'est-à-dire des problèmes semblables à ceux qui ont été déjà traités en classe. Nous employons, ici, le terme "calcul" au sens de "mise en place de mécanismes", pour ne pas dire "automatismes", ou renvoyer à des "familles" de problèmes types. Nous remarquons aussi dans les formations à l'enseignement l'absence de cours de maths spécifiquement consacrés aux probabilités ou à la statistique, et de cours de didactique portant essentiellement sur ces matières.

Avec ce paradigme, on est loin de la principale activité mathématique que sont la formulation et la résolution de situations-problèmes ; on est loin de faire jouer le double rôle de la résolution de problèmes : celui de développer la compétence « résoudre des situations-problèmes » et celui de construire des moyens d'apprentissage des maths. Nous pensons, avec optimisme, que les futurs enseignants des ÉNI et de l'ISSEG auront des possibilités de formation continue pour l'enseignement de ces matières. Aussi, les concepteurs des curricula devront-ils se convaincre de la nécessité de développer chez les élèves du Secondaire (mais aussi chez les futurs enseignants) une culture substantielle dans les domaines des probabilités et de la statistique, domaines importants du point de vue de la formation aussi bien scientifique que citoyenne des jeunes guinéens.

« Situation-problème » = « problème »

Le vocabulaire actuellement utilisé ne fait pas la distinction nette et stricte entre « problème » et « situation-problème » : les situations-problèmes désignent les problèmes dont la résolution favorise la construction d'un savoir notionnel ou procédural nouveau. Les situations-problèmes comportent des buts à atteindre, des données qui permettent de se représenter les situations, des obstacles qui obligent à s'impliquer dans une démarche et l'utilisation des moyens cognitifs pour les résoudre. On qualifie également les situations-problèmes de situations d'apprentissage ou de situations didactiques élaborées à partir du principe socioconstructiviste selon lequel l'élève construit lui-même ses apprentissages.

Les enseignants doivent aller au-delà d'une transmission de trucs, de techniques et de procédures vides de sens que les élèves doivent mémoriser (DeBlois, 2014; Van de Walle et Lovin, 2007). Si la transmission de ces trucs, de ces techniques et de ces procédures n'est pas soutenue par une compréhension approfondie des concepts en jeu, elle permettra aux élèves de réussir immédiatement des exercices d'application, mais aura des contrecoups importants à moyen et à long terme. Les enseignants doivent amener les élèves à développer des concepts, des règles, des processus mathématiques à partir des prises de conscience issues des différents aspects de la communication. Les problèmes font partie des progressions que les enseignants organisent et utilisent par années scolaires, avec une cohérence qui leur impose une planification rigoureuse dans le temps. L'un des rôles essentiels de l'enseignante est de proposer une riche variété de problèmes.

Différentes sortes de problèmes

On peut regrouper les problèmes en plusieurs catégories qui correspondent à des niveaux de réussite différents. On distingue, par ailleurs, trois sortes de problèmes arithmétiques : les problèmes basiques, les problèmes complexes et les problèmes atypiques ou problèmes ouverts.

Problèmes basiques : Ce sont des problèmes à une seule étape, qui se résolvent à l'aide d'une opération de base (addition, soustraction, multiplication ou division), et qui sont divisés en trois catégories : les problèmes de transformation, de partie-tout, de comparaison.

- ***Problème de transformation*** : il s'agit d'un énoncé dans lequel on part d'un état initial et où on applique une augmentation ou une diminution pour arriver à un état final.

Recherche de l'état final	Dans la lasse de M'Mah, il y avait 17 élèves. Quatre nouveaux élèves sont arrivés. Combien d'enfants y a-t-il maintenant dans la classe de M'Mah ? Un transporteur doit livrer 1 453 caisses de boissons sucrées. Il en débarque 460 au premier magasin. Combien de caisses déchargera-t-il au deuxième magasin ?
Recherche de l'état initial	Maï a maintenant 42 bons-points. Elle en a gagné 3 dans la journée. Combien en avait-elle en arrivant ce matin à l'école ? Après la construction d'un nouvel immeuble, 326 personnes sont venues habiter notre quartier qui regroupe maintenant 4 212 habitants. Combien de personnes habitaient notre quartier avant cette construction ?
Recherche de la transformation (ou de l'évolution)	En arrivant ce matin à l'école, Moh avait 7 billes. Ce soir, il en a 12. Que s'est-il passé à la recréation ? Pour le mariage de son cousin, Bouba a acheté un costume qui valait 399 $. Il l'a fait retoucher pour qu'il soit exactement à la taille de son cousin. Bouba a payé finalement 429 $. Quel était le prix de la retouche ?

Les problèmes de transformation, où il y a un état initial, une transformation et un état final, concernent donc les variables cardinales (état-grandeur) et les variables ordinales (état-position).

- ***Problèmes de partie-tout*** : il s'agit de réunir plusieurs quantités ou de les partager en parts égales ou non.

Recherche du tout	Maï a 4 pommes rouges et 2 pommes vertes. Combien de pommes a-t-elle en tout ? Maï a 3 paquets de 4 crayons. Combien de crayons a-t-elle en tout ?
Recherche de la valeur d'une partie	Moh a 7 pommes rouges ou vertes. Il en a 3 vertes. Combien Moh a-t-il de pommes rouges ? Maï a 15 crayons également répartis en 3 paquets. Combien a-t-elle de crayons dans chaque paquet ?
Recherche du nombre de parties	Yama a des paquets de 5 crayons. Elle a 15 crayons en tout. Combien a-t-elle de paquets ?

- ***Problèmes de comparaison*** : il s'agit de comparer deux quantités. Soit on recherche la valeur de l'écart (situation la plus courante), soit on détermine la valeur d'une quantité : la petite ou la grande.

Recherche de l'écart	Moh a 6 billes. Mia en a 2. Combien Moh en a-t-il de plus que Mia ?
Recherche de la petite quantité	Moh a 6 billes. Moh en a 4 de plus que Mia. Combien Mia a-t-elle de billes ?
Recherche de la grande quantité	Natou a 2 billes. Elle en a 4 de moins que Moh. Combien Moh a-t-il de billes ?

Problèmes complexes : Ce sont des problèmes à plusieurs étapes obtenus par composition de problèmes basiques. Ce sont des problèmes qui font suite aux *problèmes de réinvestissement* permettant de mettre en œuvre conjointement plusieurs compétences, possiblement dans différents domaines.

Exemple : *Les 183 élèves de CM2 (6e année) d'une école de Kondétah participent à la sortie de classe aux Voiles de la Mariée. Pour les accompagner, il faut au minimum un adulte pour 15 élèves. Pour cette sortie, l'école réserve des bus de 32 places (en plus du chauffeur). Combien de bus faut-il réserver ?*

En formation de maîtres, il est important d'insister sur la nécessité de proposer des problèmes complexes pour éviter l'effet « âge du capitaine ». Pour complexifier davantage le problème ci-haut énoncé, l'enseignante (la formatrice) peut demander aux élèves (élèves-maîtres) d'évaluer le coût de cette sortie scolaire pour laquelle chacun des 183 élèves contribuera à financer à hauteur de 5 000 GNF pour le transport et le panier pique-nique.

Problèmes ouverts, également appelés « ***problèmes pour chercher*** » sont des questions posées aux élèves, auxquelles ces derniers ne peuvent pas répondre en appliquant directement des connaissances apprises. Ce sont, entre autres, des problèmes de logique, de recherche, de géométrie, qui mettent en jeu des concepts mathématiques non enseignés au Primaire, mais qu'on peut aborder par l'observation, la manipulation, les essais-erreurs. Les élèves sont ainsi incités à chercher et à élaborer (avec l'aide éventuelle de l'enseignante) des outils leur permettant de résoudre de tels problèmes. En imitant les procédures « essai-erreur » du chercheur en maths, les élèves sont encouragés à conjecturer, à émettre des suppositions, à organiser leur démarche de résolution et la mener à son terme afin de « prouver » leur conjecture. Ce faisant, ils s'exercent à utiliser un langage spécifique, propre aux mathématiques, et à communiquer leur démarche.

Exemple de problème ouvert (du CE1 au CM2) :
« *J'ai six images de véhicules. Ce sont des images de motos et des images de voitures. J'ai compté toutes les roues ; il y a 16 roues. Trouve combien j'ai d'images de motos et combien j'ai d'images de voitures* ».

Ce problème est bien un problème ouvert dans la mesure où l'énoncé n'induit ni la méthode de traitement ni la solution, et où une résolution "experte" de type « mise en équation » n'est pas envisageable à ce stade de la scolarité. Le problème ne peut être résolu par l'application systématique de règles déterminées ou d'une démarche déjà acquise. Les élèves devront donc élaborer leur propre stratégie ou procédure afin de résoudre le problème. Une résolution par essais successifs et progressivement ajustés permet d'aboutir à la bonne solution.

Autres exemples (de la 9ᵉ à la 10ᵉ année)

1. *Le produit de trois nombres entiers consécutifs dont le premier est pair est-il divisible par 24 ?*
2. *Calcule* 25^2, 45^2, 75^2.
   Trouve une règle qui te permet de calculer rapidement, sinon mentalement, 35^2, 65^2, 85^2, 105^2, *etc. Justifie ta démarche.*

Les exemples donnés ci-haut montrent que : (i) l'énoncé d'un problème ouvert est court ; (ii) la solution n'est pas évidente et, en aucun cas, elle ne doit se réduire à l'utilisation ou à l'application immédiate des derniers résultats présentés au cours ; (iii) le problème se trouve dans un champ conceptuel (un domaine) avec lequel les élèves ont assez de familiarité, peuvent facilement se l'approprier (en faire *leur* problème) ; (iv) tout élève peut démarrer sa recherche par tâtonnement ou par des dessins, s'engager dans des conjectures, des projets de résolution, des contre-exemples ; (v) la solution est accessible par plusieurs modes de raisonnement (algébrique, logique, géométrique ...).

Les problèmes ouverts ont aussi la caractéristique de proposer un défi mathématique aux élèves, sans pour autant comporter de difficultés importantes au niveau de la compréhension de la situation. Ils amènent les élèves à entrer dans un processus d'investigation, à faire preuve d'initiative, à imaginer des pistes possibles, à tester ces pistes, éventuellement à les abandonner pour en explorer de nouvelles. Un problème ouvert est censé être plus motivant pour beaucoup d'élèves car, contrairement aux exercices d'entraînement, plus répétitifs, il aide ces derniers à s'affranchir des attentes supposées de l'enseignante pour s'engager plus librement dans la résolution des problèmes proposés.

Classification de Vergnaud pour les problèmes additifs

En considérant les ***problèmes à structure additive***, on peut distinguer au moins trois niveaux d'origine psychogénétique qui correspondent à des schémas représentant des compétences logicomathématiques différentes : composition d'états, transformation d'états et comparaison d'états.

Composition d'états

On considère les situations qui portent sur trois grandeurs où deux d'entre elles se composent pour donner la troisième.

- ***Recherche du composé*** :
  1. Pour son anniversaire, Natou reçoit 55 000 GNF de sa grand-mère et 130 000 GNF de ses parents. Combien d'argent Natou a-t-elle reçu pour son anniversaire ?
  2. Les enfants du quartier se rendent au théâtre. Il y a 132 places réservées pour l'école de Boulbinet, 123 pour l'école de Sandervalia, 142 places pour l'école du Centre et 86 places pour l'école de Tombo. Combien de places ont été réservées au théâtre ?
- ***Recherche d'une partie***
  1. Dans la boîte de 158 gommes, il y a 21 gommes pour effacer l'encre. Combien y a-t-il de gommes qui effacent le crayon de papier ?
  2. Dans son album, Lucien a 421 photos de footballeurs professionnels dont 144 sont africains. Combien Lucien a-t-il de photos de footballeurs professionnels qui ne sont pas africains ?

Transformation d'états

Un état initial subit une transformation pour aboutir à un état final.

- ***Recherche de l'état final*** :
  1. La bibliothèque municipale de Ratoma contenait 14 560 livres. La bibliothécaire achète 831 nouveaux livres à l'Harmattan Guinée. Combien y a-t-il de livres dans cette bibliothèque ?

2. Un transporteur doit livrer 1 453 caisses de boissons sucrées. Il en décharge 460 au premier magasin. Combien en déchargera-t-il au deuxième magasin ?

- ***Recherche de la transformation*** :
  1. En arrivant ce matin à l'école, Natou avait 13 billes. Ce soir, elle en a 21. Combien en a-t-elle gagné à la recréation ?
  2. Pour la fête de sa nièce, Aliou a acheté une robe qui valait 249 $. Il l'a fait retoucher pour qu'elle soit décorée de broderies. Aliou a payé finalement 390 $. Quel est le prix de la retouche ?

- ***Recherche de l'état initial*** :
  1. Maï a maintenant 32 bons-points. Elle en a gagné 5 dans la journée. Combien en avait-elle en arrivant ce matin à l'école ?
  2. Après la construction d'un nouvel immeuble, 326 personnes sont venues habiter notre quartier qui regroupe maintenant 4 212 habitants. Quel était le nombre d'habitants avant la construction de l'immeuble ?

Comparaison d'états

Dans ce type de problème (comparaison d'états), il y a un *état référen*t (celui auquel on compare), une *comparaison* et un *état référé* (celui qui est comparé) ; on demande de quantifier la différence (combien de plus ou de moins) entre les deux quantités données.

Recherche de l'état que l'on compare à un autre	Dans le club omnisports de Farmôriah, il y a 24 basketteurs ; il y a 19 footballeurs de plus que les basketteurs. Combien y a-t-il de footballeurs dans ce club ?
	Le papa de Matou a parcouru 27 659 km en voiture en une année. Son oncle a parcouru 3 596 km de moins que son papa. Quelle distance le tonton de Matou a-t-il parcourue dans la même année ?
Recherche de l'état qui sert de référence lors de la comparaison	Maï et Aly ont des jetons dans leur boîte. Maï en a 34 ; elle en a 15 de plus qu'Aly. Combien Aly a-t-il de jetons ?
	Mme Lamah gagne 2 700 000 GNF par mois. Elle gagne 250 000 GNF de plus que Mme Leno. Quel est le salaire mensuel de Mme Leno ?
Recherche de la comparaison	Un petit arrondissement compte 5 760 habitants. Le petit arrondissement voisin compte 8 282 habitants. Quelle est la différence de population entre ces deux arrondissements ?
	En l'an 2000, la ville de New York compte 16,8 millions d'habitants et la ville de Mexico 25,6 millions. Combien y a-t-il d'habitants en moins à New York ?

Classification de Vergnaud pour les problèmes multiplicatifs

Les *problèmes à structure multiplicative* concernent la résolution des problèmes d'échanges, de dénombrements, de distributions, de partages et de proportionnalité.

Multiplication	1 c b ?	Un bouquet contient 30 roses. Combien y a-t-il de roses dans 5 bouquets ?
Division-partition : recherche de la valeur d'une part	a ? b d	On fait 5 bouquets identiques avec 135 roses. Combien y a-t-il de roses par bouquet ?
Division-quotition : recherche du nombre de parts	a c ? d	On fait des bouquets de 25 roses avec 125 roses. Combien peut-on faire de bouquets ?
Proportionnalité	a c b ?	Avec 125 roses, on fait 5 bouquets. Combien de bouquets identiques peut-on faire avec 150 roses ?

La résolution de ces types de problèmes nécessite le recours à un raisonnement et à des choix stratégiques. L'activité suivante donne un bon exemple de situation de proportionnalité.

Activité 2 : Problèmes de proportionnalité

1. *Le granit est une roche cristalline formée d'un mélange hétérogène de quatre éléments : quartz, feldspath, biotite et minéraux secondaires.*
   a) *Un bloc de granit est composé de 28 % de quartz, 53 % de feldspath, de 11 % de biotite et de 19,2 dm^3 de minéraux secondaires. Calculer le volume de ce bloc.*
   b) *Un mètre cube de ce granit a une masse de 2,6 tonnes. Calculer la masse de ce granit considéré dans la question précédente a).*

a. Pour calculer le volume de ce bloc, il faut d'abord déterminer le pourcentage de minéraux secondaires en cherchant le complément par rapport à 100 % :100 % - (28 % + 53 % + 11 %) = 100 % - 92 % = 8 %. Donc 8 % du bloc de granit occupe 19,2 dm^3. En appliquant la règle de proportionnalité (qui se traduit par le produit croisé), on obtient :

$$8\ \% \longrightarrow 19{,}2\ dm^3$$
$$100\ \% \longrightarrow x\ dm^3$$
$$x = \frac{19{,}2 \times 100}{8} = 240\ dm^3$$

Le volume de ce bloc est 240 dm^3 ou 0,240 m^3.

b. Un mètre cube de ce granit a une masse de 2,6 tonnes. On peut utiliser la même règle de proportionnalité, en utilisant le produit croisé :

0,240 m^3 pèsent 0,240 x 2,6 = 0,624 tonnes, soit 624 kg.

La masse de ce granit considéré dans la question a) est de 624 kg.

La résolution de ce problème exige qu'on prenne en compte les relations qui existent entre les nombres. Il ne suffit pas aux élèves de reconnaître la structure du problème (préalable qui est déjà difficile pour bon nombre d'entre eux) ; il faut, en plus, déterminer une procédure en fonction des nombres fournis dans l'énoncé. Si les élèves n'ont appris qu'une méthode standard (règle de trois, utilisation d'un tableau de proportionnalité), ils peuvent se trouver rapidement démunis.

Problème simple, problème complexe

Pour définir le ***problème complexe***, il est utile d'en comparer les caractéristiques avec celles d'un problème simple. Un problème est dit simple si tous les éléments nécessaires à sa résolution sont connus et accessibles. Même s'il s'agit d'une situation nouvelle, on peut résoudre ce type de problème par une procédure systématique ou par l'application de règles que l'on connaît déjà. La solution est unique, non équivoque et vérifiable. Par contre, dans un problème complexe, les informations (les données) peuvent être incomplètes, imprécises et contradictoires.

Un ***problème complexe*** oblige à prendre en compte plusieurs aspects ou schèmes de référence à la fois (social, économique, psychologique, éthique, culturel, scientifique, politique, idéologique, environnemental, etc.) et on peut définir ses différentes représentations selon les présupposés, les informations et les opinions considérés. L'enseignante est encouragée à privilégier des situations complexes, c'est-à-dire des situations qui mobilisent l'ensemble des composantes d'une compétence, qui représentent un défi intellectuel, suscitent un conflit cognitif, favorisent la prise de risques et se prêtent à plus d'une démarche de résolution.

Dans le choix ou la construction de situations-problèmes complexes, l'enseignante doit considérer, entre autres, les caractéristiques suivantes : l'étendue des concepts et des processus à mobiliser, le degré de familiarité/degré d'autonomie exigé de l'élève, le nombre de contraintes, les types de représentation sollicités et les passages entre ces registres, le nombre d'étapes que comporte la solution, le niveau d'abstraction ou de conceptualisation exigé pour s'approprier la situation, la nature des liens intra-mathématiques sollicités (concepts et processus, liens entre plusieurs champs conceptuels) ou interdisciplinaires. Un problème complexe est donc un problème pour lequel la tâche est multiple et doit être partagée en sous-tâches qui font appel à des connaissances et à des habiletés différentes.

Le Ministère de l'Éducation, du Loisir et des Sports (MELS, 2005) soutient que « L'enseignant doit s'assurer que l'élève progresse dans le développement de ses compétences. Plusieurs paramètres balisant cette progression interviennent au regard de la complexité des situations d'apprentissage et d'évaluation [...] Ces paramètres n'évoluent pas nécessairement de façon linéaire. Des allers-retours sont donc souhaitables entre le simple et le complexe, entre le concret et l'abstrait [en référence aux objets ou aux contextes] ou entre le quantitatif et le qualitatif » (p. 15).

Autre choix : privilégier une variété de stratégies

Beaucoup d'élèves pensent qu'il n'y a qu'une seule façon de résoudre un problème, celle que l'enseignante proposera au moment de la correction. Aussi, agissent-ils pour essayer d'être conformes à cette attente. Si, au contraire, l'enseignante veut donner à chaque élève des moyens de résoudre un problème en utilisant les connaissances dont il dispose et qui peuvent être différentes de celles d'un autre élève, il lui faut installer durablement l'idée qu'*un problème peut toujours être résolu de diverses manières*, comme l'illustre l'exemple ci-dessous.

Exemple : *Dans le verger de M. Thiam, il y a des orangers et des manguiers. On y compte 1 700 orangers et 2 535 manguiers. Combien d'arbres fruitiers y a-t-il dans le verger de M. Thiam ?*

On peut s'attendre à au moins quatre stratégies de résolution, en plus de l'estimation qui nous donne une idée approximative de la grandeur du résultat (du nombre total d'arbres fruitiers).

Estimation $1\,700 + 2\,535 \approx 2\,000 + 2\,500 \approx 4\,500$.

Stratégie 1 : Addition effectuée à l'aide d'égalités selon la valeur de position

$$\begin{array}{r} 1\,700 \\ \underline{+\,2\,535} \\ 3\,000 \\ 1\,200 \\ \underline{+\quad\;\; 35} \\ +\,4\,235 \end{array}$$

Il y a 4 235 arbres fruitiers dans le verger de M. Thiam.

Stratégie 2 : Addition effectuée à l'aide de la décomposition des deux termes

$$\begin{aligned} 1\,700 + 2\,535 &= \mathbf{1}\,000 + 700 + \mathbf{2}\,000 + 500 + \mathbf{35} \\ &= \mathbf{1}\,000 + \mathbf{2}\,000 + 700 + 500 + \mathbf{35} \\ &= \mathbf{3}\,000 + 1\,200 + \mathbf{35} \\ &= \mathbf{4\,235} \end{aligned}$$

Il y a 4 235 arbres fruitiers dans le verger de M. Thiam.

Stratégie 3 : Addition effectuée à l'aide de la décomposition du 2e terme

2 535

↑

1 700 +	2 000	= 3 700
3 700 +	500	= 4 200
4 200 +	35	= 4 235

1 700 + 2 535 = 4 235

Il y a 4 235 arbres fruitiers dans le verger de M. Thiam.

Stratégie 4 : Addition effectuée à l'aide de la compensation

(1 700 + 300) + (2 535 – 300)

1 700 + 2 535 = 2 000 + 2 235

= 4 235

Il y a 4 235 arbres fruitiers dans le verger de M. Thiam.

Aucune procédure ou technique analytique ne permet d'arriver à une solution unique et non équivoque. Ainsi, plusieurs solutions sont possibles et des critères sont à déterminer afin de juger la pertinence et la valeur d'une solution, à la lumière de la connaissance actuelle que l'on a de la question.

L'idée de complexité des situations proposées prend la place d'un souci d'adaptation à l'élève ; celle d'une alternance entre des situations simples et des situations complexes remplace une idée de gradation des problèmes du plus facile au plus difficile (Lajoie et Bednarz, 2012). Toutefois, ce choix est à rapprocher de l'accent mis non plus uniquement sur les connaissances, comme c'était le cas précédemment, mais aussi sur les processus mathématiques ainsi que sur le développement des autres compétences disciplinaires (raisonner, communiquer à l'aide du langage mathématique). Ce choix est donc cohérent avec les fonctions nouvelles dévolues aux situations-problèmes faisant leur apparition en ce début du 21e siècle.

Les expressions « ***problèmes d'application*** » et « ***problèmes de réinvestissement*** » désignent les situations qui visent à engager les élèves dans une utilisation immédiate ou différée de ce qu'ils ont appris. Dans les situations d'***approfondissement***, les élèves utilisent ce qu'ils viennent de découvrir. Dans les situations de ***consolidation***, ils reviennent sur ce qu'ils maîtrisent moins bien. Dans les situations d'***enrichissement***, ils relèvent de nouveaux défis. L'enseignante peut leur proposer de résoudre ces types de problèmes en fonction du niveau de sa classe. Elle doit considérer les erreurs commises par les élèves comme une étape constructive et non comme une fin dévastatrice qui entraîne un châtiment. Elle doit aussi éviter les situations répétitives lorsque les buts sont atteints, ou les situations pour lesquelles les élèves ne possèdent pas les prérequis nécessaires.

Fonctions de la résolution de problèmes

Plusieurs didacticiens, dont Vergnaud, considèrent la résolution de problèmes (RP) comme la source et le critère du savoir opératoire. À ce titre, on peut lui attribuer trois fonctions essentielles dans les programmes du Préuniversitaire : (i) ***source du savoir***, la RP va permettre aux élèves de construire, de modifier ou de faire évoluer leurs conceptions initiales ; le savoir est en voie de construction ; (ii) ***critère du savoir opératoire***, la RP va situer les élèves dans l'utilisation de concepts mathématiques ; le savoir constitué est alors sollicité ; (iii) Une troisième fonction s'exerce à partir de problèmes ouverts ou ***problèmes de recherche*** qui amèneront les élèves à développer un raisonnement et à élaborer des solutions originales.

Déceler, poser et résoudre des problèmes constituent l'activité essentielle des mathématiques. L'essentiel est de développer cette activité, fondée sur une appropriation progressive des concepts à travers leur fonctionnement au sein des problèmes. Les problèmes, qui incluent toujours une recherche, doivent donc imprégner tout l'enseignement et non apparaître comme de simples applications d'un cours qui tendrait à reconstruire une théorie ex-nihilo. L'ouvrage-ci atteste que la RP est au cœur des mathématiques, de leur enseignement et de leur apprentissage, et que c'est par la RP que les élèves apprennent les mathématiques.

Finalités de la résolution de problèmes

On attribue généralement deux grandes finalités à la RP : (i) développer l'apprentissage des maths et (ii) développer l'apprentissage de démarches et de processus de résolution de problèmes. L'ouvrage-ci montre que l'apprentissage des contenus mathématiques (de probabilité et de statistique) est au cœur de la première finalité : les problèmes servent de point de départ pour construire de nouvelles connaissances et celles-ci sont réinvesties dans ce qu'on appelle des « problèmes d'application ». L'apprentissage de procédures efficaces de résolution de problèmes (de probabilités ou de statistique) est, quant à lui, au centre de la deuxième finalité : il s'agit alors d'un apprentissage de démarches heuristiques et métacognitives de RP.

L'enseignante doit s'assurer que les élèves sont en mesure de comprendre la situation, de s'approprier le problème. On dit qu'elle *dévolue* le problème aux élèves, le terme "dévolution" désignant « l'ensemble des conditions qui permettent à l'élève de s'approprier la situation : enjeu intellectuel et contexte favorable » (Brousseau, 1986). Les problèmes doivent se situer dans des contextes que l'élève peut maîtriser, le plus souvent possible, à l'aide de supports disponibles (matériel, jeu). Les situations sur lesquelles portent les problèmes peuvent être issues de la vie de la classe, de la vie quotidienne, d'autres domaines de connaissances (sciences, statistique, technologie), de jeux. L'enseignante peut les présenter sous formes variées à partir d'une expérience effective, d'une description orale ou d'un support écrit (texte, document, tableau, graphique, schéma, diagramme, figure).

Choix et organisation des activités de RP

L'enseignante doit choisir des situations-problèmes de façon à favoriser une entrée rapide dans leur résolution et permettre une validation des réponses ainsi qu'une explicitation des procédures. Elle doit encourager les élèves à essayer des solutions qui correspondent aux conceptions qui sont les leurs. L'une des premières responsabilités de l'enseignante est de permettre aux élèves d'utiliser des procédures personnelles, donc de pouvoir donner une solution sans l'*obligation* d'utiliser une opération mathématique imposée. Une seconde responsabilité qui incombe à l'enseignante consiste à être médiatrice de la culture mathématique dans ses différentes dimensions (arithmétique, algébrique, géométrique, probabiliste, etc.).

L'enseignante organisera les activités de RP en faisant de sa classe de maths un lieu de débat. Ceci est d'autant plus important que l'école de ce début du 21e siècle est à la recherche de moyens qui servent l'apprentissage de la *citoyenneté*. Cette vie socioculturelle est faite de confrontations autour des idées ; il y a donc lieu d'argumenter son point de vue, mais aussi de tenir compte de celui de l'autre, d'accepter ses erreurs. Le débat que l'enseignante peut organiser autour des solutions des élèves lors de la RP offre un cadre idéal à cet apprentissage de la vie en société, parce qu'en maths, « la détermination du vrai ou du faux est plus facilement indépendante des préjugés et des idéologies » (Ministère de l'Éducation Nationale, 2002).

L'enseignante a la charge d'encourager les élèves à rendre compte de leur démarche, à admettre qu'il existe d'autres procédures que la leur, à essayer de comprendre d'autres solutions que celle qu'ils ont eux-mêmes élaborée. Ainsi, on peut même parler d'une « communauté mathématique » qui cherche, échange, argumente et prouve. En dévoluant aux élèves des situations-problèmes signifiantes et en faisant de la classe de maths un lieu de débat, l'enseignante contribue à ce que « la confrontation des résultats et des démarches dans des moments de débat [permette] de développer les capacités à argumenter, à considérer d'autres points de vue, et contribue donc au développement de la socialisation, par l'écoute et le respect de l'autre » (Ministère de l'Éducation Nationale, 2002).

Variables didactiques

Pour Brousseau (1982), « un champ de problèmes peut être engendré à partir d'une situation par la modification de certaines variables qui, à leur tour, font changer les caractéristiques des stratégies de solution (coût, validité, complexité, etc.). [...] Seules les modifications qui affectent la hiérarchie des stratégies sont à considérer variables pertinentes et, parmi les variables pertinentes, celles que peut manipuler l'enseignant sont particulièrement intéressantes : ce sont des variables didactiques ». Ces variables sont pertinentes à un âge donné dans la mesure où elles commandent des comportements différents.

Par exemple, Barrouillet et al. (2003) pensent que « la question placée en tête, souvent porteuse de la structure relationnelle du problème, constituerait une information organisatrice induisant l'activation du schéma [de résolution] adéquat dès l'amorce de la lecture ». En s'intéressant à l'impact des formulations sur la RP, Fayol (1990) ne retient, lui, que les éléments liés à la ***temporalité***. Aussi, distingue-t-il deux catégories de situations : celles dont la structuration des informations intègre la ***séquentialité*** (il y a une chronologie dans les évènements présentés dans l'énoncé) et celles dont la structuration intègre la ***simultanéité*** sera nécessairement temporalisée, car elle sera organisée en étapes.

Les variables didactiques sont donc « des éléments de l'activité (consignes, valeurs numériques, nature des objets, taille des nombres, structure de l'énoncé, etc.) que l'enseignante peut varier et dont les modifications entraînent des changements de procédures chez les élèves » (Charnay et Mante, 1992, p. 9). Appliquée dans l'apprentissage des maths par la RP, cette terminologie désigne les paramètres de la situation qui, lorsqu'on agit sur eux, provoquent des adaptations, des régulations et des stratégies. Ces paramètres peuvent agir sur les processus de résolution que les élèves vont adopter et donc sur leur apprentissage des mathématiques.

Les variables didactiques peuvent prendre plusieurs « valeurs » selon la décision de l'enseignante. La manipulation de ces variables nécessite, de la part de l'enseignante, une identification de celles-ci et une appréciation des ressources (des compétences) des élèves. La maîtrise de ces variables permet à l'enseignante de construire le décalage optimal entre les contraintes didactiques de la tâche et les ressources des élèves ; cette maîtrise permet à l'enseignante d'appréhender les modifications en les introduisant dans le déroulement de la tâche initiale et de créer les possibilités de « perturbations maximales » de transformation des comportements des élèves.

Les variables didactiques permettent de simplifier ou de complexifier la tâche et, ainsi, de faire avancer la « construction » du savoir nécessaire à la résolution. Ainsi, l'enseignante peut choisir d'ajouter dans la consigne des éléments superflus (inutiles) à sa résolution, afin de mesurer la capacité des élèves à décoder et à organiser les informations nécessaires à la RP. La manière de présenter le problème et les activités préalables, l'ordre des consignes et des questions, ou encore les outils mis ou non à la disposition des élèves pour le résoudre (livres ou notes de cours, papier-brouillon, ordinateur) sont des variables didactiques. L'enseignante peut modifier l'organisation de la classe (individuel, groupe, débat, etc.).

L'enseignante peut, par exemple, autoriser les élèves à utiliser la calculatrice pour effectuer des divisions ou des multiplications nécessaires à la RP. En allégeant la tâche relative aux calculs à effectuer, elle permet aux élèves de se consacrer à l'application des concepts mathématiques en jeu, à l'explication de leurs procédures de résolution et à la rédaction de leurs réponses. La taille des nombres est une variable didactique car plus les nombres sont grands, plus la tâche sera complexe pour les élèves, et parce que ces derniers devront d'abord connaître un nombre de classes (milliers, millions, milliards) plus important, et parce que plus les nombres sont élevés, plus leur manipulation sera complexe. Utiliser des grands nombres permet aussi d'empêcher certaines procédures (comptage sur les doigts, additions répétées, schémas). Les difficultés des élèves ne seront pas les mêmes si un problème comprend uniquement des nombres entiers, des nombres fractionnaires ou des nombres rationnels (fractions, décimaux). Mélanger les nombres décimaux et les entiers complexifiera une tâche, de même qu'une représentation fractionnaire d'un nombre, sa conversion en pourcentage.

Notons que certaines variables didactiques ne sont pas spécifiques aux mathématiques et qu'elles peuvent être utilisées dans n'importe quelle autre discipline. Ce sont, en quelque sorte, les « variables principales ».

Variables didactiques « principales »

Les ***variables principales***, applicables à toutes les disciplines, sont la variable temporelle, la variable matérielle, la variable spatiale et la variable organisationnelle.

Variable temporelle : Lorsque l'enseignante fixe une durée pour la réalisation d'une tâche, elle fait un choix didactique. En effet, varier la durée d'une tâche à accomplir simplifiera ou complexifiera la tâche des élèves. Varier la durée attribuée à une tâche peut aussi permettre d'induire certaines procédures. Par exemple, en éducation physique et sportive, la variable temporelle concerne les durées du jeu, de pause, de temps mort, d'échanges.

Variable matérielle : Autoriser le recours ou non à du matériel de manipulation peut complexifier la tâche des élèves et/ou les guider vers une procédure différente. Exemples : avoir accès à une balance de Roberval ou à une balance électronique pour comparer la masse de deux objets, avoir accès ou non à ses notes de cours lors d'une évaluation, disposer ou non des feuilles de brouillon, travailler dans un environnement papier-crayon ou se servir d'un ordinateur.

Variable spatiale : Définir un espace plus ou moins grand ou plus ou moins « hostile » influera également sur les procédures des élèves. Par exemple, en éducation physique et sportive l'enseignante peut faire évoluer une activité de sport collectif en agrandissant peu à peu l'espace de jeu, les dimensions du terrain ou sa forme, ce qui complexifiera la tâche des élèves.

Variable organisationnelle : Faire travailler les élèves seuls, en binômes (groupes de deux) ou en groupes hétérogènes induira là encore des procédures différentes. Le mode d'organisation de la classe doit être adapté aux objectifs poursuivis : travail collectif (par exemple, pour élucider une difficulté) ou en groupes hétérogènes pour favoriser la diversité des procédures, le repérage par tel ou tel élève du fait qu'il y a d'autres manières de faire ; travail en groupes homogènes pour favoriser les échanges entre pairs ; travail individuel avec l'aide de l'enseignante pour s'entraîner de manière plus spécifique ou en cas de difficultés particulières. En plus de développer leurs compétences dans la matière travaillée, les élèves devront mobiliser des compétences d'ordre social inscrites dans le programme commun, avec tout ce que cela implique d'adaptation à la situation, de reconnaissance de l'apport de chacun, du sens de l'organisation du travail collectif et du sens du partage.

Variables contextuelles

Contrairement aux variables didactiques, les ***variables contextuelles*** sont des paramètres sur lesquels l'enseignante n'a pas de contrôle. Il s'agit des éléments de la situation qui concernent, entre autres, les objectifs d'enseignement (conceptions des enseignants, rapports à la discipline, aux mathématiques en l'occurrence), l'élaboration des outils conceptuels (diversification des savoirs, phénomènes de mode), l'origine et l'histoire des élèves (les apprentissages préalables, les critères sociologiques, l'état psychologique). Il s'agit aussi du rôle du professeur dans le cours (responsable du cours, conférencier, chargé des TP, etc.), du nombre d'enseignants dans le cours (seulement vous, 3 profs, 5 conférenciers, etc.), le nombre d'heures de contact avec les étudiants (ex : 6 h ; 21 h), le nombre de fois qu'un professeur a enseigné ce cours (ex : 1ère fois, 3 fois, 15 fois).

Les variables contextuelles concernent également le statut du cours pour la majorité des étudiants (cours obligatoire, optionnel, au choix), les caractéristiques particulières des étudiants (ex : âge moyen du groupe, degré de préparation, programme d'étude, hétérogénéité, etc.), les approches pédagogiques et d'évaluation : modalité principale du cours (ex : présentiel, complètement en ligne, hybride), les méthodes d'enseignement (ex : approche par problème, enseignement magistral, enseignement par projet, étude de cas, etc.), et d'autres éléments (ex : évolution de la matière, niveau de difficulté du cours, période de l'année académique, horaire, locaux, déplacement, etc.).

Exploitation pédagogique de la dévolution

Sur le plan pédagogique, l'enseignante devra veiller tout particulièrement à la phase de dévolution : laisser du temps à l'élève pour qu'il s'imprègne de la situation et l'aider à faire sien le problème posé. Mais, suggère Touré (2021),

« *Pour qu'il y ait dévolution, il faut qu'il y ait problème et pour qu'il y ait problème, il faut une situation riche de sens et quelque chose à chercher. Très souvent, pour que la situation-problème soit intéressante, il faut que les questions soient posées dans le langage du contexte et que leur résolution nécessite d'en sortir. Pour que l'élève soit motivé, pour qu'il ait envie de chercher à résoudre la situation-problème et qu'il puisse comprendre ce qu'il cherche, il faut que le problème soit posé dans un contexte qui lui est familier : c'est cela le sens exact du mot « concret ».*

Dans la même logique, Touré (2020) remarque que
« *la motivation n'est pas aisée à obtenir et elle dépend de nombreux facteurs : ambiance créée dans la classe, rapport au savoir, variété et pertinence des situations-problèmes dévolues, personnalité de l'enseignant, ses compétences pédagogique et didactique. Dans la conception moderne de l'enseignement des mathématiques, l'enseignement consiste essentiellement à faire la dévolution à l'élève d'une situation adidactique correcte ; l'apprentissage est une adaptation à cette situation. Ce que l'enseignant doit donc faire, c'est moins de communiquer une connaissance que de dévoluer un bon problème à l'élève* ».

Chaque enseignante a une certaine représentation de ce qui doit se jouer dans sa classe, de son rôle et du rôle des élèves, compte tenu du produit final (ici, apprentissage mathématique) à obtenir en fin d'année. Ainsi, comme l'atteste Brousseau, « si la dévolution s'opère, l'élève entre dans le jeu et, s'il finit par gagner, l'apprentissage s'opère ». Au cas où l'élève évite ou refuse de résoudre le problème, l'enseignante a l'obligation sociale de l'aider. Il s'établit ainsi une sorte de contrat qui détermine implicitement ou explicitement ce que chaque partenaire, l'enseignante et l'élève, a la responsabilité de gérer et dont il est, d'une façon ou d'une autre, responsable devant l'autre. Il s'agit du contrat pédagogique ou du contrat didactique.

Contrat pédagogique, contrat didactique

Tout ce qui relève de l'organisation de la classe et des habitudes de travail concerne le ***contrat pédagogique*** : ensemble des règles de vie en vigueur dans une classe, respect des autres, rangement du matériel, répartition des tâches, fréquence des devoirs individuels et des travaux de groupes, présentation des cahiers, etc. Ce type de contrat n'est pas toujours connu et maîtrisé par les élèves. Ces derniers doivent s'adapter à des fonctionnements différents d'une enseignante à l'autre, d'une année à l'autre. Pour établir des rapports de confiance dans sa classe, l'enseignante a intérêt à expliciter ce contrat qui lui permet de préciser ce qui va être évalué et qui permet aux élèves de savoir comment organiser leur travail.

Le concept de ***contrat didactique*** a été élaboré par Brousseau (1984). Il rend compte des modalités d'établissement, à l'intérieur du système didactique, et sur la base d'une asymétrie constitutive entre le maître et les élèves, des places de chaque acteur face aux savoirs enseignés et aux activités. Selon Brousseau (1990), « le *contrat didactique* est le résultat de la négociation des rapports établis explicitement et/ou implicitement entre un élève ou un groupe d'élèves, un certain milieu et un système éducatif, aux fins de faire approprier aux élèves un savoir constitué ou en voie de constitution ».

Conception moderne de l'enseignement

La conception moderne de l'enseignement demande au maître de provoquer chez l'élève les adaptations souhaitées par un choix judicieux de situations-problèmes qu'il lui propose. Le texte intitulé « *Le cas de Gaël* » rend compte de la démarche qui a permis à Brousseau (2002, p. 42) de développer la notion de « contrat didactique ». Voici ce qu'il en dit :

« *Au cours d'une séance ayant pour objet l'enseignement à un élève d'une connaissance déterminée (situation didactique), l'élève interprète la situation qui lui est présentée, les questions qui lui sont posées, les informations qui lui sont fournies, les contraintes qui lui sont imposées, en fonction de ce que le maître reproduit consciemment ou non de façon répétitive dans sa pratique d'enseignement. Nous nous intéressons plus particulièrement à ce qui, dans ces habitudes, est spécifique des connaissances enseignées : nous appelons "contrat didactique" l'ensemble des comportements (spécifiques) du maître qui sont attendus de l'élève et l'ensemble des comportements de l'élève qui sont attendus du maître* ».

Le contrat didactique est donc l'ensemble des interactions, conscientes et inconscientes, verbales et non verbales, entre une enseignante et ses élèves, au sujet de l'apprentissage. C'est ce contrat qui précise à chaque instant les positions réciproques des partisans au sujet de la tâche ; c'est ce contrat qui précise la signification profonde de l'action en cours, de la formulation ou des explications fournies : que faut-il savoir ? À quoi l'élève voit-il qu'il a réussi ? Que faut-il faire s'il n'a pas réussi ? C'est ce contrat qui fixe explicitement le rôle de la connaissance, de l'apprentissage, de la mémoire.

Dans le domaine de la RP, une analyse des évaluations permet de constater que les élèves ne prennent pas toujours suffisamment de temps de lire les énoncés jusqu'au bout avant de se lancer dans la tâche de résolution ; qu'ils ne semblent pas avoir l'habitude de discriminer les données des problèmes qu'on leur dévolue ; qu'ils ne contrôlent pas systématiquement leurs résultats, les techniques, les stratégies et les procédures qu'ils mettent en œuvre. À ces difficultés, liées plus spécifiquement au traitement de la situation-problème, s'ajoute la représentation que les élèves se font de l'activité de RP, et cela en raison même des conditions de son enseignement.

Dans la conception traditionnelle, le problème (qui n'est, en fait, rien moins qu'un exercice d'application) est proposé en cours ou à la fin d'un apprentissage, pour vérifier le « bon » usage et la bonne exécution de tel ou tel mécanisme. L'élève va alors répondre à l'intention première de l'enseignante en produisant une réponse dans laquelle il utilisera une opération. Par la répétition de ce genre d'exercices, l'élève se construit une conception erronée du problème. Pour lui, l'énoncé de problème est un texte pour lequel il faut produire, à tout prix, une solution en effectuant une opération ou une suite d'opérations. Il n'est pas invité, en tout cas pas explicitement, à donner du sens à la situation, en sollicitant, par exemple, ses ressources, ni même à contrôler la validité de ses résultats. Les savoirs à enseigner, les rôles de l'enseignante ainsi que ceux des élèves font partie du contrat didactique qui est habituellement presque totalement implicite.

Dans un premier temps, la partie du contrat didactique qui identifie le savoir en jeu doit rester implicite au regard de l'élève. L'enseignante doit non seulement maintenir implicites certains aspects du contrat, mais elle doit aussi provoquer des *ruptures* pour que le savoir en jeu ne soit pas dévoilé et reste plutôt à la charge de l'élève. Même si, par nature, ce contrat ne peut être entièrement explicité, la réussite des élèves dépend grandement du respect de ses termes. Aussi, la didactique s'intéresse-t-elle à tout ce qui peut provoquer une rupture du contrat et aux façons d'éviter des ruptures. Ainsi, le fait qu'une enseignante donne trop rapidement la solution du problème ou qu'elle n'enseigne que les réponses aux questions habituellement posées aux examens constitue une rupture du contrat, puisque de telles pratiques finissent, à long terme, par dévaloriser le rôle de l'élève.

Dans un deuxième temps, l'enseignante ne peut malheureusement pas expliciter le contrat didactique ; elle ne peut non plus l'écrire noir sur blanc, de façon à ce qu'il n'y ait pas d'ambiguïté. Ce serait, selon Joshua et Dupin (1993), « éteindre tout processus d'apprentissage, donner les réponses en même temps que les questions ». L'enseignante doit, certes, laisser à l'élève l'initiative de construire ou de mobiliser telle ou telle connaissance ; mais la présentation de la situation ne doit pas comporter des indicateurs de cette connaissance. Le contrat didactique définit les rôles des uns et des autres et la part de responsabilité de chacun dans la gestion des savoirs.

Dans la situation adidactique, l'élève est responsable des connaissances qu'il mobilise, des stratégies qu'il développe. Dans une situation d'action, de formulation ou de validation, l'élève n'assume pas sa responsabilité de la même façon. Par exemple, dans une situation de validation, il doit fournir des preuves, développer des arguments, réfuter des critiques, convaincre les autres de la validité de sa solution alors qu'en situation de formulation, il doit présenter sa solution, expliquer sa démarche ; mais il n'est pas du tout tenu de convaincre des contradicteurs.

L'enseignante intervient pour relancer l'activité en donnant les consignes d'organisation et les consignes de travail, pour lire ou faire lire l'énoncé du problème, pour noter ou faire noter au tableau les données importantes. Elle explique le vocabulaire utilisé, répond aux questions des élèves, distribue le matériel. Tout en s'assurant que les élèves s'engagent dans l'activité, elle planifie le temps, désigne l'élève qui passe au tableau, fait préciser les explications données par l'élève, obtient le silence, juge de la validité de la solution proposée. Lors de l'institutionnalisation des connaissances, l'enseignante reprend le principal rôle dans la gestion des savoirs, celui de la transposition didactique pour rendre compte de la transformation nécessaire opérée sur les savoirs retenus pour être enseignés avant que ces savoirs puissent effectivement être enseignés.

Fondamentalement implicite, le contrat didactique peut s'expliciter brutalement dans des moments de crise conjoncturelle dans la classe ou faire l'objet de négociations réfléchies. Dans la mouvance des travaux microsociologiques sur les interactions scolaires, le concept de contrat didactique rend compte du fait qu'une partie de l'échec scolaire a pour origine l'incapacité dans laquelle se trouvent certains élèves de donner du sens à la discipline, à ses savoirs, à ses valeurs et à ses activités. Pour Brousseau (1983), « *Le sens d'une connaissance mathématique se définit non seulement par la collection des situations où cette connaissance est réalisée en tant que théorie mathématique (sémantique au sens de Carnap), non seulement par la collection des situations où le sujet l'a rencontrée comme moyen de solution, mais aussi par l'ensemble des conceptions, des choix antérieurs qu'elle rejette, des erreurs qu'elle évite, les économies qu'elle procure, les formulations qu'elle reprend, etc.* ».

Nous pouvons attendre des travaux sur le contrat didactique qu'ils aident l'enseignante à :

- clarifier ses représentations des compétences mathématiques et langagières qu'elle développe, du type de travail intellectuel qu'elle demande aux élèves et des stratégies d'enseignement qu'elle met en œuvre pour atteindre ses objectifs (scénario d'une leçon, planification pédagogique et didactique des activités, types d'exercices et de situations-problèmes, formulation des consignes, types de métacommunication, modes d'explicitation, de reformulation, d'exemplification, manière de définir les concepts, etc.) ;
- objectiver les représentations qu'elle a des élèves en tant que sujets sociaux, affectifs et cognitifs et de l'origine possible de leurs difficultés (statut des erreurs, exigences en matière de savoirs et de savoir-faire, conscience des effets pervers des implicites situationnels ou notionnels, adaptation à des contenus enseignés aux pré-acquis cognitifs des élèves, capacité à débloquer une situation en faisant référence à du savoir déjà enseigné ou à des situations déjà rencontrées, conscience de l'inutilité des exercices mécaniques et routiniers, images du "bon" ou du "mauvais" élève, etc.) ;
- prendre de la distance, grâce à cette *clairvoyance normative*, par rapport aux conflits internes qui peuvent éclater dans le système didactique.

En somme, le contrat didactique, selon que l'on mette l'accent sur les rapports au savoir ou sur la relation maître/élève, réfère à ce que Perrenoud (1994) et Sirota (1993) appellent le « ***métier d'élève*** », qui s'exerce en concomitance avec celui de l'enseignante, et engage des *droits* mais aussi des *devoirs*, de part et d'autre de la relation pédagogique. Il convient donc de distinguer les savoirs théoriques à transposer selon qu'ils sont nécessaires à l'enseignante ou aux élèves. Le "prof de maths" d'aujourd'hui, au-delà de ses propres pratiques pédagogiques et didactiques, a besoin, à des degrés divers, selon qu'il est professeur d'école, de collège ou de lycée, d'une formation professionnelle qui comprend :

- des ***savoirs disciplinaires restreints*** qui lui permettent de prendre du recul par rapport à l'état actuel de la matrice disciplinaire (compréhension des textes officiels, utilisation des manuels, élaboration des cours, etc.) ;
- des ***savoirs disciplinaires élargis*** qui lui permettent de mieux comprendre les compétences que développe la discipline et les stratégies qu'utilisent les élèves dans leurs acquisitions des savoir-faire ;
- des ***savoirs disciplinaires didactiques*** (théories de l'intervention enseignante, histoire de la science, etc.) qui l'aident à se repérer dans les finalités culturelles de sa discipline, à élaborer et à ajuster ses stratégies d'enseignement (modes de travail pédagogique, différenciation pédagogique, mise en séquence et décloisonnement, formes de travail en classe, typologies d'exercices et d'activités de RP, formes d'évaluation, de remédiation, etc.) ;
- des ***savoirs didactiques non disciplinaires*** (théories de l'apprentissage, théories de l'acquisition, théories des interactions scolaires, etc.) qui lui sont utiles pour comprendre les difficultés des élèves et pour diversifier ses exigences.

Dialectique outil–objet (D.O.O.)

Étant donné un problème référant à certains concepts, Douady propose une organisation de l'enseignement en plusieurs phases. Il lui a donné le nom de ***dialectique outil-objet***. Pour un concept mathématique, il convient de distinguer son caractère ***outil*** et son caractère ***objet***. Par son caractère *outil,* Douady (1984) entend son fonctionnement dans divers problèmes qu'il permet de résoudre. Un concept prend son sens par son caractère outil qui met en jeu les relations qu'il entretient avec les autres concepts impliqués dans le même problème. Ainsi, on peut dire qu'un concept est *outil* lorsqu'on focalise l'intérêt sur son usage pour résoudre un problème.

Un outil peut être *implicite* s'il correspond à un concept en cours d'élaboration ; il peut se manifester à travers des affirmations non justifiées ou des situations qui résultent de convictions intimes non formulées, à travers la mise en œuvre de techniques et de pratiques familières portant sur des éléments décrits mais non encore mathématiquement construits. C'est le cas des *nombres complexes*[3]. Un outil peut être *explicite* s'il correspond à la mise en œuvre intentionnelle d'un objet pour résoudre un problème.

---

[3] L'équation $x^2 + 1 = 0$ n'a pas de solution dans l'ensemble des nombres réels, mais elle en a deux dans un nouvel ensemble de nombres qu'on appelle « *ensemble des nombres complexes* », de la forme $a + bi$, où a et b sont des nombres réels différents de 0. ($i^2 = -1$; $\sqrt{-1} = i$). Introduits au 16e siècle par les mathématiciens italiens Cardan, Bombelli, Tartaglia et Ferrari, ces nombres forment une extension de l'ensemble des nombres réels afin d'exprimer les solutions des

Par son caractère *objet*, Douady entend le concept mathématique considéré comme un objet culturel ayant sa place dans un édifice plus large qu'est le savoir savant (savoir des mathématiciens), à un moment donné, reconnu socialement. Le statut d'objet permet la capitalisation du savoir et donc l'extension du corps des connaissances. Il permet aussi le réinvestissement dans de nouveaux contextes éventuellement éloignés du contexte d'origine. Ainsi, un schéma classique de la production scientifique est « outil – objet – outil ». Les nouvelles connaissances ont un statut d'*objet*.

Les opérations sur les fractions, les décimaux et les pourcentages ont fait l'*objet* d'apprentissage à un moment de la scolarité. Une fois maîtrisées, les connaissances sur ces opérations deviennent des *outils* pour résoudre certains problèmes de probabilité et de statistique. En donnant un statut d'objet à des connaissances qui, jusque-là, n'ont été que des outils, l'enseignante constitue au sein de la classe une référence commune et permet à chacun de jalonner son savoir et, par le fait même, d'en assurer la progression.

Jeu de cadres

Selon Douady (1984), « un *cadre* est constitué des objets d'une branche des mathématiques, des relations entre les objets, de leurs formulations éventuellement diverses et des images mentales associées à ces objets et ces relations. [...]. Le *jeu de cadres* est un moyen d'obtenir des formulations différentes d'un problème qui, sans être nécessairement tout à fait équivalentes, permettent un nouvel accès aux difficultés rencontrées et la mise en œuvre d'outils et de techniques qui ne s'imposaient pas dans la première formulation » (p. 9). Le changement de cadres traduit l'intention d'exploiter le fait que la plupart des concepts peuvent intervenir dans divers domaines, dans divers cadres (physique, géométrique, graphique, topologique ou autre).

Exemple : La voiture d'Asta consomme 8 litres d'essence aux 100 km. Quelle est la consommation d'essence pour un parcours de 320 km ? Quelle distance a été parcourue si la voiture a consommé 18 litres d'essence ?

Ce problème traite de la *proportionnalité*. En effet, il est raisonnable de considérer, qu'en moyenne, la quantité d'essence consommée est proportionnelle au nombre de kilomètres parcourus (la réalité est, en fait, différente suivant que l'on circule en ville ou sur autoroute). Les grandeurs en jeu sont mesurées en litres et en kilomètres. On peut envisager différentes approches pour la résolution de cet exercice selon le cadre.

- **Résolution du problème dans le cadre fonctionnel**
  Soit x la distance parcourue en kilomètres (km) et y la consommation d'essence en litres (l). Par hypothèse, $y = 0{,}08x$. On définit ainsi la fonction

---

équations du 3e degré en utilisant notamment les nombres de carré négatif, ainsi que les solutions des équations du 4e degré. Ce n'est qu'à partir du 19e siècle que se développe l'aspect géométrique des nombres complexes, vus comme éléments ou des transformations du plan, avec les travaux de Gauss et de Cauchy.

linéaire *f* qui lie la consommation d'essence en litres à la distance parcourue en kilomètres. Nous devons calculer l'image de 320 par *f* : f(320) et l'antécédent de 18 : $f^{-1}(18)$.

- **Résolution du problème dans le cadre graphique**
  En plaçant en abscisse la distance parcourue en kilomètres et en ordonnée la consommation d'essence en litres, la courbe représentant la fonction qui lie les deux grandeurs est la droite passant par l'origine et le point de coordonnées (100, 8).

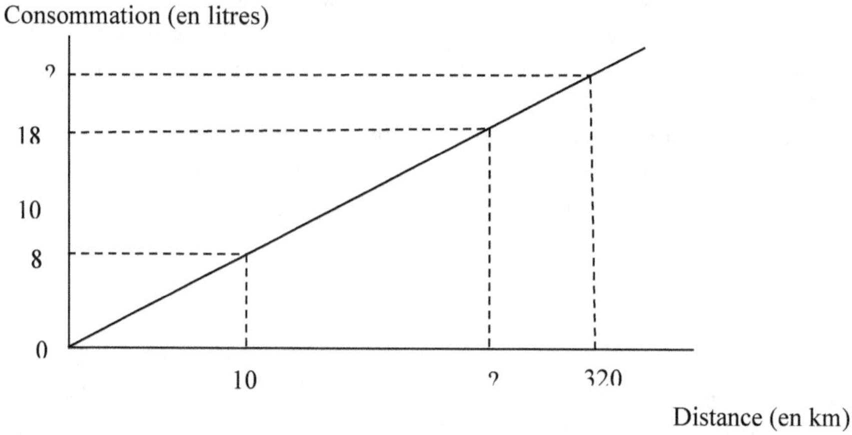

Après avoir construit cette droite, il reste à déterminer l'ordonnée du point d'abscisse 320 et l'abscisse du point d'ordonnée 18. Cette méthode suppose un choix correct d'unité sur les axes et garde l'imprécision due à toute lecture sur un graphique.

- **Résolution du problème dans le cadre numérique**

Distance en km	100	320	?
Consommation en l	8	?	18

x 0, 08

Il convient de compléter le tableau de nombres en utilisant le coefficient de proportionnalité 0,08 (? = 320 x 0,08) ou un déplacement horizontal dans le tableau (320 = 100 x 3,2 donc ? = 8 x 3,2).
f(320) = 0,08 x 320 = 25,6 ou encore f(320) = f(3,2 x 100) = 3,2 x f(100) = 3,2 x 8 = 25,6. En appliquant la fonction f^{-1}, inverse de f, on a :

$$f^{-1}(18) = \frac{1}{0{,}08} \times 18 = 225.$$

Bien sûr, quelle que soit la méthode choisie, la reconnaissance d'une situation de proportionnalité est indispensable en premier lieu. Il serait réducteur de concevoir la proportionnalité uniquement à travers des activités qui portent sur des tableaux de nombres. Le fait de pouvoir passer d'un cadre de résolution à un autre constitue, sans aucun doute, une étape nécessaire à l'acquisition d'une notion.

Les jeux de cadres sont des changements de cadres provoqués par l'enseignante pour faire avancer les phases de recherche et pour élaborer une filiation de questions pertinentes par rapport au problème posé. Il s'agit d'une procédure dans laquelle on peut distinguer trois phases :

1. ***transfert et interprétation*** : les élèves sont confrontés à un problème formulé dans un certain cadre. Compte tenu de leurs connaissances, de leurs pratiques et habitudes, l'examen qu'ils font du problème les conduit à traduire tout ou partie dans un autre cadre et à y interpréter certaines questions. Ce faisant, ils mettent en œuvre des correspondances entre cadres différents (ente objets et entre relations) ;
2. ***correspondances imparfaites*** : mais les correspondances entre les cadres sont imparfaites soit pour des raisons mathématiques, soit à cause des connaissances insuffisantes des élèves. La situation est source de déséquilibre et la rééquilibration participe à l'apprentissage.
3. ***Amélioration des correspondances et progrès de la connaissance*** : En effet, un changement de cadres peut être producteur de nouvelles connaissances chaque fois qu'il crée un déséquilibre entre ce que l'auteur attend et ce qui se produit effectivement et qu'il y a recherche d'explication.

Obstacle en didactique des maths

La notion d'obstacle apparaît comme fondamentale pour poser le problème de la connaissance scientifique. On doit se référer à Bachelard (1938) qui, le premier, a mis en avant cette idée, et pour qui « il ne s'agit pas de considérer des obstacles externes comme la complexité ou la fugacité des phénomènes, ni d'incriminer la faiblesse des sens et de l'esprit humain ; c'est dans l'acte même de connaître intimement qu'apparaissent par une sorte de nécessité fonctionnelle des lenteurs et des troubles ... On connaît contre une connaissance antérieure ».

Bachelard étudie des obstacles dans les sciences physiques et identifie les suivants : obstacle de l'expérience première, de la connaissance générale, l'obstacle verbal, l'utilisation abusive des images familières, la connaissance unitaire et pragmatique, l'obstacle substantialiste, réaliste, animiste, celui de la connaissance quantitative. Ces obstacles ont résisté longtemps.

En mathématiques, il arrive que, dans la construction de nouveaux savoirs, le passage d'une conception à une autre ne se fasse pas facilement. Brousseau et Antibi (2000) notent, en effet, que « l'adaptation ou le remplacement de l'ancienne conception (qui conduit à des réponses inadéquates ou fausses) demande une profonde refonte des définitions, des habitudes et des formulations, que la transposition précédente peut contrarier ». La conception ancienne peut alors constituer un obstacle à la nouvelle. Brousseau (1998) propose de distinguer, parmi les connaissances mathématiques, celles qui ont un domaine de validité restreint, mais que les élèves utilisent tout de même et persistent à utiliser, en dehors de ce domaine de validité. Brousseau appelle *obstacle* une telle connaissance.

Obstacle et erreur

Aussi bien dans le fonctionnement de l'enseignante que dans celui de l'élève, l'erreur est constitutive du sens de la connaissance acquise. Au contraire, un obstacle résiste parce que c'est une connaissance adaptée à certaines situations et qu'elle permet donc des réussites. Ainsi, remarque Brousseau (1998), « un obstacle se manifeste par des erreurs, mais ces erreurs ne sont pas dues au hasard. Fugaces, erratiques, elles sont reproductibles et persistantes. Ces erreurs témoignent d'une connaissance erronée qui a réussi dans tout un domaine d'action, mais qui échoue dans un autre. Elles persistent souvent après l'apprentissage d'un savoir correct ».

Dans ces conditions et dans le contexte de résolution de problèmes, l'intérêt didactique d'un problème dépendra essentiellement de ce que l'élève y engagera, de ce qu'il y mettra à l'épreuve, de ce qu'il y investira, de l'importance pour lui des rejets qu'il sera conduit à faire, et des conséquences prévisibles de ces rejets, de la fréquence avec laquelle il risquerait de commettre ces erreurs rejetées et de leur importance. Ainsi, les problèmes les plus intéressants que l'enseignante pourra proposer aux élèves seront ceux qui permettront à ces derniers de franchir de véritables obstacles.

Typologie des obstacles selon leur origine

On peut distinguer diverses origines des obstacles en mettant en cause le sous-système (du système maître–élève–connaissance) tel qu'en le modifiant on pourrait franchir l'obstacle, alors qu'aucune modification des autres systèmes ne permettrait de l'éviter. Brousseau distingue ainsi trois types d'obstacles selon leur origine : des obstacles didactiques d'origine ontogénique, des obstacles d'origine didactique, des obstacles d'origine épistémologique.

Obstacles d'origine ontogénétique ou ontogénique

Ce sont des connaissances "spontanées" qui apparaissent "naturellement", qui surviennent du fait des limitations d'un apprenant à un moment de son développement cognitif : ce dernier développe des connaissances appropriées à ses moyens et à ses buts à cet âge-là. Touré (2020, p. 49) rapporte que « L'obstacle ontogénique peut … se manifester lors d'un jeu de "*Pile* ou *Face*", au cours duquel un enfant mise sur *Face* à tous les coups, mais où c'est *Pile* qui sort cinq fois de suite … Avant le sixième coup, cet enfant affirme : "*Là, tu vas voir que c'est moi qui vais gagner ce coup* !" En termes psychogénétiques, ce raisonnement signifie que les enfants de cet âge adoptent une conception du type "à chacun son tour". Ce raisonnement les empêche d'admettre qu'à chaque coup, la probabilité d'obtenir *Pile* soit ½ et cela, quel que soit le contexte des parties précédentes ».

Obstacles d'origine épistémologique

Selon Bachelard (1938), « un obstacle [épistémologique] se manifeste par des erreurs ; mais ces erreurs ne sont pas dues au hasard. Elles sont reproductibles et persistantes. Elles sont liées entre elles par une source commune : une manière de connaître, une conception caractéristique, une connaissance ancienne et qui a réussi dans un domaine d'actions ». Les obstacles d'origine épistémologique sont étroitement liés à la nature de la connaissance, au savoir, aux limitations des capacités cognitives du sujet (de l'élève).

Par exemple, ces obstacles se manifestent à travers des erreurs d'élèves dans le traitement des nombres décimaux. Malgré leurs efforts, les enseignants se heurtent régulièrement à certaines erreurs qui persistent : des élèves affirment qu'entre 3,4 et 3,5 il n'y a pas de nombre mais que, entre 3,40 et 3,50, il y en a neuf ; que 3,14 > 3,5 parce que 14 > 5 ; que la multiplication "ça grandit" (vrai pour les nombres entiers) ou encore que multiplier par 0,3, c'est diviser par 3 ; que la moitié de 1,414 c'est 0,77. À travers ces erreurs bien connues, on mesure dans la déclaration des élèves toute la prégnance des nombres entiers, de leur familiarité avec le calcul sur ces nombres et du statut d'écriture des nombres décimaux, qui permet de rabattre le calcul les concernant sur celui des nombres entiers.

Les obstacles d'origine proprement épistémologique, comme ceux ci-haut mentionnés, sont ceux auxquels l'élève ne peut, ni ne doit échapper, du fait même de leur rôle constitutif dans la connaissance visée. La construction des connaissances se heurte ***à***, et s'appuie ***sur*** ces obstacles. Ces obstacles jouent donc un rôle déterminant dans l'élaboration des connaissances. Les didacticiens des mathématiques s'appuient sur cette notion pour justifier la place importante qu'ils accordent à la résolution de problèmes.

Obstacles d'origine didactique

Les obstacles d'origine didactique sont ceux qui semblent ne dépendre que d'un choix ou d'un projet du système éducatif, du choix du système d'enseignement (institution, enseignant, approches pédagogiques, etc.). Ces obstacles relèvent des contenus et des méthodes d'enseignement. Les situations didactiques offertes aux élèves pour illustrer certaines notions ou certains concepts sont les produits d'une telle démarche et conduisent à l'élaboration de conceptions parfois inadéquates ou primitives. Les obstacles d'origine didactique sont les difficultés que les élèves et l'enseignante elle-même rencontrent dans le processus enseignement/apprentissage.

L'exemple des nombres décimaux

Il arrive parfois que la façon dont l'enseignante présente des concepts aux élèves crée des difficultés à ces derniers plus tard. Cela se produit, par exemple, lorsqu'elle présente les nombres décimaux comme un *couple de nombres entiers*. Par exemple, si l'on enseigne aux élèves que *la multiplication par dix consiste à ajouter un zéro au nombre*, comme 125 x 10

= 1 250, un problème se posera lorsque viendra le moment de multiplier par dix des nombres décimaux, car 12,5 x 10 est différent de 12,50. Certains enseignants mentionnent alors aux élèves que, *pour les nombres décimaux, il s'agit plutôt de déplacer la virgule d'une position vers la droite*. L'apprentissage des mathématiques sera ainsi réduit à la mémorisation d'une série de procédures qui pourront être vraies dans certains cas [$(0,4)^2 = 0,16$] et fausses dans d'autres [$(0,3)^2 = 0,9$], comme l'ajout d'un zéro lors de la multiplication par dix.

La présentation actuelle des nombres décimaux au Préuniversitaire fait que ces nombres sont, pour les élèves, "des nombres entiers naturels avec un changement d'unité", donc des nombres "naturels", (avec une virgule) et des mesures. Et cette conception, appuyée par une mécanisation de l'élève, va faire obstacle jusqu'à l'université à une bonne compréhension des nombres réels. Ces obstacles didactiques font en sorte que les élèves s'habituent à une certaine façon de voir un problème et engendrent le fait de commettre d'autres erreurs par rapport à des connaissances déjà acquises.

Touré (2020, p. 50) souligne que certains obstacles de nature épistémologique peuvent, par l'action d'enseignement, se doubler d'un obstacle de nature didactique. Il trouve qu'« il est souvent difficile de séparer les origines des obstacles. Par exemple, un élève qui commet une erreur dans la comparaison de "5,48" et "5,6" peut avoir utilisé le *théorème-en-acte* " un nombre qui a l'écriture la plus longue est le plus grand" (obstacle de nature épistémologique), ou parce que le système enseignant a convaincu l'élève qu'un décimal se traite comme un couple de nombres entiers (obstacle de nature didactique ». Le fait de connaître ces obstacles permet à l'enseignante d'adapter les activités didactiques pour mieux les travailler. Il est souvent préférable de travailler "avec" les conceptions en tentant de les faire évoluer, plutôt que d'essayer à tout prix d'aller "contre".

Les obstacles doivent aussi être considérés ensemble du point de vue de leurs relations. Plusieurs peuvent coexister, se contrarier et successivement se supplanter, par exemple, les conceptions des fractions contre celles des décimaux, ou bien l'aspect "mesure" vs l'aspect "rapport" ou "application". Rejeter l'un conduit à l'autre jusqu'à la solution.

Représentations ou croyances

Les ***représentations*** sont les produits de la pensée ordinaire, telle qu'elle se matérialise dans les croyances, les discours et les conduites des individus. Le terme « ***croyance*** » est celui qu'on retrouve surtout dans la littérature nord-américaine. Mixte d'éléments informatifs, cognitifs, normatifs, de savoirs, d'opinions et de valeurs, les représentations des élèves sont construites par des pratiques de socialisation hétérogènes (la famille, le groupe des pairs, la presse, la radio, la télévision, la scolarité antérieure, etc.). Les enseignants partagent les mêmes sources de croyances que les élèves, mais retravaillées par leur formation académique et par leurs propres pratiques socioculturelles.

Ces représentations, qu'elles concernent les élèves ou les enseignants, fournissent un ancrage identitaire et un cadre interprétatif qui guident, les premiers, dans leurs modes d'appropriation des savoirs et, les seconds, dans les décisions qu'ils prennent au cours de leurs actes d'enseignement.

Tout enseignant a des conceptions sur ce qu'est l'activité mathématique, en général, et celle de RP, en particulier, sur la place des algorithmes dans l'apprentissage, sur la façon de tenir compte de la personnalité des élèves et de leur diversité dans une classe. Ces conceptions influent, en partie, sur les choix que l'enseignante fait et les décisions qu'elle prend. Or, ces conceptions sont souvent implicites. Une enseignante qui est convaincue de la nécessité, pour les élèves, de connaître les définitions, les méthodes, les théorèmes utiles pour résoudre un certain problème avant de s'y attaquer, hésitera à proposer à ses élèves ce problème lorsque ces derniers ne connaissent pas les moyens adaptés pour le résoudre. Si elle pense que l'apprentissage est avant tout une affaire personnelle, elle hésitera à faire travailler les élèves en groupes. Si elle doit faire travailler ses élèves par problèmes et en groupes, elle aura besoin d'arguments pour se convaincre que ses élèves y vont trouver un intérêt.

Représentations des futurs enseignants

Les représentations des futurs enseignants à l'égard de l'apprentissage et de l'enseignement sont bien établies au moment de leur entrée dans la formation, et suivent ces derniers dans leur enseignement auprès des élèves. C'est à partir de leur expérience personnelle cumulative de la vie de l'école que les futurs "profs" se construisent progressivement une certaine image du travail de l'enseignant. Les croyances des étudiants entrant dans la formation sont particulièrement robustes au changement. Ainsi, devenus enseignants, dès qu'ils se confrontent à une difficulté, ces novices retrouvent et adoptent les modèles d'intervention auxquels les renvoie implicitement leur expérience comme élèves pendant plus de 13 ans et, à cette occasion, ils retombent vite dans un certain *habitus* (Bourdieu, 1980), qui fonctionne comme principe inconscient d'action.

Lorsque la jeune enseignante intègrera de nouveau l'école, il sera déjà trop tard. Soumise à la pression des multiples tâches et des difficultés quotidiennes, il lui sera difficile de renverser la vapeur. Ainsi, lorsqu'elle sera confrontée aux situations conflictuelles, ce sera l'habitus bien enraciné dans ses propres expériences en tant qu'élève qui prévaudra ; elle privilégiera les anciennes méthodes et reproduira, par le fait même, le modèle de l'école traditionnelle (Bauersfeld, 1994). La façon dont les futurs enseignants donnent des consignes pour placer les élèves face à une activité et leur façon d'interagir avec ceux-ci sont fortement influencées par le rapport qu'ils entretiennent a priori avec le contenu mathématique en jeu et par certaines idées qu'ils se sont construites progressivement sur l'apprentissage et l'enseignement. En retour, celles-ci affecteront profondément la façon dont les élèves vont appréhender les mathématiques.

En début de formation, la plupart des étudiants ont une vision mécaniste de la résolution de problèmes en maths. En effet, même si l'on s'accorde à dire qu'il y a toujours plusieurs façons de résoudre des situations-problèmes et qu'il faut encourager les élèves en ce sens, et aussi sur le fait que l'activité de résolution de problèmes dépasse la simple réponse au problème, ou que cette activité implique une certaine créativité et un certain travail intellectuel, elle est cependant vue comme une mise en application de règles de calculs et comme une activité très procédurale, ce à quoi, d'ailleurs, l'école classique restreint souvent cette activité. La place que les futurs "profs" semblent réserver aux exercices et à l'apprentissage des formules et des algorithmes dans l'apprentissage des maths est, à cet effet, instructive.

La représentation des futurs enseignants au sujet de la façon dont les élèves apprennent les mathématiques évacue complètement le rôle central de ces derniers dans cet apprentissage : les élèves apprennent par *imitation* d'un certain modèle fourni par l'enseignante. En conséquence, peu de futurs enseignants pensent que l'enfant arrive déjà à l'école avec des connaissances sur lesquelles l'apprentissage pourra tabler et que la majorité des erreurs des élèves en mathématiques ont une certaine logique sous-jacente et sont souvent associées à une conception indice d'une connaissance en formation. Les erreurs sont pour eux essentiellement dues à l'inattention.

Ce qu'est un " bon prof de maths " ...

En se prononçant sur ce qu'est, pour eux, un « *bon prof de maths* », les futurs enseignants centrent leur discours sur l'éveil de la curiosité, de l'intérêt de la motivation, sur l'accessibilité de leur enseignement et sur un souci de vulgarisation ou sur le développement du raisonnement, une idée de *transmission de connaissances* étant majoritairement présente. Ils parlent, entre autres, de « transmettre avec le langage adéquat », de « faire passer la matière », de « transmettre sa passion des maths », de « transmettre le goût d'apprendre les maths » ou de « communiquer et transmettre son intérêt pour les maths ». Et, si l'élève est présent dans ces préoccupations, c'est souvent en termes de relation d'aide, de disponibilité. Ainsi, le professeur doit être patient ; il doit encourager les élèves et avoir une bonne relation avec eux. Le rôle de l'élève dans l'apprentissage n'est nullement perçu.

D'une part, tout est axé sur la connaissance de la matière et, d'autre part, sur l'instauration d'un bon climat, d'une paisible atmosphère dans la classe, sur les habiletés de bon communicateur du professeur : « il doit être clair, ordonné, structuré, intéressant et avoir le sens de l'humour ». On présume ainsi qu'il y aura apprentissage, que la matière « passera » de l'*émetteur*, le "prof", au *récepteur*, l'élève.

Voici comment les élèves-maîtres ou futurs enseignants s'expriment au sujet d'un « *bon prof de maths* » :

- ✓ « Quelqu'un qui connaît sa matière et qui est capable de communiquer, partager ses connaissances sans difficultés. Qui est capable d'avoir une bonne relation avec les élèves. Quelqu'un capable d'apporter la discipline ainsi que le divertissement ».
- ✓ « C'est une personne qui aime ce qu'elle fait, qui aime répondre aux questions, qui est très disponible, qui ne se décourage pas quand personne ne comprend et qui répètera et enseignera la matière jusqu'à ce que les élèves comprennent ».
- ✓ « C'est une personne qui est bien préparée pour le cours, qui sait de quoi elle parle ; qui dégage une attitude positive (encouragement) pour motiver les élèves ; qui est disponible et patiente ; qui essaie de simplifier avec des exemples de la vie courante ; qui sait socialiser avec ses élèves, qui parle seulement et strictement de maths, du début à la fin ».
- ✓ « C'est un enseignant qui est très clair dans ses explications et qui peut répéter jusqu'à ce que tout soit clair pour les élèves. Il peut susciter l'intérêt des élèves en leur posant des questions et les faire participer. Il accepte l'erreur et se donne un plaisir de l'expliquer, et sait en tirer les côtés positifs. Il est capable de rendre les maths intéressantes et surtout de montrer leurs utilités ».
- ✓ « C'est une personne qui connaît très bien sa matière, possède une façon de l'enseigner clairement de façon à ce que chacun puisse la comprendre (exemples donnés, périodes de questions, réponses pertinentes et compréhensibles ...). Il faut évidemment quelqu'un de dynamique, vivant et souriant, avec un bon sens de l'humour pour rendre le cours et la matière intéressants ».

Tout cela traduit le fait que les futurs enseignants ont, au départ, une *vue humaniste* de l'éducation (Weinstein, 1990), un bon enseignant étant quelqu'un qui est attentif, qui est chaleureux, qui comprend, qui a une bonne relation avec les élèves. En même temps, ces futurs enseignants voient l'enseignement comme le simple et plutôt mécanique transfert d'informations (Richardson, 1996 ; Weber & Mitchell, 1996) dirigé par l'enseignant, basé sur un manuel (Hollingsworth, 1989). Pour ces futurs enseignants, l'enseignement est fortement lié à la personnalité du professeur (Sugrue, 1996). Ils perçoivent mal le rôle de l'élève dans l'apprentissage, et apprécient mal les difficultés propres au contenu, sous-estimant la complexité de leur tâche et le rôle du contexte (Paine, 1989).

Intégrer ces représentations en formation de maîtres

Même si ces représentations sont puissantes, leur force et leur caractère varient. Entre son histoire personnelle, son inscription sociale générale et son appartenance au groupe des "profs de maths", l'enseignante des mathématiques arrive à se forger des représentations, et il est facile de comprendre que, d'un individu à l'autre, il y ait à la fois de fortes convergences et de significatives différences. En formation de maîtres, il est important de prendre sérieusement en compte ces représentations par rapport à des situations particulières (retour sur une activité, structuration d'une séquence d'enseignement, intervention didactique sur les erreurs en classe, etc.) ; il est aussi intéressant de suivre des profils fort différents des futurs enseignants tout au long de leur formation, en se demandant :

- comment va se poursuivre, chez ces futurs enseignants, le « savoir enseigner » lié à un domaine spécifique d'intervention, ici l'enseignement des maths (des probabilités, de la statistique) ;
- en quoi ou comment les situations mises de l'avant dans la formation vont rejoindre ou non ces différents profils et contribuer à une restructuration de ce « savoir enseigner » ;
- quelles interventions significatives (pédagogiques et didactiques) faut-il instaurer dans cette formation qui contribuent à une complexification des représentations initiales pour les futures pratiques professionnelles.

Souffrance des élèves

Les souffrances en maths peuvent être silencieuses et leurs conséquences sont multiples : les erreurs, les obstacles, le manque de motivation, la peur, l'anxiété devant les maths, l'abandon. Les approches pédagogiques confrontent également les élèves à des difficultés d'apprentissage qui se dénotent par des obstacles, des échecs, des angoisses, des anxiétés. Ces difficultés mettent les élèves dans une position d'incapacité, d'incompréhension et d'erreurs qui leur créent des souffrances vécues sous diverses formes. Adihou (2011) rapporte que « ces souffrances silencieuses sont des souffrances psychologiques ou des souffrances psychiques qui ont des répercussions sur la motivation, l'anxiété et la confiance en soi ».

L'anxiété fait souffrir les élèves à la seule idée d'avoir à "faire des maths". Elle agit sur leur performance intellectuelle, sur l'investissement de ceux-ci dans les situations de résolution de problèmes. L'anxiété empêche les élèves d'être concentrés, d'être attentifs en classe et d'avoir confiance en eux. Elle fait douter les élèves en difficulté de leurs capacités de réussir en maths. En alternant avec d'autres facteurs sociaux et sociologiques (pressions familiales, sociales et professionnelles), elle fait souffrir encore plus ; elle prendra le dessus et la « *peur des maths* » se manifestera chez certains élèves. Ces élèves souffriraient de « *mathophobie* », une peur bleue des maths génératrice d'anxiété, qui viendrait bousiller tous leurs efforts pour réussir.

Perte du plaisir d'apprendre les maths

Plusieurs recherches en didactique montrent qu'un bon nombre d'enseignants, surtout au Primaire, ont des rapports aux maths qui ne sont pas si différents de ceux que développent les élèves dits « en difficulté », même s'ils ne commettent pas autant d'erreurs. Au point que certains enseignants perdent parfois le plaisir d'enseigner. Selon Belli et Pech (2006, pp. 1-2)), cette perte de plaisir se traduit le plus souvent par les faits que :

- « l'élève se retrouve souvent seul devant les problèmes et donc devant les angoisses ;
- les exercices proposés sont la plupart du temps des situations déconnectées de la réalité de l'élève ou faussement apparentées ;
- en outre, ce sont le plus souvent des "exercices types" à résoudre toujours de la même manière, entraînant un effet de contrat didactique qui réduit la part de recherche des élèves ;
- la réflexion sur les énoncés est insuffisante, voire inexistante : les enseignants ne laissent pas de place aux questions des élèves de peur, sans doute, de diminuer leur activité de recherche alors que poser une question, c'est déjà raisonner ;
- les pratiques dirigent parfois trop la pensée logique en formalisant la recherche sous forme de tableau : solution/opération. Au contraire, on apprend rarement aux élèves une méthodologie de recherche de base ;
- la mémoire est énormément sollicitée au détriment des élèves dont le raisonnement est juste, mais dont les calculs sont incorrects ;
- on pense encore trop souvent que les maths sont principalement une pratique mentale alors que, pour beaucoup d'entre nous, nous avons encore parfois besoin de recourir à la manipulation ou à la schématisation, signe que le dessin n'est pas réservé qu'aux « petits » ;
- certaines questions d'élèves sont considérées comme non pertinentes alors que, très certainement pour ceux-ci, selon le sens qu'ils leur donnent, elles le sont ;
- les mathématiques sont souvent perçues comme objet d'enseignement purement scolaire, enseignement "sérieux" réservé à une élite et de plus isolé des autres disciplines ;
- on a parfois tendance à ne considérer que les bonnes réponses ou celles attendues, comme si la réponse était évidente, portant par là même un jugement de valeur qui peut être néfaste pour l'élève (peur de répondre, sentiment d'incompétence, etc.) ;
- l'enseignant s'investit peu dans les activités des élèves (l'élève ne voit jamais l'enseignant dans une activité de recherche) et semble ainsi le gardien de la solution et un expert infaillible ;

- on comprend mieux, au regard de ces constats, ce qui peut perturber les élèves et induire chez eux un manque de plaisir et une perte de confiance».

Le manque de motivation des élèves

Les élèves (surtout ceux de Guinée) deviennent de plus en plus difficiles à intéresser aux maths. Les enseignants doivent déployer plus d'efforts pour les motiver. En effet, les élèves d'aujourd'hui ont un rapport critique aux apprentissages. Ils sont moins prêts à s'engager dans des activités didactiques. Ils ont des difficultés à faire leurs devoirs à la maison. Ils ont aussi un sentiment d'ennui ; ils ne trouvent pas de plaisir et d'intérêt dans les cours de maths. Ils ont du mal à se concentrer, à focaliser leur attention dans les activités scolaires. Bref, ils ne voient plus vraiment l'utilité d'apprendre les maths. Mais, ils ne sont pas les seuls qui résistent à l'emprise de l'école. Comment un enseignant peut-il intéresser les élèves lorsque ces derniers sont surexcités, nerveux, agités, en fait non disposés aux apprentissages ? Le manque de motivation des élèves et leur agitation touchent les enseignants qui se sentent impuissants et qui ne savent pas quoi faire.

Stress et malaise chez les enseignants

Le travail d'un enseignant n'est pas du tout facile. Cette profession nécessite beaucoup d'attention et d'engagement avant et après le travail. C'est donc normal de stresser avec tant de responsabilités à assumer. L'enseignant est en proie à des difficultés énormes qui génèrent en lui un stress continu et un mal-être permanent qui n'épargne ni les expérimentés ni les plus jeunes. Les raisons de ce stress sont multiples ; on cite, entre autres, (i) le manque de reconnaissance de la société, les enseignants faisant l'objet de nombreuses critiques qui les traitent d'incompétents et responsables des maux du système éducatif ; (ii) l'empiètement de ce métier sur la vie privée des enseignants (préparations, corrections, prises de contact avec les parents d'élèves, etc.) ; (iii) la confrontation des enseignants à des groupes d'élèves hétérogènes ; (iv) le grand nombre de responsabilités confiées aux enseignants. On attend d'eux qu'ils soient des animateurs bienveillants, des évaluateurs cléments sinon laxistes, des conseillers des élèves. Ils doivent, en outre, maintenir la discipline tout en étant sympathiques et chaleureux.

Pour aider les enseignants à supporter leur souffrance, une voie est possible, celle qui trouve son salut dans l'espoir du sens partagé, dans le questionnement sur le travail enseignant, sur les performances professionnelles, sur la capacité d'exprimer ses maux. Un enseignant souffrant doit pouvoir compter sur autrui, sur la direction scolaire, sur des collègues, des amis, des membres de la famille. Un enseignant est, certes, toujours seul dans sa classe, mais le sentiment de ne pas être seul à vivre les mêmes drames, les mêmes difficultés est sa meilleure assurance.

Résolution de situations-problèmes (RSP) ou résolution de problèmes (RP)

Le présent ouvrage montre que la résolution de situations-problèmes (RSP) contribue, en grande partie, à prendre en charge des souffrances des élèves et des enseignants, à reconsidérer l'enseignement et l'apprentissage des mathématiques à l'école en vue de diminuer ces souffrances. Il montre comment ou en quoi la RSP est un outil pédagogique et didactique pertinent. L'approche par RSP peut stimuler la motivation des élèves. La recherche des solutions aux situations-problèmes signifiantes, complexes et ouvertes amène les élèves à donner du sens aux notions et aux concepts. Précédée d'une analyse a priori de situations-problèmes, la RSP permet de mettre en évidence des processus d'acquisition de nouvelles connaissances et d'élaboration de nouveaux savoirs. Elle renvoie, par le fait même, à des activités de créativité et de découverte.

Barbeau et al. (1997) trouvent « essentiel de planifier attentivement le contenu à enseigner, la séquence d'opérations cognitives que les élèves auront à réaliser pour traiter l'information et les liens multiples qu'on souhaite faire établir entre les diverses notions à l'étude pour susciter une compréhension adéquate de la situation présentée ». En ce sens, l'enseignement par la RP permet de mettre l'accent sur la construction de connaissances plutôt que sur leur transmission et leur mémorisation. Cette approche propose des situations-problèmes dont le traitement facilite l'accès au sens et permet simultanément de confronter ce sens à des traitements syntaxiques (selon les règles formelles) et sémantiques (relatifs aux significations) des différents registres de représentation.

L'ouvrage montre comment ou en quoi la RSP favorise le développement de la recherche, du raisonnement, de l'imagination et des capacités d'abstraction, de rigueur et de précision. Il met en évidence le rôle essentiel que joue la RSP dans l'activité mathématique. L'apprentissage des maths par la RSP permet aux élèves de développer des compétences de questionnement. La RSP amène les élèves à faire part de leur point de vue, à communiquer et à utiliser les concepts et les processus mathématiques, ce qui permettra à ces derniers d'avoir un rapport positif avec les maths. Barbeau et al. (1997) notent que « cette posture créera moins de souffrance, car elle favorisera la motivation des élèves à apprendre, ces derniers investissant des efforts nécessaires à leur réussite, parce que les activités ont du sens pour eux ».

La résolution de problèmes est la toile de fond des activités proposées aux élèves puisqu'elle est au cœur du développement des maths. C'est par et pour elle que se développent les concepts et les processus mathématiques de même que la communication mathématique. Elle rend les apprentissages signifiants et significatifs ; elle permet de mettre en relation les savoirs mathématiques (S1), les savoirs didactiques (S2) et les savoirs d'expérience (S3). Cette toile de fond se caractérise par l'atteinte d'un but sans connaître d'emblée tous les moyens d'y parvenir. La situation-problème représente un défi à la portée des élèves, où la formulation d'hypothèses, la personnalisation des processus et l'anticipation colorent cette toile de fond.

L'enseignante doit réunir les conditions pour que la RSP puisse contribuer à l'élaboration et à la consolidation des savoirs S1, S2 et S3. En se référant à la théorie de Piaget relative à l'équilibration, à la déséquilibration et à la rééquilibration, l'enseignante doit garder à l'esprit que « la connaissance passe par un état d'équilibre à un autre par des phases transitoires au cours desquelles les connaissances antérieures sont mises à défaut. Si ce moment de déséquilibre est surmonté, c'est qu'il y a une réorganisation des connaissances, au cours de laquelle les nouveaux acquis sont intégrés aux savoirs anciens. » L'élève peut alors utiliser les savoirs S1, S2 et S3 comme des outils pour résoudre des situations-problèmes.

Pour Vergnaud (1990), « le savoir se forme à partir des problèmes à résoudre, c'est-à-dire des situations à maîtriser, et les conceptions des élèves sont façonnées par les problèmes qu'ils ont rencontrés ». Bien sûr que tout problème n'est pas une situation d'apprentissage. Pour qu'un problème soit une situation d'apprentissage, il faut qu'il permette à l'élève de remettre en cause ses anciennes connaissances : En effet, selon Bachelard (1977), « *il ne s'agit pas de considérer des obstacles externes comme la complexité ou la fugacité des phénomènes, ni d'incriminer la faiblesse des sens et de l'esprit humain; c'est dans l'acte même de connaître intimement qu'apparaissent par une sorte de nécessité fonctionnelle des lenteurs et des troubles (...) On connaît contre une connaissance antérieure* ».

Un concept se construit par rapport aux connaissances que l'élève a déjà acquises soit pour les élargir et les généraliser, soit pour les remettre en cause. L'enseignante doit faire intervenir plusieurs concepts, un concept prenant son sens dans les relations qu'il entretient avec les autres concepts. Le champ conceptuel (réseau de concepts impliqués) doit être important, mais pas trop vaste pour que les élèves (élèves-maîtres) puissent résoudre des problèmes. L'enseignante peut faire fonctionner plusieurs cadres (arithmétique, algébrique, géométrique, probabiliste, statistique) qui interviennent dans différentes situations. Les acquisitions des élèves (élèves-maîtres) étant différentes selon les cadres, cela peut favoriser l'élaboration et l'intégration des savoirs S1, S2 et S3.

La résolution, dans deux des chapitres à venir, d'une riche variété de situations-problèmes de probabilités et de statistique permettra d'illustrer une telle intégration de connaissances.

CHAPITRE 2

ENSEIGNEMENT-APPRENTISSAGE DES MATHS PAR / POUR LA RÉSOLUTION DE PROBLÈMES

La résolution de problèmes (désormais RP) est un enjeu clé du processus enseignement/apprentissage des maths à travers le monde et elle occupe une place importante dans les curricula. Sur le plan international, plusieurs chercheurs se sont intéressés au développement de la RP dans les curricula. On peut citer, entre autres, Nadine Descamps-Bednarz, Caroline Lajoie et le Groupe de didactique des mathématiques du Québec, 2012, pour le Québec ; Sylvie Coppé et Catherine Houdement, 2009, pour la France ; Michel Artigue et C. Houdement, 2007, pour la France aussi ; Manual Santos-Trigo, 2007, pour le Mexique ; Cai Yuanpei et Junsheng Nie, 2007, pour la Chine ; Conchita D'Ambrosio, 2007, pour le Brésil ; Heather Schoenfeld, 2007, pour les États-Unis ; Masanori Hino, 2007, pour le Japon ; ou encore Hugh Burkhardt et Alan Bell, 2007, pour la Grande Bretagne.

Ces fructueuses recherches ont contribué à éclairer différentes composantes de la notion de problème et à dégager les multiples fonctions que joue la RP dans l'apprentissage et l'enseignement des maths : appliquer des connaissances, permettre la construction de connaissances nouvelles, solliciter une activité de recherche mathématique, permettre l'utilisation partagée de plusieurs connaissances dans les situations complexes, construire des modèles, développer des heuristiques (stratégies) générales, etc. Ces recherches permettent de comprendre comment la nature et les rôles dévolus aux problèmes ont changé au fil du temps, en puisant à des influences multiples (Lajoie et Bednarz, 2012 ; Artigue et Houdement, 2007 ; Burkhardt et Bell, 2007).

De l'énoncé des orientations données aux problèmes et de leur rôle dans l'enseignement, explicité dans ces recherches, à la pratique de la RP, pensée dans un cadre d'enseignement, le saut est toutefois grand. Comme le font remarquer Burkhardt et Bell (2007), peu d'attention semble avoir été accordée aux défis que peut poser la RP dans l'enseignement : « *Failures in introducing novel elements into the implemented curriculum largely arise from the chalenge being underestimated* ». En effet, il ne suffit pas de présenter des problèmes, d'expliciter différents critères de choix de ces problèmes, de préciser leurs rôles pour que les enseignants mettent en œuvre les fonctions dévolues à ces problèmes ou encore les processus complexes de résolution décrits dans ces programmes.

L'ouvrage-ci contribue à montrer que faire des maths, c'est essentiellement résoudre des problèmes ; qu'apprendre à résoudre des problèmes, c'est essentiel en maths et que c'est par la RP que les élèves apprennent les maths. Certains chercheurs considèrent la RP davantage comme une modalité pédagogique qui permet l'apprentissage de nouveaux concepts mathématiques (apprendre les maths ***par*** la résolution de problèmes). D'autres la conçoivent comme un moyen de permettre la consolidation et l'application de concepts mathématiques déjà appris (apprendre les maths ***pour*** résoudre des problèmes). Finalement, elle peut servir de contexte pour le développement de stratégies cognitives et métacognitives au service de la RP (i.e. ; ***résoudre*** *des problèmes* ***pour apprendre à résoudre*** *des problèmes*).

Dans les sections suivantes, l'ouvrage apporte un éclairage sur cette approche en rendant compte des trois grandes finalités ou intentions didactiques de l'utilisation de la RP :

- **apprendre la mathématique *par* la résolution de problèmes** : utilisation de la résolution de problèmes comme modalité pédagogique ;
- **apprendre la mathématique *pour* résoudre des problèmes** : utilisation de la résolution de problèmes pour mobiliser les concepts et les processus mathématiques appris ;
- **résoudre des problèmes pour apprendre à résoudre des problèmes** : développement de stratégies cognitives et métacognitives au service de la résolution de problèmes.

Enseignement-apprentissage des maths *par* la RP

Les programmes officiels de divers pays ou régions francophones (Québec, France, Suisse romande et Communauté française de Belgique) s'inscrivent essentiellement dans une perspective socioconstructiviste où on envisage la résolution de problèmes (RP) comme une modalité pédagogique (1ère finalité) pour l'apprentissage des concepts et des processus mathématiques, et où on accorde également une importance aux processus mêmes de RP (2e finalité).

Le Conseil national des enseignants de mathématiques (NCTM, 2000) définit la résolution de problèmes (RP) comme suit : « *[...] un engagement dans une tâche pour laquelle la façon de la solutionner n'est pas connue à l'avance. Afin de trouver une solution, les élèves doivent s'appuyer sur leurs connaissances et, souvent, grâce à ce processus, [ils] développent ou approfondissent leur compréhension mathématique* ».

En se basant sur cette définition, qui comporte l'idée d'apprendre les maths ***par*** la résolution de problèmes, Small (2013) rapporte que la résolution de problèmes en mathématiques (RPM) a souvent été utilisée comme un point d'arrivée au terme d'une séquence d'enseignement, voire comme un moyen de transfert des apprentissages. Payne (1990) précise que l'enseignement des maths par la RP amène les élèves à prendre des risques, à s'adapter à des tâches non familières sans les abandonner, bref, à essayer et à persévérer. De cette façon, les élèves font preuve de souplesse dans leur raisonnement et ils savent que beaucoup de problèmes peuvent être modélisés, représentés et résolus de plus d'une façon.

Par ailleurs, pour optimiser l'apport de la RP, Small (2013) avance qu'il serait encore plus avantageux de l'utiliser comme le moyen d'apprentissage des maths. Le PFEQ au secondaire va dans le même sens : « *La résolution de situations-problèmes est au cœur des activités mathématiques comme de celles de la vie quotidienne. Elle est observée sous deux angles. D'une part, elle est considérée comme un processus, d'où la compétence "Résoudre une situation-problème". D'autre part, en tant que modalité pédagogique, elle soutient la plupart des démarches d'apprentissage de la discipline* ». (Ministère de l'Éducation du Québec, 2006, p. 231).

De plus, Van de Walle et Lovin (2007) précisent aussi que les élèves « *[...] doivent résoudre des problèmes, non pour mettre en pratique les notions mathématiques qu'ils possèdent déjà, mais pour en apprendre de nouvelles. Lorsqu'ils doivent résoudre des problèmes judicieusement choisis et se concentrer sur les méthodes de solution, il en résulte une nouvelle compréhension des concepts mathématiques intégrés dans la tâche. Dans cette perspective, le problème proposé devient un outil privilégié pour donner du sens aux concepts mathématiques enseignés* ».

Van de Walle et Lovin (2007) rapportent d'ailleurs que « la résolution de problèmes est le meilleur moyen d'enseigner la plupart, sinon la totalité, des principales procédures et des principaux concepts mathématiques ». Apprendre les maths PAR la résolution de problèmes favorise le développement de la compréhension conceptuelle chez les élèves à travers des situations contextualisées. Le Ministère de l'Éducation du Québec (1988) définit l'expression « situation contextualisée » de la manière suivante : « *Un problème en mathématiques suppose au départ que l'on fasse référence à une situation donnée, c'est-à-dire à un contexte où il est question de certains objets ainsi que de certaines relations et opérations, explicitées ou non, faisant intervenir ces objets. La situation évoquée peut être de nature matérielle [personnes, objets d'utilité courante, blocs logiques, etc.], de nature abstraite [nombres, figures géométriques, objets imaginés, etc.] ou les deux à la fois* ». (p. 12).

Les rôles de l'enseignante et de l'élève

L'enseignement par la RP consiste à aider les élèves à comprendre les concepts et les processus mathématiques en leur proposant des situations de résolution de problèmes engageantes. Ceci implique une posture et des rôles spécifiques pour l'enseignante et l'élève. Il est très important de réaliser que l'enseignement par la RP demande du recul de la part de l'enseignante qui désire tout faire, tout montrer. L'enseignante doit plutôt accompagner les élèves dans leur recherche de solution en les incitant à réfléchir, à se questionner et à développer leurs propres stratégies pour résoudre le problème (Ministère de l'Éducation de l'Ontario, 2016, fascicule 2, p. 8).

Les informations suivantes, issues du *Référentiel d'intervention en mathématiques* (RIM) et d'autres ouvrages de référence, précisent les rôles de l'enseignante et de l'élève lors de l'enseignement des maths par la résolution de problèmes.

Rôles de l'enseignante

Tout au long de l'activité de résolution de problèmes, l'enseignante aura pour rôles, entre autres, d'agir comme médiatrice ; de choisir, d'adapter ou de construire des tâches qui permettent à chaque élève d'apprendre avec ou sans aide d'autrui ; de s'assurer que les élèves comprennent bien la situation de départ ; de favoriser les interactions sociales.

En tant que facilitatrice, l'enseignante propose des problèmes appropriés et stimulants ; aide les élèves à élargir leur apprentissage ; encourage et accepte les stratégies de RP proposées par les élèves ; questionne les élèves et les incite à y réfléchir ; utilise le modelage (ou la modélisation) ; observe et évalue le processus de RP des élèves ; prévoit les difficultés conceptuelles et les méprises possibles ; aide les élèves à surmonter les difficultés éprouvées (Ministère de l'Éducation de l'Ontario - MÉO, fascicule 2, p. 27).

L'enseignante doit prévoir les actions qu'elle posera pour aider les élèves pour qui la tâche est trop difficile ou trop facile (Charnay, 2003, p. 19 – RIM, p. 27). Ainsi, Saint-Laurent (2002) propose diverses actions pour soutenir les élèves en difficulté : (i) observer l'élève en train de faire une activité d'apprentissage, ne pas présupposer sa procédure, mais plutôt l'interroger pour en savoir plus ; (ii) faire attention au langage non verbal, car l'élève décode facilement, par nos mimiques, qu'il fait fausse route et il cesse alors de se questionner ; (iii) se distancer de ses propres processus pour mieux comprendre celui de l'élève ; (iv) reconnaître les ressources qu'utilise l'élève autant que celles qui lui font défaut ; (v) tenir compte de différentes productions de l'élève pour avoir une vision d'ensemble de ses stratégies ; (vi) démarrer l'intervention à partir des mots de l'élève ; (vii) stimuler les connaissances antérieures ; (viii) examiner avec l'élève les productions de ses pairs pour dégager différentes avenues de solution et l'amener à prendre conscience de son propre processus ; (ix) dégager différentes pistes pour analyser les sources de l'erreur.

Par ailleurs, Jacinthe Giroux (2015) précise qu'afin de soutenir les élèves en difficultés, l'enseignante doit (i) favoriser des situations dont les consignes, le matériel ou le contexte n'écrasent pas le savoir ; (ii) offrir des types variés de problèmes (problème complexe, mais pas compliqué à comprendre) ; (iii) organiser l'environnement de manière à favoriser une rétroaction rapide sur la justesse des connaissances engagées ; (iv) soutenir la mise en œuvre d'une stratégie finalisée pour que les élèves puissent apprécier l'effet ou l'efficacité de leur stratégie ; (vi) soutenir le passage à l'écrit mathématique par la modélisation (ex : structure multiplicative = multiplication entre deux grandeurs) ; (vii) miser sur la sensibilité des élèves aux régularités ; (viii) faire faire des maths, c'est aussi faire des maths nous-mêmes ! (Ne pas court-circuiter l'activité mathématique des élèves).

Pendant que les élèves travaillent à résoudre le problème, l'enseignante les observe en tenant compte de deux objectifs tout au long de la situation d'apprentissage. À certains moments, elle peut, par exemple, arrêter un élève et lui poser des questions portant sur sa compréhension du concept ou sur la démarche suivie pour résoudre le problème.

Voyer et Forest (2019), quant à eux, soulignent que la RP peut être un contexte pertinent d'enseignement-apprentissage pour favoriser une compréhension conceptuelle en mathématiques. Dans ce contexte, l'enseignante est appelée à (i) favoriser l'intérêt et l'engagement des élèves dans leurs apprentissages mathématiques ; (ii) créer un contexte signifiant (et significatif) pour faire des mathématiques ; (iii) viser une compréhension conceptuelle des mathématiques ; (iv) placer les élèves dans une véritable situation de résolution de problèmes.

Au terme de la résolution d'un ou de plusieurs problèmes, l'enseignante doit procéder à la mise en évidence des apprentissages en les rendant saillants et explicites. Cette *institutionnalisation* des savoirs mathématiques est une étape cruciale car elle permet de formaliser chez les élèves les apprentissages prescrits par le Programme de formation et la progression des apprentissages. Pour ce faire, il serait possible, par exemple, de consigner ces apprentissages sur des affiches en classe, dans le cahier de l'élève, dans une carte d'idées, etc. Ces modalités ont toutes pour but de concevoir progressivement un aide-mémoire collectif des apprentissages réalisés.

Rôles de l'élève

Actifs dans leur apprentissage, les élèves recherchent les solutions, réfléchissent, se questionnent et développent des stratégies pour résoudre le problème. Lors de l'échange didactique, ils utilisent différentes représentations (ex : illustrations, diagrammes, graphiques, modèles, matériel de manipulation) pour confirmer leur compréhension des concepts et des processus. Ce temps d'échange est celui d'objectivation pendant lequel les élèves confrontent leurs idées et tentent de comprendre la démarche des autres dans le but de consolider leur apprentissage (MÉO, 2016, fascicule 2, p. 9).

Van de Walle (2007) soutient que les élèves doivent résoudre des problèmes pour apprendre de nouvelles notions. Il en résultera une nouvelle compréhension des concepts associés à la tâche. Les élèves s'engagent ainsi dans une pensée réflexive qui leur permet d'évaluer quelles méthodes fonctionnent ou pas, de justifier leurs résultats ou d'évaluer les idées des autres et de s'interroger à propos de celles-ci, donnant ainsi une signification à de nouveaux concepts. Et, selon le RIM (pp. 20-21), les élèves explorent le problème et le résolvent seuls ou avec des pairs, c'est-à-dire qu'ils s'approprient le problème (principe de dévolution) en tentant d'analyser et de comprendre la situation présentée, de mobiliser et d'appliquer des outils mathématiques (concepts, processus et stratégies) et de laisser des traces pour communiquer leur solution à l'oral ou à l'écrit. Par la suite, en grand groupe, les élèves proposent différentes façons de résoudre le problème.

Finalement, Seeley (2016) recommande d'utiliser la forme « TU, NOUS, JE » afin de préciser les rôles de l'enseignante et des élèves pour l'enseignement et l'apprentissage des maths : « *TU vas tenter de comprendre et de solutionner un problème, même si c'est quelque chose que tu ne connais pas. NOUS allons parler de ta réflexion et de tes essais, et JE, comme enseignante, vais m'assurer que tu comprennes les mathématiques [...]* » (RIM, p. 21).

Le choix de problème et l'analyse a priori

En contexte d'enseignement-apprentissage des maths par la RP, il est important que l'enseignante formule avec précision l'intention didactique qu'elle poursuit afin de choisir un ou plusieurs problèmes qui permettront aux élèves de cheminer vers cet apprentissage. Lorsqu'on utilise la RP avec l'intention d'apprendre les concepts et les processus mathématiques, le choix du problème devient particulièrement important. Il s'agit, en effet, pour l'enseignante de choisir un problème dont la démarche de résolution n'est pas connue d'emblée par les élèves. De plus, en conformité avec la définition donnée de l'apprentissage des maths PAR la résolution de problèmes, les élèves ne devraient pas non plus connaître tous les concepts et les processus mathématiques nécessaires à sa résolution. Il faut, cependant, que le problème se situe dans la *zone proximale* des élèves, c'est-à-dire que certains outils mathématiques que ces derniers possèdent leur permettent de le résoudre.

Caractéristiques d'un "bon" problème

L'enseignante doit d'abord s'assurer de proposer aux élèves un problème qui fera évoluer leurs connaissances mathématiques. Pour ce faire, elle doit pouvoir déterminer où en sont les connaissances mathématiques des élèves afin de leur proposer un problème qui permettra de partir de ces connaissances pour les faire évoluer (RIM, 2019, p. 29).

Une première caractéristique d'un bon problème pour l'enseignement-apprentissage des maths PAR la résolution de problèmes, documentée par plusieurs auteurs, est le fait qu'il puisse donner une rétroaction à l'élève (Brousseau, 1989 ; Charnay, Douaire, Valentin et Guillaume, 2005 ; Giroux, 2014). À ce sujet, Charnay et ses collaborateurs (2005) notent que « ces situations sont souvent "autovalidantes" : au terme de sa procédure, l'élève peut se rendre compte s'il a réussi ou non. Il est important que l'élève comprenne que c'est à lui de dire si lui ou un autre élève a résolu le problème proposé ».

D'autres caractéristiques d'un bon problème sont notamment présentées dans le *Guide d'enseignement efficace des mathématiques de la maternelle à la 6e année*, guide élaboré par le Ministère de l'Éducation de l'Ontario (MÉO, Canada). De l'avis du MÉO (2006, p. 28), un bon problème devrait posséder les caractéristiques suivantes : (i) il est formulé clairement, sous forme d'un énoncé écrit, oral ou même illustré, de façon à être compris par tous les élèves ; (ii) il est énoncé de façon à ne pas induire une stratégie de résolution ou l'emploi d'un algorithme en particulier ; (iii) il éveille la curiosité et maintient l'intérêt des élèves ; (iv) il incite à la réflexion et aux échanges mathématiques ; (v) il est à la portée de tous les élèves tout en leur offrant un défi ; (vi) il se prête à l'utilisation d'une variété de stratégies de résolution ; (vii) il fait appel au vécu des élèves ; (viii) il donne lieu à une ou à plusieurs réponses correctes.

Par ailleurs, toujours selon le MÉO (Fascicule 2, p. 30), un bon problème suscite l'intérêt des élèves et leur permet d'utiliser les stratégies qu'ils ont définies comme étant utiles plutôt que des procédures conventionnelles qui leur sont imposées. Un très bon problème permet à tous les élèves de résoudre au moins en partie le problème et de donner des réponses qui reflètent leur niveau de compréhension et de raisonnement et qui renseignent l'enseignante sur leur façon de penser. C'est ce transfert de responsabilité de la résolution et de la validation du problème de l'enseignante aux élèves que Brousseau (1988) nomme le *principe de dévolution*.

C'est donc dire que le problème choisi doit susciter l'intérêt et l'adhésion des élèves afin qu'ils soient motivés à y trouver une solution. Le contexte proposé ne doit pas constituer un frein à l'engagement des élèves dans la résolution de problèmes. C'est pourquoi, lors d'un enseignement PAR la résolution de problèmes, l'enseignante doit s'assurer que les élèves comprennent bien le problème proposé en leur demandant de le reformuler dans leurs propres mots. L'enseignante doit également veiller à ce que les contextes des problèmes proposés soient cohérents en soi et avec les apprentissages visés et qu'ils ne viennent pas dénaturer les notions mathématiques concernées. Les futurs enseignants doivent être exposés aux différents contextes : réel, réalisable, fantaisiste et mathématique.

Les problèmes à *contexte réel* se produisent dans la réalité. Les problèmes à *contexte réaliste* sont susceptibles de se produire réellement. Il s'agit d'une simulation de la réalité ou d'une partie de la réalité. Les problèmes à *contexte fantaisiste* partent de l'imaginaire de l'auteur et sont sans fondement dans la réalité. Les problèmes à *contexte purement mathématique* font uniquement référence à des objets mathématiques : nombres, relations et opérations arithmétiques, figures géométriques, modèles topologiques, etc.

Le fait que les élèves de la classe aient un bagage mathématique et culturel hétérogène, tant sur le plan des concepts et des processus que sur celui des stratégies cognitives et métacognitives et du vocabulaire, exige que le déroulement de l'apprentissage PAR la RP soit rigoureusement planifié. En effet, un problème bien choisi permettra d'atteindre la zone proximale de la majorité des élèves, c'est-à-dire ni trop facile, ni trop difficile. Cependant, l'enseignante doit prévoir les actions qu'elle posera pour aider les élèves pour lesquels la tâche est trop difficile ou trop facile. Pour ce faire, elle peut effectuer une analyse a priori du problème qu'elle propose.

L'analyse a priori de la situation-problème

Selon Charnay (2003), « l'***analyse a priori*** constitue un des outils professionnels d'aide à la décision, en permettant [à l'enseignante] d'anticiper certaines réactions d'élèves et donc d'orienter certains de [ses] choix ». Toujours selon Charnay (2003), cette analyse *a priori* permet à l'enseignante d'émettre des hypothèses sur (i) les démarches, les stratégies et les procédures que les élèves utiliseront ; (ii) les obstacles qu'ils rencontreront et les erreurs que ces obstacles engendreront ; (iii) l'organisation pédagogique qui favorisera l'apprentissage dans la classe [travail individuel ou en équipe, matériel à fournir aux élèves, etc.] ; (iv) des interventions à mettre en place qui favoriseront l'apprentissage.

Cette analyse a priori peut effectivement permettre à l'enseignante de prévoir des questions à poser à un élève qui serait « en panne » devant la tâche ou de proposer des actions supplémentaires à un autre qui aurait résolu le problème rapidement. L'enseignante pourrait également jouer sur les *variables didactiques* en prévoyant, par exemple, certains changements à apporter à la tâche tels que la modification de nombres ou du contexte. Cela peut permettre aux élèves d'établir des relations entre certaines données pour, ensuite, revenir au problème tel qu'il a été présenté initialement.

Sans l'analyse a priori, la gestion pédagogique de la situation d'apprentissage peut se détériorer rapidement. Par exemple, plusieurs élèves sont « en panne » devant la tâche, alors que d'autres dérangent leurs pairs parce qu'ils ont terminé, jusqu'au point où l'enseignante sera tentée de prendre les choses en main et d'enseigner la façon de résoudre le problème, ce qui n'est pas cohérent par rapport aux visées de l'apprentissage de la mathématique ***par*** la résolution de problèmes.

Organisation de l'enseignement des maths par la RP

Pour optimiser l'apport de la RP, Small (2013) avance qu'il serait encore plus avantageux de l'utiliser comme le moyen d'apprentissage des maths. Après que l'enseignante ait choisi un problème en fonction des caractéristiques ci-haut énoncées et qu'elle ait effectué l'analyse a priori, l'activité de RP peut être vécue en classe. Plusieurs didacticiens se sont penchés sur le déroulement de cette activité et certains, comme Brousseau

(1998), le MEO (2006) et Seeley (2016) l'ont décrite selon trois temps d'enseignement distincts :

1. Les élèves explorent le problème et le résolvent seuls ou avec des pairs, c'est-à-dire qu'ils s'approprient le problème [principe de dévolution] en tentant d'analyser et de comprendre la situation présentée, en établissant les relations entre les données, en mobilisant et en appliquant des outils mathématiques [concepts, processus et stratégies] et en laissant des traces pour communiquer leur solution à l'oral ou à l'écrit. Ce faisant, l'enseignante les observe et peut répondre à des questions de clarification. Elle s'appuie sur son analyse a priori pour poser des sous-questions à des élèves et leur permettre d'aller plus loin. Elle peut aussi proposer à certains élèves des ajustements de façon à rendre le problème plus accessible pour eux en manipulant les variables didactiques.
2. En grand groupe, les élèves proposent différentes façons de résoudre le problème. L'enseignante joue alors un rôle de médiatrice. Elle les amène à comparer leurs solutions et à rendre explicites les ressemblances et les différences entre celles-ci. Elle questionne également les élèves sur la certitude de leurs propos et provoque une confrontation saine d'idées entre eux pour les amener à cheminer dans leur propre compréhension des concepts en jeu.
3. Finalement, l'enseignante formalise les apprentissages qui ont été effectués PAR la résolution du problème, c'est-à-dire qu'elle rend explicites les apprentissages mathématiques. La connaissance acquise pourra alors servir d'outil pour la résolution de nouveaux problèmes.

Pour sa part, le MEO (2006) propose trois temps pour la RP : la mise en train, l'exploration en groupe et l'objectivation des apprentissages (RIM, p. 21). Cette séquence d'enseignement en trois temps est appuyée par DeCaro et Rittle-Johnson (2012) dont l'étude a permis de conclure qu'une phase de découverte préparait mieux les élèves à la formalisation de la compréhension des concepts qu'un enseignement de ceux-ci, suivi de la résolution d'un problème faisant appel à ces concepts.

Cette organisation en trois temps a également été proposée plus ou moins explicitement par quelques didacticiens, avec une terminologie parfois très différente de l'un à l'autre. Brousseau (1998), quant à lui, mentionne qu'au cours d'une phase de dévolution, l'enseignante confie d'abord aux élèves la responsabilité et le pouvoir de résoudre la situation-problème. Les élèves sont, par la suite, invités à trouver une solution en interaction avec leurs pairs. Le processus se termine par une phase d'institutionnalisation où l'enseignante formalise les apprentissages effectués.

Enseignement-apprentissage des maths *pour* la résolution de problèmes

Bien que la RP soit un contexte d'enseignement-apprentissage essentiel aux mathématiques, plusieurs recherches mentionnent qu'elle est également un contexte à privilégier pour mobiliser et appliquer des concepts en situation contextualisée (MEQ, 1998 ; Small, 2013). Aussi, parle-t-on de l'enseignement-apprentissage des maths ***pour*** la résolution de problèmes. On exploite d'ailleurs souvent ce contexte d'enseignement-apprentissage dans les écoles québécoises pour soutenir le développement des compétences mathématiques prescrites par le PFEQ (*Résoudre une situation-problème et Raisonner à l'aide de concepts et de processus mathématiques ou Déployer un raisonnement mathématique*).

Le fait d'enseigner et de faire apprendre les maths ***pour*** la résolution de problèmes permet aux élèves de consolider leur compréhension conceptuelle, leur flexibilité et leur fluidité. La *compréhension conceptuelle* est une assise fondamentale de l'enseignement des maths qui correspond au « quoi » et au « pourquoi » d'un concept. Elle peut se manifester par les liens entre les différents éléments d'un même concept ou les liens entre des concepts. La *flexibilité* comprend les trois dimensions suivantes : trouver plusieurs façons de résoudre un problème, inventer une façon de résoudre un problème non familier et trouver la façon la plus économique (la plus efficiente) de résoudre un problème. Finalement, la *fluidité* fait référence à la connaissance, à la rétention et à l'automatisation de faits et de procédures.

L'enseignante doit réaliser que le fait d'enseigner des concepts puis de résoudre des problèmes pour les mobiliser, tout de suite après l'apprentissage, peut générer chez les élèves la croyance qu'il faut toujours utiliser les derniers concepts travaillés en classe pour résoudre des problèmes. Pour apprendre les mathématiques ***pour*** résoudre des problèmes, l'enseignante peut proposer, par exemple, le problème suivant aux élèves, après avoir construit le sens du concept de « moyenne » :

> *La moyenne des élèves de Mme Jeanne-Marie est de 72 % selon la dernière évaluation en maths. Mme Jeanne-Marie s'est toutefois rendue compte qu'elle avait oublié d'inclure la note d'Abdel (68 %) et celle d'Issac (76 %) dans son calcul de la moyenne du groupe. Quelle sera la moyenne du groupe si elle inclut les notes d'Abdel et d'Issac ?*

Pour résoudre ce problème, les élèves ne peuvent se rabattre exclusivement sur l'application de l'algorithme de calcul de la moyenne. Ils doivent plutôt mobiliser la compréhension du concept de moyenne.

Plusieurs façons d'effectuer une tâche

Pour trouver, par exemple, 20 % de 450, l'élève peut recourir à l'un des raisonnements suivants :

- Je sais que 20 % de 450 correspond à 1/5 de 450. Puisque le dénominateur indique en combien de parties équivalentes l'entier a été divisé, je divise 450 par 5, ce qui équivaut à 90. Chacune des parties est donc équivalente à 90. Étant donné que le numérateur indique que je dois prendre une seule des parties équivalentes, je considère une partie pour obtenir mon résultat, soit 90.
- Je sais que 10 % de 450 correspond à 45 puisque je cherche une valeur 10 fois plus petite (10 % équivaut à un dixième). Puisque 20 % est le double de 10 %, je multiplie 45 (10 % de 450) par 2. Le produit obtenu, soit 90, est la réponse cherchée (20 % de 450).
- Je sais que 450 peut être décomposé comme suit : (4 x 100) + 50. La notation fractionnaire de 20 % étant 20/100, je considère 20 parties pour chaque tranche de 100. Puisqu'il y a 4 centaines, je multiplie 20 par 4. Le produit obtenu est 80. Puisque 50 (nombre restant de la décomposition) est la moitié de 100, je prends la moitié de 20, soit 10. En additionnant 80 et 10, j'obtiens une somme de 90.

Dans cet exemple, les élèves s'appuient sur leur compréhension des concepts de pourcentage, de fraction, de décomposition de nombres et de division, de même que sur leur connaissance de certains faits numériques. Ils établissent également diverses relations entre ces concepts. De façon générale, le fait d'inciter les élèves à trouver plusieurs solutions pour une même tâche leur demandera de s'appuyer sur leur compréhension de plusieurs concepts et d'établir des liens entre ceux-ci. Ils ne pourront pas se rabattre sur une seule procédure automatisée qui peut être retenue sans compréhension. C'est donc dire que faire travailler les élèves cet aspect de la flexibilité permettra à ceux-ci de renforcer leur compréhension conceptuelle.

Les problèmes que l'enseignante propose dans un contexte d'apprentissage des maths ***pour*** la RP doivent également présenter un défi pour les élèves. À date, cette deuxième intention de l'utilisation de problèmes est la plus courante dans les classes au Québec. En Suisse, le plan d'étude de l'enseignement primaire précise que la RP est essentiellement envisagée comme une modalité pédagogique (1ère finalité), avec l'idée sous-jacente que cette approche favorisera aussi le développement des processus mêmes de résolution de problèmes (2e finalité). En Communauté française de Belgique, la RP est globalement envisagée comme toile de fonds des apprentissages (1ère finalité), mais il y est aussi précisé que les élèves doivent maîtriser diverses compétences propres à la démarche de RP (2e finalité). Cette deuxième finalité a assurément son importance, mais un meilleur dosage entre les trois intentions serait souhaitable pour maximiser l'apport de la RP dans l'enseignement-apprentissage des mathématiques.

Résoudre des problèmes pour apprendre à résoudre des problèmes

En plus de l'apprentissage des maths ***par*** la résolution de problèmes et ***pour*** la résolution de problèmes, les chercheurs en didactique des maths s'intéressent aussi au processus de RP ainsi qu'aux stratégies cognitives et métacognitives qu'il implique (Verschaffel et De Corte, 2008 ; Focant et Grégoire, 2008). Ces chercheurs reconnaissent l'apport de la RP au développement et à la consolidation de la compréhension en maths. Ils s'intéressent aussi à l'enseignement-apprentissage de stratégies cognitives et métacognitives ***pour*** apprendre à résoudre des problèmes. C'est dans ce dernier courant qu'ont été développées les aides méthodologiques ou heuristiques en lien avec le processus de RP. Ainsi, on peut citer, entre autres, le modèle de Polya (1945), qui est l'un des premiers à s'être intéressés à ce sujet. Verschaffel et de De Corte (2008) de même que Poirier (2001) ont également proposé des modèles en lien avec le processus de RP.

Les heuristiques de résolution de problèmes

Fondamentalement, une ***heuristique*** est une méthode de calcul qui fournit rapidement une solution et qui réduit la quantité de renseignements qui doit être traitée (Gray, 1994, p. 395) ou un plan pour diviser un gros problème en plus petites parties. L'heuristique convient mieux aux élèves qui comprennent le concept mathématique, mais qui ont du mal à retenir les étapes de la résolution d'un problème (Burns, 2011 ; Snyder, 1988). L'heuristique est parfois enseignée ; autrement, les élèves la découvrent eux-mêmes. Il peut s'agir d'une règle générale, d'une estimation éclairée, d'un jugement intuitif, d'un stéréotype ou d'un sens commun. L'approche heuristique la plus fondamentale est l'apprentissage par essai-erreur.

La description et la schématisation du processus cognitif permettant de résoudre des problèmes constituent une heuristique de résolution de problèmes. À ce sujet, le PFEQ (2006 c) mentionne que : « *La résolution de situations-problèmes, qui constitue l'un des fondements de l'activité mathématique, repose sur une démarche heuristique, c'est-à-dire axée sur l'exploration et la découverte. Elle permet de construire des objets mathématiques, de leur donner du sens, de mobiliser des savoirs connus, de développer des stratégies et de mettre en œuvre diverses attitudes liées notamment à la confiance en soi et à l'autonomie* ».

Dans les paragraphes suivants, nous décrivons successivement les heuristiques de résolution de problèmes de Polya (1945), de Verschaffel, Greer et De Corte (2000), de Poirier (2001), et de bien d'autres auteurs.

Heuristique de RP de Polya (1945)

Mathématicien américain d'origine hongroise et suisse, Polya (1945) est reconnu comme étant le premier à avoir produit une heuristique de résolution de problèmes qui est présentée dans la figure ci-dessous :

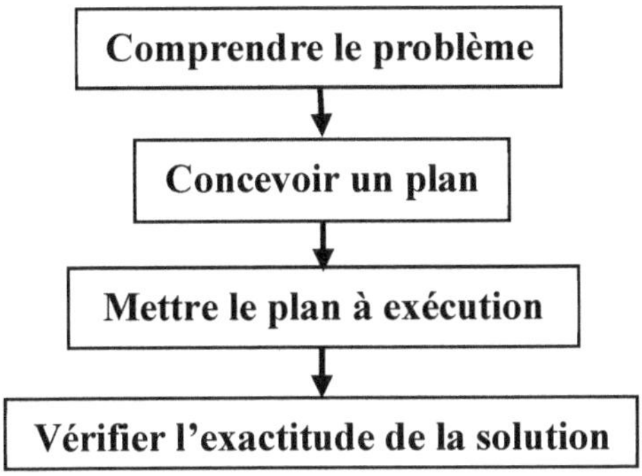

Heuristique de résolution de problèmes de Polya (1945)

L'heuristique de Polya (1945) comprend quatre étapes : (i) comprendre le problème, (ii) concevoir un plan, (iii) mettre le plan à exécution et (iv) vérifier l'exactitude de la solution. Lors de la première étape, l'élève essaie de cibler ce qu'il cherche et de déterminer ce qu'il sait à partir des données du problème. Pour ce faire, il peut dessiner un schéma représentant le problème, écrire sur papier les données qu'il contient ou transposer ces données en notation mathématique.

Lors de la deuxième étape, l'élève tente d'établir un lien entre les données du problème et l'inconnue. Pour ce faire, il peut se demander s'il a déjà résolu un problème de ce type et si la démarche suivie pourrait être réutilisée. Il peut aussi tenter de reformuler le problème. Ces étapes permettent à l'élève de bâtir un plan d'action pour obtenir la solution.

À la troisième étape, l'élève utilise ses outils mathématiques et résout le problème. Enfin, à la quatrième étape, il vérifie sa solution et l'analyse pour déterminer si elle peut être réinvestie pour d'autres types de problèmes. La schématisation de cette heuristique peut laisser croire à une démarche linéaire, mais Polya lui-même mentionnait que des allers-retours entre les différentes étapes sont souvent nécessaires.

Au fil du temps, d'autres auteurs ont repris les grandes lignes de l'heuristique de Polya (1945) et l'ont améliorée. On peut notamment penser aux heuristiques produites par Verschaffel, Greer et De Corte (2000) ainsi que Poirier (2001), qui sont présentées dans les figures ci-dessous.

Heuristique de résolution de problèmes de Verschaffel, Greer et De Corte (2000)

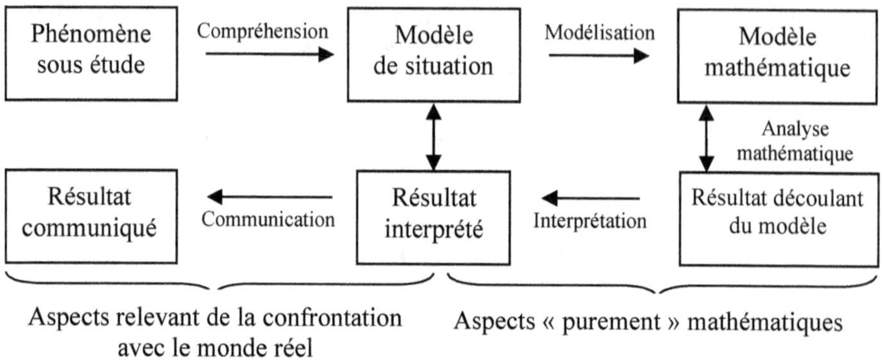

Heuristique de RP de Poirier (2001)

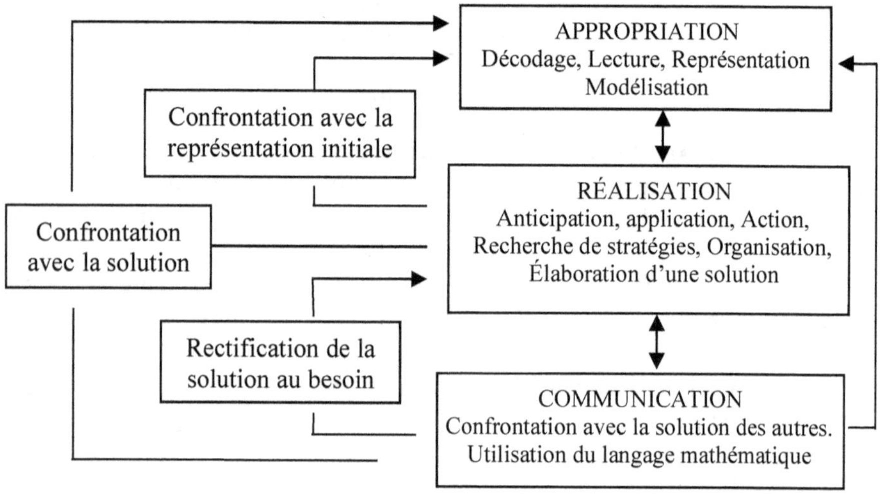

Les heuristiques de Verschaffel, de Greer et de De Corte (2000) ainsi que de Poirier (2001) mettent en évidence un processus de RP dynamique et itératif qui implique les actions suivantes : l'analyse et la compréhension du problème, le choix d'outils mathématiques appropriés, l'utilisation adéquate de ces outils, la régulation de la solution obtenue en fonction de l'analyse et de la compréhension du problème de même que la communication orale ou écrite de la solution. On peut établir un rapprochement entre les actions proposées par ces heuristiques et les compétences « *Résoudre une situation-problème* » et « *Raisonner à l'aide de concepts et de processus mathématiques* » ou « *Déployer un raisonnement mathématique* », compétences prescrites dans le PFEQ au Primaire et au Secondaire. Plus précisément, les critères d'évaluation et les manifestations observables y étant associés dans les cadres d'évaluation des apprentissages du Primaire et du Secondaire pour les mathématiques (MELS, 2011a, MELS 2011b) reprennent plusieurs des grandes actions de ces heuristiques.

D'autres heuristiques de RP

En lien avec les différents types de problèmes, plusieurs autres didacticiens se sont penchés sur les processus de résolution. Garafalo et Lester (1985) ont, eux aussi, proposé une heuristique en quatre étapes : orientation, organisation, exécution et vérification, modèle semblable à celui de Polya. Poissant, Poëllhuber et Falardeau (1994) ont, quant à eux, établi une heuristique de RP en six étapes : formuler l'objectif, définir la situation, planifier, exécuter, évaluer et surveiller le processus.

Peu importe le modèle de résolution, le principe est toujours le même. L'enseignante doit éviter d'amener les élèves à faire une application séquentielle des étapes ; elle doit les dissuader de voir la RP comme une application linéaire des étapes d'un modèle. Elle doit amener les élèves à voir les étapes comme faisant partie d'un tout, puisqu'il est fort probable que ces derniers doivent revenir sur plusieurs d'entre elles tout au long du processus de résolution. Dans tous les cas, elle ne doit pas enseigner aux élèves les heuristiques comme des démarches de RP à suivre étape par étape, comme l'indique le Fascicule K (MEQ, 1998, p. 50) :

Obliger les élèves à employer systématiquement de tels modèles [heuristiques] pour résoudre n'importe quel problème ou pour laisser des traces écrites de leur démarche peut mener à des absurdités et à une véritable déformation du sens de l'activité de résolution de problèmes en mathématiques. En effet, le développement de [la compétence] à résoudre des problèmes ne saurait se réduire à l'apprentissage d'une technique qu'il suffirait d'appliquer un peu à la manière d'un algorithme.

Il s'agit plutôt d'enseigner aux élèves des stratégies cognitives et métacognitives au service de la RP. Les stratégies qui accompagnent le développement et l'exercice des trois compétences en maths doivent être intégrées au processus d'apprentissage. L'enseignante peut mettre l'accent sur certaines d'entre elles selon la situation et l'intention poursuivie. Puisque les élèves doivent construire leur répertoire personnel de stratégies, il importe de les encourager à développer leur autonomie à cet égard et de leur apprendre à les utiliser dans différents contextes. L'enseignante pourra les inciter à explorer des stratégies associées à d'autres disciplines, les stratégies de lecture, par exemple, qui peuvent être fort utiles pour bien saisir tous les aspects d'un énoncé ou d'une situation-problème.

En résumé, trois intentions distinctes de la RP sont présentées dans la littérature sur le sujet : apprendre les maths ***par*** la résolution de problèmes, apprendre les maths ***pour*** résoudre des problèmes et résoudre des problèmes POUR APPRENDRE À RÉSOUDRE des problèmes de maths. Le tableau ci-dessous récapitule ces trois intentions de la RP.

Intention	Description
Apprendre la mathématique ***par*** la résolution de problèmes	La RP est une modalité pédagogique qui permet d'apprendre les concepts et les processus mathématiques.
Apprendre la mathématique ***pour*** résoudre des problèmes	La RP est utilisée pour mobiliser et appliquer les concepts et les processus mathématiques en situation contextualisée.
Résoudre des problèmes pour apprendre à résoudre des problèmes.	La RP devient un contexte pour l'enseignement et l'apprentissage de stratégies cognitives et métacognitives au service de la résolution de problèmes.

Tableau 2 : Les trois intentions didactiques de la résolution de problèmes

L'apprentissage des maths ***par*** la RP se fait à l'aide de problèmes pour lesquels les élèves ne possèdent pas tous les outils mathématiques. Ce sont plutôt ces problèmes qui leur donnent une rétroaction quant à la nécessité de posséder des outils plus adaptés ou d'en construire de nouveaux. L'apprentissage des maths ***pour*** la RP se fait au moyen de problèmes pour lesquels les élèves devront mobiliser des outils mathématiques qu'ils possèdent déjà. Cela leur permettra de consolider leur compréhension conceptuelle, leur flexibilité et leur fluidité. Finalement, RÉSOUDRE DES PROBLÈMES POUR APPRENDRE À RÉSOUDRE DES PROBLÈMES de maths fait référence à l'enseignement-apprentissage de stratégies cognitives et métacognitives au service de la RP.

Le développement des stratégies cognitives et métacognitives au service de la RP

D'entrée de jeu, mentionnons qu'une stratégie cognitive devient métacognitive à partir du moment où les élèves prennent conscience qu'ils l'utilisent. Dans cette section, on portera donc un regard particulier sur les stratégies métacognitives puisqu'elles englobent les stratégies cognitives. De plus, selon le PFEQ (MEQ, 2006c), le développement de ces stratégies accompagne le développement des compétences mathématiques et est intégré au processus d'apprentissage.

Le concept de métacognition

Il s'avère important d'apporter d'abord quelques précisions sur le concept de *métacognition* afin de voir comment il peut se traduire en stratégies au service de la RP. Le terme « ***métacognition*** » est utilisé dans les écrits pour désigner la connaissance sur sa propre connaissance. La capacité de penser et de réfléchir sur comment on doit réagir devant un problème ou une tâche est la métacognition.

Noël (1991) décrit la ***métacognition*** comme « *un processus mental dont l'objet est soit une activité cognitive, soit un ensemble d'activités cognitives que le sujet vient d'effectuer ou est en train d'effectuer, soit un produit mental de ces activités cognitives. La métacognition peut aboutir à un jugement (habituellement non exprimé) sur la qualité des activités mentales en question ou de leur produit et éventuellement à une décision de modifier l'activité cognitive, son produit ou même la situation qui l'a suscitée* ».

Selon Flavell (1976), la métacognition renvoie à deux dimensions. La première dimension concerne les connaissances qu'a une personne concernant ses propres processus cognitifs ainsi que ce qui aide ou entrave ces processus. Par exemple, un élève se dit "bon" en calcul mental en raison du fait qu'il observe et reconnaît rapidement les relations entre les nombres et peut ainsi opérer astucieusement pour trouver un résultat. La seconde dimension concerne le pouvoir de la personne sur ses processus cognitifs ainsi que sur la régulation et la gestion de ceux-ci lors de la RP. Plusieurs auteurs ont étudié cette dimension pour le cas particulier de l'apprentissage des maths (Balacheff, 1987 ; Focant et Grégoire, 2008 ; Schoenfeld, 1992). Focant et Grégoire (2008, p. 204) appellent cette dimension l'*autorégulation cognitive* et précisent qu'elle « porte sur la capacité de l'individu de planifier et de contrôler délibérément ses propres processus cognitifs en vue de la réalisation d'un but ou d'un objectif déterminé ».

Ces auteurs affirment que quatre stratégies majeures d'autorégulation cognitive sont à développer en lien avec ce concept : la détermination du but, la planification, le contrôle et la régulation.

La détermination du but consiste à déterminer ce qui est à faire, le point d'aboutissement, l'état final recherché lors de l'accomplissement d'une tâche. Fondamentale, cette stratégie sert de point de référence ; elle permet d'évaluer et de guider les actions à mettre en œuvre tout au long de l'exécution de la tâche en vue d'atteindre le but poursuivi. Un élève qui utilise cette stratégie cherche à répondre aux questions suivantes : Quelle tâche dois-je accomplir ? Quels concepts et processus dois-je utiliser ? Quelles sont les informations pertinentes, implicites ou explicites ? Y a-t-il des informations manquantes ?

La planification consiste à élaborer un plan des actions à effectuer pour atteindre le but poursuivi. L'élève doit, dans un premier temps, envisager des scénarios ou des plans d'action susceptibles de mener vers une solution satisfaisante; il doit, dans un second temps, déterminer et appliquer celui qui est le plus approprié et le plus efficace. Ce faisant, il cherche à répondre aux questions suivantes : Dois-je décomposer la tâche en sous-tâches ? Combien de temps me faut-il pour accomplir la tâche ? De quelles ressources (connaissances, savoirs, savoir-faire) ai-je besoin ? De quoi ai-je besoin pour établir mon plan de travail ?

Le contrôle permet à l'élève de surveiller et d'évaluer le cours des travaux qu'il effectue et les résultats qu'il obtient à l'égard du but poursuivi. Il s'agit, en fait, d'un contrôle qui repose sur une réflexion dans l'action. Il servira à l'élève de point de référence pour l'adaptation de ses actions en vue de l'atteinte du but poursuivi par la tâche.

La régulation a pour objectif d'utiliser les informations recueillies à l'aide des quatre stratégies pour adapter et ajuster les actions nécessaires en vue d'atteindre le but poursuivi par la tâche. L'élève qui utilise la régulation et le contrôle cherche à répondre aux questions suivantes : Ai-je une bonne démarche et suis-je capable de l'expliquer ? Suis-je en mesure de vérifier ma solution à l'aide d'un raisonnement en utilisant un exemple ou un contre-exemple ? Qu'est-ce que j'ai appris ? Comment l'ai-je appris ? Ai-je choisi une bonne stratégie et pris le temps nécessaire pour bien comprendre la tâche ? Quelles sont mes forces et mes difficultés ? Ai-je ajusté ma méthode selon la tâche proposée ? Quel était le résultat attendu ? Qu'est-ce qui justifie l'écart entre le résultat attendu et celui que j'ai obtenu ? Quelles sont les stratégies utilisées par mes pairs ou suggérées par l'enseignante que je peux ajouter à mon répertoire ? Puis-je utiliser cette démarche dans d'autres situations-problèmes ?

Bien que les élèves puissent bénéficier de l'apprentissage de ces stratégies, cela ne suffit pas à les amener à pouvoir mobiliser les bons concepts mathématiques en contexte de RP et à établir des liens entre eux. Aussi, le MEQ et le MELS suggèrent-ils d'autres stratégies majeures.

D'autres stratégies majeures

Le MÉQ (2009) et le MELS (2010) affirment que d'autres stratégies cognitives et métacognitives majeures sont à développer, comme la compréhension, la discrimination, l'organisation, l'élaboration, la généralisation, la rétention, l'automatisation d'un processus, la communication. Ces stratégies sont dites "majeures" car elles favorisent les progressions des apprentissages en maths au Primaire et au Secondaire.

Compréhension et discrimination : Suis-je en mesure d'extraire l'information contenue dans les registres (modes) de représentation en jeu ? Quels sont les termes qui me semblent avoir un sens différent en langage mathématique et en langage courant ? Quelle est l'intention de la tâche ? Suis-je capable de la reformuler dans mes propres mots ? Ai-je besoin de chercher un contre-exemple pour prouver que ce que j'avance est faux ? Est-ce que les données de la situation sont toutes pertinentes ? En manque-t-il ? Quel schéma peut m'aider à représenter les étapes de la tâche à réaliser ?

Organisation : Dois-je regrouper, énumérer, classifier, réorganiser ou comparer des données ? Dois-je utiliser des schémas pour montrer les liens entre les objets ou les données ? Puis-je simuler la situation en utilisant du matériel concret ou des outils technologiques ? Est-il possible d'utiliser une grille ou un tableau ? Puis-je dresser une liste ? Les idées importantes de ma démarche sont-elles bien représentées ? Quels réseaux de concepts et de processus mathématiques doivent être utilisés ? Quels registres (modes) de représentation (mots, symboles, figures, diagrammes, tableaux, etc.) me permettent de traduire la situation ?

Élaboration : Puis-je me représenter la situation mentalement ou par écrit ? Ai-je déjà résolu un problème semblable ? Quelles données pourrais-je dégager en me servant de celles qui sont connues ? Quels concepts mathématiques pourraient s'appliquer ici ? Quelles propriétés ou quels processus associés à ces concepts pourrais-je utiliser ? Ai-je utilisé des données pertinentes ? Ai-je considéré la bonne unité de mesure, s'il y a lieu ? Puis-je dégager une régularité ? Quelles stratégies, parmi les suivantes, puis-je adopter : faire des essais systématiques, travailler à rebours, exemplifier, faire des suppositions, partager la tâche en sous-tâches, changer de point de vue ou de stratégies, éliminer des possibilités, simplifier la tâche (ex. : en réduisant le nombre de données, en remplaçant les valeurs données par des valeurs facilement manipulables, en repensant la situation pour un élément ou un cas), modéliser, traduire (mathématiser) une situation par une expression numérique ou algébrique ?

Généralisation : Quelles sont les ressemblances et les différences dans les exemples que j'ai donnés ? Quels modèles puis-je réutiliser ? Les observations faites dans un cas particulier sont-elles applicables dans d'autres situations ? Les affirmations formulées ou les conclusions tirées sont-elles toujours vraies? Ai-je dégagé des exemples et des contre-exemples ? Ai-je observé une régularité ? Suis-je en mesure de dégager une règle ? Suis-je en mesure d'interpoler ou d'extrapoler ?

Rétention : Y a-t-il des liens entre ce que j'ai appris et ce que je savais déjà ? Quels sont les concepts les plus importants à partir desquels je peux retrouver les autres ? Dans quelles conditions tel processus fonctionne-t-il ? Sur quelles propriétés repose-t-il ? Suis-je en mesure d'illustrer ou de modifier mon réseau de concepts et de processus ? Quelles caractéristiques des situations m'amènent à réutiliser la même stratégie ? Suis-je capable de refaire la tâche seul ? Quelles méthodes ai-je utilisées : répéter plusieurs fois (mentalement, à voix basse ou à voix haute) ; surligner, souligner, encadrer, recopier ; faire des listes de termes, de symboles, etc. ?

Automatisation d'un processus : Ai-je trouvé un modèle de solution et ai-je dressé une liste des étapes à suivre ? Me suis-je exercé suffisamment pour être capable de refaire le processus de manière automatique ? Suis-je capable d'utiliser efficacement les processus appris ? Ai-je comparé ma démarche de résolution à celle d'autres personnes ?

Communication : Ai-je laissé de traces suffisantes de ma démarche ? Quels registres (modes) de représentation (mots, symboles, figures, diagrammes, tableaux, etc.) ai-je utilisés pour interpréter un message ou transmettre mon message ? Ai-je expérimenté différentes façons de transmettre mon message à caractère mathématique ? Quels moyens auraient été aussi efficaces, plus efficaces ou moins efficaces ? Ai-je respecté les règles et les conventions propres au langage mathématique ? Mon message est-il adapté à l'interlocuteur et à l'intention de communication ? Comment dois-je l'adapter ? Suis-je capable de partager mon raisonnement, mon point de vue et mes stratégies pour réaliser la tâche en les verbalisant ou en les écrivant en vue de les comparer, de faire des liens entre eux, de constater leur efficacité ?

Stratégies affectives, de gestion des ressources

À ces stratégies cognitives et métacognitives s'ajoutent des stratégies affectives et des stratégies de gestion des ressources.

Stratégies affectives : Comment est-ce que je me sens ? Qu'est-ce que j'aime dans cette situation-problème ? Suis-je satisfait de ce que je fais ? Qu'est-ce que j'ai particulièrement bien réussi dans cette situation ? Quels sont les moyens que j'utilise devant les difficultés et quels sont ceux qui m'aident le plus pour diminuer mon anxiété ? garder ma concentration ? contrôler mes émotions ? maintenir ma motivation ? Est-ce que j'accepte de prendre des risques ? Quelles sont mes réussites ? Est-ce que je trouve du plaisir à explorer une situation-problème ?

Stratégies de gestion des ressources : À qui puis-je demander de l'aide et à quels moments puis-je le faire ? Est-ce que j'accepte l'aide qui m'est proposée ? Quelle documentation pertinente (lexique, revues, TIC, etc.) dois-je consulter ? Quel matériel de manipulation peut m'aider dans ma tâche ? Avais-je bien estimé le temps nécessaire pour réaliser l'activité ? Ai-je bien planifié mes périodes de travail : périodes plus courtes et plus fréquentes, sous-objectifs à atteindre pour chaque période de travail, etc. ? Quels moyens dois-je prendre pour garder ma concentration (environnement approprié, matériel disponible) ?

Bissonnette et al. (2010) et Montague (2006) rapportent qu'un enseignement explicite de ces stratégies métacognitives est efficace, particulièrement pour les élèves qui éprouvent des difficultés. Cet enseignement se traduit par un modelage de ces stratégies par l'enseignante, comme si elle plaçait un haut-parleur sur sa pensée. Ensuite, l'enseignante amène les élèves à les utiliser en contexte de RP sous sa supervision.

L'exemple suivant présente un problème visant à utiliser la stratégie cognitive qui consiste à établir des relations entre les données du problème pour générer de nouvelles données (stratégie de planification).

Recension des 120 voitures usagées d'un parc automobile

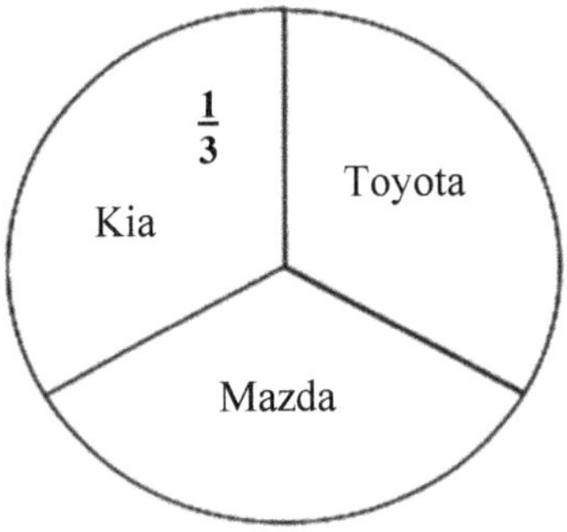

Prix de vente par voiture :
Kia : 3 500 $
Toyota : 8 000 $
Si chaque voiture de marque Mazda coûte 75 % du prix de vente d'une voiture de marque Toyota, quelle est la valeur des voitures de marque Mazda qui composent le parc automobile ?

L'enseignante utilise ce problème pour faire apprendre aux élèves une ou des stratégies cognitives ou métacognitives sans porter une attention particulière au résultat à atteindre et aux solutions propres au problème. Dans ce problème, les élèves sont amenés à constater que le résultat de 75 % doit être mis en relation avec le prix d'une voiture Toyota pour générer une nouvelle donnée qui sera utilisée pour la solution. À partir de ce constat spécifique au problème, un constat plus général est établi, soit qu'il existe des relations entre les données, ce qui génère de nouvelles données nécessaires pouvant permettre de résoudre un problème.

Ce constat plus général devient une stratégie métacognitive utile pour résoudre des problèmes. Il s'agit de l'étape de pratique guidée. Finalement, les élèves utilisent ces stratégies efficacement, de façon autonome dans différents contextes. Ces stratégies seront particulièrement aidantes pour les élèves qui, devant un problème, prennent peu de temps de réfléchir et effectuent rapidement des actions qui ont peu de sens dans le contexte du problème, par exemple, additionner toutes les données de l'énoncé.

Critique des didacticiens des maths

Sarrazy (1997) rapporte que certains chercheurs venant majoritairement du champ de la didactique des maths ont émis de vives critiques à l'égard de la psychologie cognitive et du fait de résoudre des problèmes ***pour*** apprendre à résoudre des problèmes. En effet, Mercier (2008) et Sarrazy (1997) ont exprimé leur crainte d'une « *démathématisation* » de l'enseignement, au sens où l'activité de RP deviendrait une activité pour elle-même (résoudre pour résoudre ou apprendre à résoudre). Allant plus loin dans le même sens et s'appuyant sur les propos de Brousseau (1998), Houle et Giroux (2016) soutiennent que le fait d'apprendre aux élèves une démarche de RP pourrait conduire ceux-ci à une « déresponsabilisation du contrôle du travail intellectuel, c'est-à-dire qu'au lieu de s'engager dans la recherche d'une solution au problème, ils [les élèves] chercheraient à respecter la méthode qui leur a été enseignée ».

Selon bon nombre de ces didacticiens, l'enseignement de ces stratégies peut amener les élèves à exécuter une série d'étapes en ne réfléchissant pas aux enjeux mathématiques présents dans le problème. En effet, l'étude de Goulet (2018) montre que c'est souvent ce qui se produit. On doit donc porter une attention particulière à l'enseignement de ces stratégies pour qu'elles outillent les élèves en ce qui a trait à la réflexion et à la façon de s'y prendre pour résoudre le problème, tout en s'assurant que ces derniers demeurent centrés sur les enjeux mathématiques. Il ne faut donc pas confondre l'enseignement de stratégies métacognitives au service de la RP et l'enseignement d'une démarche séquentielle à utiliser systématiquement pour tous les problèmes.

L'enseignement de démarches séquentielles de RP et l'enseignement de stratégies cognitives et métacognitives peuvent sembler très similaires, mais sont foncièrement différents. En ce sens, l'enseignement d'une démarche de RP amène les élèves à appliquer une procédure à suivre tandis que l'enseignement de stratégies amène les élèves à réfléchir et à s'autoquestionner sur les moyens qu'ils peuvent utiliser pour résoudre un problème et à en évaluer l'efficacité. Par exemple, déterminer le but de la tâche est une stratégie alors que lire le texte deux fois et surligner la question est une action posée en lien avec une procédure. Ce qu'il faut retenir, c'est qu'il peut y avoir d'autres façons que cette action pour déterminer le but de la tâche. Qui plus est, le rôle de l'enseignante est d'accompagner les élèves à réfléchir, à expérimenter, à partager et à évaluer différents moyens d'actualiser une même stratégie.

La résolution de problèmes ne peut donc se résumer à un enseignement de stratégies cognitives et métacognitives au service de la RP. Bien que les élèves puissent bénéficier de l'apprentissage de ces stratégies, cela ne suffit pas à les amener à pouvoir mobiliser les bons concepts mathématiques en contexte de résolution de problèmes et à établir des liens entre eux. En tant qu'enseignante, il importe d'abord de s'assurer de proposer aux élèves un problème qui fera évoluer leurs connaissances mathématiques. Pour ce faire, il faut pouvoir déterminer où en sont les connaissances mathématiques des élèves afin de leur proposer une riche variété de problèmes leur permettant de partir de ces connaissances pour les faire évoluer.

La compréhension du problème

La compréhension du problème est d'autant plus importante qu'elle est en lien direct avec tout le processus de RP. En effet, les stratégies de résolution que les élèves utilisent sont dictées par la qualité de la compréhension qu'ils se sont faits du problème (Cummins, Kintsch, Reusser et Weiner, 1988). Dans son modèle de résolution, Polya (1965) considère la compréhension comme une étape fondamentale. Il souligne que pour permettre aux élèves de bien comprendre un problème, il faut que l'enseignante l'ait bien choisi afin qu'il n'apparaisse ni trop facile ni trop peu difficile et qu'elle ait consacré un certain temps à le présenter d'une manière naturelle et intéressante.

Lorsque le problème est bien choisi, l'élève doit prendre connaissance de l'énoncé, vérifier sa compréhension en dégageant les principales parties du problème ; il doit considérer ces différentes parties avec attention, à plusieurs reprises et sous divers angles. Cette étape de compréhension est d'autant plus importante qu'elle permet à l'élève de poursuivre son processus de RP. Radford (1996) a constaté que lorsque l'élève est confronté à un problème pour lequel il n'arrive pas à trouver facilement une solution, il tend à déformer la compréhension qu'il s'en est faite, de sorte que la nouvelle version qui en résulte corresponde bien à des procédures de résolution dont il dispose.

Les problèmes que l'enseignement classique dévolue aux élèves contiennent parfois des énoncés qui portent sur des situations proches de la vie courante mais qui sont, d'une part, simplifiées pour intégrer le cadre stéréotypé du « problème de maths » et qui sont, d'autre part, proposées en référence directe aux concepts mathématiques qui viennent d'être enseignés. Par exemple, dans le chapitre portant sur la division, les élèves cherchent à répartir des bouteilles dans des casiers ; dans le chapitre sur la proportionnalité, les élèves sont invités à modifier des quantités nécessaires à la confection d'un gâteau pour neuf personnes à partir de la recette originale conçue pour trois. Il s'agit, bien sûr, d'une application immédiate, voire guidée, de connaissances instituées, application qui est certes utile mais qui n'assure pas la disponibilité différée des connaissances et des compétences en jeu. Or cette disponibilité est d'autant plus essentielle que c'est dans des situations nouvelles et rencontrées à différents moments et dans des contextes extrascolaires que les élèves doivent être capables de réinvestir leurs savoirs et leurs compétences.

Facteurs influençant le rendement en RP

Résoudre un problème est une lourde tâche dont la réalisation utilise toute l'énergie de l'élève qui doit surmonter certaines difficultés. L'enseignante doit donc faire une analyse *a priori* du problème qu'il propose aux élèves en prévoyant le rôle des variables didactiques et en proposant des interventions didactiques idoines. En demandant aux futurs enseignants de déterminer la tâche des élèves, de jouer sur les variables didactiques, d'analyser les procédures produites par les élèves et de proposer des interventions de remédiation, la formatrice contribue ainsi à faire caractériser une situation-problème et à en faire élaborer une mise en œuvre. Ces activités de résolution et de formulation de problèmes peuvent être une source de plaisir, même pour ceux qui sont réfractaires aux maths.

Parmi les recherches menées pour cerner la provenance des difficultés en résolution de problèmes mathématiques, il y a celles qui sont conduites sur les variables didactiques en lien avec les élèves et celles qui ont étudié les variables en lien avec l'énoncé du problème lui-même.

Variables en lien avec l'élève

Une première catégorie de variables en lien avec l'élève concerne les connaissances antérieures, l'habileté en lecture et l'habileté en maths, qui peuvent toutes influencer les performances de l'élève en RP. La performance de l'élève en RP est influencée par la capacité de celui-ci à activer ses connaissances antérieures (Radford, 1996). Giasson (1990) souligne que la compréhension d'un problème et, avant tout, la compréhension en lecture du problème nécessitent que l'élève active notamment ses connaissances sur le monde et sur la langue. Si l'élève n'a pas les connaissances antérieures nécessaires pour se faire une bonne représentation mentale du problème, ses performances s'en trouveront affectées. Plusieurs types de connaissances sont concernés lorsque l'élève résout un problème mathématique : les connaissances arithmétiques, les connaissances sur la langue, les connaissances sur les concepts utilisés dans le problème ainsi que les connaissances sur le thème du problème.

Habilité en lecture : Gough et Juel (1989) définissent l'habileté en lecture comme reposant sur la maîtrise de deux sous-habiletés : (1) le décodage, c'est-à-dire que les élèves doivent être capables d'identifier les mots écrits ; (2) la compréhension des phrases du texte. Les élèves doivent établir des relations entre les mots et la structure générale d'un texte. Ainsi, si les élèves ne réussissent pas à décoder correctement les données du problème, ils ne seront jamais capables de comprendre ce qu'ils lisent. L'habileté en lecture est donc une autre variable didactique qui peut influencer grandement les programmes en résolution de problèmes mathématiques. Mais ce facteur ne peut expliquer qu'une partie des erreurs des élèves.

Habileté en calcul : L'habileté en calcul est une autre variable qui influence le rendement en résolution de problèmes mathématiques. Le niveau d'habileté en maths est un facteur majeur dans la réussite en RP. Bien que les élèves puissent progresser individuellement à des rythmes différents, les faits d'addition et de soustraction devraient généralement être maîtrisés à la fin de la 3e année (CE1), et les faits de multiplication et de division devraient être maîtrisés à la fin de la 5e année (CM1). Toutefois, les élèves devraient continuer d'apprendre des stratégies efficaces, de s'exercer et de développer leurs habiletés en calcul au cours d'années d'études et dans le contexte de l'apprentissage dans tous les domaines du programme des maths.

Variables en lien avec l'énoncé mathématique

Parmi les variables les plus étudiées de cette catégorie, il y a le thème du problème, la présence ou non de mots inducteurs, le caractère explicite de l'énoncé du problème, l'ordre des informations dans l'énoncé et la place de la question dans l'énoncé du problème.

Le thème du problème : Le thème du problème est une variable importante qui peut être facilement associée aux connaissances antérieures des élèves. Les connaissances que les élèves possèdent sur le thème jouent un rôle important dans la compréhension du texte (Giasson, 2003). Ce n'est peut-être pas le thème, mais plutôt la familiarité du thème utilisé qui pourrait influencer le rendement des élèves. Pour deux problèmes qui nécessitent la même procédure de résolution, les performances peuvent être influencées par l'*habillage* du problème, par la familiarité ou la non-familiarité du contexte. Les élèves prennent plus de temps pour résoudre un problème formulé avec un contexte familier que pour résoudre un problème semblable formulé avec un contexte non familier. Toutefois, lorsque les problèmes proposés sont faciles, l'habillage ne produit plus d'effet sur le rendement des élèves. De même, lorsqu'un problème est très difficile ou très facile, le processus de résolution est peu affecté par la familiarité du contexte.

Mots inducteurs : Les mots inducteurs (*de plus*, *de moins*, *en tout*, etc.) font partie des variables qui influencent les performances des élèves en RP. Hegardy et coll. (1995) ont observé que les élèves qui ont de moins bons résultats en RP ne réussissent pas les problèmes qui comprennent des mots inducteurs induisant la mauvaise opération, puisqu'ils utilisent une stratégie de compréhension qui reflète une traduction directe du texte, en utilisant uniquement les données présentées dans le texte et les mots inducteurs.

Stratégie du mot-clé : Cette stratégie consiste à associer des mots courants avec l'opération qu'ils représentent. Par exemple, « donner » indiquerait que la question implique une soustraction. Dans le problème énoncé comme suit, cette stratégie conviendrait : « *Amy a 10 crayons. Elle a donné 4 crayons à Moïse. Combien de crayons lui reste-t-il ?* ». Bien que cette approche soit utile pour les élèves ayant des difficultés en maths, elle pourrait ne pas convenir pour faciliter la résolution de tous les problèmes sous forme d'énoncés. Par exemple, le problème sous forme d'énoncé : « *Amy a donné 4 crayons à Moïse. Elle en a donné 6 à Maï. Combien de crayons Amy a-t-elle donnés ?* » ne comprend pas une soustraction et nécessite, en fait, une addition pour obtenir la bonne réponse. Comme cette approche heuristique ne convient pas toujours, il faudrait l'enseigner en dernier recours, après l'échec des autres stratégies.

Énoncé explicite du problème : L'énoncé explicite est un énoncé formulé de façon que les relations entre les données du problème soient plus claires pour les élèves. L'explicitation de l'énoncé facilite la compréhension en lecture car lorsque les relations sémantiques sont plus explicites, la compréhension du problème et la résolution s'en trouvent facilitées.

L'ordre des informations dans l'énoncé : La mise en ordre des informations pertinentes à la résolution peut avoir un impact favorable sur les performances, d'une part, en raison du fait que les données sont mémorisées dans l'ordre de leur lecture et, d'autre part, en raison du fait qu'il est de coutume que les données apparaissent dans l'ordre de leur traitement ultérieur

(Weisser, 1995). Mais aucune observation concernant la mise en ordre des données en fonction de leur traitement ultérieur n'a permis de constater que le rendement augmentait chez les élèves.

La place de la question : Pour certains auteurs, comme Fayol et al. (1987), la position de la question ne produit pas d'effet sur le rendement des élèves lors de la RP. La position de la question n'entraîne pas de performance différente chez les élèves lorsque la question est placée au début ou à la fin. Pour d'autres chercheurs, comme Caron (1992) et Threadgill-Sowder (1983), le fait de placer la question en tête d'énoncé devrait aider l'élève à construire un schéma approprié pour la RP, ce qui ferait croire que les problèmes dont les énoncés comprennent la question au début seraient plus faciles à résoudre. Les élèves pourraient activer, dès le départ, un schéma de représentation du problème et les procédures associées à sa résolution. Les informations qui doivent être gardées en mémoire s'en trouveraient donc réduites, puisque les élèves cherchent uniquement celles qui leur permettent de résoudre le problème. De cette façon, ils laisseraient tomber les informations superflues.

Implications en formation professionnelle

En formation de maîtres, il est important d'expliciter les principales étapes de la RP pour mieux comprendre les difficultés qui peuvent survenir à chacune de ces étapes, et pour faire une analyse fine de la tâche de RP.

Différentes étapes de la RP

En nous inspirant de l'heuristique de RP de Polya et de bien d'autres ci-haut décrites, nous pouvons retenir les étapes suivantes pour résoudre un problème : (1) lire l'énoncé; (2) identifier la ou les questions; (3) repérer les informations utiles; (4) trouver le nombre de calculs nécessaires à la résolution du problème ; (5) effectuer les calculs et les vérifier; (6) rédiger la réponse.

1. **Lire l'énoncé** : Pour résoudre correctement un problème, il faut avant tout *bien le comprendre*. Il est donc nécessaire de *lire attentivement*, plusieurs fois si c'est nécessaire, l'énoncé du problème. Parfois, il peut être utile de faire un schéma pour mieux comprendre le problème.

2. **Identifier la ou les questions** : Un problème peut comporter *une ou plusieurs questions*. En général, lorsqu'il y a plusieurs questions, cela signifie qu'il y a plusieurs calculs à faire. Cependant, un problème peut n'avoir qu'une seule question mais nécessiter plusieurs calculs pour trouver la solution.

<u>Exemple</u> : *Dans un magasin de vêtements de Madina, Natou a acheté une robe à 78 500 GNF, une chemise à 50 000 GNF, une paire de chaussures à 65 250 GNF et un tee-shirt à 19 500 GNF. Comme elle a acheté plusieurs articles, le vendeur lui a fait une réduction de 15 000 GNF. Combien Natou a-t-elle dépensé ?*

Il s'agit d'un problème à *une seule question*, mais dont la résolution demande d'effectuer *deux calculs* : chercher d'abord le prix total des vêtements (addition), puis enlever 15 000 GNF à ce résultat (soustraction).

3. **Repérer les informations utiles** : Toutes les informations d'un énoncé et tous les nombres qu'il contient ne sont pas forcément utiles pour résoudre le problème. Il faut donc repérer et éliminer les informations superflues (inutiles).

Exemple : *Julien,* ***qui a 12 ans****, habite à 1 km de l'école et fait toujours le trajet à pied. Il part de chez lui chaque matin à* ***7 h 45*** *pour arriver à l'heure. Sachant qu'il* ***mange à la cantine*** *et qu'il a école* ***5 jours par semaine****, combien de km parcourt-il chaque semaine ?*

Cet énoncé est plein d'informations superflues, dont certaines sont explicitées (pour le besoin d'analyse) en gras.

4. **Trouver le nombre de calculs nécessaires à la résolution** : Avant de commencer à effectuer les calculs, il faut savoir combien de calculs sont nécessaires pour répondre à la question finale et quels sont ces calculs. Il faut donc réfléchir pour comprendre comment les informations dont on dispose peuvent nous aider à trouver ce que l'on cherche.

Exemple : *Pour venir en aide à sa famille, Aliou a fait une économie de 10 960 000 GNF et une autre de 10 140 000 GNF. Il décide de donner à son frère 2 500 000 GNF et partage équitablement le reste entre ses quatre sœurs. Quelle somme d'argent reçoit chaque sœur ?*

Pour résoudre ce problème, il est nécessaire de faire trois calculs :

- Chercher la *somme totale à partager* : 10 960 000 GNF +10 140 000GNF = 21 100 000 GNF.
- Chercher la *somme restante* après qu'Aliou ait donné de l'argent à son frère : 21 100 000 GNF – 2 500 000 GNF = 18 600 000 GNF.
- Chercher la *part que reçoit chaque sœur* : 18 600 000 GNF ÷ 4 = 4 650 000 GNF.

À chaque fois que l'on effectue un calcul, il est bon d'*écrire une phrase qui indique ce que l'on cherche* à déterminer.

5. **Effectuer les calculs et les valider** : C'est une étape importante car elle permet de résoudre le problème. Avant d'effectuer un calcul, il faut *identifier quelle opération il faut poser*.

Exemples

A. Dans son jardin, Papy Moïse possède un manguier qui donne 42 kg de fruits par an, un avocatier qui donne 56 kg de fruits par an et un pommier qui donne 27 kg de fruits par an. Combien de kg de fruits Papy Moïse récolte-t-il chaque année ?

Pour résoudre ce problème, il faut faire une *addition* (42 + 56 + 27).

B. Au mois de mars, un vendeur de vélos a vendu 25 vélos à 249 000 GNF l'un. Combien a-t-il gagné ?

Pour résoudre ce problème, il faut effectuer une *multiplication* (249 000 x 25).

Il est très important de *poser proprement* les calculs et de les *vérifier* une fois effectués, soit en utilisant une calculatrice, soit en les effectuant une seconde fois.

6. **Rédiger les réponses à la question** : Pour finir un problème, il faut *rédiger la réponse*. Celle-ci doit être rédigée *sans faute d'orthographe* et *avoir un sens*. Il faut donc construire des *phrases complètes*. Celui ou celle qui lit la réponse doit pouvoir la comprendre aisément.

Attention : Il ne faut pas oublier d'écrire les unités dans lesquelles sont exprimés les résultats.

Exemple :	Maï a dépensé 54 000	Il manque l'unité (le GNF)
	Maï a dépensé 54 000 GNF	La réponse est correcte.

Analyse de la tâche de « RP »

Il nous faut distinguer deux cas bien différents.

1. Lorsque l'enseignante propose la résolution d'un problème d'entraînement ou d'application (il ne s'agit pas alors d'un problème dans le sens défini plus haut), l'élève peut, dans un premier temps, identifier le modèle de résolution qu'il est censé connaître puis effectuer le traitement choisi (les calculs, etc.). Dans ce cas, le processus de résolution n'oblige pas l'élève à vérifier ses résultats ou sa méthode : il peut être persuadé d'avoir choisi un moyen qui lui permet de résoudre tout le problème. En général, la demande de vérification doit être explicitement formulée par l'enseignante et apparaître comme une tâche supplémentaire, non exigée par la situation. Pour l'élève, ce type de situation n'est guère favorable à une prise de conscience suffisante de la nécessité de valider ses productions.

2. Lorsqu'il est confronté à un véritable problème, l'élève ne peut procéder de la même façon, sauf en appliquant à tort un modèle inapproprié à la situation. Ne reconnaissant pas la situation comme une de celles pour lesquelles il dispose d'un modèle de résolution qui lui a été enseigné, l'élève doit gérer en même temps plusieurs tâches. Il doit élaborer une ou plusieurs procédures de résolution (par exemple, faire des essais, formuler des

hypothèses, chercher à résoudre des sous-problèmes), comparer ses résultats au but à atteindre, et donc contrôler ainsi ses procédures. Il doit mener en même temps des tâches de résolution et des tâches de contrôle. La confrontation entre les résultats produits et les buts visés entraîne des ajustements, des réorientations ou une mise en cause de la méthode choisie et peut inciter à une recherche dans une nouvelle direction. Cette confrontation nécessaire entre les résultats obtenus et les contraintes de la situation peut devenir un objectif d'apprentissage : être capable d'évaluer le résultat de son action.

CHAPITRE 3

ASPECTS DIDACTIQUES DE LA RÉSOLUTION DE PROBLÈMES DE PROBABILITÉS ET DE STATISTIQUE

Depuis les travaux de Piaget et Inhelder (1951) sur la genèse de l'idée de hasard chez l'enfant, de nombreuses recherches ont porté sur le développement de la pensée probabiliste ainsi que sur l'apprentissage et l'enseignement des probabilités. Depuis plusieurs décennies, le rôle du raisonnement sous la contrainte de l'incertitude dans le domaine des probabilités et de la statistique a connu la croissance la plus fulgurante dans la sphère des mathématiques. Bon nombre de phénomènes socioéconomiques comportent aussi l'effet du hasard. De tels phénomènes sont caractérisés par des données qui varient d'une expérience à l'autre, même sous des conditions identiques. L'utilisation des outils statistiques requiert donc de penser en termes d'improbable, d'incertitude et de marge d'erreur. On ne devra pas être surpris que les conclusions soient entachées d'une incertitude qui doit être prise en compte et qui doit être évaluée. La théorie des probabilités permet justement de calculer ce risque.

Certes, le risque zéro n'existe pas. La tempête de verglas de 1998 en est un exemple édifiant. Cette tempête est un phénomène inédit, à la fois par son étendue (elle a touché une grande partie du Québec, dont Montréal), par sa durée exceptionnelle (du 5 au 9 janvier) et par ses conséquences sur le plan économique. La phase post-catastrophe fut le moment privilégié pour recenser les risques, puis évaluer leur probabilité et leurs conséquences. Face à cette situation catastrophique, la tendance fut donc de séparer les risques qui ont été jugés acceptables des autres. L'acceptabilité concerne à la fois les probabilités mais aussi les conséquences d'un risque, aussi bien pécuniaires que matérielles ou psychologiques. Vingt-cinq ans après la tempête du verglas de 1998, plus d'un million de foyers québécois se retrouvent dans le noir jeudi, 6 avril 2023, après une autre tempête de verglas qui a déferlé sur le Québec. Face à de tels phénomènes (climatiques, écologiques, énergétiques, environnementaux), le problème de la décision dynamique est que, d'une part, on joue avec des probabilités, c'est-à-dire l'incertitude et que, d'autre part, les moyens financiers sont limités. Comment, alors, peut-on prendre des décisions idoines ?

De même, la fréquence relative des accidents routiers ou de vols de voiture rend les probabilités plus fiables parce que bien documentées. Par contre, lorsqu'on arrive à des catastrophes, comme les tempêtes de verglas ci-haut évoquées ou la catastrophe monumentale et historique qui a dévasté le dépôt national des hydrocarbures de la Guinée, la banque de données sur laquelle nous fondons notre jugement est beaucoup plus limitée. Force est donc de reconnaître qu'il n'y a pas de réponses faciles à toutes les questions qui surviennent à la phase post-catastrophe, notamment celle de reconstruction. Ces réponses supposent des choix qui sont parfois difficiles à faire, à la fois parce qu'ils concernent un futur défini en termes de probabilités, et donc d'incertitude, et parce que nous vivons dans un contexte de restrictions économiques planétaires impacté par la pandémie de la Covid-19 et l'inflation galopante.

Le citoyen du 21e siècle est partout confronté aux probabilités, autant dans les médias que dans ses relations socioculturelles. En effet, comme le mentionne Martin (2014), les probabilités se retrouvent un peu partout dans notre vie quotidienne. Elles occupent une certaine place dans les domaines aussi variés que :

- la santé avec, par exemple, le diagnostic ou avec le choix de traitement pour le calcul des risques associés aux différentes procédures ;
- l'environnement avec, par exemple, les prévisions météorologiques et l'évaluation de dangers écologiques ;
- la consommation avec, par exemple, l'achat de garanties prolongées ainsi que les jeux de hasard et d'argent ;
- la gestion avec, par exemple, le choix d'investissement en fonction du jugement des risques associés aux différents types et la planification financière ;
- les loisirs avec, par exemple, le choix d'une stratégie et les jeux de société recourant explicitement au hasard, etc.

Au regard de cette omniprésence des probabilités, c'est vers le raisonnement probabiliste qu'il faut porter davantage d'attention pour pouvoir aborder l'enseignement des mathématiques à nos élèves, étudiants, futurs enseignants et citoyens. Par ailleurs, l'augmentation de la puissance de calcul des ordinateurs a décuplé l'utilisation des données et des modèles probabilistes pour approfondir les connaissances dans les domaines de l'exploration spatiale, des changements climatiques, de la science de l'alimentation, de l'agriculture, de l'agro-industrie, des progrès médicaux, de l'économie, du monde des affaires et de la politique.

Le *National Council of Teachers of Mathematics* (NCTM), qui est le plus important regroupement professionnel d'enseignants de mathématiques aux États-Unis et au Canada et fondé il y a plus de 100 ans, a été le premier à reconnaître qu'il est de plus en plus important d'enseigner les probabilités et la statistique dans les cours de mathématiques à l'école. Le NCTM a énoncé des normes détaillées pour l'enseignement de ces matières aux élèves de la maternelle à la fin du Secondaire, d'abord dans *Curriculum and Evaluation Standards for School Mathematics* (NCTM, 1989), puis dans *Principles and Standards for School Mathematics* (NCTM, 2000). Depuis la publication de ces documents par le NCTM, l'enseignement des probabilités dans les cours de mathématiques a suscité une attention de plus en plus vive au Canada, aux États-Unis et dans la plupart des pays du monde.

De nos jours, l'enseignement des premiers concepts de probabilités au Québec commence dès le début du Primaire (6 - 7 ans) et se poursuit tout au long du Secondaire (jusqu'à 16 - 17 ans). De même, l'enseignement des probabilités est prescrit dans les programmes de formation préuniversitaire dans plusieurs régions du monde, notamment en Espagne (Batanero, Ortiz, Roa et Serrano, 2013), en Italie (Gattuso et Vermette, 2013), au Royaume Uni, en Australie et aux États-Unis (Jones et al., 2007). Dans d'autres pays, cet enseignement débute plus tardivement dans le parcours scolaire, comme en France, où il commence dans les classes de troisième des collèges, 14 - 15 ans, (Parzysz, 2017). Historiquement, pour enseigner les mathématiques en France, on abordait les probabilités dans l'approche théorique, à l'aide de la théorie des ensembles, de l'analyse combinatoire et de modèles de probabilités, dont la notion d'« équiprobabilité » de Laplace.

Réseau de formation à la statistique en Afrique

En Afrique francophone, l'École nationale supérieure de statistique et d'économie appliquée (ENSEA) d'Abidjan, l'Institut sous-régional de statistique et d'économie appliquée (ISSEA) de Yaoundé et l'École nationale de la statistique et de l'analyse économique (ENSAE) de Dakar constituent le réseau des écoles africaines de statistique (RESA). De par ses activités, sa longévité et ses projets à venir, le RESA constitue aujourd'hui une expérience réussie d'intégration régionale dans le domaine de la statistique. Il assure la formation initiale et le renforcement des capacités des cadres de la statistique d'une vingtaine de pays d'Afrique subsaharienne. Toutefois, constatent Coquet, Diouf et Laffiteau (2019), « de nombreux cadres moyens [techniciens] et supérieurs [ingénieurs] ont des profils généralistes (économistes pour la grande majorité) mais n'ont pas été formés dans des écoles de statistique. Ils ont, dans le meilleur des cas, des connaissances en statistique appliquée mais très peu de compétences professionnelles et opérationnelles pour exercer le métier de statisticien au sein d'un Institut national de statistique (INS) ou d'un service statistique ministériel ».

Dans certains pays (Côte d'Ivoire, Cameroun, Sénégal), une part importante des personnels des INS mais aussi des régies financières, de la Banque centrale et des ministères ont été formés dans les Écoles de statistiques africaines (ESA) alors que dans d'autres (Burundi, Centrafrique, Congo, Guinée, Mali, Mauritanie et Tchad), ils représentent une très faible proportion des personnels en poste, même au sein de l'INS. Parallèlement aux cursus des écoles du RESA, des écoles nationales se développent pour renforcer les capacités statistiques de leurs systèmes statistiques nationaux. Il s'agit du Centre de formation et de perfectionnement (CFP) de Niamey, de la division statistique de l'École nationale des régies financières (ENAREF) de Ouagadougou, de l'Institut national de la formation administrative (INFA) de Madagascar et de l'Institut universitaire de technologie de Djibouti. Plus récemment, les écoles d'administration de Lomé et de Conakry, le Centre de formation et de perfectionnement en statistique de Bamako ainsi que l'INS du Tchad et l'École supérieure polytechnique de Nouakchott étoffent le réseau de formation professionnelle à la statistique.

Les systèmes statistiques nationaux d'Afrique subsaharienne continueront de pâtir d'un déficit notable de cadres statisticiens au sein de leurs effectifs tant que l'introduction des premiers concepts de probabilités et de statistiques dans l'enseignement primaire tarde à devenir une nouveauté des programmes de formation. Si plusieurs de ces pays s'entendent sur l'importance d'enseigner les probabilités et les statistiques au Préuniversitaire, le consensus est loin d'être atteint lorsqu'il s'agit de déterminer où, quand et comment intégrer ces matières dans les programmes d'enseignement. Or, les besoins en formation dans ces domaines augmentent considérablement avec l'avènement de la transition digitale et de la résolution des données (massives et ouvertes). Il y a donc lieu que les systèmes éducatifs africains amènent aujourd'hui les écoles, les collèges et les lycées à réviser leur offre de formation en probabilités et statistique afin de s'adapter aux défis de la science des données du 21e siècle et former les statisticiens de demain.

Les probabilités correspondent à la branche des mathématiques qui cherche à mesurer le caractère aléatoire de ce qui pourrait survenir. La statistique est le domaine des mathématiques qui permet de dégager les caractéristiques essentielles dissimulées dans une masse de données et qui permet d'obtenir une image concise et simplifiée de la réalité. En Guinée, les aspects didactiques de ces deux disciplines ne sont pas développés à ce jour pour leur enseignement au primaire et au secondaire.

Les didacticiens se concertent pour tenter de déterminer les meilleures approches à l'enseignement des probabilités, notamment :

- l'**approche théorique (ou classique**) basée sur l'énumération des résultats des espaces de réalisations et sur l'attribution des probabilités ;
- l'**approche fréquentielle (ou expérimentale**) basée sur la réalisation d'essais répétés d'une expérience aléatoire, peut-être à l'aide de simulations, et même
- l'**approche subjective (ou bayésienne**) qui concerne la révision des estimations de probabilités en fonction des renseignements supplémentaires obtenus à la suite des hypothèses de départ.

Les recherches en didactique sur l'enseignement des probabilités peuvent nous renseigner sur les mérites relatifs de ces approches, l'âge propice auquel les enseigner et les outils didactiques (technologiques) appropriés. Depuis les années 1970, des initiatives curriculaires à l'échelle mondiale ont accordé une importance grandissante à l'enseignement des probabilités (Langrall et

Mooney, 2007; Shaughnessy, 1992). Toutefois, au-delà des prescriptions ministérielles, il reste du travail à faire, puisque l'intégration de l'enseignement des probabilités dans les classes du Primaire est apparue lente et difficile.

Au-delà de la place accordée aux probabilités et des prescriptions gouvernementales, l'enseignement de cette discipline constitue, en pratique, un défi de taille pour les enseignants, entre autres, en raison des particularités conceptuelles que revêt ce domaine des maths. En effet, Borovcnik et Kapadia (2010) soutiennent que ce domaine est perçu comme plus difficile et moins pertinent que le domaine de la statistique dans les milieux scolaires. De leur côté, Batanero et Diaz (2007) affirment que les probabilités sont délaissées par beaucoup d'enseignants de maths au Secondaire. Wessels et Nieuwoudt (2010), quant à eux, notent que plusieurs enseignants estiment ne pas avoir suffisamment de connaissances en probabilités et que plusieurs d'entre eux affirment enseigner ces notions de façon traditionnelle plutôt que de recourir à une approche centrée sur l'utilisation de données réelles, significatives.

Le présent ouvrage prône une approche active, l'approche de résolution de situations-problèmes, qui permet aux élèves de prendre part à des expériences aléatoires et de participer aux jeux impliquant le hasard. Il présente une riche variété de situations-problèmes liées aux jeux de hasard et à la loterie pour aider les élèves à exercer leur jugement critique au sujet des conceptions probabilistes afin d'accroître leurs chances de gagner dans un jeu, à la fois dans l'approche fréquentielle et dans l'approche théorique. L'auteur adopte une position audacieuse, celle qui propose et encourage l'enseignement et l'apprentissage des probabilités afin que les élèves commencent en très bas âge à résoudre des problèmes de probabilités pertinents et stimulants sur le plan intellectuel, à créer des simulations, à collecter et à analyser des données.

L'ouvrage suit une certaine progression des savoirs essentiels liés aux probabilités, en allant du qualitatif vers le quantitatif. Les élèves sont amenés, dès les premières années du primaire, à prédire le résultat d'une expérience aléatoire et à dire si un évènement est plus probable qu'un autre, que ce soit par une estimation basée sur l'ordre de grandeur ou sur les résultats observés d'une expérience aléatoire. Les élèves sont également encouragés à dénombrer les résultats possibles d'une expérience aléatoire, en recourant à des stratégies intuitives qui ne requièrent pas nécessairement une représentation par un tableau ou un diagramme en arbre. C'est à partir de la troisième année (CE1) que ces représentations vont apparaître pour structurer et systématiser la pensée probabiliste en développement chez les élèves.

Progressivement, les élèves sont amenés à quantifier les probabilités à l'aide des fractions, des nombres décimaux et des pourcentages. Il leur est donné des occasions de mener de petites enquêtes, quelques séries de mesures, d'en discuter et de présenter les résultats. En effet, les élèves sont capables de classer des collections d'objets selon des critères variés : formes, couleurs, tailles, poids, etc. et ils peuvent compter les objets classés. Les enfants peuvent aussi lancer une pièce de monnaie, un dé, tirer des cartes d'un jeu et s'essayer à deviner les résultats. Ils peuvent comparer les résultats, les représenter, améliorer leur façon d'anticiper les résultats. Les probabilités peuvent être un terrain fertile d'application pour les fractions. Il n'y a donc aucune raison de croire que les jeunes élèves du Primaire sont incapables d'expérimenter la régularité statistique en jouant de nombreuses parties de cartes ou de dé.

En conséquence, le présent ouvrage montre que l'enseignante peut argumenter avec ses élèves les notions de *symétrie* et d'*équiprobabilité* pour une pièce de monnaie, un dé. Par ailleurs, avec les objets asymétriques (dé pipé, une punaise), les élèves peuvent apprendre à *estimer* la probabilité par de longues séries statistiques de lancers. L'ouvrage propose un regard introductif sur le hasard comprenant un survol simplifié des notions élémentaires de probabilités au Primaire, mais aussi des connaissances plus étendues et qui vont au-delà des notions vues au Primaire. Ce choix didactique est fait pour que les futurs enseignants puissent s'approprier ces connaissances, ce qui leur permet d'apprécier plus adéquatement les activités à réaliser et de mieux comprendre les notions proposées dans les manuels scolaires. Ce choix permet d'argumenter la pertinence et l'utilité sociale des probabilités auprès des enseignants du Primaire et du Secondaire.

Pour les élèves du Secondaire, l'ouvrage suit une progression graduelle des concepts, allant de concepts simples (comme le dénombrement des possibilités d'une expérience aléatoire) aux concepts complexes (comme la probabilité conditionnelle et le calcul combinatoire). Ils sont encouragés à réaliser des activités sur les types d'évènements (complémentaires, compatibles, incompatibles, dépendants, indépendants, exclusifs, non mutuellement exclusifs, etc.). Au lycée, les élèves abordent explicitement l'approche subjective qui s'ajoute aux approches théorique et fréquentielle abordées dès le Primaire. Ils calculent des probabilités conditionnelles ; ils recourent au calcul combinatoire (arrangement, permutation, combinaison) pour déterminer certaines probabilités ; ils calculent des probabilités dans des contextes de mesure (y compris les probabilités géométriques) ; ils abordent la notion d'espérance mathématique à travers la RP.

Il est didactiquement important de veiller à l'arrimage primaire-secondaire pour aider les élèves à acquérir une pensée probabiliste, à démythifier certaines conceptions erronées liées au hasard, à mieux exercer leur jugement critique dans différentes situations. Ceci est d'autant plus important qu'au Primaire, les élèves auront déjà expérimenté des activités liées au hasard en utilisant du matériel varié (objets de la vie quotidienne, objets aux propriétés géométriques particulières, etc.) ; ils auront prédit qualitativement des résultats ; ils auront dénombré les résultats d'une expérience aléatoire à l'aide de tableaux et de diagrammes en arbre et ils auront comparé les résultats obtenus avec des résultats théoriques connus.

Au Secondaire, les élèves auront réalisé ou simulé plusieurs expériences aléatoires à une ou plusieurs épreuves, avec ou sans remise, avec ou sans ordre ; ils auront passé d'un raisonnement subjectif, souvent arbitraire, à un raisonnement basé sur des calculs ; ils auront approfondi le concept d'évènement, qui devient la pierre angulaire dans le calcul de probabilités, et ils auront été initiés aux langages ensembliste et probabiliste. À ce niveau, les élèves apprennent à dénombrer des possibilités en utilisant différents registres de représentation ; ils apprennent à calculer des probabilités et à comparer des probabilités fréquentielles et théoriques. Avec ce bagage, ils seront en mesure de faire des prédictions qu'ils chercheront à vérifier, d'analyser les phénomènes non équiprobables et des cas de trucage, et de prendre des décisions éclairées dans divers types de situations.

Quelques expériences en guise d'introduction

L'ouvrage propose l'enseignement des probabilités par l'approche de RP dès le Primaire en recourant à des jeux de règles qui impliquent le hasard. Les activités à caractère probabiliste ont généralement des liens avec l'idée de hasard. En effet, il existe certaines situations où l'on refuse de trancher la question et où l'on préfère s'en remettre au hasard. Par exemple, on se demande quelle équipe sera en possession du ballon au début d'une partie de basket, qui sera questionné le premier dans un quiz quelconque, qui aura le droit de réplique dans un débat quelconque. On peut se poser, certes, bien d'autres questions, sans qu'il s'agisse toujours du hasard. Et lorsqu'il s'agit de hasard, comme dans les jeux dits de hasard, on peut se demander si les chances sont vraiment égales pour tous les joueurs.

Les activités suivantes permettent de réfléchir sur certaines de ces questions.

Activité 3 : Un, deux, trois, ... Pan !

L'enseignante peut profiter d'une situation où l'on a à déterminer qui joue le premier pour introduire ce jeu. Il s'agit, par exemple, de trois élèves (Sofia, Éric et Mia) qui jouent et disent la formule : « Un, deux, trois, ... Pan! ». Lorsqu'ils disent « Pan ! », chacun des joueurs doit placer sa main droite à plat avec la paume ou le dos de la main à l'extérieur. Le gagnant est celui dont la main est différente des mains des deux autres joueurs.

Si les élèves sont nombreux à vouloir se livrer à ce jeu, l'enseignante peut les organiser par groupes de trois et procéder par élimination. Elle peut, par la suite, leur poser les questions suivantes : « Est-ce que les chances de gagner sont égales pour tous ? », « Comment peut-on vérifier l'égalité des chances ? », « Peut-on tricher à ce jeu ? ».

Nous analyserons, plus loin, cette activité et les suivantes pour en dégager les aspects pédagogique et didactique.

Activité 4 : Un dé pour trois joueurs

Ninita, Oumar et David jouent à trois avec un dé. On attribue deux faces différentes du dé à chacun d'entre eux : Ninita a les faces 1 et 2, Oumar les faces 3 et 4 et David les faces 5 et 6. On jette le dé, la face du dessus désigne le gagnant.

a) Est-ce que les chances de gagner sont égales pour les trois joueurs ?
b) Peut-on vérifier ? Si oui, comment ?
c) Peut-on deviner qui va gagner ?
d) Si on lance les dés plusieurs fois, est-ce qu'il y a un joueur qui va gagner plus souvent que les autres ?

Activité 5 : Deux pièces de monnaie pour trois joueurs

Comme bon nombre d'élèves, Ninita, Oumar et David s'aperçoivent que les pièces peuvent tomber de trois façons différentes : (Pile–Pile), (Face–Face), (Pile–Face). Les trois joueurs conviennent que Ninita gagne si (Pile–Pile) apparaît, Oumar si c'est (Face–Face) et David si c'est (Pile–Face). On lance les deux pièces de monnaie.

a) Lequel des trois joueurs va gagner ?
b) Est-ce que tous les trois ont des chances égales ?
c) Si on lance les pièces de monnaie plusieurs fois, est-ce qu'il y en a un qui va gagner plus souvent que les autres ?

Quelques questions sur ces jeux proposés

- Lequel de ces trois jeux choisirez-vous ? Pourquoi ?
- Lequel vous semble le plus "honnête" ? Justifiez.
- Est-ce que ces jeux se ressemblent ? En quoi se ressemblent-ils ?

Analyse didactique des activités

Il serait important que l'enseignante cherche avec ses élèves d'autres jeux semblables et qu'ensemble ils déterminent ceux où le choix du gagnant est laissé au hasard. L'enseignante doit s'assurer que les élèves comprennent les situations-problèmes proposées en leur demandant de résumer leur compréhension du contexte et de reformuler ces problèmes dans leurs propres mots. Elle s'assure que le contexte ludique proposé ne constitue pas un obstacle à l'engagement des élèves dans la réalisation des activités.

Analysons, tout d'abord, l'activité 3 à l'aide du tableau ci-dessous, en convenant de ce qui suit : « 0 : paume en haut » « 1 : paume en bas ».

Ninita	Oumar	David
0	1	1
0	1	0
0	0	1
0	0	0
1	1	1
1	1	0
1	0	1
1	0	0

Ce tableau contient deux issues qu'il faut éliminer d'emblée parce qu'elles ne permettent pas de déterminer le gagnant : il s'agit de (0,0,0) et de (1,1,1). Dans les six autres issues, il suffit de regarder le tableau pour voir que chacun des trois joueurs a deux chances sur six de gagner.

Voyons maintenant l'activité 6 à l'aide du tableau suivant.

Ninita	Oumar	David
1		
2		
	3	
	4	
		5
		6

Vous avez, sans doute, observé que dans l'activité 5, David a plus de chances de gagner que Ninita ou Oumar. Pour observer plus clairement la situation, utilisons deux pièces de monnaie de valeur différentes A et B. Si on lance les deux pièces, le tableau ci-dessous nous permet d'avoir les résultats suivants :

Pièce A	Pièce B
Pile	Pile
Face	Face
Pile	Face
Face	Pile

On voit que David gagne dans le cas où A est Pile et B est Face et dans le cas où A est Face et B est Pile. Dans ce jeu, bien qu'il y ait hasard, les chances de gagner ne sont pas réparties également. Vous ne l'avez pas noté. Il n'y a pas de quoi en faire un complexe. Les mathématiciens ont débattu de la question pendant un certain temps avant d'en arriver à cette conclusion.

Des trois jeux proposés, seuls les deux derniers sont "*honnêtes*", en ce sens que tous les joueurs ont des chances égales de gagner. Bien sûr, l'activité 3 peut toujours être biaisée si deux joueurs s'entendent pour jouer (0, 1) ou (1,0), éliminant ainsi, du coup le troisième. Les jeux "honnêtes" sont ceux qui reposent sur la manipulation d'objets « *symétriques* » (pièces de monnaie, dé équilibré, jeu de cartes, etc.). La structure de ces objets permet de se faire à l'avance une idée des résultats d'une longue série d'expériences. Par exemple, si on jette de nombreuses fois une pièce de monnaie, on s'attend à obtenir Pile *à peu près une fois sur deux*.

Aussi, les jeux de hasard, parce qu'ils sont facilement accessibles à l'imagination, sont-ils souvent pris pour modèles dans l'étude des probabilités. Le lien entre les symétries des objets et les résultats de longues suites d'épreuves mérite une grande attention. Et qu'est-ce que cela veut dire que l'on a la même probabilité d'obtenir Pile que Face ? Cela signifie-t-il que si on a obtenu 10 fois Pile, on ait plus d'une chance sur deux d'avoir Face au onzième lancer ? Quand est-ce qu'on peut dire que deux évènements dépendent l'un de l'autre ? Si deux évènements se suivent dans le même ordre, le premier est-il la cause de l'autre ? Quand peut-on dire que deux évènements sont indépendants ?

Comme on peut le voir, les probabilités au niveau de base soulèvent de nombreuses questions dont les réponses ne sont pas évidentes. En effet, rapporte Touré (2020, p. 49), « le mot "*chance*", chez les enfants, n'a pas le même sens que le mathématicien lui donne en calculs de probabilités. En effet, nombreux sont les enfants qui sont persuadés qu'ils ont un "*nombre fétiche*" qui sortira plus facilement que les autres lors d'un lancer de dés. Ainsi, si les trois premiers lancers d'une pièce de monnaie ont comme résultat Pile, Pile, Pile, il sera très difficile de persuader les jeunes élèves que la probabilité de l'évènement Pile reste ½ ».

D'ailleurs, il n'y a pas que des enfants qui s'accrochent à des faux raisonnements. Bon nombre d'adultes, d'enseignants et d'étudiants développent, eux aussi, des conceptions erronées à propos des probabilités. Par exemple, certains adultes recourent à des heuristiques de jugement comme celle de la *représentativité* : si un chiffre est sorti quelques fois de suite à la loterie, certains adultes parient sur lui, alors que chaque tirage est indépendant des précédents. D'autres croient en un *effet de récence* négatif ou positif, c'est-à-dire qu'ils estiment que si un résultat n'a pas été obtenu pendant un moment, il est « *dû* » pour se produire et que si, au contraire, il a été obtenu souvent, il ne se produira pas la fois suivante. C'est pourquoi un joueur qui a perdu de nombreuses fois pense que sa probabilité de gain est plus élevée qu'au début, ce qui est absolument faux et le conduit déraisonnablement à continuer le jeu.

Comme on le voit, il y a un fossé entre une compréhension de sens commun et une compréhension formelle des concepts probabilistes, fossé qui se traduit chez les élèves par diverses difficultés que l'on nomme souvent « *conceptions erronées* ». La plupart de ces conceptions erronées proviennent d'idées préconçues présentes dès l'enfance et concernent les notions de chance, de probabilité et de rapport à l'aléatoire (au hasard). Schmidt (2002) note que ces conceptions entrent alors en conflit avec la version des probabilités que le système scolaire cherche à faire apprendre.

Une de ces conceptions est liée à la "qualité" du joueur et à la nature "chanceuse" de certains objets, rituels ou comportements (Fischbein et Gazit, 1984). Les sujets qui présentent cette conception ont tendance à croire que, dans les évènements aléatoires, les qualités personnelles du joueur (par exemple, son intelligence, son habilité, son âge, etc.) peuvent influencer le jeu, malgré le fait qu'objectivement, de tels effets n'existent pas. Une autre conception est liée à l'effet de la taille (Fischbein et Schnach, 1997; Shaughenessy, 1992). Ceux qui entretiennent cette conception ont tendance, lorsqu'ils cherchent à estimer les probabilités de deux évènements distincts, à ignorer le nombre d'essais ou la grandeur de l'échantillon qu'ils sous-tendent respectivement et à leur accorder la même probabilité. Cette conception pourrait donc amener quelqu'un qui joue à Pile ou Face à croire qu'il est aussi probable 7 fois Pile sur 10 lancers que 70 fois Pile sur 100 lancers, sans considération pour la taille des deux échantillons en présence.

La notion d'*équiprobabilité* se fonde non seulement sur les symétries des objets manipulés (pièces de monnaie, dés, ...), mais aussi sur la régularité statistique observée lors de longues suites d'épreuves. L'enseignante peut, sans difficulté, organiser de nombreuses épreuves dans sa classe ; il lui suffit de dévoluer un nombre raisonnable d'épreuves à chaque élève. Dans cette perspective statistique, il est intéressant d'étudier également des évènements non équiprobables, par exemple, en utilisant une punaise au lieu d'une pièce de monnaie ou encore à partir de jeux de hasard que l'on introduit de façon à attirer l'attention des enfants sur les « chances » de gagner.

Retenons de ces considérations que le hasard existe puisqu'il se calcule ! On dit que des événements se produisent *par hasard* lorsque le calcul a priori des probabilités permet de spécifier leurs chances respectives d'apparition, autrement dit lorsque le hasard est quantifié, mesuré et calculé. Le paradoxe des probabilités, c'est qu'elles proposent des raisonnements et des énoncés certains à propos de ce qui est incertain. Les deux caractères fondamentaux du hasard sont qu'il possède certaines propriétés mathématisables et qu'il a un côté imprévisible. Aussi l'assimile-t-on parfois à l'« imprévisibilité », à l'« imprédictibilité », au « destin » ou aux « mystères » de la providence.

Pour favoriser le développement d'un raisonnement probabiliste, en dépit des difficultés ci-haut mentionnées, l'entrée par l'activité didactique de résolution de situations-problèmes significatives nous apparaît comme une approche pédagogique prometteuse. À ce propos et à la suite de Lajoie, Jacobs et Lavigne (1995), nous trouvons que le contexte de résolution de problèmes en petits groupes de travail est favorable à l'apprentissage des probabilités. Nous partageons également la perspective de Savard et DeBlois (2005) qui jugent que le fait d'amener des élèves du Primaire à résoudre des problèmes de probabilités peut être un moyen efficace pour hausser leur niveau de conscience à l'égard des jeux de hasard.

Dans les chapitres à venir, nous montrerons que, même s'il rencontre divers écueils, l'enseignement des probabilités fondé sur la résolution de problèmes permet de focaliser l'attention des élèves sur leurs idées et l'acquisition d'un sens probabiliste. On peut, certes, utiliser un manuel classique (traditionnel) de probabilités en apportant plusieurs modifications à ce qui y est préconisé. Le présent ouvrage ne nous dispense pas seulement de fournir un tel effort, il nous confronte aux situations-problèmes dont la résolution exige de réfléchir sur les idées mathématiques inhérentes aux problèmes de probabilités. Il montre que, ce faisant, les élèves (élèves-maîtres) ont plus de chances d'intégrer les idées émergentes aux idées existantes, ce qui leur permet d'asseoir et d'améliorer leur compréhension des mathématiques, en général, des probabilités et de la statistique, en particulier.

CHAPITRE 4

L'AVENTURE DU « HASARD » ET L'EXPLICITATION DE QUELQUES MOTS CLÉS LIÉS AUX PROBABILITÉS

La sonorité du mot « hasard » nous est familière, même si nous ignorons son origine, ses multiples significations et ses caprices. Il nous arrive, parfois, de nous abandonner, de nous en remettre au hasard, de laisser faire le hasard. Tout comme il nous arrive de ne rien laisser au hasard, de vouloir tout organiser, de vouloir tout contrôler. Sauf qu'il nous faut, parfois, laisser quelque chose au hasard, car on ne saurait ou ne pourrait tout prévoir. Le hasard est le principe déclencheur d'évènements non liés à une cause connue.

Dans la vie courante, comme dans le monde des affaires, il est essentiel de prendre des décisions en contexte d'incertitude. Or, prendre une décision n'est pas toujours aisé. Dans le monde des affaires, par exemple, une simple décision peut souvent faire la différence entre la réussite et l'échec d'un projet. Aussi, puisqu'on ne peut prédire l'avenir avec certitude, on pourrait être tenté de croire que certaines décisions ayant propulsé des entreprises au sommet relèveraient essentiellement du hasard. C'est pourtant très rarement le cas. En effet, la réussite relève plutôt d'une décision d'affaires réfléchie : un bon gestionnaire analyse l'information dont il dispose pour déterminer les différents résultats possibles et prendre ainsi la meilleure décision. Pour ce faire, les gestionnaires ont habituellement recours aux mathématiques et, plus particulièrement, aux probabilités et à la statistique. Sans toutefois garantir le succès, cette démarche probabiliste ou statistique leur permet de prendre des décisions éclairées.

La probabilité joue également un rôle important dans l'analyse des polices d'assurance afin de déterminer les plans les mieux adaptés pour vous ou pour votre famille et les montants déductibles dont vous avez besoin. Par exemple, si 12 conducteurs sur 100 (ou 12 % des conducteurs) utilisant la route Conakry-Mamou ont frappé un bœuf au cours de la première année, vous voudriez probablement envisager une assurance complète, et pas seulement de responsabilité, sur votre véhicule. Vous pourriez également envisager une franchise plus faible si les réparations moyennes d'un véhicule après un incident lié à un bœuf coûtent, par exemple, 10 000 000 GNF et que vous n'avez pas de fonds suffisants pour couvrir ces dépenses.

Par ailleurs, certains d'entre nous reconnaissent devoir leur salut au hasard, alors que d'autres font de leur mieux pour aider le hasard, c'est-à-dire qu'ils cherchent à rendre sûr ce qui n'est que possible. Et combien d'entre nous se livrent quotidiennement aux jeux de hasard, jeux où le succès dépend du seul hasard et non de l'habileté du joueur. Nombreux sont ceux qui jouent à la roulette, aux loteries, aux tombolas, sans aucune possibilité de corriger le hasard, c'est-à-dire de tricher à ces jeux. Le hasard occupe une place importante dans les jeux de société. Pour concevoir un jeu qui offre une bonne dose de plaisir, il faut s'intéresser aux probabilités des différents évènements qui peuvent y survenir afin que le jeu soit équilibré et qu'il ait un grand succès commercial.

Les candidats aux différents examens et concours, qui répondent aux questions au hasard, sans réflexion aucune, ne devraient pas être surpris de leur échec, surtout s'ils ont écrit des nombres au hasard, obtenus de manière aléatoire, pour des calculs requis en mathématiques, en physique, en chimie et en biologie. Bon nombre de tels candidats ont développé l'habitude de dire des choses à tout hasard, sans être sûrs de la véracité de ce qu'ils disent ou sans y attacher de l'importance. Il arrive qu'il y ait des hasards égaux d'admission ou d'échec pour certains candidats. Aussi, entendons-nous parler d'heureux hasards ou de malencontreux hasards. « Cet oubli est dû à un pur hasard » signifie qu'il n'a pas été prémédité. Toutefois, on ne devrait pas admettre que l'accident causé par un conducteur en état d'ébriété soit arrivé par hasard. Le pauvre blessé, lui, se trouvait là par hasard. Et, comme par hasard, il serait le neveu de ce mauvais conducteur.

Arabie : possible départ de « hasard » ...

Le mot « hasard » nous viendrait de l'arabe « *az-zahr* » signifiant, à l'origine, « dés » et ayant pris la signification de « chance », car il désigna jusqu'au 12e siècle un jeu de dés, mais aussi, par métaphore, tous les domaines qui relèvent de la « science de la Chance » (Averroès). Cependant, le Centre National de Ressources Textuelles et Lexicales (CNRTL, 2012) signale que, dans le sens de « dé à jouer », le terme « *al-zahr* » est relativement moderne et propose l'étymologie « *yasara* » (« jouer aux dés ») dont l'existence est attestée en arabe classique. Au temps des croisades, au Moyen Orient, ce passe-temps avait été découvert par les croisés, qui s'ennuyaient ferme pendant le siège d'un palais syrien et qui avaient commencé à y jouer. Ensuite, le mot a été rapporté par les chevaliers et il est apparu dans les écrits de l'historien de l'époque, Guillaume de Tyr. Puis, le mot « hasard » s'est répandu dans la langue française.

Si le mot « hasard » a continué de désigner le jeu de dés, son sens s'est peu à peu élargi. Le mot s'est chargé de nouvelles significations, particulièrement celles de « danger » ou de « risque ». En effet, déjà perceptible dans le terme « hasardeux », ce nouveau sens est devenu le noyau sémantique de l'équivalent anglais « hazard ». Ainsi, dire, par exemple, que « certains parents mettent leurs enfants au hasard », c'est dire qu'ils leur font courir un risque inutile ou qu'ils les mettent en péril en les embarquant dans des véhicules conduits par des chauffards. À part de tels parents, personne d'autre ne veut courir de hasard ; personne ne veut courir le hasard de sa vie, c'est-à-dire la risquer.

Le « hasard » et les sorts de l'aventure

Les exemples ci-dessus montrent que le même mot « hasard » peut s'utiliser avec des arrière-pensées aussi différentes et se retrouver dans le nom d'ensembles qui ont des parties communes mais qui ne se recouvrent pas. Il ne désigne pas un concept univoque mais change de sens au gré des circonstances. C'est justement en raison du nombre et de la diversité des circonstances où il se manifeste que ce concept suscite notre curiosité. Nous l'apercevons un peu partout dans la nature et en faisons un facteur mystérieux, responsable de ce qui nous arrive de bien ou de mal. Aussi beaucoup de personnes croient-elles au pouvoir des astres et consultent-elles leur horoscope pour savoir ce qui pourrait leur arriver. Lorsque les évènements leur sont défavorables, elles se résignent au mauvais sort en disant que c'est le « destin », que « c'était écrit ! ».

De même, en cas d'échec ou de malheur, beaucoup de joueurs accusent la *malchance* et cherchent à *faire tourner la chance* au moyen de pratiques superstitieuses qui doivent leur *porter bonheur*. Même la glorieuse incertitude du sport n'échappe pas à de telles pratiques et on a vu, par exemple, quelques supporters des équipes de football qui comptaient moins sur la performance professionnelle de leurs joueurs que sur les *grigris* et l'envoûtement de leurs adversaires. Mais, remarque Sentis (2005), « l'influence de la notion subjective de hasard ne se limite pas à l'interprétation des évènements quotidiens. Elle s'étend aussi au jugement que nous portons sur le monde qui nous entoure et son histoire depuis ses origines jusqu'à nos jours ».

Quelques tentatives de définition du « hasard »

Le hasard désigne chez Aristote *une conjonction de causes* qui produisent non intentionnellement un effet qui a lieu rarement ou non régulièrement, et qui aurait pu être produit intentionnellement. Il s'agit d'un concept philosophique de la métaphysique d'Aristote. Le philosophe propose ainsi une définition inédite du hasard. Considérant qu'un effet ne peut pas ne pas avoir de cause, le hasard ne peut être défini comme quelque chose qui aurait pu ne pas être ; car dès lors que des causes sont à l'œuvre, et que les causes produisent des effets, alors l'effet en question est bel et bien déterminé. Le hasard est donc une cause ou une conjonction de causes qui ont déterminé un phénomène, quoique la détermination n'ait pas été intentionnelle.

En d'autres termes, pour Aristote, le hasard est le fruit de « la combinaison entre une série causale (et finalisée) et une apparence de finalité liée à un intérêt humain que l'on projette sur l'évènement », qui produit une nécessité. C'est le cas de Moh qui, au détour d'une rue, rencontre Maï à qui il avait justement l'intention de parler. Aristote utilise ce genre d'exemple de rencontre fortuite. Si l'on se rend à l'*agora* (place publique et marché des anciennes villes grecques) pour discuter avec des amis, et que l'on rencontre quelqu'un qui nous doit de l'argent et qui ainsi nous le rend, la rencontre est un « hasard » dans le sens où elle a été causée non intentionnellement et que l'évènement a lieu de façon rare ou irrégulière.

Antoine-Augustin Cournot (1801-1877), quant à lui, définit le hasard, dans une proposition devenue célèbre, comme la « *rencontre de deux séries causales indépendantes* ». Les évènements en eux-mêmes sont supposés tout à fait déterminés quant à leur cause et à leur effet ; c'est de leur rencontre imprévisible, de l'intrusion d'une nouvelle causalité indépendante dans le déroulement d'un processus que naît le hasard. Par exemple, (i) si la pluie diluvienne a fait des dégâts au toit d'une maison et que, de fil en aiguille, de cause à effet, une tuile vient à s'en détacher, on se trouve dans une « série causale » ; (ii) s'il se met à faire beau (« Après la pluie, le beau temps ! ») et que Bintou décide de partir se promener, on se trouve dans une autre série, une autre « histoire » ; (iii) si Alex prend la tuile sur le coin de la tête, c'est que le hasard a fait se rencontrer deux processus qui, tout d'un coup, concordent **et** dans le temps **et** dans l'espace. On peut relier cette définition du hasard à la *théorie du chaos* qui traite de systèmes totalement déterministes mais qui ont néanmoins un comportement chaotique pouvant s'interpréter comme du hasard.

Considérons le cas d'un accident d'automobile qui se produit à un carrefour donné, à une heure donnée, entre deux véhicules bien déterminés. On peut considérer cet accident comme un évènement unique par le rapport de police routière et le constat d'assurance. Un policier peut savoir si l'information relative aux trajectoires des autres véhicules a plutôt pour effet d'empêcher les accidents, de sorte que ceux-ci se produisent généralement quand elle fait défaut et relèvent du hasard de Cournot. Le policier peut aussi attribuer l'absence d'information à des causes telles que le mauvais état de la route, un défaut de signalisation, le brouillard ou l'alcool, etc., causes qui entravent la liberté et la sérénité de conduite des automobilistes. La rencontre des deux véhicules donnés comme un évènement fortuit, imprévisible devient un objet de statistique ; elle obéira à une loi de probabilité calculée en fonction des informations retenues, et différente selon le point de vue de la police routière ou des assureurs.

Henri Bergson (1967) reprend la définition proposée par Cournot, mais avance l'idée que pour un homme « l'enchaînement mécanique des causes et des effets » ne prend le nom de hasard que s'il s'y est impliqué. Lorsqu'une tuile lâchée par un couvreur tombe d'un toit et blesse grièvement un passant, l'évènement a pu se produire par hasard s'il est dû à la rencontre de deux séries causales indépendantes : celle qui a amené la victime sur les lieux et celle qui a déterminé la trajectoire de la tuile depuis le moment où le couvreur l'a lâchée. Toutefois, le policier chargé d'enquêter sur l'accident se demande si la victime n'a pas été visée et cherche à deviner si le responsable avait une raison idéologique ou sentimentale de lui en vouloir et aurait lancé la tuile intentionnellement. L'hypothèse d'un motif qui établirait une liaison entre les deux séries introduit la finalité et exclut le hasard de Cournot.

Bergson précise qu'il s'agit du mécanisme quand le hasard se comporte comme s'il avait une intention : « Une énorme tuile, arrachée par le vent, tombe et assomme un passant. On dit que c'est un hasard. Le dirait-on si la tuile s'était simplement brisée sur le sol ? Ne pensez qu'au vent arrachant la tuile, à la tuile tombant sur le trottoir, au choc de la tuile contre le sol : on ne voit plus que du mécanisme, le hasard s'évanouit. Pour que le hasard intervienne, il faut que, l'effet ayant une signification humaine, cette signification rejaillisse sur la cause et la colore, pour ainsi dire, d'humanité. Le hasard est donc le mécanisme se comportant comme s'il avait une intention ».

René Poirier (1931) généralise la notion d'apparence intentionnelle par celle de causalité imprévue. Dans sa thèse de doctorat, Poirier fait des *remarques sur la probabilité des inductions* et analyse certaines de ces définitions : « Nous disons tout d'abord qu'il y a hasard quand un fait, attribué normalement à une cause d'un type déterminé, résulte en réalité d'une cause d'un autre type ; le hasard est une causalité imprévue, comme le désordre n'est, suivant Bergson, qu'un ordre inattendu. Le fait lui-même peut être soit un phénomène individuel, soit une relation, soit une covariation. C'est ainsi qu'il y a hasard lorsque des agents mécaniques déterminent un fait d'apparence intentionnelle ... ».

Vivant en sympathie avec le monde environnant, nous introduisons dans le langage subjectif des notions plus ou moins bien définies, telles que la veine ou la déveine, la fatalité, la fortune ou l'infortune, la chance ou la malchance, le sort, le destin ou la destinée, notions au centre desquelles le mot « hasard » occupe une place prépondérante. Ainsi, la définition du hasard comme une *cause occulte* et son assimilation à une personne invisible qui s'imposerait aux lois habituelles de la nature nous propulsent dans une sorte d'univers magique. L'absence d'esprit critique vis-à-vis des prodiges se traduit, en particulier, par une définition absurde du *miracle* comme « *phénomène contraire aux lois de la nature* ». C'est ignorer que ces lois décrivent seulement l'ordre que Dieu a mis dans le monde et que l'homme ne peut modifier, mais dont il peut généralement se servir pour résoudre ses problèmes. Le miracle fait intervenir les lois que l'homme est incapable de mettre en œuvre parce que Dieu s'en réserve l'usage pour signifier son omniscience et son omnipotence.

Comme le dit **Blaise Pascal** (1623-1662), « C'est un effet qui excède la force naturelle des moyens qu'on y emploie. Et le non-miracle est un effet qui n'excède pas la force naturelle des moyens qu'on y emploie. Ainsi, ceux qui guérissent par l'invocation du Diable ne font pas un miracle, car cela n'excède pas la force naturelle du Diable ». Les esprits superstitieux interprètent gratuitement les phénomènes imprévisibles comme des manifestations de puissances occultes détentrices de pouvoirs surnaturels. Les esprits sceptiques qui ne croient ni en Dieu ni au Diable ont inventé une catégorie d'hommes, les *thaumaturges*, qui jouiraient de ces pouvoirs mystérieux et opéreraient des guérisons inexplicables. Cette idéologie doit son succès à l'existence de charlatans qui obtiennent des résultats surprenants par la persuasion ou la prestidigitation et les utilisent pour leur propre glorification. Toutefois, les hommes dont Dieu authentifie l'action de façon spectaculaire ont toujours l'humilité de les lui attribuer sans ambages ni ombrage.

Hasard, destin, destinée, fatalité, providence

Au début du 21e siècle, après s'être débarrassé des faux miracles, les théologiens nient même la possibilité des vrais miracles. La Bible attribue à Dieu la responsabilité de tout ce qui se passe sur la terre, en bien comme en mal, quand elle nous dépeint les rois païens comme des instruments entre les mains du Seigneur ou lorsqu'il affirme que le Seigneur endurcit le cœur du Pharaon. Pour les musulmans, Allah, Dieu Tout-Puissant, Omniscient, Omniprésent et Omnipotent, est la cause universelle de tout ce qui se produit dans le monde, y compris la détermination de la face visible du dé. Aussi, reconnaît-on cette croyance en Dieu dans les propos des musulmans dont les projets sont au conditionnel, *inch Allah* ! (*Si Dieu le veut* !).

Les déistes[4], eux, voient le créateur comme un spectateur totalement satisfait par le fonctionnement du mécanisme qu'il a créé. Lorsqu'on voit les causes du hasard comme relevant de lois prédéterminées et immuables, on parlera de « destin ». La chaîne des évènements déterminés par le destin, qu'on peut appeler les hasards de la vie, prend le nom de « destinée ». Un enchaînement malheureux de hasards apparents devient la « fatalité ».

Ce sera précisément le cas si la tuile ci-haut mentionnée assomme notre passant. Et si, derrière le masque du hasard, il y a des évènements voulus par Dieu dans sa Sagesse infinie et omnisciente, on parle de « providence ». Les hommes de l'Antiquité gréco-latine, eux, avaient une vision beaucoup moins fataliste des évènements et pensaient que le déroulement du jeu de dés comporte une véritable indétermination.

Quand César jette le dé ...

Lorsque César, alors gouverneur de la Gaule Cisalpine, entreprit la conquête de la Gaule, il n'avait pas le droit de franchir la petite rivière appelée

---

4 Le terme « déiste » est plutôt utilisé dans le langage théologique pour désigner, de façon péjorative ou avec un mépris, ceux qui se disent croyants mais ignorent les prescriptions religieuses et ne pratiquent pas de culte (Dictionnaire des religions et des mouvements philosophiques associés).

Rubicon, qui constituait la frontière entre sa province et l'Italie. Mais, après sa victoire, il marcha sur Rome avec son armée au mépris de la loi. En franchissant le Rubicon, il prononça les paroles célèbres « *alea jacta est* » (Le dé est jeté). Par cette métaphore, César voulait dire que sa décision était « hasardeuse », qu'il ne savait pas ce qui en résulterait, mais qu'il risquait sa carrière de gouverneur pour acquérir un poste encore plus important à Rome.

L'explication par les causes finales ne permet pas d'expliquer en quoi le caractère calculateur et ambitieux de César lui a fait courir ce gros risque ; elle laisse une marge d'incertitude irréductible à la notion subjective de hasard. César ne faisait aucune distinction entre l'avenir incertain de la politique et l'avenir aléatoire du jeu de dés car, pour lui comme pour ses contemporains, les dés choisissent eux-mêmes la face sur laquelle ils tombent. L'étude du comportement humain en avenir incertain, comme celui de César, lorsque le sujet s'attend à rencontrer une explication des phénomènes par la finalité et ne la trouve pas, a exigé l'introduction d'une nouvelle définition du hasard, actée par Pascal et mise au point par Cournot.

Blaise Pascal, le hasard et les jeux

L'étude de Blaise Pascal a repoussé la notion intuitive de hasard en entreprenant une réflexion scientifique pour rendre compte des évènements imprévus tels que les jeux de hasard. Sa méthode se généralise à d'autres jeux de dés qui sont à l'origine du mot hasard, les différents systèmes de tirage au sort basés sur un choix aveugle comme celui d'une boule dans une urne ou d'une carte à l'intérieur d'un paquet. La démarche de Pascal s'appuie sur des principes philosophiques et sur des raisonnements mathématiques qui s'apparentent beaucoup plus à la pensée moderne qu'à celle de ses contemporains.

Les auteurs modernes ont généralisé les critères de choix de Pascal pour un choix entre deux décisions face à deux états du monde en variant ces critères, en augmentant le nombre des états de la nature, le nombre de décisions possibles pour le joueur ou le nombre des joueurs. Parmi les principaux critères qui sont actuellement utilisés, on peut citer : (i) *le critère d'Hurwicz* : se fixer un coefficient d'optimisme t compris entre 0 et 1 et, pour chaque décision, calculer $G = tM + (1 - t)m$, M étant le maximum de gain et m le minimum. Prendre la décision pour laquelle G est maximum. Lorsqu'on prend $t = 1$, on retrouve le premier raisonnement de Pascal ; (ii) *le critère de Wald* : supposer que la nature est systématiquement hostile et prendre $t = 0$. C'est la stratégie dite *principe de précaution* que Pascal refuse d'appliquer parce qu'il la juge contraire à la stratégie habituelle des gens raisonnables ; (iii) *Le critère de Laplace* : donner des probabilités égales aux divers états de la nature. Prendre la décision pour laquelle l'*espérance mathématique* est maximum. C'est le deuxième raisonnement de Pascal.

Le critère de l'espérance consiste à maximiser l'espérance mathématique du gain lorsqu'on peut estimer les probabilités des états de la nature, mais il suppose que celles-ci sont indépendantes de la décision. Le principe de précaution revient à supposer que, pour chaque décision, la nature adopte l'état le plus défavorable au joueur, ce qu'elle n'a aucune raison de faire.

Quand Bayes et Kolmogorov rentrent dans la danse

Perfectionnée par Thomas Bayes et Andreï Kolmogorov, la méthode de Pascal est devenue la base du calcul des probabilités qui a trouvé de nombreuses applications pratiques, comme les loteries et les assurances, et des applications théoriques en biologie et en physique. On peut résumer la théorie des probabilités en disant qu'un évènement aléatoire est pris au hasard dans un ensemble connu d'évènements possibles s'il se produit à la suite d'un processus répétitif, qui peut désigner n'importe quel évènement de l'ensemble et ne désigne pas toujours le même, et si l'on peut définir une probabilité satisfaisant à l'*axiomatique de Kolmogorov*[5].

Les activités suivantes nous aident à expliciter les notions d'univers de probabilités et de probabilité.

Activité 6 : On tire une carte d'un jeu de 52 cartes

On tire une seule carte à un jeu non truqué de 52 cartes.

1. Définir l'univers de probabilités à choisir.

2. Calculer la probabilité des évènements suivants :

a) La carte tirée est une dame de cœur.

b) La carte tirée est un pique.

c) La carte tirée est un as.

1. L'univers de probabilités à choisir représente les résultats possibles de cette expérience. Il y a 52 résultats possibles, suivant la carte tirée. On peut définir un univers Ω à 52 éléments. Attention : l'as de cœur qui se trouve dans Ω ne représente pas la carte physique portant l'as de cœur, mais représente l'évènement « on a tiré l'as de cœur lors du tirage ».
2. a) Le jeu étant honnête (n'étant pas truqué), chaque carte a la même probabilité de sortir, et a donc une probabilité égale à 1/52. La probabilité de tirer une carte précise, comme la dame de cœur, est donc égale à 1/52.

---

[5] L'axiomatique de Kolmogorov est un cadre abstrait défini par le mathématicien russe Andreï Kolmogorov dans les années 1930, dans lequel la théorie des probabilités se formalise bien. Dans cette axiomatique, on appelle *espace probabilisé* ou *univers de probabilités* un triplet (Ω, A, P) où **Ω** est un ensemble ; **A** est une *tribu* de parties de Ω, c'est-à-dire une famille de l'ensemble des parties de Ω telle que (i) elle contient Ω ; (ii) si A lui appartient, son complément $\bar{A}$ lui appartient aussi (on dit qu'elle est stable par passage au complémentaire) ; (iii) pour tout ensemble fini ou dénombrable d'éléments de la famille, leur réunion est un élément de la famille (on dit alors qu'elle est stable par réunion dénombrable) ; **P** est une *probabilité* sur l'espace (Ω, A) ou *loi de probabilité* , c'est-à-dire que P est une application de A dans [0,1] vérifiant P(Ω) = 1 et, si (A_n) est une famille d'évènements deux à deux incompatibles, alors $P(\cup A_i) = \sum P(A_i)$ (i variant de 1 à l'infini).

b) A = « La carte tirée est un pique » est un évènement constitué des 13 cartes « pique » de cette couleur. Il contient donc 13 éléments de même probabilité 1/52, et on a P(A) = 13/52.
c) « La carte tirée est un as » est un évènement constitué de 4 cartes de même probabilité 1/52, et on a donc P(B) = 4/52 ou 1/13.

Activité 7 : On tire simultanément 3 boules d'une urne

On tire simultanément trois boules d'une urne contenant 15 boules rouges et 5 boules noires.

1. Décrire l'univers de probabilités.
2. Calculer la probabilité de l'évènement A : « Tirer deux rouges et une noire ».

1. Une première idée, malheureusement peu utilisable, consisterait à dire que l'expérience a quatre résultats possibles : « trois rouges », « trois noires », « une rouge et deux noires », « une noire et deux rouges », et à faire ces quatre éléments. Mais calculer, par exemple, la probabilité de tirer trois rouges est déjà une chose compliquée en soi. Cette idée n'est donc pas bonne.

   La bonne idée consiste à numéroter moralement les 15 boules rouges (disons, de 1 à 15) et les boules noires (de 16 à 20) et à dire que nous avons donc 20 boules discernables. Une expérience consiste alors à tirer, sans ordre, un paquet de trois éléments dans un ensemble à 20 éléments. L'univers Ω est donc l'ensemble des combinaisons de 20 éléments pris 3 à 3. Il contient les C(20,3) combinaisons des 20 boules prises 3 à 3.

   Cette nuance est d'autant plus significative que le jeu de cartes est différent de celui de l'urne, car les 52 cartes sont toutes différentes à l'*œil nu*, et on ne se pose donc pas de question pour les différencier. Une urne n'est pas un ensemble si on ne différencie pas moralement les boules de même couleur (ne pas oublier que dans un ensemble, les éléments sont distincts). Il est, bien sûr, inutile de les numéroter réellement (physiquement).
2. Toutes les C(20,3) = 1 140 combinaisons sont équiprobables, et chaque élément a une probabilité égale à 1/1 140. L'évènement A = « Tirer 2 rouges et une noire » est formé des paquets de boules contenant 2 rouges et une noire. Il y a donc C(15,2) façons de tirer deux boules rouges parmi les 15, et C(5,1) façons de tirer la noire parmi les 5 noires. Cela fait donc C(5,1) x C(15,2) = 525 éléments dans A. On obtient ainsi : P(A) = 525/1 140 = **35/76**.

La probabilité conditionnelle de Bayes

Thomas Bayes se pose le problème de la remontée des effets vers les causes et, pour résoudre ce problème, il définit la notion de *probabilité conditionnelle* de l'évènement A sachant qu'un évènement B est réalisé ainsi que l'*indépendance* de deux évènements. Cette probabilité conditionnelle se note P(A/B) ou $P_B(A)$ et est égale à $P(A \cap B)/P(B)$. Et la formule $P(A/B) = P(A \cap B)/P(B)$ s'écrit aussi : $P(A \cap B) = P(A/B).P(B)$ ou $P(B \cap A) = P(B/A).P(A)$

Du fait que $A \cap B = B \cap A$, on a la formule de Bayes

$$\boxed{P(A/B).P(B) = P(B/A).P(A)}$$

Exemple : *En observant le comportement des conducteurs sur la route, on constate qu'en Occident, 52 % sont des femmes. Par ailleurs, on admet que 60 % des conducteurs, tous sexes confondus, sont des bons conducteurs, et que 75 % des femmes sont de bonnes conductrices. Quelle est la probabilité qu'un bon conducteur soit une femme ?*

Cet exemple est typique des probabilités conditionnelles. On n'a pas d'univers sous-jacent, et on n'a pas besoin d'en expliciter un. De plus, il faut traduire les données du langage courant en langage probabiliste très précis. Appelons F l'évènement « Être une femme », BC l'évènement « Être un bon conducteur ». On peut traduire les hypothèses ci-haut notées comme suit :

$$P(F) = 0{,}52 \qquad P(BC) = 0{,}60 \qquad P(BC/F) = 0{,}75.$$

Il s'agit de calculer la probabilité conditionnelle P(F/BC). La formule de Bayes nous donne dans ce cas précis : P(F/BC).P(BC) = P(BC/F).P(F) soit P(F/BC) x 0,60 = 0,75 x 0,52, ce qui donne P(F/BC) = 0,65 ou 65 %.

Dans une telle situation de probabilités conditionnelles, l'une des grosses difficultés est de bien interpréter les données. Est-ce que la phrase « 75 % des femmes sont de bonnes conductrices » est la probabilité conditionnelle « sachant que l'on est une femme, on a 75 % de chances de bien conduire » ou bien est-ce l'intersection « il y a 75 % de chances d'*être une femme* et *d'être un bon conducteur* ». Il y a des formulations d'énoncés où cette différence entre probabilité conditionnelle et probabilité d'une intersection n'est pas claire. Aussi, Bayes énonce-t-il son célèbre théorème sur la probabilité des causes :

$$P(A/B) = \frac{P(B/A)P(A)}{P(B)} \qquad P(A_i/B) = \frac{P(B/Ai)P(A)}{P(\sum kP(B/Ai)P(Ai)}$$

Il est inutile de savoir par cœur cette formule. L'important est de savoir la retrouver et l'appliquer de façon appropriée.

Exemple : *Certaines pièces automobiles sont contrefaites. Une enquête révèle que sur le marché, il y a 90 % de pièces véritables et donc 10 % de pièces contrefaites. 5 % des pièces authentiques sont défectueuses, et 40 % des pièces contrefaites sont défectueuses. On prend une pièce au hasard, et on constate qu'elle est défectueuse. Quelle est la probabilité qu'elle soit d'origine ?*

Notons par V l'évènement « La pièce est d'origine », par F l'évènement « La pièce est fausse » et par D « La pièce est défectueuse ». Les hypothèses nous donnent : P(V) = 0,90 ; P(F) = 0,10 ; P(D/V) = 0,05 ; P(D/F) = 0,40. Et nous cherchons P(V/D). La formule des probabilités totales nous donne :

$$P(D) = P(D/V).P(V) + P(D/F).P(F) = 0{,}085.$$

La formule de Bayes nous donne : P(V/D).P(D) = P(D/V).P(V), soit

$$P(V/D) = P(D/V).P(V) / P(D/V) = (0{,}05 \times 0{,}90) / 0{,}085 = 53~\%.$$

Si l'on résume, une pièce prise au hasard a 90 % de chance d'être d'origine. Mais, si elle est défectueuse, elle a 53 % de chance d'être d'origine.

L'aventure du « hasard » se poursuit dans les sciences

Le hasard se trouve dans les différents domaines scientifiques. En effet, à l'exception des phénomènes issus directement ou indirectement d'un phénomène quantique (comme c'est le cas des désintégrations nucléaires et des ondes électromagnétiques) et des systèmes chaotiques (qui présentent un ou plusieurs points de bifurcation, comme le mouvement ou la sortie des boules du Loto), tout phénomène est déterminé par des évènements précédents conformément aux lois de la nature, notamment à celle des causes à effets. Bien qu'il soit totalement déterministe, le mouvement des boules de Loto peut être calculé par les lois de Newton, si l'on connaît avec grande précision les positions et les vitesses initiales des boules. Toutefois, une erreur, même minuscule, dans la mesure d'une seule position d'une des boules s'amplifie et produit une erreur énorme dans la prédiction de la position des boules après une minute d'agitation, rendant ainsi pratiquement impossible la prédiction des boules sortantes et de leur ordre.

On taxe aussi de « hasardeux » les systèmes dynamiques dont le niveau de complexité est tel que l'esprit humain ne peut en déterminer le devenir. C'est le cas, en environnement contrôlé, de la croissance d'une plante dont les molécules suivent des lois déterministes. Il est si difficile d'en connaître le modèle de développement dans ses moindres détails qu'il semble impossible de prédire la forme exacte de la plante, au micromètre près, sur plusieurs semaines. Les cas de prédiction des boules et de leur sortie du Loto et de la croissance d'une plante montrent que la notion de hasard dépend de l'information dont on dispose pour juger du caractère « hasardeux » d'une situation donnée. En effet, les avancées en science laissent de moins en moins de place au hasard (par exemple, la météo du lendemain n'est plus considérée comme un phénomène aléatoire, alors qu'au Moyen Âge, on l'attribuait probablement au hasard ou bien à la volonté divine.

On ne peut parfaitement déterminer l'évolution d'un système que si l'on est capable de calculer tous les facteurs avec grande précision. Faute de quoi, on parle plutôt de probabilité qui permet alors de prédire avec la plus grande précision possible la possibilité que ledit système puisse évoluer d'une certaine façon, puisse passer par un point précis, à un instant précis, pour atteindre son but dans un temps donné. Dans ce cas, le déterminisme qui pose, en principe, que les mêmes causes produisent les mêmes effets dans les mêmes circonstances n'est pas annihilé mais se trouve « limité ».

En mathématiques, les domaines qui peuvent nous fournir d'utiles et précieuses informations sur le hasard sont *les probabilités* (englobant la *théorie ergodique* qui s'intéresse au cas où la probabilité que le système soit dans un état donné est invariante dans un cours de temps) ; *les systèmes dynamiques* (dont la *théorie du chaos* étudie le comportement des systèmes rigoureusement déterministes mais pour lesquels les différences infimes dans les conditions initiales entraînent des résultats totalement différents, rendant ainsi, en général, toute prédiction impossible à long terme). Ce comportement paradoxal, de désordre extrême, qualifié à juste titre de « *chaotique* », est à la base de nombreux systèmes naturels qui sont étudiés grâce à l'analyse par des modèles mathématiques ou par des techniques analytiques de récurrence et des applications de Poincaré. Aussi, a-t-on élaboré une théorie générale du chaos et des processus chaotiques applicable à l'étude de phénomènes naturels, tels que séismes, éruptions volcaniques, avalanches à la surface d'un tas de sable ou d'une pente neigeuse, et autres catastrophes climatiques. La théorie des chaos a des applications en météorologie, sociologie, physique, informatique, ingénierie, économie, biologie et philosophie.

La théorie des graphes est l'un des domaines les plus féconds et les plus dynamiques des maths et de l'informatique, dont la prodigieuse évolution est due au large spectre des applications en électronique, linguistique, chimie et sociologie. Le développement de cette théorie est assez similaire à celui de la théorie des probabilités dont beaucoup de résultats sont dûs à l'effort de compréhension des jeux de hasard. Considérés au début comme curiosité mathématique et comme outil pour étudier les jeux logiques, les graphes sont devenus incontournables dans diverses activités humaines et dans de nombreux domaines, notamment en informatique fondamentale et appliquée, en optimisation, en complexité algorithmique et en recherche opérationnelle.

L'étude des graphes permet d'aborder diverses questions telles que les méthodes d'ordonnancement des tâches à partir des chemins optimaux dans les graphes, les propriétés des réseaux de communication à propos de la connectivité des graphes, les problèmes célèbres comme celui des *sept ponts de Königsberg*[6].

Le problème des sept ponts de Königsberg est connu pour être à l'origine de la topologie et de la théorie des graphes. Résolu par Euler en 1735, il se présente de la façon suivante : La ville de Königsberg (aujourd'hui Kaliningrad) est construite autour de deux îles situées sur le Pregel et reliées entre elles par un pont. Six autres ponts relient les rives de la rivière à l'une ou l'autre des deux îles, comme représentés sur le plan ci-dessous.

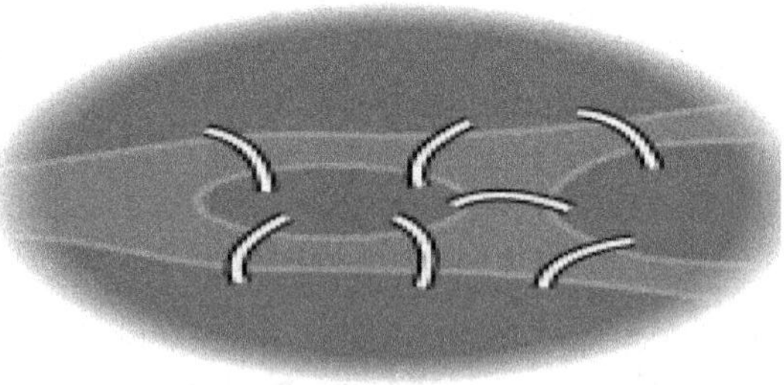

[6] Ancienne capitale de la province allemande de Prusse occidentale, *Königsberg* est une enclave forteresse de la Russie sur la mer Baltique. Enchâssée entre la Pologne et la Lituanie, elle est devenue, depuis 2016, un avant-poste nucléaire.

Le problème consiste à déterminer s'il existe ou non une promenade dans les rues de Königsberg permettant, à partir d'un point de départ au choix, de passer une et une seule fois par chaque pont, et de revenir à son point de départ, étant entendu qu'on ne peut traverser le Pregel qu'en passant sur les ponts. Sous cette forme généralisée, ce problème n'a qu'un intérêt historique, car, pour ce cas, il est assez intuitif de démontrer que la promenade demandée n'existe pas. L'impossibilité d'une telle promenade est due au fait que les sommets du graphe des ponts de Königsberg sont tous les quatre incidents à un nombre impair d'arêtes. Il suffirait, cependant, de supprimer ou d'ajouter au moins deux ponts, bien choisis, pour que le graphe modifié permette la promenade avec retour initialement cherché.

Une autre façon intuitive de considérer ce problème, sans recourir à la théorie des graphes, est de considérer que pour parcourir tous les ponts, il faudra entrer et sortir à nouveau de chaque île (ou rive). Ainsi, sur chaque île durant le parcours entier, il y aura autant de ponts d'entrée que de ponts de sortie. Chaque île (ou rive) doit donc avoir un nombre pair de ponts qui la relient aux autres îles ou rives.

L'introduction à la ***théorie des graphes*** fournit de nouveaux outils pour analyser des situations et raisonner autrement. On utilise cette théorie pour modéliser et optimiser, au besoin, des situations tant dans les différents champs des maths (ex. : arbre en probabilités, représentation d'un polyèdre convexe) que dans les domaines aussi divers que les sciences sociales, la chimie, la biologie ou l'informatique. Les situations exploitées permettent de mettre en relation différents éléments relatifs à la planification de tâches, à la gestion d'horaires ou d'inventaires, à des réseaux de communication ou de distribution, à des circuits (électriques ou autres), à des incompatibilités (interactions), à des localisations, à des stratégies, etc.

La théorie algorithmique de l'information est fondée sur l'idée qu'une chose est d'autant plus complexe, ou contient d'autant plus d'informations, qu'elle est difficile à expliquer, c'est-à-dire *fondamentalement longue à expliquer*. On a besoin du hasard en théorie de l'information où il a été établi que les séquences ayant le plus fort contenu en information sont justement les séquences aléatoires au sens mathématique le plus fort. Utilisée avec succès en biologie, en physique et même en philosophie, cette théorie analyse l'équivalence entre la description d'un objet formalisée par un algorithme (i.e.; une machine de Turing) et sa complexité (i.e.; son contenu en information) formalisée par certaines caractéristiques de l'algorithme (sa longueur ou son temps de calcul).

Delahaye (1994) nous donne l'exemple de trois descriptions d'objets :

D1 : « un mur tout blanc de 1 m sur 1 m. »

D2 : « un mur tout blanc de 1 m sur 1 m avec une rayure rouge horizontale de 2 cm de large en bas, une autre 8 cm au-dessus, encore une autre 8 cm au-dessus, encore une autre 8 cm au-dessus, encore une autre 8 cm au-dessus, encore une autre 8 cm au-dessus, encore une autre 8 cm au-dessus, encore une autre 8 cm au-dessus. »

D'2 : « un mur tout blanc de 1 m sur 1 m, avec des rayures rouges horizontales de 2 cm de large, de bas en haut tous les 8 cm ».

En termes de longueur de description, D1 est plus courte que D'2 qui est plus courte que D2. Que D1 soit la plus courte description semble normal, et est lié au fait que l'objet décrit est « plus simple ». Mais, en ce qui concerne D2 et D'2, les objets décrits sont identiques bien que D'2 soit plus courte que D2. Ainsi, la longueur brute d'une description n'est pas une mesure parfaitement adaptée. L'idée « algorithmique » est alors de considérer, comme complexité de l'objet décrit, sa plus courte description possible. Idée « algorithmique » dans le sens où la description n'est pas forcément extensive, mais peut – comme D'2 dans ce cas-ci – décrire un procédé d'obtention de l'objet (tracer des bandes horizontales à intervalles réguliers).

L'utilisation de la machine de Turing témoigne du fait que les mathématiques peuvent être une arme puissante lorsqu'elles sont entre de bonnes mains. En effet, grâce à sa célèbre machine, on estime que le mathématicien britannique Alan Turing a écourté la Seconde Guerre mondiale de deux ans et permis d'épargner des dizaines de milliers de vies humaines en décryptant les messages secrets allemands. En 1939, la Seconde Guerre mondiale éclate. L'Europe est envahie par les nazis. Les Allemands utilisent *Énigma*, une machine ultrasophistiquée, pour coder leurs messages radio et planifier leurs attaques. Si, à l'époque, les communications radios étaient faciles à capter par les Alliés, elles étaient incompréhensibles. Ressemblant à première vue à une machine à écrire, *Énigma* permettait de remplacer chaque lettre par une autre, rendant le message incohérent, à moins d'avoir une autre machine *Énigma* et de connaître le code. Et le code changeait chaque jour parmi plusieurs milliards de milliards de codes possibles ! (nécessité d'extrême prudence et de haute sécurité oblige !)

Dès le début de la guerre, Alan Turing se met au service de l'armée britannique. C'est dans la petite ville de Bletchley Park, dans la banlieue londonienne, que le scientifique, avec l'aide de nombreux spécialistes en cryptologie, travaille à la construction d'une machine capable de découvrir chaque jour le système de codage d'Énigma. Trois ans plus tard, en 1941, son travail porte enfin fruit : la machine de Turing est prête. C'est une faille dans les communications allemandes qui a simplifié la tâche du mathématicien. Un jour, les cryptologues ont découvert que les messages commençaient toujours par une formule de politesse telle que « *Herr Kommandan* » (cher commandant). Cette introduction donnait une partie de la clé du code à chaque jour.

Imposante par sa taille et sa complexité, ancêtre de nos ordinateurs, la machine de Turing lisait grâce à sa tête de lecture les messages cryptés sur un ruban. Celle-ci retrouvait ensuite le code utilisé grâce aux mots déjà connus dans le message. Puis, la machine appliquait le code au reste des lettres et transmettait le message d'origine à sa sortie sur le ruban. Fin 1943, la machine décodait 84 000 messages par mois, permettant aux Alliés d'avoir toujours un coup d'avance sur les attaques ennemies et de contribuer à la fin de la guerre le 2 septembre 1945.

Protégée par le secret militaire, l'implication de Turing fut gardée secrète pendant plus de trente ans, le privant de toute gloire. Il continua à travailler sur l'intelligence artificielle et sur les premiers ordinateurs. En septembre 2009, le gouvernement britannique a rendu à ce génie des mathématiques des hommages à travers, entre autres, le prix Turing, équivalent du prix Nobel en informatique, le film « Le jeu de l'imitation » et bien d'autres distinctions honorifiques.

En théorie des probabilités et en statistique, on parle de *variables aléatoires*, c'est-à-dire de distributions de probabilités. Dans les matrices aléatoires, les nombres rangés en lignes et colonnes sont tirés au hasard. On a découvert plusieurs propriétés statistiques universelles, les mêmes quel que soit le type de hasard. Les matrices aléatoires se retrouvent dans bon nombre de situations de la vie quotidienne (temps d'attente d'un autobus, grosse tempête, cours de bourse, antennes de téléphone mobile, position des arbres dans une forêt sauvage, durée d'embarquement dans l'avion, etc.), en biologie (forme des protéines) et en physique théorique (niveaux d'énergie des noyaux atomiques, conduction électronique, etc.).

La théorie des probabilités intervient dans l'étude de tout phénomène partiellement ou complètement imprévisible. Actuellement, la probabilité est à la base de plusieurs théories et elle est appliquée dans diverses disciplines : la mécanique quantique, la mécanique statistique, la fiabilité, les prévisions statistiques, la météorologie, l'étude des précisions des tirs, les radars, les sonars, les télécommunications (radio, télévision, téléphone mobile), la guerre électronique, les filtrages, les bruits, les jeux de hasard, etc.

Hasard et jeu d'argent : L'importance de l'étude des probabilités à l'école peut constituer l'une des pistes de solution pour contrer le problème social que représentent les jeux de hasard et d'argent. En effet, le jeu excessif que Ferris et Wynne (2001) définissent comme « un comportement lié au jeu qui entraîne des conséquences négatives tant pour le joueur lui-même que pour les personnes de son réseau social ou pour la collectivité » engendre de lourdes conséquences. L'ampleur du problème du jeu excessif auprès de nombreux jeunes africains à risque, (guinéens, en particulier) et des joueurs pathologiques est d'autant plus considérable que les connaissances probabilistes de ces joueurs sont insuffisantes pour rationaliser leurs comportements. Cette problématique sociale peut les entraîner à emprunter de l'argent ou vendre des biens pour obtenir de l'argent à jouer, à parier plus qu'ils ne peuvent vraiment se permettre de perdre ou encore occasionner des problèmes financiers pour leur ménage. Les cours de probabilités sont propices à la discussion sur les jeux de hasard et d'argent ; ils permettent de développer des compétences citoyennes comme la pensée critique et la prise de décision à travers le développement d'une pensée probabiliste riche.

Hasard et jeu de cartes : Obtenir des échantillons aléatoires est un art difficile, et l'enquêteur n'y parvient pas toujours. Il n'est non plus pas facile d'obtenir un vrai hasard lorsqu'on joue aux cartes, puisqu'il ne suffit pas de brasser un jeu deux ou trois fois pour détruire l'ordre des cartes. Le statisticien américain Persi Diaconis a montré qu'il fallait le battre six à huit fois. Si un jeu de cartes dont on connaît l'ordre est battu seulement deux ou trois fois, une carte prélevée du jeu et replacée ailleurs peut presque toujours être retrouvée par un bon prestidigitateur.

Le caractère aléatoire n'est pas essentiel uniquement dans les jeux d'argent ou les sondages ; il l'est aussi pour systématiser toute situation qui comporte une large part de probabilité et, dans ce cas, des millions de chiffres aléatoires sont nécessaires. Combien de temps un client devra-t-il faire la queue dans un supermarché dans différentes circonstances ? Il faut concevoir un programme qui décrit la situation du supermarché en fonction de toutes les contraintes possibles, puis demander à l'ordinateur d'exploiter le programme quelques millions de fois pour déterminer la fréquence des différents résultats. De nombreux problèmes mathématiques comportent de telles difficultés et les expériences qu'il faudrait réaliser pour les traiter sont si coûteuses que ce type de simulation probabiliste est la seule manière de les appréhender. Et même lorsque des problèmes plus simples peuvent être résolus, la simulation est souvent plus rapide et moins chère.

Les sciences exactes sont celles qui cherchent à réduire le plus l'effet du hasard. L'acquisition des possibilités de traitement des grands nombres a permis d'étudier les conditions de l'apparition et du développement des formes de hasard : la théorie des probabilités que Pascal a largement contribué à fonder ; la remise en cause de l'espérance mathématique comme critère universel d'utilité par Émile Borel ; la mathématisation de la notion de hasard par Kolmogorov avec sa notion de « complexité » ; l'usage des probabilités dans les questions de stratégie militaire ou économique par la théorie des jeux de John von Neumann et Oskar Morgenstern. En mathématiques, les décimales du nombre irrationnel *pi* n'ont rien d'aléatoire, mais la disposition des chiffres ou des groupes consécutifs de ***n*** chiffres de ses 62 800 milliards de décimales ont cependant les caractéristiques d'un phénomène aléatoire.

En physique, des phénomènes sont représentés comme des aléas. C'est le cas, par exemple, en mécanique quantique ou en théorie cinétique des gaz. En physique, la description de la nature à l'échelle microscopique, donnée par la mécanique quantique, est de nature probabiliste : seule la probabilité pour une particule de se trouver dans tel ou tel état est accessible à la théorie. De même, la description des systèmes constitués d'un très grand nombre de particules (ce qui est le cas de tous les systèmes physiques macroscopiques) s'appuie généralement sur une modélisation probabiliste du comportement individuel des particules (mécanique statistique).

Les physiciens sont les premiers à avoir pris connaissance que le hasard est indispensable pour analyser les données de leurs expériences. Le hasard leur permet de simuler des phénomènes physiques très complexes et irréguliers. Le hasard du mouvement et de la rencontre des atomes les uns avec les autres est revisité par la mécanique quantique, pour laquelle le hasard ne peut se définir que là où il y a un observateur. En effet, les fonctions d'onde sont parfaitement déterminées ; seule leur « réalisation » est aléatoire. Grâce aux succès de la mécanique quantique, la physique statistique remet en question la confiance inébranlable qu'avaient les anciens physiciens dans les grands principes déterministes, et justifie à la fois la possibilité de faire des prévisions utilisables dans la pratique et les écarts résiduels entre les observations et les résultats attendus.

En chimie, la sérendipité correspond à une découverte ou une invention faite au hasard, alors qu'on cherchait autre chose. Par exemple, en 1856, William Perkin, jeune étudiant anglais de 18 ans, tente de synthétiser la quinine par le procédé de l'oxydation d'aniline. Il obtient une poudre noirâtre qui l'intrigue, mais qu'il ne jette pas. Cette poudre se dissout dans l'alcool pour donner une étonnante couleur mauve (ou pourpre ou violette suivant les cultures et les nuanciers). C'est la *mauvéine*, une nouvelle teinture pour la soie et le coton, qui résiste au lavage et au soleil, qui trouve un succès foudroyant auprès de la Reine et de la cour d'Angleterre. Perkin perfectionne le procédé pour le transformer à l'échelle industrielle, à partir de réactifs peu coûteux et fait fortune avec sa mauvéine.

La sérendipité apparaît alors souvent, tout simplement, comme une façon irrationnelle de faire des découvertes, des inventions et des innovations. Ainsi, en 1865, furent découvertes la cyclicité du benzène par Kekulé et la synthèse chimique de l'urée (première molécule synthétisée) par Friedrich Woehler. En 1897, Sapper, ingénieur chimiste, laisse tomber accidentellement son thermomètre à mercure dans l'une de ses préparations. Le mercure agit comme catalyseur qui accélère de façon inattendue l'oxydation du naphtalène pour obtenir de l'anhydride phtalique, voisin de l'indigo.

On ne sait pas inventer une substance chimique qui ait un goût sucré, édulcorant. La seule solution est de découvrir les substances qui en ont. En 1976, on a demandé à Shashikant Phadnis, un jeune étudiant indien du Queen Elizabeth College, de tester les propriétés du produit (apparemment composé dans l'optique de concevoir un insecticide). Parlant mal l'anglais, Phadnis aurait confondu les mots *test* et *taste* : il aurait pris le mot *test* (« faites un essai ») pour *taste* (« goûtez »), et aurait effectivement goûté le produit, inconscient des risques pour sa santé. C'est ainsi qu'il découvre que les dérivés chlorinatés de saccharose sont plusieurs centaines de fois plus sucrés que le sucre.

Bien sûr que la plupart des découvertes ou inventions ne relèvent pas de la sérendipité ; elles sont l'aboutissement d'un travail de recherche organisé, construit, dans lequel la chance vient parfois accélérer le processus. Aucune découverte ne peut se faire sans réflexion, sérendipité ou non. Le génie des inventeurs et des chercheurs est de parvenir à comprendre l'importance de leur découverte fortuite et de l'exploiter.

En biologie, dans le domaine médical ou environnemental, la prise en compte de la variabilité naturelle des phénomènes étudiés nécessite souvent, et à toutes sortes de niveaux, le recours à la modélisation probabiliste (il peut aussi bien s'agir d'étudier des mécanismes moléculaires comme la réplication de l'ADN, le développement morphologique d'un organisme, sa réponse à un traitement médical, ou encore la propagation des épidémies ou des feux de forêt, la croissance et les migrations de populations animales, la diffusion de polluants dans un sol, les phénomènes de crue, etc.

En biologie, on rencontre fréquemment des phénomènes biologiques qui s'expliquent au moyen de modèles aléatoires. Les lois de Mendel sur la transmission des caractères héréditaires en sont un exemple frappant. Ces lois suivent les lois du hasard (« Ce sera un garçon ou une fille ? »). Les spermatozoïdes contiennent aussi souvent des chromosomes X que des chromosomes Y et l'on devrait avoir autant de garçons que de filles. Or, le rapport du nombre de garçons au nombre de filles, au lieu d'être sensiblement égal à 1, conformément à la loi des grands nombres, dépasse en général cette valeur. Habituellement égal à 1,05, ce rapport a tourné un moment autour de 1,4 en Chine, où la libéralisation de l'avortement et la connaissance du sexe des fœtus grâce à l'échographie entraîneraient une interruption volontaire des grossesses plus fréquente si le fœtus est une fille.

L'évolution du monde vivant se fait, en partie, au hasard : on parle de *contingence de l'évolution*, c'est-à-dire d'un hasard mettant en jeu des paramètres si nombreux et si complexes qu'ils ne peuvent être déduits dans l'état actuel de la science (on ne dispose pas de lois de probabilité). Bien que l'on ne puisse prévoir un évènement aléatoire isolé, on peut énoncer des prévisions relatives à un ensemble d'épreuves si leur déclenchement s'apparente à un jeu de hasard (que l'on appelle son modèle) et calculer les variables aléatoires attachées à différents types de processus. La fréquence des apparitions d'une même valeur tend vers sa probabilité et les grandeurs caractéristiques du processus, comme la moyenne ou l'écart-type, ont des limites prévisibles. Ces propriétés sont dites *lois des grands nombres*.

En informatique, le terme « hasard » peut paraître assez incongru, mais lorsqu'on parle de « hasard », on veut surtout parler de génération de nombres « pseudo-aléatoires » : la logique qui les sous-tend est supposée suffisamment éloignée du problème où on les injecte pour ne pas se distinguer d'une suite « réellement » aléatoire. Dans nos ordinateurs, le hasard est maîtrisé jusqu'au niveau microscopique. Mais, on découvre qu'il est nécessaire et qu'après avoir tout fait pour l'éliminer, il faut le recréer. Nous en avons besoin dans les logiciels de simulation qui, lorsqu'ils tentent de reproduire des phénomènes aléatoires, doivent bien disposer de briques élémentaires d'aléas, des « nombres aléatoires ».

Au lieu de jeter une pièce en l'air, on va cliquer sur la souris de l'ordinateur pour faire son choix. Si on tombe sur un temps "pair", c'est "pile", et inversement. Ce tirage est totalement aléatoire. On y a créé du hasard pour que le choix soit le plus proche de la réalité possible. Des cryptologues, qui mettent au point des codes secrets, ont recours à ce procédé informatique pour élaborer des codes « incracables ». Pour échapper aux yeux des espions, les cryptologues élaborent des logiciels informatiques pour déguiser les messages en séquences de chiffres « aléatoires », c'est-à-dire quelconques. Mais le système n'est pas toujours fiable, comme Nestcape en a fait la douloureuse expérience en 1995. En effet, deux étudiants californiens ont réussi à craquer les codes d'accès et avoir connaissance de numéros de cartes bancaires.

En médecine, les maladies multifactorielles qui font intervenir des facteurs génétiques et des facteurs d'environnement sont, pour beaucoup de personnes, des maladies communes comme l'hypertension artérielle, le diabète ou les rhumatismes. De nombreuses personnes en bonne santé sont porteurs des facteurs génétiques et resteront indemnes. En raison de la grande fréquence de ces facteurs dans la population générale, le pouvoir prédictif des tests génétiques pour les maladies multifactorielles est très limité. Par exemple, dans une situation clinique évocatrice du diagnostic, la probabilité a priori de confirmer le diagnostic de polyarthrite rhumatoïde est de 25 %. Cela signifie que, d'après l'expérience acquise, ce diagnostic sera finalement retenu une fois sur quatre et éliminé trois fois sur quatre, les personnes guérissant alors sans séquelle. Dans cette situation, la valeur prédictive du test est aléatoire ; le test n'est qu'un élément d'un ensemble qui conduit le clinicien à poser le diagnostic. La randomisation des données (assignation aléatoire) aide le clinicien à éliminer beaucoup de biais et de corrélations cachées.

Alors que beaucoup de gens espèrent venir à bout de la Covid-19 grâce aux vaccins, le professeur d'immunologie Alain Fisher alias "Monsieur Vaccin", ex-membre du gouvernement français, estime que « *la probabilité* d'éradication du virus *est quasiment nulle* ». Mais il précise que « ce n'est pas forcément gênant. L'*hypothèse la plus probable* n'est pas l'émergence d'un variant très agressif, même si on ne peut pas l'exclure [...] mais plutôt qu'il s'atténue et qu'il se comporte comme les autres coronavirus, en nous donnant de simples rhumes ». Il a d'ailleurs rappelé que la variole est, à date, le seul virus éradiqué « dans l'histoire moderne biologique ». Alors, un rappel du vaccin contre la Covid-19 sera-t-il nécessaire tous les ans ? « C'est sans doute le scénario le *plus probable* », selon Fisher. Toutefois, on ne connaît pas encore la durée exacte d'efficacité des vaccins administrés. « Les premières données de Pfizer et Moderna montrent qu'ils sont toujours efficaces au bout de six mois », a fait savoir l'immunologue.

Le variant Omicron se propage « à un rythme que nous n'avons jamais vu avec aucun autre variant » et « se trouve *probablement* dans la plupart des pays », a averti Tedros Adhanom Ghebreyesus, directeur général de l'organisation mondiale de la santé (OMS). Remplacera-t-il le variant Delta définitivement ? C'est une *forte probabilité*, mais les scientifiques évoquent d'autres *possibilités* : qu'Omicron supplante un temps son prédécesseur, mais finisse par lui céder à nouveau la place ou que les deux variants coexistent, comme c'est le cas de certaines souches du virus de la grippe saisonnière. Les mutations d'Omicron sont de nature à réduire considérablement l'immunité par anticorps contre le virus. Il peut donc *probablement* réinfecter des personnes précédemment atteintes du virus et contaminer un nombre important de gens vaccinés.

Une étude de l'Imperial College de Londres révèle que le *risque* d'être réinfecté après avoir déjà eu la Covid est 5,4 fois plus important avec Omicron qu'avec Delta. Et on ne sait pas exactement à quel point l'effet d'une dose de rappel perdure dans le temps. Toutefois, cela ne signifie pas que les vaccins perdent toute leur efficacité. Car les anticorps ne sont qu'un des volets de la réponse immunitaire, qui passe aussi par des cellules appelées « lymphocytes T ». Plus difficile à mesurer, cette « immunité cellulaire » n'en joue pas moins un rôle très important, notamment contre les formes graves de la maladie. On peut, en revanche, espérer qu'Omicron ne résistera pas aux pilules anti-Covid récemment annoncées par les laboratoires Merck et Pfizer. C'est, toutefois, une *hypothèse* (non une certitude) liée au fonctionnement de ces médicaments, qui doit encore être appuyée par les faits.

Les données cliniques laissent clairement penser qu'Omicron n'est pas plus dangereux que ses prédécesseurs, notamment Delta. Mais faut-il miser sur cette *éventualité* ? « C'est *quasiment certain* », a dit l'imminent scientifique américain Anthony Fauci à l'AFP, estimant même qu'il pourrait être moins dangereux. Mais faut-il miser sur cette autre *éventualité* ? C'est un *pari risqué*. Déjà, plusieurs décès ont été enregistrés dans les 80 pays où Omicron a été identifié. Si Omicron est moins dangereux, mais beaucoup plus contagieux (les États-Unis ont enregistré le record mondial jusqu'ici inégalé de 1 080 211 nouveaux cas dans la seule journée du 4 janvier 2022), les conséquences resteront, en effet, graves sur le plan collectif. Déjà, la croissance fulgurante du nombre de cas d'infections pourrait submerger les systèmes de santé qui ne sont pas préparés.

En sciences juridiques, les statistiques sont mêlées à la justice comme les tendons à la chair ; elles lient la masse et, pourtant, il est souvent difficile de se convaincre de leur importance. Quel besoin de statistiques dans une enquête criminelle – ne s'agit-il pas, entre autres, de chercher des indices, trouver et questionner des témoins, relever des traces sur la scène du crime ou sur les vêtements des accusés, et puis construire, à partir de tout ce corpus d'informations, un narratif convaincant ? Et pourtant, on ignore les statistiques à nos risques et périls, car ce sont elles qui nous aident en de nombreuses situations à prendre la bonne décision. Après une analyse biologique ou chimique, ce sont en fin de compte les statistiques qui serviront à décider si la trace provient de l'accusé lui-même et avec quelle probabilité, ou des vêtements qu'il a portés, ou du lieu qu'il a visité.

La théorie des probabilités et de la statistique peut révéler des secrets invisibles à l'œil nu, en aidant notre intuition souvent défaillante à mesurer correctement le poids d'une preuve scientifique en comparaison avec d'autres qui ne le sont pas, ou alors le poids d'une combinaison de preuves quand on a vu chacune présentée séparément. L'une des stratégies préférées des avocats de la défense est de jeter le doute sur chaque preuve, une par une. L'une des réponses possibles est de résister à cette séparation, en revenant à une considération globale des preuves prises ensemble. Là encore, la théorie mathématique peut rendre service de façon précieuse et même indispensable.

L'idée même d'utiliser des calculs pour déterminer la probabilité de la culpabilité d'un accusé, ou plus simplement pour déterminer la probabilité qu'un certain évènement précis ait eu lieu ou non, étant données les circonstances observées, n'est survenue dans le contexte judiciaire qu'à la fin du 19e siècle. Le théorème de Bayes a été utilisé plusieurs fois dans des procès, mais – notamment en Angleterre – il a malheureusement rencontré un mur d'incompréhension qui a fait que plus d'un juge en a interdit l'usage, même par des experts qualifiés. Les cas qui se prêtent le mieux à une utilisation directe du théorème de Bayes sont ceux où l'on présente très peu de preuves, mais parmi elles une preuve purement scientifique comme, par exemple, une fréquence de type de trace (humaine ou physique) présente dans la population générale fournie par un expert.

Il y a, bien sûr, de nombreuses situations où, malgré la plus grande clarté dans les explications, malgré une compréhension adéquate de la part de tous les acteurs, l'argument bayésien ne passe pas toujours. En effet, les statistiques concernant les évènements qui arrivent par hasard sont convaincantes, mais les statistiques concernant les actes volontaires et commis exprès ne le sont pas : aucun raisonnement du type « il est très rare de commettre cet acte » ne suffira jamais à nous convaincre qu'une personne donnée n'ait pas choisi de le faire, alors que l'observation « il est très rare que cela arrive à quelqu'un » nous fait douter, au contraire, du fait que c'est réellement ce qui s'est passé.

En raison de l'utilisation croissante de l'analyse scientifique dans les enquêtes criminelles, nous assistons à un retour en force du calcul des probabilités, longtemps banni des tribunaux. Toutefois, la mauvaise compréhension de ce calcul par le jury limite son utilité, ce qui a conduit, au cours de la dernière décennie, à un effort de pédagogie visant à améliorer la présentation des arguments mathématiques aux personnes peu familières des méthodes de raisonnement numéricologique. Ceci a mis en lumière un problème longtemps ignoré : pour des raisons psychologiques, nous n'analysons pas de la même manière les évènements aléatoires (accidents ou catastrophes naturelles) et ceux qui résultent d'actes commis par des êtres humains (meurtres, vols, viols, etc.). Ainsi, nous sommes amenés à surestimer la probabilité des deuxièmes par rapport aux premiers, même lorsque les probabilités réelles sont identiques.

Les sciences humaines et sociales comportent une forte part de hasard. En économie, le manque de prévisions fiables montre que cela dépend du hasard. Les économistes ne peuvent pas prédire l'avenir. Le consensus économique aurait échoué à prédire 148 des 150 précédentes récessions dans le monde au cours des 30 dernières années, affirme Prakash Loungani, économiste du Fonds monétaire international (FMI) lors d'une entrevue à la BBC. Toutefois, si les économistes sérieux nous parlent des grandes tendances, nous pouvons espérer que des gens en sortent plus gagnants que s'ils ne les avaient pas. La modélisation probabiliste intervient dans le domaine économique et industriel (fiabilité et performance des systèmes et des procédés, dont le comportement comme l'environnement de fonctionnement sont variables, gestion des approvisionnements et des stocks, politiques d'assurance, révisions économiques, décisions d'investissement et, plus généralement, évaluation et gestion du risque).

En sociologie, les sondages se font sur des personnes tirées au hasard. Les statisticiens ont retenu deux méthodes pour sélectionner les échantillons: la méthode aléatoire et la méthode des « quotas ». Dans le premier cas, il s'agit de tirer « au hasard » un grand nombre de personnes au sein d'une population mère. Dans le second cas, on choisit a priori la population mère que l'on souhaite interroger à partir des données sociodémographiques (sexe, âge, profession, niveau de diplôme, etc.) dont on dispose sur la population mère. Dans les deux cas, on cherche à mesurer, à l'aide d'outils statistiques, l'« exactitude » des résultats, c'est-à-dire la probabilité qu'ils soient justes, et selon quel pourcentage. Ce sont, de façon concrète, les fameuses « marges d'erreur » ou « intervalle de confiance » que l'on retrouve dans les notices méthodologiques des enquêtes statistiques.

L'essentiel de la démarche statistique est de déduire des informations sur une population donnée à partir d'un petit échantillon aléatoire. Les différentes techniques utilisées (de l'induction énumérative de Francis Bacon aux théories de la vérification d'hypothèses et du modèle expérimental de Karl Pearson et de Ronald Aylmer Fisher, pères fondateurs de la statistique moderne) reposent toutes sur cette idée devenue évidente. Mais, pour obtenir les informations de départ, on peut être amené à employer des méthodes assez particulières. L'une de ces méthodes consiste à obtenir d'un groupe de personnes des renseignements délicats ou gênants, sans porter atteinte à l'intimité de leur vie privée. C'est, par exemple, le cas où l'on veut savoir combien de personnes se sont adonnées à certaines pratiques sexuelles, afin de déterminer l'incidence de ces pratiques sur le Sida.

En psychologie, la théorie des « probabilités subjectives » étudie la façon dont on perçoit le hasard et les lois qu'on lui prête à tort ou à raison. Les résultats sont parfois sans appel : on a, vis-à-vis du hasard, des idées farfelues à bien des égards. Certaines de ces erreurs ont été étudiées, notamment le « *biais du parieur* », l'« *illusion de contrôle* » et les « *corrélations illusoires* ». Typiquement, on attend un "Pile" après un "Face" dans 60 % des cas (au lieu de 50 %) ; mais après une série de 3 "Pile", c'est dans 80 % des cas que l'on imagine "Face". Et, plus la série de tirages identiques est longue, plus on surestime la probabilité d'alternance (qui, en réalité, reste égale à elle-même, donc à 50 %). Ceci amène un joueur qui a perdu de nombreuses fois à penser que sa probabilité de gain est plus élevée qu'au début et le conduit déraisonnablement à continuer le jeu et, par le fait même, à continuer de perdre. Cette conception fausse du hasard est ce qu'on nomme, pour cette raison, le *biais du parieur*.

Une autre erreur psychologique qui influence notre perception du hasard est l'*illusion de contrôle* : nous avons bien souvent l'impression que les évènements qui se produisent autour de nous sont, au moins partiellement, sous notre contrôle. Par exemple, il n'est pas rare de voir des joueurs de dés lancer les dés rageusement pour obtenir un 6, et délicatement s'ils veulent obtenir un 1. Certains secouent les dés en les invoquant, les yeux fermés, comme si ces incantations pouvaient influencer les évènements qui suivent. L'illusion du contrôle nous amène souvent, de façon diffuse, à penser que nous pouvons contrôler, en partie, le hasard.

Une autre bizarrerie psychologique qui influence notre façon de voir le hasard concerne les *corrélations illusoires*. Lorsque nous observons des évènements qui ne sont en aucun cas liés, comme par exemple le mois de naissance et le caractère d'une personne, nous croyons magiquement percevoir des régularités et des corrélations (des liens). C'est ainsi que bon nombre de personnes remarquent qu'elles dorment mal les jours de pleine lune, pendant que d'autres constatent le contraire. Nous ne pouvons pas, en ces matières, nous fier à nos impressions. Ces liens que nous croyons percevoir et qui n'existent pas sont des corrélations illusoires.

Dans la vie de tous les jours, le terme « hasard » s'applique à de nombreuses situations imprévisibles : la rencontre fortuite d'un ami au détour d'une rue, une somme d'argent que l'on gagne à un jeu. Deux passagers qui ne se connaissent pas et qui viennent l'un du Canada, l'autre des États-Unis sont assis côte à côte dans un Boeing d'Air France lors d'un transit Paris-Conakry. Au cours de leur conversation, ils découvrent que l'épouse de l'un a fait ses études secondaires dans le même lycée que l'épouse de l'autre. Ce genre de coïncidence n'a, en fait, rien d'extraordinaire. Ces coïncidences de rencontre ont été étudiées de façon plus empirique par le psychologue américain Stanley Milgrim, figure emblématique de la psychologie sociale du 20e siècle.

L'expérience de Stanley Milgrim

Dans ses recherches désormais célèbres, Milgrim a démontré qu'un individu est relié à n'importe quel autre individu par une courte chaîne d'environ six relations sociales. Le concept de « *six degrés de séparation* », introduit par Milgrim et confirmé depuis lors par plusieurs travaux, est utilisé pour analyser des phénomènes comme la propagation des rumeurs ou les épidémies. Milgrim s'y est pris en donnant à chaque membre d'un groupe de volontaires choisi au hasard une lettre qui, à la fin de l'expérience, devait parvenir à une certaine personne dont l'adresse était fournie. Les consignes étaient que chaque personne envoie effectivement le document à celle de ses relations la plus susceptible de connaître l'individu-cible, en lui demandant de faire la même chose. L'opération devait se répéter jusqu'à ce que la lettre parvienne à la personne-cible.

Cette étude peut nous paraître moins spectaculaire que le calcul de probabilités ; mais elle nous permet de comprendre comment des informations « confidentielles », des rumeurs ou des plaisanteries peuvent se répandre aussi vite à travers une population. Si l'individu-cible est quelqu'un qui est connu, le nombre d'intermédiaires est encore plus faible (surtout si l'on a un lien quelconque avec une ou deux célébrités). Par exemple, combien d'intermédiaires existe-t-il entre vous et Macky Sall ? À supposer qu'il en existe *n*, le nombre d'intermédiaires qui vous séparent d'Alassane Ouattara est de (n + 1) puisque Macky Sall a rencontré Ouattara. Vous êtes relié à Sidya Touré par (n + 2) personnes puisque Macky Sall a connu Ouattara qui a connu Sidya. Vous êtes relié à Cellou Dalein par (n + 3) personnes puisque Macky Sall a connu Ouattara qui a connu Sidya qui a connu Cellou Dalein. Et vous êtes relié à Aliou Condé par (n + 4) puisque ce dernier connaît les trois précités qui le connaissent aussi. La plupart des gens sont ainsi surpris lorsqu'ils découvrent à quel point la chaîne qui les relie à presque n'importe quelle célébrité est courte. Comme quoi le monde est petit !

Le problème « du petit monde »

La manière la plus simple de formuler le problème « du petit monde » est la suivante : « Quelle est la probabilité que deux personnes quelconques, choisies arbitrairement dans une grande population, comme celle des États-Unis, se connaissent ? » Cette théorie du « petit monde » a depuis été largement utilisée et étudiée. Par exemple, en 1998, Duncan J. Watts et Steven Strogatz de l'Université Cornell ont publié le premier modèle de réseau sur le phénomène du petit monde. Ils ont montré que les réseaux du monde naturel (comme les réseaux électriques) et du monde artificiel (comme les réseaux de neurones utilisés en intelligence artificielle), présentent les caractéristiques du « petit monde ».

Le modèle mathématique développé par Watts et Strogatz a depuis été appliqué dans un large éventail de domaines différents (mathématiques, physique, biochimie, neurophysiologie, épidémiologie, économie, sociologie, marketing, systèmes d'information, réseautage sur Internet, etc.). Par exemple, en informatique, le phénomène du petit monde (bien qu'il ne soit pas couramment appelé ainsi) est utilisé dans le développement de protocoles *pair-à-pair*[7] sécurisés, de nouveaux algorithmes de routage pour Internet, les réseaux sans fil et des algorithmes pour les réseaux de communication de toute sorte.

---

[7] Le système ***pair à pair*** (en anglais *peer-to-peer*, souvent abrégé « P2P ») est un modèle d'échange en réseau où chaque entité est à la fois client et serveur, contrairement au modèle client-serveur. Les échanges peuvent se faire directement entre deux ordinateurs connectés au système, sans transiter par un serveur central. Le *pair à pair* permet ainsi à tous les ordinateurs de jouer directement le rôle de client et de serveur.

Hasard et coïncidences

Les coïncidences, les mystères du synchronisme, les ironies du sort ou de la vie sont des évènements qui sont beaucoup plus fréquents que les gens n'en ont conscience, en général. À titre d'illustrations emblématiques, rappelons que Christophe Colomb a découvert l'Amérique en 1492 alors qu'il cherchait à rallier le Japon et la Chine par le chemin du Ponant (par l'Ouest), et que son compatriote Enrico Fermi a découvert en 1942 l'univers de l'atome, 1492 et 1942 reproduisant la même suite de quatre chiffres.

Si les coïncidences et les valeurs extrêmes attirent l'attention, les valeurs moyennes ou « espérances mathématiques » sont généralement beaucoup plus instructives. On appelle « *espérance mathématique* » d'une donnée variable la moyenne des valeurs qu'elle peut prendre compte tenu de la probabilité liée à chacune de ces valeurs. Par exemple, si une certaine quantité est égale ¼ du temps à 2, 1/3 du temps à 6, 1/3 du temps encore à 15 et le 1/12 de temps restant à 54, sa valeur moyenne (ou plus justement son espérance mathématique) sera de (2 x ¼) + (6 x 1/3) + (15 x 1/3) + (54 x 1/12) = 12.

Pour illustrer simplement ce type de calcul, imaginons une compagnie d'assurances couvrant des risques domestiques et supposons qu'elle a de bonnes raisons de penser que chaque année, en moyenne, une de ses polices sur 10 000 donnera lieu à un sinistre de 200 000 dollars ; une sur 1 000, à un risque de 50 000 dollars ; une sur 50, à un sinistre de 2 000 dollars – les polices restantes se soldant par des sinistres nuls (0 dollar). Cette compagnie aimerait connaître le débours moyen qu'elle a ou aura à effectuer par police souscrite (par an et sur la base de 10 000 polices). La réponse est donnée par l'espérance mathématique de ces débours qui est, dans ce cas, de
(200 000 x 1/10 000)+(50 000 x 1/1 000)+(2 000 x 1/50)+(0 x 9 789/10 000) = 20+50+40 = 110 dollars. La compagnie déboursera, en moyenne, 110 dollars par police souscrite.

Probabilités et statistiques au laboratoire médical

Supposons, à présent, qu'un laboratoire médical analyse des échantillons sanguins pour dépister une certaine maladie qui touche à peu près une personne sur cent. Les gens viennent au laboratoire par groupes de cinquante et le directeur du laboratoire se demande si, au lieu d'analyser chaque échantillon séparément, il ne pourrait pas regrouper les 50 échantillons pour les analyser ensemble. Si l'échantillon global est négatif, il saura avec certitude que le groupe entier est sain. Par contre, si le test est positif, il analysera les échantillons un par un. Quel est le nombre moyen de tests que le directeur du laboratoire aura à effectuer s'il groupe les échantillons ?

Le directeur du laboratoire effectuera soit un seul test (si le résultat global est négatif), soit 51 tests (si le premier test est positif). La probabilité qu'une personne quelconque soit saine est de 99/100 ; donc, la probabilité que 50 personnes soient saines est de $(99/100)^{50}$. Par conséquent, la probabilité de n'avoir à effectuer qu'un seul test est de $(99/100)^{50}$. En revanche, la probabilité qu'une personne au moins souffre de la maladie est la probabilité complémentaire, c'est-à-dire $1 - [(99/100)^{50}]$, ce qui nous donne également la probabilité d'avoir à effectuer 51 tests. Le nombre moyen de tests que le directeur aura à effectuer est donc de $[1 \times (99/100)^{50}] + 51 \times [1 - (99/100)^{50}]$, ce qui donne approximativement 21 tests. Si le nombre de personnes devant subir cette analyse est très grand, le directeur du laboratoire aura tout intérêt à prélever une fraction de chaque échantillon individuel, à grouper ces prélèvements et à les analyser ensemble. Il n'analysera le reste des 50 échantillons individuels que si cela se révèle nécessaire. Il ne pratiquera ainsi que 21 analyses, en moyenne, par groupe de cinquante personnes.

La signification statistique et la signification pratique sont deux choses différentes. Un résultat est statistiquement significatif s'il est suffisamment improbable qu'il se produise par hasard. Bon nombre de médicaments ont la propriété d'être mieux que rien, mais pas de beaucoup. Un remède X qui calme immédiatement toutes les migraines, test après test, est certainement mieux que rien ; mais quel prix accepteriez-vous de le payer ? La publicité dira, à coup sûr, qu'il soulage un pourcentage « significatif » de cas, mais cette signification n'est que statistique. Il est plus courant de rencontrer la situation inverse : le résultat a une certaine signification pratique, mais ne veut presque rien dire au niveau statistique. Si, par exemple, une célébrité quelconque vante une marque de pâtes alimentaires, il n'y a évidemment aucune raison d'accorder la moindre signification statistique à cette déclaration personnelle.

Le hasard, les coïncidences et la loi

À Los Angeles, en 1964, une femme blonde avec une queue de cheval arracha le sac à main d'une passante. La voleuse s'enfuit à pied, mais on la vit monter plus tard dans une voiture jaune conduite par un homme de race noire, barbu et moustachu. La police finit par découvrir une femme correspondant à ce signalement, qui fréquentait un Noir barbu et moustachu, propriétaire d'une voiture jaune. On ne put établir aucune preuve flagrante de la culpabilité du couple, et on ne trouva pas de témoins capables d'identifier l'homme ou la femme. Il y avait simplement concordance de faits.

Néanmoins, pour le procureur, la probabilité d'existence d'un tel couple était si faible que la police avait obligatoirement cerné les coupables. Son argumentation se fondait sur les probabilités suivantes, concernant chacune des caractéristiques du couple : voiture jaune, 1/10 ; homme moustachu, ¼ ; femme à queue de cheval, 1/10 ; femme blonde, 1/3 ; homme de race noire barbu, 1/10 ; couple multiracial dans une voiture, 1/1000. Le procureur déclara que ces caractéristiques étaient indépendantes les unes des autres, si bien que la probabilité pour un couple de les remplir toutes était de $1/10 \times ¼ \times 1/10 \times 1/3 \times 1/10 \times 1/1000$, soit 1/12 000 000, un nombre si faible d'après lui que le couple en question devait être coupable. Les jurés suivirent l'avis du procureur.

L'affaire fut portée en appel devant la Cour Suprême de Californie, qui rejeta le verdict sur la base d'un autre calcul de probabilités.

Dans ce procès, l'avocat de la défense déclara que la probabilité de "un sur douze millions" (1/12 000 000) n'était pas la bonne. Il soutint que dans une ville de la taille de Los Angeles, où vivaient à l'époque peut-être 2 000 000 couples, la probabilité d'avoir plus d'un couple présentant ces caractéristiques ne pouvait pas être aussi infime, puisqu'un tel couple au moins existait déjà (les accusés). En se servant de la loi binomiale de distribution et du chiffre de 1/12 000 000, on arrive effectivement à une probabilité de 8 %. Faible peut-être, mais permettant tout de même d'émettre un doute raisonnable. La Cour Suprême accepta cette thèse et cassa le premier jugement.

Si n'importe quoi est unique parmi un ensemble de douze millions d'éléments, il n'y a aucune raison, quel que soit le problème considéré, de prendre cette rareté comme preuve de quoi que ce soit. Dans certains contextes, la survenance d'évènements fortement improbables est naturelle. Dans le cas du couple californien ci-haut rapporté, l'improbabilité pesait certes un peu plus lourd, mais l'avocat de la défense a néanmoins présenté le bon argument, largement suffisant pour casser le premier jugement.

Probabilités et performances professionnelles

Concrètement, les psychologues Amos Tversky et Daniel Kahneman ont analysé les performances des basketteurs professionnels dont le score habituel était de 50 % et ont conclu qu'elles paraissent totalement aléatoires. Apparemment, il n'existe pas en basketball de « main d'or » capable de marquer une série démesurée de paniers consécutifs. Les séries de paniers qui ont effectivement été réalisées ont très probablement été dues au hasard. Si un joueur shoote vingt fois au cours d'une soirée, par exemple, il est étonnant de constater qu'il a à peu près 50 % de chances de mettre quatre paniers de suite durant la partie. La probabilité qu'il mette au moins cinq paniers de suite à un moment du jeu est de 20 à 25 %, et celle qu'il en mette six ou plus les uns à la suite des autres est d'environ 10 %.

On peut penser que les expressions du type « série de déveines » (de malchances permanentes), de « victoire-miracle » (d'équipes sportives qui comptent sur la « *remontada*[8] » pour remonter leur handicap, etc.) sont des exagérations qu'utilisent les journalistes ou commentateurs sportifs pour avoir quelque chose à dire. Ces notions recouvrent certainement une réalité, mais elles sont trop souvent des tentatives désespérées de donner un sens à ce qui n'est plus que le résultat d'une certaine probabilité. Ainsi, après avoir été

---

[8] *Remontada* : Ce mot espagnol, lexicalisé en français, est défini dans le Larousse (2021) comme la « Remontée de score inattendue permettant à l'équipe qui perd d'emporter la victoire dans un match de football, alors qu'il y avait un grand écart de points entre les deux équipes ; par extension, victoire inespérée d'une équipe ou d'un joueur lors d'une compétition, quelle qu'elle soit ».

battus 5-1 à l'aller en coupe de l'UEFA en 1985-1986 sur la pelouse du Borussa Mönchengladbach, les Madrilènes ont réussi un match retour épique et, grâce aux doublés de Valdano et de Santillana, ont conservé le titre (4-0).

Les *remontadas* Real Madrid/Athlético (4-1) en finale de la Champions League et la victoire de FC Barcelone face au Paris Saint-Germain (6-1) en Ligue des champions font partie de la série d'exploits tout à fait exceptionnels, si peu vraisemblables qu'ils semblent pratiquement irréalisables et presque impossibles à prévoir par un calcul de probabilités. Des évènements rares de ce type ne peuvent pas être prévus individuellement. Toutefois, on peut décrire la façon dont ils peuvent se produire au moyen des probabilités.

Du point de vue social, la théorie des probabilités fut considérée comme le *calcul du comportement rationnel.* En 1814, Laplace affirma que les probabilités étaient simplement le bon sens réduit à du calcul. Pour les mathématiciens du Siècle des lumières, l'objectif était d'aboutir à une norme universelle du comportement humain. Les travaux sur les jeux n'étaient qu'un moyen de trouver les outils permettant de prendre des décisions rationnelles dans un monde d'incertitudes.

Il incombe à l'État de collecter et d'analyser des données démographiques afin que la « physique sociale » puisse découvrir des lois sociales analogues aux lois physiques, telles que la conservation de la « force morale ». En effet, les taux de natalité, de mortalité, de criminalité et de mariage semblent stables d'une année sur l'autre, bien que différant éventuellement d'un pays à l'autre, ce que l'on peut interpréter en disant que les corps sociaux possèdent des « physiques sociales » stables mais légèrement différentes entre elles.

Les enfants d'une famille

Il n'y a pas de *vraie* loi biologique qui donne la probabilité *exacte* qu'une femme ait exactement n enfants dans sa vie ; il ne faut pas rêver ou cauchemarder ! Il existe une loi approchée, dite *loi de Poisson*, qui représente à peu près cette probabilité. On peut aussi faire l'hypothèse suivante : « À chaque naissance, on a une chance sur deux d'avoir un garçon ». Ce n'est pas tout à fait vrai : il naît 105 garçons pour 100 filles. Il faut aussi partir du principe que les sexes des enfants sont indépendants les uns des autres, pour une même mère. Sans doute, pas tout à fait exact, non plus ! On peut donc représenter les n enfants d'une mère par une suite (a_1, a_2,…, a_n) où a_1 est égal à G (pour garçon) ou F (pour fille). On met le premier enfant en a_1, le deuxième en a_2, le troisième en a_3 et ainsi de suite.

L'univers Ω représentant les enfants d'une femme (disons quand même d'un couple) est formé de toutes ces petites suites :

- (F), (G) pour un seul enfant ;
- (F, F), (F, G), (G, F), (G, G) pour deux enfants ;
- (F, F, F), (F, F, G), (F, G, F), (G, F, F), (G, G, F), (G, F, G), (F, G, G), (G, G, G) pour trois enfants.

Mais on ne doit pas oublier la triste réalité des familles sans enfant ! On peut, par exemple, mettre en plus la suite (0) pour ce fait. On se retrouve bien ainsi dans un univers fini, puisque le nombre *n* d'enfants est fini. Il n'est, certes, pas naturel de déterminer les germes de probabilité de chacune de ces petites suites. On connaît, par contre, la probabilité de l'évènement A_n : « Il y a *n* enfants dans la famille ». Pour tout nombre entier non nul ($n \geq 0$), c'est : **P(An) = P(n enfants) =** $\mathbf{e^{-\lambda}}$ x $\mathbf{\lambda^n/n!}$, dans laquelle λ est une constante. En France, λ est voisin de 2,10. Sur l'ensemble du monde, il est de 2,52, avec 4,64 en Afrique.

Probabilités d'avoir des filles ou/et des garçons

Considérons un type d'évènement plus prosaïque : il s'agit d'étudier pendant dix ans mille couples mariés qui désirent avoir trois enfants. Supposons que 800 d'entre eux réaliseront leur souhait. La probabilité pour un couple quelconque d'avoir trois filles est de ½ x ½ x ½ = 1/8. Donc, environ 100 de ces couples auront trois filles. Symétriquement, 100 couples auront trois garçons. Avoir deux filles et un garçon peut se réaliser de trois façons différentes (FFG, FGF, GFF), chacune de ces occurrences ayant la même probabilité de $(1/2)^3$ ou 1/8. La probabilité d'avoir deux filles et un garçon est donc de 3/8. Symétriquement, celle d'avoir deux garçons et une fille est la même. Environ 300 couples sur 800 auront donc deux filles et un garçon, et trois cent autres couples auront deux garçons et une fille.

Prévisions d'évènements rares

Ce qui précède n'a vraiment rien de très étonnant, mais le type de prévision fondé sur des calculs de probabilité est possible aussi pour des évènements beaucoup plus rares (en utilisant des notions statistiques un peu plus complexes que la loi binomiale utilisée ci-dessus). Ainsi, le nombre d'accidents qui se produisent chaque année dans le Grand Conakry, le nombre de pluies torrentielles par an en Haute Guinée, le nombre de cas de leucémie en Guinée Forestière peuvent tous être calculés de façon tout à fait précise grâce à la loi dite « loi de Poisson » ou « loi des petites probabilités ».

Il faut tout d'abord connaître approximativement la rareté de l'évènement considéré. Si vous la connaissez, rien ne vous empêchera (avec l'aide de la loi de Poisson) d'avoir une idée tout à fait précise du pourcentage d'années pendant lesquelles il n'y a eu aucune pluie torrentielle en Haute Guinée, ou bien une pluie, ou deux, ou trois. De la même façon, vous pourrez prévoir le pourcentage d'années durant lesquelles il n'y aura aucun accident dans le grand Conakry, ou un de ces accidents, ou bien deux, trois, etc. En ce sens, les évènements très rares sont eux-mêmes tout à fait prévisibles.

Évènements indépendants

On dit que les deux évènements A et B sont indépendants lorsque la réalisation de l'un n'a aucune influence sur la réalisation de l'autre. Il s'agit donc d'une notion relevant de la « logique courante ». En voici un exemple tout bête de la vie courante : Considérons les évènements A = « La voiture d'Asta est grise » et B = « Il pleut le 15 août à Conakry ». Les deux évènements A et B sont évidemment indépendants ! Par contre, les évènements C = « La voiture de Lansana a quinze ans » et D = « Lansana vient de casser l'embrayage » ne sont pas indépendants, car l'âge du véhicule influence la fragilité de ses pièces.

Nous pouvons caractériser mathématiquement l'*indépendance* de deux évènements A et B de façon simple et agréable : Si les évènements A et B sont indépendants, l'évènement A a la même probabilité de se réaliser, que l'évènement B soit réalisé ou non, ce qui se traduit symboliquement par P(A/B) = P(A) ou, de façon symétrique, par l'égalité

$$\boxed{\mathbf{P(A \cap B) = P(A) \times P(B)}}.$$

Cette relation signifie que si deux évènements A et B sont indépendants au sens où la survenance de l'un n'a aucune influence sur la survenance de l'autre, alors la probabilité qu'ils surviennent tous les deux s'obtient en multipliant la probabilité de l'un par la probabilité de l'autre.

Par exemple, la probabilité d'obtenir deux faces en lançant une pièce deux fois est ½ x ½ = ¼. En effet, sur les quatre possibilités qui ont, chacune, autant de chance de se produire ((Pile, Pile); (Pile, Face); (Face, Pile); (Face, Face)), une seule correspond à deux faces. Pour la même raison, la probabilité d'obtenir cinq faces quand on lance une pièce cinq fois de suite est de $(1/2)^5$ = 1/32, puisqu'une série de cinq faces est l'une des trente-deux possibilités existantes et aussi susceptibles de se produire.

De façon similaire, étant donné qu'une personne choisie au hasard a onze chances sur douze de ne pas être née en juillet (probabilité de 11/12) et que les dates de naissance des gens sont des évènements indépendants, la probabilité que personne ne soit né en juillet parmi un groupe de douze individus choisis au hasard est de $(11/12)^{12}$, soit 0,352 ou 35,20 %.

L'indépendance des évènements est une notion essentielle en probabilité. Lorsqu'elle se vérifie, le fait de pouvoir appliquer la règle du produit simplifie considérablement les calculs. D'ailleurs, beaucoup d'auteurs prennent la formule **P(A∩B) = P(A) x P(B)** comme la définition de deux évènements indépendants A et B. Il vaut mieux partir en sens inverse, de la notion intuitive et courante d'indépendance. Ceci dit, il n'est pas toujours clair de voir « intuitivement » si certains évènements sont indépendants ou non ; il faut donc revenir à la caractérisation mathématique.

Activité 8 : Avec deux dés équilibrés

On lance deux dés équilibrés, un rouge et un bleu. On considère les deux évènements A « La somme des faces sorties vaut 8 » et B « Les deux faces sorties sont impaires ».

a) Déterminer l'univers Ω des probabilités.

b) Les évènements A et B sont-ils indépendants ?

a. On voit apparaître un chiffre pour le dé rouge et un chiffre pour le dé bleu. Un résultat du lancer est donc un couple (r, b) avec 6 valeurs possibles pour r et 6 valeurs possibles pour b, ce qui donne 36 valeurs possibles pour le couple (r, b). L'univers Ω est donc l'ensemble des 36 résultats possibles du lancer :
$\Omega = \{(1,1), (1,2), (1,3), (1,4), (1,5), (1,6), (2,1), (2,2), (2,3), (2,4), (2,5), (2,6), (3,1), (3,2), (3,3), (3,4), (3,5), (3,6), (4,1), (4,2), (4,3), (4,4), (4,5), (4,6), (5,1), (5,2), (5,3), (5,4), (5,5), (5,6), (6,1), (6,2), (6,3), (6,4), (6,5), (6,6)\}$.

b. Comme les dés sont honnêtes, chaque couple a une chance sur 36 de sortir. Nous mettons donc un poids élémentaire de 1/36 sur chaque couple. Dans l'évènement A, les cas favorables sont (2,6), (3,5), (4,4), (5,3), (6,2). On a ainsi P(A) = 5/36. Dans l'évènement B, on a trois valeurs possibles pour b et trois pour r, ce qui donne 9 cas favorables. On a P(B) = 9/36 ou ¼ (l'évènement a lieu dans 25 % des cas)
   - $A \cap B$ est l'évènement « La somme fait 8, avec des faces impaires ». Les cas favorables sont donc (3,5), (5,3) et $P(A \cap B) = 2/36$.
   - On a P(A) x P(B) = $(5 \times 9)/36^2 \neq 2/36$. Les deux évènements A et B ne sont donc pas indépendants.

Exemples d'évènements manifestement indépendants

Voici quelques exemples d'évènements manifestement indépendants ou non, sans qu'il y ait la moindre vérification mathématique (sans manipulation de la formule ci-haut encadrée).

- ✓ Quand on lance plusieurs fois de suite une pièce de monnaie, équilibrée ou non, chaque lancer est indépendant des précédents.
- ✓ Quand on tire successivement plusieurs boules d'une urne, mais en remettant à chaque fois la boule tirée dans l'urne, les tirages sont indépendants les uns des autres.
- ✓ Quand on tire des boules sans remise dans une urne, les tirages ne sont pas indépendants entre eux. En effet, le nombre total de boules diminue à chaque tirage, et la situation change à chaque fois.

Probabilité conditionnelle

La notion de probabilité conditionnelle se rencontre tous les jours dans la vie courante, même si l'on n'a pas conscience de cela. En voici quelques exemples :

- Quand il a plu pendant quatre jours, on se dit que cela va bien s'arrêter, et qu'il fera sans doute beau le lendemain. On peut formaliser cette idée sous la forme : « Sachant qu'il pleut depuis quatre jours, la probabilité qu'il fasse beau demain est grande ».
- Quand Jean vient d'avoir un petit accident de voiture, il se dit qu'il en a pour un certain temps avant d'en avoir un autre. On peut formaliser ceci sous la forme : « Sachant que Jean vient d'avoir un accident, la probabilité qu'il en ait un autre dans le mois est presque nulle ».
- Ou bien, sur la route : « Sachant que la voiture devant moi conduit très bien et sans excès de vitesse, la probabilité que ce soit une femme qui conduise est élevée ».

Calculer la probabilité de l'évènement « Il va pleuvoir pour la marche pacifique du 17 août sachant que l'embrayage de Marc vient de casser le 31 juillet » paraît tout de même sans fondement. De même, le fait que la voiture de Marc tombe en panne n'a absolument aucune influence sur le climat. On peut attribuer des fautes banales de ce type à une maîtrise chancelante de la notion de probabilité conditionnelle. À moins que les évènements A et B soient indépendants, la probabilité de A, P(A), n'est pas identique à la probabilité de A compte tenu de la survenance de B, P(A/B).

Confusion entre les probabilités conditionnelles

En voici quelques exemples : la probabilité qu'une personne choisie au hasard dans l'annuaire téléphonique pèse plus de 125 kilos est assez réduite. Mais si l'on sait, d'une manière ou d'une autre, que cette personne mesure plus de 1,90 m, alors la probabilité conditionnelle qu'elle pèse plus de 125 kilos est beaucoup plus grande. Par ailleurs, la probabilité d'obtenir 12 en lançant deux dés à la fois est de 1/36. La probabilité conditionnelle d'obtenir 12, sachant que l'on a déjà au moins 11 est de 1/3 : les seuls résultats possibles sont (6,6), (6,5), (5,6). Il y a donc une chance sur trois d'obtenir 12, sachant que l'on a au moins 11.

Une autre confusion se produit couramment entre la probabilité de l'évènement A sachant que B est acquis, et de B sachant que A est acquis. Par exemple, la probabilité conditionnelle d'avoir tiré un roi quand on sait que la carte est une figure (roi, dame ou valet) est de 1/3. Mais la probabilité conditionnelle qu'une personne soit américaine sachant qu'elle parle anglais est, disons, de 1/5 ; mais la probabilité conditionnelle qu'une personne parle anglais sachant qu'elle est américaine doit être de l'ordre de 19/20, soit 0,95.

Voici un exemple d'escroquerie qui marche à cause de la confusion entre les probabilités conditionnelles. Imaginons un joueur avec trois cartes : l'une est noire des deux côtés, la seconde rouge des deux côtés et la troisième rouge d'un côté, noire de l'autre. Le joueur laisse tomber les cartes dans un chapeau et vous demande d'en tirer une, mais de ne regarder qu'une face. Supposons que la carte tirée soit rouge. Le joueur enregistre qu'il ne peut pas s'agir de carte noir/noir et qu'il reste donc deux solutions : rouge/noir ou rouge/rouge. Il vous offre de parier une certaine somme d'argent qu'il s'agit de la carte rouge/rouge. Est-ce que sa proposition est honnête ?

À première vue, on pourrait croire que la proposition est honnête. Il y a deux possibilités : le joueur parie sur l'une et vous sur l'autre. Là où le bât blesse, c'est qu'il a deux possibilités de gagner alors que vous n'en avez qu'une. En effet, la face visible peut être soit la face rouge de la carte rouge/noir (auquel cas vous gagnez), soit une face de la carte rouge/rouge (auquel cas il gagne), soit l'autre face de la carte rouge/rouge (auquel cas il gagne encore). Ses chances de gagner sont donc de 2/3. La probabilité d'avoir une carte rouge/rouge sachant qu'elle n'est pas noire/noire est de ½, mais ce n'est pas ainsi que le problème se pose ici. On ne sait pas seulement que cette carte n'est pas noire/noire ; on sait, en outre, qu'une face rouge est visible.

Les notions de probabilité conditionnelle et d'évènements indépendants se retrouvent dans la vie courante, mais avec une telle confusion : si la première personne que Faza croise le matin est du sexe opposé, alors Faza sera chanceux dans (presque) tout ce qu'il entreprendra la journée. Il s'agit clairement de deux évènements indépendants, mais une certaine socioculture (locale) fait croire qu'il y a une forte influence du premier sur le second. La notion de probabilité conditionnelle peut s'exprimer au regard du passé, et pas uniquement au regard d'un évènement que l'on attend. C'est le cas, par exemple, d'un jeu où chacun tire une carte sans la montrer. Supposons que Moh est la deuxième personne à tirer une carte, et que c'est un cœur. Quelle est la probabilité que la première personne ait aussi tiré un cœur ?

Sonder en toute confiance

Une application intéressante de la notion de probabilité conditionnelle est connue sous le nom de « *théorème de Bayes* ». Établi par le mathématicien, pionnier de la statistique, Thomas Bayes (1702-1761) au 18e siècle, ce théorème est maintenant à la base de la statistique bayésienne, qui est utilisée dans plusieurs domaines, incluant l'intelligence artificielle, la reconnaissance faciale et vocale, ainsi que la classification automatique. Un exemple parmi tant d'autres est le développement d'algorithmes pour l'identification du pourriel. Le pourriel, c'est le courrier électronique indésirable, envoyé massivement aux internautes, sans leur sollicitation, à des fins publicitaires (commerciales) ou malhonnêtes.

Supposons qu'un test de dépistage du cancer soit fiable à 98 % (autrement dit, qu'il sera positif dans 98 % des cas pour des personnes malades, et négatif dans 98 % des cas pour des personnes saines). Supposons, en outre, que 0,5 % des gens soient atteints d'un cancer (une personne sur deux cents). Imaginez à présent qu'une personne Lambda a subi ce test et que son médecin, l'air lugubre, lui a annoncé que le résultat était positif. La question à poser est la suivante : à quel point Lambda doit-il être déprimé ? La réponse, étonnante, est qu'il devrait rester prudemment optimiste. Pour comprendre cette réponse, regardons quelle est la probabilité conditionnelle que Lambda soit cancéreux sachant que le test est positif.

Considérons un échantillon de 10 000 tests. Sur ce nombre, combien sont positifs ? 0,5% en moyenne des personnes concernées seront effectivement malades, soit 50 sur 10 000. Puisque le test est efficace à 98 %, nous aurons 49 résultats positifs. Sur les 9 950 personnes saines, en revanche, 2 % auront malgré tout un test positif (soit 199). Ainsi, sur un total de 248 tests positifs (49 + 199), 199 seront faussement positifs ; ce qui veut dire que la probabilité conditionnelle d'avoir un cancer en ayant un test positif n'est que de 49/248, soit 20 % environ ! Ce pourcentage, relativement bas, est à mettre en parallèle avec la probabilité conditionnelle d'avoir un test positif quand on est effectivement malade, et qui est, elle, de 98 %. Ce résultat inattendu pour un test que l'on sait fiable à 98 % devrait faire réfléchir les législateurs lorsqu'ils envisagent de faire pratiquer des tests obligatoires ou largement répandus pour dépister les drogués, les séropositifs ou d'autres catégories de personnes. De nombreux tests sont moins précis.

Le binôme des « gagnants » et des « perdants »

Imaginons maintenant deux joueurs, Alpha et Cellou, qui lancent une pièce une fois par jour et parient respectivement sur Face et Pile. Cellou gagne chaque fois que le nombre de "Pile" sorties jusque-là dépasse le nombre de "Face". Alpha gagne dans le cas contraire. Cellou et Alpha ont autant de chances l'un que l'autre de gagner à tout moment, mais celui qui gagne a probablement été en tête la majeure partie du temps. S'ils ont lancé la pièce mille fois et si Cellou est en tête à la fin, il est infiniment plus probable qu'il ait gagné 90 % du temps, par exemple, plutôt que seulement 55 à 45 % du temps. De même, si Alpha est en tête à la fin, il y a d'énormes chances qu'il ait gagné plus de 96 % du temps, par exemple, et non 52 % ou 48 % du temps.

La raison pour laquelle ce résultat va tellement à l'encontre de l'intuition est que la plupart des gens ont tendance à imaginer des élastiques là où il n'y en a pas, et à penser que toute valeur qui s'éloigne un peu trop de la « moyenne » sera ramenée à son point de départ avec une force d'autant plus grande qu'elle sera allée plus loin. L'erreur classique du joueur est de croire, à tort, que parce qu'une pièce est tombée sur Face plusieurs fois de suite, il y a plus de chances qu'elle tombe sur Pile au prochain coup. La même chose se passe à la roulette ou aux dés. Mais, la pièce, elle, n'a jamais entendu parler de ces histoires de moyennes et d'élastiques. Si elle est tombée sur Face 519 fois et sur Pile 481 fois, la différence entre le total des "Face" et celui des "Pile" peut aussi bien augmenter que diminuer. Cela se vérifie même si la proportion de "Face" se rapproche finalement de ½ quand le nombre de lancers augmente considérablement.

Notons que le raisonnement erroné du joueur doit être distingué d'un autre phénomène qui, lui, est valide. Si, à nouveau, on lance la pièce mille fois, il y a de grandes chances que le nombre de "Face" soit, cette fois-ci, inférieur à 519. En termes de rapport, les pièces se comportent plutôt bien : plus le nombre de lancers augmente, plus la proportion entre le nombre de "Face" et le nombre de "Pile" se rapproche de 1. Mais, en termes de valeurs absolues, elles se comportent très mal : la différence entre le nombre de "Face" et le nombre de "Pile" a tendance à s'accroître au fur et à mesure que l'on continue à jouer, et les changements de « dominance » (plus de "Pile" que de "Face" ou vice-versa) ont tendance à devenir de plus en plus rares. Du coup, si même des pièces "justes" se comportent de façon anarchique lorsqu'on regarde leurs résultats absolus, on ne doit pas s'étonner que certains joueurs aient une réputation de « gagnants » et d'autres de « perdants », alors que la seule différence entre eux est une question de chance.

Malheureusement, peut-être, les gens sont plus enclins à remarquer une différence ponctuelle entre deux personnes qu'à les juger sur l'ensemble de leurs résultats qui, en fait, peuvent être très proches globalement. Si Cellou et Alpha ont gagné respectivement 519 fois et 481 fois, Cellou sera probablement baptisé « le gagnant » et Alpha « le perdant ». On peut se demander si les gagnants et les perdants, souvent, ne sont pas une seule et même catégorie de gens agglutinés le long d'une même ligne, les uns du "bon" côté et les autres du "mauvais". Dans le cas des pièces, le nombre étonnant de suites ininterrompues de "Face" ou "Pile", plus ou moins longues, soulève encore quelques observations paradoxales. Si Cellou et Alpha jouent chaque jour à Pile ou Face pour savoir qui paiera le déjeuner, on peut parier qu'au cours de neuf semaines environ, Cellou aura gagné cinq repas d'affilée, et Alpha également. Et, au cours d'une période de quatre à cinq ans, il est fort probable que chacun d'eux aura gagné, à un moment ou à un autre, dix repas d'affilée.

Ce qui précède montre qu'une connexion entre les jeux et les mathématiques (les probabilités) est valable à tous les niveaux du cursus scolaire ou universitaire et même au niveau de la recherche. Ceci vaut également pour l'humour. Ce qui précède illustre bien le fait que l'humour et les mathématiques sont des formes de jeux intellectuels qui se recoupent souvent dans les devinettes, les énigmes, les problèmes "impossibles" et les autres paradoxes. L'un comme l'autre, l'humour et les maths (les probabilités et la statistique) sont un caractère combinatoire et permettent, pour le plaisir, de dissocier ou d'associer des données de diverses manières, de juxtaposer, de généraliser, de mettre en ordre ou en désordre.

De plus, l'ingéniosité, le sens de l'incongruité, celui de l'économie d'expression (du "raccourci") sont essentiels aussi bien en maths que pour pratiquer l'humour. À ce sujet, on peut observer que les mathématiciens ont un sens de l'humour très particulier qui découle, peut-être, de leur formation. Ils aiment prendre les expressions au pied de la lettre, et ces explications littérales paraissent souvent incongrues, donc comiques, à côté du sens classique. Ils aiment aussi les démonstrations par l'absurde, les extrapolations qui poussent les choses à leur extrême, les jeux de mots fondés sur des associations d'idées ou de langage. Si l'enseignante faisait mieux connaître cet aspect ludique des maths d'une façon formelle dans l'enseignement préuniversitaire, de façon informelle dans les livres destinés au grand public, l'aversion et la peur bleue pour les maths ne seraient pas aussi répandues.

Deux résultats théoriques essentiels

L'attrait de la théorie des probabilités vient, en grande partie, du fait qu'elle permet de résoudre, grâce à des principes assez simples, des questions pratiques qui nous touchent directement et qui nous intriguent souvent. En voici deux résultats théoriques d'une importance fondamentale. Le premier est la *loi des grands nombres*, souvent mal comprise et souvent invoquée pour justifier toutes sortes de conclusions bizarres. Cette loi dit simplement qu'à long terme, la différence entre la probabilité d'un évènement quelconque et la fréquence relative à laquelle il se produit tend vers zéro. Elle a été décrite pour la première fois en 1713 par le médecin, physicien et mathématicien suisse Daniel Bernoulli (1700-1782).

Par exemple, dans le cas d'une pièce de monnaie parfaitement symétrique, la loi des grands nombres démontre que la différence entre ½ et le quotient du nombre total de "Face" obtenues par le nombre total de coups se rapproche de zéro, au fur et à mesure que le nombre de coups augmente. Mais cela ne veut pas dire que la différence entre le nombre total de "Face" et le nombre total de "Pile" diminue, au contraire, et cela ne justifie pas non plus l'illusion du joueur qui s'attend à avoir un Pile après une série de Faces. Cette loi justifie, entre autres, la conviction de l'expérimentateur qui pense que plus le nombre de mesures augmente, plus la valeur moyenne des quantités mesurées se rapproche de la valeur réelle.

Le deuxième résultat théorique est le « *théorème central limite* » qui prouve que la somme (ou la moyenne) d'un grand nombre de mesures suit une courbe de Gauss - du nom du mathématicien, astronome et physicien allemand Carl Friedrich Gauss (1777-1855), l'un des plus grands mathématiciens du 19e siècle. C'est ce résultat capital qui explique le fait que bien des phénomènes naturels puissent s'exprimer sous la forme d'une courbe de Gauss ou « courbe normale », en « forme de cloche », même si les mesures individuelles s'en écartent.

Loi normale

Bon nombre de quantités ne suivent pas une belle courbe de distribution en forme de cloche, et leur valeur moyenne ne présente pas grand intérêt si l'on n'a pas quelques notions de cette courbe de distribution et de l'ampleur des variations.

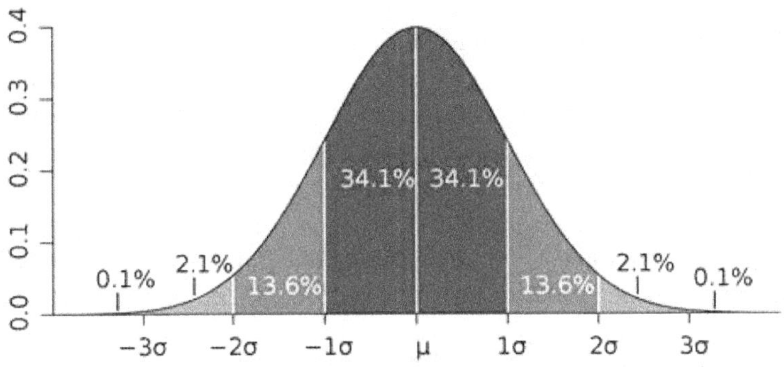

Courbe normale

De nombreuses situations de la vie quotidienne donnent une idée assez bonne de ces courbes. Imaginons une usine qui fabrique de petites piles pour des jouets et supposons que ces piles quittent la chaîne de fabrication au hasard et qu'elles sont emballées dans des boîtes de 36. Si nous calculons la durée moyenne de vie des piles contenues dans une boîte, nous découvrons qu'elle est proche de 700 (disons 709). Même chose pour une autre boîte (687). Si l'on examine ainsi un grand nombre de boîtes, la moyenne des moyennes sera très proche de 700. Plus fascinant encore est le fait que la distribution de ces moyennes sera à peu près normale (en forme de cloche) avec le bon pourcentage de boîtes ayant une moyenne comprise entre 680 et 700, entre 700 et 720, etc. Le théorème central limite établit qu'il en sera toujours ainsi, même dans des circonstances aussi nombreuses que variées. Les moyennes et les sommes de quantités anormalement distribuées auront néanmoins une distribution normale.

Pour ce qui est des problèmes de mesure, le théorème central limite justifie le fait que les mesures d'une quantité quelconque tendent à suivre une « courbe d'erreur » normale, en forme de cloche, centrée sur la valeur réelle de la quantité mesurée. D'autres quantités tendant à avoir une distribution normale sont, par exemple, les poids et les tailles en fonction de l'âge, la consommation d'eau d'une ville en une journée, les largeurs des pièces fabriquées, le nombre d'admissions dans un grand hôpital un jour donné, la quantité de jus distribuée par une machine automatique. On peut voir toutes ces quantités comme la résultante (moyenne ou somme) d'un grand nombre de facteurs (génétiques, physiques, sociaux), et le théorème central limite explique donc leur distribution normale. En résumé, les moyennes ou sommes de plusieurs quantités ont tendance à suivre une courbe de distribution normale, même si les quantités ne suivent pas cette courbe.

Quelques erreurs de statistiques

Même si les notions que nous venons de voir peuvent toutes donner lieu à de fausses interprétations, les erreurs les plus courantes en statistique reposent souvent sur des choses aussi simples que des fractions ou des pourcentages. En voici quelques illustrations typiques.

1. Une statistique fréquemment citée est qu'une femme sur onze aura un cancer du sein. Ce chiffre induit en erreur, car il repose sur un échantillon imaginaire de femmes qui vivraient toutes jusqu'à quatre-vingt-cinq ans et qui auraient, à tous les âges, les mêmes chances d'avoir un cancer qu'à cet âge-là. Or, une minorité de femmes seulement vivent jusqu'à quatre-vingt-cinq ans, les taux varient avec l'âge et sont beaucoup plus élevés pour les femmes âgées. À 40 ans, une femme sur mille est atteinte d'un cancer du sein chaque année ; à soixante ans, le taux est de 1/500. Une quadragénaire-type a environ 1,4 % de chance d'avoir un cancer avant l'âge de cinquante ans, et 3,3 % de chance d'en avoir un avant soixante ans. Pour exagérer un peu, disons que le taux de 1/11 équivaut à dire que neuf personnes sur dix auront un jour des taches de vieillesse, ce qui ne signifie pas pour autant que ce problèmes doive être une préoccupation majeure à trente ans.

2. Un autre exemple d'une statistique techniquement correcte mais induisant en erreur est le fait de dire que les maladies cardiaques et le cancer sont les deux principales causes de mortalité aux États-Unis. C'est indubitablement exact ; mais, selon les Services de Contrôle des Maladies, ce sont plutôt les morts accidentelles (accidents de voiture, empoisonnements, noyades, chutes, brûlures, armes à feu) qui entraînent les plus grosses pertes en années de vie potentielle, l'âge moyen des victimes étant considérablement plus bas que celui des victimes du cancer ou des maladies cardiovasculaires.

3. Les pourcentages, que l'on apprend pourtant au Primaire, sont continuellement mal employés. Par exemple, malgré une opinion assez répandue, un article dont le prix a été augmenté de 50 % puis réduit de 50 % n'a, en fait, subi qu'une réduction de 25 %. De même, une robe dont le prix a été cassé de 40 %, puis une nouvelle fois de 40 % est seulement 64 % moins chère, et non 80 %.

4. À l'heure où les dentifrices traditionnels sont de plus en plus décriés à cause de leur contenu en fluor et en aluminium et de leurs effets néfastes sur la santé buccale, le nouveau dentifrice, qui supprime les caries à 200 %, doit être capable de les supprimer deux fois plus : une première fois en comblant les trous et une seconde fois en formant une bosse dessus. Mais, ce chiffre de 200 %, s'il signifie quelque chose, indique peut-être que le nouveau dentifrice réduit les caries de 30 % alors que les anciens dentifrices ne les réduisaient que de 10 % (la réduction de 30 % représentant un progrès de 200 % par rapport aux 10 % de départ). Mais cette dernière explication, si elle est plus juste, est moins spectaculaire ; cela explique qu'elle ne soit pas utilisée.

Une bonne attitude qu'il faut adopter devant un pourcentage est de toujours se demander : « Pour-cent de quoi ? ». Par exemple, si des bénéfices sont de 12 %, s'agit-il de 12 % des frais, des ventes, des bénéfices de l'année précédente ou de quoi ?

Les fractions sont une autre source de frustration pour les achiffrés. Combien d'écoliers guinéens seraient incapables de passer un examen tout simple à base de fractions, de nombres décimaux, de pourcentages et de conversions entre les uns et les autres ?

5. *Aux États-Unis, un homme agressé au centre-ville déclare que son agresseur était un Noir. Pourtant, lors de multiples reconstitutions de l'agression dans des conditions similaires d'éclairage, la victime n'identifie correctement la race de son agresseur que dans 80 % des cas. Quelle est la probabilité que son assaillant ait effectivement été noir ?*

Beaucoup de gens répondront 80 %, bien sûr, alors que le chiffre correct, compte tenu d'un certain nombre d'hypothèses raisonnables, est beaucoup plus bas. On peut, entre autres, considérer les hypothèses suivantes : on compte à peu près 90 % de Blancs pour 10 % de Noirs ; le quartier où l'agression a eu lieu est représentatif de cette proportion ; aucune race n'est prédisposée plus que l'autre à commettre une agression, et la victime peut aussi bien se tromper dans un sens que dans l'autre, c'est-à-dire prendre un Blanc pour un Noir ou un Noir pour un Blanc.

Cela étant, pour 100 agressions se produisant dans des circonstances identiques, la victime croira dans 26 cas avoir affaire à un Noir (80 % des 10 personnes effectivement noires, soit 8, plus 20 % des Blancs, soit 18, ce qui donne un total de 26). Ainsi, comme huit seulement des personnes prises pour des Noirs étaient effectivement noires (sur vingt-six), la probabilité que la victime ait été attaquée par un Noir, en étant persuadée de l'avoir été, est seulement de 8/26, soit environ 31 % !

Ce calcul, similaire à celui qui portait sur les faux résultats positifs de certaines analyses médicales, démontre que mal interpréter une fraction peut être une question de vie ou de mort.

Quelques remarques supplémentaires

Les remarques, étayées d'exemples qui suivent, reprennent quelques idées abordées dans cet ouvrage.

- Si les moyennes sont attrayantes, il faut parfois s'en méfier. Rappelez-vous la plaisanterie archiconnue de l'homme qui a la tête dans un four, les pieds dans un réfrigérateur et qui déclare se sentir assez bien en moyenne !
- En voici un autre exemple (numérique) : dire qu'une certaine quantité vaut 100 en moyenne, cela signifie que ses différentes valeurs peuvent être comprises entre 95 et 105, ou qu'une moitié peut tourner autour de 50 et l'autour autour de 150, ou encore qu'un quart est égal à 0, une moitié à 50 et le reste proche de 300. N'importe quelle autre distribution de valeurs est possible.
- Se fier aveuglément aux moyennes peut avoir quelquefois des conséquences plus graves sur le plan psychologique et affectif. Par exemple,

le médecin annonce au patient Lambda qu'il souffre d'une maladie terrible qui laisse *en moyenne* un délai de survie de cinq ans. Si Lambda n'en sait pas plus, il peut encore espérer : peut-être que les 2/3 des victimes de cette maladie meurent dans l'année qui suit son déclenchement, alors qu'il est encore en vie au bout de deux ou trois ans. Le tiers « chanceux » peut donc bénéficier d'une espérance de vie de 10 à 40 ans, pourquoi pas ? Le problème est que, si Lambda connaît la moyenne de survie sans connaître la distribution des différents délais de survie, c'est qu'il lui sera difficile de planifier intelligemment l'avenir.

Ce qu'on peut retenir de tout ce qui précède

La notion de probabilité s'insinue dans nos existences de bien des façons. Elle peut nous apparaître à travers les jeux d'argent ou de hasard (dés, cartes ou roulettes). Puis, nous nous rendons compte que tout, depuis les naissances, les décès, les accidents, les transactions économiques, jusqu'aux relations personnelles elles-mêmes, peut être traduit en statistiques. Ensuite, nous prenons conscience du fait que certains phénomènes très complexes, pourtant totalement déterminés, ne peuvent s'appréhender qu'au moyen de simulations de type probabiliste. Enfin, la mécanique quantique nous enseigne que les processus microphysiques les plus fondamentaux sont, eux aussi, de nature probabiliste. Rien d'étonnant, donc, si le cheminement jusqu'à une appréciation correcte de la probabilité et de son omniprésence est assez long.

Dans un monde de plus en plus complexe, plein de coïncidences dénuées de sens, on a moins besoin de faits supplémentaires que d'une meilleure maîtrise de ceux qui sont déjà connus. À ce niveau, rien n'est plus précieux que l'enseignement des probabilités. Tous les domaines abordés dans ce manuel, des vérifications statistiques aux fourchettes d'estimation, de la différence entre causalité et corrélation à la règle du produit, de l'art de faire une évaluation à celui de bâtir une expérimentation, de l'espérance mathématique à l'indépendance des évènements, avec exemples et contre-exemples à l'appui, devraient être connus d'une façon beaucoup plus large. Les probabilités, comme la logique, ne sont plus le domaine réservé des mathématiciens ; elles imprègnent nos vies, la vie de tout citoyen moderne.

Devant la prolifération de l'astrologie, de la parapsychologie et d'autres sciences parallèles, on doit éviter d'être atterré par la conviction trop largement répandue que les maths sont une discipline ésotérique, sans aucune relation avec le monde réel. L'écart entre nos désirs et la réalité est souvent immense. Puisque les nombres et la notion de hasard sont parmi nos ultimes principes de réalité, ceux qui les maîtrisent assez bien sont plus aptes que leurs semblables à déceler les impossibilités, les incongruités, les absurdités de toutes sortes. Or, cette prise de conscience de nos limites a quelque chose de divin, quelque chose qui fait que nous devrions la rechercher au lieu de la fuir. Le présent ouvrage contribue à montrer comment la résolution d'une riche variété de situations-problèmes nous aide à réaliser cette prise de conscience.

Dans les chapitres à venir, l'approche probabiliste ou statistique des thèmes ci-haut abordés est faite en douceur. Nous y traitons de quelques concepts fondamentaux de probabilité et de statistique, non pas de façon rigoureuse, mais plutôt intuitive. Leur approche repose sur quelques notions simples de probabilités et de statistique qui, malgré leur profondeur réelle, se comprennent aisément avec un peu de bon sens et d'arithmétique élémentaire. Et si, à l'occasion, une "démonstration" vous semble un peu compliquée, oubliez-la ; il ne vous en coûtera absolument rien !

CHAPITRE 5

RÉSOLUTION DE PROBLÈMES ET CALCUL DES PROBABILITÉS

Le calcul des probabilités est certainement l'une des branches les plus récentes des mathématiques, bien qu'il ait, en fait, près de quatre siècles d'existence. Après s'être cantonné dans l'étude des jeux de hasard, il s'est introduit dans presque toutes les branches de l'activité scientifique, aussi bien dans l'analyse (théorie du potentiel), l'économie, la génétique (lois de Mendel), la physique corpusculaire (toutes les théories statistiques) que dans la psychologie et l'informatique dont la source est l'étude de la quantité d'informations, données probabilistes s'il en est. Il est rare de trouver un tel exemple de « recouvrement » conceptuel dans le domaine scientifique.

Les jeux de hasard sont l'application la plus naturelle des probabilités, mais de nombreux autres domaines se servent des probabilités. Nous pouvons citer, entre autres :

- la **statistique**, vaste domaine qui s'appuie sur les probabilités pour le traitement et l'interprétation des données ;
- la **théorie des jeux** qui s'appuie fortement sur les probabilités et qui est utile en économie, plus précisément en microéconomie ;
- l'**estimation optimale** par usage de la loi de Bayes, qui sert de fondement à une grande partie des applications de décision automatique (imagerie médicale, astronomie, reconnaissance de caractères, filtres antipourriel).
- La **physique** comme la **biologie moléculaire** où l'étude du mouvement brownien pour de petites particules et les équations de Fokker-Planck font intervenir des concepts qui s'appuient sur le *calcul stochastique* (sur les phénomènes aléatoires dépendant du temps) et la marche aléatoire ;
- les **mathématiques financières** font un large usage de la théorie des probabilités pour l'étude des cours de la bourse et des produits dérivés. Citons, par exemple, le Modèle de *Black-Scholes* qui permet de déterminer le prix de certains actifs financiers (notamment les options) ;
- les **études probabilistes de sûreté** où l'on évalue la probabilité d'occurrence d'un événement indésirable. C'est devenu un outil d'évaluation des risques dans bon nombre d'installations industrielles, de centrales nucléaires.

On peut calculer les probabilités de deux façons : le calcul *a priori* et le calcul *a posteriori*. Basée sur un calcul mathématique, la première méthode fait appel à l'analyse combinatoire pour obtenir les probabilités ; elle recourt également aux caractérisations de la loi exponentielle ou de la modélisation par une loi normale grâce à l'usage du théorème central limite. Ces méthodes ont en commun le fait qu'aucune expérience ne soit nécessaire pour déterminer les probabilités qui sont déterminées *a priori*.

La deuxième méthode est le calcul *a posteriori*, autrement appelé probabilité statistique. Cette méthode part des résultats d'expériences pour déduire les probabilités. C'est, par exemple, le cas de l'utilisation de la *fréquence* comme estimateur de la probabilité, du maximum de vraisemblance ou de l'inférence bayésienne. Ces méthodes ont en commun le fait qu'une expérience soit nécessaire pour déterminer les probabilités qui sont déterminées *a posteriori*.

Voici quelques principales méthodes de calcul des probabilités.

De la combinatoire en calcul de probabilités

On peut ramener certains problèmes de probabilités à un calcul de dénombrement. Il s'agit des problèmes pour lesquels il y a un nombre fini d'issues possibles à l'expérience et où la probabilité de chaque issue est la même. Il est question de dénombrer (de compter) le nombre total de cas possibles et le nombre de cas favorables à la réalisation d'un évènement. Cette méthode permet de calculer, par exemple, la probabilité d'obtenir un 6 avec un dé régulier ou la probabilité d'obtenir un nombre pair ; mais elle ne permet pas de calculer les probabilités avec un dé biaisé, car alors la probabilité d'obtenir chaque face n'est plus la même. Cette méthode ne permet pas non plus de calculer la probabilité lorsqu'il y a un nombre infini de résultats possibles à l'expérience.

Estimateurs statistiques

Les estimateurs statistiques sont des valeurs calculées à partir d'un échantillon de la population totale ou d'un certain nombre de résultats de l'expérience aléatoire. Ces estimateurs sont souvent construits sur le *principe du maximum de vraisemblance* qui permet de construire toute une série d'estimateurs. Parmi ceux-ci l'estimation par la fréquence d'apparition permet de déterminer la probabilité d'un évènement lorsqu'il y a un nombre fini d'évènements possibles et que l'on peut reproduire un grand nombre de fois et de façon indépendante l'expérience. Il s'agit d'estimer la probabilité d'un évènement par sa fréquence d'apparition en répétant un très grand nombre de fois l'expérience. Par exemple, si nous effectuons N lancers d'une pièce de monnaie et que N_F représente le nombre de fois où la pièce tombe sur Face, à mesure que N devient de plus en plus grand, nous nous attendons à ce que le rapport N_F/N devienne de plus en plus proche de 1/2. Cela nous suggère de définir la probabilité P(F) d'obtenir Face comme étant la limite, lorsque N tend vers l'infini, de la suite des proportions :

$$\lim_{N \to \infty} \frac{N_F}{N} = \mathbb{P}(F)$$

Pour la probabilité d'un évènement, cet estimateur est, entre autres, un cas particulier de la *loi des grands nombres* en prenant, par exemple, la *variable aléatoire* X qui vaut 1 lorsqu'on obtient Face et 0 sinon. Cette variable s'appelle la *fonction caractéristique* de F. Il existe des généralisations pour des variables continues, comme la distribution empirique ou les estimateurs à noyaux. Ces estimateurs statistiques ont tous pour principal défaut le fait d'exiger qu'on soit capable de répéter un grand nombre de fois l'expérience aléatoire, ce qui n'est pas toujours possible de faire. Par exemple, dans la pratique, nous ne pouvons pas lancer une pièce une infinité de fois.

Révision Bayésienne

La révision bayésienne est une autre méthode de calcul des probabilités qu'on utilise, entre autres, en théorie des jeux ou en *intelligence artificielle*, pour créer des processus d'apprentissage. Cette méthode se base sur la révision au fur et à mesure des expériences d'une croyance initiale parfois appelée *probabilité a priori*. Le choix de cette croyance initiale dépend des contraintes imposées à la distribution de probabilité. De toutes les distributions compatibles avec les contraintes, on choisit celle d'*entropie* maximale, car c'est elle qui contient le moins d'information ajoutée. Ici, nous présentons seulement le mécanisme qui permet de réviser cette croyance initiale. Celle-ci se fait grâce au *théorème de Bayes* :

$$\textbf{P(Hypothèse| Preuve)} = \frac{\textbf{P(Preuve| Hypothèse) x P(Hypothèse)}}{\textbf{P(Preuve)}}$$

Dans cette version, la croyance initiale est P(hypothèse) ; c'est la probabilité qu'une certaine hypothèse se vérifie. On révise alors cette croyance initiale grâce à une preuve que l'on peut observer. On en déduit une nouvelle probabilité que l'hypothèse initiale soit vérifiée en tenant compte de la preuve que l'on a observée. Ce processus s'appelle la « *révision des croyances* ». On a choisi les termes « preuve » et « hypothèse » pour exprimer le lien qui existerait entre les deux événements, ainsi que le caractère asymétrique de ces deux événements. En fait, il faut que l'évènement « preuve », s'il se réalise, rende plus probable (ou moins probable) la réalisation de l'événement « hypothèse » pour que cette méthode aboutisse. Ces deux événements ne doivent pas, par exemple, être indépendants.

Exemples :

1. Pour savoir quel temps il fera demain, on regarde la météo. On connaît la probabilité que la météo annonce qu'il fera beau sachant qu'il fera effectivement beau : P(M|Pleut) = 0,2. Ces probabilités ont, par exemple, été estimées par d'autres méthodes sur l'année écoulée. Ici, l'événement *M* dénote le fait que la météo annonce du beau temps.
2. On part d'une croyance *a priori* sur le fait qu'il fera beau ou pas demain.

Par exemple, P(Beau) = ½ : on croit a priori qu'il y a une chance sur deux qu'il fera beau demain. Ici, notre hypothèse est le fait qu'il fera beau demain.

3. On estime P(M), la probabilité que la météo annonce qu'il fasse beau grâce à notre croyance initiale :
P(M) = [P(M |Beau) x P(Beau)] + [P(M |Pleut) x P(Pleut)] = (0,9x½) + (0,2x½) = 0,55. La météo annonce qu'il fait beau dans 55 % des cas. La probabilité qu'il fasse beau demain, sachant que la météo a annoncé du beau temps, est alors donnée par :

$$P(Beau|M) = \frac{P(M|Beau) \times P(Beau)}{P(M)} = (0,9 \times 0,5) / 0,55 \approx 82\ \%.$$

On pourrait alors réviser une deuxième fois l'hypothèse qu'il fera beau en regardant un deuxième bulletin météo d'une source différente. On prendrait alors comme croyance initiale la probabilité qu'il fasse beau que l'on vient de calculer. Cette méthode permet de réviser la croyance que l'on a dans le fait qu'un événement futur va se passer. On ne peut l'employer que lorsqu'on a la possibilité d'estimer les probabilités conditionnelles P(M |Beau), P(M |pleut), P(Preuve |Hypothèse) dans la formule donnée plus haut ainsi que P(Preuve|non Hypothèse) pour calculer P(Preuve). Cette méthode peut être utile car il est souvent plus simple de calculer les probabilités des observables conditionnées aux paramètres que de faire le contraire.

L'un des premiers problèmes de probabilité a été posé en 1654 par un joueur réputé, Antoine Gombaud, chevalier de Méré, au mathématicien et philosophe français Blaise Pascal (1623 - 1662). De Méré voulait savoir lequel des évènements « Obtenir au moins un 6 en lançant un seul dé quatre fois de suite » ou « Obtenir au moins un 12 en lançant deux dés vingt-quatre fois de suite » était le plus susceptible de se produire.

La *« règle du produit »* permet de résoudre ce problème si on l'associe convenablement au « *principe des probabilités complémentaires* ». Voyons en quoi consiste la règle du produit (règle du dénombrement) qui est le principe fondamental de l'analyse combinatoire.

La règle du produit (ou du dénombrement) : principe fondamental de l'analyse combinatoire (PFAC)

La « ***règle du produit*** », parfois appelée « ***règle du dénombrement*** », stipule que si on peut effectuer un choix quelconque de **m** différentes façons et un choix ultérieur de **n** différentes façons, alors on peut effectuer de **m x n** différentes façons ces choix l'un après l'autre.

Par exemple, si Maï possède dans sa garde-robe cinq chemisiers et trois jupes, elle peut s'habiller de 5 x 3 = 15 façons différentes. En effet, chacun des cinq chemisiers C_1, C_2, C_3, C_4 et C_5 pouvant être associé à chacune des trois jupes J_1, J_2, J_3, cela permet à Maï d'obtenir les 15 ensembles suivants :

(C_1,J_1), (C_1,J_2), (C_1,J_3), (C_2,J_1), (C_2,J_2), (C_2,J_3), (C_3,J_1), (C_3,J_2), (C_3,J_3), (C_4,J_1), (C_4,J_2), (C_4,J_3), (C_5,J_1), (C_5,J_2), (C_5,J_3).

En somme, le nombre total de résultats possibles d'une expérience aléatoire composée est égal au produit des nombres de résultats possibles de chacune des étapes qui la composent. Ainsi, si une procédure peut être représentée de $\mathbf{n_1}$ façons différentes et si après cette procédure, une seconde procédure peut être représentée de $\mathbf{n_2}$ façons différentes, et si, ensuite, une troisième procédure peut être représentée de $\mathbf{n_3}$ façons différentes, et ainsi de suite, alors le nombre de façons différentes qui permettent d'exécuter les procédures dans l'ordre indiqué est égal au produit $\mathbf{n_1 \times n_2 \times n_3 \times ... \times n_k}$.

Exemples :

1. Le nombre total de plaques d'immatriculation possibles dans un État où ces plaques se composent de deux lettres suivies de quatre chiffres est de $26^2 \times 10^4 = 6\,760\,000$. Si l'on ne peut pas avoir deux fois la même lettre ou le même chiffre, ce nombre sera de 26 x 25 x 10 x 9 x 8 x 7 = 3 276 000.
2. Si un menu comporte quatre entrées, sept plats principaux et trois desserts, un dîneur pourra composer 4 x 7 x 3 = 84 repas différents, en admettant le principe qu'il commande un plat de chaque série.
3. La règle du produit, trompeusement simple, est très précieuse lorsqu'il s'agit de déterminer de très grands nombres, tel que l'ensemble des postes téléphoniques que l'on peut appeler sans composer d'indicatif de zone (donc avec 9 chiffres). Le 0 et le 1 ne figurant généralement pas en première position, le premier chiffre peut être choisi indifféremment parmi huit chiffres (de 2 à 9) ; le second peut être choisi indifféremment parmi dix chiffres, de même que le troisième et tous les autres jusqu'au neuvième. Il y aura donc 9×10^6 combinaisons possibles (9 millions).
4. Un autre exemple, d'une importance cruciale pour les joueurs de cartes, est le nombre de jeux possibles de 5 cartes au poker. Si l'ordre des cartes comptait, il y aurait 52 x 51 x 50 x 49 x 48 possibilités de jeux différents (autant que de donnes possibles). Mais comme l'ordre des cartes n'a aucune importance et que 5 cartes ne forment toujours qu'un jeu, quelle que soit leur disposition, il convient de diviser le nombre total de donnes possibles par le nombre de façons dont 5 cartes peuvent être disposées les unes par rapport aux autres, soit 5 x 4 x 3 x 2 x 1. Le résultat est 2 598 960 jeux possibles. Une fois ce nombre connu, on peut calculer plusieurs probabilités d'une certaine utilité. Par exemple, les chances de recevoir 4 As sont de 48/2 598 960 (soit environ 1/50 000). Il existe, en effet, 48 façons différentes d'avoir en main 4 As, puisque ces 4 As peuvent être associés indifféremment à n'importe laquelle des 48 cartes restantes.
5. Par ailleurs, étant donné qu'une année compte 366 jours (avec le 29 février), il suffit de rassembler 367 personnes pour être absolument certain qu'au moins deux d'entre elles sont nées le même jour. Qu'en serait-il si l'on se contentait d'en être certain à 50 % seulement ? En d'autres termes, combien de personnes faudrait-il réunir pour avoir à coup sûr une chance sur deux que

deux personnes au moins auront la même date d'anniversaire ?

Le premier nombre qui vient à l'esprit est 183, la moitié de 366. Or, très étonnamment, il suffit de réunir 23 personnes. Autrement dit, dans la moitié des cas où 23 personnes sont réunies au hasard, on peut être sûr d'avoir au moins deux personnes ayant la même date d'anniversaire. Pour s'en convaincre, il faut appliquer la *règle du produit* qui permet de trouver le nombre de façons différentes de choisir 5 dates dans une année, les répétitions de dates étant permises : 365 x 365 x 365 x 365 x 365. Mais sur ces 365^5 possibilités, seules (365 x 364 x 363 x 362 x 361) sont telles que l'on n'aura pas deux fois la même date. On peut choisir n'importe lequel des 365 jours possibles en premier lieu ; n'importe lequel des 364 restants en second lieu, etc. Par conséquent, si l'on divise ce produit par la totalité des choix possibles (365^5), cela donne la probabilité de n'avoir aucun anniversaire commun parmi 5 personnes prises au hasard. Ensuite, si l'on soustrait cette probabilité de 1 (ou de 100, en termes de pourcentages), on obtient la probabilité complémentaire (que 2 au moins de ces 5 personnes soient nées le même jour). Si l'on effectue ce calcul pour 23 personnes, au lieu de 5, on obtient une probabilité de ½ (ou 50 %).

Mais attention ! Lorsqu'on affirme qu'il suffit de rassembler 23 personnes au hasard pour être sûr à 50 % que deux d'entre elles au moins sont nées le même jour, il faut préciser qu'on ne peut pas en être certain pour *un* jour particulier, comme le 18 février, par exemple. En effet, si l'on veut être certain à 50 % que quelqu'un du groupe soit né à la date du 18 février, il faudra un échantillon beaucoup plus grand – 253 personnes, pour être précis. Puisque la probabilité que quelqu'un ne soit pas né le 18 février est de 364/365 et puisque les dates de naissance sont des facteurs indépendants, la probabilité que deux personnes ne soient pas nées ce jour-là est de 364/365 x 364/365. Par conséquent, la probabilité que n personnes ne soient pas nées le 18 février est de $(364/365)^n$. Le calcul démontre qu'elle est de ½ lorsque $n = 253$. Il en découle que la probabilité complémentaire est, elle aussi, de ½ et qu'en d'autres termes, lorsque 253 personnes sont réunies, il y a une chance sur deux pour qu'une personne au moins soit née le 18 février.

La leçon à en tirer est qu'un évènement improbable quelconque a des chances de se produire, mais que cette probabilité est beaucoup moins grande pour un évènement *précis*. Le mathématicien Martin Gardner (1914-2010) illustre cette différence entre évènements *généraux* et évènements *spécifiques* au moyen d'un tambour sur lequel sont inscrites les 26 lettres de l'alphabet. Si l'on fait tourner le tambour 100 fois de suite et si l'on note les lettres qui apparaissent, la probabilité de voir surgir les mots BAS ou HAUT est infime.

En revanche, la probabilité de voir surgir un mot *quelconque* est grande. Ainsi, les polices d'assurance à large couverture qui permettent de se faire rembourser n'importe lequel dommage ont tendance à revenir moins cher à long terme qu'une assurance couvrant un risque *précis* ou un déplacement *particulier*.

Papert (1981) suggère que, dans des circonstances favorables, la pensée combinatoire de l'enfant pourrait se développer bien avant le moment ordinairement reconnu pour cette étape de son développement. En effet, comme l'attestent Piaget et Inhelder (1951), dès l'âge de 7–8 ans, l'enfant peut concevoir les ensembles d'éléments mélangés comme des totalités quantifiables. Comme tel, le mélange (qui est l'expression physique la plus simple du hasard) peut être conçu comme un brassage réel et non plus comme un désordre apparent. Jusqu'à 11–12 ans, l'enfant commence à entrevoir la possibilité des combinaisons, des permutations et des arrangements fortuits. En faisant réaliser l'activité suivante par des enfants de 7-8 ans, on peut en amener, sans doute, certains à partager cette vision.

Activité 9 : Modèles de tours de trois étages

Pouvez-vous trouver tous les modèles de tours de trois étages que l'on peut faire avec les cubes que vous avez à votre disposition ?

- **Organisation de la classe** : L'enseignante veille à ce que les élèves se regroupent en équipes de 3, 4 ou même de 5.
- **Matériel** : La classe dispose de 25 à 30 cubes de 4 couleurs différentes, soit entre 100 et 120 cubes pour chaque équipe. Il est préférable d'utiliser des cubes de bonnes dimensions (2 à 3 centimètres, par exemple).
- **Déroulement de l'activité**

➢ Au début, tous les élèves se ruent sur les cubes et construisent des tours, généralement toutes différentes, mais sans se soucier de ce que les camarades de l'équipe aient construit les mêmes tours ou non.

➢ Vient un moment où il n'y a plus de blocs et où il est opportun de suggérer de classer les tours pour vérifier si on les a toutes.

➢ Les méthodes de classement ne relèvent donc pas d'un modèle combinatoire achevé. Il se peut que certains enfants classent en mettant ensemble les tours n'ayant qu'une couleur, puis celles de deux couleurs et enfin celles de trois couleurs.

➢ Il se peut, cependant, que d'autres enfants classent les tours en considérant la couleur à l'étage du haut ou à celui du bas. Il se peut aussi que d'autres veuillent classer les tours d'après la position d'une couleur à l'un ou l'autre des étages. Par exemple, « Je classe les tours qui ont un bloc jaune au 1^ier^ étage, puis celles qui en ont un au second étage, etc. ».

➢ À vrai dire, il n'y a pas de bonnes ou mauvaises méthodes de classification. L'enseignante fera mieux d'utiliser les classifications déjà faites par les élèves pour les inciter à observer et commenter leur travail en les questionnant : « Est-ce que tu as toutes les tours dont le premier étage est jaune ? » ; « Comment peux-tu m'expliquer que tu as toutes les tours ? » ; « As-tu toutes les tours de trois couleurs ? Comment t'en convaincre ? (Comment le sais-tu ?) », etc.

Remarques

- ✓ L'enseignante découvrira qu'il y a quelquefois plus de variables que prévues à considérer et que les élèves ne se rendront, peut-être, pas jusqu'au bout du problème. Elle cherchera alors à identifier clairement la partie qui a été solutionnée et laissera les blocs à la disposition des élèves qui s'intéressent au problème et qui veulent continuer à l'explorer.
- ✓ En somme, on peut faire 64 tours différentes :
  - 4 tours d'une couleur ; c'est évidemment la partie facile du problème ;
  - 24 tours de deux couleurs ; ceci n'est pas trop difficile, non plus ;
  - 36 tours de trois étages ; ça c'est un peu plus complexe et il n'est pas certain qu'on s'y aventure très loin en 2ième année. Mais sait-on jamais ?

  Cette activité n'est pas exclusivement réservée aux enfants de cet âge. D'ailleurs, en voici d'autres assez simples que l'on peut proposer aux élèves de la 3ième année, à condition de leur fournir du matériel à manipuler.

Décrivons brièvement une situation-problème qui permet à l'enseignante d'introduire un peu de formalisme. Mais, cette phase d'institutionnalisation n'arrive qu'au moment de faire une synthèse du travail réalisé par les élèves.

Activité 10 : Combien de nombres différents de 6 chiffres

Combien de nombres différents de 6 chiffres pouvez-vous écrire ...

a) s'il n'y a aucune restriction ?

b) Si les nombres doivent être divisibles par 5 ?

c) Si les répétitions de chiffres sont exclues ?

L'enseignante s'assurera que tous les groupes notent que le premier chiffre ne peut pas être 0, car dans ce cas, le nombre aura 5 chiffres au lieu de 6.

a. S'il n'y a aucune restriction, on peut, en appliquant la règle de dénombrement, obtenir 9 x 10 x 10 x 10 x 10 x 10 = 900 000 nombres différents de 6 chiffres.

b. En rappelant que les nombres divisibles par 5 se terminent soit par 0 soit par 5, et en appliquant encore la règle du dénombrement, on obtient :
9 x 10 x 10 x 10 x 10 x 2 = 180 000 nombres différents de 6 chiffres.

c. Si les répétitions de chiffres sont exclues, on applique toujours le même principe ; mais, cette fois-ci, on aura 9 x 9 x 8 x 7 x 6 x 5 = 136 080 nombres différents de 6 chiffres, car chaque chiffre choisi ne peut être utilisé à nouveau.

Activité 11 : Avec les dés

Quelle est la chance d'obtenir un nombre multiple de 3 en lançant un dé ?

- On cherche d'abord les éléments de l'univers des possibles : Ω = (1, 2, 3, 4, 5, 6).
- Ensuite, on cherche, parmi ces résultats possibles, les éléments qui font que l'évènement A : « Obtenir un multiple de 3 » se réalise : (3, 6). On a deux cas où

l'évènement A a une chance de se réaliser sur un ensemble de six cas possibles.

- Finalement, on détermine la probabilité de l'évènement A, qui est le rapport entre le nombre de cas favorables (ici, 2) et le nombre de cas possibles (ici, 6), soit P(A) = 2/6 ou 1/3 (un tiers).

On peut faire le même type de raisonnement pour des évènements tels que « avoir un nombre pair (ou impair) », « avoir un nombre premier », ou avec les pièces de monnaie « avoir Pile », « avoir Face ».

La règle du produit dans le calcul de probabilités

Pour montrer comment on peut utiliser la règle du produit dans les calculs de probabilités, considérons, par exemple, deux personnes qui ne sont pas d'accord et qui prennent souvent une décision en tirant à Pile ou Face. Mais l'une d'elles peut mettre en doute la symétrie de la pièce (les deux aussi, d'ailleurs). Une petite astuce très futée, utilisant la règle du produit, a été trouvée par le mathématicien **John von Neumann** (1903–1957) pour permettre aux adversaires d'obtenir un résultat juste, même s'ils se servent d'une pièce truquée. On lance la pièce deux fois ; si elle tombe deux fois sur Face ou deux fois sur Pile, on la lance à nouveau deux fois. Si l'on obtient Face/Pile, le premier adversaire aura l'avantage ; si l'on obtient Pile/Face, c'est le second adversaire qui gagnera.

On obtient la même probabilité d'obtenir indifféremment l'un ou l'autre de ces deux évènements, que la pièce soit truquée ou non. En effet, si la pièce tombe sur Face dans 60 % des cas et sur Pile dans 40 % des cas, la probabilité d'obtenir une suite « Face/Pile » est de 0,6 x 0,4 = 0,24. Celle d'obtenir une suite « Pile/Face » est de 0,4 x 0,6, ce qui donne le même résultat 0,24. Ainsi, les deux adversaires peuvent être certains de la justesse du résultat même si la pièce n'est pas parfaitement symétrique (bien sûr, il ne faut pas que la pièce ait été truquée d'une autre façon).

Activité 12 : Avec un dé et une pièce de monnaie

Quelle est la probabilité qu'Asta obtienne "Face" sur une pièce de monnaie et "un multiple de 3" sur un dé lorsqu'elle lance la pièce et le dé en même temps ?

Cet événement est le résultat de deux événements qui se produisent en même temps. Observons toutes les possibilités sur un diagramme cartésien.

	1	2	3	4	5	6
P	(Pile, 1)	(Pile, 2)	(Pile, 3)	(Pile, 4)	(Pile, 5)	(Pile, 6)
F	(Face, 1)	(Face, 2)	(Face, 3)	(Face, 4)	(Face, 5)	(Face, 6)

L'évènement se produit lorsque Asta obtient (Face, 3) et (Face, 6). Il y a donc 2 chances sur 12 que l'événement se réalise. La probabilité est de 2/12, ou 1/6. On peut représenter différemment cet évènement comme suit :

Pile	1 — (Pile,1)		Face	1 — (Face,1)
	2 — (Pile,2)			2 — (Face,2)
	3 — (Pile,3)			3 — (Face,3)
	4 — (Pile,4)			4 — (Face,4)
	5 — (Pile,5)			5 — (Face,5)
	6 — (Pile,6)			6 — (Face,6)

Dans ce diagramme, on voit qu'il y a la moitié des chances d'obtenir des Faces et que la probabilité est donc 1/2 (un demi). Alors que dans l'activité 11, la probabilité d'obtenir un multiple de 3 sur un dé est 1/3 (un tiers). La probabilité d'un événement résultant de la simultanéité des deux événements est donc 1/2 x 1/3 = 1/6.

Activité 13 : Rencontres de parties de tennis

1) Amy, Bokar, Claudine et David doivent se livrer à une partie de tennis. On tire au sort le nom des deux premiers joueurs qui vont s'affronter. Combien y a-t-il de chances qu'Amy affronte David dans la première partie ?

2) On choisit trois des quatre joueurs pour participer à un tournoi préolympique. Quelle est la chance qu'Amy, Bokar et David participent à ce tournoi ?

1. L'enseignante encouragera les élèves à construire le diagramme en arbre pour résoudre le problème. Les élèves pourront se rendre compte qu'il existe effectivement 2 possibilités qu'Amy et David s'affrontent dans la 1ère partie en 12 possibilités de rencontres différentes. Il y a donc 2 chances sur 12 ou 1 chance sur 6 que ces deux joueurs s'affrontent dans la première partie.
2. L'enseignante ramènera, encore, les élèves au diagramme en arbre pour déterminer tous les choix de 3 noms parmi quatre. Pour la première personne, on peut choisir 4 noms (Amy, Bokar, Claudine ou David). Après ces 4 choix initiaux, il ne reste plus que 3 choix, ce qui fait 12 choix de couples possibles. Pour le troisième et dernier choix, il ne reste plus que 2 personnes, ce qui nous donne 24 triplets.

Remarques

- L'enseignante veillera à ce que l'arbre soit construit à partir de l'expérimentation, soit en tirant le nom d'enfants ou autrement. S'il arrive d'avoir plus d'une fois le même triplet, on ne le considère pas parce qu'il est déjà là et que l'on veut connaître tous les événements possibles.
- À la fin de l'activité, l'enseignante pourra revenir sur ce fait et discuter avec les élèves de la différence entre des événements dûs au hasard et le modèle combinatoire théorique qui suppose que tout se passe bien. Bien sûr, les élèves qui auront vécu les expériences antérieures sauront (ou pressentiront) que si l'on répétait l'expérience un grand nombre de fois, les résultats se rapprocheraient du rapport théorique.

En effet, si pour 24 événements possibles, ici, 6 répondent à leur demande (ce qui leur donne une probabilité de cet événement P(E) égale à ¼), et s'ils font 120 fois l'expérience, le nombre d'événements désirés se rapprochera probablement de 30, soit encore une fois P(E) = ¼.

On a vu précédemment comment calculer toutes les possibilités par la multiplication : 4 x 3 x 2. Comme nous nous intéressions à l'ordre dans lequel se présentaient les éléments, il s'agissait alors de permutations. Ici, il s'agit de calculer les chances d'obtenir la combinaison A, B et D, peu importe l'ordre dans lequel A, B et D sont tirés. Combien existe-t-il de façons de faire cette combinaison ? Au premier tirage, on a 3 chances car il faut éliminer le joueur C. Au deuxième tirage, il ne nous reste plus que 2 possibilités et au troisième il n'y en a plus qu'une. On reconnaît un modèle qu'on a déjà rencontré soit 3 x 2 x 1. Le modèle qui nous permet de calculer la probabilité d'obtenir une combinaison déterminée de 3 éléments choisis parmi 4 est :

$$\frac{1 \times 2 \times 3}{4 \times 3 \times 2} = \frac{6}{24} = \frac{1}{4}.$$

L'enseignante cherchera à identifier les savoirs essentiels visés qui sont concernés par les différents jeux de hasard dont certains (loteries, jeux de dés, jeux de cartes, jeux télévisés, casino) font partie de la vie quotidienne. Elle cherchera à expliquer dans quelle mesure et pour quelles raisons ces savoirs essentiels sont mobilisés par les jeux proposés. Il est également important qu'elle laisse les élèves expérimenter eux-mêmes ces jeux, qu'elle leur demande de prédire et de dénombrer les résultats de ces expériences aléatoires selon des critères (plus probables, également probables ou moins probables).

Activité 14 : Avec des boules

Quelle est la probabilité que trois boules de couleurs différentes que vous avez placées dans une bouteille sortent dans l'ordre suivant : bleue, rouge, jaune ?

Pour pouvoir donner le résultat, on doit regarder l'ensemble-univers de tous les cas possibles. Voyons le diagramme ci-dessous :

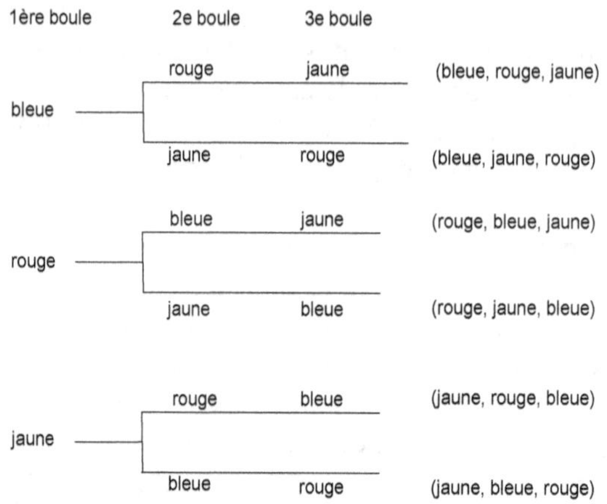

On obtient ainsi un univers de 6 triplets parmi lesquels, un seul représente l'ordre (bleue, rouge, jaune). On a donc une chance sur 6, soit une probabilité d'un sixième. Examinons comment on a généré l'ensemble-univers des possibilités. Pour la première boule qui sort, on a 3 possibilités différentes ; pour la deuxième boule, il nous reste 2 possibilités différentes pour chacun des 3 cas de la 1ère boule. Et, pour la 3ième boule, il ne nous reste qu'une possibilité soit, en tout : 3 x 2 x 1 = 6 (possibilités).

Activité 15 : De combien de façons peut-on asseoir …

1) De combien de manières peut-on asseoir sur une ligne quatre filles et trois garçons ?
2) Qu'en est-il si ...
   a) les filles doivent rester ensemble et les garçons aussi ?
   b) Si seules les filles doivent rester ensemble ?
   c) Si deux personnes de même sexe ne doivent jamais voisiner ?

1. Il y a 7 personnes, donc 7 ! = 720 façons de les asseoir sans restriction aucune.
2. **a**. On a deux groupes discernables (filles et garçons) formés respectivement de 4 et 3 individus discernables. Le nombre de façons est donc 2 ! x 4 ! x 3 ! = 288. (Le 2 ! vient de la permutation des deux groupes entre eux).
   b. On peut considérer 4 groupes : un groupe formé des 4 filles et trois autres groupes, chacun formé par un seul garçon. Il y a 4 ! façons de permuter les filles, 1 ! façon de permuter chaque garçon dans son groupe et, finalement, 4 ! façons possibles de permuter les 4 groupes.
   Il y a donc, en tout, 4 ! x 1 ! x 1 ! x 1 ! x 4 ! = 576 manières d'asseoir ces 7 personnes dans cette configuration.
   c. Plaçons d'abord les 4 filles, chacune séparée par un siège ; il y a 4 ! façons de le faire. Il y a, ensuite, 3 ! façons possibles d'asseoir les garçons dans les sièges intermédiaires, donc en tout 4 ! x 3 ! = 144 façons différentes d'asseoir ces 7 personnes dans cette configuration.

Le principe des probabilités complémentaires

Le ***principe des probabilités complémentaires*** stipule que la probabilité qu'un évènement ne se produise pas est égale à ***1 moins la probabilité qu'il se produise***. Par exemple, s'il y a 60 % de chances qu'il pleuve, il y a, de ce fait, 40 % de chances qu'il ne pleuve pas. De même, comme la probabilité de ne pas avoir de 6 en lançant un dé une fois est de 5/6, celle de n'avoir aucun 6 en quatre coups est de $(5/6)^4$. Si l'on soustrait ce nombre de 1, cela donnera la probabilité de l'évènement contraire – le contraire de « n'avoir aucun 6 en 4 coups » étant d'« avoir au moins un 6 ». Elle est égale à $1 - (5/6)^4$, soit 0,52. Pareillement, la probabilité d'obtenir au moins un 12 en lançant deux dés 24 fois de suite est $1 - (35/36)^{24}$, soit 0,49 ou 49 % de chance.

Activité 16 : On tire deux cartes d'un jeu de 52 cartes

On tire simultanément deux cartes, sans remise, d'un jeu de 52 cartes.

1. *Définir l'univers Ω de probabilités.*
2. *Calculer la probabilité de chacun des évènements suivants :*
   a) A = « Tirer deux cœurs »
   b) B = « Tirer deux cartes de même couleur »
   c) C = « Tirer deux cartes de couleurs différentes ».

1. Les résultats de cette épreuve sont les paquets de 2 cartes qu'on peut choisir parmi les 52 cartes. Le mot « simultanément » sous-entend qu'il n'y a pas de « première carte » ni de « seconde carte » tirée. L'univers Ω est donc l'ensemble des paquets sans ordre de deux cartes choisies parmi 52 cartes : ce sont les C(52,2) = 1 326 combinaisons possibles. On a donc un univers à 1 326 éléments, chaque élément étant un paquet (sans ordre) de deux cartes distinctes.
2. Tous les paquets de 2 cartes ont la même probabilité de sortie égale à 1/C(52,2) ou 1/1 326.

a. L'évènement A = « Tirer deux cœurs » est constitué des paquets formés de 2 cœurs. Comme il y a 13 cœurs, il y a C(13,2) = 78 éléments dans A. On a donc P(A) = C(13,2)/C(52,2) = 78/1 326 = 1/17. **P(A) = 17**.

b. L'évènement B = « Tirer deux cartes de même couleur » consiste à réunir quatre évènements incompatibles : « 2 piques » ou « 2 cœurs » ou « 2 trèfles » ou « 2 carreaux ». P(B) est donc la somme des probabilités de ces quatre évènements. Chacun d'eux a la même probabilité que celle de l'évènement A, déjà calculée, et on a donc : P(B) = 4P(A) = 4 x 1/17 ou 4/17 **P(B) = 4/17**.

c. L'évènement C = « Les 2 cartes sont de couleurs différentes » est le contraire de B. On a donc P(C) = 1 – P(B) = 1 – 4/17 = 13/17 **P(C) = 13/17**.

Calculer une probabilité revient donc à quantifier la possibilité qu'un évènement se produise lors d'une expérience qui ne découle que du hasard. La probabilité dépend du contexte dans lequel elle se trouve. Elle varie, en effet, selon le type d'évènement étudié, le type de probabilité recherchée ou le type d'expérience effectuée. On peut faire l'analyse de la situation-problème pour déterminer le nombre de résultats possibles et d'issues favorables à l'évènement. Et, à partir de la probabilité, on peut déterminer le pourcentage des "chances" de gains ou de pertes entre différents jeux ou évènements. En cherchant à quantifier certaines situations reliées au concept de hasard, on a souvent recours à l'analyse combinatoire.

Analyse combinatoire et dénombrement

L'*analyse combinatoire* (ou la *Combinatoire*) est l'une des branches des mathématiques les plus récentes, car on n'en parle réellement que depuis le 17e siècle. À l'aide de techniques appropriées, elle étudie les *ensembles finis* du point de vue du nombre de leurs éléments. Le nombre d'éléments d'un ensemble E est appelé le *cardinal* de E et il est noté Card(E) ou |E|. Dénombrer l'ensemble E, c'est compter le nombre d'éléments que contient E, c'est-à-dire en déterminer le cardinal. L'analyse combinatoire porte donc sur les problèmes de *dénombrement* de configurations d'objets satisfaisant des conditions données, problèmes qui s'infiltrent partout en mathématiques. Aussi, existe-t-il une arithmétique combinatoire, une logique combinatoire, une théorie des ensembles combinatoires, et même une linguistique combinatoire.

La combinatoire joue un rôle particulièrement important en théorie des probabilités, car il importe d'énumérer d'abord toutes les combinaisons d'éléments possibles avant d'établir leurs probabilités respectives. Elle peut être utile dans le calcul de certaines probabilités où le nombre de possibilités de réalisation d'un évènement est élevé, ce qui rend inutilisable le diagramme en arbre (que nous verrons plus loin) pour construire l'espace échantillonnal. Pour déterminer le nombre de tous les résultats possibles d'une expérience aléatoire à plusieurs étapes, on peut recourir à certaines techniques de dénombrement (permutation, arrangement, combinaison) qui sont d'une grande utilité dans le calcul des probabilités.

L'analyse combinatoire est régie par plusieurs principes dont, entre autres, les principes d'addition, de multiplication et d'inclusion-exclusion.

Principe additif : Étant donné deux piles d'objets, si un objet peut être choisi dans la première pile A de m façons et aussi un objet choisi dans la seconde pile B de n façons, alors le choix d'un objet de l'une ou l'autre des piles peut se faire de $\boldsymbol{m + n}$ façons.

Exemple : Ibra dispose dans sa bibliothèque de 50 livres de maths en français et de 40 livres de maths en anglais (et aucun dans une autre langue). Il peut donc y choisir un livre de maths de 50 + 40 = 90 façons différentes.

Principe multiplicatif : Si un évènement A peut se produire de n façons différentes et si, suivant cet évènement, un second évènement B peut se produire de m façons différentes, alors le nombre de façons dont les évènements A et B peuvent se produire dans l'ordre mentionné est $\boldsymbol{m \times n}$.

Exemple : On veut former un comité de trois personnes comprenant un président, un vice-président et un secrétaire. Sachant qu'il y a 5 candidats à la présidence, 3 candidats à la vice-présidence et 2 candidats au poste de secrétaire, de combien de façons différentes peut-on former ce comité ?

On peut dire qu'un tel comité sera constitué par la réalisation de trois évènements consécutifs suivants : A_1 : « Un président est élu » et $n_1 = 5$; A_2 : « Un vice-président est élu » et $n_2 = 3$; A_3 : « Un secrétaire est élu » et $n_3 = 2$. Selon le principe de multiplication, le nombre de façons différentes de former ce comité est donc égal à 5 x 3 x 2 = 30.

Principe d'inclusion-exclusion : Pour compter le nombre total d'éléments de deux ensembles A et B, on compte le nombre d'éléments de A, on lui ajoute le nombre d'éléments de B et on soustrait le nombre d'éléments que l'on a comptés deux fois, à savoir ceux de $A \cap B$.

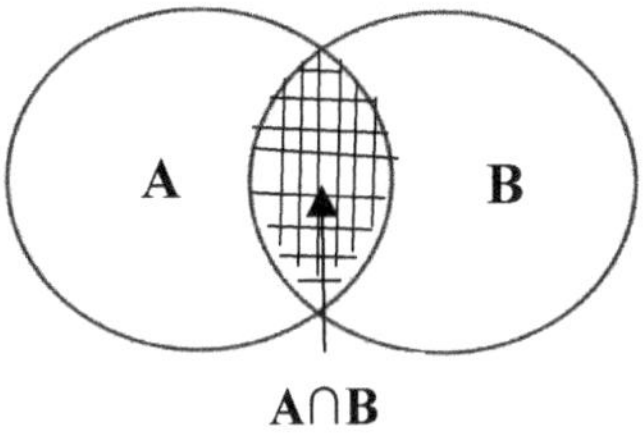

$\text{Card}(A \cup B) = \text{Card}(A) + \text{Card}(B) - \text{Card}(A \cap B)$

Exemple : Parmi 20 lycéens, 10 étudient les maths, 11 étudient la physique, et 4 étudient les deux. Combien y a-t-il d'élèves qui n'étudient ni les maths ni la physique ?

La construction d'un diagramme de Venn permet de visualiser simplement la répartition générale des élèves.

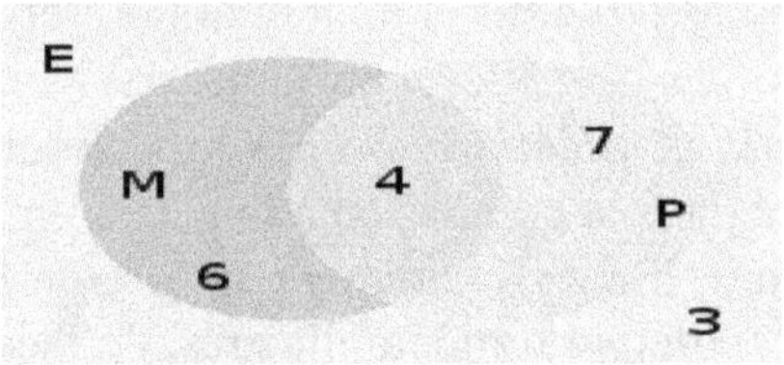

Une zone de couleur représente un groupe. Dans le diagramme de Venn ci-haut, *E* représente le groupe entier d'élèves, *M* représente ceux qui ont la propriété d'« étudier les maths », *P* représente ceux qui possèdent la propriété d'« étudier la physique ». On note, ensuite, pour chaque zone le nombre d'élèves. Étant donné que 4 individus étudient à la fois les maths et la physique, l'intersection des deux cercles compte 4 élèves. Il reste donc 10 – 4 = 6 élèves qui étudient les maths mais pas la physique et 11 – 4 = 7 individus qui étudient la physique mais pas les maths. Par la suite, il reste donc

20 – (6 + 4 + 7) = 3 élèves qui n'étudient ni les maths, ni la physique.

On retrouve facilement ce résultat en utilisant le principe d'inclusion-exclusion qui donne le nombre d'élèves qui ne possèdent pas ces deux propriétés : 20 – 10 – 11 + 4 = 3.

Le principe d'inclusion-exclusion est attribué au mathématicien **Abraham de Moivre**, et connu également (lui ou sa version probabiliste) sous le nom de *formule du crible de Poincaré*, *formule de Poincaré*, ou *formule du crible*. Il se transpose aisément au contexte des probabilités : Si A et B sont deux évènements quelconques, on a : **P(AUB) = P(A) + P(B) – P(A∩B)**.

Et, lorsque les deux évènements A et B sont mutuellement exclusifs (i.e.; A∩B = Ø), on a : **P(AUB) = P(A) + P(B)**.

Autres exemples :

1. *Un montage transitorisé est assemblé en trois étapes. À la première étape, il y a trois chaînes d'assemblage possibles. À la deuxième étape, il y en a deux et à la troisième étape, il y en a quatre. De combien de façons différentes le montage peut-il être acheminé à travers ce processus d'assemblage* ?

C'est l'application directe du principe multiplicatif. On a $n_1 = 3$, $n_2 = 2$ et $n_3 = 4$. D'où le nombre de façons possibles : $n_1 \times n_2 \times n_3 = 3 \times 2 \times 4 = 24$.

2. *On considère une population de N = 20 individus. On veut prélever un échantillon de taille n = 5 de cette population. De plus, on considère que l'échantillon s'effectue avec remise (chaque individu choisi est remis dans la population avant d'en choisir un autre). Déterminez le nombre possible d'échantillons de taille n = 5.*

On a 20 choix pour le tirage du premier individu. Puisqu'après chaque tirage, l'individu est remis dans la population, il y a 20 choix possibles pour le second, pour le troisième, le quatrième et le cinquième. Il y a donc en tout : 20 x 20 x 20 x 20 x 20 = 20^5 = 3 200 000 échantillons possibles.

- De façon générale, le nombre d'échantillons possibles de taille *n* prélevés d'une population de *N* individus et dont le tirage s'effectue avec remise est égal à N x N x N x … x N = N^n. (N multiplié par N, n fois).
- On parle d'***échantillon aléatoire simple*** lorsque chaque échantillon de même taille prélevé dans la population a la même probabilité d'être choisi.

L'enseignante peut formuler clairement une variété de problèmes sous forme d'énoncés écrits, oraux ou même illustrés, de façon à être compris par tous les élèves. La résolution de ces problèmes peut aider ces derniers à comprendre les concepts et les processus mathématiques relevant des probabilités. Pour ce faire, l'enseignante choisira des activités, comme les suivantes, qui se situent dans la *zone proximale* des élèves.

Activité 17 : Combien de menus peut-on composer

Un restaurant de Kaloum propose sur sa carte trois entrées, quatre plats de résistance et deux desserts.

1. *Combien de menus différents composés d'une entrée, d'un plat de résistance et d'un dessert peut-on composer ?*
2. *Même question si le dessert est une tarte aux pommes imposée.*
3. *Combien de menus différents a-t-on avec le choix entre trois restaurants de Kaloum, le premier offrant 15 menus différents, le second 23 menus, et le*

troisième 17 menus, tous différents ?

1. Notons par E l'ensemble des entrées, P celui des plats principaux et D celui des desserts. On peut choisir une entrée, un plat principal et un dessert indépendamment les uns des autres. En appliquant le principe multiplicatif, on a :
   Card (E x P x D) = Card (E) x Card (P) x Card (D) = 3 x 4 x 2 = 24.
   On peut obtenir 24 menus différents composés d'une entrée, d'un plat de résistance et d'un dessert.
2. Ici, le même dessert fait partie de tous les menus ; on a donc :
   Card (E x P) = Card (E) x Card (P) = 3 x 4 = 12.
   On obtient 12 menus différents dont le dessert est une tarte aux pommes.
3. Nous pouvons aller soit au premier restaurant, soit au deuxième, soit au troisième. Nous avons donc le choix entre 15 + 23 + 17 = 55 repas différents.

Par ailleurs, nous savons que les équipements mal entretenus dans une boulangerie ont un impact négatif sur le goût et sur l'odeur des produits. L'entretien régulier est donc important si l'on désire que sa boulangerie soit pérenne. Il faut vraiment y veiller. D'ailleurs, la législation le recommande.

Activité 18 : Quelques boulangeries de Kaloum City

Dans la péninsule de Kaloum, les boulangeries L'ÉPIS D'OR, N'NADY, ORVITA et TERIMA ferment un jour par semaine pour la désinfection hebdomadaire et l'entretien de leur élément essentiel qu'est le four.

a) Déterminez le nombre de façons d'attribuer un jour de fermeture hebdomadaire.

b) Déterminez le nombre de façons d'attribuer un jour de fermeture hebdomadaire si plusieurs boulangeries ne peuvent fermer le même jour.

c) Déterminez le nombre de façons d'attribuer un jour de fermeture hebdomadaire si chaque jour, il doit y avoir au moins une boulangerie ouverte.

a. Pour chaque boulangerie, il y a 7 choix possibles (7 jours de la semaine). Il y a donc 7^4 = 2 401 façons d'attribuer un jour de fermeture hebdomadaire à chacune des quatre boulangeries.

b. On peut procéder comme suit pour déterminer le nombre de possibilités. La première boulangerie (L'ÉPIS D'OR) peut fermer n'importe quel jour de la semaine, ce qui lui laisse 7 choix. La seconde boulangerie (N'NADY) peut fermer n'importe quel autre jour : 6 choix. La troisième (ORVITA) ne peut pas fermer l'un des jours déjà choisis, ce qui lui laisse 5 choix. Et, pour la dernière (TERIMA), il ne reste que 4 choix. En vertu du principe du dénombrement, le nombre de possibilités est donc : 7 x 6 x 5 x 4 = 840. Il y a 840 façons d'attribuer un jour de fermeture hebdomadaire à chaque boulangerie si plusieurs d'entre elles ne peuvent fermer le même jour.

c. Nous allons raisonner par différence, en comptant plutôt le nombre de possibilités pour que toutes les quatre boulangeries ferment le même jour : il y a 7 choix (on choisit juste le jour de fermeture commun). Le nombre de possibilités pour qu'il y ait au moins une boulangerie ouverte chaque jour est donc :

$$7^4 - 7 = 2\,401 - 7 = 2\,394 \text{ façons.}$$

Activité 19 : Le cadenas et le code à 3 chiffres ...

Le magasinier du service Approvisionnement et Gestion-matière du Grand Hôtel de l'Indépendance détient un cadenas qui possède un code à trois chiffres, chacun desquels pouvant être un chiffre de 1 à 9.

1. *Répondez aux questions suivantes en justifiant votre démarche :*
   1a. Combien y a-t-il de codes possibles ?
   1b. Combien y a-t-il de codes se terminant par un chiffre pair ?
   1c. Combien y a-t-il de codes contenant au moins un chiffre pair ?
   1d. Combien y a-t-il de codes contenant exactement 3 chiffres distincts ?
2. *Dans cette question, on veut que le code comporte obligatoirement trois chiffres distincts.*
   2a. Combien y a-t-il de codes possibles ?
   2b. Combien y a-t-il de codes se terminant par un chiffre impair ?
   2c. Combien y a-t-il de codes comprenant le chiffre 6 ?

1a. Il y a $9^3 = 9 \times 9 \times 9 = 729$ codes possibles (chacun des 3 chiffres ayant 9 possibilités d'être choisi).

1b. Pour chacun des 2 premiers chiffres, il y a 9 choix possibles. Pour le dernier, il y a 4 choix possibles (on peut choisir 2, 4, 6, 8). Il y a donc 9 x 9 x 4 tels codes, soit 324 codes se terminant par un chiffre pair.

1c. Nous allons compter par différence. Il y a 8 x 8 x 8 codes ne contenant pas du tout le chiffre 4. Il y a donc 9 x 9 x 9 – 8 x 8 x 8 = 217 codes comprenant au moins une fois le chiffre 4.

1d. Il y a 3 choix pour la place dans le nombre où se situe le chiffre 4. Pour chacun des deux autres chiffres, il y a 8 choix possibles. Il y a donc 3 x 8 x 8 tels codes, soit 192 codes contenant exactement 3 chiffres distincts.

2a. L'ordre des chiffres étant important, nous cherchons tous les arrangements possibles de 3 chiffres parmi 9. Il y en a donc 9 x 8 x 7 = 504 choix possibles.

2b. Il y a 5 choix pour le dernier chiffre. Une fois celui-ci choisi, il reste 8 choix pour le premier chiffre, puis 7 choix pour le deuxième chiffre. Il y a donc : 8 x 7 x 5 = 280 tels codes.

2c. Il y a 3 choix pour la place dans le nombre où on place le chiffre 6. Pour les autres chiffres, il y a d'abord 8 choix, puis 7 choix possibles. Le nombre de tels codes est donc de 8 x 7 x 3 = 168.

Il s'agit toujours de déterminer si l'ordre dans lequel on choisit les éléments (individus) est important ou non – ce qui n'est pas toujours évident; mais il n'y a pas d'autre « secret » que de s'exercer à le faire.

Pour la poursuite des activités sur le dénombrement et le calcul des probabilités, l'enseignante rappellera le *symbole factoriel*, une notation particulièrement utile et fréquemment utilisée en analyse combinatoire.

Symbole factoriel

On définit « ***n factoriel*** » ou « ***factorielle de n*** », qu'on note **n !**, par le produit des nombres entiers positifs de 1 à *n* inclus :
n ! = 1 x 2 x 3 x … x (n-2) x (n-1) x n. De plus, on a : **0 != 1** (par convention).

Exemples :

1. 10 ! = 1 x 2 x 3 x 4 x 5 x 6 x 7 x 8 x 9 x10 = 3 628 800.
2. (Avec la calculatrice) 40 ! = 1 x 2 x 3 x …x 38 x 39 x 40 ≈ 8,159 x 10^{47}.
3. Simplifier les expressions suivantes :
   a) 15 ! x 4 !/0 ! x 12 ! = 15 x 14 x 13 x 12 ! x 4 ! /1 x 12 ! = 502 320.
   b) 101 !/99 ! = 101 x 100 x 99 !/99 ! = 101 x 100 = 10 100.

Activité 20 : Quand Maï range ses livres sur une étagère

Maï possède 14 livres de quatre matières différentes : 4 livres de maths, 5 d'économie, 3 de philosophie et 2 d'anglais. Elle veut ranger ces livres sur une étagère.

1) De combien de façons peut-elle le faire si elle ne tient pas compte des matières ?
2) De combien de façons peut-elle le faire si elle range d'abord les livres d'anglais, puis ceux d'économie, puis ceux de maths, et enfin ceux de philo ?
3) De combien de façons Maï peut-elle le faire si elle range les livres par matière ?

1. Si Maï ne tient pas compte des disciplines, elle a autant de façons de ranger ses 14 livres que de façons de ranger 14 objets distincts quelconques, c'est-à-dire 14 ! = 87 178 291 200. Elle peut donc le faire de 87 178 291 200 façons.
2. Le rangement se déroule selon 4 étapes successives : Maï a 2 ! façons de ranger les livres d'anglais, puis 5 ! façons de ranger les livres d'économie, puis 4 ! façons de ranger les livres de maths et, enfin, 3 ! façons de ranger les livres de philosophie. Il y a donc 2 ! x 5 ! x 4 ! x 3 ! = 34 560 rangements de ce type.
3. Maï doit prévoir une cinquième étape à la procédure de la question précédente. Une fois les rangements effectués dans chaque matière, il faut « ranger » les 4 disciplines dans un ordre donné. Il y a 4 ! façons de le faire. On a donc
   2 ! x 5 ! x 4 ! x 3 ! x 4 ! = 829 440 tels rangements.

Les activités ci-haut proposées sont énoncées de façon à ne pas induire une stratégie de résolution ou l'emploi d'un algorithme en particulier. Elles éveillent la curiosité, motivent l'engagement et maintiennent l'intérêt des élèves. Elles sont à la portée de tous ces derniers, tout en leur offrant un défi.

Activité 21 : File d'attente au Centre de vaccination

Au centre de vaccination contre la Covid-19, on forme une file d'attente en attribuant des numéros à 10 personnes. Deux amis, Alpha et Cellou, se trouvent dans cette file d'attente.

1) Quelle est la probabilité que les deux amis soient situés l'un derrière l'autre ?

2) Quelle est la probabilité que les deux amis soient distants de trois places (c'est-à-dire séparés par deux personnes) ?

1. L'enseignante peut commencer par faire déterminer le nombre de possibilités de rangements de 10 personnes, soit : 10 ! = 3 628 800.
   Supposons qu'Alpha est en premier et que Cellou est derrière lui. Il reste (10 - 2) ! répartitions possibles, soit 8 ! = 40 320 rangements possibles. Comme Alpha peut être placé n'importe où dans la file avec Cellou derrière lui, il y a (10 - 1), soit 9 places possibles pour Alpha et donc la probabilité 9!/10! = 1/10 d'avoir Alpha suivi de Cellou. C'est pareil pour Cellou suivi d'Alpha, soit la probabilité finale de 2/10 (soit 20 % des cas) que les deux amis se situent l'un derrière l'autre.
2. On traite la deuxième question par le même raisonnement. Au pire, Cellou est en dernier et Alpha occupe 3 places devant. On peut placer Alpha de 10 - 3 = 7 façons. La probabilité que les deux amis soient distants de 3 places est alors de
   2(7 x 8 !) ÷ 10 ! = (2 x 7) ÷ (10 x 9) = 7/45 = 15, 55 % ou environ 16 % des cas.

Permutations

On appelle ***permutations*** les différentes présentations ordonnées de *n* objets (ou individus) distincts. Il y a **n !** permutations pour *n* objets pris en même temps. En d'autres termes, une permutation est un arrangement d'éléments dans lequel l'ordre de présentation est pris en considération.

Exemples :

1. Pour les lettres a, b et c, les 6 permutations de 3 objets pris en même temps sont : abc, acb, bac, bca, cab et cba. En effet, 3 ! = 3 x 2 x 1 = 6.
2. De même, il y a 5 ! façons de permuter 5 billes de couleurs différentes ; 10! façons de permuter 10 personnes assises dans une rangée de 10 sièges ; 52! façons de permuter les 52 cartes d'un jeu de cartes ordinaire et, de façon générale, n ! façons de permuter *n* objets distincts (*n* individus différents).

- Deux permutations d'un même ensemble se distinguent par l'ordre de disposition des éléments qui les composent. Par exemple, les trois objets 5, 7 et 9 du triplet {5, 7, 9} donnent lieu …

- en prenant tous les trois chiffres à la fois aux six permutations (5, 7, 9), (5, 9, 7), (7, 5, 9), (7, 9, 5), (9, 5, 7), (9, 7, 5) ;
- en prenant 2 chiffres à la fois aux 6 permutations (5, 7), (5, 9), (7, 5), (7, 9), (9,5), (9, 7).

- Comme tous les éléments de l'ensemble doivent être utilisés, l'expérience aléatoire est toujours sans remise.
- Le nombre total de permutations d'un ensemble à *n* éléments distincts est

P(n,n) = 1 x 2 x 3 x … x (n - 2) x (n - 1) x n = n !

(On lit "*factoriel n* ", produit de tous les nombres entiers positifs de 1 à n).

Exemples :

1. *De combien de façons peut-on asseoir 10 personnes ...*
   a) à une table d'honneur sur une estrade ?
   b) Autour d'une table circulaire ?

   a. Il y a 10 ! = 10 x 9 x 8 x 7 x 6 x 5 x 4 x 3 x 2 x 1 = 3 628 800 façons de placer 10 personnes à une table d'honneur sur une estrade.
   b. Faisant asseoir l'une des 10 personnes, il y a 9 façons d'occuper le siège à sa gauche, 8 pour le siège suivant, et ainsi de suite. Il y a donc, en tout 9 ! = 9 x 8 x 7 x 6 x 5 x 4 x 3 x 2 x 1 = 362 880 dispositions possibles.

2. *De combien de façons peut-on asseoir 10 personnes, dont Ibra et Nabou, autour d'une table circulaire si Ibra et Nabou ne peuvent être assis côte-à-côte ?*

On tient compte du fait qu'Ibra et Nabou ne peuvent se trouver l'un à côté de l'autre. Faisant asseoir Ibra, il y a donc 8 façons d'occuper le siège à sa gauche, (car Nabou ne peut s'y trouver) et 7 façons pour le siège à sa droite. Les autres sièges peuvent être occupés de 7! façons, ce qui donne en tout :
8 x 7 x 7! = 7 x 8! = 7 x 8 x 7 x 6 x ... x 2 x 1 = 282 240 dispositions possibles des 10 personnes autour d'une table circulaire.

Les ***permutations circulaires*** sont les différentes dispositions qu'on peut donner aux objets placés sur le périmètre d'une circonférence. Alors, pour le cas de trois objets, les permutations *abc*, *bca*, *cab* n'en font qu'une, et de même pour *bac*, *acb*, *cba*, puisqu'on peut commencer par un quelconque des objets. Il n'y a donc que deux permutations circulaires de trois objets. Et, en général, *n* objets présentent (n - 1) permutations circulaires différentes.

Activité 22 : De combien de façons peut-on arranger 5 personnes...

De combien de manières peut-on arranger 5 personnes ...
a) sur une ligne ?
b) *Autour d'une table ronde (seulement la position relative des uns vis-à-vis des autres importe*) ?

a. On a affaire à une expérience aléatoire dont les éléments sont discernables et où l'ordre compte. On peut appliquer la formule de permutations : 5 ! = 5 x 4 x 3 x 2 x 1 = 120. On peut arranger les 5 personnes sur une ligne de 120 manières.
b. Au tour d'une table ronde, on ne s'occupe que de la position relative des personnes. Donc, la façon de placer la première personne n'importe pas. Il restera 4 possibilités de placer la deuxième personne, 3 possibilités pour la troisième, puis 2 possibilités pour la quatrième et une seule pour la cinquième personne, ce qui fait en tout : 4 x 3 x 2 x 1 = 24 possibilités différentes de placer les cinq personnes autour d'une table ronde.

Remarque : On peut tout aussi bien exploiter le résultat de la question a) précédente et diviser la réponse obtenue (120) par 5, car il y a en tout 5 rotations possibles de 72° que peuvent effectuer les 5 personnes autour de la table ronde (120 ÷ 5 = 24).

Activité 23 : Hommes et femmes autour d'une table

Moïse dispose d'une table rectangulaire permettant d'asseoir quatre personnes sur chacun des grands côtés. Il reçoit quatre hommes et quatre femmes qui s'y assoient. Il n'y a personne sur les petits côtés.

1. *Combien ces hôtes ont-ils de façons possibles de s'asseoir ?*
2. *Combien ces hôtes ont-ils de façons de s'asseoir pour que chaque homme soit en face d'une femme ?*
3. *Combien ces hôtes ont-ils de façons de s'asseoir pour que chaque personne soit en face et à côté d'une personne de sexe opposé ?*

1. Il y a huit personnes discernables et huit places discernables. Les hôtes de Moïse ont donc 8 ! (soit 40 320) façons de s'asseoir sur la table.
2. a) Voici une solution qui privilégie les personnes. Les femmes s'assoient en premier, courtoisie ou galanterie y oblige !

- La première femme a 8 places possibles ; la deuxième en a seulement 6, la troisième 2 et la dernière une seule. Cela fait 8 x 6 x 4 x 2 = 384 façons.
- Il reste quatre places imposées pour les quatre hommes, qui se permutent entre ces places. Il y a 4 ! (soit 24) façons de le faire.

   Au total, cela fait 8 x 6 x 4 x 2 x 4 ! = 9 216 façons de le faire.

   b) Voici une solution qui privilégie les places à table, que l'on numérote.

1	**3**	**5**	**7**
2	**4**	**6**	**8**

- On remplit les places 1 et 2. On a 4 femmes possibles, 4 hommes possibles et deux façons de les asseoir.
- On remplit les places 3 et 4. On a 3 femmes possibles, 3 hommes possibles et deux façons de les asseoir.
- On remplit les places 5 et 6. On a 2 femmes possibles, 2 hommes possibles et deux façons de les asseoir.
- On remplit les places 7 et 8. On a 1 femme, 1 homme et deux façons de les asseoir.
- On fait le produit de tout cela, qui nous donne 4 ! x 4 ! x 2^4, et redonne la même valeur (9 216) que précédemment.

3. Reprenons la méthode qui privilégie les places, mais en faisant attention au fait qu'une fois que les places 1 et 2 sont occupées, les places des femmes et celles des hommes sont fixées. Dans le calcul précédent, il faut donc enlever le « 2 façons de les asseoir » à partir des places 3 et 4.

- On remplit les places 1 et 2. On a 4 femmes possibles, 4 hommes possibles et deux façons de les asseoir.
- On remplit les places 3 et 4. On a 3 femmes possibles, 3 hommes possibles et 1 façon de les asseoir.
- On remplit les places 5 et 6. On a 2 femmes possibles, 2 hommes possibles et 1 façon de les asseoir.
- On remplit les places 7 et 8. On a 1 femme, 1 homme et 1 façon de les asseoir.

- Le produit de tout cela nous donne 4 ! x 4 ! x 2 = 1 152 façons de faire.

Activité 24 : Des Chefs d'État ou de gouvernement réunis pour une conférence au sommet

Les chefs d'État ou de gouvernement de huit pays occidentaux se réunissent pour une conférence au sommet.

a) De combien de façons différentes peut-on les aligner pour une photo officielle d'archive ?

b) Dans combien de cas, sur les positionnements possibles, le Président Joe Biden sera placé à côté de la chancelière Angela Merkel ?

a. Les chefs d'État ou de gouvernement de 8 pays occidentaux peuvent s'aligner de 8 ! façons, soit 8 ! = 8 x 7 x 6 x 5 x 4 x 3 x 2 x 1 = 40 320. On peut les aligner de 40 320 façons différentes pour les photographier ensemble.

b. Pour déterminer le nombre de cas où le Président Biden sera placé à côté de la chancelière Merkel, supposons que ces deux dirigeants soient "enfermés" ensemble dans un grand sac de toile. Les sept éléments ainsi obtenus (les six autres chefs d'État et le sac) peuvent être alignés de 7 ! = 7 x 6 x 5 x 4 x 3 x 2 x 1 = 5 040 façons différentes. On doit multiplier ce nombre par deux, car si l'on sort Biden et Merkel du sac, il y aura deux façons de les placer par rapport à l'ensemble de leurs collègues (Biden d'abord, puis Merkel ou vice-versa). Il y a donc 10 080 façons différentes de photographier ces huit gouvernants « en rang d'oignon », avec Biden et Merkel côte à côte. Par contre, si l'alignement est fait au hasard, il y a 10 080 chances sur 40 320 que ces deux-là soient voisins, soit une probabilité de ¼ (soit dans 25 % des cas).

Permutations avec répétition

En mathématiques, les ***permutations avec répétition*** d'objets dont certains sont indifférenciés sont les divers regroupements ordonnés de tous ces objets. (Exemple : 112, 121 et 211 pour deux chiffres 1 et un chiffre 2).

De façon générale, lorsqu'on a *n* objets dont *k* seulement sont distincts ($k \leq n$) placés dans un *n-uplet* et qui apparaissent respectivement n_1 fois, n_2 fois, …, n_k fois (avec $n_1 + n_2 + \ldots + n_k = n$), le nombre de permutations de ces éléments avec $n_1, n_2, \ldots, n_k$ répétitions est égal à

$$\frac{n!}{n_1! \times n_2! \times \ldots \times n_k!}$$

En réalité, on a souvent besoin de considérer le nombre de permutations lorsque certains objets sont semblables. Si, dans une collection on a *n* objets dont n_1 sont semblables, n_2 sont semblables, n_3 sont semblables, alors le nombre de permutations est donnée par la formule ci-haut encadrée.

Exemples :

1. De combien de manières peut-on regrouper 18 personnes autour de 4 tables de 3, 4, 5 et 6 places ?

Ici, $n_1 = 3$, $n_2 = 4$, $n_3 = 5$, $n_4 = 6$ et on a : $n = n_1 + n_2 + n_3 + n_4 = 18$.

On a donc 18! ÷ (3! x 4! x 5! x 6!) = 475 009 920 façons de regrouper les 18 personnes autour de ces 4 tables.

2. *De combien de manières peut-on ordonner une ligne de 12 boutons de couleurs, avec 3 boutons rouges, 4 boutons jaunes et 5 boutons verts ?*

   Dans ce cas, on a : $n_1 = 3$, $n_2 = 4$, $n_3 = 5$, et on a : $n = n_1 + n_2 + n_3 = 12$.

   On a donc 12 ! ÷ (3 ! x 4 ! x 5 !) = 27 720 façons d'ordonner cette ligne de 12 boutons colorés.
3. *Dénombrer les anagrammes des mots suivants : MATHS, RIRE, ANANAS.*

Commençons par mentionner qu'une ***anagramme*** est un *jeu littéraire* qui consiste à former un ou plusieurs mots en transposant les lettres d'un autre ou de plusieurs autres mots. Elle correspond donc à une permutation des lettres d'un mot.

Exemples : Admise/Samedi, Animé/Aminé/Manié, Ange/Nage, Aspirine/Parisien, Avenir/Navire/Ravine, Conversation/Conservation, Diète/Tiède, Digue/Guide, Dragée/Gardée/Gradée, Maison/Aimons, Ordure/Dorure, Prison/Prions, Stades/Dates, Souple/Poules/Loupes, Rame/Amer/Arme/Mare, Lamine/Manile, Tentation/Attention.

Certaines permutations donnent le même résultat. En effet, si on permute deux lettres identiques, on trouve le même mot. On doit donc diviser le nombre total de permutations par le nombre de permutations entre les lettres identiques. Ainsi, pour

- MATHS 5 ! (120 anagrammes)
- RIRE 4 !/2 ! (12 anagrammes)
- ANANAS 6 ! /2! x 3 ! (60 anagrammes)

Pour compter les arrangements d'ANANAS, on peut aussi :

- choisir la position des 3 lettres A : il y a C(6,3) = 20 choix possibles.
- choisir la position des 2 lettres N : il y a C(3,2) choix possibles (il reste 3 places, une fois qu'on a placé les A).
- le S est alors placé.

Le nombre d'anagrammes est donc C(6,3) x C(3,2) = $\frac{6!}{2!\,3!}$ = 60.

4. *Combien de mots peut-on former en permutant les lettres des mots **papa** et **maman** ?*

Nous sommes dans un cas de permutation où certains objets sont identiques entre eux, c'est-à-dire où il y a répétition. Nous savons que, si toutes les lettres du mot étaient différentes, l'on pourrait former 4 !, c'est-à-dire 24 mots différents. Mais, comme il y a deux ***a***, il y aura alors 2 ! fois moins de mots, puisque permuter deux ***a*** ne changera pas le mot comme tel. Et le même raisonnement s'applique pour les deux ***p***. Ce qui fait que le nombre de mots possibles est donné par $\frac{4\,!}{2\,!\,2\,!} = \frac{24}{4} = 6$.

De la même façon, nous pouvons former $\frac{5\,!}{2\,!\,2!} = \frac{120}{4} = 30$ mots en permutant les lettres du mot **maman**.

Activité 25 : Dénombrement des anagrammes des mots

Combien d'anagrammes des mots suivants peut-on former :

a) NABOU *c) POISSONS*

b) EMILE *d) CONSTITUTIONNEL*

a. Les cinq lettres du mot NABOU sont différentes ; il y a donc 5 ! façons de les permuter, soit 120 anagrammes.
b. Si l'on distingue les deux « E » du mot EMILE, il y aura 6 ! anagrammes possibles. Mais il y a 2 ! façons de permuter ces deux « E » entre eux. Cela donne donc
$$6\,! \div 2\,! = 360 \text{ anagrammes.}$$
c. Comme le mot POISSONS est formé de 8 lettres, mais avec deux fois le « O » et trois fois le « S », cela donne $8\,! \div (2\,! \times 3\,!) = 3\,360$ anagrammes.
d. Si les 15 lettres étaient distinctes, il y aurait 15 ! anagrammes (permutations possibles). Mais on rencontre 3 fois la lettre « t », par exemple, dans le mot CONSTITUTIONNEL. En les considérant comme distinctes, nous avons compté 3 ! fois chaque anagramme. Si l'on peint les trois « t » de couleurs différentes, il y a 3 ! façons de les permuter entre elles ; mais cela donne la même anagramme. Il faut donc diviser notre 15 ! par 3 ! pour le « t ». Il faut aussi le divise par 3 ! (pour le « n »), par 2 ! (pour le « i » et par 2 ! encore (pour le « o »). On obtient finalement
$$15\,! \div (2\,! \times 2\,! \times 3\,! \times 3\,!) = 15\,! \div (2\,!^2 \times 3\,!^2) = 6\,306\,300 \text{ anagrammes.}$$

C'est au mathématicien **Édouard Lucas** que nous devons la très heureuse idée des permutations figurées qui permettent de représenter une permutation sur un échiquier de n^2 cases par n cases ombrées, chacune d'elles se trouvant dans une colonne (qui indique le rang) et dans une rangée (qui indique l'objet).

L'enseignante peut proposer les activités suivantes dont la réalisation permet aux élèves d'apprendre le calcul des probabilités ***par*** la RP.

Activité 26 : Des livres disposés dans une bibliothèque

Aliou range 9 livres sur un rayon de sa bibliothèque. Quatre d'entre eux sont de mathématiques, trois de physique et deux de gestion. De combien de manières différentes peut-il disposer ses livres ...

1) si les livres doivent être rangés par matière ?

2) Si seuls les livres de maths doivent être groupés ?

1. On doit choisir l'ordre des matières, puis l'ordre des livres à l'intérieur de chacune des matières. Ici, on a 4M, 3P et 2G (M, P et G mis respectivement pour les maths, la physique et la gestion), donc trois groupes donnant 3 ! dispositions différentes. Mais, à l'intérieur de chacun de ces groupes, on a respectivement 4 !, 3 !, 2 ! permutations possibles. D'après le principe multiplicatif, le nombre total de rangements possibles est $3\,! \times 4\,! \times 3\,! \times 2\,! = 6 \times 24 \times 6 \times 2 = 1\,728$ dispositions. Aliou peut disposer ses neuf livres, en les regroupant par matière, de 1 728 manières différentes.
2. Ici, il faut choisir la position du groupe des livres de maths, puis ranger les livres de maths d'un côté, le reste des livres de l'autre. Il peut y avoir 0, 1, 2, 3, 4, 5 livres

placés avant les livres de maths. Il y a donc 6 choix du nombre de livres placés avant les livres de maths. Une fois ce choix fait, il y a 4 ! façons d'ordonner les livres de maths et 5 ! façons d'ordonner les autres. Il y a donc, en tout, 6 x 4 !x 5 ! = 17 280 façons différentes de réaliser de tels rangements. Aliou peut disposer ses neuf livres, en groupant ceux de maths, de 1 728 manières.

Activité 27 : Nombre de façons d'asseoir garçons et filles

De combien de manières peut-on asseoir sur un long banc quatre garçons et trois filles ...

a) si les garçons doivent rester ensemble et les filles aussi ?
b) Si seuls les garçons doivent rester ensemble ?
c) Si deux personnes du même sexe ne doivent jamais voisiner ?

On peut asseoir ces 7 personnes de 7 ! = 720 manières différentes, sans aucune restriction.

a. On a 2 groupes discernables (filles et garçons) formés respectivement de 3 et 4 individus discernables. Donc, le nombre de façons est 2 ! x 3 ! x 4 ! = 288. (Le 2 ! vient de la permutation des deux groupes entre eux).
b. Dans ce cas, on peut considérer 4 groupes : un groupe formé des 4 garçons et 3 autres groupes, chacun formé par une seule fille. Il y a 4 ! façons de permuter les garçons, 1 ! façon de permuter chaque fille dans son groupe et, finalement, 4 ! façons possibles de permuter les 4 groupes. Ce qui fait, en tout 4 ! x 1 ! x 1 ! x 1 ! x 4 ! = 576 manières possibles d'asseoir ces 7 personnes dans cette configuration.
c. Dans ce scénario, on place d'abord les 4 garçons, chacun séparé par un siège ; il y a 4 ! façons de le faire. Ensuite, on place les filles dans les sièges intermédiaires de 3 ! façons possibles. Il y a donc, au total, 4 ! x 3 ! = 144 façons d'asseoir ces 7 personnes dans cette configuration.

Activité 28 : Mathématiciens, physiciens et chimistes réunis

Le Comité d'organisation de la Journée Annuelle de la Recherche Scientifique et de l'Innovation a invité 12 scientifiques, dont 6 hommes et 6 femmes renommés. Le comité attend 5 mathématiciens, 3 physiciens et 4 chimistes qu'il compte placer au premier rang de la salle.

Au moment d'occuper les 12 places de la première rangée, les «matheux» proposent que chacun choisisse une place au hasard. Les physiciens préfèrent rester ensemble et qu'ils soient ainsi côte à côte. Les chimistes disent que, dans ce cas, il serait mieux que les hommes se placent ensemble et que les femmes en fassent de même.

Calculer le nombre de façons différentes de s'asseoir pour chaque proposition.

- **Proposition des mathématiciens**

Il y a autant de façons de placer ces 12 scientifiques qu'il y a de permutations dans un ensemble à 12 éléments, soit :
12 ! = 1 x 2 x 3 x 4 x 5 x 6 x 7 x 8 x 9 x 10 x 11 x 12 = 479 001 600 façons.

- **Proposition des physiciens**
  Le groupe des physiciens est formé de 3 personnes. Vu qu'ils souhaitent s'asseoir côte à côte, le groupe dispose de 10 positions possibles : 1-2-3 ou 2-3-4 ou 3-4-5 ou 4-5-6 ou … ou 9-10-11 ou 10-11-12. Au sein de ce groupe, il y a autant de façons de placer ces trois physiciens qu'il y a de permutations d'un ensemble à 3 éléments, soit 3 ! = 6.
  Au sein du groupe formé par les autres scientifiques, il y a autant de façons de s'asseoir qu'il y a de permutations d'un ensemble à 12 – 3 = 9 éléments, soit 9 ! = 362 880. D'après le principe multiplicatif, le nombre total de façons de s'asseoir selon les physiciens est égal à : 10 x 6 x 362 880 = 21 772 800.
- **Proposition des chimistes**
  Le nombre d'ordres possibles pour placer le groupe des hommes et celui des femmes est égal à 2 : hommes-femmes ou femmes-hommes. Au sein du groupe des femmes, il y a autant de façons de s'asseoir qu'il y a de permutations d'un ensemble à 6 éléments, soit : 6 ! = 720. Il en est de même pour le groupe des hommes, soit : 6 ! = 720. D'après le principe multiplicatif, le nombre total de façons de s'asseoir, selon les chimistes, est égal à : 2 x 720 x 720 = 1 036 800.

Comme on peut le voir, les activités précédentes se prêtent à l'emploi d'une variété de stratégies de résolution. Elles font référence à des contextes où il est question de certains objets, de certaines relations et opérations faisant intervenir ces objets. Les situations évoquées sont de nature matérielle (personnes, objets d'utilité courante, cartes de jeux, etc.), de nature abstraite (nombres, figures géométriques, objets imaginés, etc.) ou les deux. Elles font appel au vécu quotidien des élèves ou des gens de leur entourage.

Arrangements

On appelle ***arrangements*** de *n* éléments pris *m* à *m* les dispositions (groupements) que l'on peut former en prenant *m* éléments parmi les *n* éléments (individus) donnés, de sorte que les dispositions diffèrent les unes des autres, soit par la nature, soit par l'ordre des éléments.

En d'autres termes, si on choisit des objets (disons une quantité **m** de ces objets) d'une collection de **n** objets, on appellera « *arrangements* » les collections prises **m à m** de ces objets. On désigne le nombre de tels arrangements par le symbole A(n,m) et la formule suivante permet de déterminer ce nombre : **A(n, m) = n ! / (n - m) !**

Exemples :

1. Mon ensemble contient les 26 lettres de l'alphabet (n = 26). Je vais choisir 4 à 4 des lettres pour former des « mots » de 4 lettres (m = 4). Il d'agit donc de calculer A (26,4). A(26,4) = 26!/(26- 4)! = 26!/22! = 358 800. Il y a donc 358 800 façons de former des mots de quatre lettres.
2. Prenons le cas de la loterie 6/49, où n = 49, et m = 6.

$A(n, m) = A(49, 6) = 49!/(49 - 6)! = 1{,}006\ 834\ 752 \times 10^{10}$.

Il y a donc 10 068 347 520 possibilités de tirages.

Remarque : Ici, on ne fait que dénombrer les cas possibles, pas les coups gagnants. Et, surtout, on ne tient pas compte des équivalences de résultats donnés dans le désordre. Par exemple, 3 – 6 – 8 – 17 – 40 - 42 est équivalent à 3 – 42 – 8 – 17 – 40 - 3 ou encore équivalent à 17 – 6 – 8 – 3 – 40 - 42, etc. Comme l'ordre de tirage n'est pas une condition nécessaire pour gagner, il y a certainement moins de possibilités pour les joueurs. Le concept de combinaison va y répondre.

- Deux arrangements d'un même ensemble E se distinguent par l'ordre de disposition de leurs éléments. Ainsi, étant donné E = {0, 1, 2, 3, 4, 5},
- l'objet A = (0, 2, 4) est un arrangement de 3 éléments de E pris *sans répétition* parmi tous les arrangements possibles ;
- l'objet B = (2, 0, 4) est un autre arrangement de 3 éléments *sans répétition*, différent de A ;
- l'objet C = (1, 1, 3, 4) est un arrangement de 4 éléments de E pris *avec répétition*.

- Le calcul du nombre d'arrangements possibles diffère selon qu'il s'agit d'une expérience aléatoire avec remise ou sans remise.
- Lorsqu'il s'agit d'une expérience sans remise (*arrangement simple*), le nombre d'arrangements possibles se calcule à l'aide de la formule suivante : **Nombre d'arrangements possibles : $A(n,m) = n!/(n - m)!$** où *n* représente le nombre d'éléments dans l'ensemble et *m* le nombre d'éléments sélectionnés dans l'ensemble.
- Lorsqu'il s'agit d'une expérience avec remise (*arrangement avec répétition*), le nombre d'arrangements possibles se calcule à l'aide de la formule suivante : **Nombre d'arrangements possibles : $\bar{A}(n,k) = n^k$** où *n* représente le nombre d'éléments dans l'ensemble et *k* le nombre d'éléments sélectionnés dans l'ensemble.

Exemples :

1. *De combien de manières peut-on choisir un comité de trois personnes (assumant 3 fonctions différentes) parmi un groupe de 20 personnes ?*

   Il s'agit d'arrangements, sans répétition, de 3 personnes prises dans un groupe de 20. En appliquant la formule convenable, on obtient :

   $$\frac{20\,!}{(20-3)!} = \frac{20\,!}{17\,!} = 20 \times 19 \times 18 = 6\ 840 \text{ manières possibles.}$$

2. *Une classe de terminale Sciences Mathématiques prépare 24 candidats au Baccalauréat. Par anticipation, un groupe d'élèves de cette classe constitue le comité d'organisation du " Bal des Finissants ". Ce bureau est composé d'un(e) président(e), d'un(e) secrétaire et d'un trésorier. Combien y a-t-il de bureaux possibles ?*

Le fait d'attribuer un rôle à chaque membre du comité d'organisation induit un ordre dans le choix des trois élèves. En effet, le choix (Papy, Maï, Asta) est différent de (Maï, Asta, Papy), car dans le premier cas, c'est Papy qui est président, alors que c'est Maï qui est présidente dans le second choix). Un bureau est donc un arrangement de 3 élèves choisis parmi les 24 élèves. On peut donc former $A(24,3) = \frac{24\,!}{21\,!} = 24 \times 23 \times 22 = 12\ 144$ bureaux différents.

3. *À l'occasion d'une compétition sportive groupant 18 athlètes, on attribue une médaille d'or, une d'argent, une de bronze. Combien y a-t-il de distributions possibles (avant la compétition, bien sûr ...) ?*

Un tel podium est un arrangement de 3 athlètes choisis parmi l'ensemble des 18 athlètes (l'ordre compte et il ne peut y avoir de répétition, un athlète ne pouvant remporter deux médailles simultanément).
Il existe donc $A(18,3) = \frac{18\,!}{15\,!} = 18 \times 17 \times 16 = 4\ 896$ podiums différents.

Activité 29 : Fana retrouve le bon branchement

Pour nettoyer un appareil électrique, Fana débranche les trois prises qui se trouvent à l'arrière de l'appareil. Mais, au moment de refaire les branchements, il réalise qu'il y a 12 positions différentes pour les trois prises. Comme il n'a pas pris le soin de noter les positions respectives des trois prises et qu'il n'y connaît rien en électronique, il décide de faire les branchements au hasard. Quelle est la probabilité qu'il retrouve le bon branchement ?

- Fana doit choisir 3 positions parmi 12. Dans ce cas, l'ordre a une importance ; on peut voir que les prises sont de différentes couleurs. Il existe 12 positions possibles pour la première prise. Celle-ci étant fixée, il reste alors 11 positions pour la deuxième et, ainsi, 10 positions pour la troisième prise. En appliquant le principe multiplicatif, le nombre de positions est égal à $12 \times 11 \times 10 = 1\ 320$.
- On peut également considérer que le nombre de positions possibles est un arrangement de 3 éléments choisis parmi 12, soit : $A(12,3) = \frac{12\,!}{(12-3)!} = \frac{12\,!}{9\,!} =$
  $= 1\ 320$ positions possibles. Parmi les 1 320 positions, une seule est la bonne. La probabilité que Fana retrouve le bon branchement est donc égale à 1/1 320.

Activité 30 : Un clavier de 9 touches et le code d'entrée d'un immeuble

Un clavier de 9 touches permet de composer le code d'entrée d'un immeuble, à l'aide d'une lettre suivie d'un nombre de trois chiffres distincts ou non.

1	2	3
4	5	6
A	B	C

1) Combien de codes différents peut-on former ?
2) Combien y a-t-il de codes sans le chiffre 1 ?
3) Combien y a-t-il de codes comportant au moins une fois le chiffre 1 ?
4) Combien y a-t-il de codes comportant des chiffres distincts ?

5) Combien y a-t-il de codes comportant au moins deux chiffres identiques ?

1. Un code est un élément du produit cartésien entre un élément de l'ensemble {A, B, C}, de cardinal 3, et de l'ensemble des 3-listes (ou triplets) d'éléments de {1, 2, 3, 4, 5, 6}, de cardinal $6^3 = 216$. On peut donc former $3 \times 6^3 = 3 \times 216 = 648$ codes possibles.
2. Si le code ne doit pas contenir de chiffre 1, alors les 3-listes sont constituées d'éléments de {2, 3, 4, 5, 6}. Il y en a donc $5^3 = 125$, et le nombre de codes vaut alors $3 \times 5^3 = 3 \times 125 = 375$.
3. Le contraire de « Le code contient au moins une fois le chiffre 1 » est « Le code ne contient aucun chiffre 1 ». Le nombre de codes contenant au moins une fois le chiffre 1 est donc égal au nombre total de codes diminué du nombre de codes ne contenant pas le chiffre 1. Ces deux nombres ayant été calculés dans les deux questions précédentes, on conclut que le nombre de codes contenant au moins une fois le chiffre 1 est égal à 648 – 375 = 273.
4. Un code comportant des chiffres distincts sera un élément du produit cartésien entre un élément de l'ensemble {A, B, C}, de cardinal 3, et de l'ensemble des arrangements de 3 éléments pris parmi {1, 2, 3, 4, 5, 6}. Ces arrangements sont au nombre de $A(6,3) = 6\,!/3\,! = 6 \times 5 \times 4 = 120$. Il y a donc $3 \times A(6,3) = 3 \times 120 = 360$ codes possibles.
5. Le contraire de « Le code contient au moins 2 chiffres identiques » étant « Le code ne contient que des chiffres distincts », le nombre de codes contenant au moins 2 chiffres identiques est égal au nombre total de codes diminué du nombre de codes ne contenant que des chiffres distincts, soit 648 – 360 = 288 codes possibles.

Activité 31 : Combien de mots formés de 10 lettres ...

Combien de mots de 10 lettres pouvez-vous former avec les 26 lettres de l'alphabet si ...

a) vous utilisez chaque lettre une seule fois ?

b) Vous pouvez réutiliser les lettres ?

a. En n'utilisant qu'une seule fois chaque lettre, on peut écrire ...
$26 \times 25 \times 24 \times 23 \times 22 \times 21 \times 20 \times 19 \times 18 \times 17 = 19\,275\,223\,968\,000$ mots différents. On peut aussi le voir comme étant le nombre possible d'arrangements que l'on peut faire avec un échantillon de 10 éléments parmi 26, autrement dit
$$A(26,10) = \frac{26\,!}{(26-10)\,!} = \frac{26\,!}{16\,!} = 19\,275\,223\,968\,000 \text{ mots.}$$
b. À chaque position (1 à 10), on peut mettre 26 lettres différentes. Donc, avec répétition, le nombre d'arrangements de 10 lettres prises parmi 26 est 26^{10}.

En réalisant de telles activités, les élèves ont l'opportunité de mobiliser et de construire le sens des concepts combinatoires et des processus probabilistes en jeu, d'établir des liens entre ceux-ci et, par conséquent, de pratiquer le raisonnement mathématique.

Activité 32 : Des sigles d'immatriculation de véhicules

Dans un certain pays, on donne à chaque véhicule automobile un sigle d'immatriculation qui doit être unique pour pouvoir l'identifier. Ce sigle est composé de chiffres et de lettres. Pour les différentes situations suivantes, déterminez combien de sigles d'immatriculation peuvent être attribués.

a) Une plaque d'immatriculation porte 6 chiffres.
b) Une plaque d'immatriculation porte 6 lettres de l'alphabet.
c) Une plaque d'immatriculation porte 6 caractères pouvant être soit des chiffres, soit des lettres de l'alphabet.
d) Une plaque d'immatriculation porte 6 caractères, les trois premiers étant des chiffres, les trois derniers étant des lettres d'alphabet.

Pour les points a, b et c, cette situation correspond à un arrangement avec répétition. En effet,

- on doit choisir 6 symboles parmi une liste de *n* symboles ;
- un même symbole peut apparaître plusieurs fois ; on est dans un cas avec répétition ;
- en revanche, l'ordre des symboles sur la plaque a de l'importance ; on est donc dans le cas d'un arrangement.

a. On a 10 chiffres (de 0 à 9) dont il faut arranger 6 avec répétition :
$$\bar{A}(10,6) = 10^6$$ ou 1 000 000 sigles d'immatriculation.

b. On a 26 lettres de l'alphabet dont il faut arranger 6 avec répétition : $\bar{A}(26,6) = 26^6 = 3{,}089158 \times 10^8 = 308\ 915\ 800$ sigles d'immatriculation.

c. Avec le même raisonnement, on a $2{,}176782 \times 10^9$ ou 2 176 782 000 sigles d'immatriculation.

d. Pour le point d, on n'a pas exactement un arrangement. En effet, les 3 premiers caractères et les 3 derniers ne sont pas choisis parmi les *n* mêmes caractères. Mais, on peut s'en sortir aisément en subdivisant le problème en deux : le choix des trois premiers caractères est un arrangement avec répétition, tout comme le choix des trois derniers : $D = \bar{A}(10,3) \times \bar{A}(26,3) = 1{,}7576 \times 10^7$ ou 17 576 000 sigles d'immatriculation.

Activité 33 : Des candidats à des fonctions non cumulables

Les affiliés d'un cinéclub doivent élire un président, un vice-président et un trésorier, parmi n candidats. Sachant que tous les candidats se présentent à tous les postes et que les fonctions sont non cumulables, déterminez le nombre de possibilités

a) Pour n = 3 candidats. *b) Pour n = 6 candidats*
c) Pour n = 10 candidats *d) Pour n = 101 candidats.*

Cette situation correspond à un arrangement sans répétition. En effet,

- on a un groupe de *n* candidats parmi lesquels on doit choisir 3 pour occuper les trois postes (fonctions) ;
- les fonctions sont non cumulables, ce qui traduit la condition « sans répétition » ;
- les fonctions sont différentes, ce qui signifie que « l'ordre » des choix est important.

Tout ce qui précède montre qu'on se trouve dans le cas d'un arrangement. Il suffit d'utiliser la formule appropriée avec k = 3.

a. Avec n = 3 on a : A(3,3) = 3 !/0 ! = 6 possibilités.
b. Avec n = 6 on a : A(6,3) = 6 !/3 ! = 120 possibilités.
c. Avec n = 10 on a : A(10,3) = 10 !/7 ! = 720 possibilités.
d. Avec n = 101 on a : A(101,3) = 101 !/98 ! = 999 900 possibilités.

Il est, ici, opportun de rappeler que, par convention, 0 ! = 1.

Activité 34 : Des arrangements avec ou sans répétition

Parmi les situations suivantes, identifiez celles qui correspondent à un arrangement avec répétition, celles qui correspondent à un arrangement sans répétition, et celles qui ne sont ni l'une ni l'autre. Si possible, calculez le nombre d'arrangements possibles.

a. De combien de manières peut-on composer un podium avec les 8 athlètes finalistes de la finale des jeux universitaires de N'Zérékoré ?
b. Trois clubs du football guinéen parmi les 14 clubs de Ligue 1 sont qualifiés pour la Ligue des champignons de la Confédération Africaine de Football (CAF). Combien existe-t-il de trios possibles, les trois places étant considérées comme équivalentes ?
c. De combien de manières peut-on répartir 20 pommes identiques entre trois personnes ?
d. De combien de manières peut-on ranger 10 objets distincts dans trois tiroirs ?
e. De combien de manières peut-on composer deux équipes de 7 joueurs avec 14 joueurs ?
f. Mory lègue sa maison, son tracteur, sa collection de photos et sa fortune. Chacune de ces choses étant considérée comme indivisible, de combien de manières peut-il répartir son héritage entre ses 8 fils, en sachant qu'il ne veut pas en donner deux à la même personne ?

g. De combien de manières peut-on donner trois prix littéraires à cinq livres parus chez Harmattan-Guinée ?

h. De combien de façons peut-on classer (du meilleur au moins bon) trois livres ?

i. De combien de manières peut-on répondre un Vrai ou Faux de 20 questions (ne pas répondre à une question n'est pas une option) ?

j. De combien de façons peut-on choisir cinq députés parmi une liste de 30 candidats ?

Toutes ces situations correspondent à des choix d'un certain nombre d'éléments (d'individus) parmi *n*. Pour identifier les arrangements, il faut se poser les questions suivantes :

- Est-ce qu'il s'agit de choisir *k* objets sans que l'ordre du choix importe ? Si oui, il ne s'agit pas d'un arrangement.
- Est-ce que les objets (les individus) peuvent être choisis plusieurs fois ?

Voici les explications pour les énoncés qui ne correspondent pas à des arrangements.

b. L'ordre des trois équipes de tête n'a pas d'importance; ce n'est donc pas un arrangement.

c. Le fait que les pommes soient identiques (non discernables) empêche de considérer cela comme un arrangement.

e. La situation est, ici, plus compliquée, mais ce n'est pas un arrangement.
   - Si on considère qu'il s'agit d'assigner à chaque joueur une équipe, on a alors 14 choix successifs à faire ; ce serait un arrangement s'il n'y avait pas la contrainte des sept joueurs.
   - Si on considère qu'il s'agit de choisir simplement les sept joueurs de la première équipe (la seconde équipe étant alors fixée), on ne tombe pas non plus dans le cas d'arrangement, car l'ordre n'a pas d'importance.
   - Les cinq députés occupent le même poste et, ici, il n'y a pas de notion d'ordre. Ce n'est donc pas un arrangement.

		Solutions attendues
a.	Arrangement sans répétition	336
b.	Pas un arrangement	
c.	Pas un arrangement	
d.	Arrangement avec répétition	59 049
e.	Pas un arrangement	
f.	Arrangement sans répétition	1 680
g.	Arrangement avec répétition	125
h.	Arrangement sans répétition	6
i.	Arrangement avec répétition	1 048 576
j.	Pas un arrangement	

Activité 35 : Trois boules tirées les unes après les autres

On tire les unes après les autres trois boules dans une urne contenant 15 boules rouges et 5 boules noires, et on s'intéresse à l'ordre de sortie des couleurs.

1. Définir l'univers de probabilités.

2. Calculer les probabilités des évènements suivants :

A = « On tire d'abord une rouge, puis une noire, puis une rouge ».

B = « On tire d'abord une rouge, puis une rouge, puis une noire ».

C = « On tire deux rouges et une noire, peu importe l'ordre ».

D = « On tire une première boule qui est rouge ».

E = « On tire la troisième boule qui est rouge ».

1. Ici, une expérience consiste à fabriquer une suite ordonnée de 3 boules, en différenciant la première, la deuxième et la troisième. Nous avons donc un paquet de 3 éléments de l'urne, mais avec ordre : nous sommes dans une situation d'arrangement, et non pas de combinaisons, comme dans l'activité précédente. L'univers Ω est donc l'ensemble des arrangements de 20 boules prises 3 à 3. Il contient A(20,3) = 20 x 19 x 18 = 6 840 éléments. Tous ont la même probabilité égale à 1/6 840.

2. Calcul des probabilités

a) Les éléments de l'évènement A = « une rouge, puis une noire, puis une rouge » sont les petites suites de la forme (r, n, r). Pour la première boule rouge, il y a 15 possibilités ; pour la noire, il y en a 5, et il en reste 14 possibilités pour la dernière boule. Il y a donc 15 x 5 x 14 = 1 050 éléments dans A, et P(A) = 1 050/6 840 = **35/228**.

b) Les éléments de l'évènement B = « une rouge, une rouge, une noire » sont les petites suites de la forme (r, r, n). Un calcul analogue nous dit que P(B) = P(A) = **35/228**. Cela n'a rien d'étonnant, étant donné qu'une fois les boules tirées et bien rangées dans l'ordre de sortie, on peut toujours permuter discrètement la deuxième et la troisième. Le tirage (r, r, n) devient (r, n, r), et la probabilité n'a évidemment pas changé.

c) L'évènement C = « 2 rouges et une noire, peu importe l'ordre » est formé des 3 évènements incompatibles « la noire en dernier » ou « la noire en deuxième » ou « la noire en premier ». Chacun de ces évènements a la probabilité déjà calculée (celle de A ou de B), et on trouve P(C) = 3P(A). Cela s'écrit : 3 x (35/228) = 105/228 = **35/76**.

d) L'évènement D = « La première boule est rouge » est l'ensemble des suites (r, x, x) où x est soit rouge soit noir. Il y a donc 15 choix pour la première boule, puis 19 choix pour la deuxième, puis 18 choix pour la troisième. Il vient finalement P(D) = **15/20**, comme on pouvait s'y attendre.

e) L'évènement E = « La troisième boule est rouge » est l'ensemble des suites (x, x, r) ; mais le nombre de choix pour la boule rouge dépend des couleurs des deux premières. Calculer le nombre d'éléments de E est donc compliqué. Mais il y a beaucoup plus simple : quitte à permuter, après le tirage, la première et la troisième boule ; on est ramené au cas précédent, celui de D. La probabilité que la troisième boule tirée soit rouge est égale à la probabilité que la première soit rouge, et aussi à la probabilité que la deuxième soit rouge ! Même si cela paraît étonnant.

Les activités ci-dessus abordées donnent une rétroaction aux élèves : au terme de leur procédure, ces derniers peuvent se rendre compte s'ils ont réussi ou non à résoudre le problème proposé. La situation de validation est vécue comme une invitation à l'auto-évaluation.

Combinaisons

Une ***combinaison*** de *n* éléments d'un ensemble pris *m* à *m* est un classement de *m* éléments choisis parmi ces *n*, sans qu'on se préoccupe de l'ordre et chaque élément ne pouvant servir qu'une seule fois. Ce sont donc les ensembles que l'on peut former en prenant *m* éléments parmi les *n* éléments donnés, de manière que deux ensembles diffèrent par la nature des éléments qui servent à les former.

On désigne le nombre de telles combinaisons (sans répétitions) par la notation C(n,m), qui signifie « combinaison de *n* éléments pris *m* à *m* ». Ce nombre s'obtient par la formule **C(n,m) = n !/m !(n -m) !** où C(n,m) est le nombre de combinaisons de *m* éléments sélectionnés dans un ensemble de *n* éléments (m ≤ n).

Supposons que nous voulons déterminer le nombre de combinaisons de quatre lettres (A, B, C, D) prises 3 à 3. Nous aurons :

Combinaisons	Permutations
ABC	ABC ACB BAC BCA CAB CBA
ABD	ABD ADB BAD BDA DAB DBA
ACD	ACD ADC CAD CDA DCA DAC
BCD	BCD BDC CBD CDB DBC DCB

C'est-à-dire que C(n,m) = C(4,3) = 4 !/3 !(4 - 3) ! = 4 !/3 ! = 4 combinaisons (Cf. tableau ci-dessus).

Revenons au problème du *Lotto* 6/49 et regardons les lots pour les résultats du 6 décembre 2003.

Tirage du	**GAGNANTS**		**LOTS**
06-12-2003	**6/6**	**1**	**10 000 000,00 $**
	5/6	**9**	**95 814,30 $**
	5/6	**357**	**1 932,40 $**
	4/6	**19 104**	**69,20 $**
	3/6	**364 282**	**10,00 $**
07 21 31 38 42 48			
	Ventes totales		**20 870 401 $**
Complémentaire (14)	**Prochain gros lot :**		**2 000 000 $**

Nous aurons alors C(6,49) = 49 !/(6 ! x 43 !). Ceci veut dire que le résultat de 10 068 347 520 possibilités totales devra être divisé par 6 ! (par 720). On obtient : 10 068 347 520 ÷ 720 = 1 398 3813, donc environ les 14 millions de possibilités pour le gros lot, chiffre bien connu des joueurs habitués du *Lotto* 6/49. Ce qui trouble les choses, c'est que la société d'état Loto-Québec a décidé d'offrir d'autres lots gagnants avec des combinaisons de 5 chiffres, de 4 chiffres et de 3 chiffres, de façon à faire gagner quelque chose aux joueurs et à les inciter à rejouer s'ils gagnent un petit montant, encouragés par leur "chance" lors d'un tirage précédent.

Faisons le décompte des profits de Loto-Québec pour ce tirage :
10 000 000 +(9x95814,30) +(357x1932,40) +(19104x69,20) +(364282x10) = 16 517 012 $. Soit un profit de 4 353 389 $ pour un seul tirage ! Mais Loto-Québec a, bien entendu, des dépenses incompressibles à faire pour les points de vente et la publicité.

De nombreuses loteries consistent à choisir 6 numéros parmi 40 numéros possibles. Si l'ordre des numéros importe (comme au tiercé, par exemple), il y a 40 x 39 x 38 x 37 x 36 x 35 = 2 763 633 600 choix possibles. Mais si on ne s'intéresse qu'aux 6 numéros eux-mêmes pris comme un ensemble dans lequel l'ordre ne compte pas (exemple du Loto), alors il n'existe plus que 3 838 380 choix possibles. En effet, on doit diviser 2 763 633 600 par le nombre de façons différentes d'ordonner les numéros dans un ensemble de six, soit 6 x 5 x 4 x 3 x 2 x 1 = 720.

<u>Exemples</u> :

1. *Les combinaisons de deux éléments pris dans l'ensemble {1, 2, 3, 4}* sont {1, 2}, {1, 3}, {1, 4}, {2, 3}, {2, 4}, {3,4}. Il y en a exactement six.
2. *Avec les lettres M, N, O et P, on veut former des dispositions de deux lettres différentes. Combien peut-on en former si l'ordre dans lequel les lettres apparaissent n'est pas important ?*

Si l'ordre des lettres n'est pas important, on cherche toutes les combinaisons possibles de 2 lettres différentes choisies parmi 4. Énumérons-les : (M,N), (M,O), (M, P), (N,O)), (N,P), (O,P). Il y a donc 6 combinaisons possibles. En appliquant la formule ci-dessus encadrée, on obtient le même nombre de combinaisons : $C(4,2) = \frac{4\,!}{2\,!(4-2)\,!} = \frac{4\,!}{2\,!2\,!} = \frac{4 \times 3 \times 2 \times 1}{4} = 6.$

- On détermine le nombre de combinaisons possibles d'une expérience aléatoire sans remise (sans répétition) de la façon suivante :

$$\textbf{Nbre de combinaisons possibles} = \frac{\textbf{Nbre d'arrangements possibles}}{\textbf{Nbre de permutations possibles de chaque arrangement}}$$

Le calcul du nombre de combinaisons possibles fait donc appel aux notions de permutation et d'arrangement.

Exemples :

1. *On tire au hasard 3 billes d'un sac contenant une bille rouge (R), une bille bleue (B), une bille jaune (J) et une bille verte (V). On détermine le nombre de combinaisons possibles à l'aide de la formule ci-dessus.*

$$\text{Nombre de combinaisons possibles} = \frac{4 \times 3 \times 2 \times 1}{3 \times 2 \times 1} = \frac{24}{6} = 4$$

On peut aussi bien calculer le nombre total de combinaisons en utilisant la formule de l'encadré ci-haut où n = 4 et m = 3

$$C(4,3) = \frac{4\,!}{3\,!(4-3)\,!} = \frac{4\,!}{3\,!\,1\,!} = \frac{4 \times 3\,!}{3\,!} = 4$$

2. *On dispose de 15 médicaments et on veut tester leur compatibilité en groupe de 4. Combien y a-t-il de groupes possibles ?*

$$\text{Il y a } C(15,4) = \frac{15\,!}{4\,!(15-4)!} = \frac{15\,!}{4\,!\,11\,!} = 1\ 365 \text{ possibilités.}$$

3. *D'un jeu de 52 cartes, on tire simultanément deux cartes, sans remise. De combien de manières différentes est-ce possible ?*

Il s'agit, en fait, de trouver de combien de façons différentes on peut choisir une paire de cartes dans un jeu de 52 cartes. Il nous suffit donc d'appliquer la formule des combinaisons : $C(52,2) = \frac{52\,!}{2\,!(52-2)\,!} = \frac{52\,!}{2\,!\,50\,!} = \frac{52 \times 51}{2 \times 1} = 1\ 326$ manières différentes.

NB : On peut aussi appliquer le principe multiplicatif aux deux expériences, ce qui donne 52 x 51 = 2 652. Ensuite, il s'agit de diviser ce résultat par deux car l'ordre d'apparition des cartes ne nous intéresse pas.

- On détermine le nombre de combinaisons possibles d'une expérience aléatoire **avec remise (avec répétition)** de la façon suivante :

  C(n,m) = (n + m - 1) !/m !(n - 1) !

  où *n* représente le nombre d'éléments dans l'ensemble et *m* représente le nombre d'éléments sélectionnés dans l'ensemble.

Exemple : On tire au hasard 3 billes dans une urne qui contient une bille rouge, deux billes bleues distinctes et 4 billes vertes distinctes. On veut déterminer le nombre de combinaisons possibles si on effectue les tirages avec remise. Ici, n = 7 et m = 3.

En appliquant la formule donnée ci-haut, on obtient :

$$\text{Nombre de combinaisons possibles} = \frac{(7+3-1)!}{3\,!(7-1)!} = \frac{9\,!}{3\,!\,6\,!} = 84.$$

Il y a donc 84 combinaisons (tirages) possibles de 3 billes avec remise.

Activité 36 : Dé équilibré lancé quatre fois de suite

On utilise un dé non truqué. On lance quatre fois de suite le dé, et on note le numéro sorti à chaque fois. On appelle jeu la suite de ces quatre lancers.

1) Donner un univers modélisant la situation.

2) Combien de jeux a-t-on où le 6 ne sort jamais ? Où seul le 6 sort ?

3) *Quelle est la probabilité de l'évènement B : « Le 6 est sorti au moins deux fois » ?*

1. L'univers Ω est l'ensemble des suites (a, b, c, d) où a, b, c et d sont des nombres entiers de 1 à 6. Il contient 6^4 = 1 296 éléments, et on est dans une situation d'équiprobabilité.
2. Le 6 ne sort jamais si et si seulement c'est l'une des faces de 1 à 5 qui sort à chaque fois. Il y a 5 faces possibles à chaque fois, ce qui donne $5^4 = 625$ cas favorables. Il y a une seule possibilité pour que le 6 sorte à chaque fois.
3. L'évènement B est la réunion des évènements incompatibles B_2, B_3 et B_4. Sa probabilité est la somme des probabilités, ce qui donne :

$$P(B) = \frac{C(4,2).5^2 + C(4,3).5 + C(4,4).5^0}{6^4} = \frac{171}{1296}$$

Activité 37 : Mimi invite cinq de ses onze amis

Mimi a onze amis très proches. Elle veut en inviter cinq à dîner.

b) *Combien de groupes différents peut-elle inviter ?*

c) *Combien de possibilités y a-t-il si deux d'entre eux sont mariés et ne peuvent venir qu'ensemble ?*

d) *Combien de possibilités y a-t-il si deux d'entre eux sont en mauvais termes et ne peuvent pas être invités ensemble ?*

a. Mimi peut choisir 5 amis parmi 11, c'est-à-dire qu'elle peut les inviter de C(11,5) = 462 manières possibles.

b. Mimi peut soit inviter les deux inséparables (les mariés) soit les ignorer.

- Si elle les invite, il lui faudra alors choisir encore 3 autres invités parmi 11–2 = 9 ; elle peut le faire de C(9,3) = 84 manières.
- Si elle ne les invite pas, elle choisira 5 invités parmi 11 – 2 = 9 ; elle aura donc C(9,5) = 126 choix possibles.
- En additionnant les deux résultats, on obtient C(9,3) + C(9,5) = 210 possibilités d'inviter 5 amis, si deux d'entre eux sont inséparables.

c. Supposons que les deux "ennemis" (ceux qui sont en mauvais termes) s'appellent Antoine et Raby. Mimi peut réaliser une invitation sans problème en invitant Antoine et 4 autres amis sauf Raby, ou Raby et 4 autres amis sauf Antoine, ou encore ni Antoine ni Raby – ce qui donne C(9,4) + C(9,4) + C(9,5) = 378 possibilités d'inviter 5 amis, en évitant que les deux "ennemis" se retrouvent autour de la table.

Activité 38 : Un groupe parlementaire de 12 conseillers dont 5 femmes et 7 hommes au CNT

À partir d'un groupe de 5 conseillères et de 7 conseillers siégeant au Conseil National de la Transition en Guinée, combien de commissions différentes composées de 2 femmes et de 3 hommes peut-on former ...

a) *sans aucune condition ou contrainte ?*

b) *Si deux des hommes s'entendent mal et refusent de siéger simultanément à la commission ?*

a. Il y a C(5,2) combinaisons possibles de choisir 2 femmes parmi 5 conseillères et C(7,3) combinaisons possibles de choisir 3 hommes parmi 7 conseillers. En appliquant le principe fondamental de dénombrement, on obtient : C(5,2) x C(7,3) = 350 possibilités de former de telles commissions de travail.
b. Dans le cas où deux hommes refusent de siéger ensemble, il y aura : C(2,0) x C(5,3) = 10 commissions où aucun des deux hommes n'apparaîtra et C(2,1) x C(5,2) = 20 où seulement l'un des deux siégera. D'après le principe fondamental de dénombrement, le nombre de possibilités sera de (10 + 20) x C(5,2) = 30 x 10 = 300.

Activité 39 : Vingt postulants pour former un club de foot

Pour former une équipe de football, Antonio a le choix entre 20 postulants.

1) On suppose que chaque joueur est polyvalent. Combien Antonio peut-il constituer d'équipes différentes ?

2) On suppose que parmi les 20 postulants, 17 sont joueurs de champ et 3 sont gardiens. Combien d'équipes distinctes Antonio peut-il alors constituer ?

1. Si tous les joueurs sont polyvalents, la question revient à choisir 11 joueurs parmi 20. Il y a alors deux façons d'envisager le problème :
- soit on ne tient pas compte des places qui, elles, ne sont pas distinguables sur le terrain. Dans ce cas, on peut constituer C(20,11) = 167 960 équipes ;
- soit on différencie ces places. Dès lors, il ne s'agit plus de choisir 11 joueurs parmi 20, mais d'attribuer, en même temps, à chacun des joueurs choisis une place. On a, ici, une injection de l'ensemble des places dans l'ensemble des joueurs (pour chaque place, on choisit un joueur). On a ainsi A(20,11) = 6 704 425 728 000 équipes possibles.

2. Le problème devient plus compliqué. Si l'on considère simplement le choix des joueurs sans attribution de postes sur le terrain, le problème se ramène simplement à une opération à deux étapes :
- choisir 10 joueurs parmi les 17 joueurs de champ et 1 gardien parmi les 3 postulants. Il y a donc C(17,10) x C(3,1) = 58 344 équipes possibles.
- Si, par contre, on attribue aussi les places, on aura A(17,10) choix pour les joueurs de champ, et toujours 3 façons de choisir le gardien. Dans ce cas, on a donc A(17,10) x 3 = 211 718 707 200 équipes possibles.

Activité 40 : Répondre aux questions d'un examen

Ibou doit répondre à 7 des 10 questions de l'examen de Probabilités.

a) De combien de manières peut-il les choisir ?

b) De combien de manières peut-il le faire s'il est tenu de choisir au moins 3 des 5 premières questions ?

a. Il s'agit de trouver le nombre de possibilités pour Ibou de tirer 7 questions parmi 10, donc C(10,7) = 10 !/7 ! x 3 ! = 120 possibilités. Ibou peut choisir 7 des 10 questions de 120 différentes façons.

b. Ibou doit choisir 3 questions parmi les 5 premières et, bien sûr, 2 parmi les dernières. Il peut le faire de C(5,3) x (5,4) = 10 x 5 = 50 manières différentes, dans un tel contexte.

Activité 41 : Kessery et Julie seraient-ils des "ennemis"

Composée de 18 filles et de 16 garçons, la classe de Monsieur Léno veut élire les 4 délégués au Conseil Scolaire de la ville de Guéckédou. Pour ce faire, on ne distingue pas les délégués et les délégués-adjoints.

a) Combien existe-t-il de possibilités pour cette élection ?

b) Kessery dit qu'il ne souhaite pas être élu si Julie est élue. Dans ces conditions, combien existe-t-il de possibilités ?

a. On compte le nombre de combinaisons de 4 élèves parmi 18 + 16 = 34 élèves, c'est-à-dire : $C(34,4) = \frac{34!}{4!(34-4)!} = \frac{34!}{4!\,30!} = 46\,376$ possibilités d'élire un tel bureau.

b. On commence par compter le nombre de possibilités où Kessery et Julie sont élus. Si Kessery et Julie sont élus, il reste à choisir deux élèves parmi 32, soit le nombre de combinaisons de 2 élèves choisis parmi 32, soit encore $C(32,2) = \frac{32!}{2!(32-2)!} = \frac{32!}{2!\,30!} = 496$. Ainsi, le nombre de possibilités que Kessery et Julie ne soient pas élus ensemble est égal à 46 376 – 496 = 45 880.

Activité 42 : Asseoir des personnes sur des tables

On dispose de trois tables, chacune ayant quatre places. On veut asseoir douze personnes. Les gens se répartissent au hasard. Pour chaque table, on s'intéresse aux quatre personnes qui s'y assoient, mais pas du tout à la façon dont ils sont assis les uns par rapport aux autres.

1) Donner un univers modélisant la situation. On pourra numéroter les personnes et les tables, et attribuer à chaque personne son numéro de table.

2) Quelle est la probabilité pour que Fifi soit à la même table que son copain Henry ?

3) Quelle est la probabilité pour qu'Alain, Moh et Jeanne – qui ne se supportent pas – soient à des tables distinctes ?

1. Attribuons aux gens les numéros de 1 à 12, et les tables de 1 à 3. Une répartition est une suite $(a_1, a_2, \ldots, a_{12})$, où a_k est le numéro de la table où l'individu k est assis. Il faut faire attention au fait que chaque nombre entier 1, 2 et 3 apparaît exactement 4 fois parmi les entiers $a_1, a_2, \ldots, a_{12}$. Le nombre d'éléments de l'univers Ω est un peu délicat à calculer.

- On fixe les 4 individus qui occupent la table 1 : il y a C(12,4) possibilités.
- On fixe les 4 individus qui occupent la table 2, parmi les huit qui restent : il y a C(8,4) possibilités.

- Les quatre personnes restantes occupent la table 3 d'office. L'univers Ω contient C(12,4) x C(8,4) = 12 !/(4 !)^3 = 34 650 éléments. Il y a équiprobabilité.

2. L'évènement « Fifi est à la même table que son copain Henry » est la réunion de trois évènements disjoints : ils sont à la table 1 ou à la table 2 ou à la table 3. Ces trois évènements ont tous la même probabilité.
   Cherchons le nombre de possibilités que Fifi et Henry soient à la table 1.

- Il faut fixer deux autres personnes à mettre sur cette table : il y en a C(10,2) possibilités.
- Il faut fixer les quatre personnes de la table 2 : il y en a C(8,4) façons. Les personnes de la table 3 sont automatiquement connues.
  On a donc P(T_1) = C(8,4) x C(10,2) / C(12,4) x C(8,4) = 1/11. La probabilité finale, celle que Fifi et Henry soient sur la même table, est donc 3/11.

3. La probabilité qu'Alain, Moh et Jeanne – qui ne se supportent pas – soient à des tables distinctes est la réunion de 3 ! évènements équiprobables et incompatibles : Alain est à la table 2, Moh à la table 1, Jeanne à la table 3, et les cinq analogues.

- À la table 1, on doit rajouter 3 personnes parmi les 12 – Alain – Moh - Jeanne = 9 personnes autres qu'Alain, Moh et Jeanne : il y a C(9,3) possibilités.
- À la table 2, on doit rajouter 3 personnes parmi les 8 – Moh - Jeanne = 6 personnes qui restent : il y a C(6,3) possibilités. La table 3 est alors définie de façon unique.
  La probabilité cherchée est 3 ! x C(9,3) x C(6,3)/34 650 = 16/55.

Dans le problème suivant, l'enseignante peut constater que certains élèves ne prennent pas explicitement en compte toutes les contraintes du problème. Elle les laissera se rendre compte par eux-mêmes que leur procédure ne fonctionne pas.

Activité 43 : Urne contenant des boules blanches et des boules rouges indiscernables au toucher

Une urne contient cinq boules blanches et trois boules rouges indiscernables au toucher.

1) On tire successivement sans remise trois boules dans l'urne.
   a) Combien y a-t-il de tirages possibles ?
   b) Quelle est la probabilité d'obtenir trois boules rouges ?
   c) Quelle est la probabilité d'obtenir deux boules rouges ?

2) Combien y a-t-il de tirages possibles en supposant que les trois boules sont tirées simultanément. Comparer les résultats obtenus dans les deux questions.

1. Nous sommes dans une situation où les tirages sont faits sans remises ; il s'agit d'arrangements de 3 boules prises parmi 8.

a. Nous avons donc : A(8,3) = $\frac{8\,!}{(8-3)\,!} = \frac{8\,!}{5\,!}$ = 8 x 7 x 6 = 336 tirages.

b. Nous avons A(3,3) = 3 ! = 6 façons de tirer les trois boules sans remise. Nous en déduisons que la probabilité P(3 boules rouges) = 6/336 = 1/56.

c. Nous choisissons la place pour les 2 rouges. Il y a C(3,2) façons de le faire. Chaque placement de boule rouge sur les places choisies est une injection d'un ensemble de 2 éléments dans un ensemble de 3 éléments. Il y a A(3,2) choix possibles. Il reste alors 5 possibilités de choisir une boule blanche que l'on mettra à la place prévue. Nous avons donc : C(3,2) x A(3,2) x 5 = 90 tirages possibles. Nous en déduisons que la probabilité P(2 boules rouges) = 90/336 ou 26,78 %.

2. Dans ce cas, l'ordre ne compte pas. On tire 3 boules parmi 8 boules. Il y a donc C(8,3) = 56 tirages possibles. Il y a C(3,3) = 1 façon d'obtenir les trois rouges. Donc P(trois rouges) = 1/56. Il y a C(3,2) x 5 = 15 façons d'obtenir une blanche et 2 rouges. On a donc la probabilité de tirer 2 boules rouges : P(2 boules rouges) = 15/56.
   On note que l'on obtient la même probabilité qu'à la première question.

Les élèves apprennent mieux dans un environnement où l'enseignante les aide à comprendre que les difficultés font partie intégrante de l'apprentissage des maths (des probabilités) ***par*** la résolution de problèmes et qu'à force de persévérer, ils deviennent plus créatifs et performants.

Activité 44 : Comités de trois joueurs sous contraintes

Fana et Asta font partie d'une équipe de 8 joueurs (6 garçons et 2 filles). L'équipe décide de former un comité de trois joueurs.

1) Combien y a-t-il de comités possibles ?

2) Combien y a-t-il de comités contenant exactement deux garçons et une fille ?

3) Combien y a-t-il de comités contenant au moins deux garçons ?

4) On veut que Fana et Asta soient ensemble dans le comité. Combien y a-t-il de comités possibles ?

5) On ne veut pas que Fana et Asta soient ensemble dans le comité. Combien y a-t-il de comités possibles ?

1. Il s'agit de choisir 3 joueurs parmi 8 personnes. Le nombre de comités qu'on peut constituer est donc $C(8,3) = \frac{8\,!}{3\,!(8-3)\,!} = \frac{8\,!}{3\,!\,5\,!} = 56$.
2. Il s'agit de choisir 2 garçons parmi 6, puis une fille parmi 2. Le nombre de choix possibles est donc C(6,2) x C(2,1) = 15 x 2 = 30.
3. On compte le nombre de comités comprenant 3 garçons : il vaut C(6,3) = 20 (il faut choisir 3 garçons parmi 6). On a déjà compté le nombre de comités comprenant exactement 2 garçons, Donc, le nombre de comités comprenant au moins 2 garçons vaut : C(6,2) x C(2,1) + C(6,3) = (15 x 2) + 20 = 30 + 20 = 50.
4. Il ne reste qu'à choisir le dernier membre du comité : il y a 6 comités comprenant à la fois Fana et Asta.
5. On compte les comités comprenant Fana, mais pas Asta, et les comités comprenant Asta, mais pas Fana. Dans le premier cas, on trouve C(6,2) comités (il reste à choisir deux joueurs parmi 6, puisqu'on ne peut plus prendre ni Fana, ni Asta). Dans le second cas, on a aussi C(6,2) comités. On compte, enfin, les comités ne comprenant ni Fana, ni Asta. Il y en a C(6,3). Finalement, le nombre total de comités ne comprenant pas simultanément Fana et Asta est C(6,2) + C(6,2) +

C(6,3) = 50.

Remarque : On peut trouver simplement la même réponse en soustrayant du nombre total de comités (56, cf. question 1) le nombre de comités comprenant à la fois Fana et Asta (6, cf. question 4).

L'enseignante prévoira des questions pour des élèves qui seraient bloqués et des interventions pour les aider à surmonter leurs difficultés. Elle fera noter que l'étude des probabilités, telle qu'on la conçoit aujourd'hui, a véritablement débuté au 17e siècle, mais que les recherches sur les combinaisons et les permutations d'objets ou d'évènements sont bien plus anciennes. En effet, les formules donnant les valeurs du nombre de combinaisons sont connues depuis le 12e siècle, mais que les relations entre ces nombres, ainsi que leurs multiples applications ne seront établies qu'au 17e siècle par Blaise Pascal, à la suite d'une longue correspondance avec Pierre de Fermat.

Si les motivations des mathématiciens Indiens étaient religieuses, la majorité des auteurs ultérieurs virent essentiellement dans ces recherches une possibilité d'analyse des jeux de hasard – prédire les résultats possibles, établir les règles assurant un jeu équitable, etc. L'alliance, par la suite, des probabilités et des statistiques engendra de nouvelles méthodes d'analyse de données dans les disciplines scientifiques et sociales. Et, bien qu'elles ne se soient jamais totalement désintéressées des tables de jeu, les statistiques, au Siècle des lumières, furent perçues comme un outil mathématique idoine pour conduire les affaires publiques et garantir l'équité morale et sociale.

Attention de ne pas confondre combinaison, arrangement et permutation

Une disposition d'éléments d'un ensemble peut être ordonnée pour tous les éléments de cet ensemble (permutation), pour certains éléments de cet ensemble (arrangement) ou non ordonnée pour un certain nombre d'éléments de cet ensemble (combinaison). On ne doit donc pas confondre combinaison et arrangement. Un arrangement est une suite ordonnée de m éléments, c'est-à-dire que, contrairement aux combinaisons, l'ordre y intervient.

Prenons l'exemple d'un ensemble E = {a, b, c, d} de 4 éléments. On cherche toutes les combinaisons et tous les arrangements à trois éléments.

- À partir des 3 lettres a, b, c, on ne peut former qu'une seule combinaison : abc, mais 3 ! = 6 arrangements : abc, acb, bca, bac, cab, cba.
- Il en de même, avec les lettres a, c, d et les lettres b, c, d. Ainsi, on a, ici, 4 combinaisons, mais 24 arrangements.

Voici un autre exemple concret illustrant la différence entre combinaison et arrangement.

- Si on cherche le nombre de mains de 8 cartes que l'on peut avoir à la belote, on cherche le nombre de combinaisons de 8 cartes parmi 32. La main (7 de cœur-valet de trèfle …) est, en effet, identique à la main (valet de trèfle, 7 de cœur, …).

- Si on cherche le nombre de 3 chiffres ne s'écrivant qu'avec des chiffres impairs tous distincts, on cherche le nombre d'arrangements de 3 cartes parmi 5 ({1, 3, 5, 7, 9}). En effet, le nombre 371 est différent de 713.

On ne doit pas non plus confondre permutation et combinaison. On établit clairement les différences entre ces deux concepts pour les raisons suivantes :

- La *permutation* fait référence à plusieurs façons d'organiser un ensemble d'objets dans un ordre séquentiel, tandis que la *combinaison* implique plusieurs façons de choisir des éléments dans un grand pool d'objets, de sorte que leur ordre est sans importance.
- La différence fondamentale entre ces deux concepts réside dans l'ordre, le placement et la position des objets. Dans la permutation, l'ordre des objets est très important, la disposition devant être dans l'ordre stipulé du nombre d'objets, pris à la fois ou tous à la fois. Par contre, dans le cas d'une combinaison, l'ordre n'a aucune importance, non seulement en maths mais aussi dans la recherche et dans la vie quotidienne.
- D'après ce qui précède, une combinaison est un arrangement où l'ordre de présentation des éléments (individus) n'est pas pris en considération ; une permutation est aussi un arrangement d'éléments (d'individus) dans lequel l'ordre de présentation est pris en considération.
- La permutation indique plusieurs façons d'*organiser* des personnes, des choses, des chiffres, des alphabets, des couleurs, etc., tandis que la combinaison indique différentes façons de *sélectionner* des éléments de menus, des aliments, des vêtements, des sujets, etc.
- La permutation n'est rien d'autre qu'une *combinaison ordonnée*, tandis que la combinaison implique des ensembles non ordonnés ou une association de valeurs dans des critères spécifiques.
- De nombreuses permutations peuvent être dérivées d'une seule combinaison. Inversement, une seule combinaison peut être obtenue à partir d'une seule permutation.
- La permutation répond à « Combien d'arrangements différents peut-on créer à partir d'un ensemble d'objets donné ? » tandis que la combinaison répond à « Combien de groupes différents peut-on sélectionner dans un groupe d'objets plus important ? ».
- Pour un ensemble d'objets donné, la permutation sera toujours supérieure à sa combinaison.

La résolution d'une riche variété de situations-problèmes permet aux élèves de savoir comment aborder un problème combinatoire.

Méthodes	**Ordre**	**Nombre d'éléments**
Permutation	Ordre toujours pertinent	Tous les *n* éléments
Arrangement	Toujours avec ordre	Concerne un sous-ensemble

		(une partie) de *k* éléments
Combinaison	Ordre sans importance	Concerne un sous-ensemble (une partie) de *k* éléments

<u>Exemples</u> :

1. *Huit athlètes participent aux Jeux Universitaires de N'Zérékoré. Combien de façons possibles le Comité d'organisation peut-il obtenir comme classement final ?*
   a) *Est-ce que l'**ordre** est important* ? OUI.
   b) *Est-ce que cela concerne **tous les éléments*** ? OUI.
   Il s'agit donc d'une **permutation**.

   n = 8 éléments (8 athlètes)

   8 x 7 x 6 x 5 x 4 x 3 x 2 x 1

   Il y a 8 ! = 1 x 2 x 3 x 4 x 5 x 6 x 7 x 8 = 40 320 façons différentes d'obtenir un classement final.

2. *Combien de façons possibles le Comité d'organisation peut-il obtenir un podium ?*
   a) *Est-ce que l'**ordre** est important* ? OUI.
   b) *Est-ce que cela concerne **tous les éléments*** ? NON.
   Il s'agit donc d'un **arrangement**.

   n = 8 éléments (8 athlètes) et k = 3 éléments (athlètes)

   8 x 7 x 6

   Il y a 8 x 7 x 6 = 336 podiums possibles que le Comité d'organisation peut obtenir.

3. *Combien de façons possibles le Comité d'organisation peut-il choisir 4 athlètes dans le but de les convoquer à une réunion ?*
   a) *Est-ce que l'**ordre** est important* ? NON.
   b) *Est-ce que cela concerne **tous les éléments*** ? NON.
   Il s'agit donc d'une **combinaison**.

   n = 8 éléments (8 athlètes) et k = 4 éléments (athlètes)

   Arrangement 8 x 7 x 6 x 5

   Permutation 4 x 3 x 2 x 1

$$\textbf{Combinaison} = \frac{\textbf{Arrangement}}{\textbf{Permutation}} = \frac{8 \times 7 \times 6 \times 5}{4 \times 3 \times 2 \times 1} = 70.$$

Le Comité d'organisation peut, de 70 façons différentes, convoquer 4 des 8 athlètes à l'une de ses réunions.

Activité 45 : Contrôle de circuits imprimés

Un agent de contrôle doit prélever au hasard deux circuits imprimés d'un lot de 10. Ces circuits sont fabriqués pour un client dans le domaine de l'aéronautique. Le lot est accepté pour expédition au client si les deux circuits contrôlés ne présentent aucune non-conformité. On suppose que le lot comporte deux circuits imprimés avec au moins une non-conformité.

a) Quelle est la probabilité que le lot soit accepté ?

b) Quelle est la probabilité que le lot soit refusé ?

c) Quelles sont les chances sur 100 pour que les deux circuits imprimés prélevés du lot présentent respectivement au moins une non-conformité ?

a. Probabilité que le lot soit accepté

Notons d'abord par A l'évènement « Les deux circuits ne présentent aucune non-conformité ». Déterminons, ensuite, le nombre d'échantillons possibles de taille n = 2, provenant d'un lot de 10 en utilisant la formule de combinaison :

$C(10,2) = \frac{10!}{2!(10-2)!} = \frac{10!}{2!\,8!} = \frac{10 \times 9 \times 8!}{2 \times 8!}$ = 45 choix possibles.

et $C(8,2) = \frac{8!}{2!(8-2)!} = \frac{8!}{2!\,6!} = \frac{8 \times 7 \times 6!}{2 \times 6!}$ = 28 choix favorables.

La probabilité cherchée est donc 28/45 = 0,62 ou 62 % de chances.

b. Probabilité que le lot soit refusé

Notons par $\bar{A}$ l'évènement « Le lot est refusé ».

$P(\bar{A}) = 1 - P(A) = 1 - 0{,}6222 = 0{,}3778$ ou 38 % de chance.

c. Chances sur 100 pour que les deux circuits imprimés présentent respectivement au moins une non-conformité

Notons par B « Les deux circuits présentent respectivement au moins une non-conformité ». P(B) = 1/45 = 0,0222 (soit 2 % de chances).

Activité 46 : Nombre de combinaisons et de permutations

On considère un ensemble constitué de nombres suivants : 1, 2, 3, 4, 5.

a) Déterminez le nombre de combinaisons de ces cinq nombres lorsqu'ils sont pris 2 à 2.

b) Déterminez le nombre de permutations de ces cinq nombres lorsqu'ils sont pris 2 à 2.

c) Dressez la liste de toutes les permutations et de toutes les combinaisons.

d) Si une population est constituée de ces cinq nombres, quelle est la probabilité de choisir un échantillon ordonné de taille n = 2 ? (Tirage sans remise).

e) Quelle est la probabilité de choisir un échantillon non ordonné de taille n = 2 ? (Tirage sans remise).

a. Nombre de combinaisons des 5 nombres pris 2 à 2 (tirage sans remise)
On a n = 5, m = 2 ; d'où C(5,2) = 5!/(2! x 3!) = 10 combinaisons possibles.

b. Nombre de permutations des 5 nombres pris 2 à 2 (tirage sans remise)

$$P(5,2) = \frac{5!}{(5-2)!} = \frac{5!}{3!} = 5 \times 4 = 20 \text{ permutations possibles.}$$

c. Liste de toutes les combinaisons et de toutes les permutations possibles

	Permutations	…	Combinaisons	
1	(1,2)	…	(1,2),	1

2	(2,1)				
3	(1,3)	…	(1,3)	2	On tient compte de l'ordre
4	(3,1)				
5	(1,4)	…	(1,4)	3	
6	(4,1)				
7	(1,5)	…	(1,5)	4	
8	(5,1)				
9	(2,3)	…	(2,3)	5	
10	(3,2)				On ne tient pas compte de l'ordre
11	(2,4)	…	(2,4)	6	
12	(4,2)				
13	(2,5)	…	(2,5)	7	
14	(5,2)				
15	(3,4)	…	(3,4)	8	
16	(4,3)				
17	(3,5)	…	(3,5)	9	
18	(5,3)				
19	(4,5)	…	(4,5)	10	
20	(5,4)				

Comme on le peut voir ci-haut, il y a 20 permutations des 5 nombres pris 2 à 2 alors qu'il n'y a que 10 combinaisons de ces mêmes nombres.

d. Probabilité de choisir un échantillon ordonné de taille n = 2

Dans ce cas, $P(5,2) = \frac{5!}{(5-2)!} = \frac{5!}{3!} = 5 \times 4 = 20$ échantillons sont possibles et la probabilité cherchée est 1/20 ou 0,05 ou encore 5 % de chance que l'on choisisse un tel échantillon ordonné.

e. Probabilité de choisir un échantillon non ordonné de taille n = 2

Il y a $C(5,2) = \frac{5!}{2!(5-2)!} = \frac{5!}{2!\,3!} = 10$ échantillons possibles, ce qui donne une probabilité 1/10 de choisir un échantillon non ordonné de taille n = 2. (Tirage sans remise).

Activité 47: Urne de 20 boules de différentes couleurs

Sofia dispose d'une urne qui contient 10 boules rouges, 5 noires, 3 jaunes et 2 vertes. Elle tire quatre boules les unes après les autres, et elle les range les unes derrière les autres dans l'ordre de sortie. On appellera tirage la liste ordonnée des couleurs obtenues.

1. *Combien de tirages Sofia peut-elle obtenir ?*
2. *Combien de tirages peut-elle obtenir avec une boule de chaque couleur ?*
3. *Combien de tirages peut-elle obtenir avec exactement deux boules rouges et deux noires ?*
4. *Combien de tirages peut-elle obtenir avec exactement deux boules rouges, une jaune et une verte ?*

1. Un tirage est, dans ce cas, un arrangement des 20 boules prises 4 à 4, puisque l'ordre de sortie compte. On a donc :

A(20,4) = 20 x 19 x 18 x 17 = 116 280 tirages possibles.

2. Pour un ordre bien précis de sortie (par exemple, R, N, J, V dans cet ordre), Sofia a évidemment 10 choix possibles de la boule rouge, 5 choix de la noire et ainsi de suite. Cela lui donne donc 10 x 5 x 3 x 2 = 300 choix possibles. Mais on doit tenir compte de tous les ordres possibles de sortie ; leur nombre correspond aux permutations des quatre couleurs, et il y en a donc 4 !. Finalement, Sofia a

   4 ! x 10 x 5 x 3 x 2 = 24 x 300 ou 7 200 tirages possibles.

3. Le tirage sera parfaitement défini lorsque :

- on aura fixé les deux positions des boules rouges. Les deux boules noires occuperont les deux places restantes. Il s'agit de choisir deux places sans ordre puisque les deux boules à mettre sont de même couleur, parmi 4. Cela donne C(4,2) = 6 possibilités ;
- on aura tiré les deux boules rouges. Comme elles sont de même couleur, il s'agit de choisir un paquet sans ordre de 2 boules parmi 10, ce qui donne C(10,2) = 45 possibilités ;
- on aura tiré les deux boules noires. Comme elles sont de même couleur, il s'agit de choisir un paquet sans ordre de 2 boules noires parmi 5, ce qui donne C(5,2) = 10 possibilités. Au final, cela fait C(4,2) x C(10,2) x C(5,2) = 2 700 possibilités.

4. Le tirage sera parfaitement défini lorsque …

- on aura fixé les deux positions des boules rouges. Il s'agit de choisir 2 places sans ordre puisque les deux boules à mettre sont de même couleur, parmi 4. Cela donne C(4,2) = 6 possibilités ;
- on aura fixé les deux boules rouges. Comme elles sont de même couleur, il s'agit de choisir un paquet sans ordre de 2 boules parmi 10, ce qui donne C(10,2) = 45 possibilités ;
- on aura tiré la boule jaune : 3 choix possibles.
- on aura tiré la boule verte : 2 choix possibles.

  Au total, cela donne C(4,2) x 2 x C(10,2) x 3 x 2 = 3 240 possibilités.

Il est souvent difficile de démontrer qu'il est impossible d'établir une combinaison satisfaisant à la condition demandée. Par exemple, ce n'est qu'en 1976, soit 124 ans après sa formulation en 1852 par Francis Guthrie, que le célèbre ***théorème des quatre couleurs*** a été démontré par les Américains Kenneth Appel et Wolfgang Haken. Le *théorème des quatre couleurs* indique que quatre couleurs différentes suffisent pour colorier n'importe quelle carte découpée en régions connexes, de sorte que deux régions adjacentes (ou limitrophes), c'est-à-dire ayant toute une frontière (et non simplement un point) en commun, reçoivent toujours deux couleurs distinctes. Trivialement, chacune des régions doit recevoir une couleur différente si les régions sont deux à deux adjacentes. C'est le cas, par exemple, du Mali, de la Guinée, de la Côte d'Ivoire et du Burkina Faso dans une carte politique de l'Afrique de l'Ouest ; d'où la nécessité des quatre couleurs dans le cas général.

Appel et Haken ont réduit (des dizaines de milliers de figures à l'appui) le problème à l'étude de 1 478 cas critiques (i.e. ; qui posent problèmes). Ils ont étudié ces 1 478 configurations à l'aide d'un ordinateur d'une très grande complexité (plus de 1 200 heures de calcul). Ce qui rend ce problème mondialement célèbre, c'est qu'il est le premier (et encore un des rares) à avoir été démontré à l'aide d'un ordinateur !

Les activités précédentes ont montré en quoi ou comment l'enseignement-apprentissage des concepts de probabilité ***par*** la résolution de problèmes favorise la compréhension conceptuelle chez les élèves. Celles qui suivent montrent que la RP est aussi un contexte didactique propice à la mobilisation et à l'application de ces concepts en situations contextualisées.

> La poussière qui émane des mines de bauxite à ciel ouvert et des zones de stockage contribue à la détérioration de la qualité de l'air. Selon l'Organisation mondiale de la santé (OMS), l'exposition à toutes particules fines, qui constituent une partie de cette poussière, peut causer, déclencher ou exacerber les maladies respiratoires et cardiovasculaires. Les émissions des gaz d'échappement des centaines de camions transportant de la bauxite sont également une cause avérée des maladies respiratoires.

Activité 48 : Visite annuelle à la médecine du travail

En l'absence d'indicateurs de surveillance officiels de la qualité de l'air fournis par les sociétés minières ou de statistiques sanitaires fiables, neuf travailleurs de la Compagnie des bauxites de Guinée (CBG) se présentent à la médecine du travail pour passer la visite annuelle. Ils sont reçus par deux médecins. Le premier consultera cinq travailleurs, le second quatre.

1) *De combien de façons différentes les neuf travailleurs peuvent-ils être répartis entre chaque médecin ?*
2) *Quatre travailleurs ont déjà reçu deux doses de vaccin anticovid-19. De combien de façons différentes peut-on réaliser cette répartition, sachant que chaque médecin consultera 2 travailleurs ayant reçu deux doses de vaccin ?*
3) *De plus, on veut que Oury qui a reçu deux doses de vaccin, et Marc qui n'en a pas reçu, soient examinés par le même médecin. Combien de répartitions sont possibles ?*

1. En fait, il s'agit de choisir 5 travailleurs pour le premier médecin, les quatre autres travailleurs étant alors automatiquement affectés au second médecin. On a C(9,5) = 9 !/5! 4 ! = 126 façons d'effectuer ce choix.
2. Cette fois-ci encore, on ne s'intéresse qu'au premier médecin. On choisit deux travailleurs parmi les quatre qui sont doublement vaccinés, puis trois travailleurs parmi les cinq restants. On a donc C(4,2) x C(5,3) = 60 choix possibles.
3. On a affaire à la réunion de deux évènements disjoints : soit Oury et Marc sont avec le premier médecin, soit ils sont avec le second.
   - S'ils sont avec le premier médecin, on devra compléter le groupe par un travailleur ayant reçu les deux vaccins sur les trois travailleurs restants et par deux travailleurs non vaccinés sur les quatre restants.
   - S'ils sont avec le deuxième médecin, le premier groupe est formé par 2 travailleurs vaccinés sur les 3 restants et par 3 travailleurs sur les 4 restants. On a donc au total C(3,1) x C(4,2) + C(3,2) x C(4,3) = 18 + 12 = 30 répartitions possibles.

Activité 49 : Aspirine ou paracétamol contre la migraine

En cas de migraine, trois patients sur cinq prennent de l'aspirine et deux sur cinq prennent du paracétamol présentant des effets secondaires comme une hépatotoxicité (toxicité du foie) et une cytolyse hépatique (destruction des cellules de foie) en cas de surdosage aigu. Au moment de l'enquête, on note qu'avec l'aspirine, 75 % des patients sont soulagés ; avec le paracétamol, 90 % des patients sont soulagés.

1) *Quel est le taux global de personnes soulagées ?*
2) *Quelle est la probabilité pour un patient d'avoir pris de l'aspirine sachant qu'il est soulagé ?*

Notons les évènements A = « Le patient prend de l'aspirine »,
S = « Le patient est soulagé »

1. **Taux global de personnes soulagées**
   P(Soulagé) = (3/5) x 0,75 + (2/5) x 0,90 = 0,81.
   Globalement, il y a 81 % des personnes qui sont soulagées.
2. **Probabilité qu'un patient ait pris de l'aspirine sachant qu'il est soulagé**. Il s'agit de calculer la probabilité conditionnelle P(A/S)
   $P(A/S) = \frac{P(A \cap S)}{P(S)} = \frac{P(A) \times P(S)}{P(S)} = \frac{3,5 \times 0,75}{0,81} = \frac{5}{9}$. P(A/S) = 5/9 ≈ 0,56. Il y a 56 % de chance qu'un patient ait pris de l'aspirine sachant qu'il est soulagé.

Activité 50 : Test de dépistage d'une certaine maladie

Un laboratoire médical analyse des échantillons sanguins pour dépister une certaine maladie qui touche à peu près une personne sur cent. Les gens viennent au laboratoire par groupes de cinquante et le directeur du laboratoire se demande si, au lieu d'analyser chaque échantillon séparément, il ne pourrait pas regrouper les cinquante échantillons pour les analyser ensemble.

Si l'échantillon global est négatif, il saura avec certitude que le groupe entier est sain. Par contre, si le test est positif, il analysera les échantillons un par un.

a. *Quel est le nombre moyen de tests que le directeur du laboratoire aura à effectuer s'il groupe les échantillons ?*
b. *Quel est ce nombre si le nombre de personnes devant subir cette analyse est très grand ?*

a. Le directeur effectuera soit un seul test (si le résultat global est négatif), soit 51 tests (si le premier test est positif).

- La probabilité qu'une personne quelconque soit saine est de 99/100. En appliquant la règle du produit, la probabilité que 50 personnes soient saines est de $(99/100)^{50}$.
- Et, par conséquent, la probabilité de n'avoir à effectuer qu'un seul test est de $(99/100)^{50}$.

- En revanche, la probabilité qu'une personne au moins souffre de la maladie est la probabilité complémentaire, c'est-à-dire $[1 - (99/100)^{50}]$ – ce qui nous donne également la probabilité d'avoir à effectuer 51 tests. Le nombre moyen de tests que le directeur aura à effectuer est donc de : $[1 \times (99/100)^{50}] + (51 \times [1 - (99/100)^{50}]$, ce qui donne approximativement 21 tests.

b. Si le nombre de personnes devant subir cette analyse est très grand, le directeur du laboratoire aura tout intérêt :

- à prélever une fraction de chaque échantillon individuel,
- à grouper ces prélèvements et à les analyser ensemble.

Le directeur du laboratoire n'analysera le reste des 50 échantillons individuels que si cela se révèle nécessaire. Il ne pratiquera ainsi que 21 analyses en moyenne par groupe de 50 personnes.

L'Institut de recherche en biologie appliquée de Guinée (IRBAG) est le premier institut de recherche en Afrique basée sur l'expérimentation des vaccins contre les maladies comme la tuberculose, la rougeole, sur les animaux, notamment les singes, les chimpanzés, les crocodiles. Aidés par les médecins soignants et les infirmiers, les virologues, les bactériologistes et les biologistes de l'IRBAG mènent des études d'expérimentation pour trouver les vaccins contre les morsures de serpents, des virus et bactéries inconnus. Depuis l'apparition de la pandémie du Coronavirus le 12 mars 2020 en Guinée et récemment avec la réapparition de la fièvre hémorragique à virus Ébola, l'IRBAG sert de cadre pour l'hospitalisation et le traitement des citoyens de la préfecture de Kindia atteints par ces deux maladies.

Activité 51 : Constats dans un laboratoire de l'IRBAG

Dans un laboratoire de l'IRBAG, on a fait les constats suivants :

- *si une souris porte l'anticorps A, alors 2 fois sur 5 elle porte aussi l'anticorps B ;*
- *si une souris ne porte pas l'anticorps B, alors 4 fois sur 5 elle ne porte pas l'anticorps B.*

Sachant que la moitié de la population porte l'anticorps A, calculer

a) la probabilité que, si une souris porte l'anticorps B, alors elle porte aussi l'anticorps A ;

b) la probabilité que, si une souris ne porte pas l'anticorps B, alors elle ne porte pas l'anticorps A.

- On note les évènements A = « porter l'anticorps A », $\bar{A}$ = « ne pas porter l'anticorps A », B = « porter l'anticorps B », AB' = « porter l'anticorps A et ne pas porter l'anticorps B ». En décodant les données du problème, on peut construire le diagramme en arbre suivant :

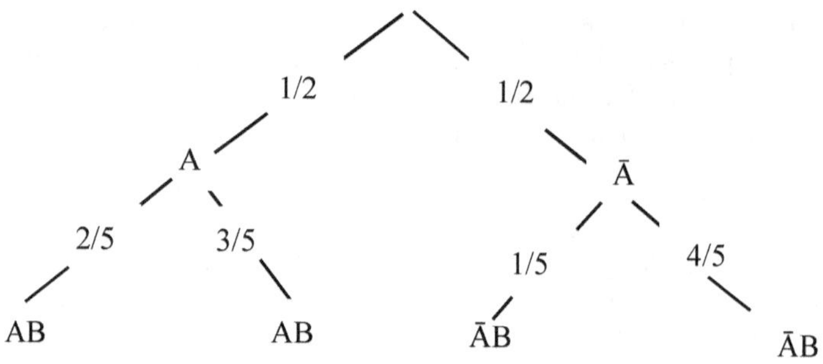

- Au lieu de faire explicitement appel au théorème de Bayes, on applique directement les lois fondamentales du calcul des probabilités.

a. **Probabilité qu'une souris porte l'anticorps A si elle porte l'anticorps B.**

$P(B) = P(AB) + P(\bar{A}B) = \frac{1}{2} x \frac{2}{5} + \frac{1}{2} x \frac{1}{5} = \frac{3}{10}$ soit 30 % de probabilité

$P(A/B) = P(AB)/P(B) = \frac{1}{2} x \frac{2}{5} \div \frac{3}{10} = \frac{2}{3}$. Il y a 2 chances sur trois que, si une souris porte l'anticorps B, alors elle porte aussi l'anticorps A.

b. **Probabilité qu'une souris ne porte pas l'anticorps A si elle ne porte l'anticorps B.**

$P(B') = P(AB') + P(\bar{A}B') = \frac{1}{2} x \frac{4}{5} + \frac{1}{2} x \frac{3}{5} = \frac{7}{10}$. $P(\bar{A}/B') = P(\bar{A}B')/P(B') = \frac{1}{2} x \frac{4}{5} \div \frac{7}{10} = \frac{4}{7}$. Il y a 4 chances sur sept que, si une souris ne porte pas l'anticorps B, elle ne porte pas l'anticorps A.

L'enseignante veillera à ce que les différents contextes des problèmes proposés soient cohérents avec les apprentissages des concepts en jeu. Elle proposera les activités suivantes qui sont des occasions privilégiées pour analyser et comprendre les situations présentées, établir des relations entre les données, mobiliser et appliquer des concepts, processus et stratégies, donner du sens aux concepts en jeu et asseoir leur bonne compréhension.

> Le tabagisme entraîne plusieurs conséquences désastreuses sur la santé et le bien-être. On estime que 85 % des cas de maladie pulmonaire obstructive chronique (MPOC) et de cancer du poumon sont causés par le tabagisme. Environ le tiers des cancers sont dûs à la cigarette, tels que les cancers de l'œsophage, de la bouche, de l'utérus, de la vessie, de l'estomac, du pancréas. Comme toute autre démarche importante, le renoncement au tabac nécessite un plan d'action, un programme individuel qui maximise les chances d'« écraser ».

Activité 52 : Un programme aidant pour « écraser »

Un programme pour arrêter de fumer permet effectivement d'arrêter de fumer à 48 % des femmes et 37 % des hommes. Une enquête révèle que les personnes qui suivent ce programme avec succès sont à 60 % des femmes.

a) Quelle est la proportion d'hommes parmi les personnes qui débutent ce programme ?

b) On choisit au hasard une personne ayant suivi ce programme, quelle est la probabilité qu'elle ait arrêté de fumer ?

- On commence par convenir de noter les évènements comme suit : E = « échec », S = « succès », F = « femme », H = « homme ».
- On construit, ensuite, le diagramme qui traduit la situation-problème.

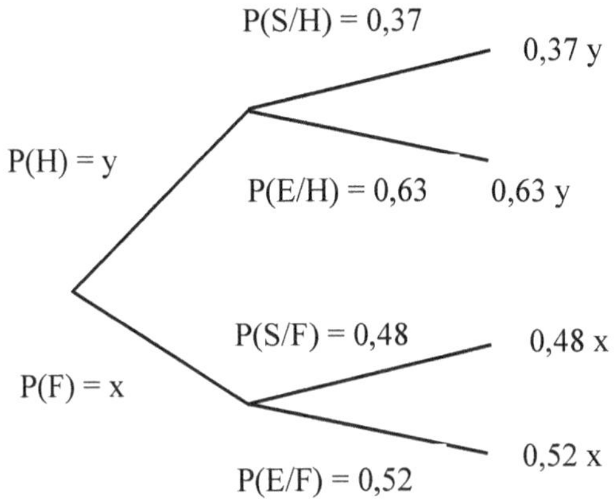

- « Les personnes qui suivent ce programme avec succès sont à 60 % des femmes » signifie que la probabilité d'être une femme, si la cure de désintoxication est un succès [P(F/S)], est de 0,60 (ou 60 %).

a. Proportion d'hommes débutant ce programme : calcul de P(H)

P(F/S) = 0,60 = P(F∩S)/P(S) = 0,48.x ÷ P(S) (probabilités conditionnelles)
On conditionne P(S) à l'aide de la formule de Bayes (en posant x = P(F)), on a : P(S) = P(S/F)P(F) + P(S/H)P(H) = 0,48.x + 0,37(1 – x).
En substituant les termes dont on connaît déjà les valeurs, on obtient :

0,60 = (0,48. x) ÷ [(0,48. x) + 0,37(1 – x)] → P(F) = 0,536 ;

d'où P(H) = 0,464. Il y a 46 % d'hommes qui débutent ce programme.

b. Probabilité qu'une personne ayant suivi ce programme ait arrêté de fumer : calcul de P(S)

P(S) = P(S/F)P(F) +P(S/H)P(H) = (0,48 x 0,436) + (0,37 x 0,464) = 0,429. Il y a environ 43 % de chance qu'une personne ayant suivi ce programme arrête de fumer.

Activité 53 : Aly finira-t-il ou non par arrêter de fumer

Après avoir lu une série de statistiques effrayantes sur les risques de cancer, de problèmes cardiovasculaires liés au tabac, Aly décide d'arrêter de fumer. On estime, toujours d'après des statistiques tenues par son médecin, les probabilités suivantes :

- *si Aly n'a pas fumé un jour J_n, alors la probabilité qu'il ne fume pas le jour suivant J_{n+1} est 0,3 ;*
- *mais si Aly a fumé un jour J_n, alors la probabilité qu'il ne fume pas le jour suivant J_{n+1} est 0,9.*

a) Quelle est la probabilité P_{n+1} qu'Aly fume le jour J_{n+1} en fonction de la probabilité P_n qu'il fume le jour J_n ?

b) Quelle est la limite de P_n ? Aly va-t-il finir par arrêter de fumer ?

a. On commence par définir les évènements suivants :
F_n = « Aly fume le n-ième jour », et F'_n l'évènement contraire. $\{F_n, F'_n\}$ constitue alors un système complet d'évènements $P_n = P(F_n)$. On peut donc écrire :

$$P(F'_{n+1}) = P(F'_{n-1}/F_n) \text{ x } P(F_n) + P(F'_{n+1}/F'_n) \text{ x } P(F'_n).$$

Comme $P(F'_{n+1}/F'_n) = 0{,}9$ et $P(F'_{n-1}/F_n) = 0{,}3 – P_{n+1} = 0{,}9P_n + 0{,}3(1 – P_n)$
Soit $P_{n+1} = -0{,}6P_n + 0{,}7$.

b. On note (R) cette relation. Pour connaître le comportement d'Aly à long terme, il faut étudier cette suite récurrente. On dispose de techniques mathématiques appropriées pour cela ; c'est l'opportunité de s'en servir.
On cherche la solution de l'équation « $l = -0{,}6l + 0{,}7$ », la limite éventuelle satisfait nécessairement cette équation : on peut faire un passage à la limite dans la relation (R) ou utiliser le théorème du point fixe. On trouve $l = 7/16$; alors, la suite $Q_n = (P_n – l)$ vérifie la relation $Q_{n+1} = -0{,}6\ Q_n$, ce qui permet de conclure que la suite (Q_n) tend vers 0 et donc que la suite (P_n) tend vers $l = 7/16$.
Conclusion : La probabilité qu'Aly fume le jour J_n tend vers $7/16 \approx 0{,}4375$, c'est-à-dire qu'il y a environ 44 % de chance que cela arrive.

Les activités suivantes portent un défi pour les élèves, en ce sens que ces derniers ne disposent pas d'emblée d'outils pour les réaliser.

Activité 54 : Tests de dépistage de l'hépatite

Une campagne de dépistage de l'hépatite a révélé qu'à une date donnée, 3 % des femmes enceintes d'une commune urbaine de la Savane guinéenne sont atteintes d'hépatite B. On dispose de tests de dépistage de la maladie :

- *Si la personne est malade, alors le test est positif avec une probabilité de 95 % ;*
- *Si la personne est saine, alors le test est positif avec une probabilité de 10 %.*

1) Quelle est la probabilité pour une personne d'être malade si son test est positif ?

2) Quelle est la probabilité pour une personne d'être saine si son test est positif ?

3) Quelle est la probabilité pour une personne d'être malade si son test est négatif ?

4) Quelle est la probabilité pour une personne d'être saine si son test est négatif ?

1. On commence par noter les évènements suivants :

M = « La personne est malade. » S = « La personne est saine. »
T^+ = « Le test est positif. » T^- = « Le test est négatif. »
La probabilité pour une personne d'être malade si son test est positif est

$$P(M/T^+) = \frac{P(T+/M) \times P(M)}{P(T+)} \quad \text{Or } P(T^+) = P(T^+/M) \times P(M) + P(T^+/S) \times P(S)$$

$$= (0{,}95 \times 0{,}03) + (0{,}1 \times 0{,}97) = 0{,}1255.$$

D'où $P(M/T^+) = (0{,}95 \times 0{,}03) \div 0{,}1255 = 0{,}0285 \div 0{,}1255 = 0{,}2270$, soit environ 23 % de chance qu'une personne soit malade si son test est positif.

2. La probabilité pour une personne d'être saine si son test est positif est
$$P(S/T^+) = 1 - P(M/T^+) = 1 - 0{,}2270 = 0{,}7730 \text{ ou } 77{,}30~\%.$$
Il y a 77 % de chance qu'une personne soit saine si son test est positif.
3. La probabilité pour une personne d'être malade si son test est négatif est $P(M/T^-) = 0{,}0017$.
4. La probabilité pour une personne d'être saine si son test est négatif est $1 - P(M/T^-) = 1 - 0{,}0017 = 0{,}9983$ ou 99,83 % de chance que cela arrive.

Les élèves sont parfois confrontés à des situations d'apprentissage de notions abstraites qui, pour la plupart, sont déconnectées de leur vie quotidienne. Comme le remarque Wolf (1984), « [...] C'est cela, en grande partie, qui rend [les maths] incompréhensibles à la majorité des élèves ». L'activité suivante amène les élèves à donner du sens aux concepts en jeu et à développer diverses attitudes liées à la confiance en soi et à l'autonomie.

Activité 55 : Tests de dépistage de la tuberculose

Une étude épidémiologique concernant la tuberculose a été conduite dans des familles ayant deux enfants de moins de dix ans : une fille et un garçon. On a constaté que 20 % des filles et 50 % des garçons sont touchés par cette maladie. Par ailleurs, dans les familles dont la fille est malade, le garçon l'est aussi dans 70 % des cas.

On note les évènements F « la fille de la famille est atteinte par la tuberculose » et G « le garçon de la famille est atteint par la tuberculose. ». On choisit au hasard une famille ayant fait l'objet de cette étude. Quelle est la probabilité que ...

1) *A « les deux enfants soient atteints par la tuberculose » ?*
2) *B « au moins l'un des deux enfants soit atteint par cette maladie » ?*
3) *C « aucun des deux enfants ne soit atteint par cette maladie » ?*
4) *D « la fille soit atteinte sachant que le garçon l'est » ?*
5) *E « la fille soit atteinte sachant que le garçon n'est pas atteint. » ?*
6) *H « le garçon soit atteint sachant que la fille n'est pas atteinte. » ?*

L'enseignante prévoira des interventions et jouera sur les *variables didactiques* pour aider les élèves qui trouvent cette activité trop difficile.

Activité 56 : Le sexe du dernier enfant est indépendant de celui des autres enfants de la famille

On admet que le sexe du dernier enfant d'un couple est indépendant de celui des autres enfants de la famille et qu'il y a autant de chances de naître garçon que fille.
Calculer, pour un couple ayant cinq enfants, les probabilités des évènements suivants :
a) tous les enfants sont du même sexe ;
b) les trois aînés sont des garçons, les deux autres des filles ;
c) il y a exactement 3 garçons ;
d) les deux aînés sont des garçons ;
e) le couple a au moins une fille.

Les évènements G = « Avoir un fils » et F = « Avoir une fille » sont indépendants. On a, par hypothèse d'équiprobabilité, P(G) = P(F) = 1/2.

a. On a donc $P(G \cap G \cap G \cap G \cap G) = P(G) \times P(G) \times P(G) \times P(G) \times P(G) = (1/2)^5 = 1/32$.
De même : $P(F \cap F \cap F \cap F \cap F) = P(F) \times P(F) \times P(F) \times P(F) \times P(F) = 1/32$.
Comme les deux évènements conviennent à la condition « être du même sexe », la probabilité recherchée est 1/32 + 1/32 = 1/16.

b. Ici, on n'a que $P(G \cap G \cap G \cap F \cap F) = ½ \times ½ \times ½ \times ½ \times ½ = 1/32$ qui convienne.

c. Dans ce cas, les possibilités qui conviennent sont plus nombreuses car les trois garçons peuvent naître de C(5,3) = 10 façons différentes. Par conséquent, le résultat sera 10 x 1/32 = 5/16 = 0,3125. Il y a 31,25 % de chance que naissent exactement 3 garçons dans cette famille.
On peut procéder autrement pour obtenir le même résultat : trouver la probabilité qu'il y ait exactement deux filles, car C(5,2) = C(5,3).

d. Ici, il est plus simple de raisonner en termes de combinaisons, car on a déjà "fixé" deux garçons comme étant les aînés. Il reste à pourvoir les trois dernières places. Il y a $2^3 = 8$ manières de considérer les trois derniers enfants. La probabilité cherchée est donc 8 x 1/32 = 8/32 = ¼ : il y a 25 % de chance que les deux aînés de cette famille soient des garçons.

e. On remarque que « Au moins une fille » est l'évènement contraire de « Pas de fille du tout » ou, en d'autres termes, « Il n'y a que des garçons ». La probabilité cherchée est donc égale à 1 – 1/32 = 31/32 = 0,9687. Il y a près de 97 % de chance qu'il y ait au moins une fille dans cette famille.

Activité 57 : On s'intéresse à la famille de David

On s'intéresse à la famille de David et on considère les deux évènements suivants :
Évènement A = « La famille a des enfants des deux sexes ».
Évènement B = « La famille a au plus un garçon ».
a) Montrer que les évènements A et B sont dépendants si la famille a deux enfants.
b) Montrer que les évènements A et B sont indépendants si la famille a trois enfants.

Dans les deux cas, il faut tester l'assertion $P(A \cap B) = P(A) \times P(B)$ qui exprime l'indépendance des deux évènements A et B.

a. La famille de David a deux enfants ...

Dans ce cas, l'espace des réalisations est {(G,G), (G,F), (F,G), (F,F)} avec A = {(G,F), (F,G)}, B = {(G,F), (F,G), (F,F)} et A∩B = {(G,F), (F,G)}. On a P(A∩B) = ½ et P(A) x P(B) = ½ x ¾. P(A∩B) ≠ P(A) x P(B). L'assertion est fausse, car les deux évènements sont indépendants si la famille a deux enfants.

b. La famille de David a trois enfants ...

Dans ce cas, l'espace des réalisations est {(G,G,G), (G,G,F), (G,F,G), (F,G,G), (F,F,G), (F,G,F), (G,F,F), (F,F,F)} avec
A = {(G,G,F), (G,F,G), (F,G,G), (F,F,G), (F,G,F), G,F,F)} → P(A) = ¾.
B = {(F,F,G), (F,G,F), (G,F,F), (F,F,F)} → P(B) = ½.
A∩B = {(F,F,G), (F,G,F), (G,F,F)} → P(A∩B) = 3/8.
Comme P(A) x P(B) = ¾ x ½ = 3/8 = P(A∩B), les deux évènements sont indépendants et l'assertion est donc juste.

> Les vaccins constituent l'un des outils les plus efficaces et les plus économiques dont on dispose aujourd'hui pour sauver des vies et prévenir des maladies graves comme l'hépatite B, la tuberculose, le Coronavirus. On doit les maintenir en tout temps dans une chaîne de froid (entre 2° C et 8° C) dans les emballages appropriés à l'intérieur des contenants isothermes pour leur transport et leur conservation.

Activité 58 : Réfrigérateur contenant des vaccins contre la grippe, le méningocoque et le pneumocoque

Un réfrigérateur contient 5 vaccins contre la grippe, 8 vaccins contre le méningocoque et 15 vaccins contre le pneumocoque. On choisit au hasard trois vaccins. Quelle est la probabilité que ...

a) les trois vaccins choisis soient contre la grippe ?
b) les trois vaccins choisis soient contre la même maladie ?
c) il y ait un vaccin contre chaque maladie ?

a. La possibilité de choisir 3 vaccins parmi 5 + 8 + 15 = 28 est de C(28,5) = 3 276. Les possibilités de choisir 3 vaccins contre la grippe sont de C(5,3) = 10. Le quotient entre les cas favorables et les cas possibles est donc de C(5,3)/C(28, 3) = 10 ÷ 3 276 = 0, 0031.

b. On fait le même raisonnement avec les vaccins contre le méningocoque et le pneumocoque, puis on additionne les 3 valeurs et on divise par 3 276.

$$\frac{C(5,3) + C(8,3) + C15,3)}{C(28,3)} = \frac{10+56+455}{3\ 276} = 0{,}1590 \approx 16\ \%.$$

Il y a environ 16 chances sur 100 que les trois vaccins soient contre la même maladie.

c. Si l'on désirait en premier le vaccin contre le méningocoque, puis celui contre le pneumocoque et, finalement, le vaccin contre la grippe, on aurait :

$$\frac{8}{28} \text{ x } \frac{15}{27} \text{ x } \frac{5}{26} = \frac{25}{819}.$$

Mais, en procédant de cette façon, on introduit un ordre (méningocoque, pneumocoque, puis grippe pour finir). Comme l'ordre des vaccins est indifférent dans ce problème, on peut rectifier l'erreur en multipliant par 3! = 6, qui est le nombre de permutations des 3 vaccins, ce qui donne : $\frac{25}{819} \times 3! = 0{,}1832$

On peut tout aussi bien trouver la même réponse en utilisant directement les combinaisons et en écrivant $\frac{C(5,1) \times C(8,1) \times C(15,1)}{C(28,3)} = \frac{600}{3\,276} = 0{,}1832$.

Il y a un peu plus de 18 % de chance qu'il y ait un vaccin pour chaque maladie.

Activité 59 : Huit nouveaux profs affectés à N'Zérékoré

Selon le rapport d'analyse des statistiques scolaires 2015-2016, les plus forts ratios élèves/maîtres en zone rurale sont observés à Mamou (57), Labé (57), Kankan (54), Boké (54) et Faranah (51), et les plus faibles à Kindia (45) et Nzérékoré (45). Dans ce contexte, 8 nouveaux profs vont être envoyés dans 4 écoles de N'Zérékoré. Il est entendu que les professeurs et les écoles sont discernables.

a) Combien y a-t-il d'affectations possibles ?

b) Qu'en est-il si l'on exige que chaque école reçoive deux professeurs ?

a. Il y a 4 choix possibles pour le premier professeur, 4 choix possibles pour le second et ainsi de suite. Il y a donc $4^8 = 65\,536$ affectations possibles.

b. Pour la première école, on peut choisir deux professeurs parmi les 8 ; pour la deuxième école, on peut choisir 2 parmi 6 et ainsi de suite.
Ici, on a $n_1 = 2$, $n_2 = 2$, $n_3 = 2$, $n_4 = 2$ et $n = n_1 + n_2 + n_3 + n_4 = 8$. On a donc :
$8\,! \div (2\,! \times 2\,! \times 2\,! \times 2\,!) = 2\,520$ affectations possibles.

Probabilité conditionnelle et tableau à double entrée

Le ***tableau à double entrée*** ou ***tableau de corrélation*** est un tableau de distribution à deux caractères. Il sert à représenter l'effectif correspondant à chaque combinaison de valeurs, de modalités ou de classes en lien avec les deux variables étudiées. Dans l'activité suivante, les élèves apprennent comment aborder la notion de probabilité conditionnelle en utilisant des tableaux d'effectifs à double entrée. L'enseignante leur fait collecter des données non quantitatives, compter combien de fois une caractéristique particulière se réalise et présenter les résultats dans un tableau.

Activité 60 : Se rendre à l'école à pied, à vélo ou à moto

Le Lycée Donka collecte des données sur le nombre d'élèves qui s'y rendent à moto, à pied ou à vélo, comme indiqué dans le tableau ci-dessous.

Moyen de transport	Moto	Marche	Vélo
Nombre d'élèves	450	650	200

Calculer la probabilité qu'un lycéen de Donka vienne en moto, sachant qu'il s'agit d'une fille.

La population est, ici, l'ensemble des élèves et la variable est le moyen de transport, qui est une variable catégorielle (non numérique). Dans ce cas, la variable a trois modalités : moto, marche et vélo. On compte donc le nombre d'élèves qui empruntent chaque moyen de transport. On peut alors plonger davantage dans les données en les séparant en fonction du nombre de garçons ou de filles qui empruntent chaque moyen de transport. Les données varient ainsi non seulement en fonction du moyen de transport, mais aussi en fonction du sexe de l'élève, comme indiqué dans le tableau ci-dessous.

	Moto	Marche	Vélo
Garçons	200	330	120
Filles	250	320	80

Les données sont maintenant représentées dans un tableau à double entrée (aussi appelé *tableau de contingence*). L'épithète *double* de « tableau à double entrée » fait référence aux deux variables (ici, le moyen de transport et le sexe de l'élève). En lisant le tableau précédent, on peut, par exemple, voir que 200 garçons viennent en moto mais que seulement 120 garçons viennent à vélo.

On peut utiliser un tableau à double entrée pour calculer la probabilité qu'un évènement se réalise ainsi que la probabilité conditionnelle qu'un évènement A se réalise sachant qu'un autre évènement B s'est déjà produit. Rappelons la formule des probabilités conditionnelles :

$$\mathbf{P(A/B) = P(A \cap B) / P(B)}$$

où P(A/B) est la probabilité conditionnelle que A se réalise sachant que B s'est réalisé, P(A∩B) est la probabilité que les évènements A et B se produisent simultanément, et P(B) est la probabilité que B se réalise.

Calculons la probabilité qu'un élève vienne en moto, sachant qu'il s'agit d'une fille. En remplaçant l'évènement A par l'évènement « Venir en moto » et l'évènement B par l'évènement « L'élève est une fille », on obtient :

P(fille) = nombre total de filles / nombre total d'élèves = 650/1 300.

On peut calculer, à présent, la probabilité que l'élève sélectionné vienne en moto et soit une fille. On déduit du tableau à double entrée le nombre d'élèves qui viennent en moto et qui sont des filles, puis on divise ce nombre par le nombre total d'élèves.

Moyens de transport	Moto	Marche	Vélo	Total
Garçons	200	330	120	650
Filles	**250**	320	80	650
Total	450	650	200	**1 300**

Vient en moto et est une fille

Nombre total d'élèves

Le nombre de filles qui viennent en moto est 250 et le nombre total d'élèves est 1 300, ce qui signifie que la probabilité de sélectionner une fille qui vient en moto est :

$$P(\text{moto} \cap \text{fille}) = \frac{\text{Nombre de filles venant en moto}}{\text{Nombre total d'élèves}} = \frac{250}{1300}$$

En remplaçant donc P(fille) = 650/1 300 et P(voiture ∩fille) = 250/1 300 dans la formule des probabilités conditionnelles, on obtient :

$$P(\text{voiture } \cap \text{ fille}) = \frac{P(\text{voiture} \cap \text{fille})}{P(\text{fille})} = \frac{250}{1\,300} \div \frac{650}{1\,300}$$

$$= \frac{250}{1\,300} \text{x} \frac{1\,300}{650} = \mathbf{5/13}$$

La probabilité qu'un élève vienne en moto sachant qu'il s'agit d'une fille est de 5/13.

Remarque : On peut simplifier le calcul de cette probabilité en déterminant simplement le nombre de filles qui viennent en moto et en le divisant par le nombre total de filles. En utilisant le tableau, on peut mettre en relief ce qui suit :

Nombre total de filles

Moyens de transport	Moto	Marche	Vélo	Total
Garçons	200	330	120	650
Filles	**250**	320	80	**650**
Total	450	650	200	1 300

Vient en moto et est une fille

Comme on calcule la probabilité sachant que l'élève est une fille, on ne considère que le nombre total de filles. Le nombre de filles qui viennent en moto est 250 et le nombre total de filles est 650, ce qui signifie que la probabilité qu'un élève vienne en moto sachant qu'il s'agit d'une fille est :

$$P(\text{moto} \cap \text{fille}) = \frac{\text{Nombre de filles venant en moto}}{\text{Nombre total de filles}} = \frac{250}{650} = \frac{5}{13}$$

L'enseignante peut faire explorer cette méthode dans les activités suivantes.

Activité 61 : Boîtes d'ampoules de différentes qualités

Deux boîtes contiennent des ampoules défectueuses, partiellement défectueuses (grillant après quelques heures d'utilisation) et acceptables. Les nombres d'ampoules sont indiqués dans le tableau ci-dessous.

Ampoules	Boîte 1	Boîte 2
Défectueuses	12	3
Partiellement défectueuses	3	22
Acceptables	25	40

a) Calculer la probabilité qu'une ampoule provienne de la boîte 2 sachant qu'elle n'a pas grillé immédiatement.

a) Déterminer la probabilité qu'une ampoule soit choisie dans la boîte 2, sachant qu'elle est acceptable ou partiellement défectueuse.

- Lorsqu'on utilise les tableaux à double entrée, il est important de commencer par calculer les totaux des lignes et des colonnes.

Ampoules	Boîte 1	Boîte 2	**Total**
Défectueuses	12	3	**15**
Partiellement défectueuses	3	22	**25**
Acceptables	25	40	**65**
Total	**40**	**65**	**105**

a. On calcule maintenant la probabilité qu'une ampoule provienne de la boîte 2 sachant qu'elle n'a pas grillé immédiatement.

- On doit, ici, être prudent avec les modalités car « défectueuse » signifie que l'ampoule grille immédiatement, « partiellement défectueuse » signifie qu'elle grille après quelques heures, donc pas immédiatement, et « acceptable » signifie qu'elle ne grille pas. Une ampoule qui ne grille pas immédiatement est donc acceptable ou partiellement défectueuse. Il s'agit donc, ici, de calculer la probabilité qu'une ampoule provienne de la boîte 2 sachant qu'elle est acceptable ou partiellement défectueuse.
- Pour déterminer la probabilité qu'une ampoule soit choisie dans la boîte 2, sachant qu'elle est acceptable ou partiellement défectueuse, on doit d'abord déterminer le nombre d'ampoules de la boîte 2 qui sont acceptables ou partiellement défectueuses. Le tableau indique qu'il y en a 22 + 40 = 62.

Ampoules	Boîte 1	Boîte 2	**Total**
Défectueuses	12	3	15
Partiellement défectueuses	3	**22**	25
Acceptables	25	**40**	65
Total	40	65	105

- Pour calculer, ensuite, cette probabilité, il faut aussi déterminer le nombre total d'ampoules qui sont acceptables et le nombre total d'ampoules qui sont partiellement défectueuses, puis additionner ces deux nombres. Le tableau indique que la somme est 25 + 65 = 90.

Ampoules	Boîte 1	Boîte 2	**Total**
Défectueuses	12	3	15
Partiellement défectueuses	3	22	**25**
Acceptables	25	40	**65**
Total	40	65	105

b. On calcule maintenant la probabilité qu'une ampoule provienne de la boîte 2 sachant qu'elle est acceptable ou partiellement défectueuse en divisant le nombre d'ampoules de la boîte 2 qui sont acceptables ou partiellement défectueuses par le nombre total d'ampoules acceptables ou partiellement défectueuses. On obtient : P (boîte 2 / acceptable ou partiellement défectueuse) = Nombre d'ampoules de la boîte 2 acceptables ou partiellement défectueuses/Nombre total d'ampoules acceptables ou partiellement défectueuses = 62 ÷ 90= 0,689 au millième près. Il y a environ 70 % de chance qu'une ampoule provienne de la boîte 2 sachant qu'elle est acceptable ou partiellement défectueuse.

Activité 62 : Voitures de même type avec un défaut probable

Des voitures identiques sont fabriquées dans une usine de Môriah (30 % de la production) ou dans une usine de Kanya (le reste). Les voitures sortant de Môriah ont une chance sur 20 d'avoir un défaut et les autres ont une chance sur 50 seulement.

1) Calculer la probabilité qu'une voiture de ce type présente un défaut.

2) *On prend une voiture qui a un défaut. Quelle est la probabilité qu'elle vienne de l'usine de Môriah ?*

Notons par M l'évènement « La voiture est sortie de Môriah », par K l'évènement « La voiture est sortie de Kanya » et par D « La voiture a un défaut ». On peut traduire les hypothèses comme suit : P(M) = 0,30 ; P(K) = 0,70 ; P(D/M) = 1/20 ; P(D/K) = 1/50.

1. L'évènement D est la réunion des évènements incompatibles « La voiture a un défaut et est sortie de Môriah » et « La voiture a un défaut et est sortie de Kanyah ». On utilise la formule des probabilités totales et, ensuite, celle des probabilités conditionnelles : $P(D) = P(D \cap M) + P(D \cap K) = P(D/A).P(A) + P(D/K).P(K) =$
   $= (5/100 \times 30/100) + (2/100 \times 70/100) = 2{,}9$ %.
   Il y a 2,9 % de probabilité qu'une voiture de ce type présente un défaut.
2. On calcule maintenant la probabilité de l'évènement conditionnel M/D. On utilise la formule des probabilités conditionnelles :
   $P(M/D) = P(M \cap D)/P(D) = P(D/M).P(M)/P(D) = (0{,}05 \times 0{,}30) \div 0{,}029 \approx 51{,}7$ %. La voiture choisie au hasard est sortie de Môriah dans environ 52 % des cas, sachant qu'elle est défectueuse.

Activité 63 : Abé et Jo dans un même bureau avec un seul téléphone fixe

Abé et Jo partagent un bureau, avec un seul téléphone fixe. On est dans la situation suivante :

- *Abé s'absente 1/5 de son temps, et Jo s'absente ¼ de son temps, et ceci de façon indépendante entre eux.*
- *Lorsque quelqu'un est seul au bureau, il répond toujours au téléphone. Lorsque les deux sont présents, ils répondent aléatoirement, chacun avec une chance sur deux de le faire.*
- *1/3 des coups de téléphone entrant sont pour Abé et le reste pour Jo.*
- *Les évènements « destinataire d'un coup de téléphone » et « présence au bureau » sont indépendants.*

  Le téléphone sonne. Calculer les probabilités des évènements suivants :

1) *Le téléphone sonne dans le vide.*
2) *Abé répond.*
3) *Joseph répond, et le coup de fil est bien pour lui.*
4) *L'appelant tombe directement sur la personne désirée.*

Avec des notations claires, comme les suivantes, on traduit l'énoncé comme suit :
A = Abé, J = Jo, AP = Abé présent, $A\bar{A}$= Abé absent, JP = Jo présent, JA = Jo absent, P(AP) = 4/5, P(JP) = ¼, P(Appel pour A) = 1/3, P(Appel pour J) = 2/3, P(A répond/AP et JP) = P(J répond/AP et JP) = ½.

1. Le téléphone sonne dans le vide lorsque Abé et Jo sont absents. Les deux évènements sont indépendants et on a : $P_1 = P(A\bar{A} \cap JA) = P(A\bar{A}) \times P(JA) =$
   $1/5 \times ¼ = 1/20$. Le téléphone sonne dans le vide dans 5 % des cas.
2. Abé répond lorsque (1) il est seul au bureau, (2) Jo est aussi au bureau et c'est Abé qui répond. $P(A\ \text{répond}) = P(AP \cap JA) + P(A\ \text{répond} \cap (AP\ \text{et}\ JP)) =$

= P(AP)(1– P(JP)) +P(A répond/(AP et JP)).P(AP et JP) =(4/5x1/4) +1/2(4/5x¾) = 1/2. Abé répond dans 50 % des cas.

3. Les évènements « Joseph répond » et « c'est pour lui » sont indépendants par hypothèse : P(J répond ∩ Pour J) = P(J répond) x P(Pour J) = 2/3 x P(J répond)
Au niveau du téléphone, soit Abé répond, soit Jo répond, soit il n'y a personne au bureau. La somme de ces trois probabilités vaut donc un.
On en déduit (mais on pourrait refaire le même calcul que juste celui ci-dessus) que P(J répond) = 1 –10/20 –1/20 = 9/20. On a ainsi : P(J répond ∩ Pour J) = 6/20.
On a, de façon analogue, P(A répond ∩ Pour A) = 1/3 x 10/20 = 1/6.
P(A répond ∩ Pour J) = 10/20 x 2/3 = 1/3. On a ainsi :
P(J répond ∩ Pour A) = 9/20 x 1/3 = 3/20
et la somme de ces 4 probabilités fait 19/20, ou la probabilité que l'un des 2 réponde, c'est-à-dire la probabilité que le bureau ne soit pas vide.
4. Il s'agit de l'évènement (J répond ∩Pour J) ou (A répond ∩Pour A). On additionne les 2 probabilités (déjà calculées) pour obtenir 6/20 + 1/6 = 7/15.

Activité 64 : Machines pour des pièces cylindriques

Dans une usine, on utilise conjointement deux machines pour fabriquer des pièces cylindriques en série. Leurs probabilités de tomber en panne sont respectivement 0,01 et 0,008. De plus, la probabilité de l'évènement « La machine M_2 est en panne, sachant que M_1 est en panne » est égale à 0,4.
1) Quelle est la probabilité que les deux machines tombent en panne au même moment ?
2) Quelle est la probabilité qu'au moins l'une des machines fonctionne ?

1. Il s'agit de calculer la probabilité de l'évènement $M_1 \cap M_2$.
$P(M_1 \cap M_2.) = P(M_1 \cap) \times P(M_2/M_1) = 0{,}01 \times 0{,}4 = 0{,}004$. Les deux machines tombent en panne au même moment dans 4 cas sur 1 000.
2. En notant respectivement par M'_1et M'_2 les évènements contraires de M_1 et de M_2, il s'agit de calculer la probabilité de l'évènement $M'_1 U M'_2$.
$P(M'_1 U M'_2) = 1 - P(M_1 \cap M_2) = 1 - 0{,}004 = 0{,}996$.
Il y a 99,60 % de chance que l'une des deux machines fonctionne.

L'enseignante peut proposer l'activité suivante qui montre comment on construit le tableau à double entrée pour tous les types de variables : 2 variables qualitatives, 2 variables quantitatives, 1 variable quantitative et 1 variable qualitative. Malgré son aspect plutôt simpliste, il est important que l'enseignante fasse suivre certaines étapes pour obtenir un tableau à double entrée exhaustif. Il est aussi important qu'elle explique le rôle que le type de variables avec lequel on travaille joue dans la construction de ce tableau.

Activité 65 : La météo à Conakry au mois de mai

Chaque jour du mois de mai, on mesure la température maximale de la journée en degrés Celsius et la quantité de pluie tombée en millimètres à Conakry. Le tableau ci-dessous récapitule les données. Construire le tableau à double entrée associé à cette situation. Expliquer comment y procéder.

Date	**Température (°C)**	**Pluie (mm)**	**Date**	**Température (°C)**	**Pluie (mm)**
1er mai	28,7	0,9	17 mai	28,8	1,9
2 mai	28,6	2	18 mai	28,4	3,9
3 mai	28,4	1,3	19 mai	28,8	0,9
4 mai	28,6	0,5	20 mai	28,9	2,1
5 mai	28,8	0,5	21 mai	28,9	0,7
6 mai	28,7	1,1	22 mai	28,7	2,2
7 mai	28,7	1,9	23 mai	28,8	0,7
8 mai	28,4	1,2	24 mai	28,7	1,1
9 mai	28,8	0,2	25 mai	28,6	2,3
10 mai	28,4	0,3	26 mai	28,3	3,4
11 mai	28,7	0,8	27 mai	28,4	2,4
12 mai	28,7	1,5	28 mai	28,1	4,1
13 mai	29,0	1,1	29 mai	28,2	3
14 mai	28,9	4,5	30 mai	28,6	0,8
15 mai	28,9	1	31 mai	28,6	2,1
16 mai	28,7	1,6			

- On identifie d'abord les **variables quantitatives** (dépendante et indépendante). Ici, il n'y a aucun lien évident entre la température et la quantité de pluie tombée à Conakry pendant le mois de mai.
- Au besoin, on peut créer des classes pour regrouper les données recueillies. Pour alléger le tableau, on peut créer des classes pour chacune des variables. Concernant la température, les données varient entre 28,1 °C et 29 °C. On peut ainsi décider de créer les classes suivantes : [28,1 ; 28,4[; [28,4 ; 28,7[; [28,7 ; 29,1[. Quant à la quantité de pluie, elle varie de 0,2 mm à 4,5 mm. On peut donc décider de créer les classes suivantes : [0 ; 1,6[; [1,6 ; 3,2[; [3,2 ; 4,8[.

Pluie (mm)	Température (° C)			
	[28,1; 28,4[	[28,4; 28,7[	[28,7; 29,1[	Total
[0; 1,6[				
[1,6; 3,2[				
[3,2; 4,8[				
Total				

- On place le 1er groupe de valeurs dans la 1ère colonne (variable indépendante) et le 2e groupe de valeurs dans la 1ère ligne (variable dépendante).

On peut ajouter une ligne et une colonne intitulées « Total » pour faciliter l'interprétation de l'enquête. De plus, puisque le critère de dépendance n'est pas mis en cause, on aurait pu intervertir la 1ère ligne et la 1ère colonne, sans en modifier les interprétations finales.

- On compile chacun des couples de données dans le tableau suivant :

Pluie (mm)	Température (° C)			
	[28,1; 28,4[	[28,4; 28,7[	[28,7; 29,1[	Total
[0; 1,6[	0	5	12	**17**
[0; 1,6[	1	3	5	**9**
[0; 1,6[	3	1	1	**5**
Total	**4**	**9**	**18**	**31**

Par exemple, le nombre 12, à l'intérieur de la ligne [0 ; 1,6[et la colonne [28,7 ; 29,1[signifie qu'il y a eu 12 jours où il est tombé entre 0 mm (inclus) et 1,6 mm (exclu) de pluie et où la température se situe entre 28,7 °C (inclus) et 29,1 °C (exclu). Finalement, on peut mélanger les types de variables avec lesquels on travaille.

Activité 66 : Des yeux et des cheveux des nageuses aux Jeux Olympiques d'hiver de Pékin 2022

On demande à 30 des nageuses participant aux Jeux Olympiques d'hiver de Pékin 2022 de noter la couleur de leurs yeux et de leurs cheveux. Puisque ces couleurs sont assez standards, chaque nageuse doit sélectionner les couleurs appropriées parmi les suivantes :

- *Pour les cheveux : blonds, châtains, bruns, noirs, roux.*
- *Pour les yeux : bleus, verts, bruns.*

Après compilation, on obtient les résultats suivants : (blonds; bleus), (blonds; bleus), (blonds; verts), (blonds; bruns), (châtains; bleus), (châtains; bleus), (châtains; bleus), (châtains; bleus), (châtains; bleus), (châtains; verts), (châtains; bruns), (châtains; bruns), (châtains; bruns), (châtains; bruns), (châtains; bruns), (bruns; bleus), (bruns; bleus), (bruns; verts), (bruns; verts), (bruns; bruns),), (bruns; bruns), (bruns; bruns), (bruns; bruns), (bruns; bruns), (bruns; bruns), (bruns; bleus), (noirs; verts), (noirs; bruns), (noirs; bruns), (roux; verts).

Construire le tableau à double entrée associé à cette situation.

On est dans le cas de **deux variables (deux données) qualitatives** qu'on va traiter en quatre étapes.

- ➢ **<u>Étape 1</u> : On identifie les variables dépendantes et indépendantes.** Dans le cas présent, il n'y a aucun lien évident entre les couples de données collectées. Ainsi, il n'y a pas de variable dépendante et indépendante.
- ➢ **<u>Étape 2</u> : On crée, au besoin, des classes (ou modalités) pour regrouper les données.** Une fois de plus, les données qualitatives font en sorte qu'il est impossible de créer des classes pour regrouper les données.
- ➢ **<u>Étape 3</u> : On place le premier groupe de modalités dans la 1ère colonne (variable indépendante) et le deuxième groupe de modalités dans la 1ère ligne (variable**

dépendante).

Yeux \ Cheveux	Blonds	Châtains	Bruns	Noirs	Roux	Total
Bleus						
Verts						
Bruns						
Total						

On peut ajouter une ligne et une colonne intitulées « Total » pour faciliter l'interprétation de l'enquête. On peut aussi intervertir la 1ère ligne et la 1ère colonne, sans en modifier les interprétations finales.

Yeux \ Cheveux	Blonds	Châtains	Bruns	Noirs	Roux	Total
Bleus	2	5	2	1	0	10
Verts	1	1	2	1	1	6
Bruns	1	5	6	2	0	14
Total	4	11	10	4	1	30

➢ **Étape 4 : On compile chacun des couples de données.**
Par exemple, le chiffre 5, à l'intérieur de la ligne « bleus » et la colonne « châtains » signifie qu'il y a 5 nageuses qui ont les yeux châtains et les yeux bleus.

Il reste à traiter le 3ième cas, celui-ci-dessous d'**une variable quantitative et d'une variable qualitative**. Rappelons qu'une variable est dite *qualitative* lorsqu'on ne peut qu'identifier son état, sa nature, et qu'elle est dite *quantitative* lorsque les valeurs obtenues pour cette variable correspondent à une mesure vraie, définissant une valeur numérique.

Activité 67 : Des kilomètres parcourus par les cyclistes

On a demandé à 30 cyclistes de calculer leur nombre de kilomètres parcourus par jour en fonction des conditions météorologiques. Suite à la réalisation de l'enquête, on a récapitulé les couples de réponses suivants : (ciel variable, 50); (ensoleillé, 120); (ensoleillé, 148); (nuageux, 42); (pluie, 0); (pluie, 25); (ciel variable, 43); (ensoleillé, 114); (nuageux, 54); (pluie, 34); (ciel variable, 61); (nuageux, 69); (nuageux, 59), (nuageux, 71); (pluie, 32); (ciel variable, 54); (ensoleillé, 109); (ciel variable, 74); (pluie, 42); (nuageux, 72); (ensoleillé, 87); (ciel variable, 122); (nuageux, 83); (ensoleillé, 86); (pluie, 69); (ciel variable, 43); (nuageux, 0); (nuageux, 98); (ensoleillé, 56); (pluie, 86).

Construis le tableau à double entrée associé à cette situation.

1. On commence par identifier les variables dépendante et indépendante. Dans la présente situation, on peut déduire que la température aura un impact sur le nombre de kilomètres parcourus par les cyclistes. Ainsi, on peut associer la température à la variable indépendante et le nombre de kilomètres à la variable dépendante.
2. On crée, ensuite, au besoin, des classes pour regrouper les données. Au niveau de la température, il n'y a aucune classe à créer. Par contre, on peut classer le nombre de kilomètres parcourus de la façon suivante :
   [0, 30[; [30, 60[; [60, 90[; [90, 120[; [120, 150[;
3. On place le 1er groupe de modalités dans la 1ère colonne (variable indépendante) et le 2e groupe de valeurs dans la 1ère ligne (variable dépendante).

Ce faisant, les élèves vont tenter de comprendre et de construire progressivement le tableau, même si celui-ci ne leur est pas encore très familier. Ils vont parler de leur réflexion et de leurs essais avec l'enseignante qui s'assurera de leur compréhension des différentes étapes de la construction.

	Kilomètres parcourus					
Température	[0, 30[	[30, 60[	[60, 90[	[90, 120[	[120, 150[	Total
Pluie						
Nuageux						
Ciel variable						
Ensoleillé						
Total						

On compile chacun des couples de données comme suit :

	Kilomètres parcourus					
Température	[0, 30[	[30, 60[	[60, 90[	[90, 120[	[120, 150[	Total
Pluie	2	3	2	0	0	7
Nuageux	1	3	4	1	0	9
Ciel variable	0	4	2	0	1	7
Ensoleillé	0	1	2	2	2	7
Total	**3**	**11**	**10**	**3**	**3**	**30**

À partir de ce tableau, on peut plus facilement calculer des probabilités conditionnelles, des fréquences relatives et estimer la corrélation puisque les données sont organisées. Les activités suivantes permettent de comprendre comment utiliser un tableau à double entrée pour effectuer ces calculs.

Activité 68 : Des problèmes de corrosion de voitures

Un constructeur automobile est confronté à des problèmes de corrosion de ses voitures. Trois voitures sur cinq présentent des traces de rouille. Il y a deux sortes de peintures : les métallisées et les non métallisées, avec deux fois plus de voitures métallisées que de non métallisées. Il y a deux fois moins de voitures avec de la rouille chez les métallisées que chez les non métallisées.

1) Traduire l'énoncé de façon probabiliste.

2) a. Calculer la probabilité qu'une voiture soit métallisée.
b. Calculer la probabilité qu'une voiture ait de la rouille sachant qu'elle est métallisée.
3. On regarde une voiture au hasard, et elle est sans rouille. Quelle est la probabilité que ce soit une voiture métallisée ?

1. Notons les évènements R = « avoir la rouille », M = « être métallisée » et T = « être non métallisée ». On peut écrire les données comme suit :
   $P(M) + P(T) = 1$, $P(R) = 3/5$, $P(M) = 2P(T)$, $P(R/M) = P(R/T)/2$.
2. Les relations $P(M) + P(T) = 1$ et $P(M) = 2P(T)$ nous donnent $P(M) = 2/3$ et $P(T) = 1/3$. La formule des « probabilités totales », qui fait intervenir deux évènements incompatibles, s'écrit : $P(R) = P((R\cap M) \cup (R\cap T)) = P(R\cap M) + P(R\cap T)$
   La formule des probabilités conditionnelles s'écrit :
   $P(R\cap M) = P(R/M)P(M)$ et $P(R\cap T) = P(R/T)P(T)$, avec $P(R/T) = 2P(R/M)$
   On a donc : $3/5 = P(R) = P(R/M)P(M) + 2P(R/M)P(T) = 4P(R/M)/3$.
   On en déduit $P(R/M) = 9/20$.
3. On cherche $P(M/\bar{R})$ en utilisant la formule des probabilités conditionnelles sous la forme : $P(M/\bar{R}) = P(M\cap\bar{R})/P(\bar{R}) = P(M\cap\bar{R})/(1-P(R))$.
   Il faut calculer $P(M\cap\bar{R})$, sachant que $M = (M\cap R) \cup (M\cap\bar{R})$, réunion de deux évènements disjoints. On a donc successivement :
   $P(M) = P(M\cap R) + P(M\cap\bar{R}) = P(M)P(R/M) + P(M\cap\bar{R})$
   $P(M\cap\bar{R}) = P(M) - P(M)P(R/M) = 2/3 - (2/3 \times 9/20) = 11/30$.
   On obtient finalement : $P(M/\bar{R}) = 11/30 \div 2/5 = 11/12$.

En fait, il est plus simple de travailler avec des variables de type qualitatif puisqu'il n'y a pas de classe à créer

Activité 69 : Des personnels d'une entreprise industrielle

Une entreprise industrielle de Coyah compte 250 salariés dont 50 % de femmes. Tout salarié fait partie du personnel d'administration ou du personnel de fabrication ou du personnel de vente. On sait que 10 % des salariés constituent le personnel d'administration et parmi eux on compte 20 % d'hommes. On sait aussi que 60 % des salariés constituent le personnel de fabrication et parmi eux 54 % sont des femmes.
1) Compléter le tableau suivant :

	Hommes	Femmes	Total
Personnel d'administration			
Personnel de fabrication			
Personnel de vente			
Total			

On choisit au hasard un salarié parmi les 250. Calculer la probabilité des évènements suivants :
A = « Le salarié est une femme »

B= « Le salarié choisi fait partie du personnel de vente ».

2) *Définir par une phrase, puis définir la probabilité des évènements : A∩B, AUB, B' (non B) et A∩B'.*
3) *Parmi les hommes, quelle est la probabilité de rencontrer un membre du personnel de fabrication ?*
4) *Sachant que l'on rencontre une personne du personnel de vente, quelle est la probabilité de rencontrer une femme ?*

1. Par lecture de l'énoncé et par le décodage des données du problème, on sait que l'entreprise compte **250** salariés dont 50 % de femmes → **125** femmes et **125** hommes.
   10 % des salariés constituent le personnel d'administration → **25** salariés.
   Parmi ces 25 salariés du personnel d'administration, on compte 20 % d'hommes → **5** hommes et **20** femmes.
   60 % des salariés constituent le personnel de fabrication → **150** salariés et, parmi eux, 54 % sont des femmes → **81** femmes et **69** hommes.
   On peut donc compléter le tableau donné et obtenir ce qui suit :

	Hommes	Femmes	Total
Personnel d'administration	5	20	**25**
Personnel de fabrication	69	81	**150**
Personnel de vente	51	24	**75**
Total	**125**	**125**	**250**

2. On choisit au hasard un salarié parmi les 250 → nous sommes dans une situation d'***équiprobabilité***.

- Soit l'évènement A = « Le salarié choisi est une femme » → P(A) =
  P(A) = Nombre de femmes / Nombre total de salariés = 125/250 = ½.
  Il y a 50 % de chance qu'un salarié choisi au hasard soit une femme.
- Soit l'évènement B = « Le salarié choisi fait partie du personnel de vente (P.V) » → P(B) = Nombre de salariés en P.V./Nombre total de salariés = 75/250 = 3/10. Il y a 30 % de chance qu'un salarié choisi au hasard fasse partie du personnel de vente.

3. A∩B = « Le salarié choisi est une femme du personnel de vente. »
   → P(A∩B) = 24/250 = 12/125 = 0,096 ou 9,60 %.
   AUB = « Le salarié choisi est une femme ou est du personnel de vente. »
   → P(AUB) = 1/2 + 3/10 – 12/125 = 88/125 = 0,7040 ou 70,40 %.
   B' = « Le salarié choisi n'appartient pas au personnel de vente »
   → P(B') = 1 – P(B) = 1 – 3/10 = 7/10 ou 70 %.
   A∩B'= « Le salarié choisi est une femme qui n'est pas du personnel de vente ». →
   $$P(A\cap B') = \frac{20+81}{250} = \frac{101}{250} = 0{,}4040 \text{ ou } 40{,}40\ \%.$$
4. Probabilité de rencontrer un membre du personnel de fabrication
   Soit l'évènement C = « Le salarié choisi fait partie du personnel de fabrication » →
   $$P(C/\bar{A}) = \frac{\text{Nombre d'hommes du personnel de fabrication}}{\text{Nombre total d'hommes}}$$
   $$= \frac{69}{125} = 0{,}5520 \text{ ou } 55{,}20\ \%.$$
5. Probabilité de rencontrer une femme, sachant que l'on rencontre un salarié du personnel de vente
   P(A/B) = <u>Nombre de femmes du personnel de vente</u> = <u>24</u> = 0,32.

Nombre de salariés du personnel de vente 75

Il y a 32 % de chance de rencontrer une femme qui soit du personnel de vente.

Au lieu d'enseigner les heuristiques ci-haut développées comme des démarches de résolution à suivre étape par étape, l'enseignante doit plutôt encourager les élèves à effectuer plusieurs des actions suivantes : (i) déterminer le but de la tâche ; (ii) planifier les actions pour résoudre le problème; (iii) s'interroger sur la pertinence de ses choix ; (iv) vérifier les actions posées en lien avec le but de la tâche ; (v) justifier sa démarche et valider sa solution.

Activité 70 : Langues et sports choisis par des stagiaires

Le tableau suivant donne la répartition de 150 stagiaires en fonction de la langue choisie et de l'activité sportive choisie. On choisit un élève au hasard.

	Football	Basket	Volley
Anglais	45	18	27
Espagnol	33	9	18

1) *Les évènements A = « Étudier l'anglais » et F = « Pratiquer le foot » sont-ils indépendants ?*
2) *Les évènements E = « Étudier l'espagnol » et V = « Pratiquer le volleyball » sont-ils indépendants ?*

- On commence par compléter le tableau donné comme suit :

	Football	Basket	Volley	Total
Anglais	45	18	27	**90**
Espagnol	33	9	18	**60**
Total	78	27	45	**150**

- En décodant l'énoncé, on convient de noter chaque évènement par son initiale.

A = « Étudier l'anglais » E = « Étudier l'espagnol »

F = « Pratiquer le foot » V = « Pratiquer le volley ».

1. **Les évènements E et F sont-ils indépendants ?**

$P(E) = \frac{\text{Nombre de stagiaires étudiant l'espagnol}}{\text{Nombre de stagiaires}} = \frac{60}{150} = \frac{6}{15} = \frac{2}{5}$

$P(F) = \frac{\text{Nombre de stagiaires étudiant le foot}}{\text{Nombre de stagiaires}} = \frac{78}{150} = \frac{39}{75} = \frac{13}{25}$

$P(E \cap F) = \frac{\text{Nombre de stagiaires pratiquant le foot et étudiant l'espagnol}}{\text{Nombre de stagiaires}} =$

$\frac{33}{150} = \frac{11}{50}$

Ainsi, $P(E) \times P(F) = \frac{2}{5} \times \frac{13}{25} = \frac{26}{125} \# \frac{11}{50}$. Donc $P(E) \times P(F) \neq P(E \cap F)$.

Les évènements « étudier l'espagnol » et « pratiquer le foot » ne sont pas indépendants.

2. **Les évènements A et V sont-ils indépendants ?**

$P(A) = \frac{\text{Nombre de stagiaires étudiant l'anglais}}{\text{Nombre de stagiaires}} = \frac{90}{150} = \frac{9}{15} = \frac{3}{5}$

$$P(V) = \frac{\text{Nombre de stagiaires pratiquant le volley}}{\text{Nombre de stagiaires}} = \frac{45}{150} = \frac{15}{50} = \frac{3}{10}$$

$$P(V \cap A) = \frac{\text{Nombre de stagiaires pratiquant le volley et étudiant l'anglais}}{\text{Nombre de stagiaires}} = \frac{27}{150} = \frac{9}{50}.$$

Ainsi, P(A) x P(V) = 3/5 x 3/10 = 9/10 = P(V ∩ A). On en conclut que les évènements « étudier l'anglais » et « pratiquer le volley » sont indépendants.

Activité 71 : Répartition des employés d'une entreprise

Le tableau ci-dessous présente différents renseignements sur la répartition des 400 employés d'une entreprise industrielle.

	Production	Vente	Expédition	Total
Temps partiel	5	6	6	1
Temps plein	3	15	25	2
Total	4			400

Les énoncés suivants permettent de compléter le tableau ci-dessus fourni.

1. *La probabilité qu'un employé choisi au hasard travaille à temps partiel est de 35 %.*
2. *La probabilité qu'un employé choisi au hasard travaille dans le secteur de la production est de 80 %.*
3. *La probabilité qu'un employé choisi au hasard travaille à temps partiel dans le secteur de la vente est égale à la probabilité qu'un employé travaille à temps partiel dans le secteur de l'expédition.*
4. *On choisit au hasard un employé de cette entreprise. Quelle est la probabilité que cet employé travaille à temps partiel dans le secteur de l'expédition ? Laissez les traces de votre démarche.*

1. On commence par calculer le nombre total d'employés qui travaillent à temps partiel. En décodant les données contenues dans l'énoncé, on peut écrire : $\frac{\text{Nombre d'employés à temps partiel}}{400} = \frac{35}{100}$
   Le nombre d'employés à temps partiel est = (400 x 35) ÷ 100 = 140.
2. On peut en déduire le nombre d'employés travaillant à temps plein :
   400 – 140 = 260.
3. On en déduit le nombre d'employés travaillant à temps plein dans le secteur de la production : 260 – (25 + 15) = 260 – 40 = 220.
4. On en déduit le pourcentage total d'employés travaillant dans le secteur de la production : $\frac{\text{Nombre d'employés dans le secteurs de la production}}{400} = \frac{80}{100}$
   Le nombre d'employés dans le secteur de la production est de (400x80)÷100=320.
5. Le nombre d'employés travaillant à temps partiel dans le secteur de la production est : 320 – 220 = 100.
6. Il y a autant d'employés à temps partiel dans le secteur de la vente que dans celui de

l'expédition. Ces deux secteurs comptant un total de 40 employés à temps partiel, le nombre d'employés à temps partiel dans le secteur de la vente est donc 40÷2 = 20.

On peut, à présent, compléter le tableau initial comme suit :

	Production	Vente	Expédition	Total
Temps partiel	5 100	6 20	6 20	1 **140**
Temps plein	3 220	15	25	2 **260**
Total	4 **320**	**35**	**45**	**400**

La probabilité qu'un employé choisi au hasard travaille à temps partiel dans le secteur de la vente est :

$$\frac{\text{Nombre d'employés dans le secteur de la vente}}{\text{Nombre total d'employés}} = \frac{20}{400} = 0{,}05 \text{ ou } 5\ \%.$$

Il y a 5 % de chance qu'un employé choisi au hasard travaille à temps partiel dans le secteur de la vente.

Activité 72 : Fabrique de pièces pour l'horlogerie

Une usine fabrique des pièces pour l'horlogerie. Une pièce peut être défectueuse à cause d'au moins l'un des deux défauts appelés « défaut sur les pivots » (P) et « défaut sur les ressorts » (R). On considère un lot de 10 000 pièces dans lequel 2 % des pièces présentent le défaut P, 8 % présentent le défaut R, et 0,16 % présentent à la fois les deux défauts.

1. *Faire un diagramme de Venn pour représenter la situation-problème et déterminer le pourcentage de pièces qui n'ont aucun défaut.*
2. *Recopier et compléter le tableau ci-dessous :*

	P	P'	Total
R			
R'			
Total			

3. *On choisit au hasard une pièce dans ce lot de 10 000 pièces. Toutes les pièces ont la même probabilité d'être choisies. On considère les évènements suivants : A : « La pièce choisie présente l'un au moins des deux défauts. », B : « La pièce choisie présente un défaut et un seul. » et C : « La pièce choisie ne présente aucun défaut ». Calculez les probabilités des évènements A, B et C.*

- 1. On peut faire un diagramme de Venn (les patatoïdes) comme ci-dessous.

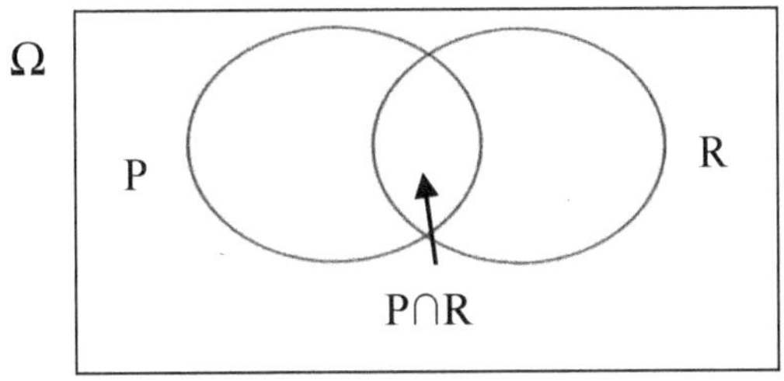

- **Pourcentage de pièces qui n'ont aucun défaut** : D'après les données et les notations convenues, il s'agit de calculer la probabilité de l'évènement complémentaire de PUR, c'est-à-dire P((PUR)').

  $P(PUR)' = 1 - P(PUR) = 1 - [P(P) + P(R) - P(P\cap R)]$
  $= 1 - (0{,}02 + 0{,}08 - 0{,}0016) = 1 - 0{,}0984 = 0{,}9016.$

  Il y a 90 % de pièces qui n'ont aucun défaut.
- 2. On peut recopier le tableau fourni et le compléter comme ci-dessous :

	P	P'	Total
R	16	784	800
R'	184	9 016	9 200
Total	200	9 800	10 000

- Calcul des probabilités P(A), P(B) et P(C)

  A : « La pièce choisie présente l'un au moins des deux défauts. »

  $$P(A) = \frac{\text{nombre de pièces ayant un défaut}}{\text{nombre total de pièces}} = \frac{10\,000 - 9016}{10\,000} = 0{,}0984$$

  La probabilité qu'une pièce choisie au hasard présente l'un au moins des deux défauts est de 9,84 %.

  B : « La pièce choisie présente un défaut et un seul. »

  $$P(B) = \frac{\text{nombre de pièces ayant un seul défaut}}{\text{nombre total de pièces}} = \frac{984 - 16}{10\,000} = 0{,}0968$$

  Il y a environ 10 % de chance qu'une pièce ainsi choisie présente un seul défaut.

  C : « La pièce choisie ne présente aucun défaut. »

  $$P(C) = \frac{\text{nombre de pièces n'ayant aucun défaut}}{\text{nombre total de pièces}} = \frac{9\,016}{10\,000} = 0{,}9016$$

  Il y a 90 % de probabilité qu'une pièce choisie au hasard ne présente aucun défaut.

Activité 73 : Défauts de fabrication de chaudières …

Une entreprise cliente d'Emploiguinée.com fabrique des chaudières de deux types : des chaudières « à cheminée » et des chaudières « à ventouse ». L'entreprise a fabriqué en un mois 900 chaudières à cheminée et 600 chaudières à ventouse. Dans ce lot, 1 % des chaudières à cheminée sont défectueuses et 5 % des chaudières à ventouse sont défectueuses.

On prélève au hasard une chaudière dans la production de ce mois. Toutes les chaudières ont la même probabilité d'être prélevées. On considère les évènements suivants : A : « La chaudière est à cheminée » ; B : « La chaudière est à ventouse » ; D : « La chaudière présente un défaut », D' = « non D ».

À l'aide d'un tableau, comme celui ci-dessous, déterminer

1) P(A) et P(B)

2) Calculer P(D∩A) et P(D∩B).

	D	D'	Total
A			
B			
Total			

3) a. La probabilité qu'une chaudière à ventouse présente un défaut.
b. La probabilité qu'une chaudière à cheminée présente un défaut.

4) Calculer P(D) et P(D').

En décodant les données de la situation-problème, on peut compléter le tableau initial et obtenir le tableau suivant.

	D	D'	Total
A	9	891	900
B	30	570	600
Total	39	**1 461**	**1 500**

1. Connaissant les nombres de chaudières à cheminée (900), de chaudières à ventouse (600) et le nombre total de chaudières (1 500), on peut calculer les probabilités P(A) et P(B).

$$P(A) = \frac{\text{Nombre de chaudières à cheminée}}{\text{Nombre total de chaudières}} = \frac{900}{1\,500} = 0{,}60 \text{ ou } 60\ \%$$

$$P(B) = \frac{\text{Nombre de chaudières à ventouse}}{\text{Nombre total de chaudières}} = \frac{600}{1500} = 0{,}40 \text{ ou } 40\ \%$$

Il y a 60 % de chance de prélever une chaudière à cheminée et 40 % de chance d'en prélever une à ventouse dans la production de ce mois.

2. Selon le tableau complété, on a Card(D∩A) = 9 et Card(D∩B) = 30. On peut donc calculer les probabilités P(D∩A) et P(D∩B) comme suit :

$$P(D\cap A) = \frac{\text{Nombre de chaudières à cheminée ayant un défaut}}{\text{Nombre total de chaudières}} = \frac{9}{1500} = 0{,}006.$$

$$P(D\cap B) = \frac{\text{Nombre de chaudières à ventouse ayant un défaut}}{\text{Nombre total de chaudières}} = \frac{30}{1500} = 0{,}02.$$

Il y a 0,60 % de chance de prélever une chaudière à cheminée ayant un défaut et 2 % de chance de prélever une chaudière à ventouse ayant un défaut.

3. a. La probabilité qu'une chaudière à ventouse présente un défaut est

$$P = \frac{\text{Nombre de chaudières à ventouse ayant un défaut}}{\text{Nombre total de chaudières à ventouse}} = \frac{30}{600} = 0{,}05.$$

b. La probabilité qu'une chaudière à cheminée présente un défaut est

$$P = \frac{\text{Nombre de chaudières à cheminée ayant un défaut}}{\text{Nombre total de chaudières à cheminée}} = \frac{9}{900} = 0{,}01.$$

Il y a 5 % des chaudières à ventouse qui présentent un défaut alors que c'est seulement 1 % des chaudières à cheminée qui présentent un défaut.

4. Calcul des probabilités P(D) et P(D')
   Rappelons que D = « La chaudière présente un défaut » et que D' = « non D ». On a donc :

$$P(D) = \frac{\text{Nombre de chaudières ayant un défaut}}{\text{Nombre total de chaudières}} = \frac{39}{1\,500} = 0{,}026.$$

P(D') = 1 – P(D) = 1 – 0,026 = 0,974. Il y a 2,60 % de chance de prélever une chaudière défectueuse, mais 97,40 % de prélever une chaudière en bon état.

Il est important que l'enseignante fasse des va-et-vient entre des moments où elle encourage les élèves à asseoir leur compréhension des concepts en jeu par des activités décontextualisées faisant appel à ces concepts.

Activité 74 : Quand le jardinier traite ses tulipes en bouton

Le jardinier Bourama sait que, sans traitement, trois tulipes en bouton sur cinq vont donner des fleurs avec de la rouille. Aussi, essaie-t-il un traitement sur le tiers des tulipes en bouton. Quelques jours plus tard, il s'aperçoit que 90 % des boutons traités ont donné des fleurs sans rouille.

1) Traduire l'énoncé en termes probabilistes.

2) Calculer la probabilité pour que, après le traitement précédent sur le tiers du jardin, un bouton de tulipe pris au hasard engendre une fleur rouillée.

3) a) Donner l'expression de la probabilité qu'un bouton de tulipe pris au hasard engendre une fleur non rouillée, en fonction de la proportion p de boutons traités dans le jardin.

b) Quelles sont les probabilités minimale et maximale qu'un bouton pris au hasard donne une tulipe intacte ?

c) Bourama souhaite qu'il n'y ait plus d'un bouton de tulipe sur trois (toujours lorsqu'on le prend au hasard dans l'ensemble du jardin) qui engendre une fleur rouillée. Quelle proportion de boutons doit-il traiter pour y arriver ?

1. Considérons les évènements R = « engendrer une tulipe rouillée » et T = « avoir été traité ». L'énoncé nous donne :

$$P(T) = 1/3 \qquad P(R/\bar{T}) = 3/5 \qquad P(\bar{R}/T) = 9/10$$

2. On cherche P(R). Il est, sans doute, plus simple de calculer $P(\bar{R}) = 1 - P(R)$. En vue de la question suivante, conservons au maximum des notations formelles.

$$P(\bar{R}) = P(\bar{R}\cap T)U(\bar{R}\cap\bar{T})) = P(\bar{R}\cap T)+P(\bar{R}\cap\bar{T}) = P(\bar{R}/T)P(T) + P(\bar{R}\cap\bar{T})$$

À droite, P(T) et $P(\bar{R}/T)$ sont connus. Utilisons $P(\bar{T}) = P(\bar{T}\cap\bar{R}) + P(\bar{T}\cap R)$

$P(\bar{T}\cap\bar{R}) = P(\bar{T}) - P(\bar{T}\cap R) = P(\bar{T}) - P(R/\bar{T})P(\bar{T}) = P(\bar{T})(1-P(R/\bar{T})) = (1-P(T))(1-P(R/\bar{T})$

Finalement, $P(\bar{R}) = P(\bar{R}/T)P(T) + (1 - P(T))(1 - P(R/\bar{T}))$.

On trouve $P(\bar{R})$ = 9/10 x 1/3 + (1 – 1/3)(1 – 3/5) = 9/30 +4/15 = 17/30, ce qui donne P(R) = 13/30.

3. a) On a donc p = P(T).
   La formule $P(\bar{R})=P(\bar{R}/T)P(T) + (1 - P(T))(1 - P(R/\bar{T}))$ nous donne, compte tenu des valeurs numériques : $P(\bar{R})$ = p/2 + 2/5.

Pour p = 0 (aucun traitement), on a 40 % de chance que la tulipe engendrée soit intacte, et pour p = 1 (tout le jardin est traité), on obtient 90 %chance. Ceci est cohérent avec les données numériques.
b) On doit résoudre $P(\bar{R}) \geq 2/3$, soit $P(T)/2 \geq 2/3 - 2/5 = 4/15$. Cela donne $P(T) \geq 8/15$.

Activité 75 : Des jetons colorés, de formes géométriques

Un sac contient des jetons carrés ou ronds, de couleur verte, bleue ou noire. Il y a 10 jetons verts dont 4 carrés; 10 des 12 jetons bleus sont carrés; 14 des 18 jetons noirs sont ronds.

1) *Utiliser un diagramme en arbre ou un tableau à double entrée pour trouver le nombre de jetons de chaque sorte.*
2) *On tire un jeton au hasard. On suppose qu'il y a équiprobabilité. On considère les évènements suivants :*
   A = « Le jeton est vert », B = « Le jeton est carré » et C = « Le jeton est carré et n'est pas bleu ».

a) *Calculer les probabilités respectives des évènements A, B et C.*
b) *Calculer les probabilités des évènements contraires de A, de B et de C.*
c) *Exprimer par une phrase l'évènement contraire de C.*

1. On peut construire deux diagrammes en arbres selon que l'on choisit de présenter en premier la forme ou la couleur des jetons.

- **Diagramme construit selon la forme** :

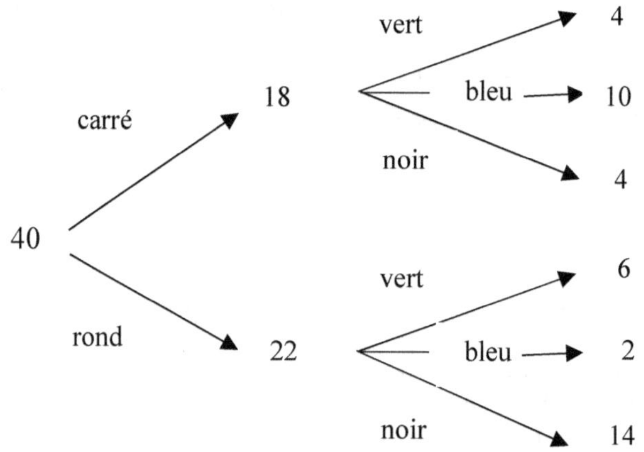

Diagramme construit selon la couleur :

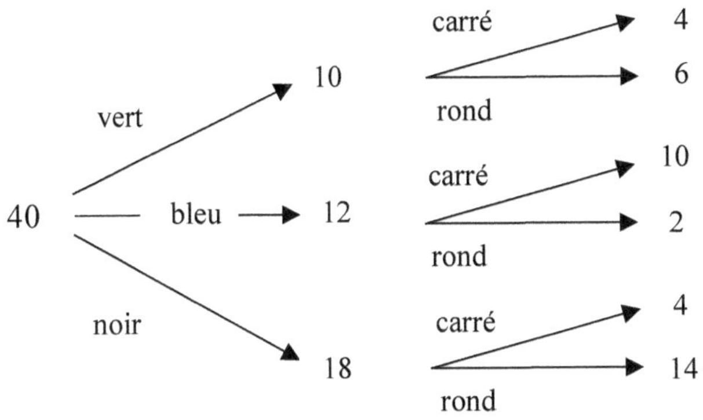

- **Tableau à double entrée :**

On peut construire également le tableau à double entrée qui traduit les données de la situation-problème.

	Vert	Bleu	Noir	Total
Ronds	4	10	4	18
Carrés	6	2	14	22
Total	10	12	18	40

2. On sait qu'en situation d'équiprobabilité, la probabilité d'un évènement se calcule par : $\frac{\text{Nombre de cas favorables réalisant l'évènement}}{\text{Nombre de cas possibles}}$

a. Ainsi, P(A) = 10/40 = ¼. L'évènement A se produit dans 25 % des cas. P(B) = 18/40 = 9/20 = 0,45. L'évènement B se produit dans 45 % des cas. P(C) = (4+4)/40 = 1/5 = 0,2. L'évènement C survient dans 20 % des cas.

b. On peut calculer facilement les probabilités des évènements contraires. $P(\bar{A}) = 1 - P(A) = 1 - 1/4 = 3/4$. Il y a 75 % de chance de tirer un jeton carré. P(B') = 1 – P(B) = 1 – 9/20 = 11/20. Il y a 55 % de chance de tirer un jeton de couleur bleue ou noire.

P(C') = 1 – P(C) = 1 – 1/5 = 4/5. Il y a 80 % de chance de tirer un jeton qui n'est pas de couleur noire et qui n'est pas carré.

c. L'évènement contraire C' de C a lieu si « le jeton n'est pas carré ou est bleu ».

Ainsi, l'enseignante amènera les élèves à explorer les différents modes de représentation (diagramme de Venn, en arbre, le tableau à double entrée), à réfléchir sur leur pertinence et leur économie. Elle les invitera à partager et à justifier leurs raisonnements, à les confronter à ceux des autres.

Activité 76 : Spectateurs à une représentation théâtrale

Lors d'une représentation théâtrale, il y a 230 spectateurs dont 140 de sexe féminin. Parmi ceux-ci, 10 sont des enfants, 20 des adolescentes et les autres sont des adultes. Parmi les spectateurs de sexe masculin, 75 sont des adultes, 5 des enfants et les autres sont des adolescents.

a) Complétez le tableau correspondant à cette situation.

	Sexe masculin	Sexe féminin	Total
Enfants	5	10	
Adolescents		20	
Adultes	75		
Total		140	230

b) Déterminez la probabilité qu'un des spectateurs soit un adulte s'il est de sexe féminin.

b) Déterminez la probabilité qu'un des spectateurs soit un adolescent s'il est de sexe masculin.

a. Complétion du tableau

	Sexe masculin	Sexe féminin	Total
Enfants	5	10	**15**
Adolescents	**10**	20	**30**
Adultes	75	**110**	**185**
Total	**90**	140	230

b. Probabilité qu'un des spectateurs soit un adulte s'il est du sexe féminin : P(Adulte/F) = 110/140 = 0,786 ou 78,60 % de chance.

c. Probabilité qu'un des spectateurs soit un adolescent s'il est du sexe masculin : P(Ado/M) = 10/90 = 0,111 ou 11 % de chance.

Activité 77 : Juristes formant un cabinet d'avocats ...

Un cabinet d'avocats est composé de 28 juristes, dont 16 femmes et 12 hommes. On choisit au hasard deux membres du cabinet pour travailler à une cause. On veut étudier les probabilités de former des équipes de même sexe ou de sexes différents.

a) Construire l'arbre des probabilités correspondant à cette situation.

b) Calculer la probabilité qu'au moins un des juristes soit un homme.

a. Arbre des probabilités correspondant à la situation

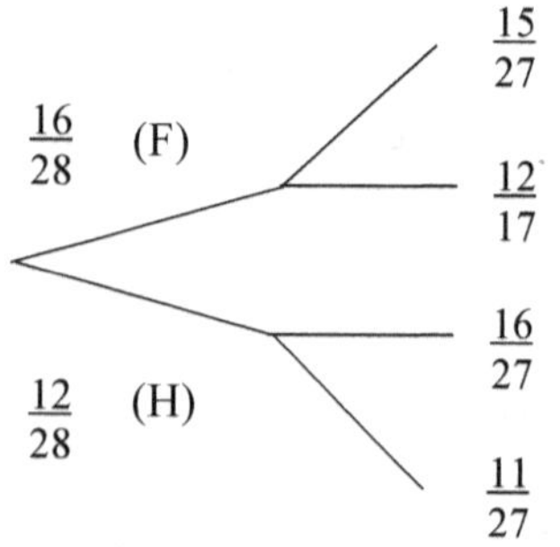

(F)	P(F,F)	$\frac{16}{28} \times \frac{15}{17} = \frac{20}{63} \approx 31{,}74\ \%$
(H)	P(F,H)	$\frac{16}{28} \times \frac{12}{17} = \frac{16}{63} \approx 25{,}39\ \%$
(F)	P(H,F)	$\frac{12}{28} \times \frac{16}{27} = \frac{16}{63} \approx 25{,}39\ \%$
(H)	P(H,H)	$\frac{12}{28} \times \frac{11}{17} = \frac{11}{63} \approx 17{,}46\ \%$

b. Probabilité qu'au moins un des juristes soit un homme

P(Au moins un des juristes est un homme) = P(F,H) + P(H,F) + P(H,H) = (16/63) + (16/63) + (11/63) = 43/43 = 0,683, soit 68, 30 % de chance qu'au moins l'un des juristes soit un homme.

Activité 78 : Un club de tennis de 14 membres

Un club de tennis de 14 membres se compose de 8 hommes et de 6 femmes.

a) Au cours d'un championnat, chaque membre joue contre les autres. Combien de parties y a-t-il en tout ? Combien y a-t-il de parties mixtes ?

b) On choisit au hasard 4 personnes du club. Quelle est la probabilité d'obtenir 2 hommes et 2 femmes ?

c) Pour se rendre au club afin d'y disputer une partie, Matou prend le train de 7 h 03, qui permet d'arriver toujours à l'heure. Cependant, comme elle a le sommeil profond, elle rate le train avec une probabilité de 20 %. Dans ce cas, elle fait du stop et, trois fois sur cinq, elle arrive à l'heure. Si elle est arrivée à l'heure aujourd'hui, quelle est la probabilité qu'elle ait raté son train ?

a. Le nombre de parties est égal au nombre de paires différentes que l'on peut former avec 14 éléments, c'est-à-dire : C(14,2) = 91.
On peut trouver le nombre de parties mixtes en retirant du nombre total de parties le nombre de parties entre personnes du même sexe :

$$C(14,2) - [C(8,2) + C(6,2)] = 91 - (28 + 15) = 48.$$

On peut également se dire que chacun des 8 hommes peut jouer avec chacune des 6 femmes, et qu'il y a donc 8 x 6 = 48 parties mixtes.

b. Le nombre total de façons de tirer 4 personnes d'un groupe de 14 est C(14,4) = 1001. Le nombre de possibilités d'obtenir deux hommes parmi les 8 est C(8,2) = 28 et, pour les femmes, le même raisonnement nous donne C(6,2) = 15 possibilités. La probabilité recherchée est donc : [C(8,2) x C(6,2)] ÷ C(14,4) = 60 ÷ 143 = 0,4195 ≈ 42 %. Il y a environ 42 % de chance d'obtenir deux hommes et deux femmes.

c. On commence par définir les évènements suivants :
H = « Matou arrive à l'heure » ; T = « Matou doit prendre le train » ;
H'= « Matou arrive en retard » ; T'= « Matou rate le train ».
On applique la formule des probabilités conditionnelles en nous servant de l'arbre de probabilités ci-dessous :

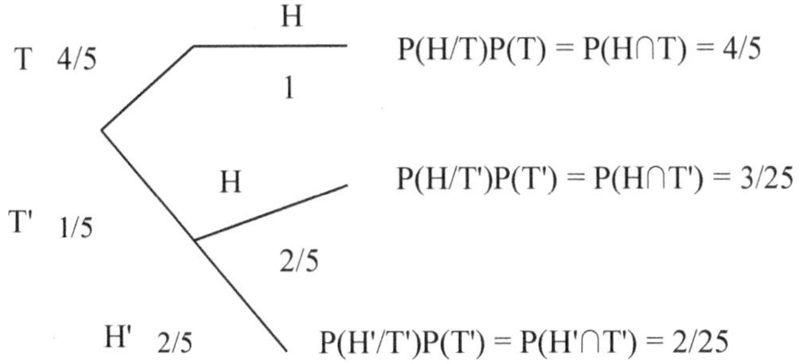

Probabilité que Matou attrape le train : P(T) = 4/5; probabilité qu'elle rate le train: P(T') = 1/5.
Probabilité qu'elle arrive à l'heure sachant qu'elle prend le train : P(H/T) = 1. Probabilité qu'elle soit à l'heure sachant qu'elle a raté le train : P(H/T') = 3/5.

Probabilité qu'elle soit en retard sachant qu'elle a raté son train : $P(H'/T') = 2/5$.
Il est question de calculer la probabilité de l'évènement $P(T'/H)$; pour cela, on applique la formule de Bayes :
$P(T'/H) = P(T' \cap H) \div P(H) = P(H/T')P(T') \div [P(H/T)P(T) + P(H/T')P(T')] =$
$(3/5 \times 1/5) \div [(1/1 \times 4/5) + (3/4 \times 1/5)] = 0{,}1304 \approx 13\ \%$. Il y a 13 % de chance que Matou rate son train si elle est arrivée à l'heure aujourd'hui.

Activité 79 : Dépistage systématique de deux maladies

Dans une population Oméga, deux maladies M_1 et M_2 sont présentes respectivement chez 10 % et 20 % des individus. On suppose que le nombre de ceux qui souffrent des deux maladies est négligeable. On entreprend un dépistage systématique des maladies M_1 et M_2. Pour cela, on applique un test qui réagit sur 90 % des malades de M_1, sur 70 % des malades de M_2, et sur 10 % des individus qui n'ont aucune de ces deux affections.

1) *Quand on choisit au hasard un individu lambda dans la population Oméga, quelle est la probabilité pour que le test réagisse ?*
2) *Sachant que pour un individu lambda, le test a réagi, trouver les probabilités ...*
   a) *pour que le test ait réagi à cause de la maladie M_1 ;*
   b) *pour que le test ait réagi à cause de la maladie M_2 ;*
   c) *pour que le test ait réagi alors que l'individu n'est infecté par aucune des deux maladies.*

On note les évènements suivants par M_1 : « Être malade de M_1 », M_2 : « Être malade de M_2 », N : « Être atteint par aucune maladie », R : « Le test réagit ».
En décodant les données de l'énoncé, on a : $P(M_1) = 0{,}1$; $P(M_2) = 0{,}2$; $P(N) = 0{,}7$; $P(R/M_1) = 0{,}9$; $P(R/M_2) = 0{,}7$; $P(R/N) = 0{,}1$.

1. Il s'agit de calculer $P(R)$. $P(R) = P(M_1 \cap R) + P(M_2 \cap R) + P(R/N) = 0{,}3$.
   Le test réagit dans 30 % des cas.
2. a. Il s'agit de calculer $P(M_1/R)$. $P(M_1/R) = P(M_1 \cap R) / P(R) = 0{,}3$.
      Le test réagit à cause de la maladie M_1 dans 30 % des cas.
   b. Il s'agit de calculer $P(M_2/R)$. $P(M_2/R) = P(M_2 \cap R) / P(R) = 7/15 \approx 0{,}47$.
      Le test réagit à cause de la maladie M_2 dans 47 % des cas.
   c. Il s'agit de calculer $P(N/R)$. $P(N/R) = P(N \cap R) / P(R) = 7/30 \approx 0{,}23$.
   Le test réagit à cause de la maladie M_2 dans 23 % des cas.

Les collines de Bossou font partie de la zone strictement protégée des Monts Nimba, l'un des six sites prioritaires pour la conservation des chimpanzés en Afrique de l'ouest, site inscrit au Patrimoine Mondial de l'Humanité par l'UNESCO et également classé Réserve de Biosphère (Programme MAB/UNESCO). Ce site dispose d'une originalité et d'une diversité de peuplement animal et végétal des plus remarquables pour tout le continent africain. On y trouve notamment des espèces menacées comme le Micropotamogale du Mont Nimba (*Micropotamogale lamottei*), le crapaud vivipare du Mont Nimba (*Nimbaphrynoides occidentalis*) et les chimpanzés.

Activité 80 : Des chimpanzés gauchers ou droitiers

Dans la forêt des Monts Nimba, chaque naissance de chimpanzés donne un chimpanzé gaucher avec une probabilité égale à 0,3. Un chimpanzé gaucher sur 3 a les yeux bleus ; un chimpanzé droitier sur 4 a les yeux bleus.

1) *Calculer la probabilité pour qu'un chimpanzé pris au hasard ait les yeux bleus.*
2) *Calculer la probabilité qu'un chimpanzé ayant les yeux bleus soit gaucher.*
3) *Calculer la probabilité, pour six naissances, qu'il y ait au moins un chimpanzé gaucher aux yeux bleus.*

On convient de noter les évènements par B = « Le chimpanzé a les yeux bleus » et par NB = « Le chimpanzé n'a pas les yeux bleus ».
On peut construire le diagramme suivant pour modéliser la situation-problème :

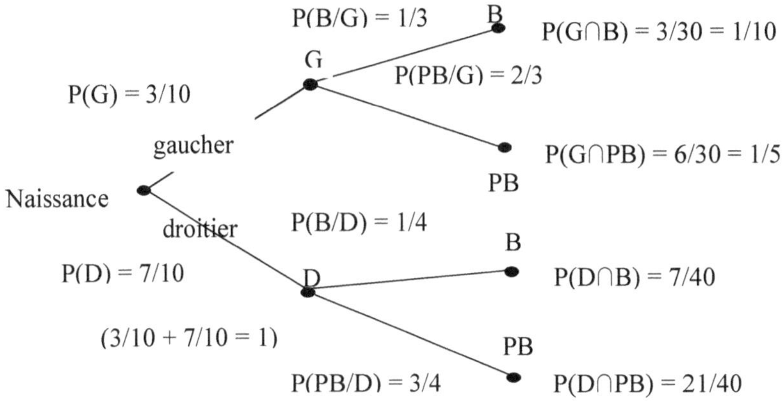

a. La probabilité qu'un chimpanzé ait les yeux bleus est
$$P(B) = 1/10 + 7/40 = 11/40 = 0{,}275.$$
Il y a 27,50 % de chance qu'un chimpanzé ait les yeux bleus.

b. La probabilité que le chimpanzé soit « gaucher s'il a les yeux bleus » est le rapport entre la probabilité d'être « gaucher et avoir les yeux bleus » et la probabilité d'« avoir les yeux bleus », calculée en a),
$$P(G/B) = 1/10 \div (1/10 + 7/40) = 1/10 \div 11/40 = 4/11 = 0{,}3636.$$

c. La probabilité d'avoir « au moins un chimpanzé aux yeux bleus » est la probabilité complémentaire de « aucun chimpanzé n'a les yeux bleus », dont la probabilité est $1 - 0{,}275 = 0{,}725$. La probabilité qu'aucun des six chimpanzés n'ait les yeux bleus est $0{,}725^6 = 0{,}1452$.
La probabilité qu'au moins un chimpanzé ait les yeux bleus est donc
$1 - 0{,}1452 = 0{,}8548$. Il y a 85,48 % de chance que cela se produise.

L'enseignante peut encourager les élèves à explorer la solution purement algébrique. Ceci est d'autant plus important que chercher l'unique bonne réponse par l'unique bonne méthode est abominable.

On sait que :

- P(G) = Probabilité d'être gaucher = 3/10 → P(D) = Probabilité d'être droitier = 7/10.

- P(B/G) = Probabilité d'avoir les yeux bleus sachant que le chimpanzé est gaucher = 1/3.
- P(B/D) = Probabilité d'avoir les yeux bleus sachant que le chimpanzé est droitier = ¼.

a. Pour trouver la probabilité qu'un chimpanzé ait les yeux bleus, on applique la formule des probabilités totales :

$$P(B) = P(B \cap G) + P(B \cap G') = P(B \cap G) + P(B \cap D)$$

En utilisant la formule des probabilités conditionnelles aux deux membres de droite, on obtient :

$$P(B) = P(B/G)P(G) + P(B/D)P(D) = (1/3 \times 3/10) + (1/4 \times 7/10) = 11/40.$$

Il y a 27,50 % de chance qu'un chimpanzé pris au hasard ait les yeux bleus.

b. Il s'agit de trouver P(G/B).
On sait que P(G/B) = P(G∩B)/P(B). On fait comme si l'on ne connaissait pas encore P(B).

$$P(G/B) = \frac{P(G \cap B)}{P(B)} = \frac{P(B/G)P(G)}{P(B)} = \frac{P(B/G)P(G)}{P(B/G)P(G) + P(B/D)P(D)}$$

$$= \frac{1/3 \times 3/10}{(1/3 \times 3/10) + (1/4 \times 7/10)} = 0{,}3636.$$

Comme quoi il y a plusieurs chemins pour se rendre à Rome !

CHAPITRE 6

PROBABILITÉS ET STATISTIQUE AU SERVICE DE L'ENQUÊTE

On donne le nom d'***enquête*** à toute étude ou investigation menée en vue de connaître des faits ou des opinions, à l'aide d'expériences techniques ou de recherches scientifiques, de consultations de documents, d'interviews ou d'interrogations par voie postale, par téléphone, par internet, en milieu de résidence ou de travail.

L'enquête à l'aide d'un ***questionnaire*** est l'outil de mesure approprié pour effectuer une ***recherche exploratoire*** (recherche qui permet d'analyser la situation problématique et qui vise à formuler des hypothèses possibles sur les causes du problème), *une* ***recherche descriptive*** (qui consiste à décrire une situation comme, par exemple, les conditions dans lesquelles se trouvent les personnes âgées dans le contexte de pandémie, le profil sociodémographique des personnes vivant avec le diabète ou l'hypertension) ou une ***recherche causale ou explicative*** (dont l'objectif est de déterminer si les variations d'une variable ont un effet sur une autre variable ; par exemple, l'impact d'une campagne de publicité sur les ventes d'un centre commercial).

Une enquête peut être entreprise à la demande d'autorités économiques, judiciaires, administratives, parlementaires, religieuses, scientifiques, techniques ; ou bien elle peut être lancée par des journaux, par des unités industrielles, agroalimentaires, par des organisations caritatives nationales ou internationales. L'enquête peut être menée par un professionnel de l'éducation ou de la santé. Par exemple, un professeur de musique peut faire une enquête auprès de ses étudiants pour savoir combien d'entre eux aiment les variétés, combien aiment la musique classique, combien aiment à la fois les variétés et la musique classique. Un épidémiologiste fait une enquête pour établir un lien entre une maladie ou un état de santé avec un facteur dit *facteur d'exposition*. Exemple : cancer de poumon et tabac, cancer de la plèvre et amiante, malformation et médicaments pendant la grossesse.

La plupart du temps, le facteur d'exposition est aléatoire et non contrôlé par les médecins. Toute la difficulté est alors de la *causalité* : le fait qu'il y ait un lien entre un facteur d'exposition (tabac chez la femme enceinte) et une maladie (le retard de croissance intra-utérin du fœtus - RCIU) ne signifie pas que le tabac est la cause du RCIU. Il existe bien d'autres facteurs qui différencient les fumeuses des non-fumeuses ; on les appelle *facteurs de confusion*. Par exemple, les femmes qui suivent une préparation à l'accouchement allaitent plus souvent que celles qui ne s'y préparent pas.

Conclusion : la préparation augmente le taux d'allaitement. Cette conclusion de causalité devrait être nuancée sinon rejetée. Il pourrait y avoir un autre facteur qui explique les deux situations, c'est-à-dire que ce facteur de confusion, est causal pour l'allaitement et pour la préparation. Ce facteur existe bel et bien : les femmes qui veulent allaiter sont décidées avant la grossesse et veulent préparer l'accouchement plus que les autres. C'est un facteur psychologique qui préexiste à la décision d'allaiter et au fait de préparer l'accouchement.

Les épidémiologistes réalisent plusieurs types d'enquêtes, notamment des études analytiques ou étiologiques : il s'agit des ***études de cohorte*** où la population est sélectionnée sur un facteur d'exposition, puis suivie suffisamment longtemps pour évaluer la maladie ou toute conséquence de l'exposition, et des ***études cas-témoins*** où la population est sélectionnée sur la maladie pour les cas, et pour l'absence de maladie pour les témoins, et l'exposition est estimée en remontant le temps. Le principe des enquêtes de cohorte est de suivre un groupe de personnes dont certaines sont exposées à un facteur et d'autres non (témoins).

Après un temps donné, on peut calculer le nombre de malades (ou de décès) observés au cours de la période d'étude en fonction du degré d'exposition au facteur. La direction de l'enquête est prospective : de l'exposition connue vers la maladie. Aussi appelées ***enquêtes exposés-non-exposés***, ces études présentent aussi bien des avantages que des difficultés. Il n'y a pas de biais d'exposition (connue au départ) ni de biais de maladie (analysée à l'arrivée). Par contre, il y a des difficultés au niveau des mesures de l'exposition et de la maladie, du nombre de sujets souvent grand, des durées de suivi souvent longues (plusieurs années), des coûts très élevés, des perdus de vue (qui sont le principal écueil).

C'est à l'enquêteur de décider si, compte tenu des écarts entre la théorie et la pratique, le modèle lui paraît ou non acceptable. Pour tester l'hypothèse qu'un phénomène s'explique par un modèle, l'enquêteur se fixe une règle qui donne la conclusion en fonction des résultats de l'enquête. Il peut se tromper de deux façons différentes : le ***risque de première espèce*** consiste à refuser l'hypothèse lorsque celle-ci est vraie ; le ***risque de seconde espèce*** consiste à accepter l'hypothèse lorsque celle-ci est fausse. Il existe, bien sûr, d'autres types de biais, notamment les biais de sélection, les biais de classement et celui de confusion.

Les ***biais de sélection*** affectent la constitution de l'échantillon d'enquête, c'est-à-dire le processus par lequel les sujets sont choisis au sein de la population. Ils sont à craindre chaque fois que l'échantillon d'enquête n'est qu'une sélection de la population d'étude. Les principales sources de biais de sélection sont 1) la constitution d'un échantillon par un moyen autre que le tirage au sort (sujets volontaires) ; 2) les non-réponses à une enquête ; 3) le recrutement de témoins en milieu hospitalier qui ne sont pas représentatifs de la population générale (biais de Berkson) ; 4) les sujets perdus de vue dans les enquêtes exposés-non-exposés.

Les ***biais de classement*** désignent une erreur systématique de mesure de l'exploitation ou de mesure de la maladie. Ils conduisent à mal classer les sujets en « malades/non malades » ou en « exposés/non exposés ». Il peut s'agir d'un biais de classement différentiel entre les deux groupes : 1) d'un ***biais d'enquêteur** ou **de subjectivité*** : un enquêteur cherchera avec plus d'acuité une exposition passée chez un cas s'il a connaissance du statut malade du sujet; 2) d'un ***biais de mémorisation*** : un sujet atteint d'une pathologie (cas) se souvient davantage de ses expositions passées qu'un sujet indemne de la pathologie (« témoin »). Il peut aussi s'agir d'un ***biais de classement non différentiel*** (tensiomètre mal étalonné, par exemple).

Un ***biais de confusion*** désigne une erreur systématique dans l'estimation d'une mesure d'association (risque relatif) entre le facteur étudié et la maladie, du fait d'un défaut de prise en compte d'un facteur de confusion, qui est un facteur lié à la fois à l'exposition et à la maladie étudiées.

Activité 81 : Une enquête sur les risques d'accident

Suite à une enquête sur les risques d'accident, la compagnie d'assurance MUTRAGUI SA répartit ses clients en trois classes R_1, R_2 et R_3 : les bons risques, les risques moyens et les mauvais risques. Les effectifs de ces trois classes représentent 20 % de la population totale pour la classe R_1, 50 % pour la classe R_2 et 30 % pour la classe R_3. Les statistiques indiquent que les probabilités d'avoir un accident au cours de l'année pour une personne de l'une de ces trois classes sont respectivement de 0,05, 0,15 et 0,30.

1) *Quelle est la probabilité qu'une personne choisie au hasard dans la population ait un accident dans l'année ?*
2) *Si David n'a pas eu d'accident cette année, quelle est la probabilité qu'il soit un bon risque ?*

1. On note par A l'évènement « Avoir un accident dans l'année » et par $\bar{A}$ l'évènement contraire de A. Comme les trois classes R_1, R_2 et R_3 réalisent une partition de la population, on peut appliquer la formule des probabilités totales : $P(A) = P(A/R_1)P(R_1)+P(A/R_2)P(R_2) +P(A/R_3)P(R_3) = (0,05 \times 0,2) + (0,15 \times 0,5) + (0,3 \times 0,3) = 0,175$. Il y a environ 18 % de chance qu'une personne choisie au hasard dans la population ait un accident dans l'année.

   On cherche la probabilité d'appartenir à la classe R_1, sachant qu'on n'a pas eu d'accident, c'est-à-dire la probabilité conditionnelle $P(R_1/\bar{A})$. En appliquant la formule de Bayes, il vient que : $P(R_1/\bar{A}) = P(\bar{A}/R_1).P(R_1)/P(\bar{A})$.

   On peut calculer $P(\bar{A})$ par la relation $P(\bar{A}) = 1 - P(A)$, tandis que l'énoncé donne $P(\bar{A}/R_1) = 0,95$. On obtient finalement : $P(R_1/\bar{A}) = \dfrac{0,95 \times 0,2.\ P(R_1)}{1 - 0,175} = 0,23$

   Il y a 23 % de chance que David soit un bon risque, sachant qu'il n'a pas eu d'accident cette année.

Activité 82 : Enquête auprès de directeurs d'école d'administration

Une enquête réalisée auprès de 400 directeurs d'école d'administration portant sur la lecture de deux revues mensuelles, soit le journal "Maths et Sciences comptables" et le journal "Nouvelles technologies et marketing", donne les résultats suivants : 165 directeurs lisent "Maths et sciences comptables" (A) ; 240 directeurs lisent "Nouvelles technologies et marketing" (B) ; 90 directeurs lisent les deux journaux (A et B : A∩B).
On choisit au hasard l'un de ces directeurs.
a) Quelle est la probabilité qu'il lise l'un ou l'autre de ces journaux ?
b) Quelle est la probabilité qu'il lise uniquement "Nouvelles technologies et marketing" ?
c) Symbolisez en notation ensembliste l'évènement « Ne lire ni "Maths et sciences comptables" ni "Nouvelles technologies et marketing" », puis calculez la probabilité de cet évènement.

a. Probabilité de lire l'un ou l'autre
P(AUB) = P(A) + P(B) – P(A∩B) = 165/400 + 240/400 – 90/400 = 315/400 = 0,7815. Cet évènement se produit dans 78 % des cas.
b. Probabilité de lire uniquement *Nouvelles technologies …*
P(Ā∩B) = 240/400-90/400 = 150/400 = 0,375 ou 37,50 % que cela se produise.
c. Probabilité de lire uniquement *Nouvelles technologies …*
« Ne lire ni Maths et sciences comptable*s ni* Nouvelles technologies et marketing *»* correspond à l'évènement Ā∩B' qui peut aussi s'écrire : A'∩B' = (AUB)'.
En passant à la probabilité, on a : P(AUB)' = 1 – P(AUB)' =
= 1 – 315/400 = 85/400 = 0,2125. L'évènement se produit dans 21,25 % des cas.

Activité 83 : Les habitants d'un secteur de Koloma parlent Sousou et/ou Pular

Une enquête révèle que parmi les 3 000 habitants d'un secteur de Koloma 750 parlent uniquement Sousou et 200 femmes parlent Pular et Sousou. Les hommes de ce secteur constituent les 45 % de la population, et les 2/9 d'entre eux ne parlent que le Sousou. Deux fois plus de personnes parlent Pular que Sousou, et parmi elles, les 2/3 sont des femmes.
a) À partir des informations données, compléter le tableau à double entrée.

Langue / Habitants	Pular	Sousou	Pular et Sousou	Total
Hommes				
Femmes				
Total				

b) Déterminer la probabilité qu'une personne de ce secteur choisie au hasard soit un homme qui parle Sousou.

c) Calculer la probabilité qu'une personne rencontrée au hasard dans le secteur parle les deux langues, étant donné qu'il s'agit d'une femme.

d) Trouver la probabilité que la personne rencontrée, qui ne s'adresse à nous qu'en Pular, soit un homme.

a. En décodant les données du problème, sur la base des informations fournies, on peut dresser le tableau suivant :

Langue / Habitants	Pular	Sousou	Pular et Sousou	Total
Hommes	500	300	550	1 350
Femmes	1 000	450	200	1 650
Total	1 500	750	750	3 000

b. Il y a 10 % de chance de rencontrer au hasard un homme de ce secteur qui parle Sousou.

c. P(Bilingue/femme) = 500/1650 = 4/33 = 0,12. Il y a 12 % de chance de rencontrer une personne de ce secteur qui parle les 2 langues, sachant qu'elle est une femme.

d. P(Homme/parle Pular) = 500/1500 = 1/3 = 0,33 ou 33 %. Il y a 33 % de chance de rencontrer au hasard un homme de ce secteur, sachant qu'il parle Pular.

Activité 84 : Une enquête sur les défauts des téléviseurs

Une enquête a montré que les téléviseurs peuvent présenter deux types de défauts : un défaut sur la dalle et un défaut sur le condensateur. L'enquête indique que : (i) 3 % des téléviseurs présentent un défaut sur la dalle et, parmi ceux-ci, 2 % ont aussi un défaut sur le condensateur, et que (ii) 5 % des téléviseurs ont un défaut sur le condensateur. On choisit au hasard un téléviseur et on considère les évènements suivants D : « Le téléviseur a un défaut sur la dalle », C : « Le téléviseur a un défaut sur le condensateur ».

Les résultats seront approchés, si nécessaire, à 10^{-4} près.

1) Exprimer les trois données numériques de l'énoncé sous forme de probabilités.

2) Recopier l'arbre ci-dessous et compléter uniquement les pointillés par les probabilités associées :

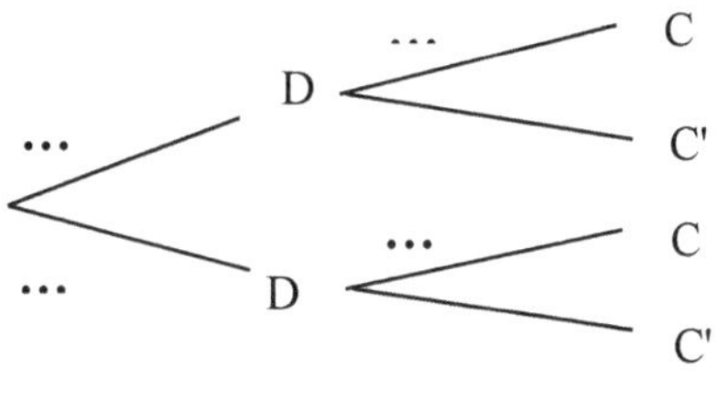

3) Calculer la probabilité P(D∩C) de l'évènement D∩C.

1. En décodant les données de la situation-problème, on déduit que :
   P(D) = 0,03   P(C/D) = 0,02 et P(C) = 0,05.
2. On peut construire l'arbre pondéré (avec les probabilités correspondantes) :

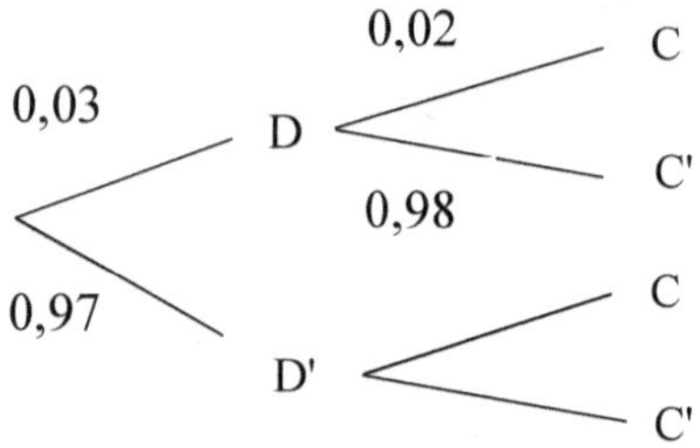

3. Les évènements D et C étant indépendants, on a : P(D∩C) = P(D) x P(C) = 0,03 x 0,02 = 0,0006 ou 6 x 10^{-4}. Il y a 0,06 % de chance qu'un téléviseur présente simultanément les deux défauts.

Activité 85 : Catégorie d'emploi du personnel d'une DPE

Pour relever la catégorie d'emploi du personnel d'une Direction Préfectorale de l'Éducation (DPE), on peut, par exemple, utiliser le symbole C pour un cadre, G pour un gérant, E pour un(e) enseignant(e), PNE pour un professionnel non enseignant et S pour un employé de soutien. En notant la catégorie d'emploi des membres du personnel adhérant à ce club littéraire, on obtient la série statistique suivante :

C, C, E, S, PNE, PNE, C, E, E, E, S, E, E, G, G, E, E, PNE, E, S.

a) Construire un tableau contenant la distribution de fréquences.

b) Dresser le tableau de distribution des fréquences relatives, fréquences données sous forme de décimales ou de pourcentages.

a. **Tableau de distribution de fréquences.**
   Laissée à l'état brut, la série précédente est difficile à visualiser. D'où la nécessité de grouper les diverses modalités : **C, C, C, E, E, E, E, E, E, E, E, E, G, G, PNE, PNE, PNE, S, S, S.** La modalité C apparaît 3 fois : 3 est l'*effectif* ou la *fréquence absolue* de la modalité, ou le nombre de fois que celle-ci est présente dans la série. On obtient la distribution de fréquences suivante :

Tableau 1

Catégorie d'emploi des membres du club littéraire de la DPE	
Catégorie	Nombre d'employés
Cadre	3
Enseignant	9
Gérant	2
Professionnel non enseignant	3
Employé de soutien	3
Total	**20**

Pour avoir une idée de l'importance de la *proportion* des cadres dans ce club, il suffit de calculer le rapport 3/20, soit 0,15 ou 15 %. Cette proportion représente la *fréquence relative* de la catégorie « cadre ».

b. Tableau de distribution des fréquences

Si on transforme ainsi les modalités, on obtient ci-dessous le tableau de distribution des fréquences relatives, données sous forme de décimales ou de pourcentages (tableau 2).

Tableau 2

Catégorie d'emploi des membres du club littéraire		
Catégorie	**Nombre d'employés (en décimales)**	**Nombre d'employés (en pourcentages)**
Cadre	0,15	15
Enseignant	0,45	45
Gérant	0,10	10
Professionnel non enseignant	0,15	15
Employé de soutien	0,15	15
Total	**1**	**100**

Activité 86 : Recherche en marketing et préférence d'un produit

Une entreprise spécialisée dans la consultation et la recherche en communication et marketing a été mandatée par une importante entreprise pour étudier la préférence des employés concernant trois types de paires de lunettes utilisées en milieu de travail. Un échantillon aléatoire de 275 travailleurs a été sélectionné pour participer à cette étude.

Après une période d'essai de trois semaines, chaque participant doit préciser son choix (et un seul choix) quant à l'une ou l'autre des paires de lunettes de sécurité (identifiées ici par A, B et C). Les résultats ci-dessous ont été obtenus.

Type de lunettes	Nombre d'individus
A	130
B	85
C	60

L'entreprise de recherche en marketing veut approfondir les motifs du choix des individus qui ont participé à cette étude. On sélectionne au hasard un individu parmi ce groupe de travailleurs.

a) Définir l'espace échantillonnal.

b) On identifie par A, l'évènement que le travailleur préfère le type de lunettes A. Quelle est la probabilité de A ?

a. L'espace échantillonnal est constitué des 275 travailleurs sélectionnés.

$$S = \{T_1, T_2, T_3, \dots , T_{273}, T_{274}, T_{275}\}$$

b. Identifions par A l'évènement « Le travailleur préfère le type de lunettes A ». D'après les résultats obtenus, on peut écrire : P(A) = n(A) / n(S) = 130/275 = 0,4727. 47 % des travailleurs préfèrent le type de lunettes A.

Sondage

Le terme de ***sondage*** désigne la technique qui permet de dégager des conclusions pour un ensemble (appelé *univers*) à partir d'informations qui ne sont connues que pour un sous-ensemble de l'univers appelé *échantillon*. Cette technique fait largement appel au calcul des probabilités ; elle s'applique aussi bien au dépouillement d'une documentation administrative qu'à des enquêtes statistiques, à des expériences scientifiques ou techniques.

Les sujets d'investigation peuvent être les plus divers : exode rural, emploi des jeunes diplômés, dépenses et ressources des ménages, éléments du niveau de vie, opinions politiques, attitudes morales, lorsqu'il s'agit d'enquêtes auprès des particuliers ; taux de production, chiffres d'affaires, salaires versés, investissements, exode des capitaux (leur fuite en masse vers l'étranger), perspectives générales de développement, lorsqu'il s'agit d'enquêtes auprès des entreprises publiques ou privées.

On utilise les sondages, par exemple, pour des dépouillements de fichiers, pour des comptages de voitures sur les routes, pour des contrôles de fabrication, pour des contrôles fiscaux. Mais le terme de sondage, surtout associé à celui d'enquête, désigne le plus souvent toute étude démographique, économique, sociologique, psychologique, environnementale (notamment les études de marketing) réalisée lorsqu'on applique cette technique à des enquêtes statistiques menées auprès d'un certain nombre de personnes considérées comme représentatives d'un ensemble social donné (ménages, consommateurs, usagers, électeurs, entreprises, collectivités décentralisées) en vue de déterminer leur opinion ou d'obtenir des informations statistiques sur une question bien définie.

L'utilisation d'un sondage en vue d'une prévision peut donner lieu à des erreurs systématiques si les données sont recueillies après le tirage au sort. Pour une élection, par exemple, on tire au sort un échantillon sur les listes électorales et l'on interroge chacun des électeurs ainsi choisis sur son vote futur. La méthode comporte des risques d'erreurs liés à la liberté des individus, qui peuvent changer d'avis entre le sondage et le vote, ou même tromper délibérément les enquêteurs sur leurs véritables intentions par respect humain ou par crainte de représailles (surtout dans les *Républiques « bananières* ! »).

L'échantillon des réponses obtenues lorsqu'on substitue une enquête par téléphone au tirage au sort représente encore plus mal l'ensemble des votants, car la variable utilisée pour déterminer la personne sondée n'est pas indépendante de son vote. En effet, pour que l'on obtienne une réponse à la question posée, il faut que la personne dispose d'un téléphone - ce qui élimine les électeurs les moins fortunés, il faut qu'elle soit chez elle au moment où on l'appelle - ce qui privilégie les désœuvrés (chômeurs), il faut qu'elle accepte de répondre à l'appel au lieu de vaquer à ses occupations habituelles, ce qui privilégie les gens les plus motivés politiquement.

Activité 87 : Intentions de vote pour le poste de « chef Secteur »

Pour connaître les intentions de vote de la population de Yiguiya, on a interrogé des personnes et on leur a demandé pour lequel des candidats, Alpha ou Gamma, elles voteraient. On a compilé les résultats du vote dans le tableau ci-dessous.

Candidats en liste			
Votants	Alpha	Gamma	Total
Hommes	240	320	**560**
Femmes	280	160	**440**
Total	**520**	**480**	**1 000**

Dites si les énoncés suivants sont vrais ou faux. Corrigez les énoncés faux de façon à les rendre vrais.

1) La probabilité que la personne interrogée ne soit pas une femme si elle a voté pour le candidat Gamma est de 2/3.
2) La probabilité que la personne interrogée soit une femme et qu'elle ait voté pour le candidat Gamma est de 1/3.
3) La probabilité que la personne interrogée ait voté pour le candidat Alpha si elle est une femme est de 7/11.
4) La probabilité que la personne interrogée ne soit pas une femme est de 1/25.

- On convient de noter chaque évènement par son initiale
  H = « La personne choisie est un homme » ;
  F = « La personne choisie est une femme » ;
  A = « Voter pour Alpha » B = « Voter pour Gamma ».

1. **Le premier énoncé est vrai.**
   En effet, si ce n'est pas une femme, c'est un homme. On cherche la probabilité conditionnelle P(H/B) = 320/480 = 2/3 ; c'est bien la probabilité que la personne interrogée soit un homme si elle a voté pour le candidat Gamma.
2. **Le deuxième énoncé est faux.**
   On cherche, dans ce cas, P(F∩B) = 160/ 1 000 = 4/25 et non 1/3.
   Il faut prendre l'ensemble des personnes interrogées (1 000 personnes).
3. **Le troisième énoncé est vrai.**
   Ici, on cherche la probabilité conditionnelle P(A/F). P(A/F) = 280/440 = 7/11; c'est bien la probabilité que la personne interrogée ait voté pour le candidat Alpha si elle est une femme.
4. **Le quatrième énoncé est faux**
   En effet, si ce n'est pas une femme, c'est un homme; il faut donc prendre 560 comme nombre de cas favorables. On cherche, ici, P(H). P(H) = 560/1 000 = 14/24, ce qui est différent de 1/25.

Activité 88 : Sondage sur le chômage des jeunes

La Direction Nationale de l'Emploi des Jeunes a organisé un sondage dans une ville minière du pays. Sur un échantillon de 3 140 jeunes aptes au travail, 2 921 occupent un emploi.

a) Si l'on choisit un jeune individu au hasard dans cette ville, quelle est la probabilité qu'il soit chômeur ?

b) Dans un groupe de 120 jeunes choisis au hasard dans cette ville, quelle prédiction peut-on formuler au sujet du nombre de jeunes qui occupent un emploi ?

a. Il s'agit d'abord d'évaluer la probabilité expérimentale donnée par le rapport entre le nombre de chômeurs et celui d'individus interrogés :
P = Nombre de chômeurs / Nombre d'individus interrogés
= (3 140 – 2 921)/3 140 = 219/3 140 = 0,0697 = 6,97 %. Il y a environ 7 % de chance qu'un jeune individu choisi au hasard soit un chômeur.

b. Si la fraction de la population au chômage est évaluée à environ 7 %, il y a donc près de 93 % de la population qui occupent un emploi. On peut donc formuler la prédiction que 0,93 x 120 = 112 jeunes occupent un emploi dans ce groupe.

Activité 89 : Profil des clients d'une banque

Pour mieux cerner le profil de ses clients, la Möriya Bank réalise un sondage qui permet d'établir que 53 % de ses clients ont plus de 50 ans ;32 % de ses clients sont intéressés par des placements dits risqués ; 25 % de ses clients de plus de 50 ans sont intéressés par des placements dits risqués.

On choisit au hasard un client de cette banque et on considère les évènements suivants :

- *A : « Le client a plus de 50 ans »;*
- *R : « Le client est intéressé par des placements dits risqués ».*

1) Donner les probabilités P(R) et P(R/A).

2) Représenter la situation-problème par un arbre pondéré. On pourra compléter cet arbre par la suite.

3) Montrer que la probabilité que le client ait plus de 50 ans et soit intéressé par des placements dits risqués est 0,1325.

4) Sachant que le client est intéressé par des placements dits risqués, quelle est la probabilité qu'il ait plus de 50 ans ?

1. En décodant les données de la situation-problème, on déduit que :
P(R) = 0,32 et P(R/A) = 0,25.

2. On peut représenter la situation-problème par l'arbre pondéré ci-dessous, quitte à le compléter plus tard.

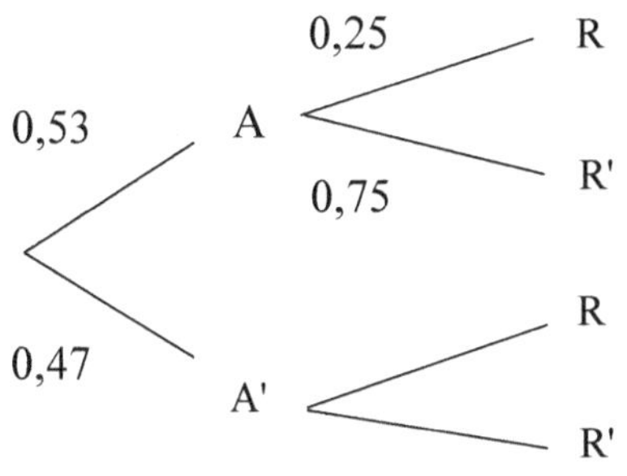

3. Il s'agit de vérifier que la probabilité de l'évènement composé A∩R est égale à 0,1325. D'après l'arbre pondéré, on a :
   P(A∩R) = P(A) x P(R) = = 0,53 x 0,25 = 0,1325.
   Il y a 13,25 % de chance que le client ait plus de 50 ans et qu'il soit intéressé par des placements dits risqués.

4. Il est question de calculer la probabilité conditionnelle P(A/R).
   $$P(A/R) = \frac{P(A\cap R)}{P(R)} = \frac{0,1325}{0,32} \approx 0,414.$$
   Sachant que le client est intéressé par des placements dits risqués, la probabilité qu'il ait plus de 50 ans est environ égale à 0,414.

Activité 90 : Sondage auprès de la population de Tâgbé

Lors d'un sondage auprès de la population de Tâgbé sur ses habitudes de vie, on constate que 40 % des répondants pratiquent la natation et que 50 % pratiquent la marche. On constate aussi que 15 % des Tâgbékas pratiquent ces deux activités.

a) Si l'on choisit un répondant au hasard, quelle est la probabilité que cette personne pratique la natation si elle pratique la marche ?

b) Quelle est la probabilité qu'un répondant ne pratique aucune de ces deux activités ?

La construction du diagramme de Venn ci-dessous nous aide à résoudre facilement ce problème.

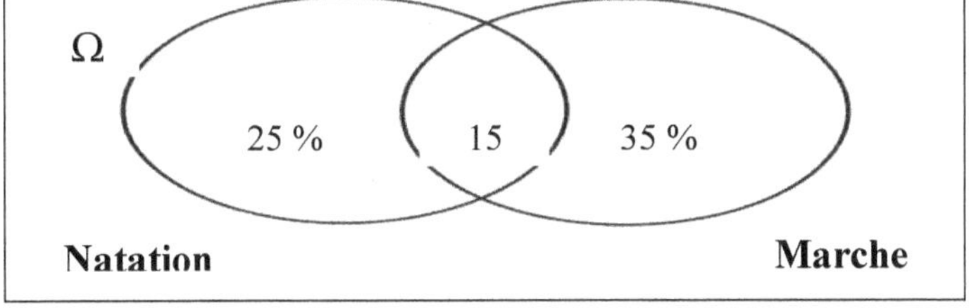

a. Il s'agit d'une probabilité conditionnelle qui se définit comme la probabilité que se produise un évènement A (pratiquer la natation) sachant qu'un évènement B (pratiquer la marche) s'est déjà réalisé.
   P(Natation/Marche) = P(Natation et Marche)/P(Marche) = 0,15/0,5 = 0,3. Il y a 30

% de chance que ce répondant pratique la natation s'il pratique la marche.

b. En décodant les données de l'énoncé, on peut écrire successivement
   50 % - 15 % = 35 % des répondants pratiquent seulement la marche.
   40 % - 15 % = 25 % des répondants pratiquent seulement la natation.
   35 % + 25 % + 15 % = 75 % des répondants pratiquent au moins l'une de ces activités sportives. Il y a donc une probabilité de 100 % - 75 %, soit 25 % que le répondant ne pratique aucune de ces activités sportives.

Activité 91 : L'Agence Dounia Voyage fait un sondage

Dounia Voyage, agence guinéenne de voyages et tourisme, fait un sondage statistique sur la connaissance de trois pays : L'Égypte (E), la Malaisie (M) et la Tunisie (T). Elle constate que parmi les personnes interrogées, 42 % connaissent E, 55 % connaissent M, 34 % connaissent T, 18 % connaissent E et M, 10 % connaissent E et T, 15 % connaissent M et T, et 8 % connaissent les trois pays. Un voyage est prévu pour l'une des personnes ayant répondu au sondage. On tire au sort le gagnant. Quelle est la probabilité pour que le gagnant soit une personne :

a) connaissant au moins l'un de ces trois pays ?
b) ne connaissant aucun de ces trois pays ?
c) connaissant exactement deux des trois pays ?
d) connaissant E, mais ne connaissant ni M, ni T ?
e) connaissant E et M mais ne connaissant pas T ?

- En décodant les données de la situation-problème, on peut tirer les valeurs de probabilités suivantes : P(E) = 0,42; P(M) = 0,55; P(T) = 0,34; P(E∩M) = 0,18; P(E∩T) = 0,15; P(M∩T) = 0,15; P(E∩M∩T) = 0,08.
  On peut en construire le diagramme de Venn comme ci-dessous :

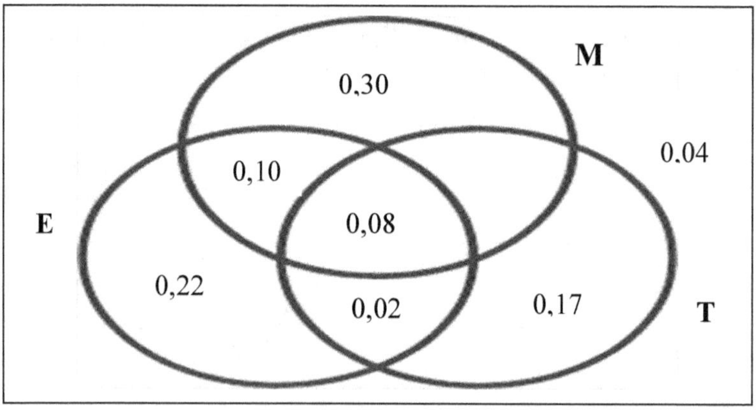

a. « Au moins l'un des trois pays » est l'évènement complémentaire de « Aucun des pays », ce dernier évènement ayant la probabilité de 0,04. On a donc P(E) = 1 – 0,04 = 0,96. Il y a 96 % de chance que le gagnant connaisse au moins l'un de ces trois pays.

b. La probabilité que le gagnant ne connaisse aucun de ces pays est :
   P(« aucun pays ») = 1 – P(E) = 1 – 0,96 = 0,04 ou 4 % de chance.

c. La probabilité que le gagnant connaisse exactement deux de ces pays est $P(E \cap M) + P(E \cap T) + P(M \cap T) - 3 \times P(E \cap M \cap T) = = 0{,}18 + 0{,}10 + 0{,}15 - 3 \times 0{,}08 = 0{,}19$, soit 19 % de chance que le gagnant connaisse exactement deux de ces trois pays.
d. La probabilité que le gagnant connaisse E, mais ne connaisse ni M, ni T est : $P(E) - [P(E \cap M) + P(E \cap T) + P(E \cap M \cap T)] = 0{,}42 - (0{,}18 + 0{,}10) + 0{,}08 = 0{,}22$ ou 22 % d'occurrence.
e. La probabilité que le gagnant connaisse E et M, mais ne connaisse pas T est : 0,10 ou 10 % de chance (Voir le diagramme de Venn ci-dessus).

L'enseignante animera une discussion dans laquelle les élèves partageront leurs stratégies en se focalisant sur le processus et non pas seulement sur le résultat obtenu.

L'expérience aléatoire

Les phénomènes physiques (la météorologie, les tremblements de terre, les variations de température, etc.) et les instrumentations de mesure ou d'observation (radar, thermomètre, sonar, etc.) sont souvent les sources de résultats imprévisibles sous certaines limites. Toute expérience dont les résultats sont imprévisibles et changent avec chaque réalisation de l'expérience est dite *expérience aléatoire*.

- Une **expérience aléatoire** est une expérience dont le résultat est uniquement déterminé par le hasard, une expérience qui peut être répétée dans les mêmes conditions sans donner le même résultat.
- Une expérience est dite *simple* si elle ne comprend qu'une seule étape ; elle est dite *composée* lorsqu'elle en comporte plusieurs.

On peut qualifier une expérience d'aléatoire si elle respecte les deux caractéristiques suivantes : (i) son résultat ne dépend que du hasard ; (ii) l'ensemble de tous les résultats possibles peut être décrit avant l'expérience.

Avant de nous lancer dans la définition d'un univers en probabilités, regardons le cas élémentaire du lancer d'un dé à six faces non pipé.

Un seul lancer du dé

- Lorsqu'on lance un dé non pipé une fois et une seule, on s'attend à six résultats possibles, et chaque face a une chance sur six d'apparaître.
- Le dé possède trois faces portant des chiffres pairs et trois faces portant des chiffres impairs. On a donc une chance sur deux de sortir un chiffre pair. Cela donne l'envie de définir un ensemble $\Omega = \{1, 2, 3, 4, 5, 6\}$ contenant les six résultats possibles du lancer. Par exemple, l'élément "5" représente l'évènement « C'est le chiffre 5 qui est sorti au lancer ». Comme ces six

résultats ont une chance sur six de se produire, on va affecter chacun d'eux du « poids élémentaire » 1/6.

Ainsi, l'évènement A = « La face apparue est un nombre impair », qu'on note A = {1, 3, 5}, a un poids égal à ½. On dit que l'évènement A a une chance sur deux de se réaliser, ou qu'il a une probabilité de ½. C'est le "poids", c'est-à-dire « l'importance » de l'évènement A dans l'univers Ω.

Un lancer de deux dés simultanés

Nous disposons maintenant de deux dés équilibrés, un rouge et un bleu, que nous lançons ensemble une fois. Nous voyons apparaître un chiffre pour le dé rouge et un chiffre pour le dé bleu. Un résultat du lancer est donc un couple (a, b) avec 6 valeurs possibles pour *a* et 6 valeurs possibles pour *b*, ce qui donne 36 valeurs possibles pour le couple (a, b).

L'univers des probabilités Ω est donc l'ensemble des 36 résultats possibles du lancer : Ω = {(1,1), (1,2), (1,3), (1,4), (1,5), (1,6), (2,1), (2,2), (2,3), (2,4), (2,5), (2,6), (3,1), (3,2), (3,3), (3,4), (3,5), (3,6), (4,1), (4,2), (4,3), (4,4), (4,5), (4,6), (5,1), (5,2), (5,3), (5,4), (5,5), (5,6), (6,1), (6,2), (6,3), (6,4), (6,5), (6,6)}.

Comme les dés sont honnêtes, chaque couple a une chance sur 36 de sortir. Nous mettons donc un poids élémentaire de 1/36 sur chaque couple. Considérons, par exemple, l'évènement B = « La somme des faces sorties vaut 4 ». Cela signifie que : a + b = 4 et correspond à a = 1, b = 3, ou a = 2, b = 2, ou a = 3, b = 1. Cet évènement est donc la partie B = {(1,3), (2,2), (3,1)} de Ω, dont le poids est égal à 3/36, somme des trois poids élémentaires des couples contenus dans B. On dit que la probabilité de B est égale à 3/36, c'est-à-dire le poids que cet évènement pèse dans l'univers Ω.

De même, lancer une pièce de monnaie, piger une carte dans un jeu de 52 cartes, et déterminer l'ordre de tirages lors d'une soirée de Bingo sont des expériences aléatoires.

Très souvent, lorsque l'évènement A est compliqué, l'évènement contraire $\bar{A}$ est plus simple. On commence donc par calculer $P(\bar{A})$, et on en déduit P(A), à l'appui de la relation **$P(A) = 1 - P(\bar{A})$.**

L'activité suivante permet de faire reconnaître des situations où intervient le hasard. En effet, avant de pouvoir comprendre et de quantifier le hasard, il faut d'abord le reconnaître.

Activité 92 : Discriminer l'aléatoire du non-aléatoire

1) Indique si les expériences suivantes sont aléatoires ou non.

A : « Prendre au hasard un article dans une boutique " Tout à 1 $ " et vérifier son prix ».

B : « Retirer un montant d'argent au guichet automatique et vérifier la valeur du premier billet qui en sort. »

C : « Prendre au hasard un produit dans une pharmacie et vérifier son prix.»

D : « Attraper le bouquet que la mariée vient de lancer, sans regarder derrière. »

E : « Gagner le gros lot à la loterie. »

F : « Réussir un panier au basket-ball ».

2) Détermine si les situations suivantes relèvent uniquement du hasard (**RUH**), relèvent en partie du hasard (**RPH**), ne relèvent pas du hasard (**NRPH**).

G : « Lancer une pierre dans l'eau et voir si elle flotte. »

H : « Demander l'âge de deux élèves choisis au hasard dans ta classe et noter la somme de leurs âges. »

I : « Effectuer le produit de 8 par 9 et noter le résultat. »

J : « Tirer une carte dans un jeu de cartes et noter la carte obtenue. »

K : « Obtenir Pile en lançant une pièce de monnaie. »

L : « Répondre à une question à choix multiple dans un examen. »

1. **A** : **Non aléatoire**. Il est certain que dans une telle boutique tout article vaut un dollar.

   B : **Non aléatoire**. Tous les billets (donc le premier) tirés du guichet automatique sont de 20 $.

   C : **Aléatoire**. La situation relève uniquement du hasard.

   D : **Non aléatoire**. Le nombre de femmes présentes pour attraper le bouquet, la stratégie pour attraper le bouquet, etc., sont, entre autres, des éléments qui peuvent intervenir dans la situation.

   E : **Aléatoire**. Les numéros sont tirés au hasard à l'aide de bouliers.

   F : **Non aléatoire**. Le talent du joueur ou de la joueuse, la hauteur du panier, etc., sont autant d'éléments qui peuvent intervenir dans la situation.

2. **G** : **Non aléatoire**. **NRPH**. La pierre calera.

   H : **RPH**. On ne peut prédire avec certitude la somme des âges ; mais on peut supposer qu'elle sera supérieure à 22, mais inférieure à 40.

   I : **NRPH**. Le produit est exactement 72.

   J : **RUH**. On ne peut prédire le résultat.

   K : **RUH**. On ne peut prédire le résultat.

   L : **RPH**. La performance dépend, en partie, du niveau académique (scientifique, culturel, intellectuel, ...), du niveau de préparation du répondant, de sa familiarité avec le domaine concerné, etc.

Dénombrement de résultats possibles ou favorables lors d'une expérience aléatoire simple et calcul d'une probabilité

Cas possibles : On dénombre les possibilités pour que le jeu ou la situation ait lieu. On parle de cas (de résultats ou d'issues) possibles.

Exemples : Deux faces de pièce de monnaie, six faces d'un dé à jouer, 52 cartes distinctes à jouer.

Cas favorables : On dénombre les possibilités que l'évènement ciblé se produise. On parle de cas (de résultats ou d'issues) favorables.

Exemple : Supposons qu'on tire au hasard une bille d'un bocal qui contient 4 billes bleues, 5 billes rouges et 11 billes blanches. Quelle est la probabilité pour que ce soit une bille rouge ?

Comme il y a 5 billes rouges, le nombre de cas favorables est de 5 ; le nombre de cas possibles est de 20, car il y a 20 billes en tout. La probabilité de tirer une bille rouge est de $5 \div 20 = \frac{1}{4} = 0{,}25$ (ou 25 % soit 1 cas sur 4).

Activité 93 : Tirage de boules numérotées

On tire au hasard une boule dans une urne contenant 100 boules numérotées de 1 à 100. Calculez la probabilité que le numéro tiré comporte au moins un chiffre 2.

- On commence par donner un nom à l'évènement. On appelle A l'évènement « le numéro tiré comporte au moins un chiffre 2 ».
- On énonce, ensuite, la formule tout en vérifiant que l'on est dans une situation d'équiprobabilité, c'est-à-dire que toutes les issues ont la même probabilité de se produire. On a alors $P(A) = Card(A)/Card(\Omega)$ où Card est l'abréviation de « *cardinal* », qui signifie nombre d'éléments d'un ensemble.
- On détermine Card(A), nombre d'issues pour lesquelles l'évènement A est réalisé. A est réalisé lorsque l'on tire les boules avec les numéros 2, 12, 20, 21, 22, 23, 24, 25, 26, 27, 28, 29, 32, 42, 52, 62, 72, 82, 92. Donc Card(A) = 19.
- On détermine aussi $Card(\Omega)$, nombre d'issues totales de l'expérience. Il y a 100 issues possibles pour cette expérience ; $Card(\Omega) = 100$. On calcule, enfin, la probabilité P(A) : $P(A) = 19/100 = 0{,}19$. Il y a 19 % de chance de tirer une boule comportant au moins le chiffre 2.

Activité 94 : Sac contenant des boules indiscernables

Un sac contient dix boules indiscernables, dont huit numérotées de 2 à 9 et deux qui portent le numéro 1. On tire une boule au hasard.

1) *Définir un univers Ω et donner les valeurs des germes de probabilités sur cet univers.*
2) *Calculer la probabilité de l'évènement A = « On a tiré un nombre impair de boules ».*
3) *Calculer de deux façons la probabilité de l'évènement B = « On a tiré un nombre pair ».*

1. Le sac contient 10 boules ; mais un tirage donne naissance à seulement 9 résultats possibles, le numéro de la boule sortie. On prend $\Omega = \{1, 2, 3, 4, 5, 6, 7, 8, 9\}$ où, par exemple, 4 représente le fait que l'on a tiré la boule n° 4. Attention : les *germes de probabilité* sont identiques pour les entiers de 2 à 9, mais pas pour 1. Chacune des boules de 2 à 9 a une chance sur dix de sortir, et donc p(a) = 1/10 pour a = 2, a = 3, … , a = 9. Par contre, le 1 a deux chances sur dix de sortir et p(1) = 2/10. La somme totale fait bien 1.
2. On a A = {1, 3, 5, 7, 9} et P(A) = p(1) + p(3) + p(5) + p(7) + p(9) = 6/10.
3. On a B = = {2, 4, 6, 8} et P(B) = p(2) + p(4) + p(6) + p(8) = 4/10.
   On peut aussi dire que B est l'évènement contraire de A, et on a :
   P(B) = 1 – P(A) = 1 – 6/10 = 4/10.

L'enseignante rappellera que le *germe de probabilité* d'un élément d'un univers est la *probabilité élémentaire* que cet élément se réalise. Elle proposera les activités suivantes, où l'on fait intervenir ces germes.

Activité 95 : Dé équilibré lancé deux fois de suite

On lance un dé équilibré deux fois de suite, et on note les deux numéros de face sortis.

1) Donner un univers modélisant l'expérience.
2) Calculer la probabilité de voir (6, 6) ? Celle de voir (3, 5) ? Celle d'obtenir une fois le 3 et une fois le 5 ?
3) Calculer la probabilité pour que la somme des faces sorties donne 8.

1. L'univers des réalisations est l'ensemble des 36 couples (a, b) où a et b sont des nombres entiers de 1 à 6. Comme le dé est équilibré, chaque couple (a, b) a une chance nette sur 36 de sortir en fin de tirage.
2. Il y a un seul cas favorable pour la sortie du double six (6, 6), et la probabilité est de 1/36. Il y a aussi un unique cas favorable pour la sortie de (3, 5) dans cet ordre, et une probabilité de 1/36. Par contre, il y a deux façons de voir, dans le désordre, le 3 et le 5 : ce sont (3, 5) et (5, 3). On a une probabilité de 2/36.
3. Il s'agit de l'évènement {(2, 6), (3, 5), (4, 4), (5, 3), (6, 2)}. Il y a 5 cas favorables. On obtient donc une probabilité de 5/36.

Activité 96 : Tirage au sort

1) Lors d'un tirage au sort, on place une fois le nom de Gabriel dans un chapeau, une fois le nom de Mouna et une fois le nom de Bintou. On effectue le tirage au sort.
Quelle est la probabilité de piger le nom de Gabriel ?
2) Dans un autre tirage au sort, le nom de Gabriel apparaît trois fois, celui de Mouna deux fois et celui de Bintou cinq fois.
Quelle est la probabilité de piger le nom de Bintou ?

1. Il y a un seul cas favorable (piger le nom de Gabriel) et il y a 3 cas possibles (piger le nom de Gabriel, piger le nom de Mouna et piger le nom de Bintou). On obtient

donc la probabilité suivante : P(piger le nom de Gabriel) = 1/3.

2. On calcule d'abord le nombre total de possibilités (de noms au total dans le chapeau). Il y a 3 + 2 + 5 = 10 noms. Connaissant le nombre de cas favorables (5 puisque le nom de Bintou est écrit 5 fois), on peut calculer la probabilité : P(piger le nom de Bintou) = 5/10 = ½, soit une chance sur deux de tirer le nom de Bintou.

Dénombrement de résultats possibles dans les tirages avec ou sans remise

Plusieurs expériences aléatoires consistent à effectuer des tirages successifs dans un ensemble, ces tirages pouvant se faire avec ou sans remise.

- Dans un ***tirage avec remise***, l'élément tiré est remis dans l'ensemble avant de procéder au prochain tirage, de telle sorte que ce tirage se fera exactement dans les mêmes conditions que le précédent.
- Dans un ***tirage sans remise***, l'élément tiré n'est pas remis dans l'ensemble pour le prochain tirage, de telle sorte que ce tirage se fera dans un ensemble plus petit, contenant un élément de moins.

Exemple : Un sac contient six jetons de couleurs différentes : rouge (R), jaune (J), vert (V), blanc (B), noir (N) et mauve (M). On tire deux jetons au hasard. Quelle est la probabilité de n'obtenir que des jetons blancs ou noirs ?

Tirage avec remise	**Tirage sans remise**
Si le tirage est fait avec remise, il y a 6 x 6, soit 36 possibilités. Parmi ces possibilités, il y a 4 résultats composés uniquement de jetons blancs ou de jetons noirs, soit (B,B), (B,N), (N,B), (N,N). La probabilité cherchée est donc de 4/36 = 1/9.	Par contre, si le tirage est fait sans remise, il y a 6 x 5, soit 30 possibilités et il n'y a plus que 2 résultats favorables à la sortie des jetons blancs ou de jetons noirs, soit (B,N) et (N,B). La probabilité cherchée est donc de 2/30 = 1/15.

NB : Une probabilité est habituellement donnée sous la forme d'une fraction irréductible.

Activité 97 : Vrai ou Faux, après tirage sans remise

On écrit sur des papiers différents chacune des lettres des mots suivants, y compris l'apostrophe « SAUVONS L'ENVIRONNEMENT ! ». On place ces papiers dans une boîte et on en tire deux sans remise.
Répondez par Vrai ou Faux aux questions suivantes :

a) *La probabilité de piger S suivie de l'apostrophe est de* (2/22)x(2/21).
b) *La probabilité de piger la lettre N deux fois est de* 20/484.
c) *La probabilité de piger deux apostrophes est de 0.*
d) *La probabilité de piger deux A est de* (1/22) x (1/22).

On s'attend à des réponses suivantes dont la validation peut faire l'objet d'une mise en commun que l'enseignante animera en groupe-classe.

a) Vrai b) Faux c) Vrai d) Faux

Activité 98 : Financer les activités d'un organisme de charité

Pour financer les activités d'un organisme de charité, les employés ont vendu 1 000 billets. Une compagnie minière de la place a acheté 200 billets; Moh a acheté 20 billets, Natou 10 billets et Asta 25 billets. On tire un billet au hasard. On remet un ordinateur au gagnant ou à la gagnante. Pour chacun des évènements suivants, déterminez s'il est vrai ou faux :

a) Les « chances pour » que Ada gagne sont de 1 contre 40.
b) La probabilité que Natou gagne est de 1 sur 100.
c) Les « chances contre » que la compagnie gagne sont de 4 contre 1.
d) Les « chances pour » que Moh gagne sont de 49 contre 1.

a. Les « chances pour » qu'Asta gagne sont de 1 contre 40.
Nombre de cas favorables/Nombre de cas possibles = 1/40.
Réelle : Nombre de cas favorables/Nombre de cas possibles =
25/(1000-25) = 25/975 = 1/39 Réponse : **Faux**

b. La probabilité que Natou gagne est de 1 sur 100.
P(Natou gagne) = 1/100.
Réelle : P(Natou gagne) = 10/1000 = 1/100. Réponse : **Vrai**

c. Les « chances contre » que la compagnie minière gagne sont de 4 contre 1. Nombre de cas favorables/Nombre de cas possibles = 4/1.
Réelle : Nombre de cas favorables/Nombre de cas possibles =
= (1000 – 200)/200 = 800/200 = 4/1. Réponse : **Vrai**

d. Les « chances pour » que Moh gagne sont de 49 contre 1.
Nombre de cas favorables/Nombre de cas possibles = 49/1.
Réelle : Nombre de cas favorables/Nombre de cas possibles =
= 20/(1000 – 20) = 20/980 = 1/49. Réponse : **Faux**

L'univers des possibles ou l'espace de probabilité

L'ensemble de tous les résultats possibles d'une expérience aléatoire est nommé ***univers des résultats possibles*** ou ***espace des réalisations*** ou encore ***espace de probabilité***. Son symbole est la lettre oméga (Ω), vingt-quatrième et dernière lettre de l'alphabet grec.

Exemples :

- En lançant un dé usuel, l'espace des réalisations est $\Omega = \{1, 2, 3, 4, 5, 6\}$.
- Le résultat d'une expérience aléatoire peut ne pas être numérique, comme {Pile, Face}, espace des réalisations du lancer d'une pièce de monnaie, ou l'ensemble des mots utilisant uniquement les caractères A, C, G et T, qui contient l'espace des réalisations des codes génétiques.
- À cause du bruit thermique généré par les systèmes électroniques, les valeurs des composants électroniques (résistances, capacités, transistors,

etc.) varient. Pour cette raison, on mesure le courant moyen aux bornes d'un composant par $\bar{I} = \frac{1}{T}\int_0^T i(t)dt$. On peut ainsi définir Ω comme étant l'ensemble R des nombres réels (tension), l'ensemble R^+ des réels positifs (résistance), voire l'ensemble C des nombres complexes (impédance).

Activité 99 : On tire simultanément 3 boules d'une urne

On tire simultanément trois boules d'une urne contenant 15 boules rouges et 5 boules noires.

1. *Décrire l'univers de probabilités.*
2. *Calculer la probabilité de l'évènement A : « Tirer 2 rouges et une noire ».*

1. Une première idée, malheureusement peu utilisable, consisterait à dire que cette expérience a 4 résultats possibles : « trois rouges », « trois noires », « une rouge et deux noires », « une noire et deux rouges », et à faire avec ces 4 éléments. Mais calculer, par exemple, la probabilité de tirer 3 boules rouges est déjà une chose compliquée en soi. Cette idée n'est donc pas bonne.

La bonne idée consiste à numéroter moralement les 15 boules rouges (disons, de 1 à 15) et les boules noires (de 16 à 20) et à dire que nous avons donc 20 boules discernables. Une expérience consiste alors à tirer, sans ordre, un paquet de 3 éléments dans un ensemble de 20 éléments. L'univers Ω est donc l'ensemble des combinaisons de 20 éléments pris 3 à 3. Il contient C(20,3) combinaisons des 20 boules prises 3 à 3.

Cette nuance est d'autant plus significative que le jeu de cartes est différent de celui de l'urne, car les 52 cartes sont toutes différentes à l'*œil nu*, et on ne se pose donc pas de question pour les différencier. Une urne n'est pas un ensemble si on ne différencie pas moralement les boules de même couleur (ne pas oublier que dans un ensemble, les éléments sont distincts). Il est, bien sûr, inutile de les numéroter réellement (physiquement).

2. Toutes les C(20,3) = 1 140 combinaisons sont équiprobables, et chaque élément a une probabilité égale à 1/1140. L'évènement A = « Tirer 2 rouges et une noire » est formé des paquets de boules contenant 2 rouges et une noire. Il y a donc C(15,2) façons de tirer deux boules rouges parmi les 15, et C(5,1) façons de tirer la noire parmi les 5 noires. Cela fait donc C(5,1) x C(15,2) = 525 éléments dans A. On obtient ainsi : P(A) = 525/1 140 = **35/76**.

L'activité suivante amènera les élèves à comparer un ensemble de données expérimentales recueillies en lançant plusieurs pièces de monnaie à des résultats mathématiquement probables.

Activité 100 : Données expérimentales vs données mathématiques

1. *Dresser une table qui illustre toutes les possibilités que 5 pièces de monnaie fassent apparaître 4 fois Face et 1 fois Pile.*

2. *Élaborer une table semblable mais qui illustre toutes les possibilités que 5 pièces de monnaie fassent apparaître 3 fois Face et 2 fois Pile*

1. On s'attend à cinq issues (dispositions) probables comme les suivantes :

F	**F**	**F**	**F**	**P**
F	**F**	**F**	**P**	**F**
F	**F**	**P**	**F**	**F**
F	**P**	**F**	**F**	**F**
P	**F**	**F**	**F**	**F**

Pile, qui apparaît une seule fois, peut occuper la 5e, la 4e, la 3e, la 2e, ou la 1ère position, de la première à la dernière ci-dessus.

2. On s'attend à dix issues (dispositions) probables comme les suivantes :

P P F F F	**F P P F F**	**F F P P F**	**F F F P P**
P F P F F	**F P F P F**	**F F P F P**	
P F F P F	**F P F F P**		
P F F F P			

On conclut, de ce qui précède, que cinq pièces de monnaie peuvent, de 10 façons différentes, tourner 3 Faces et 2 Piles.

Activité 101 : Coordination des loteries guinéennes

La Coordination des Loteries vous embauche pour calculer la probabilité d'obtenir les nombres 2, 3, 5, 6, 9, 10, 11, 12 en lançant deux dés.

a) Décrivez les possibilités d'obtenir ces nombres dans un tableau.

b) En lançant deux dés, quelle est la somme des deux nombres la plus susceptible d'apparaître ? Pourquoi ?

c) Représentez la possibilité d'obtenir les résultats à l'aide d'une fraction dans un tableau.

d) *Comparez la probabilité d'obtenir un 3 en utilisant deux dés et en utilisant un seul dé. Quelle est votre conclusion ?*

a. On peut construire le tableau à double entrée pour représenter l'espace des réalisations.

●●●●●●	(6,1) **7**	(6,2) **8**	(6,3) **9**	(6,4) **10**	(6,5) **11**	(6,6) **12**
●●●●●	(5,1) **6**	(5,2) **7**	(5,3) **8**	(5,4) **9**	(5,5) **10**	(5,6) **11**
●●●●	(4,1) **5**	(4,2) **6**	(4,3) **7**	(4,4) **8**	(4,5) **9**	(4,6) **10**
●●●	(3,1) **4**	(3,2) **5**	(3,3) **6**	(3,4) **7**	(3,5) **8**	(3,6) **9**
●●	(2,1) **3**	(2,2) **4**	(2,3) **5**	(2,4) **6**	(2,5) **7**	(2,6) **8**
●	(1,1) **2**	(1,2) **3**	(1,3) **4**	(1,4) **5**	(1,5) **6**	(1,6) **7**
	●	●●	●●●	●●●●	●●●●●	●●●●●●

Le tableau à double entrée ci-dessus permet de montrer toutes les possibilités de paires de nombres (et leur somme) en lançant deux dés. En nous servant de ce tableau, on obtient les possibilités suivantes :

Nombres	Possibilités
2	1
3	2
5	4
6	5
7	6
9	4
10	3
11	2
12	1

b. En lançant deux dés, la somme « sept » est le nombre le plus mathématiquement probable. En effet, le tableau ci-dessus contient **six fois le chiffre 7** ; c'est plus (fréquent) que n'importe quelle autre somme contenue dans le tableau.

c. Possibilités d'obtenir les résultats à l'aide d'une fraction dans un tableau
- 2 s'obtient d'une seule façon : (1,1) chacun des deux dés sort le 1 ;
- 3 s'obtient de 2 façons : (1,2) et (2,1) sortis respectivement par le premier et le deuxième dé ;
- 5 s'obtient de 4 façons : (4,1), (3,2), (2,3), (1,4) …
- 6 s'obtient de 5 façons : (5,1), (4,2), (3,3), (2,4), (1,5) …
- 9 s'obtient de 6 façons : (6,1), (5,2), (4,3), (3,4), (2,5), (1,6) …
- 10 s'obtient de 3 façons : (6,4), (5,5), (4,6), …
- 11 s'obtient de 2 façons : (6,5), (5,6), …

- 12 s'obtient d'une seule façon : (6,6) chacun des dés sort le 6.

Comme il y a en tout 6 x 6 = 36 issues possibles en lançant 2 dés, on peut exprimer ces résultats à l'aide d'une fraction dans le tableau ci-dessous.

Nombre lancé	Fractions
2	1/36
3	2/36
5	4/36
6	5/36
9	4/36
10	3/36
11	2/36
12	1/36

d. Comparez la probabilité d'obtenir un 3 en utilisant deux dés et en utilisant un seul dé. Quelle est votre conclusion ?

- La possibilité d'obtenir un 3 en lançant un dé est de 1/6.
- La probabilité d'obtenir 3 en lançant deux dés est :

1/36 + 1/36 = 2/36 (résultat confirmé par le tableau précédent)

Comparer 1/6 et 2/36 revient à comparer 6/36 et 2/36. Il en résulte que 1/6 est plus grand que 2/36.

On peut conclure que la probabilité d'obtenir un 3 est plus grande avec un seul dé qu'avec deux dés.

Remarque : Si vous additionnez les probabilités de tous les évènements possibles, vous devez obtenir 1 (ou 100 % si vous travaillez avec les pourcentages). Si vous n'arrivez pas à ce résultat, c'est que vous vous êtes trompé quelque part ou que vous avez oublié un évènement possible. Il est donc important de vérifier que vous n'avez rien oublié en cours de route et de refaire votre addition. Ainsi, la probabilité de sortir un 5 avec un dé est 1/6. La probabilité de sortir chacun des autres chiffres est également de 1/6, ce qui donne : 1/6 + 1/6 + 1/6 + 1/6 + 1/6 + 1/6 = 6/6 = 1, soit 100 %. Supposons que, dans vos calculs, vous avez oublié la probabilité du chiffre 4 ; vous allez obtenir, non pas 6/6, mais 5/6, soit 83 %. Il y a là assurément une erreur !

Notions d'épreuve, de résultat, d'espace échantillonnal et d'évènement

Lorsqu'on prélève, par exemple, au hasard de la production un contenant comportant un produit alimentaire et qu'on mesure son poids ou bien lorsqu'on interroge un individu sur la notoriété des institutions universitaires, on réalise une *épreuve* (également appelée « *expérience aléatoire* »). Par exemple, le contenant peut ainsi avoir un poids de 450 g ; l'individu peut spontanément choisir l'Université Général Lansana Conté. Ces caractéristiques observables constituent le *résultat* de l'épreuve.

Lorsqu'on prélève un contenant de la production et qu'on mesure son poids, on peut prévoir, par exemple, qu'il varie entre, disons, 440 et 460 g ; mais on ne connaît pas à l'avance le poids exact qui nous sera fourni par ce contenant. L'ensemble de tous les résultats possibles d'une expérience aléatoire (ou épreuve) s'appelle l'*espace échantillonnal* que l'on désigne par S. À ces divers termes s'ajoute celui d'*évènement*. Un évènement peut être composé d'un ou de plusieurs résultats de l'expérience.

Résumons comme suit ces concepts et appliquons-les à diverses situations.

Expérience	Évènement	Espace échantillonnal
a. On lance trois pièces.	Obtenir Pile ou Face.	S = {(P,P,P), (P,P,F), (P,F,P), (P,F,F), (F,F,F), (F,F,P), (F,P,F), (F,P,P) }
b. On prélève au hasard une facture d'un fichier central.	La facture est conforme (B) ou non conforme (D).	S = {B, D}
c. On sélectionne au hasard un CD-Rom et on mesure le temps d'accès.	Temps requis	S = [0, ∞)
d. On sélectionne au hasard un hôtel de Kaloum et on détermine son taux d'occupation.	Taux d'occupation en %.	S = [0, 100 %)
e. On choisit au hasard un ordinateur d'une chaîne de production et on vérifie le nombre de non-conformités critiques.	Nombre de non-conformités critiques.	S = {0, 1, 2, ... }

Attention : La confusion entre l'espace d'échantillonnage et l'espace de probabilités (ou de réalisations) est courante. Ces deux espaces sont souvent considérés, à tort, comme synonymes. Cependant, ce n'est pas le cas. L'espace de probabilité est un concept beaucoup plus large et est formé, en plus d'autres concepts, par l'espace échantillonnal. En d'autres termes, l'espace échantillonnal fait partie de l'espace de probabilité.

Un évènement

- Un ***évènement*** est un sous-ensemble de l'espace des réalisations d'une expérience aléatoire. On le désigne toujours par une lettre majuscule. Les évènements qui appartiennent à un tel sous-ensemble sont appelés les *résultats* (ou *cas*) *favorables* à la réalisation de l'évènement.

Lors d'une expérience aléatoire, on peut parfois prédire un évènement futur encore inconnu, mais qui a une chance de se produire. On peut obtenir certains résultats parmi tous les résultats possibles. Par exemple, en lançant un dé régulier, plusieurs évènements peuvent se produire.

Exemples d'évènements	Résultats possibles de l'évènement
A : Obtenir un 3	A = {3}
B : Obtenir un nombre impair	B = {1, 3, 5}
C : Obtenir un nombre plus grand que 4	C = {5, 6}
D : Obtenir un nombre premier	D = {2, 3,5}

Un évènement peut correspondre à un seul résultat, à plusieurs résultats ou à tous les résultats de l'univers des possibles. Il peut aussi ne correspondre à aucun résultat (l'évènement est dit *impossible*). On distingue ainsi différents types d'évènements : évènement élémentaire ; évènements certains, possibles, impossibles ; évènements moins probables, plus probables, équiprobables ; évènements complémentaires ; évènements compatibles, incompatibles ; évènements indépendants, dépendants ; évènements mutuellement exclusifs, non mutuellement exclusifs.

Évènement élémentaire

Un évènement A est dit ***élémentaire*** si son *cardinal est égal à 1,* c'est-à-dire s'il ne contient qu'un seul résultat de l'univers Ω. On écrit $|A| = 1$.

Exemples :

« Obtenir l'as de pique » lorsqu'on tire une carte dans un jeu de 52 cartes est un évènement élémentaire car il ne contient qu'un seul évènement de l'univers Ω des réalisations. La probabilité de cet évènement est 1/52.

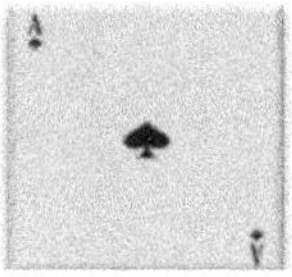

« Obtenir un 3 » lorsqu'on lance un dé régulier est un évènement élémentaire car il ne contient qu'un seul évènement de l'univers Ω des réalisations. La probabilité de cet évènement est 1/6.

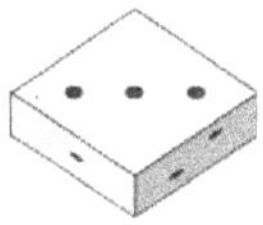

Évènement composé

Un ***évènement composé*** ou (*évènement* tout court) est un évènement qui résulte de la réunion ou de l'intersection de plusieurs évènements.

Exemple : Dans l'expérience aléatoire consistant à lancer un dé et à observer le chiffre sur la face supérieure, l'évènement composé « Obtenir un nombre pair inférieur à 5 » résulte de l'intersection des évènements A « obtenir un nombre pair » et B « obtenir un nombre inférieur à 5 ».

Un évènement composé peut être vu comme un énoncé au sujet d'une expérience aléatoire. Il peut être énoncé de deux façons différentes :

- *extension* (dénombrement de tous ses éléments) : $A_0 = \{1, 2, 3, 4, 5, 6\}$.
- *compréhension* (description d'une propriété de tous ses éléments) : A_1 est un évènement certain dans une expérience de lancement du dé ou bien A_0

correspond à un chiffre entier strictement positif et inférieur à sept.

Activité 102 : Cours d'anglais, d'espagnol

Dans une classe de 30 élèves, 20 étudient l'anglais et 15 l'espagnol. 8 élèves étudient les deux langues. Pour un élève donné, on note A l'évènement « l'élève étudie l'anglais » et E l'évènement « l'élève étudie l'espagnol ».

a) Que représente l'évènement $A \cap E$?
b) Que représente l'évènement $A \cup E$?
c) Combien d'élèves n'apprennent ni l'anglais ni l'espagnol ?
d) Quel est l'évènement contraire de A ?

a. L'évènement $A \cap E$ se réalise si l'élève étudie à la fois l'anglais et l'espagnol.
b. L'évènement $A \cup E$ se réalise si l'élève étudie soit l'anglais soit l'espagnol, et éventuellement les deux langues.
c. On peut se servir d'un tableau (appelé *diagramme de Carroll*) dans lequel $\bar{A}$ désigne l'évènement contraire de A et $\bar{E}$ désigne l'évènement contraire de E.

	E	**$\bar{E}$**	**Total**
A	8	12	20
$\bar{A}$	7	3	10
Total	15	15	30

On peut également représenter les données de la situation-problème à l'aide d'un diagramme de Venn (dont nous parlerons en détails plus loin).

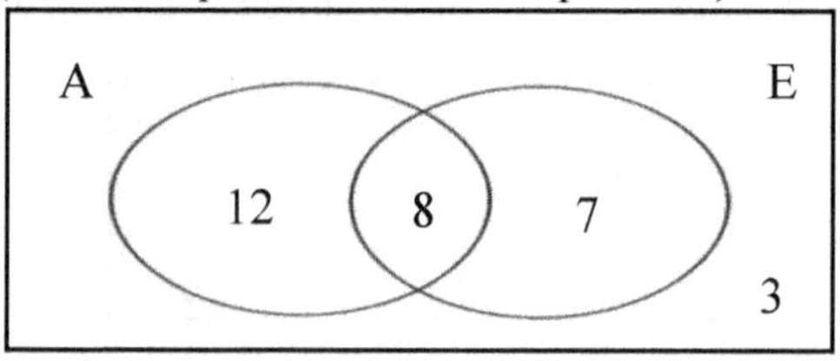

On déduit de l'un des deux diagrammes que trois élèves n'apprennent ni l'anglais, ni l'espagnol.
d. L'évènement contraire de A se réalise pour un élève qui n'étudie pas l'anglais.

Activité 103 : Cours de musique

Le professeur de musique a mené une enquête auprès de 150 élèves d'un lycée. 116 élèves déclarent aimer les variétés, 52 la musique classique et 40 aiment à la fois les variétés et la musique classique.

Pour un élève donné, on désigne par V l'évènement « l'élève aime les variétés» et M l'évènement « l'élève aime la musique classique ».

a) Que représentent les évènements $V \cap M$ et $V \cup M$?
b) Combien d'élèves n'aiment ni les variétés ni la musique classique ?
c) Quel est l'évènement contraire de V ?

a. L'évènement $V \cap M$ se réalise si l'élève aime à la fois les variétés et la musique classique. L'évènement $V \cup M$ se réalise si l'élève aime soit les variétés, soit la musique classique (et éventuellement les deux).

b. On peut se servir d'un tableau (diagramme de Carroll) où $\tilde{V}$ désigne l'évènement contraire de V et M' désigne l'évènement contraire de M.

	M	**M'**	**Total**
V	40	76	116
$\tilde{V}$	12	22	34
Total	52	98	150

On peut également représenter les données de la situation-problème à l'aide d'un diagramme de Venn (dont nous parlerons en détails plus loin). On déduit de l'un des deux diagrammes que 22 élèves n'aiment ni les variétés, ni la musique classique.

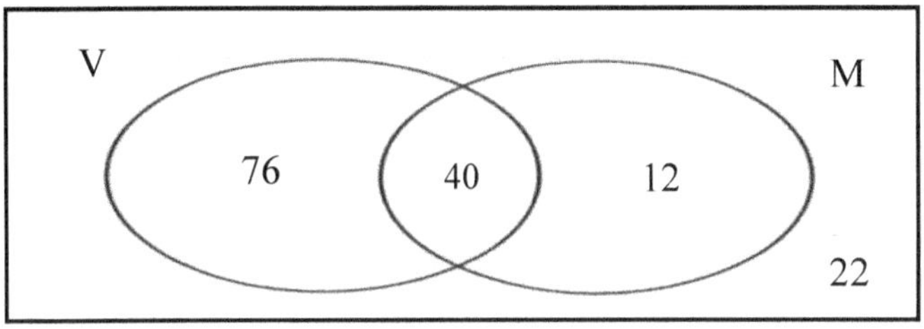

c. L'évènement contraire de A se réalise pour un élève qui n'aime pas les variétés.

Activité 104 : Des boules numérotées de 1 à 100

Une urne contient 100 boules numérotées de 1 à 100. On prélève une boule au hasard. On considère les évènements suivants :

A : « Le numéro de la boule est pair ».

B : « Le numéro de la boule est un multiple de 5 ».

C : « Le numéro de la boule est un multiple de 10 ».

1) Calculer les probabilités des évènements A, B, C, $A \cap B$, $B \cap C$ et $A \cap C'$ (C' est l'évènement contraire de C).

2) En déduire la probabilité des évènements $A \cup B$ et $A \cup C'$

1. Calculons successivement les probabilités en question.
   P(A) = 50/100 = 1/2 (Il y a 50 nombres pairs compris entre 1 et 100)
   P(B) = 20/100 = 1/5 (Il y a 20 multiples de 5 compris entre 1 et 100 : 5, 10, 15, 20, 25, 30, 35, 40, 45, 50, 55, 60, 65, 70, 75, 80, 85, 90, 95, 100).
   P(C) = 10/100 = 1/10 (Il y a 10 multiples de 10 compris entre 1 et 100 : 10, 20, 30, 40, 50, 60, 70, 80, 90, 100).
   P(A∩B) = 10/100 = 1/10 (Il y a 10 multiples de 5 pairs compris entre 1 et 100 : 10, 20, 30, 40, 50, 60, 70, 80, 90, 100).
   P(B∩C) = P(C) = 1/10 (car tout multiple de 5 est un multiple de 10).
   P(A∩C') = 40/100 = 2/5 (Il y a 40 nombres pairs non multiples de 10 compris entre 1 et 100 : 2, 4, 6, 8, 12, 14, 16, 18, 22, 24, 26, 28, 32, 34, 36, 38, 42, 44, 46, 48, 52, 54, 56, 58, 62, 64, 66, 68, 72, 74, 76, 78, 82, 84, 86, 88, 92, 94, 96, 98).
2. On utilise la relation **P(A∪B) = P(A) + P(B) – P(A∩B)**
   = 1/2 + 1/5 – 1/10 = (5+2–1)/10 = 6/10 = 3/5.

On peut vérifier ce résultat en déterminant le nombre d'éventualités qui composent l'évènement A∪B : « Le numéro de la boule est pair ou bien un multiple de 5 ».
Cet évènement est composé de :

- tous les numéros pairs compris entre 1 et 100 : 50 au total
- plus tous les multiples de 5 impairs compris entre 1 et 100 : 15 au total (1 par dizaine).

De même, **P(A∪C') = P(A) + P(C') – P(A∩C').** Or P(C') = 1 – P(C).
Donc, P(A∪C') = 1 + P(A) - P(C) – P(A∩C')

1 + ½ - 1/10 – 2/5 = (20 + 10 – 2 – 8)/20 = 20/20 = 1

On en déduit que P(A∪C') est l'évènement certain. On peut le vérifier à l'aide d'un dénombrement : A∪C' se réalise pour un nombre pair compris entre 1 et 100 ou qui n'est pas un multiple de 10. C'est-à-dire que A∪C' se réalise pour tous les nombres pairs compris entre 1 et 100 qui ne sont pas des multiples de 10. Or tous les nombres impairs ne sont pas multiples de 10. Donc A∪C' est composé des nombres pairs et impairs compris entre 1 et 100, c'est-à-dire de tous les nombres compris entre 1 et 100. Donc A∪C' est bien l'évènement certain et P(A∪C') = 1.

Activité 105 : Aliou joue avec un dé truqué

En lançant une seule fois un dé truqué à 6 faces, Aliou sait que :

- *la probabilité d'obtenir 1, 2, 3, 4 ou 5 est la même ;*
- *la probabilité d'obtenir un 6 est égale à 1/2.*

Aliou s'intéresse aux évènements suivants :
A : « Obtenir un nombre inférieur ou égal à 5 »
B : « Obtenir 1 »
C : « Obtenir un nombre pair ».

1) Calculer les probabilités P(A), P(B) et P(C).
2) En déduire la probabilité qu'Aliou obtienne un nombre impair.

1. En décodant les données de la situation-problème, on peut écrire les égalités :
   p = P(1) = P(2) = P(3) = P(4) = P(5).
   On sait que la somme des probabilités des évènements élémentaires est égale à 1. On a donc 5p + 1/2 = 1. Donc 5p = 1/2. D'où p = 1/10.
   En décodant les données de la situation-problème, on peut dresser le tableau suivant qui traduit la loi de probabilité :

x	1	2	3	4	5	6
probabilité	1/10	1/10	1/10	1/10	1/10	1/2

   P(A) = P(1) + P(2) + P(3) + P(4) + P(5) = $\frac{5}{10} = \frac{1}{2}$
   On peut aussi remarquer que P(A) = 1 – P(6) = 1 – $\frac{1}{2} = \frac{1}{2}$
   P(B) = P(1) = $\frac{1}{10}$ **P(C)** = P(2) + P(4) + P(6) = $\frac{2}{10} + \frac{1}{2} = \frac{2+5}{10} = \frac{7}{10}$
2. L'évènement contraire de C, C' se réalise si on obtient un nombre impair.
   Donc P(C') = 1 – P(C) = 1 – $\frac{7}{10} = \frac{3}{10}$

Les évènements certains, possibles, impossibles

Un **évènement *certain*** est un évènement qui se produit toujours. C'est un évènement dont l'ensemble des cas favorables se confond avec l'univers des possibles. Sa probabilité est égale à 1 ou à 100 % [P(A) = 1].

Exemple : Les évènements A « Obtenir un nombre entre 1 et 6 » lorsqu'on lance un dé et B « Obtenir une bille rouge » lorsqu'on tire une bille dans un sac contenant trois billes rouges sont des évènements certains.

Un **évènement *possible*** est un évènement qui peut se produire. On dit aussi qu'il est ***probable***. La probabilité d'un évènement possible A se situe entre 0 et 1 ($0 < P(A) < 1$), ces deux extrêmes étant exclus.

Exemple : Les évènements A « Obtenir Pile » et B « Obtenir un nombre pair » sont des évènements possibles, car ils se produisent avec les probabilités respectives P(A) = ½ ou 50 % et P(B) = 3/6 = ½ ou 50 %.

Un **évènement *impossible*** est un évènement qui n'a absolument aucune chance de se produire ; il ne peut être associé à aucun résultat de l'univers Ω des réalisations. Il correspond à l'*ensemble vide* (∅) ; la probabilité de cet évènement est toujours égale à 0 ou 0 %.

Cela peut sembler absurde dans certains cas, mais il arrive que l'évènement étudié soit quand même pertinent. Ainsi, la probabilité que la fête de Pâques tombe sur un lundi égale zéro, car Pâques tombe toujours sur un dimanche.

On peut illustrer les évènements « certain », « possible » et « impossible » sur une ligne des probabilités pour les résultats liés à l'expérience « Obtenir un nombre en lançant un dé ».

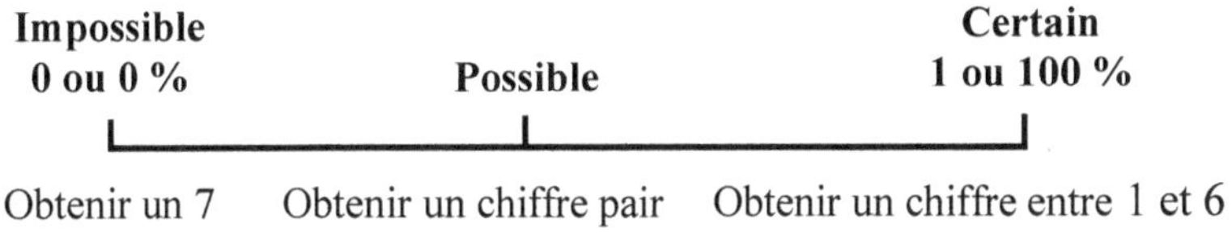

On peut aussi construire une autre droite pour un dé régulier pour illustrer les notions de « moins probable », « plus probable », «également probable ».

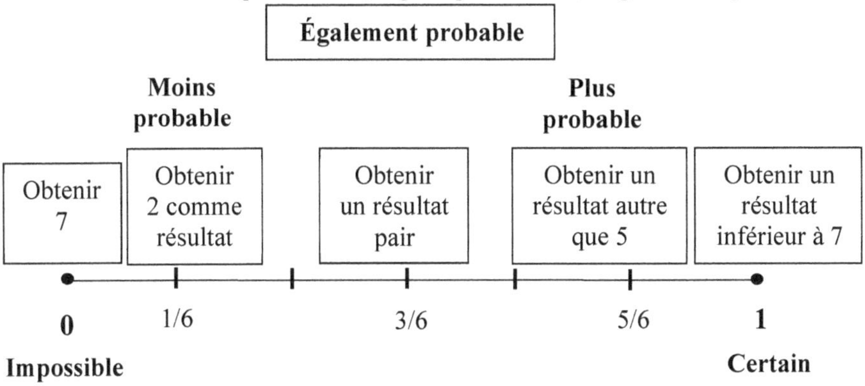

Sur cette ligne, plus un résultat est situé à gauche, moins il a de chance de se produire.

- Un évènement est dit ***presque impossible*** lorsqu'il a très peu de chances de se réaliser. Un évènement est dit ***presque certain*** lorsque les chances qu'il se réalise sont très élevées.

On peut décrire certains évènements par différents énoncés. Par exemple, lors du lancer d'un dé, on peut donner différents énoncés pour les évènements suivants :

- **évènement impossible** : A_1 est l'évènement qui consiste à obtenir une face supérieure à 7. A_2 est l'évènement consistant à obtenir une face égale à 0 ;
- **évènement certain** : soit A_3 l'évènement dont le chiffre sur la face supérieure est inférieur à 7. A_4 est réalisé si la face supérieure montre un entier positif entre un et six ;
- **évènement composé** : on peut constituer l'évènement A_5 suivant : « le chiffre de la face supérieure appartient à l'ensemble E = {1, 2, 3, 6} ». Le même évènement peut être énoncé d'une autre façon, c'est-à-dire l'évènement A_6 qui consiste à trouver un chiffre diviseur de six sur la face supérieure du dé.

Évènements moins probables, évènements plus probables, évènements équiprobables

- Un évènement est ***moins probable*** lorsqu'il a moins de chance de se produire qu'un autre évènement.
- Un évènement est ***plus probable*** lorsqu'il a plus de chances de se produire qu'un autre évènement.

On peut comparer les probabilités de plusieurs évènements, les unes par rapport aux autres.

Exemple : L'évènement A « Piger une carte de carreau » est *plus probable* que l'évènement B « Piger une dame ». En effet, la probabilité de A est P(A) = 13/52 tandis que celle de B est P(B) = 4/52. On peut dire que l'évènement B est *moins probable* que l'évènement A puisque sa probabilité est inférieure.

Activité 106 : Avec un dé régulier ...

On lance un dé numéroté de 1 à 6 et on observe la face supérieure. On considère les évènements suivants :

A : « Obtenir le nombre 4 » *B : « Obtenir un nombre de 1 à 6 »*
C : « Obtenir un diviseur de 6 » *D : « Obtenir un nombre négatif »*

1) Déterminer la probabilité de chacun de ces évènements et
2) Identifier le type d'évènement (impossible, probable, certain).

1. On peut calculer les probabilités des évènements considérés
P(A) = 1/6 (Il y a un cas favorable - sortie de 4 – sur les 6 possibilités.)

P(B) = 6/6= 1 (Chacun des nombres de 1 à 6 peut apparaître.)
P(C) = 2/6 = 1/3 (2 et 3 sont les diviseurs de 6, soit 2 cas favorables sur les 6).
P(D) = 0 (Il n'y a aucun nombre négatif dans l'espace des réalisations).

2. Les calculs précédents nous permettent d'identifier le type de chaque évènement :
P(A) = 1/6 → A est **probable** P(B) = 1 → B est **certain**
P(C) = 1/3 → C est **probable** P(D) = 0 → D est **impossible**.

- Des évènements sont ***équiprobables*** lorsqu'ils ont les mêmes chances de se produire.

Exemples : Les évènements A « Obtenir un nombre inférieur à 3 » et B « Obtenir un nombre supérieur à 4 » sont équiprobables puisqu'ils ont autant de chances de se produire l'un que l'autre. On a, en effet, A = {1, 2}, B ={5,6}; donc P(A) = P(B) = 2/6 ou 1/3. Les évènements A « Obtenir un roi » et B « Obtenir un 5 » lorsqu'on pige une carte dans un jeu de 52 cartes sont équiprobables puisqu'ils se produisent avec la même chance 4/52 ou 1/13.

Utilisation du diagramme de Venn dans différents domaines, notamment en statistique et probabilités

Les ***diagrammes de Venn***, du nom du logicien britannique John Venn, utilisent des cercles ou d'autres formes entrecroisées comme outil d'organisation visuelle pour illustrer de façon performante les relations logiques entre des ensembles de données, pour comprendre clairement ce que ces ensembles ont en commun et ce qui pourrait les distinguer.

Appelés aussi ***diagrammes logiques***, les diagrammes de Venn ont été intégrés dans les cours de mathématiques et de logique dans les années 1960. En probabilité, un diagramme de Venn est une figure avec deux ou plusieurs cercles à l'intérieur d'un rectangle qui représente l'espace des réalisations et qui décrit les relations logiques entre les évènements.

L'activité suivante permet de montrer comment on peut organiser des données et calculer une probabilité à l'aide de diagrammes de Venn.

Activité 107 : Les élèves aiment les maths et/ou la physique

Une classe contient 100 élèves ; 70 d'entre eux aiment les maths, 60 aiment la physique, et 40 aiment les deux. On choisit un élève de cette classe au hasard. En utilisant un diagramme de Venn, déterminer la probabilité qu'il aime les maths mais pas la physique.

Commençons par dessiner un diagramme de Venn vide pour représenter cette situation-problème.

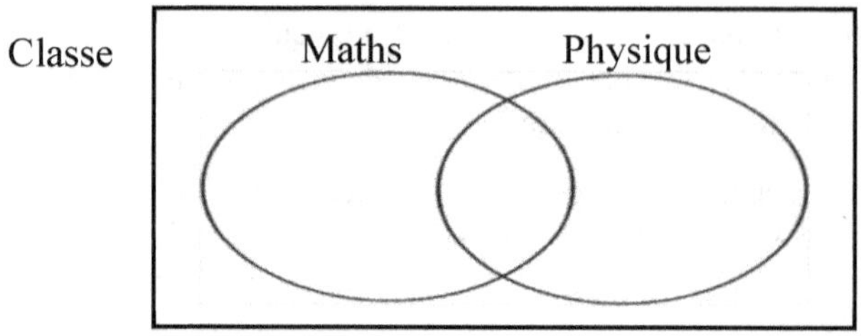

On sait que la région de chevauchement dans un diagramme de Venn représente l'intersection des évènements. On sait que 40 élèves appartiennent à cette intersection, car ils aiment à la fois les maths et la physique. On sait aussi que 70 élèves aiment les maths et que 40 d'entre eux aiment également la physique. Cela indique que le nombre d'élèves qui n'aiment que les maths est 70 – 40 = 30. On peut en déduire que 60 – 40 = 20 élèves n'aiment que la physique. Ceci conduit au diagramme de Venn ci-dessous.

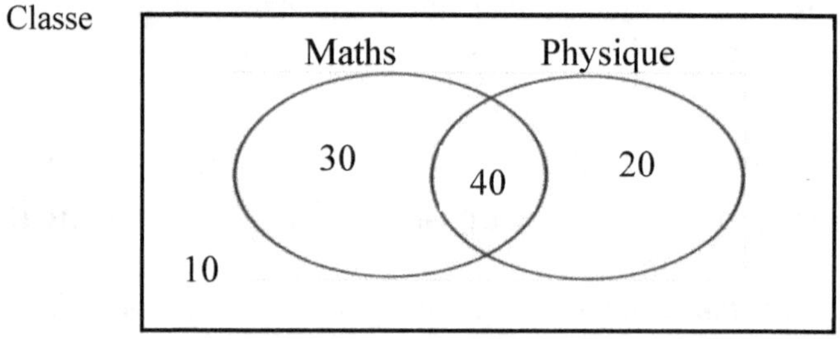

Notons que le nombre 10, à l'extérieur des cercles, est pour assurer que la somme de toutes les valeurs dans le diagramme de Venn est égale à 100, effectif total de la classe. Nous cherchons la probabilité qu'un élève choisi au hasard aime les maths mais pas la physique. La région du diagramme de Venn représentant cet évènement est mise en évidence (hachurée) ci-dessous.

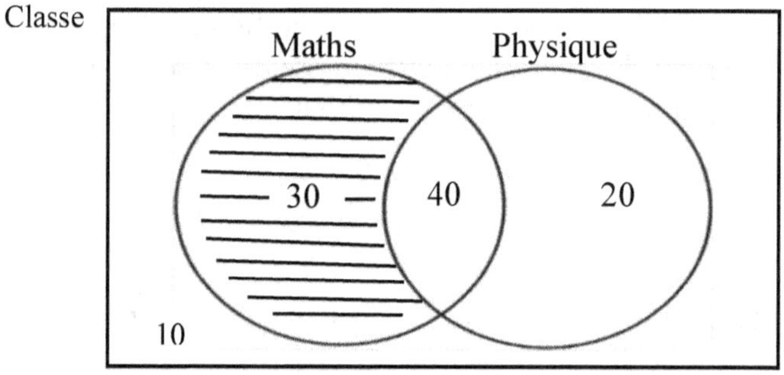

D'après le diagramme de Venn ci-dessus, 30 élèves aiment les maths mais pas la physique. Puisqu'un élève est sélectionné au hasard, on peut obtenir la probabilité de cet évènement en divisant ce nombre par le nombre total d'élèves, qui est 100. Ainsi, la probabilité qu'un élève choisi au hasard aime les maths mais pas la physique est 30/100 = 0,30 soit 30 %.

Activité 108 : Diagramme de Venn et calcul de probabilités

Amy a tracé le diagramme de Venn ci-dessous pour enregistrer le résultat de la sélection aléatoire d'un nombre compris entre 1 et 12.

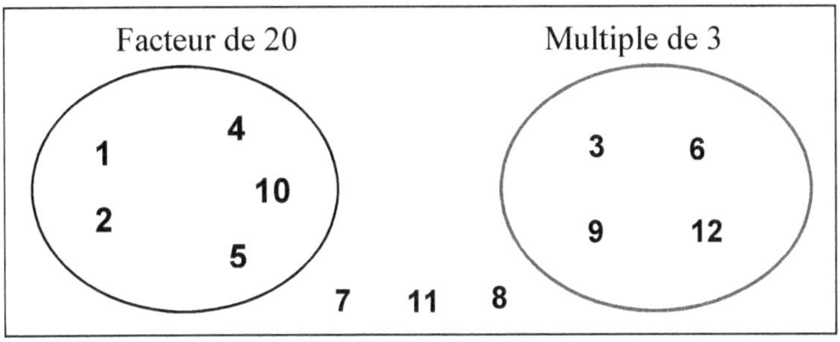

1. *Quelle est la probabilité de choisir un nombre qui est un diviseur de 20 ? Donner la réponse sous forme de fraction irréductible.*
2. *Quelle est la probabilité de choisir un nombre qui est un diviseur de 20 et un multiple de 3 ? Donner la réponse sous forme de fraction irréductible.*
3. *Quelle est la probabilité de choisir un nombre qui n'est pas un multiple de 3 ? Donner la réponse sous forme de fraction irréductible.*

1. Dans le diagramme de Venn fourni, deux évènements sont représentés par des cercles : « Facteur de 20 » et « Multiple de 3 ». L'univers des possibles est l'ensemble donné par $\Omega = \{1, 2, 3, 4, 5, 6, 7, 8, 9, 10, 11, 12\}$.
   Étant donné qu'on choisit au hasard un nombre compris entre 1 et 12, on peut obtenir la probabilité d'un évènement comme suit :
   P(facteur de 20) = Nombre de facteurs de 20 /12.
   On peut voir sur le diagramme de Venn qu'il y a 5 facteurs différents de 20 entre 1 et 12. Ainsi, la probabilité de sélectionner un nombre compris entre 1 et 12, qui est un diviseur de 20, est 5/12.
2. Les deux évènements « *nombre qui est un diviseur de 20 » et « nombre qui est un multiple de 3* » sont incompatibles car il n'y a pas de nombre compris entre 1 et 12 qui soit à la fois un facteur de 20 et un multiple de 3. La probabilité de cet évènement est donc nulle. Il s'agit d'un évènement impossible.
3. D'après le même diagramme, les 8 nombres compris entre 1 et 12, qui ne sont pas un multiple de 3, sont à l'extérieur du cercle. Ainsi, la probabilité cherchée est 8/12 ou 2/3.

Activité 109 : Diagramme de Venn et organisation de données

Dans un échantillon de 100 étudiants dans un Institut Polytechnique, un questionnaire indiquait que 45 d'entre eux ont étudié l'anglais, 40 ont étudié l'espagnol, 35 ont étudié l'allemand, 20 ont étudié l'anglais et l'espagnol, 23 ont étudié l'anglais et l'allemand, 19 ont étudié l'espagnol et l'allemand, et 12 ont étudié les trois langues.

En utilisant un diagramme de Venn, déterminer la probabilité qu'un étudiant choisi au hasard n'ait étudié qu'une seule des trois langues.

- On dessine d'abord un diagramme de Venn à 3 évènements standard vide.

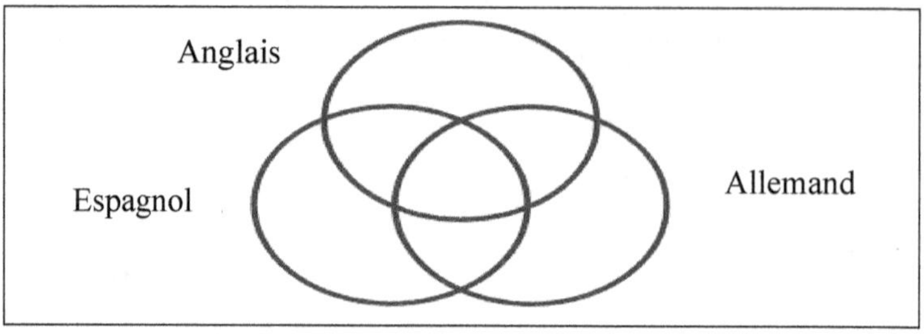

- Pour compléter ce diagramme, on commence par le milieu où les 3 cercles se chevauchent. Le milieu du diagramme de Venn à 3 évènements représente l'intersection des 3 évènements. Dans le cas-ci, cela représente les étudiants qui ont étudié les 3 langues, et il y en a 12.

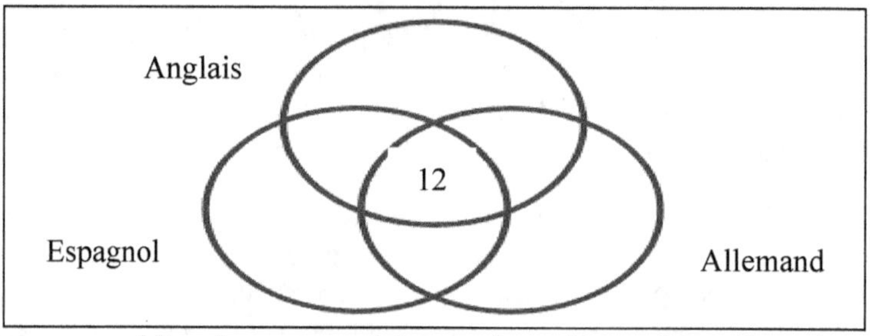

- Ensuite, on considère les autres régions qui se chevauchent. On sait que 20 étudiants ont étudié l'anglais et l'espagnol ; on sait aussi que 12 d'entre eux ont étudié les 3 langues, ce qui signifie qu'ils ont aussi étudié l'allemand. On peut en déduire que 20 – 12 = 8 étudiants ont étudié l'anglais et l'espagnol, mais pas l'allemand.
- De même, on peut recueillir les données suivantes :
  - Les étudiants qui ont étudié l'anglais et l'allemand mais pas l'espagnol sont au nombre de : 23 – 12 = 11;
  - les étudiants qui ont étudié l'espagnol et l'allemand mais pas l'anglais sont au nombre de : 19 – 12 = 17.
- On ajoute maintenant ces effectifs dans leurs régions respectives.

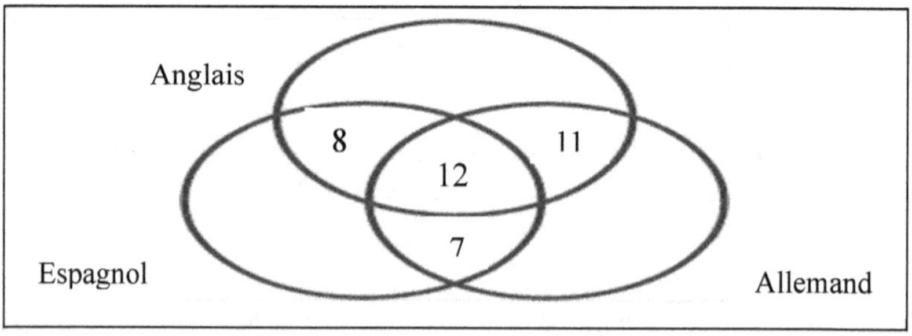

- Nous procédons pour obtenir les valeurs pour la partie de chaque cercle qui ne chevauche pas les deux autres cercles. Nous savons que 45 étudiants ont étudié l'anglais, mais 8 + 12 + 11 parmi eux ont également étudié l'espagnol ou l'allemand. Ainsi, le nombre d'étudiants qui ont étudié l'anglais mais pas l'espagnol ou l'allemand est donné par 45 – 8 -12 – 11 = 14.

- De même, nous obtenons les données suivantes :
  - Les étudiants qui ont étudié l'espagnol mais pas l'anglais ou l'allemand sont au nombre de : 40 – 8 – 12 - 7 = 13 ;
  - les étudiants qui ont étudié l'allemand mais pas l'anglais ou l'espagnol sont au nombre de : 35 – 7 – 12 - 11 = 5.
- Nous ajoutons maintenant ces figures au diagramme de Venn.

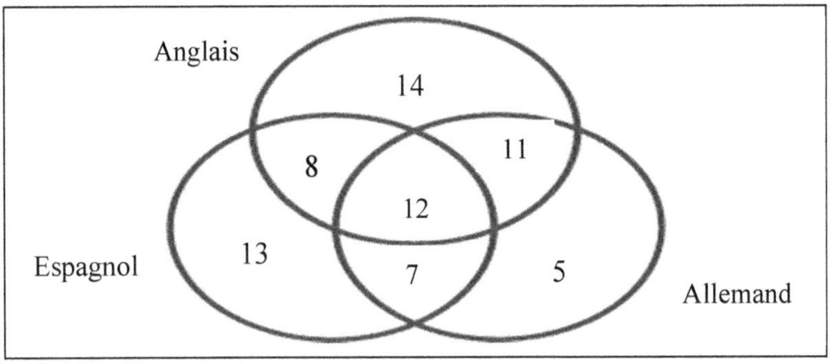

- Dans ce diagramme de Venn, la région représentant les étudiants qui ont étudié une seule des trois langues est hachurée ci-dessous.

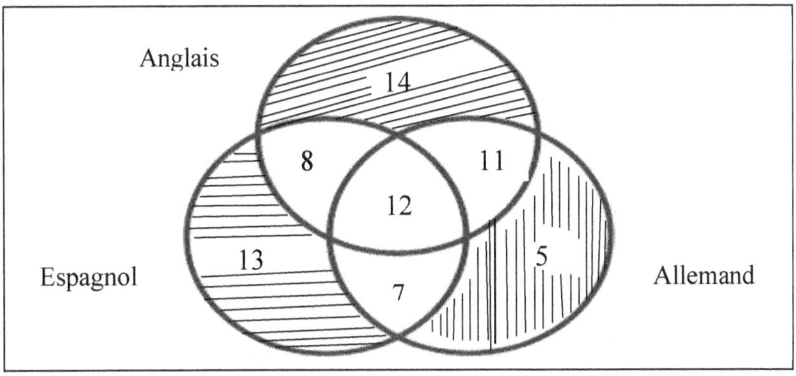

- Ensuite, le nombre de ces étudiants est donné par : 13 + 14 + 5 = 32. Étant donné que l'étudiant est sélectionné au hasard, nous pouvons obtenir la probabilité de notre évènement en divisant 32 par le nombre total d'étudiants, qui est 100.
- La probabilité qu'un étudiant choisi au hasard n'ait étudié qu'une seule des trois langues est 32/100 = 0,32 soit 32 %.

On utilise couramment les diagrammes de Venn dans les domaines des statistiques, de l'enseignement, de la linguistique, de l'informatique et des affaires. Les experts en statistiques les utilisent pour prédire la probabilité de certains évènements. Cette utilisation se rapproche du domaine de l'analyse prédictive. On peut comparer différents ensembles de données pour trouver des niveaux de points communs et de différences.

En enseignement de la compréhension écrite, les profs peuvent utiliser les diagrammes de Venn pour que leurs élèves comprennent mieux ce qu'ils lisent. Les élèves sont encouragés à dessiner des diagrammes pour comparer des idées qu'ils lisent et mettre en avant leurs différences. Ils peuvent utiliser leurs diagrammes pour réfléchir à la logique d'un concept et pour organiser visuellement l'information afin de communiquer de façon visuelle et claire.

En informatique, les programmeurs peuvent recourir aux diagrammes de Venn pour visualiser des langages informatiques et des hiérarchies. Il peut s'agir de représentations plus complexes, parfois en 3D, comportant six ou sept ensembles, voire plus.

Dans le monde des affaires, on peut utiliser les diagrammes de Venn pour choisir un produit ou un service important à acheter, pour comparer des produits, services, processus et tout ce qui peut être représenté à l'aide d'ensembles. En outre, ces diagrammes constituent un outil de communication efficace pour illustrer ces comparaisons.

Sur une note plus légère, les diagrammes de Venn débarquent sur le petit écran.

- **Drame** : Dans la série de CBS NUMB3RS, produite entre 2005 et 2010, un génie des maths, Charles Eppes, utilise un diagramme de Venn pour déterminer les suspects qui correspondent à une description et qui ont un passé violent.
- **Comédie** : Dans l'émission de NBC *Late Night with Seth Meyers*, le présentateur anime une rubrique récurrente appelée « Les diagrammes de Venn », dans laquelle il compare deux éléments sans lien apparent pour leur trouver des points communs cocasses.

Les évènements complémentaires

Des évènements sont dits *complémentaires* lorsqu'ils sont incompatibles et que la réunion de leurs résultats correspond à l'univers Ω des résultats possibles. Pour que deux évènements A et B soient complémentaires, leur intersection doit être vide ($A \cap B = \emptyset$) et la réunion de leurs résultats doit être équivalente à l'univers des résultats possibles ($A \cup B = \Omega$).

La probabilité de deux évènements complémentaires (A et B) correspond à la somme des probabilités de chaque évènement. Cette somme est égale à 1. En somme, on a : $\mathbf{A \cup B = \Omega \rightarrow P(A) + P(B) = 1}$

En général, l'évènement complémentaire à l'évènement A est noté A' ou $\bar{A}$ ou encore A^c. On a toujours $\mathbf{P(A) + P(\bar{A}) = 1}$ (A et $\bar{A}$ complémentaires).

Exemples :

Les évènements A « Obtenir une carte rouge » et B « Obtenir une carte noire » sont complémentaires puisque la réunion de leurs résultats correspond à l'ensemble des cartes contenues dans un jeu de 52 cartes. La somme des probabilités de ces évènements est égale à 1 :

$$P(A) + P(B) = 26/52 + 26/52 = 1.$$

De même, les évènements A « Obtenir un nombre pair » et B « Obtenir un nombre impair » lorsqu'on lance un dé sont complémentaires puisque la réunion de leurs résultats correspond à l'univers Ω des possibles.

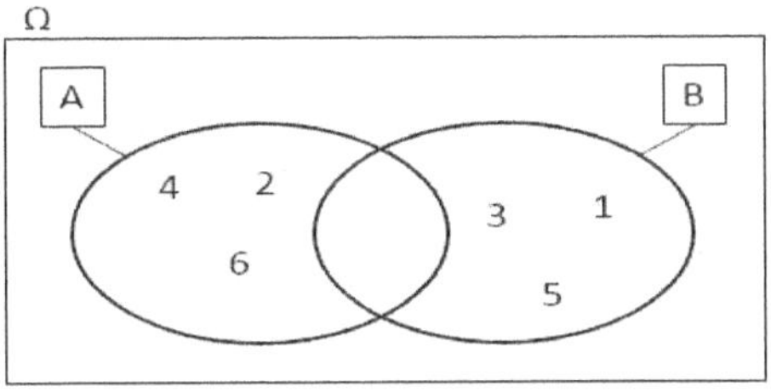

Par contre, les évènements A « Obtenir un multiple de 2 » et B « Obtenir un multiple de 3 », lorsqu'on lance un dé à 6 faces, ne sont pas des évènements complémentaires, puisque les chiffres 1 et 5 ne sont pas inclus dans ces évènements, alors qu'ils le sont dans l'univers Ω des possibles.

Astuce : Lorsqu'on cherche la probabilité d'un évènement A et que l'on peut calculer la probabilité de son complémentaire $\bar{A}$, on peut alors utiliser la relation $\mathbf{P(A) + P(\bar{A}) = 1}$ et en déduire que $\mathbf{P(A) = 1 - P(\bar{A})}$.

Activité 110 : On peut jouer au football et au basket

Dans un lycée de Kaloum, on peut jouer au football et au basketball. Le responsable des sports rapporte que 35 % des élèves jouent au foot, 1/5 des élèves jouent au basket et 60 % des élèves ne pratiquent aucun sport. On choisit un élève de ce lycée au hasard.
Quelle est la probabilité qu'il joue au foot et au basket ?
Justifiez votre démarche et laissez les traces de vos calculs.

- L'enseignante et les élèves commencent par négocier les notations suivantes : F = « L'élève joue au foot », B = « L'élève joue au basket » et F∩B = « L'élève joue à la fois au foot et au basket ». Pour calculer la probabilité P(F∩B), il est important d'exprimer l'évènement F∩B en fonction des évènements dont on connaît déjà la probabilité.
- L'enseignante peut rappeler qu'à partir des deux évènements F et B ci-dessus décrits, on peut définir deux nouveaux évènements : F∪B = « L'élève joue au foot OU au basket » et F∩B = « L'élève joue au foot ET au basket ». La probabilité que « F∪B » se réalise s'obtient en additionnant la probabilité de F avec celle de B et en soustrayant la probabilité de F∩B (qui a été comptée deux fois, une fois dans le cas de F et une fois dans le cas de B). Ceci s'écrit :

  $$\mathbf{P(F \cup B) = P(F) + P(B) - P(F \cap B) \text{ ou } P(F \cap B) = P(F) + P(B) - P(F \cup B).}$$
- D'après l'énoncé du problème, on sait que P(F) = 35 % = 0,35 ; P(B) = 1/5 = 0,20. De plus, on peut en déduire que P(non F∪B) = 60 % = 0,60. On a donc P(F∪B) = 1 – P(non F∪B) = 1 – 0,60 = 0,40.
- On peut, enfin, calculer la probabilité de l'évènement cherché, P(F∩B) : P(F∩B) = P(F) + P(B) – P(F∪B) = 0,35 + 0,20 – 0,40 = 0,15, soit 15 % de chance que l'élève choisi au hasard joue au foot et au basket.

Activité 111 : Tirer une dame ou une rouge au jeu de cartes

Un jeu de 32 cartes est constitué de quatre "familles" : trèfle et pique de couleur noire, carreau et cœur, de couleur rouge. Dans chaque famille, on trouve trois figures : le valet, la dame, le roi. On tire une carte au hasard dans ce jeu de 32 cartes.
Quelle est la probabilité des évènements suivants :
A = « La carte tirée est une dame. »
B = « La carte tirée est une figure rouge. »
C = « La carte tirée n'est pas une figure rouge. »
Justifiez votre démarche et laissez les traces de vos calculs.

- **A = « La carte tirée est une dame. »**
Dans un jeu de 32 cartes, il y a 4 dames, soit 4 cas favorables pour l'évènement A. Le nombre de cas possibles est égal au nombre total de cartes, soit 32. D'où la probabilité cherchée : P(A) = 4/32 = 1/8 = 0,125 ou 12,5 %. Il y a 12,5 % de chance de tirer une carte qui soit une dame.
- **B = « La carte tirée est une figure rouge. »**
Dans un jeu de 32 cartes, il y a 3 figures carreaux et 3 figures cœurs, donc 6 cas favorables pour l'évènement B. D'où la probabilité cherchée : P(B) = 6/32 = 3/16 = 0,1875. Il y a 18,75 % de chance de tirer une carte qui soit une figure rouge.
- **C = « La carte tirée n'est pas une figure rouge. »**
L'évènement C est l'évènement contraire de l'évènement B. Il en découle que P(C) = 1 – P(B) = 1 – 3/16 = 13/16 = 0,8125 ou 81,25 % de chance de tirer une carte qui ne soit pas une figure rouge.

Les évènements compatibles, incompatibles

- Deux évènements sont *compatibles* s'ils ont un ou des éléments en commun. Pour que deux évènements A et B soient compatibles, leur intersection ne doit pas être vide ($A \cap B \neq \emptyset$). Ainsi, il existe au moins un résultat qui soit commun aux deux évènements. Dans un diagramme de Venn, il y aurait donc un ou des résultats dans l'intersection des sous-ensembles A et B.

Exemples :

1. On tire au hasard le nom d'un des 25 élèves d'une classe pour lui décerner un prix de participation. Les évènements C « Piger une personne qui porte des lunettes » et D « Piger une personne ayant des cheveux longs » sont deux évènements compatibles puisqu'il est possible qu'une personne ait à la fois des cheveux longs et des lunettes.
2. Les évènements A « Obtenir un 2, un 4 ou un 6 » et B « Obtenir un 2, un 3 ou un 5 » lorsqu'on lance un dé sont compatibles puisqu'on obtient un 2 lors des deux évènements ($A \cap B = \{2\}$). On peut constater la présence du nombre 2 dans l'intersection de A et B lorsqu'on représente cette situation par le diagramme de Venn suivant.

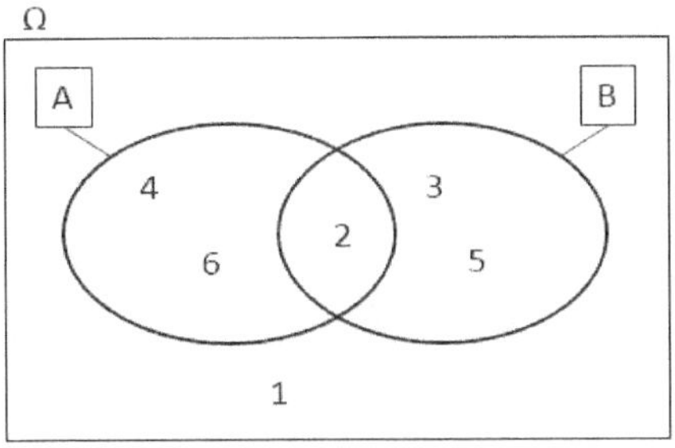

- Deux évènements sont ***incompatibles*** lorsqu'ils n'ont aucun élément en commun et qu'ils ne peuvent donc pas se réaliser en même temps. On dit que ces évènements sont *disjoints* (ou que leur intersection est vide : $A \cap B = \emptyset$) ou qu'ils sont *mutuellement exclusifs*.

Exemples :

1. Les évènements A « Obtenir 2, 4 ou 6 » et B « Obtenir 1 » lorsqu'on lance un dé sont incompatibles puisqu'ils n'ont aucun élément en commun. On peut, en effet, constater qu'il n'y a aucun élément dans l'intersection du diagramme de Venn ci-dessous.

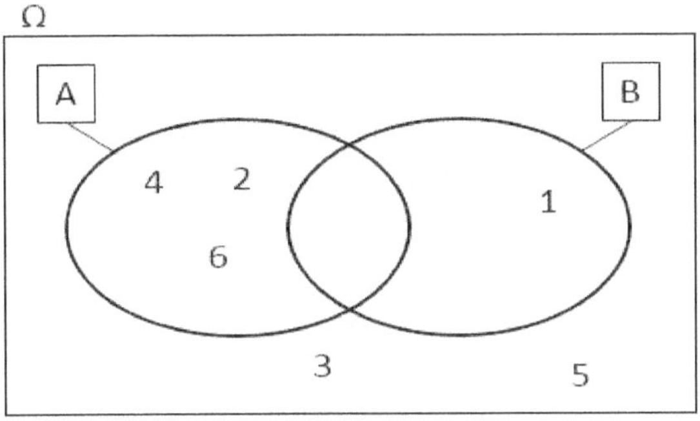

2. De même, les évènements A « Piger une personne de sexe masculin » et B « Piger une personne de sexe féminin » lorsqu'on tire au hasard le nom d'un des 15 élèves d'une classe sont 2 évènements incompatibles puisqu'il est impossible de piger une personne qui possède ces deux caractéristiques.

Activité 112 : Tirer un Pique ou une Dame au jeu de 52 cartes

On considère un jeu de 52 cartes et on en tire une carte au hasard. On considère les évènements suivants :
A = « La carte tirée est un Pique », B = « La carte tirée est une Dame ».
a) Définissez les évènements $\bar{A}$ (contraire de A), « A ou B », « A et B ».
b) Calculez les probabilités P(A), P($\bar{A}$), P(A et B) et P(A ou B).
Justifiez votre démarche et laissez les traces de vos calculs.

a) À partir de l'énoncé du problème et en appliquant les notions relatives aux évènements compatibles ou incompatibles, aux probabilités conditionnelles, on peut définir les évènements suivants :
Évènement $\bar{A}$: « La carte tirée n'est pas un Pique » ou bien, ce qui revient au même, « La carte tirée est un Cœur ou un Carreau ou un Trèfle ».
Évènement A ou B : « La carte tirée est un Pique ou une Dame. ».
Évènement A et B : « La carte tirée est un Pique et une Dame. », c'est-à-dire la Dame de Pique.

b) Essayons de déterminer intuitivement les probabilités de ces différents évènements.
P(A) : Il y a 52 cartes dans le paquet. Chacune d'entre elles a les mêmes chances d'être choisie que les autres. Il y a 13 cartes à Pique (de même à Cœur, à Carreau ou à Trèfle); il y a 4 Dames (comme 4 Valets ou 4 Rois ou ...). On a donc 13 chances sur 52 de tirer un Pique. P(A) vaut donc 13/52, soit ¼ ou 0,25. Il y a 25 % de chance de tirer un Pique.

P($\bar{A}$) : « $\bar{A}$ » se réalise lorsque la carte tirée est soit un Cœur, soit un Carreau, soit un Trèfle, soit 39 cartes sur les 52 possibles. P($\bar{A}$) vaut donc P($\bar{A}$) = 39/52 = ¾ = 0, 75 ou 75 %. Il y a 75 % de chance de tirer une carte qui ne soit pas un Pique.
NB : On pourrait exploiter la relation P($\bar{A}$) = 1 – P(A) et la valeur de P(A). Ainsi, P($\bar{A}$) = 1 – 0,25 = 0,75 ou 75 % de chance que A ne se réalise pas.

P(A et B) : « A et B » se réalisent si la carte tirée est soit un Pique, soit une Dame, c'est-à-dire si elle est la Dame de Pique. On a donc P(A et B) = 1/52. Il arrive une fois sur 52 que la carte tirée soit une Dame de Pique.

P(A ou B) : « A ou B » se réalise si la carte tirée est soit un Pique, soit une Dame. Il y a 13 cartes à Pique et 4 Dames, la carte tirée peut être n'importe laquelle mais il y a 2 fois la Dame de Pique. Il y a donc 16 cartes qui permettent de réaliser l'évènement « A ou B » : 13 + 4 – 1 (il faut retirer la Dame de Pique qui a été comptée deux fois). On a donc P(A ou B) = 16/52 = 4/13 ou 0,3076. Il y a 30,76 % de chance que la carte tirée soit un Pique ou une Dame.

Après la mise en commun des procédures de résolution, l'enseignante peut organiser un prolongement de l'activité de manière à tirer une généralité de la situation-problème ci-dessus traitée et à faire certaines institutionnalisations.

P($\bar{A}$) = 39/52 et P(A) = 13/52 $\quad$ $P(A \text{ ou } B) = \frac{13+4-1}{52} = \frac{13}{52} + \frac{24}{52} - \frac{1}{52}$

13/52 = Probabilité de tirer un Pique, soit P(A)
4/52 = Probabilité de tirer une Dame, soit P(B)
1/52 = Probabilité de tirer la Dame de Pique, soit à la fois un Pique et une Dame, soit P(A et B).

- La probabilité que « A ou B » se réalise s'obtient en additionnant la probabilité de A à celle de B et en soustrayant la probabilité de « A et B » (qui a été comptée deux fois, une fois dans les cas de A et une autre fois dans les cas de B). On a donc : **P(A ou B) = P(A)+P(B) –P(A et B)**.
- Si les évènements A et B sont ***incompatibles***, la formule ci-dessus se simplifie car l'évènement « A et B » ne peut pas se réaliser : P(A et B) = 0 et on a, par conséquent, **P(A ou B) = P(A) + P(B).**
- L'enseignante peut faire remarquer que dans cette situation-problème, les

évènements A et B sont aussi ***indépendants***, car la réalisation de l'un n'influe pas sur la réalisation de l'autre. En effet, si on sait que la carte tirée est un Pique, la probabilité que ce soit une Dame est de 1/13 car il y a une seule Dame parmi les 13 Piques. P(B) = 1/13, que A soit réalisé ou non. De même, si on sait que la carte tirée est une Dame, la probabilité que ce soit un Pique est de ¼ (1 chance sur 4), car il y a un seul Pique parmi les 4 Dames. P(A) = ¼, que B soit réalisé ou non.

Activité 113 : Évènements incompatibles/indépendants

On considère deux évènements A et B qui sont tels que P(A) = 1/5 et P(AUB) = 1/2.

1) *On suppose que A et B sont incompatibles. Calculer P(B).*
2) *On suppose que A et B sont indépendants. Calculer P(B).*
3) *Calculer P(B) en supposant que l'évènement A ne peut être réalisé que si l'évènement B est réalisé.*

1. A et B étant incompatibles, on a A∩B = Ø. D'où P(A∪B) = P(A) + P(B).
   On en déduit : P(B) = P(A∪B) – P(A) = $\frac{1}{2} - \frac{1}{5} = \frac{3}{10}$
   P(B) = 3/10 si A et B sont incompatibles.
2. A et B étant indépendants, on a P(A∩B) = P(A) x P(B). On a donc :
   1/2 = 1/5+P(B) –1/5P(B) → $\frac{4P(B)}{5} = \frac{3}{10}$ → P(B) = $\frac{3}{10} \div \frac{4}{5} = \frac{3}{8}$
   P(B) = 3/8 si A et B sont dépendants.
3. L'évènement A ne peut être réalisé que si l'évènement B est réalisé : tous les évènements de A sont dans l'évènement B. Dans ce cas, on a :
   P(A∩B) = P(A) → 1/2 = 1/5 + P(B) – 1/5 → P(B) = 1/2.
   P(B) = 1/2 si l'évènement A se réalise à la condition que B se réalise.

Probabilités totales : évènements ne s'excluant pas

La probabilité de voir se réaliser dans une épreuve l'un ou l'autre de deux évènements A et B ne s'excluant pas mutuellement est égale à la somme des probabilités de A et de B diminuée de la probabilité d'avoir à la fois A et B. P(A ou B) = P(A)+P(B)–P(A et B), soit **P(A∪B) = P(A) + P(B) – P(A∩B)**

Cette expression porte le nom de ***formule des probabilités totales*** ou ***règle d'addition***. Dans le cas où les évènements A et B sont incompatibles (A∩B = Ø : leur intersection est vide), l'évènement « A et B » est impossible. On a alors P(A∩B) = 0 et la formule des probabilités totales se réduit à :

P(A∪B) = P(A) + P(B)

La règle du calcul des probabilités totales se généralise au cas de plusieurs évènements. Dans le cas de trois évènements A, B et C, on écrit :

P(A∪B∪C) = P(A)+P(B)+P(C)–P(A∩B)–P(A∩C)–P(B∩C)+P(A∩B∩C)

Activité 114 : Les Canadiens et les jeux d'argent

Une enquête effectuée auprès de 1 500 Canadiens portant sur les jeux d'argent indique que 1 182 jouent à la loterie (A), 310 jouent au casino (B), 190 jouent autant à la loterie qu'au casino (A et B).

a) Si un Canadien adulte est choisi au hasard, quelle est la probabilité qu'il joue soit à la loterie, soit au casino ?

b) Quelle est la probabilité qu'il joue uniquement au casino ?

a. Probabilité qu'un Canadien choisi au hasard joue à la loterie ou au casino. On applique la formule des probabilités totales : $P(A \cup B) = P(A) + P(B) - P(A \cap B)$ 1 182/1 500 + 310/1 500 – 190/1 500 = 1 302/1 500 = 0,868. Il y a environ 87 % de chance qu'un Canadien adulte choisi au hasard joue soit à la loterie soit au casino.

b. Notons l'évènement contraire de A par $\bar{A}$: « Ne pas jouer à la loterie ». Jouer uniquement « au casino » correspond à l'évènement « jouer au casino et ne pas jouer à la loterie », soit $B \cap \bar{A} = B - (A \cap B)$. On en déduit aisément le nombre de Canadiens correspondant à cette catégorie de joueurs, soit : 310 – 190 = 120 et la probabilité cherchée est $P(B \cap \bar{A})$ = 120/1 500 = 0,08. Il y a 8 chances sur 100 qu'un Canadien adulte choisi au hasard joue uniquement au casino.

Évènements liés, probabilité conditionnelle, probabilités composées et évènements indépendants

Évènements liés

On peut s'intéresser à évaluer la probabilité d'un évènement B, non pas par rapport à l'espace échantillonnal Ω, mais par rapport à un autre évènement A de Ω, qui s'est déjà réalisé. Dans ce cas, la réalisation de l'évènement B est conditionnée par la réalisation de l'évènement A, que l'on note $B|A$. Cet évènement est dit ***évènement lié*** (B lié à A).

Probabilité conditionnelle

On appelle ***probabilité conditionnelle*** de B par rapport à A, la probabilité de réalisation de l'évènement B sachant que l'évènement A s'est réalisé et se note $P(B|A)$. Sa valeur est donnée par $\boxed{\mathbf{P(B|A) = P(A \cap B)/P(A)}}$, $P(A) > 0$. De même, $\boxed{\mathbf{P(A|B) = P(A \cap B)/P(B)}}$, $P(B) > 0$.

Probabilités composées

On peut déduire de la définition de la probabilité conditionnelle une relation intéressante qui porte le nom de *formule des probabilités composées* ou *règle de multiplication*. Étant donnés deux évènements A et B de probabilité non nulle, la probabilité que A et B se réalisent à la fois est égale au produit de la probabilité de A par la probabilité de B, sachant que A s'est réalisé. Ceci se traduit par la relation : $\boxed{\mathbf{P(A \cap B) = P(A) \times P(B|A)}}$. On peut aussi écrire : $\boxed{\mathbf{P(A \cap B) = P(B) \times P(A|B)}}$.

Dans le cas de trois évènement A, B et C, la formule des probabilités composées s'écrit : **$P(A \cap B \cap C) = P(A) \times P(B|A) \times P(C|A \cap B)$**.

Exemple : En se basant sur une évaluation de plusieurs années, *Electrotechno*, une entreprise dynamique dans le domaine de la gestion du cycle de vie des appareils électroniques, a noté qu'un dispositif électronique complexe, installé sur une chaîne d'empaquetage, a une probabilité 0,20 de tomber en panne. Lorsque ce dispositif tombe en panne, la probabilité d'être obligé d'arrêter complètement la chaîne d'empaquetage (à cause de l'importance du bris) est de 0,50. Quelle est la probabilité que le dispositif tombe en panne et que la chaîne d'empaquetage soit complètement arrêtée ?

Notons par A l'évènement « Le dispositif électronique tombe en panne » et par B|A l'évènement « Arrêt complet de la chaîne d'empaquetage, étant donné un bris dans le dispositif électronique ». On sait que P(A) = 0,20, et que P(B|A) = 0,50. On cherche $P(A \cap B)$. En appliquant la formule des probabilités conditionnelles, on a : $P(A \cap B) = P(A) \times P(B|A) = (0{,}20) \times (0{,}50) = 0{,}10$. Il y a 10 %. de chance que le dispositif tombe en panne et que la chaîne d'empaquetage soit complètement arrêtée.

Activité 115 : Efficacité d'un test de dépistage de la tuberculose

Une étude auprès de 1 000 individus concernant l'efficacité d'un test pour dépister la tuberculose conduit aux résultats suivants :

	Test positif (C)	**Test négatif (D)**
Pas de maladie (A)	40	860
Tuberculose (B)	80	20

On sélectionne au hasard un individu de cette population.

a) Quelle est la probabilité qu'il présente la tuberculose ?
b) Quelle est la probabilité que l'individu ait un test positif ?
c) Quelle est la probabilité que l'individu avec un test négatif présente la tuberculose ?
d) Quelle est la probabilité que l'individu avec un test positif ne présente pas la tuberculose ?

a. Probabilité que l'individu choisi au hasard présente la tuberculose :
P(B) = Nombre de cas présentant la tuberculose / Nombre total d'individus
= 100/1 000 = 0,10. Il y a seulement 10 % de chance (un cas sur 10).

b. Probabilité que l'individu choisi au hasard ait un test positif :
Nombre de cas ayant un test positif / Nombre total d'individus =
= 120/1 000 = 0,12 ou 12 %. Il y a 12 % de chance que cela arrive.

c. Probabilité que l'individu avec un test négatif présente la tuberculose :
$P(B|D) = P(B \cap D)/P(D) = (20/1\,000) \div (880/1\,000) = 0{,}0227$ ou 2,27 %.
Cela se produit dans moins de trois cas (environ 2,30 % des cas).

d. Probabilité que l'individu avec un test positif ne présente pas la tuberculose :

P(A|C) = P(A∩C)/P(C) = (40/1 000) ÷ (120/1 000) = 0,333 ou 33 %. Cela se produit dans 33 % des cas.

Évènements indépendants

Deux évènements A et B sont ***indépendants*** lorsque la probabilité de réalisation de l'évènement B (respectivement de l'évènement A) est la même, que A (respectivement B) se soit réalisé ou non. C'est souvent le cas d'une *expérience aléatoire composée avec remise.* Cela se traduit par la relation

P(B|A) = P(B) ou P(A|B) = P(A).

Dans le cas d'indépendance, la formule des probabilités composées devient

P(A∩B) = P(A) x P(B),

Formule qu'on peut également écrire :

P(Ā∩B) = P(Ā)P(B) ou **P(A∩B') = P(A)P(B')**

ou encore **P(Ā∩B') = P(Ā)P(B')**, Ā et B' étant respectivement l'évènement contraire de A et de B.

Exemples :

1. Les lancers successifs de deux dés pour obtenir un 6 sont des évènements indépendants, car le premier lancer n'a absolument aucune influence sur le second.
2. Les expériences A : « lancer un dé » et B : « piger une carte dans un jeu de 8 cartes (as et rois) » sont indépendants puisqu'ils n'ont pas de lien entre eux et que la réalisation de l'un n'affecte pas la réalisation de l'autre. La probabilité de A et B est P(A) x P(B) = 1/6 x 1/8 = 1/48.

Activité 116 : Enquête sur le tabagisme dans deux débarcadères de Kaloum

On réalise une enquête sur le tabagisme dans les débarcadères Téminètaye et Bonfi de la presqu'île de Kaloum. Les résultats de l'enquête sont consignés dans les tableaux suivants.

	Téminètaye		Bonfi	
	Hommes	Femmes	Hommes	Femmes
Fumeurs	420	75	440	360
Non fumeurs	280	225	110	90

On note A : l'évènement « En réponse à l'enquête, la personne a déclaré fumer » et on note B : l'évènement « En réponse à l'enquête, la personne a déclaré être du sexe féminin ».

1) On choisit de façon équiprobable un individu parmi les 1 000 personnes interrogées dans le débarcadère de Téminètaye. Les évènements A et B sont-ils indépendants ?

2) *Même question pour le débarcadère de Bonfi.*

1. Il s'agit de vérifier si on a l'égalité P(A∩B) = P(A) x P(B).
   P(A) = 0,495 P(B) = 0,3 et P((A∩B) = 0,075.
   Comme 0,495 x 0,3 = 0,1485 ≠ 0,075, les évènements A et B ne sont pas indépendants. On a P(A) = 0,495 P(B) = 0,3 et P((A∩B) = 0,075.

2. Ici, on a P(A) = 0,8 P(B) = 0,45 et P((A∩B) = 0,36.
   Comme 0,8 x 0,45 = 0,36, les évènements A et B ne sont pas indépendants.

Évènements dépendants

Des évènements sont ***dépendants*** lorsque la réalisation de l'un affecte la réalisation de l'autre. Si le résultat d'un évènement (A) conditionne ou affecte celui du second évènement (B), on est dans le cas d'évènements dépendants. C'est le cas d'une *expérience aléatoire composée sans remise*.

Exemple : On tire successivement au hasard 2 cartes (sans remise) d'un jeu de 52 cartes et on veut calculer la probabilité que les 2 cartes tirées soient des trèfles. La probabilité que la première carte soit un trèfle est de 13/52. Ensuite, la probabilité que la seconde carte soit un trèfle est de 12/51 si un trèfle est sorti au premier tirage.

Comme on le voit, le second tirage est affecté par le premier. Si on tire une première fois le 3 de trèfle et qu'on ne remet pas cette carte dans le jeu, il y a une carte de moins (il ne reste plus que 51 cartes) et un trèfle de moins (il ne reste plus que 12 trèfles). Il est donc important de tenir compte de l'évènement premier en cas d'évènements dépendants.

Lors d'une expérience aléatoire, si les évènements A et B sont dépendants, on a alors :

P(A∩B) ≠ P(A) x P(B).

Activité 117 : Indépendance 2 à 2 et indépendance mutuelle

La voisine de Jean a deux enfants dont il ignore le sexe. On considère les évènements A = « Les deux enfants sont de même sexe », B = « L'ainé est une fille » et C = « Le cadet est un garçon ».
Montrer que les évènements A, B et C sont deux à deux indépendants, mais ne sont pas mutuellement indépendants.

On doit, tout d'abord, calculer les probabilités de A, B, C et de A∩B. Clairement, on a : P(B) = P(C) = ½. Les 4 possibilités pour les deux enfants, sont (G, G), (G, F), (F, G), (F, F). On en déduit que P(A) = ½, soit 50 % de chance que les deux enfants soient de même sexe.

Ensuite, $A \cap B$ correspond à (F, G) et on a donc $P(A \cap B) = \frac{1}{4} = P(A) \times P(B)$. On en déduit que A et B sont indépendants.

Enfin, on a $A \cap B \cap C = B \cap C$ et donc $P(A \cap B \cap C) = \frac{1}{4} \neq P(A) \times P(B) \times P(C)$. Les trois évènements ne sont pas mutuellement indépendants.

Activité 118 : Classement ...

Classe les différentes descriptions de tirage en fonction de leur dépendance ou de leur indépendance.

1. *Lancer une pièce de monnaie à trois reprises.*
2. *Tirer successivement et sans remise trois boules d'un boulier.*
3. *Être choisi au hasard parmi un groupe pour former une équipe sportive.*
4. *Tirage de chacun des nombres de la combinaison gagnante d'une loterie.*
5. *Lancer un dé à 6 faces à deux reprises.*
6. *Tirer successivement et avec remise trois boules d'un boulier.*

Cette activité didactique est d'autant plus intéressante qu'elle permet de donner du sens au calcul des probabilités en s'appuyant sur la compréhension des concepts et des processus mathématiques en jeu.

- **Évènements dépendants**
  1. La probabilité de tirer une boule change après le premier et le second tirages.
  2. Une personne ne peut pas être choisie deux fois. Ainsi, il s'agit d'un tirage sans remise.
- **Évènements indépendants**
  1. Peu importe le nombre de lancers, la probabilité d'obtenir Pile ou Face demeure toujours la même.
  4. Peu importe le nombre de lancers, la probabilité d'obtenir chacun des chiffres demeure toujours la même.
  6. Puisque c'est avec remise, la probabilité de piger chacune des boules demeure toujours la même.
- **Impossible à déterminer**
  3. Puisqu'on ne sait pas si c'est avec ou sans remise, il est impossible de déterminer si la probabilité de piger chacun des nombres change après chaque tirage.

Activité 119 : Répartition des employés d'une entreprise agroindustrielle

On donne, dans le tableau ci-dessous, la répartition des 2 000 employés d'une entreprise agroindustrielle.

	Ouvriers	Techniciens	Ingénieurs	**Total**
Hommes	760	609	371	1 700
Femmes	40	91	129	260
Total	800	700	500	2 000

On interroge au hasard un employé de cette entreprise. On note :
O : l'évènement « L'employé interrogé est un ouvrier »;
T : l'évènement « L'employé interrogé est un technicien »;
H : l'évènement « L'employé interrogé est un homme ».

1) *Calculer la probabilité d'interroger un homme ouvrier.*
2) *L'employé interrogé est un technicien. Calculer la probabilité que ce soit un homme.*
3) *a. Les évènements O et H sont-ils indépendants ?*
   b. Les évènements T et H sont-ils indépendants ?

1. **Probabilité d'interroger un homme ouvrier**

L'interrogation se fait au hasard; on a donc :

$$P(O \cap H) = \frac{\text{Nombre d'hommes ouvriers}}{\text{Nombre de salariés}} = \frac{760}{2000} = \frac{38}{100} = 0{,}38.$$

Il y a 38 % de chance que l'on interroge un homme ouvrier.

2. **Probabilité que l'employé interrogé soit un homme, sachant qu'il est technicien.** On applique ici la loi des probabilités conditionnelles :

P(H/T) = P(T∩H) / P(T)

Avec $P(H \cap T) = \frac{\text{Nombre d'hommes techniciens}}{\text{Nombre de salariés}} = \frac{609}{2000} = 0{,}3045.$

et $P(H \cap T) = \frac{\text{Nombre de techniciens}}{\text{Nombre de salariés}} = \frac{700}{2000} = 0{,}35.$

On a donc P(H/T) = 0,3045 ÷ 0,35 = 0,87. Il y a 87 % de chance que l'employé interrogé soit un homme sachant qu'il est technicien.

On aurait pu aussi écrire :

$$P(H \cap T) = \frac{\text{Nombre d'hommes techniciens}}{\text{Nombre de techniciens}} = \frac{609}{700} = 0{,}87.$$

3. **a. Les évènements O et H sont-ils indépendants ?**

On calcule d'abord P(O) et P(O/H) et on vérifie si P(O) = P(O/H).

$$P(O) = \frac{\text{Nombre d'ouvriers}}{\text{Nombre de salariés}} = \frac{800}{2000} = \frac{40}{100} = 0{,}40.$$

$$P(O \cap H) = \frac{\text{Nombre d'hommes ouvriers}}{\text{Nombre d'hommes}} = \frac{760}{1740} = \frac{38}{87} = 0{,}44$$

Comme P(O/H) ≠ P(O), les évènements O et H ne sont pas indépendants.

b. Les évènements T et H sont-ils indépendants ?

On peut utiliser une autre méthode pour vérifier l'indépendance. On calcule successivement P(H), P(T) et P(T∩H); puis on vérifie si l'on a l'égalité P(H) x P(T) = P(T∩H).

$$P(H) = \frac{\text{Nombre d'hommes ouvriers}}{\text{Nombre de salariés}} = \frac{1740}{2000} = \frac{87}{100} = 0{,}87.$$

$$P(T) = \frac{\text{Nombre de techniciens}}{\text{Nombre de salariés}} = \frac{700}{2000} = \frac{7}{20} = 0{,}35.$$

$$P(T \cap H) = \frac{\text{Nombre d'hommes techniciens}}{\text{Nombre de salariés}} = \frac{609}{2000} = 0{,}3045.$$

Or, P(H) x P(T) = 0,87 x 0,35 = 0,3045 = P(T∩H). Les évènements T et H sont donc indépendants.

Activité 120 : Indépendance d'évènements et contexte

Une urne contient 12 boules numérotées de 1 à 12. On en tire une boule au hasard et on considère les évènements : A = « tirage d'un nombre pair » et B = « tirage d'un multiple de 3 ».

a) Les évènements A et B sont-ils indépendants ?

b) Qu'en est-il si l'urne contient 13 boules numérotées de 1 à 13 ?

- Il est important d'écrire les évènements A, B et A∩B en termes d'ensembles en vue de calculer leurs probabilités. En décodant les éléments de l'énoncé, on peut écrire : A = {2, 4, 6, 8, 10, 12} B = {3, 6, 9, 12} A∩B = {6, 12}

a) On peut aisément calculer les probabilités P(A), P(B) et P(A∩B) :

P(A) = 6/12 = ½ P(B) = 4/12 = 1/3 P(A∩B) = 2/12 = 1/6.

Les évènements A et B sont indépendants si P(A∩B) = P(A) x P(B).
Comme P(A) x P(B) = ½ x 1/3 = 1/6 = P(A∩B), alors A et B sont indépendants.

b) Avec une urne contenant 13 boules numérotées de 1 à 13, on écrit les évènements A, B et A∩B en termes d'ensembles de la même façon. Mais dans cet autre contexte, on peut écrire les probabilités qui conviennent :

P(A) = 6/13 P(B) = 4/13 P(A∩B) = 2/13

Voyons si P(A) x P(B) = P(A∩B).
P(A) x P(B) = 6/13 x 4/13 = 24/169 et P(A∩B) = 2/13 ≠ P(A) x P(B).
Les évènements A et B ne sont donc pas indépendants, ce qui est conforme à l'intuition. En effet, dans l'urne, il n'y a plus la même répartition de boules paires et de boules impaires, et dans les multiples de 3 compris entre 1 et 13, la répartition des nombres pairs et impairs est restée inchangée.

L'enseignante peut prolonger l'activité 120 pour encourager les élèves à multiplier la probabilité de chaque évènement indépendant. En effet, peu importe que l'on ait 2, 3, voire 10 résultats possibles, pour calculer la probabilité d'évènements indépendants consécutifs, on doit multiplier entre elles les probabilités de chacun des évènements.

Activité 121 : Multiplier les probabilités (prolongement de l'activité 120)

On s'intéresse aux familles ayant deux enfants et on considère les évènements F : « Naissance d'une fille » et G : « Naissance d'un garçon ».

En admettant que les femmes représentent 52 % de la population en Guinée, quelle est la probabilité qu'une famille obtienne deux filles ?

On peut admettre P(F) = 0,52 et P(G) = 1 – P(F) = 0,48. En appliquant la loi des probabilités conditionnelles, on peut calculer la probabilité qu'une famille obtienne deux filles : $P(F_1 \cap F_2) = P(F_1) \times P(F_2/F_1)$ = 0,52 x 0,52 = 0,27 soit 27 %. La probabilité qu'une famille ait deux filles est de 27 %.

Activité 122 : Avec 4 billes bleues, 5 rouges et 11 blanches

Un bocal contient 4 billes bleues, 5 billes rouges et 11 billes blanches. On tire 3 billes au hasard, successivement, sans les remettre dans le bocal.

a) Quelle est la probabilité que la première bille soit rouge, la deuxième bleue et la troisième blanche ?

b) Quelle est la probabilité d'obtenir le tirage rouge-bleu-blanc dans cet ordre?

a. La probabilité que la première bille soit rouge est 5/20, soit ¼. La probabilité que la deuxième bille soit bleue est de 4/19, puisqu'il y a une bille de moins, mais pas moins de billes bleues. Quant à la probabilité que la troisième bille soit blanche, elle est de 11/18, puisque 2 billes ont déjà été tirées (20 - 2) et toutes les billes blanches sont encore dans le bocal.

b. Comme cela a été vu précédemment, la probabilité pour la première bille est de 5/20 ; celle pour la seconde bille est de 4/19 et celle pour la dernière bille est de 11/18. La probabilité d'obtenir le tirage rouge-bleu-blanc, dans cet ordre, est donc de : 5/20 x 4/19 x 11/18 = 11/342 = 0,0321. Il y a 3,21 % de chance de tirer les trois billes dans cet ordre.

Évènements mutuellement exclusifs (e.m.e.), non mutuellement exclusifs (e.n.m.e.)

- Des évènements sont ***mutuellement exclusifs*** s'ils ne peuvent pas se produire en même temps. Dans ce cas, l'ensemble-solution de leur intersection est vide (**$A \cap B = \emptyset$**).

  De plus, deux évènements A et B incompatibles sont nécessairement mutuellement exclusifs. Dans ce cas, la probabilité de A ou de B, notée P(A∪B), est **P(A∪B) = (P(A) + P(B)**.

  <u>Exemples</u> :

1. On pige une carte dans un jeu de 52 cartes. Les évènements A « Obtenir un cœur » et B « Obtenir une carte noire » sont mutuellement exclusifs, car ils ne peuvent pas se produire en même temps, une seule carte ne pouvant pas être à la fois un cœur et noire.
2. On lance un dé. Les évènements A « Obtenir un 3 » et B « Obtenir un nombre pair » sont des évènements mutuellement exclusifs, car ils ne peuvent pas se produire en même temps, 3 n'étant pas un nombre pair.
3. Un évènement et son contraire sont mutuellement exclusifs car ils ne peuvent pas se produire en même temps.
4. « Obtenir un 5 en lançant un dé » ou « parier sur un cheval donné » sont autant d'exemples d'évènements mutuellement exclusifs. Au jeu de dés,

soit le 5 sort soit il ne sort pas ; il n'y a pas d'autre possibilité. Il en est de même sur un hippodrome : soit votre cheval gagne, soit il perd.

- Des évènements sont ***non mutuellement exclusifs*** s'ils peuvent se produire en même temps. Lorsque deux évènements sont non mutuellement exclusifs, l'ensemble-solution de leur intersection n'est pas vide ($A \cap B \neq \emptyset$). Dans ce cas, on calcule la probabilité de l'évènement A ou B à l'aide de la formule **$P(A \cup B) = (P(A) + P(B) - P(A \cap B)$.**

Exemples :

1. On pige une carte dans un jeu de 52 cartes. Les évènements A « Obtenir un roi » et B « Obtenir une carte noire » sont des évènements non mutuellement exclusifs, car ils peuvent se produire en même temps ; les rois de pique et de trèfle sont à la fois des rois et des cartes noires.
2. De même, les évènements A « Tirer une carte rouge » et B « Tirer un as sont non mutuellement exclusifs, car ils peuvent se réaliser en même temps. On peut, par exemple, tirer un as de cœur.

Activité 123 : Mutuellement exclusifs : Vrai ou Faux ?

On lance un dé à 6 faces et on s'intéresse aux différentes caractéristiques du résultat obtenu. En gardant cette situation en tête, détermine si chacune des paires d'évènements ci-dessous sont mutuellement exclusifs ou non.

a) A : Obtenir un 2 — B : Obtenir un nombre pair
b) C : Obtenir un 3 — D : Obtenir un nombre pair
c) E : Obtenir un 4 — F : Obtenir un 1.
d) G : Obtenir un multiple de 2 — H: Obtenir un multiple de 3.
Justifiez vos réponses en expliquant votre démarche.

- A et B sont deux évènements non mutuellement exclusifs car ils peuvent se réaliser en même temps, le chiffre 2 étant un nombre pair.
- C et D sont mutuellement exclusifs car, en fait, il est impossible que ces deux évènements se produisent en un seul tirage.
- E et F sont mutuellement exclusifs, car ce sont deux évènements qui ne peuvent pas se réaliser en même temps, en un seul lancer.
- G et H sont non mutuellement exclusifs : ces deux évènements peuvent se réaliser simultanément, puisque 6 fait partie des deux évènements.

Probabilité d'un événement

Venant du latin *probare* (prouver ou tester), le mot « probable » signifie « qui peut se produire ». Une probabilité est une valeur qui indique la chance d'obtenir un résultat précis parmi tous les résultats possibles. Cette valeur est toujours comprise entre 0 et 1 inclusivement. On note ceci par la relation symbolique $\mathbf{0 \leq P(A) \leq 1}$ où P(A) désigne la probabilité de l'évènement A.

Les mathématiciens utilisent une expression plus pointue : « *fréquence relative* » d'un évènement. C'est le rapport des occurrences de l'évènement sur le nombre total d'observations. Si ce rapport est faible, alors la probabilité n'est qu'une fréquence relative. Ainsi, si vous lancez 100 fois une pièce de monnaie, il est possible que vous n'obteniez pas 50 Piles et 50 Faces. Ce n'est qu'au bout de très nombreuses observations que la fréquence relative rejoindra la probabilité.

Attention : La probabilité d'un évènement est toujours une *valeur positive*. Si vous vous retrouvez avec une valeur négative, c'est que vous vous êtes trompé quelque part. Les probabilités peuvent s'écrire de différentes façons : sous forme de fractions, de nombres décimaux, de pourcentage.

Lors des paris, au tiercé ou au loto sportif, les cotes d'un cheval, d'un club sont données à « *tant contre tant* ». Par exemple, tel cheval est donné à 25 contre 1 (25/1). Cela signifie que pour une chance que le cheval gagne la course, il y a dans le même temps 25 risques qu'il la perde. C'est ce qu'on appelle une « *grosse cote* ». Cette notion n'est pas simple à comprendre au premier abord, mais si vous voulez gagner, il vous faudra l'intégrer.

$$\text{La cote} = \frac{\text{Probalité que l'évènement se produira}}{\text{Probalité que l'évènement ne se produira pas}}$$

On peut convertir une cote en probabilité. Supposons que vous vouliez savoir quelle est la probabilité de tirer une bille blanche dans un bocal de 20 billes, dont 9 sont blanches. La cote de « tirer une bille blanche » est le rapport de la probabilité que cela se produise sur la probabilité que cela ne se produise pas. Étant donné qu'il y a 9 billes blanches et 11 d'une autre couleur, la cote choisie ici s'écrit comme suit : 9 : 11 ou 9/11.

Les types de probabilité

Il existe différents types de probabilités : la probabilité théorique, la probabilité fréquentielle (ou expérimentale), la probabilité subjective, les probabilités conditionnelles, les probabilités géométriques.

A. La probabilité théorique

La probabilité d'obtenir un résultat particulier en jouant, par exemple, à Pile ou Face, en lançant des dés, en pigeant dans un sac de billes ou dans un jeu de cartes, s'évalue par un raisonnement mathématique. Ce type de probabilité, largement exploité en contexte d'apprentissage, est qualifié de probabilité théorique.

La ***probabilité théorique*** d'un évènement est déterminée uniquement à l'aide d'un raisonnement mathématique. On peut, parfois, modéliser une situation sans nécessairement devoir recourir à l'expérimentation. Dans ce cas, on parle d'une probabilité théorique parce qu'elle ne repose que sur un raisonnement et non sur une expérimentation. On peut alors se baser sur un calcul afin d'en déterminer la probabilité.

Pour être capable d'évaluer une probabilité théorique, on doit connaître d'avance l'ensemble des résultats possibles et s'assurer que l'obtention d'un résultat particulier soit strictement l'effet du hasard. Souvent, on peut analyser facilement ces situations et, lorsque les résultats d'une expérience sont *équiprobables*, on peut calculer la probabilité théorique comme suit :

$$\textbf{Probabilité} = \frac{\textbf{Nombre de cas favorables}}{\textbf{Nombre de cas possibles}}$$

C'est la comparaison du nombre de cas favorables (résultats qui forment l'évènement) par rapport au nombre de cas possibles.

Exemples :

1) La probabilité d'obtenir un 6 en lançant un dé à six faces est de 1 chance sur 6. P(Obtenir un 6) = 1/6 puisqu'il y a un résultat favorable (avoir un 6) sur six résultats possibles (les six faces du dé).
2) La probabilité d'avoir un nombre impair lors du lancer d'un dé est de 1 chance sur 2. P(Obtenir un nombre impair) = 3/6 = 1/2, puisqu'il y a 3 résultats favorables (1, 3, 5) sur 6 résultats possibles (les six faces du dé).

Activité 124 : Calcul de probabilités au jeu de dé

On considère l'expérience aléatoire qui consiste à lancer un dé.

a) Quelle est la probabilité de l'évènement A : « Le résultat est un facteur de 6 » ? (Un facteur d'un nombre est aussi appelé diviseur de ce nombre.)

b) Quelle est la probabilité de l'évènement B : « Le résultat du lancer est supérieur à 4 » ?

c) Quelle est la somme des probabilités de ces deux évènements ?

d) Les évènements A et B sont-ils complémentaires ? Justifiez votre réponse.

- Pour le lancer du dé, l'univers des possibles est Ω= {1, 2, 3, 4, 5, 6}. Parmi ces résultats, ceux qui sont les facteurs de 6 sont A = {1, 2, 3, 6} ; ceux qui sont supérieurs à 4 sont B = {5, 6}.

a) La probabilité que l'évènement A se réalise est P(A) = 4/6 = 2/3.

b) La probabilité que l'évènement B se réalise est P(B) = 2/6 = 1/3.

c) Par conséquent, on a P(A) + P(B) = 2/3 + 1/3 = 1.

d) **Attention** ! Le fait que cette somme soit égale à 1 ne nous autorise pas à conclure que les évènements A et B sont complémentaires. Pour le déterminer, on doit s'en remettre aux opérations ensemblistes. On constate que A∩B = {6} ; l'intersection A∩B n'est donc pas vide. A et B ne sont donc pas complémentaires.

- On aboutit à la même conclusion en formant l'union des deux ensembles puisque A∪B = {1, 2, 3, 5, 6} ≠ Ω (il manque le 4 pour faire Ω).
- En résumé, il suffit que l'une des deux conditions (A∩B = Ø, A∪B = Ω) ne soit pas remplie pour conclure à la non-complémentarité des évènements A et B. Le fait que les évènements E et F soient complémentaires implique que la somme de leurs probabilités vaut 1 [P(E) + P(F) = 1], mais l'inverse n'est pas vrai.

Activité 125 : Jeu de 32 cartes

Un jeu de 32 cartes à jouer est constitué de quatre « familles » : trèfle et pique, de couleur noire ; carreau et cœur, de couleur rouge. Dans chaque famille, on trouve trois « figures » : valet, dame, roi.

On tire une carte au hasard dans ce jeu de 32 cartes. Quelle est la probabilité des événements suivants :
A : « La carte tirée est une dame. »
B : « La carte tirée est une figure rouge. »
C : « La carte tirée n'est pas une figure rouge ».

1. **A : « La carte tirée est une dame.** »
   Dans un jeu de 32 cartes, il y a 4 dames, soit 4 cas favorables pour l'événement A. Le nombre de cas possibles est égal au nombre total de cartes, soit 32. D'où P(A) = 4/32 = 1/8 = 0,125. Il y a 12, 50 % de chance de tirer une dame d'un tel jeu.
2. B : « **La carte tirée est une figure rouge.** »
   Dans un jeu de 32 cartes, il y a 3 figures carreaux et 3 figures cœurs, soit 6 cas favorables pour l'événement B. D'où p(B) = 6/32 = 3/16 = 0,1875. Il y a 18,75 % de chance de tirer une figure rouge d'un tel jeu.
3. C : « **La carte tirée n'est pas une figure rouge.** »
   L'événement C est l'événement contraire de B. Donc P(C) = 1 – P(B)
   P(C) = 1 – 3/16 = (16 – 3)/16 = 13/16 = 0,8125 ou 81,25 % des cas.
   Il y a 81, 25 % de chance de ne pas tirer une figure rouge.
   NB : On a bien P(B) + P(C) = 18,75 % + 81,25 % = 100 % = 1, les évènements B et C étant contraires l'un de l'autre.

Activité 126 : Nombre de « mains » dans un jeu de 32 cartes

Dans un jeu de 32 cartes, on appelle « main » toute combinaison de 5 cartes.

1) Combien de mains contiennent trois rois ?
2) Combien de mains contiennent trois piques ?
3) Combien de mains contiennent trois cartes de même hauteur ?
4) Combien de mains contiennent trois cartes de la même couleur ?
5) Combien de mains contiennent 2 valets et 3 cartes de hauteurs différentes (on dit alors que l'on a une paire de valets) ?
6) Combien de mains contiennent une paire et seulement une paire (2 cartes de même hauteur, et 3 cartes de hauteurs différentes ?
7) Combien de mains contiennent deux paires ?
8) On dit qu'une main contient un brelan si elle contient trois cartes de même hauteur et deux autres cartes ne formant pas une paire. Combien de mains contient un brelan de rois ?

1. En parlant d'une main de 3 rois, on convient de parler d'une main d'**exactement** 3 trois. Et, pour dire qu'il peut y avoir 3 rois ou plus, on dira que l'on a une main contenant **au moins** 3 rois. Ici, on se place dans la position du « tricheur » qui dit

: « Je veux distribuer à quelqu'un une main contenant exactement 3 rois et 2 cartes autres que des rois. Je choisis donc 3 rois parmi les 4 possibles, puis 2 cartes parmi les 28 cartes restantes. ». D'après le principe multiplicatif (règle du produit), on a : C(4,3) x C(28,2) = **1 512 mains** possibles.

2. En faisant le même raisonnement que dans la question précédente, on choisit 3 piques parmi 8, puis 2 cartes parmi les 24 restantes. Il y a donc :
   C(8,3) x C(24,2) = **15 456 mains** possibles.
3. On sait que dans un jeu de 32 cartes, il y a 8 hauteurs possibles. On doit d'abord choisir l'une de ces hauteurs : il y a C(8,1) = 8 façons de le faire ; puis on procède comme dans les deux questions précédentes. On aura donc :
   8 x 1 512 = **12 096 mains** possibles.
4. On fait le même raisonnement que dans la question précédente, mais en choisissant d'abord une couleur parmi les 4 possibles. On a donc :
   4 x 15 456 = **61 824 mains** possibles.
5. Pour distribuer une main de ce type, on doit prendre deux valets parmi les quatre possibles, puis choisir les trois hauteurs parmi les sept possibles dont seront extraites chacune des 3 cartes et, enfin, pour chacune des hauteurs choisies, on doit prendre une carte parmi les quatre possibles. Il y a donc :
   C(4,2) x C(8,3) x C(4,1)x C(4,1) x C(4,1) = **21 504 mains** possibles.

6. Dans ce cas, on doit ajouter une étape à la procédure de la question précédente : choisir la hauteur de la paire. On a 8 possibilités et donc :
   8 x C(4,2) x C(8,3) x C(4,1) x C(4,1) x C(4,1) = **172 032 mains** possibles.
7. On commence par choisir les hauteurs des deux paires : il y a C(8,2) façons de le faire. Puis, dans chacune des hauteurs choisies, on prend 2 cartes parmi les 4. Enfin, il reste à prendre une carte parmi les 245 restantes. On a donc :
   C(8,2) x C(4,2) x C(4,2) x (24,1) = **24 192 mains** possibles.
8. Ici, il s'agit de choisir 3 rois parmi 4. On choisit, ensuite, 2 hauteurs parmi les 7 restantes ; puis, pour chacune d'elles, on choisit une carte parmi 4. On a donc :
   C(4,3) x C(7,2) x C(4,1) x C(4,1) = **1 344 mains** possibles.

Activité 127 : Sac opaque de boules numérotées

Un sac opaque contient les boules représentées ci-dessous. Un nombre de points est indiqué sur chacune d'elles. On tire au hasard une boule et on lit le nombre de points.

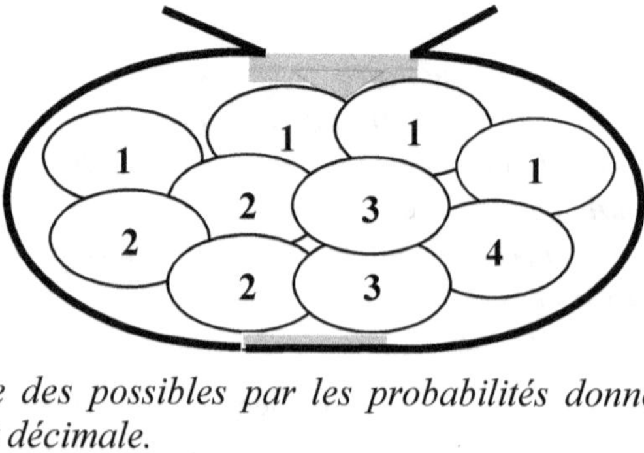

1) *Dessine l'arbre des possibles par les probabilités données sous forme fractionnaire et décimale.*
2) *Calcule la probabilité de l'évènement A: « Obtenir au moins 2 points ».*

1. **Construction de l'arbre pondéré des possibles.**
Les résultats possibles sont : 1, 2, 3, 4.

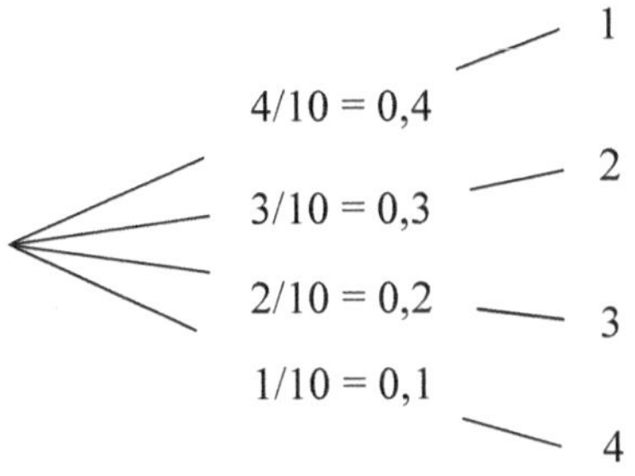

NB : La somme des probabilités est égale à 1 : 0,4 + 0,3 + 0,2 + 0,1 = 1

2. **Probabilité de l'événement A : « Obtenir au moins 2 points »** L'événement contraire de A est l'évènement Ā : « Obtenir 1 point ». On a donc P(Ā) = 0,4. Comme P(A) + P(Ā) = 1, alors P(A) = 1 – P(Ā) = 1 – 0,4 = 0,6. Il y a 60 % de chance d'obtenir au moins 2 points.

L'enseignante peut ainsi utiliser la RP pour amener les élèves à mobiliser, combiner et appliquer des concepts et des processus probabilistes, et à favoriser le développement des stratégies cognitives et métacognitives.

Activité 128 : Saliou tire deux cartes d'un jeu de 52 cartes

Saliou tire simultanément deux cartes, sans remise, d'un jeu de 52 cartes.

1. *Définir l'univers Ω de probabilités.*
2. *Calculer la probabilité de chacun des évènements suivants :*
   a) *A = « Tirer un cœur et un pique »*
   b) *B = « Tirer au moins un pique »*
   c) *C = « Tirer un pique ou un trèfle »*

1. L'univers Ω de probabilités est l'ensemble des paquets sans ordre de 2 cartes choisies parmi les 52 cartes : ce sont les C(52,2) = 1 326 combinaisons. On a donc un univers de 1 326 éléments, chaque élément étant un paquet (sans ordre) de deux cartes distinctes.

2. Tous les paquets de 2 cartes ont la même probabilité de sortie égale à 1/C(52,2) ou 1/1 326.

a. Soit l'évènement A = « Tirer un cœur et un pique ». Il y a C(13,1) = 13 choix possibles de chacune des 2 couleurs, et B contient 13^2 = 169 éléments. On a donc P(A) = 169/C(52,2) = 169/1 326 ou **13/102**.

b. L'évènement B = « Tirer au moins un pique » est un peu compliqué, et on peut penser à l'évènement contraire B' = « Aucun pique ». Cela veut dire que les 2 cartes sont prises parmi les 39 qui ne sont pas des piques. B' contient C(39,2) = 741 éléments, et on a donc P(B') = C(39,2)/C(52,2) = 19/34. On en déduit :

P(B) = 1 – P(B') = 1 – 19/34 = **15/34**.

c. La formulation de l'évènement C = « Tirer un pique ou un trèfle » est ambiguë ; ceci arrive malheureusement souvent en probabilités. Il faut comprendre C comme « Tirer au moins un pique ou au moins un trèfle ». En désignant par C_1 l'évènement « Tirer au moins un pique » et par C_2 l'évènement « Tirer au moins un trèfle », on a : $C = C_1 \cup C_2$. Attention : C_1 et C_2 ne sont pas incompatibles ; leur intersection est un « un pique et un trèfle ». On a évidemment, d'une part, $P(C_1) = P(C_2) = P(B)$ déjà calculée et, d'autre part, $P(C_1 \cap C_2) = P(A)$ déjà calculée. Il vient donc : $P(C) = P(C_1) + P(C_2) - P(C_1 \cap C_2) = 2P(C) - P(B) =$ **77/102**.

Activité 129 : Anniversaires de trente personnes

On a un groupe de 30 personnes, et on s'intéresse à leurs anniversaires, c'est-à-dire à quel jour de l'année elles sont nées. On suppose que toutes les années sont de 365 jours, tant pis pour le 29 février !

1) Donner un univers modélisant la situation.

2) Calculer la probabilité de l'évènement « Tous les anniversaires tombent des jours différents ».

1. On numérote les personnes de 1 à 30, comme on veut (par ordre alphabétique, par exemple). Les anniversaires se représentent par une suite $(a_1,. a_2, \ldots, a_{29}, a_{30})$ où a_k représente le jour de l'année où la personne k est née : k est un nombre entier de 1 à 365. Il y a donc 365^{30} telles suites. Il en découle un univers Ω de cardinal 365^{30}, et l'équiprobabilité est assurée.
2. a_1 a 365 valeurs possibles, mais a_2 n'en a plus que 364 et ainsi de suite. L'individu numéro 30 a seulement 365 – 29 = 336 dates de naissances possibles, puisque les 29 précédentes occupent déjà 29 jours de l'année. Le nombre de cas favorables est donc le produit 365 x 364 x … x 336, et la probabilité cherchée est égale à

$$\frac{365 \times 364 \times \ldots \times 336}{365^{30}}$$

Activité 130 : Taille des garçons et des filles dans un gymnase

Dans le gymnase de l'Université Béhanzin, 4 % des garçons et 1 % des filles mesurent 1.80 m ou plus. On sait que 60 % des étudiants sont des filles.

a) On choisit un étudiant au hasard. Quelle est la probabilité qu'il mesure 1.80 m ou plus ?

b) On choisit au hasard un étudiant qui mesure 1.80 m ou plus. Quelle est la probabilité que ce soit une fille ?

c) On choisit au hasard 10 garçons. Quelle est la probabilité
i. qu'ils mesurent tous 1.80 m ou plus ?
ii. qu'au moins un mesure 1.80 m ou plus ?
iii. qu'exactement deux étudiants mesurent 1.80 m ou plus ?

d) Combien faut-il choisir de garçons pour que la probabilité que l'un d'entre eux au moins mesure 1.80 m ou plus soit égale à 0,9999 ?

En décodant les données du problème, on déduit que les évènements :

H = « Être un homme » P(H) = 0,40 F = « Être une femme » P(F) = 0,60
G/H = « Être grand si on est homme » P(G/H) = 0,04.
G/F = « Être grand si on est femme » P(G/F) = 0,01.

a. Probabilité que l'étudiant choisi au hasard mesure 1.80 m ou plus
On cherche P(G), c'est-à-dire la probabilité d'« être grand » :
$P(G) = P(G/F)P(F) + P(G/H)P(H) = (0,01 \times 0,60) + (0,04 \times 0,40) = 0,022$.
Il y a 2,20 % de chance que l'on fasse un tel choix.

b. Probabilité que l'étudiant qui mesure 1.80 m ou plus soit une fille
On cherche P(F/G), c'est-à-dire la probabilité d'« être une fille si on est grand de taille » : $P(F/G) = \frac{P(G \cap F)}{P(G)} = \frac{P(G/F)P(F)}{P(G)} = \frac{0,01 \times 0,60}{0,022} = 0,2727$
Il y a 27,27 % de chance que l'on choisisse un tel étudiant.

c. On demande
i. Les 10 choix étant indépendants et en appliquant le principe multiplicatif, on obtient : $P(G/H)^{10} = 1,048 \times 10^{-4}$.
ii. Qu'« au moins l'un des 10 garçons mesure 1,80 m ou plus » est l'évènement contraire de « aucun des 10 garçons ne mesure 1,80 m ou plus ». On a donc : $P(normal/H) = 1 - P(G/H) = 0,96 \rightarrow 1 - P(normal/H)^{10} = 0,3351$. Il y a 33, 51 % de chance que l'un au moins des 10 garçons mesure 1.80 m ou plus.
iii. $P(G = 2) = C(10,2)P(G/H)^2 \times P(normal/H)^8 = 0,5194$ ou environ 52 %.

d) Nombre de garçons pour que la probabilité que l'un d'entre eux au moins mesure 1.80 m ou plus soit égale à 0,9999.
On reprend c)ii et on pose $1 - P(normal/H)^x = 0,0001$, x étant le nombre de garçons à déterminer : $1 - P(normal/H)^x = 0,0001 \rightarrow x \geq 226$. Il faut choisir au moins 226 garçons pour qu'on ait 99,99 % de chance que l'un d'entre eux au moins mesure 1,80 m ou plus.

B. La probabilité fréquentielle ou expérimentale

Dans les situations très complexes où on doit prendre en compte de nombreux paramètres, il est très souvent difficile voire impossible de calculer la probabilité théorique. Par exemple, lorsqu'il s'agit d'évaluer la probabilité qu'un congélateur offert en magasin soit défectueux, on se rabat plutôt sur les statistiques obtenues lors du contrôle de la qualité en usine. Le pourcentage des appareils défectueux correspond alors à une probabilité fréquentielle.

La ***probabilité fréquentielle***, aussi appelée ***probabilité expérimentale***, d'un évènement est la probabilité obtenue à la suite d'une expérimentation. Pour la déterminer, il est nécessaire de répéter la même expérience un grand nombre de fois et d'établir le rapport suivant :

$$\textbf{Proba. fréquentielle} = \frac{\textbf{Nombre de fois que le résultat attendu s'est réalisé}}{\textbf{Nombre de fois que le résultat a été répété}}$$

Plus le nombre de répétitions de l'expérience aléatoire est grand plus la probabilité expérimentale se rapproche de la probabilité théorique ou réelle.

Exemples :

1. On lance 7 pièces de monnaie simultanément. Quelle est la probabilité

d'avoir exactement 3 Piles ?

P(exactement 3 Piles) = P(3 Piles et 4 Faces) = $(\frac{1}{2})^3 \times (\frac{1}{2})^4 \times \frac{7!}{3!4!} = 0{,}2734$.

Il y a 27,34 % de chance d'avoir exactement 3 Piles dans ces conditions.

2. Avec les lettres R, A, G, E quelle est la probabilité qu'on forme le mot GARE si on pige successivement des lettres au hasard ?

P(G suivi de A suivi de R suivi de E) = $\frac{1}{4} \times \frac{1}{3} \times \frac{1}{2} \times \frac{1}{1} = 0{,}0417$.

Il y a 4,17 % de chance de former le mot GARE dans de telles conditions.

3. On laisse tomber un verre de polystyrène par terre. Quelle est la probabilité qu'il s'immobilise sur sa base ouverte ?

Dans cette situation, on ne peut prédire la probabilité théorique de chaque résultat. Pour calculer la probabilité fréquentielle du résultat désiré, il faut laisser tomber un très grand nombre de fois un verre de polystyrène par terre. Ainsi, on peut déterminer le nombre de fois que le verre tombe sur sa base ouverte par rapport au nombre de fois qu'on le laisse tomber par terre. Il est à noter que même si l'un des résultats n'est pas observé lors de l'expérience aléatoire, on ne peut conclure que ce résultat est impossible.

Activité 131 : Avec un dé truqué

Sény a remarqué qu'un dé a été truqué de telle sorte qu'il tombe sur la face « un » deux fois plus souvent que sur les autres faces.

a) Quelle est la probabilité d'obtenir un nombre inférieur à 3 ?

b) Quelle est la probabilité d'obtenir un nombre impair ? Justifiez.

a. Probabilité d'obtenir un résultat inférieur à 3

P(Résultat < 3) = P(Obtenir 1 ou 2) = $\frac{2}{7} + \frac{1}{7} = \frac{3}{7} = 0{,}4286$.

Il y a 42,86 % de chance d'obtenir un tel résultat.

b. Probabilité d'obtenir un nombre impair

P(Nombre impair) = P(Obtenir 1 ou 3 ou 5) = $\frac{2}{7} + \frac{1}{7} + \frac{1}{7} = \frac{4}{7} = 0{,}5714$.

Il y a 57,14% de chance d'obtenir un nombre impair.

Activité 132 : Adèle s'amuse avec une pièce de monnaie

Adèle s'amuse à lancer quatre fois une pièce de monnaie de 1 dollar. Quelle est la probabilité

a) que les deux premiers lancers donnent Face ?

b) qu'elle obtienne exactement 3 Faces ?

c) qu'elle obtienne au moins 2 Faces ?
d) que les résultats soient alternés ?

a. **Probabilité que les deux premiers lancers donnent Face**
On note les évènements F : « Sortie de Face » et P : « Sortie de Pile ».

$$P(\text{F suivi de F … suivi de …}) = \frac{1}{2} \times \frac{1}{2} \times 2! = 0{,}5000.$$

Il y a 50 % de chance que les deux premiers lancers donnent Face.

b. **Probabilité qu'Adèle obtienne exactement 3 Faces**

$$P(\text{3Faces et …}) = P(\text{3F et F}) \text{ ou } P(\text{3F et P}) = (\frac{1}{2})^4 + (\frac{1}{2})^3 \times \frac{4!}{3!} = 0{,}5625.$$

Il y a 56,25 % de chance qu'Adèle obtienne exactement 3 Faces.

c. **Probabilité qu'Adèle obtienne au moins 2 Faces**
P(Au moins 2F) = P(2 ou 3 ou 4 F) = 1 – P(0 ou 1 Face)

$$= 1 - [(\frac{1}{2})^4 + (\frac{1}{2})^3 (\frac{1}{2}) \times \frac{4!}{3!}] = 0{,}6875$$

Il y a 68,75 % de chance qu'Adèle obtienne au moins 2 Faces.

d. **Probabilité que les résultats soient alternés**
P(F suivi de P suivi de F suivi de P) ou
P(P suivi de F suivi de P suivi de F) = $2 \times (\frac{1}{2})^4 = 0{,}125$.
Il y a 12,50 % de chance que les résultats obtenus par Adèle soient alternés.

Activité 133 : Mêmes pièces fabriquées par deux ateliers

Dans une PME agroindustrielle, deux ateliers fabriquent les mêmes pièces de rechange. En une journée, l'atelier 1 fabrique deux fois plus de pièces que l'atelier 2. Le pourcentage de pièces défectueuses est 3% pour l'atelier 1 et 4 % pour l'atelier 2. On prélève une pièce au hasard dans l'ensemble de la production d'une journée. Calculer la probabilité que cette pièce ...
1) provienne de l'atelier 1;
2) provienne de l'atelier 1 et soit défectueuse ;
3) provienne de l'atelier 1 sachant qu'elle est défectueuse

On commence par noter les trois évènements suivants : A = « La pièce provient de l'atelier 1 »; B = « La pièce provient de l'atelier 2 » ; D = « La pièce est défectueuse ».

1. **Probabilité que cette pièce provienne de l'atelier 1**
L'énoncé nous dit que les 2/3 des pièces produites proviennent de l'atelier 1. On a donc P(A) = 2/3 = 0,6666. Il y a environ 67 % de chance que cette pièce provienne de l'atelier 1.
2. **Probabilité que cette pièce provienne de l'atelier 1 et soit défectueuse.** On cherche, dans ce cas, $P(A \cap D)$.
$P(A \cap D) = P(D/A)P(A) = 0{,}03 \times 2/3 = 1/50 = 0{,}02$. Il y a 2 % de chance que cette pièce provienne de l'atelier 1 et qu'elle soit défectueuse.
3. **Probabilité que cette pièce provienne de l'atelier 1 sachant qu'elle est défectueuse.**
On démontre de même que $P(B \cap D) = 1/75$ et qu'on a donc :
$P(D) = P(A \cap D) + P(B \cap D) = 1/30$. Ainsi, on a : $P(A/D) = P(A \cap D) \div P(D) = 3/5 =$

0,60. Il y a 60 % de chance que cette pièce provienne de l'atelier 1 sachant qu'elle est défectueuse.

Voici un exemple d'application de la définition "fréquentiste" de la probabilité qui donne une approximation d'autant meilleure de la fréquence relative que le nombre de tests est grand.

Activité 134 : Âge de la clientèle d'une revue de micro-informatique

Une revue mensuelle traitant de la santé et de la sécurité du travail a effectué un sondage auprès de sa clientèle. Divers caractères socioéconomiques ont été mesurés lors de ce sondage, entre autres, l'âge des lecteurs et des lectrices. Le résumé de la compilation de 800 questionnaires selon l'âge des lecteurs apparaît dans le tableau ci-dessous :

Âge (en années)	Nombre de lecteurs
$15 \leq X < 20$	44
$20 \leq X < 25$	67
$25 \leq X < 30$	82
$30 \leq X < 35$	187
$35 \leq X < 40$	179
$40 \leq X < 45$	102
$45 \leq X < 50$	95
$50 \leq X < 55$	33
$55 \leq X < 60$	9
$60 \leq X < 65$	2

On choisit au hasard l'un de ces lecteurs. Quelle est la probabilité que son âge soit supérieur ou égal à 30 ans mais inférieur à 35 ans ?

En appliquant la définition fréquentiste de la probabilité, on peut évaluer les possibilités que l'âge de ce lecteur se situe dans l'intervalle ci-haut mentionné.

$$P(30 \leq X < 35) = \frac{\text{Nombre de lecteurs appartenant à cette classe d'âge}}{\text{Nombre total de lecteurs}}$$

$$= 187 \div 800 = 0{,}23375$$

Il y a pratiquement 23 chances sur 100 pour que l'âge de ce lecteur soit supérieur ou égal à 30 ans, mais inférieur à 35 ans.

Les expressions « probabilité théorique » et « probabilité fréquentielle » peuvent donner l'impression qu'il existe deux probabilités pour un même évènement aléatoire. En fait, les épithètes « théorique » et « fréquentielle » font plutôt référence à la façon dont on procède pour évaluer la probabilité. C'est pour cela qu'on parle d'approche théorique et d'approche fréquentielle. Aussi, distingue-t-on la probabilité fréquentielle de la probabilité théorique.

Approche fréquentielle	**Approche théorique**
On recourt à l'approche fréquentielle dans les situations où il n'est pas envisageable	En probabilité, l'approche théorique permet de

d'utiliser une approche théorique, comme dans les cas très complexes où les paramètres à prendre en compte sont trop nombreux ou ne sont pas maîtrisés. Avec cette approche, l'estimation de la probabilité sera très fiable si l'expérience a été simulée correctement avec un nombre suffisant d'essais.	déterminer, à l'aide d'un modèle théorique, la probabilité associée à un évènement aléatoire. Elle s'appuie strictement sur le raisonnement et non sur une tendance à long terme.

Exemple : Un sac de billes contient une certaine quantité de billes bleues, de billes jaunes et de billes vertes. On s'intéresse à la probabilité de tirer au hasard une bille bleue. On suppose que la bille est remise dans le sac après en avoir été tirée. Soit l'évènement B : « Piger une bille bleue ».

Approche fréquentielle	Approche théorique
Sans connaître le contenu du sac, il est impossible de déterminer dans une approche théorique la probabilité de piger une bille bleue. Par contre, en pigeant une bille un très grand nombre de fois et en notant le résultat chaque fois, on peut estimer la probabilité d'« obtenir une bille bleue ».	Puisque le contenu du sac est visible, on peut déterminer, dans une approche théorique, la probabilité de piger une bille bleue.

Si on ne peut pas déterminer la probabilité par un raisonnement mathématique et si on ne peut pas répéter l'expérience un grand nombre de fois, on doit se satisfaire d'une **probabilité subjective**. Celle-ci ne repose pas sur des bases scientifiques comme les précédentes et peut varier selon le jugement de la personne qui en fait l'évaluation.

Activité 135 : Producteurs de logiciels québécois

Le tableau ci-dessous, obtenu à partir d'un sondage effectué auprès de producteurs de logiciels québécois, nous donne la répartition des entreprises selon le nombre d'années d'existence.*

Nombre d'années d'existence	Nombre d'entreprises
Moins de 2 ans (A)	18
De 2 à 5 ans (B)	62
De 5 à 10 ans (C)	119
Plus de 10 ans (D)	88
	Total **287**

* Source : Portrait de l'industrie du logiciel au Québec. Centre de Promotion du logiciel québécois, 1992.

On choisit au hasard l'une de ces entreprises et on s'intéresse au nombre d'années d'existence.

a) Déterminer la probabilité que l'entreprise ait moins de deux ans d'existence ?

b) Quelle est la probabilité que l'entreprise ait au moins 5 ans d'existence ?

a. Probabilité que l'entreprise ait moins de 2 ans d'existence

On veut P(A). P(A) = P(moins de 2 ans) = 18/287 = 0,063

Il y a seulement 6 chances sur 100 que ce producteur de logiciels ait moins de 2 ans d'existence.

b. Probabilité que l'entreprise ait au moins 5 ans d'existence

D'après le tableau ci-dessus, cet évènement se symbolise de la façon suivante : E = CUD. On a : P(E) = P(CUD) = P(C) + P(D) puisque C et D sont mutuellement exclusifs. On a : P(E) = 119/287 + 88/287 = 0,7212, soit environ 72 % de chances que l'évènement se produise.

C. La probabilité subjective

La ***probabilité subjective*** d'un évènement est une probabilité estimée par une personne (ou un organisme) à partir de son jugement ou de ses expériences passées. Dans certains cas (comme celui de la prédiction du vainqueur d'une compétition sportive), il est impossible de déterminer une probabilité théorique ou une probabilité fréquentielle pour un évènement. Il faut alors se baser sur les informations disponibles sur la situation ainsi que sur notre jugement pour déterminer une probabilité. Il s'agit alors d'une probabilité subjective, car elle peut être différente d'une personne à l'autre.

Exemples :

1. Souley estime qu'il a 90 % de réussir son prochain examen de maths puisqu'il juge qu'il a beaucoup étudié.
2. En misant sur la participation des binationaux, on estime que le Syli de Guinée a une bonne chance d'accéder au quart de finale de la 34e édition de la Coupe d'Afrique des Nations de football (CAN 2023) qui se tient en Côte d'Ivoire.

Activité 136 : Probabilités de remporter un tirage

Des élèves d'un cours de probabilités ont évalué leurs chances de gagner à un tirage. Chacun d'eux a exprimé sa probabilité sous une forme différente. Placez ces élèves par ordre croissant de leur probabilité de gagner le tirage en vous référant aux renseignements fournis dans le tableau suivant.

Identification des participants	Probabilité de remporter le tirage
Amy	2 chances sur 7
Bâdy	30 %
Ciré	Rapport de 9 : 32
David	0,315
Esther	5/7

Il y a plusieurs façons de placer ces élèves par ordre croissant de leur probabilité de gain, en convertissant les probabilités soit en nombres décimaux, soit en pourcentages.

En nombres décimaux et en pourcentages

Amy	Bâdy	Ciré	David	Esther
2 chances sur 7 2/7 = 0,2857 28,57 % (2)	30 % 30 % = 0,300 30 % (3)	9 : 32 9 :32 = 0,2812 28,12 % (1)	0,315 0,315 31,50 % (4)	5/7 5/7 = 0,714 71,40 % (5)

Par ordre croissant, sont placés

- Ciré avec 9 chances sur 32 ou 0,2812 ou encore 28,12 % de probabilité ;
- Amy avec 2 chances sur 7 ou 0,2857 ou encore 28,57 % de probabilité ;
- Bâdy avec 30 chances sur 100 ou 30 % de probabilité ;
- David avec 315 chances sur 1000 ou encore 31,5 % de probabilité ;
- Esther avec 5 chances sur 7 ou 0,7142 ou encore 71,42 % de probabilité.

Activité 137 : Évaluation de quelques PME

Une organisation non gouvernementale de développement économique organise sa Journée annuelle des investisseurs locaux durant laquelle les entrepreneurs et futurs entrepreneurs de la région de Nzérékoré sont invités à présenter leur projet à un groupe d'investisseurs ayant des expertises variées, afin d'encourager l'économie locale. Chaque investisseur évalue le succès probable des différents projets présentés et, à la fin de la journée, fait une proposition de financement aux projets ayant la probabilité la plus élevée de réussir.

Le tableau suivant résume les évaluations des investisseurs sur quelques-unes des PME les plus prometteuses.

Information sur de entreprises et évaluation des investisseurs

	PME 1	PME 2	PME 3	PME 4
Les entreprises et quelques-unes de leurs caractérist i-ques	**Lavage à pression** -Services résiden-tiels (asphalte, béton, toiture, etc.) -Services commer-ciaux (location de camions, terrasse-ment, etc.)	**Service Internet mobile par satellite** -Forfaits pour les voyageurs/touris -tes -Technologie innovatrice	**Fabrication et distribution d'huiles essentielles** -Fabrication à partir de produits locaux -Présentation soignée et actuelle -Bonne réputation à l'échelle locale -Pas de vente en ligne (succursale)	**Formation culinaire à domicile et en ligne et service de traiteur** -Service de formation à domicile bien développé -Spécialisé en menu végéta-rien (service traiteur) -Plateforme Web peu per-formante et désuète.

Estimation de la probabilité de succès selon …

Investis-seur 1 Expert en télécom et en produits Web	Ne se sent pas apte à estimer la probabilité	30 %	65 %	25 %
Investis-seur 2 Expert en vente au détail	40 %	60 %	75 %	40 %
Investis seur 3 Expert en entreprises de services	65 %	40 %	Ne se sent pas apte à estimer la probabilité	

Dans cette situation, on peut calculer la probabilité subjective d'un évènement à partir de notre jugement critique et de notre expérience du domaine en jeu. Il ne s'agit alors ni d'une approche théorique ni d'une approche fréquentielle, mais bien d'une approche subjective.

a. L'investisseur 1 et l'investisseur 3 ont, tous deux, mentionné à une reprise ne pas se sentir aptes à évaluer la probabilité de succès d'une des PME. Qu'est-ce qui pourrait justifier leur sentiment d'inaptitude ?
b. Considérant que chaque investisseur reçoit les mêmes informations, nommez les facteurs externes qui pourraient justifier le fait que les évaluations de la probabilité de succès sont si différentes.

Pour déterminer si une probabilité est estimée à l'aide de l'approche subjective, on peut se poser la question suivante : « Est-ce que la probabilité offerte dépend, en partie, de l'opinion de celui qui l'offre ? ». Si la réponse est oui, alors il s'agit presque à coup sûr d'une approche subjective. Et puisque l'approche subjective est, avant tout, un jugement personnel, la fiabilité d'une probabilité estimée par cette approche dépend fortement de la crédibilité de celui qui estime les données auxquelles cette personne a accès.

On recourt habituellement à l'approche subjective dans le cas du phénomène de spéculation économique. En effet, bon nombre de gens estiment la probabilité associée à la hausse future de la valeur d'un bien pour déterminer s'il est bon de l'acheter maintenant à moindre coût dans le but de le revendre plus tard à un prix plus élevé. Pour analyser la situation, ces gens s'appuient sur des informations et les facteurs, comme les conditions du marché, le contexte sociopolitique, etc. Toutefois, pour déterminer l'effet de ces facteurs sur la probabilité que le prix d'un bien fluctue, les gens font plutôt appel à leur intuition et à leur expérience personnelle.

Comme le montrent les exemples donnés ci-haut, les expressions servant à désigner la probabilité subjective recourent souvent à l'idée de « chance », celle-ci pouvant être définie comme la possibilité d'obtenir un gain ou de subir une perte. Aussi bien du point de vue objectif que du point de vue subjectif, la chance peut varier en grandeur et être relativement élevée ou relativement faible. On peut alors se demander combien de chances relativement faibles ($p = 0{,}01$, par exemple) sont subjectivement équivalentes à une chance unique plus grande ($p = 0{,}1$, par exemple). Une telle question est un modèle de nombreuses situations de la vie quotidienne et de la vie professionnelle dans lesquelles, pour la poursuite d'un but dont l'utilité est supposée constante, plusieurs possibilités doivent être pesées et comparées à une possibilité unique plus importante.

Dans la vie quotidienne, nous sommes souvent confrontés à diverses situations qui nous amènent à prendre une décision. Nous utilisons la probabilité pour prendre une décision lorsque nous ne savons pas avec certitude quel sera le résultat. Cette décision reste toujours une décision subjective. En effet, la plupart du temps, nous n'effectuons pas de calculs de probabilité réels, mais nous utilisons la probabilité subjective pour émettre des jugements et déterminer la meilleure ligne de conduite. Ainsi, pour une simple tâche telle que la traversée d'une rue, la décision est individuelle et dépend de chaque personne, de sa culture (en Guinée, on circule à droite ; mais en Angola et en Afrique du Sud, on circule à gauche) et de son âge, ainsi que de plusieurs autres éléments (nature de la voie principale, nombre de véhicules et leur vitesse, couleur du feu de signalisation, etc.).

Un chirurgien peut avoir à choisir entre plusieurs opérations mineures, dont les chances de succès sont faibles, *et* une seule opération plus importante, mais ayant plus de chances de réussir. De même, un gouvernement de transition peut être amené à choisir entre toute une série de réformes institutionnelles secondaires *et* une réforme unique et fondamentale. Les résultats des recherches expérimentales montrent que la majorité des sujets (au moins 60 % de la population adulte) ont tendance soit à surestimer, soit à sous-estimer, par rapport à sa valeur mathématique, une chance relativement petite. Les conditions dans lesquelles ces surestimations et ces sous-estimations se produisent sont complexes et un important travail doit encore être accompli pour dégager les hypothèses les plus plausibles permettant d'expliquer ces phénomènes.

Nous utilisons presque chaque jour la probabilité pour planifier nos activités en fonction de la météo. Les météorologues ne peuvent pas prédire exactement le temps qu'il fera. Ils utilisent des outils et des instruments pour déterminer la probabilité qu'il pleuve ou fasse beau. Par exemple, s'il y a 60 % de chances de pluie, les conditions météorologiques sont telles que 60 jours sur 100 avec des conditions similaires, il a plu. Les météorologues examinent aussi les bases de données statistiques (historiques) pour estimer les températures élevées et les températures basses et les conditions météorologiques pour ce jour ou pour cette semaine.

D. Les probabilités conditionnelles

On appelle ***probabilité conditionnelle*** la probabilité qu'un évènement B se produise sachant que l'évènement A s'est produit. On la note P(B/A) ou $P_A(B)$ et on lit « probabilité que B se réalise, sachant que A s'est produit ». Calculer cette probabilité consiste donc à trouver la probabilité d'un second évènement alors que l'on sait qu'un premier évènement s'est déjà produit.

La formule pour calculer cette probabilité est $\mathbf{P(B/A) = P(B \cap A)/P(A)}$ où $P(B \cap A)$ représente la probabilité que les évènements A et B se réalisent simultanément et P(A) est la probabilité que A se produise. De plus, il est nécessaire que P(A) soit non nulle, $P(A) > 0$.

Activité 138 : Des clés et des portes

Le responsable du service Approvisionnement d'une cantine scolaire possède un trousseau de 5 clés de magasins. Il se tient devant une porte et il sait que parmi ses 5 clés, deux n'ouvrent pas la porte parce qu'elles sont défectueuses, mais les autres clés le peuvent. Il se décide alors de tester les clés, une à une, en effectuant le choix au hasard et sans remise.

On appelle « clé numéro n » la clé utilisée au n-ième essai.

1) *On appelle A_1 l'évènement « La clé numéro 1 n'ouvre pas la porte ». Calculez sa probabilité.*
2) *On appelle A_2 l'évènement « La clé numéro 2 n'ouvre pas la porte ». Calculez la probabilité que l'évènement A_2 se réalise, sachant que l'évènement A_1 est réalisé. En déduire la probabilité de $A_1 \cap A_2$.*
3) *Quelle est la probabilité de l'évènement « Les clés numéros 1 et 2 ouvrent la porte et la clé numéro 3 ne l'ouvre pas » ?*

1. Comme 2 clés sur les 5 n'ouvrent pas la porte, la probabilité que la clé n° 1 n'ouvre pas la porte est $P(A_1) = 2/5 = 0{,}4$ ou 40 %.
2. Comme le choix est effectué sans remise, il reste 4 clés après le premier tirage, dont une n'ouvre pas la porte. On a donc $P(A_2/A_1) = 1/4 = 0{,}25$.
   Il y a 25 % de chance que la clé n° 2 n'ouvre pas la porte, sachant que la clé n° 1 ne l'a pas pu. On en déduit que $P(A_1 \cap A_2) = P(A_1) \times P(A_2/A_1) = 2/5 \times 1/4 = 1/10$. L'évènement $A_1 \cap A_2$ se produit dans 10 % des cas.
3. En appelant A_3 l'évènement : « La clé n° 3 n'ouvre pas la porte » et en désignant par $\bar{A}_1$ et $\bar{A}_2$ les évènements contraires de A_1 et de A_2, on cherche la probabilité $P(\bar{A}_1 \cap \bar{A}_2 \cap A_3)$. $P(\bar{A}_1 \cap \bar{A}_2 \cap A_3) = 3/5 \times 2/4 \times 2/3 = 1/5 = 0{,}20$. Il y a 20 % de chance que les clés n°s 1 et 2 ouvrent la porte et que la clé n° 3 ne l'ouvre pas.

Activité 139 : Club photo et club théâtre

Dans une classe de 30 élèves se forment un club photo et un club théâtre. Le club photo est composé de 10 membres, celui de théâtre de 6 membres. On constate que 2 élèves sont membres des deux clubs à la fois.

1. *On interroge un élève de la classe au hasard. On désigne par P l'évènement « L'élève fait partie du club photo » et par T l'évènement « L'élève fait partie du club théâtre ». Montrer que les évènements P et T sont indépendants.*
2. *Lors d'une séance du club photo, les 10 membres sont tous présents. On tire un premier élève au sort. Il doit prendre la photo d'un autre membre du club qui sera lui aussi tiré au sort.*
   a) *On note par T_1 l'évènement « Le premier élève appartient au club théâtre ». Calculer $P(T_1)$.*
   b) *On note par T_2 l'évènement « L'élève pris en photo est membre du club théâtre ». Calculer la probabilité conditionnelle $P(T_2/T_1)$ puis la probabilité conditionnelle $P(T_2/\bar{T}_1)$, $\bar{T}_1$ étant le contraire de T. En déduire $P(T_2 \cap T_1)$ et $P(T_2 \cap \bar{T}_1)$.*

- 1. Avec des patates (diagramme de Venn), le résultat est presque évident.

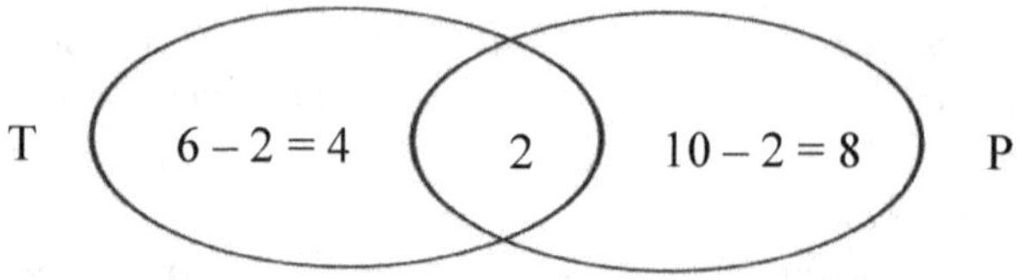

On peut calculer immédiatement les différentes probabilités :

$P(P) = 10/30 = 1/3$ et $P(T) = 6/30 = 1/5$.

On a alors $P(P \cap T) = 2/30 = 1/15$ et $P(P) \times P(T) = 1/3 \times 1/5 = 1/15$.

Le calcul établit que $P(P \cap T) = P(P) \times P(T)$, les évènements P et T sont donc indépendants. Ceci est un pur hasard de calcul, car si on change, par exemple, le nombre d'élèves dans la classe, cela ne marche plus.

Lors d'une séance du club photo, les 10 membres dudit club sont tous présents. Un premier élève est tiré au sort. Il doit prendre la photo d'un autre membre du club qui sera lui aussi tiré au sort.

b. La probabilité que le premier élève appartienne au club théâtre est :
$P(T_2 \cap T_1) = 2/10$ ou 20 % de chance que le 1er élève appartienne au club théâtre.

c. Calcul de la probabilité que l'élève pris en photo fasse du théâtre
$P(T_2/T_1) = 1/9$: il reste à choisir un membre du club théâtre parmi les 9 membres restants.
$P(T_2/\overline{T}_1) = 2/9$: si $\overline{T}_1$ est réalisé (c'est-à-dire si le premier élève choisi ne fait pas de théâtre), il reste deux choix à faire parmi les 9 membres restants. On a donc successivement : $P(T_2 \cap T_1) = P(T_2/T_1) \times P(T_1) = 1/9 \times 1/5 = 1/45$.
$P(T_2 \cap \overline{T}_1) = P(T_2/\overline{T}_1) \times P(\overline{T}_1) = 2/9 \times 4/5 = 8/45$
Avec la loi des probabilités totales, on a : $P(T_2) = P[(T_1 \cap T_2)]U(\overline{T}_1 \cap T_2)] = P(T_1 \cap T_2)] + P(\overline{T}_1 \cap T_2)] = P(T_2 \cap T_1) \times P(T_2 \cap T_1) + P(T_2/\overline{T}_1) \times P(\overline{T}_1)$
On a donc : $P(T_2) = 1/45 + 8/45 = 9/45 = 1/5$ ou 20 %.
Il y a 20 % de chance que l'élève pris en photo appartienne au club théâtre.

Dépendamment des évènements en jeu, on peut déterminer les probabilités conditionnelles de plusieurs façons : les élèves peuvent utiliser le diagramme de Venn, l'arbre de probabilités, le tableau à double entrée pour organiser des informations et effectuer des calculs appropriés.

Activité 140 : On sonne chez Siata avant ses examens

Quand on sonne chez Siata avant ses examens, on a une chance sur deux de ne pas avoir de réponse. Quand elle est chez elle à réviser, Siata répond quand même deux fois sur trois.

1) *Traduire l'énoncé de façon probabiliste, mais sans essayer de définir un univers.*
2) *Déterminer la probabilité que Siata soit chez elle avant ses examens.*
3) *On essaie de voir Siata, et elle ne répond pas quand on frappe à sa porte. Déterminer la probabilité qu'elle soit chez elle.*

1. Notons N = « Siata ne répond pas », S = « Siata est sortie », M = « Siata est à la maison ». On peut traduire les hypothèses comme suit :
$P(N) = 1/2$, $P(N/M) = 1/3$ $P(N/S) = 1$

cette dernière probabilité conditionnelle étant une évidence non écrite dans l'énoncé. P(M) et P(S) = 1 – P(M) sont inconnus.

2. On décompose l'évènement N = (N∩S) ∪ (N∩M), réunion de deux évènements incompatibles. On a successivement :

$$P(N) = P(N\cap S) + P(N\cap M) = P(N/S).P(S) + P(N/M).P(M)$$

$$1/2 = 1 \text{ x } P(S) + 1/3 \text{ x } P(M) = 1 - P(M) + 1/3P(M) = 1 - 2/3P(M).$$

On en déduit P(M) = ¾, et donc P(S) = ¼.

3. On cherche P(M/N). Pour cela, on utilise de nouveau la formule des probabilités conditionnelles : P(M/N) = P(M∩N)/P(N) =P(N/M).P(M)/P(N) =(1/3x¾) ÷ ½ = ½. Il y a une chance sur deux que Siata soit à la maison, sachant qu'elle ne répond pas à la sonnerie.
On aurait pu aussi partir de l'hypothèse R = « Siata ouvre la porte » au lieu de N. Les résultats seraient les mêmes, peut-être plus rapides à trouver, puisqu'on a P(R/S) = 0.

Activité 141 : Dépistage de troubles de l'audition

Un audiologiste (professionnel de la santé auditive) effectue un dépistage systématique concernant un éventuel trouble de l'audition à la naissance. Il vous apprend que 2 % des nouveaux-nés présentent des troubles de l'audition. Ce dépistage commence par un test qui donne 95 % de résultats positifs pour les nouveaux-nés atteints de ces troubles et 6 % de résultats positifs pour les bébés indemnes de ces troubles.

a) Calculez la probabilité qu'un nouveau-né pris au hasard soit atteint de ces troubles sachant que le test a donné un résultat positif.

b) Calculez la probabilité qu'un nouveau-né pris au hasard soit indemne de ces troubles sachant que le test a donné un résultat négatif.

- On commence par définir deux évènements aléatoires : A : « Le nouveau-né est atteint d'un trouble de l'audition » P(A) = 0,02. B : « Le nouveau-né est positif ». On ne connaît pas P(B), mais on connaît les deux probabilités conditionnelles : $P(B/\bar{A}) = 0{,}06$ et P(B/A) = 0,95.

1. On cherche la probabilité qu'un nouveau-né pris au hasard soit atteint de ces troubles, sachant que le test a donné un résultat positif, c'est-à-dire P(A/B). Pour cela, on utilise la formule de Bayes :

$$\mathbf{P(A/B)} = \frac{\mathbf{P(A) \text{ x } P(B)}}{\mathbf{P(B)}} = \frac{\mathbf{P(A) \text{ x } P(B/A)}}{\mathbf{P(A) \text{ x } P(B/A) + P(\bar{A}) \text{ x } P(B/\bar{A})}}$$

$$= (0{,}95 \text{ x } 0{,}02) \div (0{,}95 \text{ x } 0{,}02) + (0{,}06 \text{ x } 0{,}05) = 0{,}2442.$$

La probabilité qu'un nouveau-né pris au hasard soit atteint de ces troubles, sachant que le test a donné un résultat positif est de 24,42 %.

2. De la même façon, la probabilité qu'un nouveau-né pris au hasard soit indemne de ces troubles, sachant que le test a donné un résultat négatif, est égale à :

$$P(\bar{A}/B') = (0{,}94 \text{ x } 0{,}98) \div (0{,}94 \text{ x } 0{,}98 + 0{,}05 \text{ x } 0{,}02) = 0{,}9989.$$

La probabilité qu'un nouveau-né pris au hasard soit indemne de ces troubles, sachant que le test a donné un résultat négatif est de 99,89 %.

- Ce qu'il faut retenir de cette activité, c'est que ce type de raisonnement est très utilisé dans les travaux en Médecine et qu'elle fait recours à la formule de Bayes pour trouver la probabilité conditionnelle recherchée.

- Dans l'activité suivante, on peut utiliser un diagramme de Venn pour organiser les données et calculer la probabilité conditionnelle.

Activité 142 : Diagramme de Venn et calcul de probabilité conditionnelle

Lors des évaluations finales, 40 % des lycéens ont échoué en chimie, 25 % ont échoué en physique, et 19 % ont échoué à la fois en chimie et en physique. Quelle est la probabilité qu'un lycéen choisi au hasard ait échoué en physique s'il a réussi en chimie ?

Commençons par dessiner un diagramme de Venn vide.

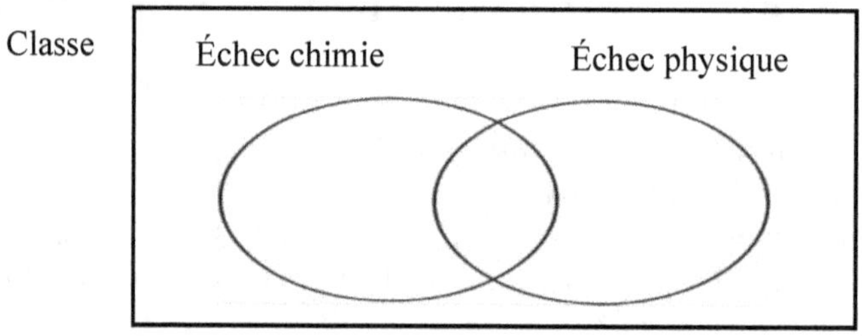

- On peut utiliser les informations données pour ajouter la proportion relative de chaque région. Puisque 40 % des lycéens ont échoué en chimie alors que 19 % ont échoué à la fois en chimie et en physique, on peut en déduire que 40 % - 19 % = 21 % des lycéens ont seulement échoué en chimie.
  De même, on peut déduire que 25 % - 19 % = 6 % des lycéens ont seulement échoué en physique. Alors, on a les données suivantes :
  - 21 % des lycéens ont échoué en chimie mais pas en physique ;
  - 6 % des lycéens ont échoué en physique mais pas en chimie ;
  - 19 % des lycéens ont échoué à la fois en physique et en chimie.
- À présent, la proportion relative restante est pour les élèves qui ont réussi les deux matières. Étant donné que la somme de toutes les proportions relatives doit être égale à 100 %, le pourcentage d'élèves qui ont réussi les deux matières est donné par 100 % - 21 % - 6 % - 19 % = 54 %. On ajoute ces pourcentages sur le diagramme de Venn comme ci-dessous.

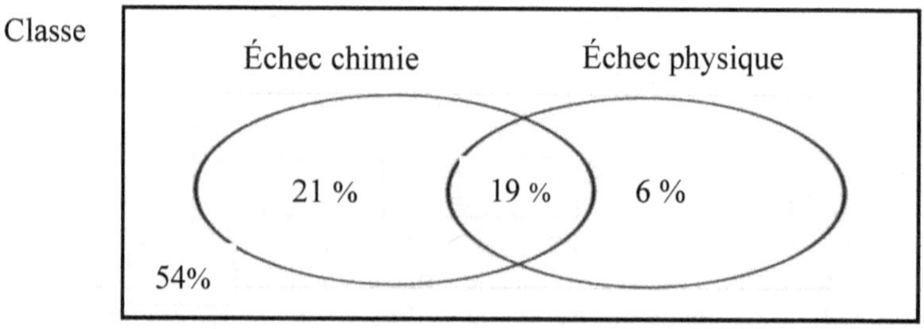

- On veut déterminer la probabilité qu'un lycéen sélectionné au hasard ait échoué en physique sachant qu'il a réussi en chimie. Le pourcentage de lycéens ayant réussi en chimie est indiqué en dehors du cercle « Échec chimie » dans le diagramme. C'est la région hachurée ci-dessous.

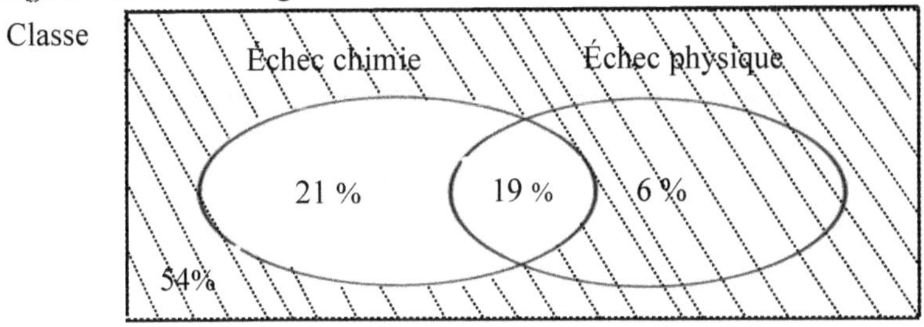

- De plus, on sait que la région hachurée verticalement ci-dessous représente les lycéens qui ont échoué en physique mais réussi en chimie.

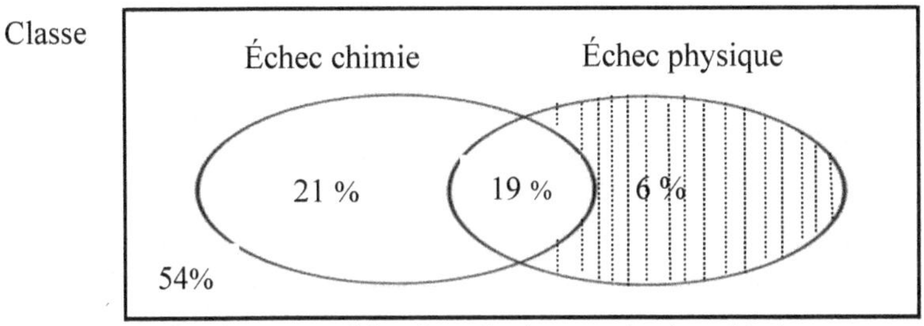

Lycéens ayant échoué en physique et réussi en chimie

- On note que le lycéen choisi a réussi la chimie, c'est-à-dire qu'on choisit un élève du groupe de lycéens ayant réussi en chimie plutôt que de toute la classe. En d'autres mots, l'univers des possibles est la région hachurée obliquement ci-dessus, et non le rectangle.
- Le pourcentage des lycéens qui ont réussi la chimie est donné en additionnant les pourcentages dans la région hachurée obliquement, ce qui conduit à 6% + 54 % = 60 %. Parmi les lycéens qui ont réussi la chimie, le pourcentage de lycéens qui ont échoué en physique se trouve dans la région hachurée verticalement, qui est 6 %. Ainsi, la probabilité de choisir au hasard un lycéen qui a échoué en physique dans le groupe de lycéens qui ont réussi la chimie est donnée par …
  Pourcentage de lycéens ayant échoué en physique mais réussi en chimie
  $= 6\ \% \div 60\ \% = 0{,}1$ ou 10 %.
- On peut vérifier ce résultat en utilisant la formule de la probabilité conditionnelle de l'évènement A sachant que l'évènement B s'est produit. $P(A/B) = P(A \cap B)/P(B)$. Dans le présent cas, on peut écrire cette formule comme suit :

$$P(\text{Lycéen a échoué en physique / lycéen a réussi en chimie}) = \frac{P(\text{lycéen a échoué en physique et réussi en chimie})}{P(\text{lycéen a réussi en chimie})}$$

À partir des régions ci-dessus hachurées verticalement et obliquement, on peut obtenir : P(lycéen a échoué en physique et réussi en chimie) = 0,06.

P(lycéen a réussi en chimie) = 0,06 + 0,54 = 0,60. En substituant ces valeurs à la formule ci-dessus, on obtient :

P(Lycéen a échoué en physique/lycéen a réussi en chimie) = 0,06/0,60 = 0,10.

Il y a 10 % de chance qu'un lycéen choisi au hasard échoue en physique sachant qu'il a réussi en chimie.

On parle de *grossesse ectopique* (ou *extra-utérine*) lorsque l'embryon (l'œuf fécondé) se développe à l'extérieur de l'utérus, en général, dans l'une des trompes de Fallope. Dans une grossesse ectopique, le fœtus ne peut pas survivre. La grossesse ectopique peut arriver à n'importe qui. Mais plusieurs experts pensent qu'elle arrive surtout aux femmes qui ont eu une endométriose pouvant provoquer des lésions des trompes ; aux femmes qui ont eu une chirurgie abdominale, comme une appendicectomie ou une césarienne ; aux femmes qui ont plus de 35 ans, mais surtout aux femmes qui fument.

Activité 143 : Des chances pour une grossesse ectopique de se développer

Une grossesse ectopique a deux fois plus de chance de se développer lorsque la femme enceinte fume que lorsqu'elle est non fumeuse. Si 32 % des femmes en âge de maternité fument, quel pourcentage de femmes, ayant une grossesse ectopique, sont fumeuses ?

On peut résoudre ce problème de deux manières : par un diagramme en arbre (figure ci-dessous) et algébriquement.

a. Utilisation du diagramme en arbre

Notons F = « La femme enceinte est une fumeuse » et F^c le contraire de F. E/F = « Grossesse ectopique sachant que la femme est une fumeuse ». E/F^c = « Grossesse ectopique sachant que la femme est non-fumeuse ».

Nous savons que $P(F) = 0{,}32$; $P(F^c) = 0{,}68$; $P(E/F) = 2p$; $P(E/F^c) = p$.

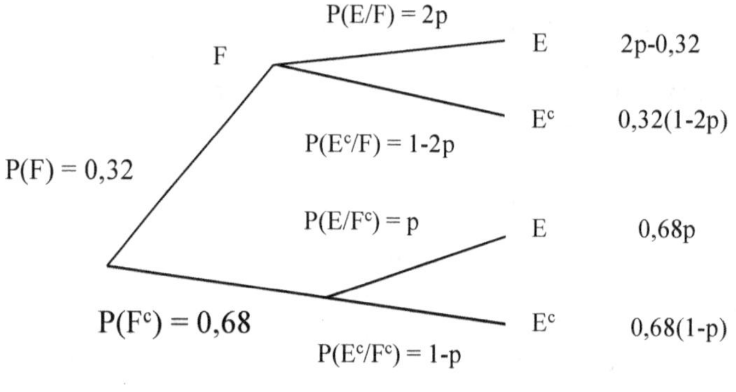

On peut tirer du diagramme que la probabilité d'être une fumeuse si la grossesse est ectopique P(F/E) est de $0{,}64p/(0{,}64p + 0{,}68p) = 0{,}4848$. Il y a 48 femmes sur 100 en grossesse ectopique qui fument.

b. Approche algébrique

On commence par poser la formule des probabilités conditionnelles :

$$P(F/E) = P(E \cap F)/P(E) = P(E/F)P(F)/P(E)$$

On voit que la probabilité P(E) nous est inconnue ; il faut donc conditionner P(E) : $P(E) = P(E/F)P(F) + P(E/F^c)P(F^c)$. On obtient la formule de Bayes en substituant la dernière expression dans la précédente :

P(F/E) = P(E/F)P(F)/[P(E/F)P(F) + P(E/F^c)P(F^c)] = 0,32 x2p/[(0,32 x2p) + (0,68 x p)] = 0,4848.
Quarante-huit femmes en grossesse ectopique sur 100 sont des fumeuses.

Activité 144 : Diagramme de Venn et conditionnalité

Dans le diagramme de Venn ci-dessous, on a inscrit le nombre d'étudiants devant reprendre au moins un examen en maths, en français et en anglais.

Quelle est la probabilité qu'un élève reprenne son examen de maths, étant donné qu'il a déjà refait son examen de français ?

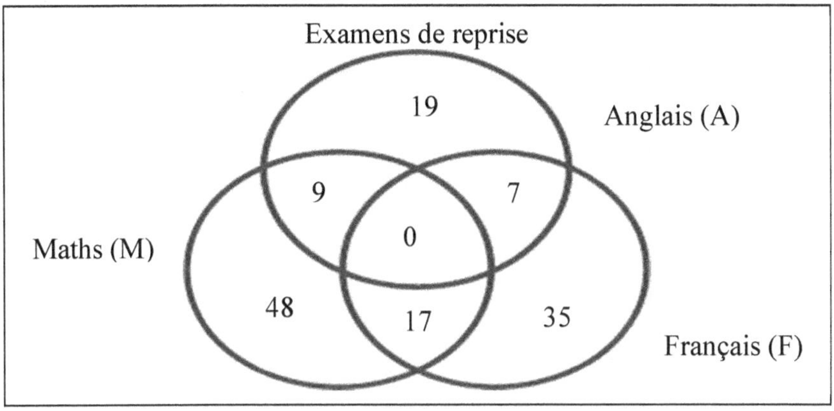

- On commence par noter les 3 évènements M : « Examen de maths » ; F : « Examen de français » ; A : « Examen d'anglais ». Pour répondre à la question, il faut calculer la probabilité conditionnelle de M sachant F. On sait, à partir du diagramme de Venn, qu'il y a au total 135 élèves (somme de tous les nombres y figurant).
- Pour calculer P(M/F), on doit d'abord déterminer les valeurs de P(M∩F) et de P(F), P(M∩F) étant la probabilité qu'un élève refasse ses examens de maths et de français. Le diagramme indique que P(M∩F) = 17/135.
- On peut, à présent, calculer, la probabilité conditionnelle :
P(M/F) = P(M∩F) ÷ P(F) = (17/135) ÷ (59/135) = (17 x 135) ÷ (135/59) = 17/59.
Ainsi, la probabilité qu'un élève reprenne son examen de maths, après qu'il ait repris son examen de français est de 17/59.

La réalisation de l'activité suivante montre à suffisance comment le diagramme de Venn permet d'organiser visuellement l'information afin de voir la relation entre les données, de comprendre la logique cachée derrière des formulations des énoncés et de résoudre des problèmes complexes.

Activité 145 : Assemblée de 400 profs de langues nationales

Dans une assemblée réunissant 400 professeurs de langues nationales, 300 comprennent le Soussou (S), 200 le Maninka (M), 90 le Pular (P). 160 comprennent le Soussou et le Malinké, 60 le Soussou et le Pular, 20 le Malinké mais ni le Soussou ni le Pular et 20 comprennent les trois langues. On choisit une personne au hasard dans cette assemblée.

Quelle est la probabilité que cette personne comprenne

a) exactement deux des trois langues ?

b) au moins l'une des trois langues ?

- En décodant les éléments d'information, on peut construire la figure suivante où on peut placer les données du problème. Cette figure n'est rien d'autre qu'un diagramme de Venn qui est la manière la plus simple, la plus rapide et intuitive de résoudre ce genre de situation-problème.

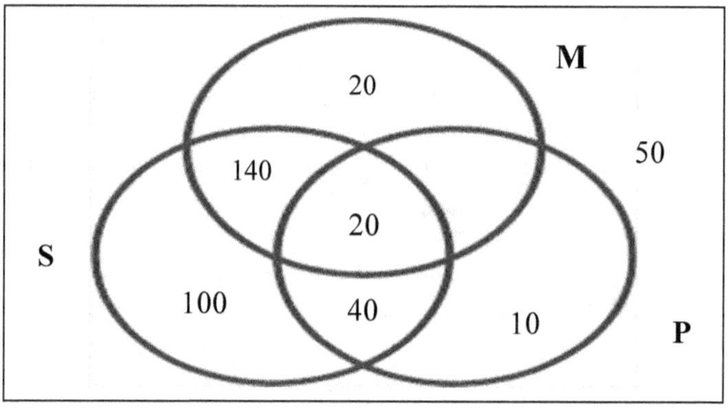

- On peut facilement déduire de ce diagramme de Venn que

a. 140 + 40 + 20 = 200 personnes parlent exactement deux des trois langues. La probabilité qu'une personne choisie au hasard parmi les 400 séminaristes comprenne exactement deux des trois langues est donc de 200 ÷ 400 = 0,50 ou 50 %, soit une personne sur deux.

b. Les séminaristes qui comprennent au moins l'une des trois langues sont au nombre de 100 + 140 + 20 + 40 + 10+ 20 + 20 = 350.
On aurait pu trouver le même résultat avec 400 – 50 (puisque, selon le diagramme de Venn, 50 personnes ne comprennent aucune de ces trois langues ; il peut s'agir de certains profs des langues kissi, guerzé (ou kpelle), toma ou kono qui ont été invités à titre d'observateurs, en attendant l'assemblée qui les réunira à Nzérékoré avec leurs collègues de la Forêt).
La probabilité qu'une personne choisie au hasard parmi les 400 séminaristes comprenne au moins l'une des trois langues est donc de : 350 ÷ 400 = 7/8 = 0,875 ou 87,50 %.

Arbre de probabilités

Un arbre de probabilités est un schéma qui permet de représenter tous les résultats possibles d'une expérience aléatoire, ainsi que la probabilité de chaque résultat à chaque étape de l'expérience. Grâce à cet arbre, on peut calculer la probabilité d'un résultat lorsque toutes les étapes de l'expérience aléatoire sont réalisées.

Pour construire un arbre de probabilités, on doit

- ✓ écrire un titre au diagramme et le nom de chaque étape de la situation sous le texte ;
- ✓ construire un diagramme en arbre à l'aide de branches et de nœuds ;
- ✓ inscrire sur chaque branche la probabilité du résultat correspondant à chaque nœud ;
- ✓ multiplier les probabilités associées aux différentes branches de l'expérience aléatoire en suivant un chemin dans l'arbre afin d'obtenir la probabilité des résultats possibles ;
- ✓ valider l'arbre des probabilités en s'assurant que la somme des probabilités donne 1.

Exemple : On tire deux cartes sans remise dans un jeu de 52 cartes. On s'intéresse aux évènements A « Tirer un as » et B « Ne pas tirer d'as ».

Résultats lors du tirage des deux cartes

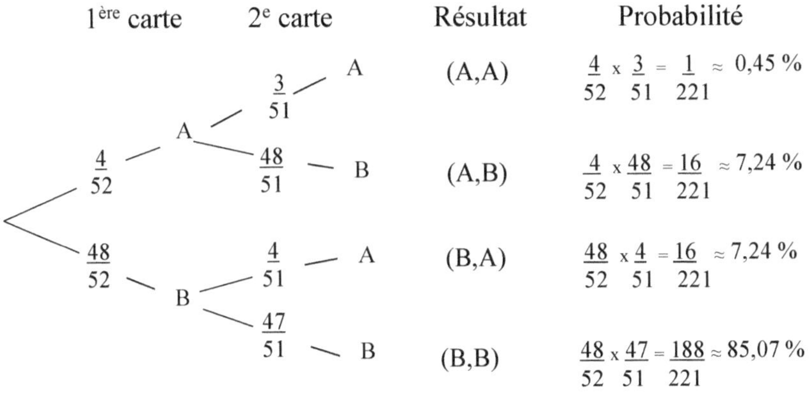

Dans les cas des tirages sans remise, lorsqu'on construit un arbre de probabilités, il est important de s'assurer que les probabilités associées aux résultats de chacune des branches tiennent compte des résultats obtenus aux branches précédentes.

Activité 146 : Chance d'échouer l'examen de maths …

Tatou et Juliette ont respectivement 6 chances sur 10 et 3 chances sur 10 d'échouer leur examen de maths. L'arbre de probabilités des résultats possibles de cette situation est présenté ci-dessous.

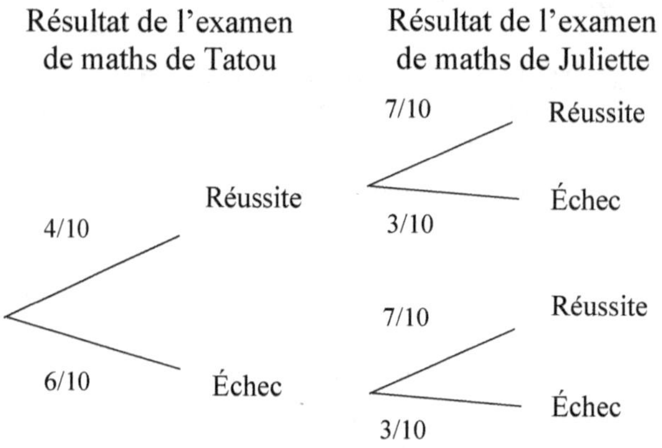

Lesquelles des affirmations suivantes sont vraies ? Justifiez.

a) La probabilité que Tatou et Juliette réussissent leur examen est de 28 %.

b) Il y a 54 % de chances qu'une seule des deux filles échoue son examen.

c) La probabilité qu'au moins une des deux filles réussisse est de 0,18.

En utilisant l'arbre de probabilités fourni, on peut calculer les probabilités

a) P(Tatou et Juliette réussissent) = 4/10 x 7/10 = 28/100 = 28 %.
La première affirmation est donc vraie.

b) P(seulement une des deux filles réussit) =
P(Tatou réussit et Juliette échoue) + P(Tatou échoue et Juliette réussit) =
= (4/10 x 3/10) + (6/10 x 7/10) = 12/100 + 42/100 = 54/100 soit 54 % de chances.
La seconde affirmation est donc vraie.

c) P(au moins une des deux filles réussit) = 1 – P(aucune fille ne réussit) =
= 1 – P(Tatou échoue et Juliette échoue)
= 1 – 6/10 x 3/10 = 1 – 18/100 = 82/100 = 0,82 (différent de 0,18).
La troisième affirmation est donc fausse.

Activité 147 : On s'intéresse à la clientèle d'un musée

Le musée de Sandervalia vient d'être entièrement rénové et équipé de moyens technologiques de conservation et de gestion. Chaque visiteur du Musée peut acheter son ticket sur internet avant sa visite ou l'acheter aux caisses du musée à son arrivée.

Pour l'instant, le visiteur ne peut louer un audioguide qu'aux caisses du musée. Le directeur du musée lance une étude sur la pertinence de proposer aux clients la réservation des audioguides sur internet. L'étude réalisée révèle que 70 % des clients achètent leur ticket sur internet et que, parmi les clients qui achètent leur ticket sur internet, 35 % choisissent à leur arrivée au musée une visite avec un audioguide.

On choisit au hasard un client du musée et on considère les évènements suivants :

A : « Le client choisit une visite avec un audioguide ».

B : « Le client achète son ticket sur internet avant sa visite ».
Représentez cette situation à l'aide d'un arbre de probabilité.

En désignant par Ā l'évènement contraire de A et par B' l'évènement contraire de B, on obtient l'arbre de probabilités suivant :

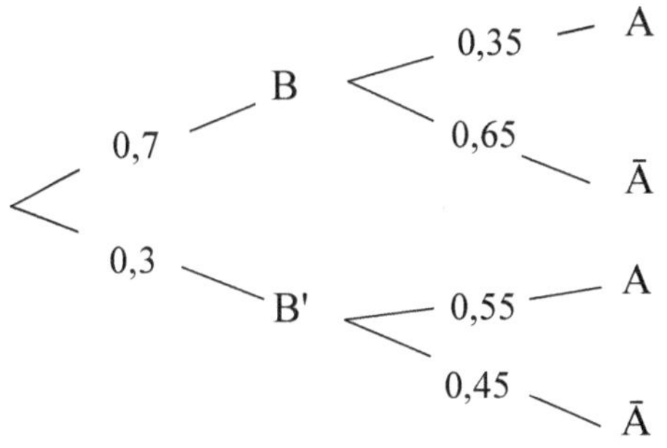

On remarque que la somme des probabilités des branches issues d'un même nœud est égale à 1. Ainsi, P(A) + P(Ā) = 1 et P(B) + P(B') = 1.

Activité 148 : De combien de façons peut-on s'habiller

Tâtou doit choisir des vêtements pour se présenter en entrevue. Elle dispose de trois jupes (J_1, J_2 et J_3) et de deux vestons (V_1 et V_2).

a) *Construisez un diagramme en arbre qui représente toutes les combinaisons « jupe et veston » qu'on peut former avec ces vêtements.*
b) *De combien de façons différentes Tâtou peut-elle s'habiller ?*
c) *Sachant qu'elle choisit ses vêtements au hasard, quelle est la probabilité qu'elle porte le veston V_1 ?*

a. On peut construire le diagramme en arbre suivant :

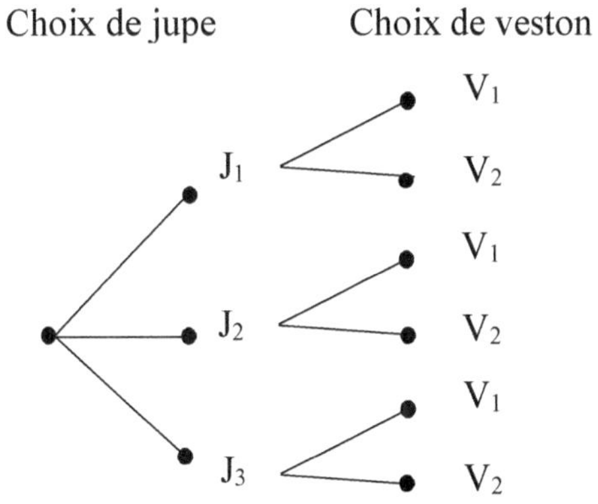

b. Selon le diagramme en arbre ci-haut construit, Tâtou peut s'habiller de six façons différentes : (J_1,V_1), (J_1,V_2), (J_2,V_1), (J_2,V_2), (J_3,V_1), (J_3,V_2).
c. Le veston V_1 se retrouve dans 3 des 6 combinaisons « jupe et veston ». La probabilité que Tâtou porte ce veston est donc P = 3/6 = ½ ou 50%.
Tâtou porte ce veston dans 50 % des cas (un cas sur deux).

On peut tout aussi bien calculer une probabilité conditionnelle à l'aide d'un arbre de probabilités.

Exemple : On met dans une urne 4 billes vertes et 3 billes orange. On cherche la probabilité de piger une bille orange après avoir tiré une verte.

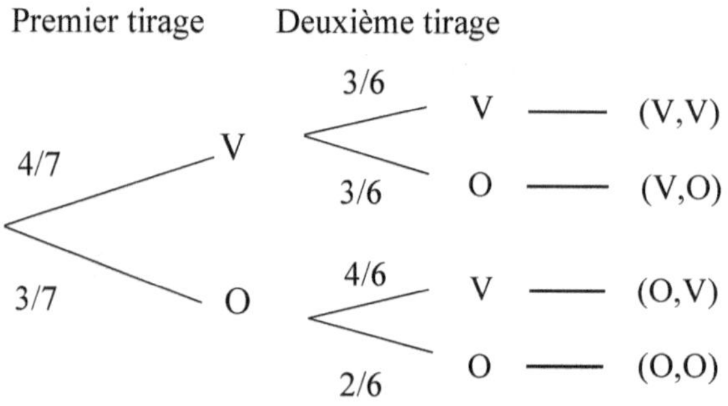

On peut trouver la probabilité demandée sans utiliser la formule vue plus haut. En effet, au deuxième tirage, la probabilité d'obtenir une bille orange, après avoir eu une bille verte au premier tirage, est de 3/6. On peut facilement conclure que la probabilité demandée est de ½.

On peut également calculer la probabilité d'obtenir une bille orange sachant que l'on a déjà obtenu une bille verte au préalable comme suit :

$$\frac{\text{P(Bille verte en 1}^{\text{er}}\text{ et bille orange en second)}}{\text{P (Bille verte au premier tirage)}} = \frac{4/7 \text{ x } 3/6}{4/7} = \frac{3}{6} = \frac{1}{2}$$

Ainsi, la probabilité de tirer une bille verte en premier et une bille orange, dans cet ordre, est de ½. Il y a 50 % de chance que cela se produise.

L'enseignante peut attirer l'attention des élèves sur les points suivants :

- Une *branche* relie deux évènements successifs. Sur chaque branche, on note la probabilité correspondante.
- Un *chemin* est une suite de branches ; il représente l'intersection des évènements rencontrés sur ce chemin. La probabilité d'un chemin est la probabilité de l'intersection des évènements rencontrés sur ce chemin.
- Un *nœud* est le point de départ d'une ou de plusieurs branches.

Activité 149 : On s'intéresse aux familles ayant 2 enfants

On s'intéresse aux familles qui ont deux enfants. On s'intéresse plus précisément à l'ordre de naissance et au sexe des deux enfants. On convient de noter par F : « Naissance d'une fille » et par G : « Naissance d'un garçon ». On admet que P(F) ≈ 0,52 et P(G) = 1 – P(F) ≈ 0,48.

a) Construis l'arbre de probabilités qui représente toutes les combinaisons possibles quant au sexe des enfants.

b) Quelle est la probabilité que les deux enfants soient des filles ?

a) **Arbre de probabilités.**

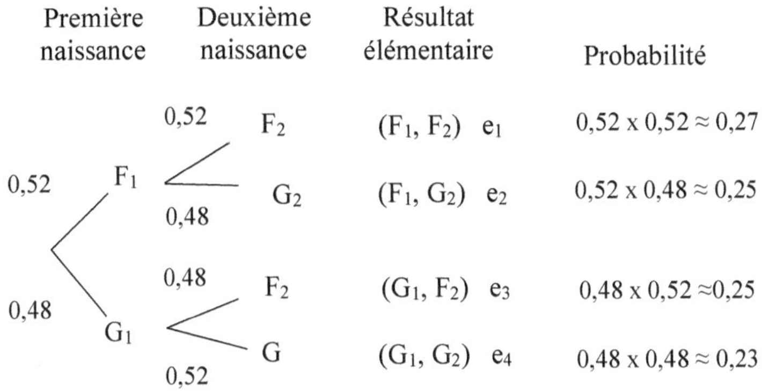

NB : La somme des probabilités des évènements élémentaires est égale à 1.

b) **Calcul de probabilité**
En appliquant la loi des probabilités conditionnelles, on a :

$$P(F_1 \cap F_2) = P(F_1) \times P(F_2/F_1) = 0,52 \times 0,52 = 0,27.$$

Il y a 27 % de probabilité que les deux enfants soient des filles.

Activité 150 : Prolongement de l'activité 149

Considérons une famille de quatre personnes choisie au hasard dans laquelle il y a au moins une fille, Maï.

a) Étant donné qu'il y a deux enfants, dont Maï, quelle est la probabilité pour que Maï ait un frère ?

b) Si on sait que Maï est l'aînée, quelle est la probabilité que le (la) cadet(te) soit un garçon ?

a. Probabilité que Maï ait un frère. Il existe 4 façons équiprobables pour une telle famille d'avoir 2 enfants : GG, GF, FG, FF, selon l'ordre des naissances. Ici, on élimine d'emblée la possibilité GG car on sait qu'il y a au moins une fille, Maï. Sur les 3 possibilités restantes, deux donnent un jeune frère à Maï. La probabilité que Maï ait un frère est donc de 2/3.

b. **Probabilité que le (la) cadet(te) soit un garçon.** Maï étant l'aînée, on élimine d'emblée les évènements GG et GF. Sur les deux possibilités restantes, il y a une chance pour que Maï ait un petit frère. La probabilité que le cadet soit un garçon est donc de 1/2.

Activité 151 : On s'intéresse aux familles ayant 3 enfants

On considère une famille qui compte trois enfants. On considère que les évènements F : « L'enfant est une fille » et G : « L'enfant est un garçon » sont équiprobables.

a) Construis l'arbre de probabilités qui représente toutes les combinaisons possibles quant au sexe des enfants.

*b) Montre sur un diagramme de Venn l'évènement **A** : « Le deuxième enfant est une fille et le troisième un garçon. », puis, calcule sa probabilité.*
c) Calcule les probabilités des évènements suivants :
***B** : « Le plus jeune est un garçon. » ; **C** : « L'aînée est une fille. »*
***D** : « Les deux premiers enfants sont des garçons. » ; **E** : « Les 3 enfants sont de même sexe. » ; **F** : « {Les 3 enfants ne sont pas de même sexe.»*

a. Arbre de probabilités

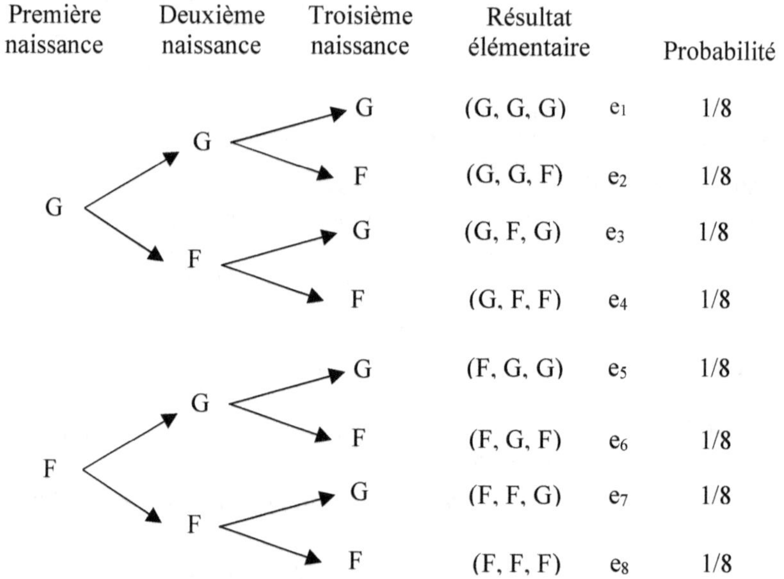

b. L'évènement A : « Le deuxième enfant est une fille et le troisième un garçon » montré sur le diagramme de Venn ci-dessous : $A = \{e_3, e_7\}$.

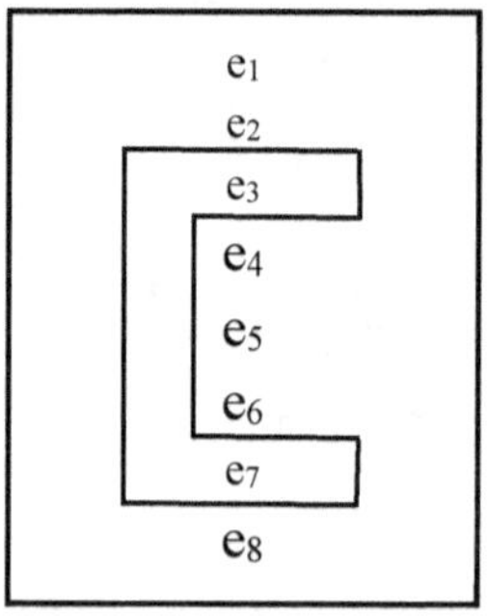

$A = \{e_3, e_7\} \Rightarrow P(A) = 1/8 + 1/8 = 2/8 = 1/4$.

c. **Calcul des probabilités des évènements suivants :**

B = {Le plus jeune est un garçon} = $\{e_1, e_2, e_3, e_4\} \Rightarrow$ **P(B)** = 4/8 =1/2.
C = {L'aînée est une fille} = $\{e_5, e_6, e_7, e_8\} \Rightarrow$ **P(C)** = 4 x1/8 = 4/8 = 1/2.
Les évènements B et C se produisent dans 50 % des cas (1 cas sur 2).
D = {Les 2 premiers enfants sont des garçons} = $\{e_1, e_2,\} \Rightarrow$ **P(D)** = 1/4.
E = {Les 3 enfants sont de même sexe} = $\{e_1, e_8,\} \Rightarrow$ **P(E)** = 2/8 = 1/4.
Les évènements D et E se produisent dans 25 % des cas (1 cas sur 4).
F = {Les 3 enfants ne sont pas de même sexe} = $\{e_2, e_3, e_4, e_5, e_6, e_7\} \Rightarrow$ **P(F)** = 3/4.

Ou encore, compte du fait que E et F sont complémentaires, on a :
P(F) = 1 – P(E) = 1 - P{Les enfants sont de même sexe.} = 1 – 1/4 = ¾.
Dans 75 % des cas, les trois enfants ne sont pas de même sexe.

Activité 152 : On s'intéresse aux familles ayant 4 enfants

Une famille désireuse de faire quatre enfants s'interroge sur le nombre de filles ou de garçons. On admet que les évènements F : « L'enfant est une fille » et G : « L'enfant est un garçon » sont équiprobables.

a_1) Construire un arbre de dénombrement de toutes les combinaisons possibles (du premier au quatrième enfant).

a_2) Combien de telles combinaisons y a-t-il ?

b) Calculer la probabilité des évènements suivants :

A : « Le premier enfant de la famille est un garçon ».

B : « La famille a exactement trois filles ».

C : « La famille a au moins deux garçons ».

D : « L'aîné(e) et le (la) cadet(te) sont de même sexe ».

1a. Arbre de dénombrement de toutes les combinaisons possibles

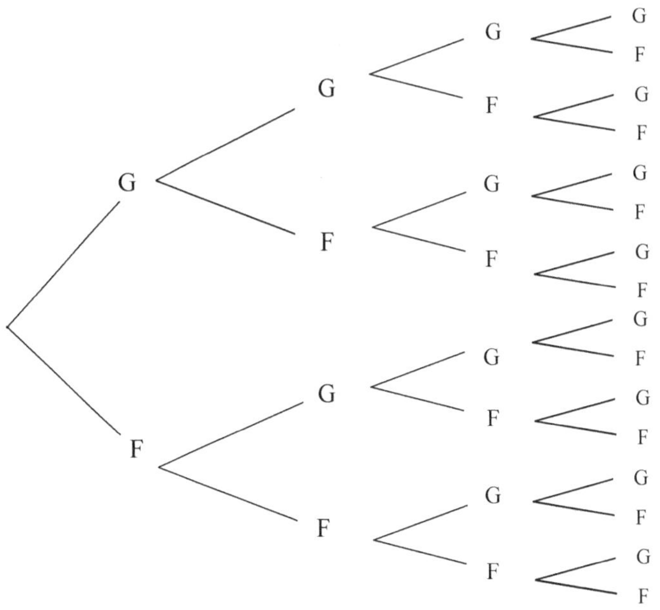

À partir de l'arbre ci-dessus, on peut déterminer le nombre de dénombrements possibles.

1b. Nombre de dénombrements possibles …

Les dénombrements possibles (du 1er au 4e enfant) sont les suivants :
(G,G,G,G), (G,G,G,F), (G,G,F,G), (G,G,F,F), (G,F,G,G), (G,F,G,F), (G,F,F,G), (G,F,F,F), (F,G,G,G), (F,G,G,F), (F,G,F,G), (F,G,F,F), (F,F,G,G), (F,F,G,F),

(F,F,F,G), (F,F,F,F). Il y a en tout **16 combinaisons** possibles, en tenant compte de l'ordre des naissances.

2) Probabilité des évènements

A : « Le premier enfant de la famille est un garçon ».

$$P(A) = \frac{\text{Nombre de combinaisons où le 1er enfant est un garçon}}{\text{Nombre total de combinaisons}} = \frac{8}{16} = \frac{1}{2}$$

Il y a 50 % de chance que le premier enfant du couple soit un garçon.

B : « La famille a exactement 3 filles ». B = {(G,F,F,F), (F,G,F,F), (F,F,G,F), (F,F,F,G)}

$$P(B) = \frac{\text{Nombre de combinaisons où se trouvent trois filles}}{\text{Nombre total de combinaisons}} = \frac{4}{16} = \frac{1}{4}$$

Il y a 25 % de chance que le couple ait exactement trois filles.

C : « La famille a au moins deux garçons ». ⇒ moins de deux garçons = {(G,F,F,F), (F,G,F,F), (F,F,G,F), (F,F,F,G), (F,F,F,F)}. P(C) = 1 – P(C')

$$1 - \frac{\text{Nombre de combinaisons où se trouvent au moins deux garçons}}{\text{Nombre total de combinaisons}} =$$

$= 1 - \frac{5}{16} = \frac{11}{16} =$ 0,6875 ou environ 69 % de chance que le couple ait au moins deux garçons.

D : « L'aîné(e) et le (la) cadet(te) sont de même sexe ».

$$P(D) = 1 - \frac{\text{Nombre de combinaisons où les 2 premiers enfants sont du même sexe}}{\text{Nombre total de combinaisons}}$$

$= 1 - \frac{8}{16} = \frac{1}{2}$ ou 50 % de chance que les 2 premiers enfants soient du même sexe.

Activité 153 : On étudie l'anglais, l'allemand et/ou l'espagnol

Un groupe de lycéens comprend 40 % de filles. Tous les élèves de ce groupe étudient l'anglais. 60 % des garçons et 40 % des filles étudient l'allemand. Tous les élèves qui ne font pas allemand étudient l'espagnol.

a) Traduire cette situation par un arbre pondéré.

b) Calculez la probabilité que l'élève choisi au hasard dans le groupe soit un garçon qui étudie l'allemand.

c) Calculez la probabilité que l'élève choisi au hasard étudie l'espagnol.

a) Arbre pondéré traduisant la situation-problème

Avant de construire l'arbre pondéré traduisant la situation, il faut d'abord définir les évènements suivants : G : « L'élève est un garçon », F : « L'élève est une fille », A : « L'élève étudie l'allemand » et E : « L'élève étudie l'espagnol ».

En décodant les éléments de l'énoncé, on peut construire l'arbre ci-dessous :

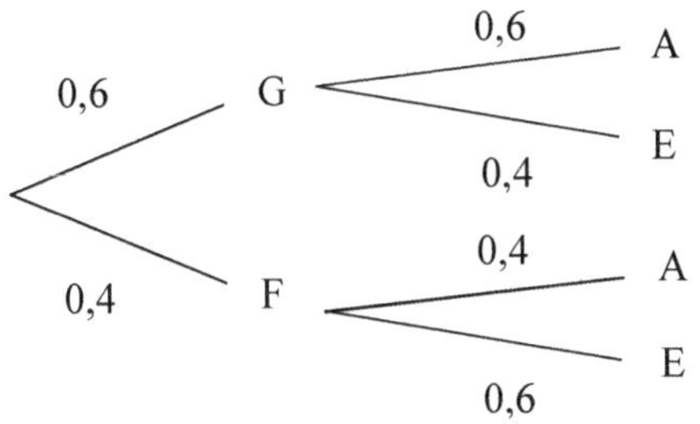

b) Probabilité que l'élève choisi au hasard soit un garçon qui étudie l'allemand. En appliquant la loi des probabilités conditionnelles, il vient successivement : $P(G \cap A) = P(G) \times P(A/G) = 0{,}6 \times 0{,}6 = 0{,}36$. Il y a 36 % de chance que l'élève choisi soit un garçon qui étudie l'allemand.

c) Probabilité que l'élève choisi au hasard étudie l'espagnol. En remarquant que les évènements G et F forment une partition de l'espace des probabilités, on peut appliquer la loi des probabilités totales et obtenir : $P(E) = P(G \cap E) + P(F \cap E) = P(G) \times P(E/G) + P(F) \times P(E/F) = (0{,}6 \times 0{,}4) + (0{,}4 \times 0{,}6) = 0{,}48$. Il y a 48 % de chance que l'élève choisi au hasard dans le groupe garçon étudie l'espagnol.

Activité 154 : Urne opaque contenant des billets de banque

Salif dispose d'une urne opaque contenant un billet de 20 000 GNF et deux billets de 10 000 GNF. Il tire successivement deux billets sans les remettre dans l'urne.

1) *Quelles sommes Salif peut-il gagner ?*
2) *Construire l'arbre de jeu.*
3) *En déduire la probabilité de chaque issue.*

1. Salif peut gagner 20 000 GNF (il tire successivement deux billets de 10 000 GNF) ou 30 000 GNF (il tire un billet de 20 000 GNF, puis un billet de 10 000 GNF, ou en sens inverse). Il y a donc deux évènements : « Gagner 20 000 GNF » et « Gagner 30 000 GNF ».

2. On construit comme suit l'arbre de jeu (où les valeurs sont en milliers de GNF).

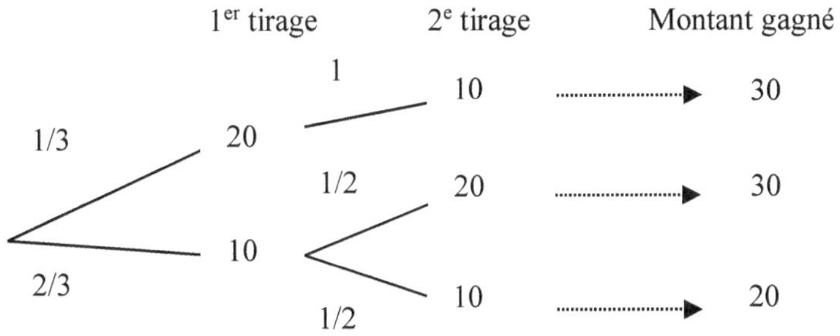

Pour le 1er tirage, Salif a 2 chances sur 3 de piger un billet de 10 000 GNF et une chance sur 3 de tirer 20 000 GNF.

Pour le 2e tirage, étant donné qu'il n'y a pas de remise, lorsque Salif a tiré 20 000 GNF, il tire nécessairement 10 000 GNF la 2e fois ; d'où la probabilité égale à 1 sur la branche.

Lorsque Salif a tiré 10 000 GNF au 1er tirage, il est resté un billet de 10 000 GNF et un billet de 20 000 GNF. La probabilité d'obtenir 10 000 GNF au 2e tirage, après avoir obtenu 10 000 GNF au 1er tirage, est donc égale à 0,50.

On procède de la même manière avec le billet de 20 000 GNF.

3. Rappelons qu'à la 1ère question, nous avons montré qu'il y a deux issues : gagner 20 000 GNF et gagner 30 000 GNF. En utilisant l'arbre de jeu, la probabilité de gagner 30 000 GNF est égale à : P(30 000) = (1/3 x 1) + (2/3 x ½) = 2/3.
La probabilité de gagner 20 000 GNF est égale à : P(20 000) = 2/3 x ½ = 1/3.

> Les services hospitaliers ne pourraient pas fonctionner sans un grand nombre de professionnels tels que les médecins, le personnel technique (des services techniques, informatiques, ...), le personnel médicotechnique (des services de pharmacie, de laboratoire, d'électroradiologie, ...), des aides-soignantes (aides médicales, psychiatrique, auxiliaires puéricultrices), le personnel administratif (de direction et d'administration, le personnel des institutions qui forment aux professions paramédicales, etc.).

Activité 155 : Arbre de probabilités et efficacité d'un test

On s'intéresse à trois catégories du personnel hospitalier : les médecins (M), les soignants non médecins (S) et le personnel administratif ou technique (AT). 12 % sont des médecins et 71 % des soignants. 67 % des médecins sont des hommes et 92 % des soignants sont des femmes. On interroge au hasard un membre du personnel.

1) Écrire les probabilités correspondant aux données de la situation, puis construire un arbre de probabilités.

2) Quelle est la probabilité que la personne interrogée soit une femme soignante ? une femme médecin ?

3) On sait que 80 % du personnel est féminin.
- *a) Calculer la probabilité que la personne interrogée soit une femme AT.*
- *b) En déduire la probabilité que la personne interrogée soit une femme sachant que cette personne interrogée est AT.*

1. **Probabilités correspondant aux données de la situation**
En décodant les éléments de l'énoncé, on peut écrire les probabilités
P(M) = 0,12 P(S) = 0,71 P(AT) = 1 – P(M) – P(S) = 1 – 0,12 – 0,71 = 0,17.
En utilisant les évènements F pour les femmes et H pour les hommes, on peut écrire les probabilités conditionnelles **P(H/M)** = 0,67 et **P(F/S)** = 0,92.

Arbre de probabilités traduisant la situation du personnel considéré

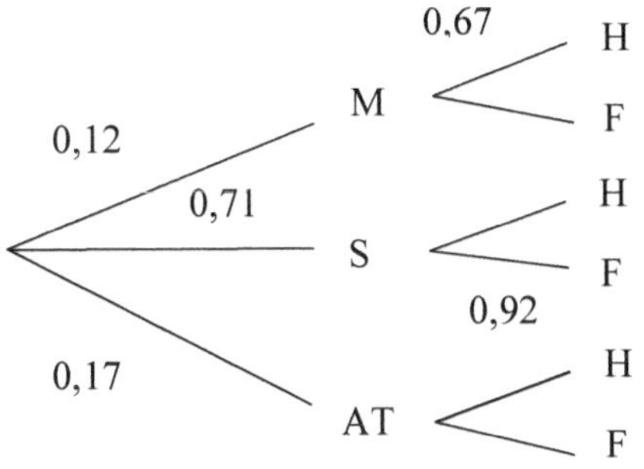

2. **Probabilité que la personne interrogée soit …**
   a) une femme soignante : $P(S \cap F) = P(S) \times P(F/S) = 0{,}71 \times 0{,}92 = 0{,}6532$
   Il y a 65 % de chance que la personne interrogée soit une soignante.
   b) une femme médecin : $P(F/M) = 1 - P(H/M) = 1 - 0{,}67 = 0{,}33$
   $P(M \cap F) = P(M) \times P(F/M) = 0{,}12 \times 0{,}33 = 0{,}0396$. Il y a 3,96 % de chance que la personne interrogée soit une femme médecin.

3 **a) Probabilité que la personne interrogée soit une femme AT**
On sait que 80 % du personnel est féminin : $P(F) = 0{,}8$. Ici, M, S et AT forment une partition de l'univers. En appliquant la loi des probabilités totales, il vient : $P(M \cap F) + P(S \cap F) + P(AT \cap F) = P(F) \Rightarrow P(AT) = P(F) - P(M \cap F) - P(S \cap F) = 0{,}8 - 0{,}0396 - 0{,}6532 = 0{,}1072$. Il y a 10,72 % de chance que la personne interrogée soit une femme AT.
b) Probabilité que la personne interrogée soit une femme, sachant que cette personne interrogée est AT.
$P(F/AT) = P(AT \cap F)/P(AT) = 0{,}1072 \div 0{,}17 = 0{,}6306$ ou 63 % de probabilité.

Activité 156 : Maï a l'intention de passer des examens

Maï a l'intention de passer trois examens en sciences comptables durant le prochain été. Elle passera le premier examen en juin. Si elle réussit, elle passera le deuxième en juillet. Puis, si elle réussit cet examen, elle passera le dernier en septembre. En cas d'échec, elle n'a pas le droit de passer l'examen suivant. La probabilité de réussir le premier examen est 0,9. Si elle poursuit, la probabilité conditionnelle de réussir le deuxième est 0,8. Si elle réussit au premier et au second examen, la probabilité conditionnelle de réussir le troisième est 0,7.
a) Avec quelle probabilité, Maï réussira-t-elle les trois examens ?
b) Sachant qu'elle ne réussira pas les trois examens, quelle est la probabilité qu'elle ait raté le deuxième ?

Notons R_1 : « Réussir le 1ier examen » ; nous savons que $P(R_1) = 0{,}9$.
R_2/R_1 : « Réussir le 2e examen, sachant que le 1er est réussi » ; $P(R_2/R_1) = 0{,}8$.
$R_3/R_1 \cap R_2$: « Réussir le 3e examen, sachant que les deux premiers sont réussis » ; on sait que $P(R_3/R_1 \cap R_2) = 0{,}7$.

a) On cherche $P(R_1 \cap R_2 \cap R_3)$. Pour cela, on applique la règle du produit :

$P(R_1 \cap R_2 \cap R_3) = P(R_1) \times P(R_2/R_1) \times P(R_3/R_1 \cap R_2) = 0{,}9 \times 0{,}8 \times 0{,}7 = 0{,}5040 \approx 50\ \%$.
Maï a un peu plus de 50 % de chance de réussir ses trois examens.

b) On veut déterminer la probabilité de R'_2/R' (R'_2 étant l'évènement contraire de R_2). D'après la formule des probabilités conditionnelles, on peut écrire : $P(R'_2/R') = P(R'_2 \cap R')/P(R')$. Comme les cas intermédiaires (tels que « réussir uniquement le 1er et le 3e tout en ratant le 2e ») n'existent pas, la probabilité $P(R')$, c'est-à-dire celle d'« avoir raté la série d'examens » est la probabilité complémentaire de celle trouvée en a). On a donc : $P(R') = 1 - P(R) = 1 - 0{,}5040 = 0{,}4960$.
La probabilité $P(R'_2 \cap R'_1)$, celle d'« avoir raté le 2e examen et raté la série » est identique à la probabilité d'« avoir raté le 2e examen et réussi le premier », donc $P(R'_2 \cap R_1)$. On a finalement :

$$P(R'_2 \cap R'_1) = \frac{P(R'_2 \cap R'_1)}{P(R')} = \frac{P(R'_2 \cap R_1)}{1 - P(R)} = \frac{0{,}9 \times 0{,}2}{1 - 0{,}5040} = 0{,}3629$$

Maï a un peu plus de 36 % de chance de rater son deuxième examen.
On peut résoudre plus facilement ce problème en utilisant le diagramme en arbre comme suit :

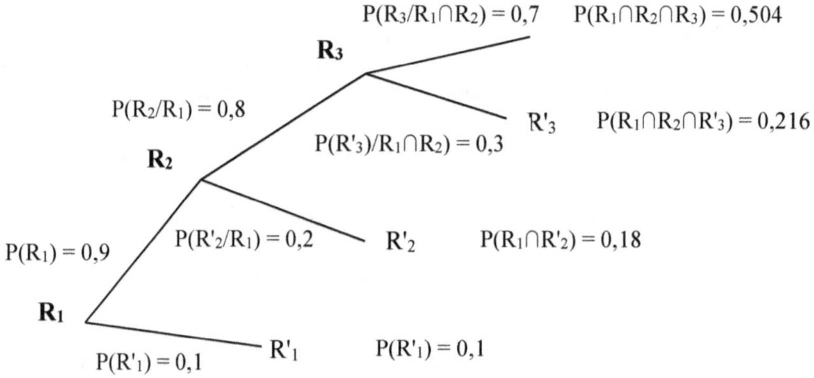

> La probabilité que quelqu'un décède suite à l'infection de la Covid-19 est étroitement liée à certains facteurs tels que l'âge et les comorbidités (comme le cancer, les maladies cardiovasculaires et le diabète). Le fait que l'Afrique soit parmi les parties du monde les moins endeuillées par la Covid-19 s'explique, en partie, par la structure de sa population. En effet, l'âge médian en Afrique Subsaharienne, par exemple, est de 18,7 ans. Les enfants de moins de 15 ans y représentent 42 % de la population, alors que les 65 ans et plus ne représentent que 3 %.

Activité 157 : Efficacité d'un test Covid-19

Supposons que la COVID-19 atteigne 3 % d'une certaine population et qu'un test de dépistage donne les résultats suivants : Chez les personnes malades, 95 % des tests sont positifs et 5 % sont négatifs. Chez les personnes non malades, 1 % des tests sont positifs et 99 % sont négatifs.

On choisit un individu de cette population au hasard.

1) *Construire l'arbre de probabilités de cette expérience aléatoire.*

2) *Calculer la probabilité que cet individu*
   a) *soit malade et qu'il ait un test positif ;*
   b) *ne soit pas malade et qu'il ait un test négatif ;*
   c) *ait un test positif ;*
   d) *ait un test négatif ;*
3) *Calculer la probabilité*
   a) *qu'il ne soit pas malade, sachant que le test est positif ;*
   b) *qu'il soit malade, sachant que le test est négatif.*

1. En décodant les éléments (les données) de la situation-problème, on peut construire l'arbre de probabilités suivant :

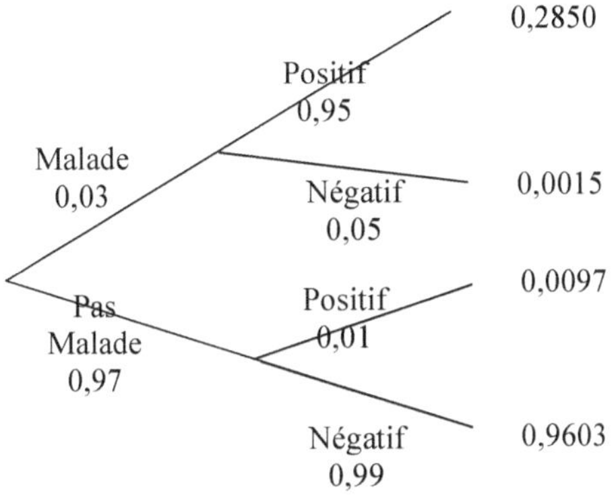

2. On note les évènements M « L'individu est malade » et T « Le test est positif ». Et, par conséquent, les évènements contraires M' = « L'individu n'est pas malade » et T' « Le test est négatif ».
   a. P(M∩T) = 0,03 x 0,95 = 0,0285 (pour bien faire, il faudrait rédiger en utilisant les probabilités conditionnelles, mais l'arbre de probabilités ci-dessus construit est, ici, bien suffisant).
   b. P(M'∩T') = 0,97 x 0,99 = 0,9603.
   c. P(T) = P(M'∩T) + P(M∩T) = 0,0097 + 0,0285 = 0,0382.
   d. P(T') = P(M'∩T') + P(M∩T') = 0,0015 + 0,9603 = 0,9618.

3. On calcule les probabilités demandées comme suit :
   a. P(M'/T) = P(T∩M') / P(T) = 0,0097 ÷ 0,0382 = 0,25 ou 25 %. Il y a 25 % de chance que l'individu ne soit pas malade, sachant que le test est positif ; c'est énorme.
   b. P(M/T') = P(T'∩M) / P(T') = 0,9603 ÷ 0,9618 = 0,998 ou 99,8 %. Il y a 99,8 % de chance que l'individu soit malade, sachant que le test est négatif. C'est nettement mieux.

L'enseignante fera remarquer que : (i) sur les branches secondaires, on lit toujours une probabilité conditionnelle ; (ii) la probabilité de l'évènement correspondant à un chemin est le produit des probabilités des branches composant ce chemin (règle du produit) ; (iii) la somme des probabilités des branches issues d'un même nœud est égale à 1 (règle de la somme). L'enseignante proposera des situations variées qui font appel à l'arbre de probabilités et au tableau à double entrée.

Tableau à double entrée

On peut également calculer une probabilité conditionnelle en utilisant un tableau à double entrée (tableau de corrélation).

Exemple : Voici une étude réalisée dans un cinéma près de chez vous. L'étude s'intéresse aux films préférés des filles et des garçons. Les choix sont divisés en deux catégories : les films d'amour et les films d'humour.

Films préférés

	Amour	Humour	Total
Filles	75	24	99
Garcons	23	67	90
Total	98	91	189

Déterminer la probabilité que le film préféré soit un film d'amour sachant que c'est un garçon qui a choisi revient à calculer la probabilité d'avoir un film d'amour comme résultat, sachant que la personne choisie est un garçon.

Il y a 23 garçons qui aiment les films d'amour sur un total de 90 garçons. Ainsi, la probabilité que le film préféré du garçon soit un film d'amour est de 23/90.

Activité 158 : Parler anglais et/ou espagnol ... ou pas

Dans une classe de 35 élèves, 16 élèves pratiquent l'anglais, 11 pratiquent l'espagnol et 4 élèves pratiquent les deux langues. Calculez la probabilité qu'un élève choisi au hasard ne parle aucune des deux langues.

Notons par A : « parle anglais », $\bar{A}$: « ne parle pas anglais »,
E : « parle espagnol », $\bar{E}$: « ne parle pas espagnol ».
En décodant les données du problème et en les complétant par de simples calculs (soustractions), on peut construire le tableau à double entrée pour représenter le nombre d'élèves correspondant à chaque combinaison de valeurs (A, $\bar{A}$, E, $\bar{E}$) en lien avec les deux critères étudiés.

	A	$\bar{A}$	Total
E	4	7	11
$\bar{E}$	12	**12**	24
Total	16	19	**35**

On ajoute une ligne et une colonne intitulée « Total » afin de faciliter l'interprétation de l'enquête.
On peut lire que 4 élèves parlent anglais alors que 7 ne le pratiquent pas. On peut aussi lire que 4 élèves parlent espagnol alors que 12 ne le pratiquent pas. Le tableau indique que 12 des 35 élèves ne parlent ni anglais ni espagnol. La probabilité qu'un élève choisi au hasard ne parle aucune des deux langues est donc 12/35 = 0,3428.

Des calculs avec les probabilités conditionnelles

La connaissance des probabilités conditionnelles permet d'effectuer plusieurs calculs.

Exemple : Soit une expérience aléatoire comportant deux évènements A et B. On sait que $P(A) = 0,4$ $P(B) = 0,7$ et $P(A \cap B) = 0,2$. Pour calculer les deux probabilités $P(A/B)$ et $P(B/A)$, il faut utiliser la définition d'une probabilité conditionnelle :

$$P(A/B) = P(A \cap B) / P(B) = 0,2 \div 0,7 = 0,29$$
$$P(B/A) = P(B \cap A) / P(A) = 0,2 \div 0,4 = 0,50$$

On peut également utiliser un tableau à double entrée pour calculer la probabilité conditionnelle d'un évènement.

Activité 159 : Asta et ses sacs de boules colorées

Asta dispose d'un sac S_1 contenant 6 boules rouges et 8 noires, et d'un sac S_2 contenant 10 boules rouges et 4 noires. Elle tire une boule de S_1 et la remet dans S_2. Puis, elle tire une boule de S_2 et la remet dans S_1.

1) Combien Asta peut-elle avoir de boules rouges dans S_1, à la fin ?

2) Pour chacune des valeurs possibles, calculer la probabilité qu'il y ait n boules rouges dans S_1.

3) Sachant qu'il y a toujours 4 boules noires dans S_2, quelle est la probabilité d'avoir tiré une boule rouge ?

1. Asta peut procéder de la façon suivante : elle peut soit enlever une boule rouge, soit ne tirer aucune boule, soit en rajouter une rouge. Il y aura 5 ou 6 ou 7 boules rouges au final dans S_1.
2. On peut envisager trois cas, selon qu'on a 5, 6 ou 7 boules rouges dans le sac S_1.
   a. Asta aura toujours 5 boules rouges dans le tirage (R_1, N_2) lorsqu'elle tire une boule rouge de S_1 puis une noire de S_2. Lorsqu'elle rajoute la boule rouge dans S_2, il y aura 15 boules dont 11 rouges. On a, dans ce cas :
   $$P_5 = P(R_1 \cap N_2) = P(R_1) \text{ x } P(N_2/R_1) = 6/14 \text{ x } 4/15 = 24/210.$$
   b. Asta aura toujours 5 boules rouges dans S_1 lorsqu'elle a soit le tirage (R_1, R_2) ou le tirage (N_1, N_2). Ces deux évènements sont incompatibles et il vient :
   $$P_6 = P(R_1)P(R_2/R_1) + P(N_1)P(N_2/N_1) = (6/14\text{x}11/15) + (8/14\text{x}5/15) = 106/210.$$
   c. Asta aura 7 boules rouges lors du tirage (N_1, R_2), de probabilité
   $$P_7 = P(N_1)P(R_2/N_1) = 8/14 \text{ x } 0/15 = 80/210.$$
   On vérifie que $P_5 + P_6 + P_7 = 1$.
3. S'il reste 4 boules noires dans S_2, c'est qu'il en reste 8 dans S_1 (car Asta a 14 boules noires). Comme il y a 14 boules dans S_1, il y en a 6 rouges, et les deux sacs sont identiques à la situation initiale.
   Notons A_6 l'évènement « Il y a 6 boules rouges dans S_1 ». Nous cherchons $P(R_1/A_6)$ et nous avons successivement $P(R_1/A_6) = P(R_1 \cap A_6)/P(A_6) = P(R_1 \cap R_2)/P_6 = P(R_1)P(R_2/R_1)/P_6 = 66/106$, soit 62,22 % de probabilité.

D. Les probabilités géométriques

On étudie habituellement les probabilités dans le contexte d'un tirage avec ou sans remise, d'un jeu de cartes, du temps qu'il fera, etc. On peut aussi les étudier à l'aide de la géométrie, en recourant à différents rapports (ou différentes fractions) de longueurs, de mesures d'angles, de périmètres, d'aires de surfaces ou de volumes. C'est ce qu'on appelle *probabilité géométrique*.

En analysant les performances des basketteurs professionnels dont le score habituel était de 50 %, les psychologues Amos Tversky et Daniel Kahneman ont conclu que celles-ci paraissent totalement aléatoires. En fait, il n'existe pas en basketball de « main d'or » capable de marquer une série démesurée de paniers consécutifs. Les séries de paniers qui ont été effectivement réalisées ont très probablement été dues au hasard. Si un joueur shoote 20 fois au cours d'une soirée, par exemple, il est étonnant de constater qu'il a à peu près 50 % de chances de mettre 4 paniers de suite durant la partie. La probabilité qu'il mette au moins 5 paniers de suite à un moment du jeu est de 20 à 25 %, et celle qu'il en mette 6 ou plus à la suite des autres est d'environ 10 %.

La probabilité et les rapports de longueurs

Lorsqu'on veut calculer la probabilité qu'une partie d'un objet à une dimension (une ligne) soit atteinte ou choisie, on utilise les rapports de longueurs. La probabilité se calcule à l'aide de la formule suivante :

P = Longueur à choisir ou à atteindre / Longueur totale

Exemple : Un joueur de soccer botte un ballon vers le fond du terrain dont la moitié est représentée ci-dessous (la figure n'est pas à l'échelle) :

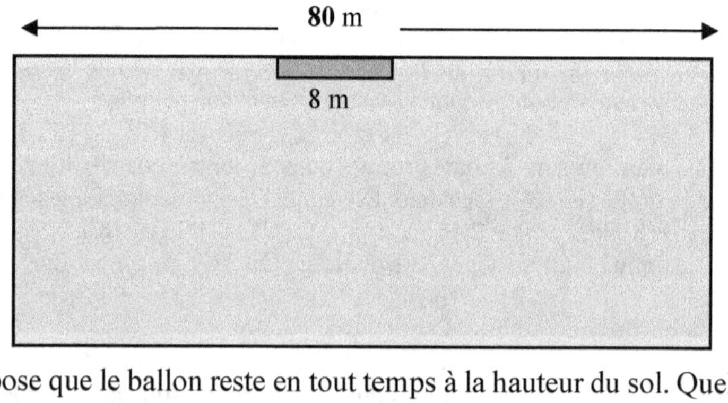

On suppose que le ballon reste en tout temps à la hauteur du sol. Quelle est la probabilité qu'en bottant le ballon le joueur atteigne le but ?

Dans ce cas de figure, la probabilité d'atteindre le but est égale à

P = Longueur du but ÷ Longueur du terrain.

On peut calculer directement cette probabilité : P = 8 m ÷ 80 m = 0,1.

La probabilité d'atteindre le but égale 0,1 ou 10 % (un cas sur 10).

Activité 160 : Stationnement dans une zone interdite ...

Un automobiliste souhaite stationner sa voiture dans une rue qui contient deux bornes-fontaines (petites fontaines en forme de borne) placées sur le schéma ci-dessous.

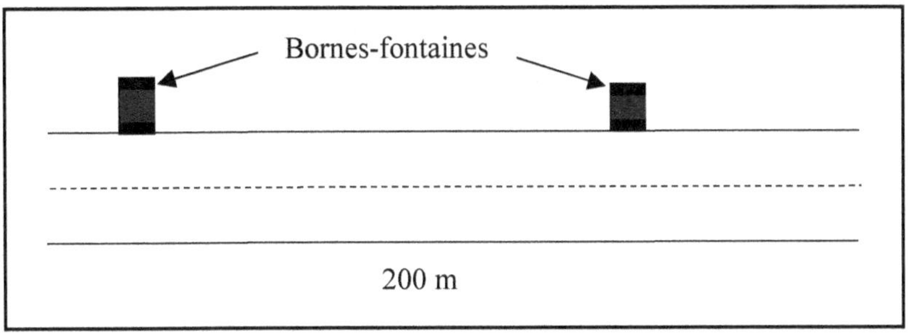

L'automobiliste veut placer sa voiture du côté de la ruelle où sont placées les bornes-fontaines. On sait qu'il est interdit de stationner à moins de 5 m d'une borne-fontaine. Si l'automobiliste choisit un emplacement aléatoirement, quelle est la probabilité que l'extrémité avant de sa voiture soit dans une partie de la ruelle où le stationnement est formellement interdit ?

Dans ce cas, la probabilité est égale à : **P = Distance interdite ÷ Distance totale**

On sait que la distance totale (la longueur de la ruelle) est égale à 200 m. Il est interdit de stationner 5 m avant et après chaque borne-fontaine. Cela signifie une longueur interdite de 10 m par borne-fontaine, donc de 20 m sur la longueur totale de la ruelle. On peut maintenant calculer la probabilité : P = 20 m/200 m = 0,1. La probabilité de stationner dans une telle zone interdite est donc égale à 0,1 ou à 10 %.

La probabilité et les rapports de mesures d'angles

Lorsqu'on veut calculer la probabilité qu'une partie d'un objet soit atteinte ou choisie et qu'on connaît au moins un angle, on peut utiliser les rapports de mesures d'angles. On calcule ainsi la probabilité à l'aide de la formule :

$$P = \frac{\textbf{Mesure de l'angle délimitant la partie choisie à atteindre}}{\textbf{Angle délimitant l'objet en entier}}$$

Exemple : Yama prépare une pizza. Il ne lui reste qu'une olive, qu'elle place sur la pizza. Une fois le repas terminé, elle coupe deux morceaux délimités par un angle au centre égal à 60° (Voir le schéma ci-dessous).

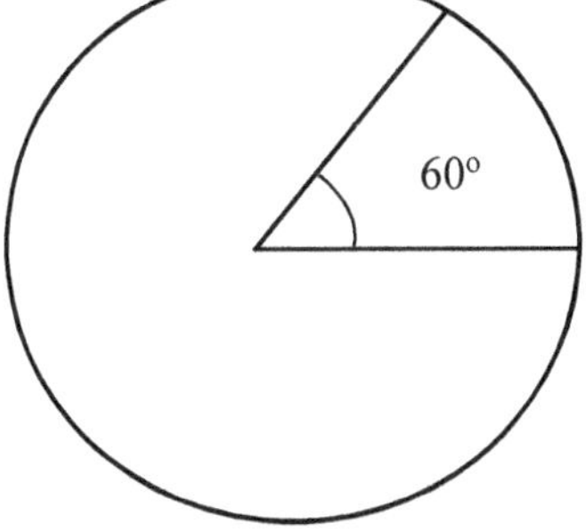

Quelle est la probabilité que l'olive se situe dans l'une des deux pointes ainsi coupées ?

Dans ce cas, la probabilité est égale à :

$$P = \frac{\text{Angle délimitant les morceaux de pizza coupés}}{\text{Angle formé par la pizza entière}}$$

L'angle formé par la pizza est égal à 360°, puisqu'elle forme un disque complet. Lorsqu'on coupe le premier morceau, on le fait selon un angle de 60°. Au cours de la seconde coupe, on prend un morceau formant un autre angle de 60°. On aura donc coupé une partie de la pizza délimitée par un angle total de 120°. La probabilité cherchée est : P = 120° ÷ 360° = 1/3 = 0,33. La probabilité qu'une des deux personnes ait l'olive dans son morceau de pizza est égale à 0,33 ou à 33 %.

La probabilité et les rapports de périmètres

On peut également calculer des probabilités à l'aide de rapports de périmètres. Ce calcul ressemble beaucoup à celui de rapports de longueurs, puisqu'un périmètre est, en fait, un cas particulier de longueur.

Exemple : Des pièces de forme identique servant à former le contour de deux casse-tête ont été mélangées. Le premier casse-tête, une fois terminé, aura les dimensions suivantes : 50 cm de longueur par 30 cm de largeur. Le second casse-tête mesurera 70 cm par 60 cm.

Quelle est la probabilité qu'une pièce choisie au hasard appartienne au premier casse-tête ?

Dans ce cas, on effectue le calcul des « chances pour » comme suit :

P = Périmètre du premier casse-tête ÷ Périmètre total des 2 casse-tête.

On calcule le périmètre du premier casse-tête : 2(50 cm + 30 cm) = 160 cm et le périmètre du second casse-tête : 2(70 cm + 60 cm) = 260 cm.

Le périmètre total des 2 casse-tête égale donc 160 cm + 260 cm = 420 cm.

On peut calculer maintenant la probabilité que la pièce choisie au hasard appartienne au premier casse-tête : P = 160 cm ÷ 420 cm = 0,38 ou 38 %.

La probabilité et les rapports d'aires

Lorsqu'on veut calculer la probabilité qu'une partie d'un objet en deux dimensions soit atteinte ou choisie, on peut utiliser les rapports d'aires et utiliser la formule suivante :

P = Aire choisie ou à atteindre ÷ Aire totale

Exemple : On lance un dard (ancienne arme de jet) dans le carré suivant.

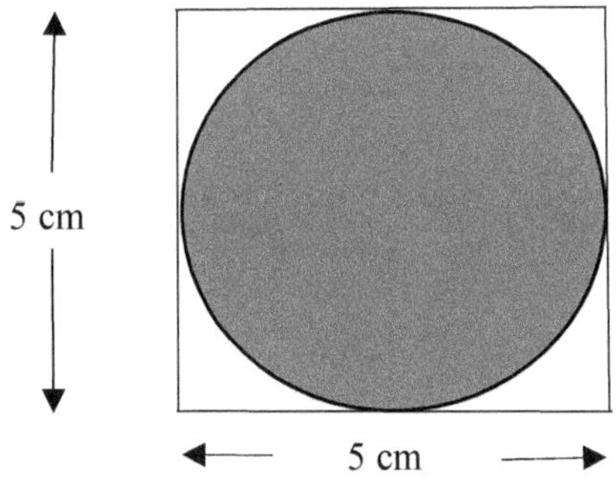

Quelle est la probabilité d'atteindre le cercle ?

Dans ce cas, la probabilité d'atteindre le cercle est égale à :

P = Aire du cercle ÷ Aire du carré

- On calcule d'abord l'aire du carré, sachant qu'elle est égale à la mesure du côté au carré. L'aire du carré est donc égale 5 cm x 5 cm = 25 cm^2.
- Ensuite, on calcule l'aire du cercle, qui est égale à A = πr^2 (avec $\pi \approx 3,14$). Dans ce cas, on sait que le diamètre du cercle est égal à 5 cm. Le rayon du dard est donc de 2,5 cm. On calcule l'aire du cercle et on obtient approximativement :

  3,14 x 2,5 cm x 2,5 cm ≈ 19,63 cm^2.
- Enfin, on calcule la probabilité d'atteindre le cercle, qui est le rapport entre l'aire du cercle et l'aire du carré : P = 19,63 cm^2 ÷ 25 cm^2 = 0,79, soit

  La probabilité d'atteindre le cercle est de 0,79 ou 79 %.

Activité 161 : Les chances « pour » être dans la section

Considérez le schéma ci-dessous (qui n'est pas à l'échelle). Parmi les expressions suivantes, déterminez celle qui vous permet de trouver les chances « pour » qu'un point choisi au hasard se retrouve dans la section ombrée :

A) 4/1 B) 1/3 C) $1^2/4^2$ D) 0,75.

Le rapport de similitude entre l'aire du cercle A et celle du cercle B est de 4.

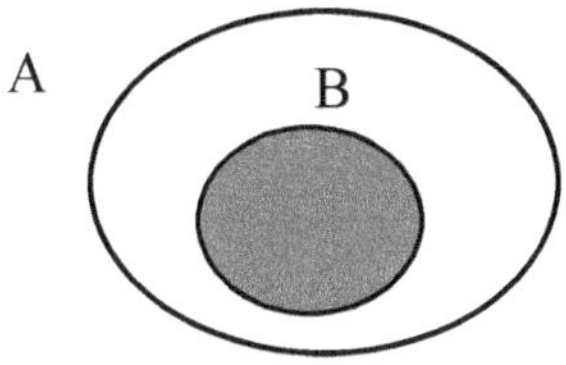

Les chances « pour » sont : Nombre de cas favorables ÷ Nombre de cas défavorables = 1/3. La réponse est donc B.

Activité 162 : Une mouche sur la partie sombre des tuiles

Voici trois tuiles carrées et congrues formant un motif dans l'entrée de la Résidence MÖRIYA. Quelle est la probabilité qu'une mouche vienne se poser sur la partie sombre des trois tuiles ?

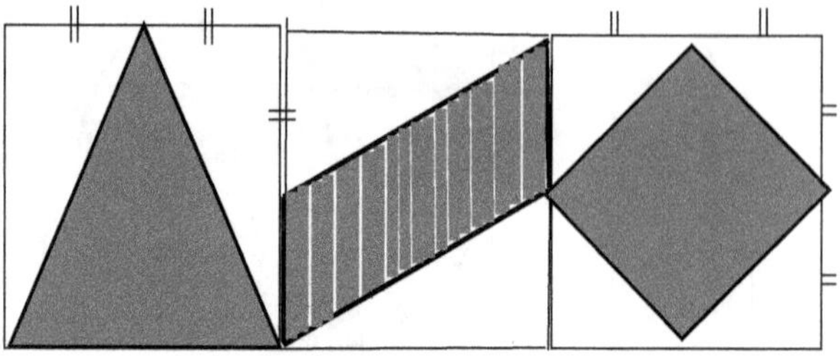

- Désignons par *c* la mesure du côté de la tuile. Nous pouvons calculer les différentes aires suivantes :
  - Aire d'une tuile = c x c = c^2. Aire des trois tuiles = $3c^2$.
  - Aire du triangle = (b x h)/2 = (c x c)/2 = $c^2/2$.
  - Aire du parallélogramme = b x h = (c/2) x c = $c^2/2$.
  - Aire du losange = (D x d)/2 = (c x c)/2 = $c^2/2$.
  - Aire de la partie ombrée = $c^2/2 + c^2/2 + c^2/2 = 3c^2/2$.

  Nous pouvons, à présent, calculer la probabilité qu'une mouche vienne se poser sur la partie sombre des 3 tuiles. P = $(3c^2/2) \div 3c^2$ = ½, soit 50 % de chance.

La probabilité et les rapports de volumes

Lorsqu'on veut calculer la probabilité qu'une partie d'un objet en trois dimensions soit atteinte ou choisie, on peut utiliser les rapports de volumes. On calcule la probabilité à l'aide de la formule suivante :

P = Volume choisi ou à atteindre ÷ Volume total

Exemple : Marc a perdu une aiguille dans une botte de foin mesurant 70 cm par 30 cm par 30 cm. Marc veut la rechercher et il fouille une section cubique de la boîte ayant 20 cm de côté.

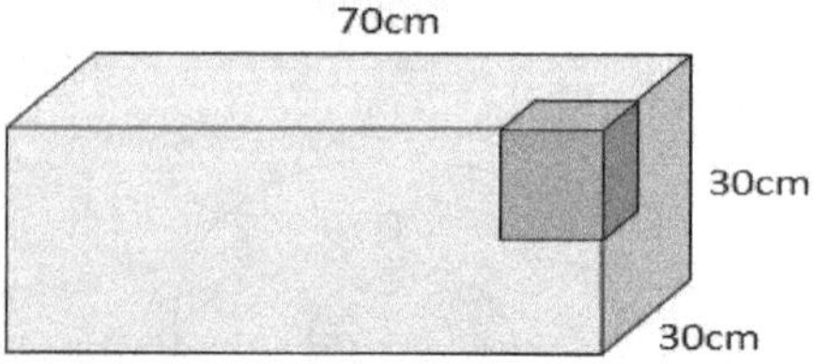

Quelle est la probabilité que Marc trouve l'aiguille dans cette section ?

Dans ce cas, la probabilité égale Volume de la section ÷ Volume de la botte. La section étant cubique, le volume de la section vaut 20 cm x 20 cm x 20 cm = 8 000 cm^3. On calcule, ensuite, le volume de la botte de foin (qui est un prisme rectangulaire). Ce volume est égal à 70 cm x 30cm x 30 cm = 63 000 cm^3. Il reste à calculer la probabilité P, égale à 8 000 cm^3 ÷ 63 000 cm^3 = 0,13, soit 13 % de chance de trouver l'aiguille dans la section fouillée de la botte de foin.

Activité 163 : Une cerise au fond d'un pichet d'orange

Natou place une cerise au fond d'un pichet qui contient un litre de jus d'orange. Elle se sert un verre de jus de forme cylindrique rempli jusqu'au bord. Le verre mesure 10 cm de haut et 3 cm de rayon.

Quelle est la probabilité que le verre de jus de Natou contienne la cerise ?

- Volume du verre ÷ Volume de jus contenu dans le pichet.
- Il est d'abord important de savoir qu'un litre est égal à 1 dm^3, par définition. Le volume de jus contenu dans le pichet est donc égal à 1 dm^3.
- Comme le volume du jus est exprimé en dm^3, il serait utile d'exprimer le volume du verre dans la même unité de mesure. On sait que le volume d'un cylindre est égal à $V = \pi r^2 h$ (avec $\pi \approx 3{,}14$).
- Si on exprime le rayon et la hauteur en dm, on obtient un volume égal à 0,28 dm^3. Le volume du verre est égal à 0,28 dm^3.
- On peut maintenant calculer la probabilité demandée :
  P = 0,28 dm^3 ÷ 1 dm^3 = 0,28 ou 28 % de chance que le verre de jus de Natou contienne la cerise.

La probabilité et les rapports dans un plan cartésien

Lorsqu'on veut calculer une probabilité à l'aide de données prises dans un plan cartésien, on doit être très vigilant lors de la lecture de la question. En effet, il s'agit parfois d'un rapport de longueurs, d'un rapport d'aires ou d'un rapport de volumes. Dans chacun des cas, on utilise la même procédure que dans les sections précédentes.

Exemple : Dans un plan cartésien, on peut observer une droite qui débute à l'origine (des axes de coordonnées) et qui se termine au point (15, 15), par exemple. Cette droite traverse un carré dont les coordonnées sont indiquées dans le schéma suivant (qui n'est pas à l'échelle).

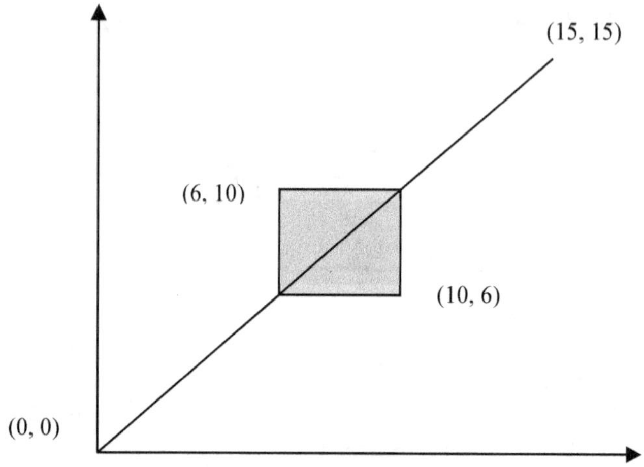

On choisit un point au hasard sur la droite. Quelle est la probabilité qu'il soit également dans le carré ?

- Même si le plan cartésien contient un objet en 2 dimensions (le carré), la probabilité recherchée implique un rapport de longueurs (une dimension). Dans ce cas, la probabilité cherchée est :

  P = Longueur de la diagonale du carré ÷ Longueur du segment de droite
- On calcule d'abord la longueur du segment de droite en se servant de la formule de la distance entre deux points : $d = \sqrt{(x_2 - x_1)^2 + (y_2 - y_1)^2}$.
- En utilisant les points (15, 15) et (0, 0) dans la formule précédente, on obtient la longueur de ce segment d = 21,2 unités.
- On calcule maintenant la mesure de la partie du segment de droite qui est dans le carré. On connaît les 2 sommets du carré auxquels le segment ne touche pas. Une observation attentive de la figure permet de noter que les 2 autres sommets du carré sont situés à (6, 6) et à (10, 10).
- En réutilisant la formule de la distance entre 2 points, on obtient la longueur de la diagonale. La longueur du carré mesure environ 5,7 unités.
- On peut maintenant calculer la probabilité en question : P= 5,7 unités/21,2 unités = 0,27. Il y a 27 % de chance qu'un point choisi aléatoirement sur la droite soit également dans le carré.

Activité 164 : Pixel défectueux d'un poste de télévision

Un écran LCD de forme rectangulaire a pour dimensions 60 cm x *45 cm. La partie principale de l'écran est elle-même représentée par un rectangle de dimensions 48 cm* x *36 cm, comme le montre la figure ci-dessous.*

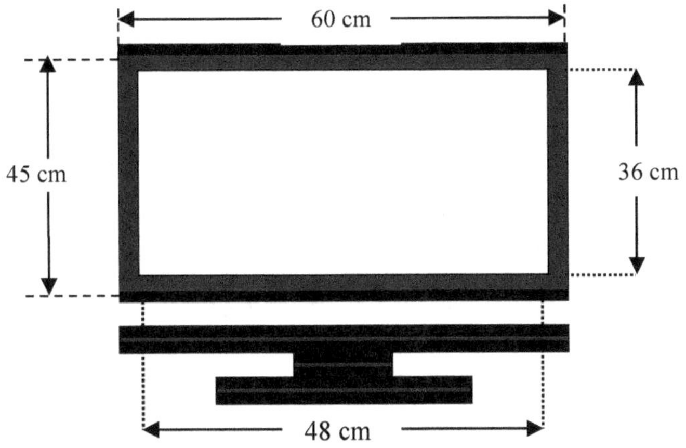

Sachant qu'un pixel de l'écran est défectueux, déterminer la probabilité de l'évènement A défini par « Le pixel défectueux se trouve sur la partie principale de l'écran ».

La probabilité cherchée est : P(A) = Aire (partie principale)/Aire totale de l'écran
Aire de la partie principale = 48 cm x 36 cm = 1 728 cm^2.
Aire totale de l'écran = 60 cm x 45 cm = 2 700 cm^2. D'où P(A) = 1 728/2 700 = 0,64.
Le pixel défectueux se situe sur la partie principale de l'écran dans 64 % des cas.

Les mesures de tendance centrale

Une ***mesure de tendance centrale*** (***mtc***) décrit une valeur statistique autour de laquelle se concentrent les données d'une distribution. En d'autres termes, une mtc est un résumé numérique qui permet de caractériser le centre d'une distribution ainsi que la position des diverses valeurs de la distribution par rapport à ce centre. Les trois mtc les plus couramment utilisées sont la moyenne, le mode et la médiane.

La moyenne

La moyenne (Moy) est une mtc qui représente le centre d'équilibre d'une distribution. Ici, on s'intéresse à deux types de moyenne : la moyenne arithmétique et la moyenne pondérée.

➢ La **moyenne arithmétique** correspond à la valeur qu'aurait chaque donnée de la distribution si toutes les données avaient la même valeur. Ainsi, pour faire un bon suivi auprès de ses enseignants, un proviseur de lycée peut analyser les résultats des élèves des différentes classes de Terminale. Au lieu de regarder les résultats un à un, il peut décider d'analyser la moyenne des résultats de chacune des classes. Il peut, de cette façon, comparer les classes comme si tous les élèves d'une classe avaient eu la même note.

La moyenne arithmétique se calcule en faisant la somme de toutes les données et en divisant cette somme par le nombre de données.

$$\textbf{Moyenne} = \frac{\textbf{Somme de toutes les données}}{\textbf{Nombre de données}}$$

On effectue le calcul différemment, selon la façon dont les données sont présentées : (i) la moyenne pour les données énumérées ; (ii) la moyenne pour les données condensées ; (iii) la moyenne pour les données groupées en classe et (iv) la moyenne avec une donnée aberrante.

- **La moyenne pour des données énumérées**

Exemple : Voici le nombre de buts marqués par le Möriya FC lors de ses 15 derniers matchs : 0, 1, 3, 2, 3, 1, 3, 4, 5, 2, 5, 1, 3, 4, 2.

Quelle est la moyenne du nombre de buts marqués par les Möriyanais lors de leurs 15 derniers matchs ?

En appliquant la formule ci-haut fournie, on obtient :

$$\text{Moyenne} = \frac{0+1+3+2+3+1+3+4+5+2+5+1+3+4+2}{15} = \frac{39}{15} = 2{,}6$$

Lors de ses 15 dernières sorties, le Möriya FC a marqué, en moyenne, 2,6 buts par match.

- **La moyenne pour des données condensées**

Il arrive qu'une distribution contienne les mêmes valeurs qui sont répétées plusieurs fois. Dans ce cas, il est préférable de les regrouper dans un tableau à données condensées. On calcule la moyenne comme suit :

$$\textbf{Moyenne} = \frac{\textbf{Somme des produits de chaque valeur par leur effectif}}{\textbf{Nombre total de données}}$$

Exemple : L'âge des 30 joueurs faisant partie du Möriya FC Minime est représenté dans le tableau suivant :

Âge	7	8	9	10
Effectif	13	9	6	2

Quelle est la moyenne d'âge des joueurs de cette équipe Minime ?

On remarque que l'âge 7 revient à 13 reprises (7 x 13), l'âge 8 revient à 9 reprises (8 x 9), et ainsi de suite.

$$\text{Moyenne} = \frac{(7 \times 13) + (8 \times 9) + (9 \times 6) + (10 \times 2)}{13 + 9 + 6 + 2} = \frac{237}{30} = 7{,}9$$

L'âge moyen des joueurs minimes du Möriya FC est de 7,9 ans.

- **La moyenne pour des données groupées en classes**

Lorsque les données sont regroupées en classes (en intervalles), on considère seulement le milieu de chacune des classes pour estimer la moyenne d'une telle distribution.

$$\textbf{Moy} \approx \frac{\textbf{Somme des produits des milieux de chaque classe par l'effectif}}{\textbf{Nombre total de données}}$$

Exemple : Le tableau suivant donne la durée du trajet en autobus effectué par 337 élèves du Lycée Ahmed Sékou Touré pour se rendre à leur école.

Durée (en minutes)	Effectif
[10, 15 [	44
[15, 20 [	58
[20, 25 [	70
[25, 30 [	81
[30, 35 [	54
[35, 40 [	30

Quelle est la durée moyenne du trajet en autobus de ces élèves ?

Il faut d'abord déterminer le milieu de chaque intervalle. C'est avec ces valeurs médianes qu'on calcule, ensuite, la moyenne.

Durée (en minutes)	Milieu de l'intervalle	Effectif
[10, 15 [	$(10 + 15) \div 2 = 12{,}5$	44
[15, 20 [	$(15 + 20) \div 2 = 17{,}5$	58
[20, 25 [	$(20 + 25) \div 2 = 22{,}5$	70
[25, 30 [	$(25 + 30) \div 2 = 27{,}5$	81
[30, 35 [	$(30 + 35) \div 2 = 32{,}5$	54
[35, 40 [	$(35 + 40) \div 2 = 37{,}5$	30

On considère que la valeur 12,5 est présente 44 fois (12,5 x 44), que la valeur 17,5 apparaît 58 fois dans la distribution (17,5 x 58), que la valeur 22,5 est présente 70 fois (22,5 x 70), et ainsi de suite.

On calcule la moyenne comme suit :

$$\text{Moy} \approx \frac{(12{,}5\times44) + (17{,}5\times 58) + (22{,}5\times70) + (27{,}5\times81) + (32{,}5\times54) + (37{,}5\times30)}{44 + 58 + 70 + 81 + 54 + 30}$$

$$\approx \frac{550 + 1\,015 + 1\,575 + 2\,227{,}5 + 1\,755 + 1\,125}{337} = \frac{8\,247{,}5}{337} = 24{,}47$$

En moyenne, chaque élève enquêté du lycée AST effectue un trajet d'autobus qui dure environ 24,47 minutes.

- **La moyenne avec une donnée aberrante**

La moyenne a l'avantage de tenir compte de toutes les données d'une distribution. Par contre, lorsqu'il y a une *donnée aberrante*, c'est-à-dire une donnée qui s'éloigne des autres données de la distribution, la moyenne est affectée. Dans ce cas, on peut choisir de calculer la moyenne sans la donnée aberrante pour obtenir une mesure plus représentative de l'ensemble de la distribution.

Exemple : On observe la circulation automobile sur le Boulevard Diallo Telly entre 12 h et 13 h. On note que 21 voitures ont circulé sur ce boulevard le lundi, 34 voitures le mardi, 46 voitures ont circulé le mercredi, 19 voitures le jeudi et 225 voitures le vendredi.

Toutes les données sont relativement proches, sauf la valeur 225, qui est très éloignée des autres. Il s'agit d'une donnée aberrante.

Voici les moyennes obtenues avec et sans la donnée aberrante.

- **Avec la donnée aberrante**

Moyenne = $\underline{21 + 34 + 46 + 19 + 225}$ = $\underline{345}$ = 69 voitures / jour.

5 5

- **Sans la donnée aberrante**

  $$\text{Moyenne} = \frac{21 + 34 + 46 + 19}{4} = \frac{120}{4} = 30 \text{ voitures / jour.}$$

On remarque que la moyenne avec la donnée aberrante est beaucoup plus élevée que celle qui n'en tient pas compte. Elle ne représente pas l'ensemble des données, puisque 4 données sur les 5 sont nettement inférieures à cette moyenne. Pour contrer l'effet de la moyenne avec une donnée aberrante, les statisticiens et les agents immobiliers utilisent une autre mesure de tendance centrale, la médiane, qui fera l'objet de la prochaine section.

➢ La **moyenne pondérée** est une moyenne arithmétique dans laquelle les données n'ont pas toutes la même importance. Dans ce cas, on attribue un poids (une importance), généralement en pourcentage, à chacune des valeurs. Le calcul de la moyenne pondérée se fait exactement de la même façon que celui de la moyenne de données avec fréquences absolues.

Exemple 1 : Le tableau suivant présente les résultats d'Abdel lors de ses derniers examens ainsi que leur pondération respective.

	Résultats d'Abdel	Pondération
Examen 1	82 %	20 %
Examen 2	75 %	35 %
Examen 3	86 %	45 %

Quel est le résultat final d'Abdel ?

Pour faciliter les calculs, il est préférable d'écrire chacun des pourcentages en nombre décimal : 20 % = 0,20 35 % = 0,35 45 % = 0,45.

On peut, maintenant, déterminer la moyenne pondérée :

Moyenne pondérée = (82 x 0,20) + (75 x 0,35) + (86 x 0,45) = 81,35.

Le résultat final d'Abdel est de 81,35 %.

Dans le calcul de la moyenne générale sur un bulletin, on n'attribue pas la même importance aux résultats obtenus dans chacune des matières. Le facteur qui indique le poids associé à chaque donnée se nomme *coefficient de pondération*. La somme de tous les coefficients doit donner 100 %. Dans l'exemple suivant, ces facteurs correspondent aux *crédits*.

Exemple 2 : Le tableau ci-dessous présente le premier bulletin trimestriel d'Abdel.

Bulletin du premier trimestre d'Abdel

Matières	Notes (%)	Crédit	Produit note x crédits (%)
Français	78	6	
Anglais	85	4	
Maths	82	6	
Histoire	68	4	
Physique	80	2	
Biologie	76	4	
Moyenne générale			

Compléter le tableau et déterminer la moyenne générale d'Abdel à ce trimestre.

Dans le calcul de la moyenne générale, on associe chaque donnée à un crédit qui lui donne une importance particulière par rapport aux autres données. Dans le cas présent, ce calcul nous donne le tableau complété ci-dessous :

Bulletin du premier trimestre d'Abdel

Matières	Notes (%)	Crédit	Produit note x crédits (%)
Français	78	6	**468**
Anglais	85	4	**340**
Maths	82	6	**492**
Histoire	68	4	**272**
Physique	80	2	**160**
Biologie	76	4	**304**
Moyenne générale	**78,3**	**26**	**2 036**

La moyenne générale obtenue par Abdel au premier trimestre est donc :

$$2\,036 \div 26 = 78,3\ \%$$

Abdel a obtenu 78,3 % comme moyenne trimestrielle générale.

On peut trouver une donnée manquante si on connaît la moyenne d'une distribution et toutes les autres données. On peut résoudre ce genre de problème en utilisant la définition de la moyenne.

Exemple 3 : Pour son bulletin du deuxième trimestre, Abdel s'est fixé pour objectif d'avoir une moyenne de 85 % en maths. Jusqu'à présent, il a obtenu les résultats suivants : 90 %, 82 % et 81 %. En admettant que toutes les évaluations ont la même pondération, quel doit être le résultat d'Abdel à sa dernière évaluation pour qu'il atteigne son objectif ?

Comme la moyenne est la valeur qu'aurait chaque donnée si chacune avait la même valeur, on peut reformuler le problème et dire que c'est comme si Abdel souhaitait avoir 85 % à chacune de ses 4 évaluations. Ainsi, en additionnant ce 85 % à 4 reprises, on obtient 85 % x 4 = 340 %. Abdel doit donc cumuler un total de 340 % à ses 4 évaluations pour atteindre son objectif. Or, après 3 évaluations il a déjà reçu les résultats 90 %, 82 % et 81 %, soit un cumul de 253 %. Il lui manque donc340 % - 253 % = 87 %. Abdel a besoin d'une note de 87 sur 100 pour avoir une moyenne de 85 % à la fin du second trimestre.

NB : On peut tout aussi bien résoudre algébriquement ce problème en remplaçant la donnée manquante (l'inconnue) par x et déterminer sa valeur.

La moyenne ne constitue pas toujours un bon résumé des données. Dans certains cas, elle peut induire en erreur et ne pas être représentative de la situation. Il faut alors considérer d'autres mesures que la moyenne pour décrire sommairement la population. Il est parfois plus approprié d'utiliser la médiane (le centre de position des données) ou le mode (la valeur la plus représentative d'une série) pour caractériser l'ensemble des données.

Le mode

Le **mode** (Mod) est la valeur qui est la plus fréquente. On l'utilise lorsqu'on veut une mesure rapide et approximative qui devrait être une valeur typique. C'est, par exemple, le cas lorsqu'on veut connaître le style vestimentaire des femmes guinéennes, c'est-à-dire le style vestimentaire le plus populaire. Pour le trouver, il faut donc déterminer la valeur qui se répète le plus souvent dans une distribution de données.

La ***classe modale*** est l'intervalle de valeurs dont l'effectif est le plus élevé dans une distribution de données groupées en classes.

Tout comme pour la moyenne, la méthode pour déterminer le mode d'une distribution varie en fonction de la façon dont les données sont présentées : le mode pour des données énumérées, le mode pour des données condensées, le mode pour des données groupées en classes.

- **Le mode pour des données énumérées**

Le mode correspond à la donnée qui est la plus fréquente, la plus « à la mode »

Exemple : Un constructeur automobile veut faire sensation en proposant une nouvelle couleur pour un certain modèle de véhicule. Pour s'aider à faire son choix, il réalise une étude sur un échantillon de 100 personnes et il compile les données dans le tableau suivant :

Couleur	Vert lime	Orange feu	Mauve raisin	Bleu azur	Gris souhait
Nombre de répondants	12	15	25	43	5

La couleur la plus populaire (le mode) est le bleu azur. Pour augmenter ses chances de satisfaire sa future clientèle, son choix s'arrête donc sur cette nouvelle couleur qu'il va rendre disponible pour un modèle de véhicule.

- **Le mode pour des données condensées**

Pour faciliter l'identification du mode, l'utilisation d'un tableau à données condensées est très efficace.

Exemple : Le tableau à données condensées suivant présente le nombre d'animaux adoptés par 48 familles.

Nombre d'animaux	Effectif
0	12
1	17
2	10
3	6
4	3
Total	48

On identifie le mode qui correspond à un animal. En effet, c'est la valeur dont l'effectif est le plus élevé (17). En fait, parmi les familles sondées, le nombre d'animaux qui se répète le plus souvent est un animal de compagnie.

- **Le mode pour des données groupées en classes**

Lorsque les données sont regroupées en classes (en intervalles), on parle plutôt de *classe modale*. La façon de déterminer cette classe demeure la même que celle pour déterminer le mode.

Exemple : Le tableau suivant présente la répartition, selon l'âge, des gens du quartier Hamdalaye qui suivent des cours de karaté.

Âge (années)	Effectif
[0, 5 [	5
[5, 10 [	17
[10, 15 [	10
[15, 20 [	8

La classe modale est [5, 10 [puisque c'est le groupe de données qui a l'effectif le plus élevé (17). Autrement dit, la tranche d'âge la plus représentée parmi les participants au cours de karaté est celle de 5 à 10 ans. Pour ce qui est du mode, on peut seulement en faire une estimation en calculant le milieu de la classe modale. Mod $\approx (5 + 10) \div 2 = 7{,}5$ ans.

Il se peut qu'une distribution ait plus d'un mode : elle peut être bimodale (2 modes) comme dans l'exemple suivant.

Exemple : Soit la distribution suivante : 60, 65, 67, 70, 70, 72, 78, 78, 78, 84, 88, 88, 88, 95. On réalise que la donnée 78 s'y retrouve 3 fois, tout comme la donnée 88. La distribution a donc 2 modes : 78 et 88.

Facile à comprendre et non affecté par aucun score extrême (comme la moyenne), le mode donne la valeur la plus représentative d'une série. Cependant, dans les cas multimodaux, le mode est difficile à déterminer ; on ne peut pas le déterminer à partir d'intervalles de classes inégaux. Il existe différentes méthodes et différentes formules qui donnent des résultats différents de mode. C'est pourquoi, à juste titre, on considère le mode comme la moyenne la plus mal définie. Aussi, recourt-on à la médiane.

La médiane

La ***médiane*** (***Méd***) est la mesure de tendance centrale qui indique le centre de la série de données. C'est donc la valeur qui sépare une distribution ordonnée en deux parties contenant le même nombre de données. On l'utilise lorsque le point de 50 % est souhaité ou lorsque les scores extrêmes affectent la moyenne ; à ce moment-là, la médiane est la meilleure mtc.

Tout comme la moyenne et le mode, la méthode pour déterminer la médiane d'une distribution varie en fonction de la façon dont les données sont présentées : la médiane dans une distribution de données énumérées, la médiane dans une distribution de données condensées, la médiane dans une distribution de données groupées en classes.

- **La médiane dans une série de données énumérées**

Pour calculer la médiane, on procède comme suit : (i) placer les données de la distribution en ordre croissant ; (ii) calculer le rang de la médiane ; (iii) déterminer la médiane.

Voici un exemple avec un **nombre impair de données.**

Exemple 1 : Voici le nombre de kilomètres parcourus chaque jour par Youssouf : 192, 196, 134, 185, 201, 188, 197.

Quelle est la médiane de cette distribution ?

En plaçant les données de la distribution en ordre croissant, on obtient : 134, 185, 188, 192, 196, 197, 201. Pour calculer le rang de la médiane, on utilise la formule du rang de la médiane (n+1)/2, avec n = 7, puisqu'il y a 7 données dans la distribution :

Rang de la médiane = (7 + 1) ÷ 2 = 4. La médiane est donc la 4ᵉ donnée de la distribution ordonnée. On détermine la médiane : 134, 185, 188, **192**, 196, 197, 201. La 4ᵉ donnée de la distribution est 192 ; la médiane est donc 192 – ce qui veut dire qu'on compte autant de jours pendant lesquels Youssouf a parcouru moins de 192 km que de jours pendant lesquels il a parcouru plus de 192 km.

Voici un exemple avec un **nombre pair de données.**

Exemple 2 : Voici le nombre de kilomètres parcourus chaque jour par Mazo : 192, 196, 134, 185, 201, 188, 197, 199. Quelle est la médiane de cette distribution ?

En plaçant les données de la distribution en ordre croissant, on obtient : 134, 185, 188, 192, 196, 197, 199, 201. Pour calculer le rang de la médiane, on utilise la formule du rang de la médiane (n+1)/2, avec n = **8**, car on a **8** données dans la distribution :

Rang de la médiane = (8 + 1) ÷ 2 = 4,5. Comme le rang obtenu n'est pas un nombre entier, cela signifie qu'on doit calculer la moyenne des 4ᵉ et 5ᵉ données pour déterminer la médiane. On détermine la médiane : 134, 185, 188, **192**, **196**, 197, 199, 201. On calcule la moyenne de 192 et 196, soit des 4ᵉ et 5ᵉ données.

Médiane = (192 + 196) ÷ 2 = 194. La médiane de la distribution est 194. Autrement dit, Mazo a parcouru moins de 194 km la moitié du temps et plus de 194 km durant l'autre moitié.

- **La médiane dans une série de données condensées**

Dans un tableau à données condensées, la médiane est associée à la valeur située au milieu de l'effectif. Pour la déterminer, on calcule le rang de la médiane, on additionne les effectifs pour trouver l'emplacement de la médiane et on détermine la médiane.

Voici un exemple avec un **nombre impair de données**.

Exemple 1 : Quelle est la médiane de la distribution suivante de données condensées ?

Valeur	Effectif
1	6
2	12
3	5
4	2
Total	25

On calcule la médiane en utilisant la formule du rang de la médiane avec n = 25, puisqu'il y a 25 données dans la distribution.

Rang de la médiane = (25 + 1) ÷ 2 = 13. La donnée médiane se trouve au 13e rang dans la distribution. On additionne, ensuite, les effectifs pour déterminer l'emplacement de la médiane.

Valeur	Effectif	Effectif cumulé
1	6	6
2	12	18
3	5	23
4	2	25
Total	25	

Avec l'effectif cumulé, on peut déduire que les 6 premières données de la distribution sont des 1, que les données de la 7e à la 18e position sont des 2, et ainsi de suite. On s'intéresse à la 13e donnée, ce qui correspond à la valeur 2, parce que la 13e donnée est située entre la 7e et la 18e position. Ainsi, la médiane de la distribution est 2.

Voici un exemple avec un **nombre pair de données**.

Exemple 2 : Quelle est la médiane de la distribution suivante de données condensées dans le tableau ci-dessous ?

Valeur	Effectif
1	9
2	16
3	19
4	6
Total	50

On calcule la médiane en utilisant la formule du rang de la médiane avec n = 50, puisqu'il y a 50 données dans la distribution.

Rang de la médiane = (50 + 1) ÷ 2 = 25,5. Puisque le rang est un nombre décimal, la médiane correspond à la moyenne des 25e et 26e données. On additionne, ensuite, les effectifs pour déterminer l'emplacement de la médiane.

Valeur	Effectif	Effectif cumulé
1	9	9

2	16	25
3	19	44
4	6	50
Total	50	

De la colonne des effectifs cumulés, on déduit que la valeur 2 est associée aux positions 10 à 25 inclusivement. Ainsi, la 25e donnée vaut 2. On peut aussi associer la valeur 3 aux positions 26 à 44. Ainsi, la 26e donnée vaut 3. Finalement, on calcule la moyenne de ces deux données : (2 + 3)/2 = 2,5. La médiane de cette distribution est donc 2,5.

- **La médiane dans une série de données groupées en classes**

Pour une distribution de données *groupées en classes*, la classe comportant la médiane est appelée ***classe médiane***. Pour une estimation de la valeur médiane, il suffit de déterminer le milieu de la classe médiane. Pour cela, il faut (i) calculer le rang de la médiane, (ii) additionner les effectifs pour déterminer l'emplacement de la médiane et (iii) déterminer la classe médiane.

Voici un exemple avec un **nombre pair de données**.

Exemple 2 : Quelle est la classe médiane de la distribution de données groupées en classes suivante ?

Classe	Effectif
[0, 5 [	32
[5, 10 [	28
[10, 15 [	41
[15, 20 [	23
Total	124

On calcule le rang de la médiane en utilisant la formule du rang de la médiane avec n = 124, puisqu'il y a 124 données dans la distribution.

Rang de la médiane = (124 + 1) ÷ 2 = 62,5. La donnée médiane correspond donc à la moyenne des 62e et 63e données. On additionne, ensuite, les effectifs pour déterminer l'emplacement de la médiane.

Classe	Effectif	Effectif cumulé
[0, 5 [	32	32
[5, 10 [	28	60
[10, 15 [	41	101
[15, 20 [	23	124
Total	124	

Selon la colonne des effectifs cumulés, la 62e et la 63e données sont situées dans le même intervalle. On peut déterminer la classe médiane qui est [10, 15[. Pour estimer la médiane, on peut trouver la donnée centrale de cette classe. Médiane ≈ (10 + 15) ÷ 2 = 12,5.

Facile à comprendre et à calculer, la médiane n'est pas affectée par les scores extrêmes. Mais elle ne peut pas être traitée algébriquement comme la moyenne et, parfois, elle produit une valeur qui ne se trouve pas dans la série.

Activité 165 : À la conférence sur la gestion des émotions

Dr Ham donne une conférence sur la gestion des émotions pour les parents des élèves du Secondaire dans 6 établissements de Mamou. L'ensemble des données suivantes représente les parents qui ont participé à la conférence : 975, 1 025, 1 200, 1 349, 999, 1 139.

a) Déterminer les mesures de tendance centrale.
b) Quelle mesure de tendance centrale représente le mieux les 6 données ? Pourquoi ?
c) Quelle est l'incidence sur les tendances centrales d'un ajout d'une septième conférence de 125 parents à l'ensemble des données ? Justifie.
d) Mêmes questions si on enlève la donnée 1 349 à l'ensemble des données.

a. Détermination des mtc

Mode : Il n'y a aucun mode, puisqu'aucune donnée n'est répétée dans l'ensemble des données.

Médiane : Mises en ordre croissant, les données sont : 975, 999, 1 025, 1 139, 1 200 et 1 349. Il faut, ensuite, déterminer la moyenne des deux données situées au centre de l'ensemble, c'est-à-dire les 3e et 4e données, soit 1 025 et 1 139 : (1025 + 1 139) ÷ 2 = 1 082. La médiane est 1 082.

Moyenne = Somme des données/Nombre de données
= (975 + 1 025 + 1 200 + 1 349 + 999 +1 139) ÷ 6 = 6 687÷ 6 = 1114,5.
La moyenne est de 1 114,5.

b. Détermination de la meilleure mtc

Les données de l'ensemble se situent entre 975 et 1 349. Si on les met en ordre croissant (975, 999, 1 025, 1 139, 1 200, 1 349), trois de 6 données sont très près du nombre 1 000. À la suite de cette observation, on peut conclure que la moyenne, soit 1 114,5, et la médiane, soit 1 082, représentent toutes deux très bien l'ensemble des données.

c. Incidence sur l'ajout d'une donnée à l'ensemble

Si on ajoute la donnée 125 à l'ensemble de données :

- il n'y a toujours pas de mode, car aucune donnée ne se répète plus d'une fois ;
- la médiane est maintenant 1 025. Elle a diminué parce que l'ensemble contient 7 données au lieu de 6, la donnée centrale devenant donc 1 025 (la 4e donnée) 125 – 975 - 999 – [1 025] – 1 139 – 1 200 – 1 349 ;
- la moyenne est : somme des données/nombre de données = (125 + 975 + 1 025 + 1 200 + 1 349 + 999 + 1 139) ÷ 7 = 6 812 ÷ 7 = 973,14. La moyenne a beaucoup diminué parce que la donnée ajoutée (i.e., 125) est beaucoup plus petite que les autres données de l'ensemble.

d. Incidence de la suppression d'une donnée

Si on enlève la donnée 1 349 à l'ensemble de données :

- il n'y a toujours pas de mode, car aucune donnée ne se répète plus d'une fois;
- la médiane est maintenant 1 025. Elle a diminué parce que l'ensemble contient 5 données au lieu de 6, la donnée qui se trouve au milieu n'est pas la même. Lorsque les données sont mises en ordre croissant, la médiane des 5 données

correspond à la 3e donnée, soit 1 025.

975 - 999 – [1 025] – 1 139 – 1 200 ;

- la moyenne est somme des données/nombre de données = (975 + 1 025 + 1 200 + 999 +1 139) ÷ 5 = 5 338÷ 5 = 1 067,6.

La moyenne est 1 067,6 ; elle a beaucoup diminué parce que la donnée enlevée, c'est-à-dire 1 349, était la plus grande donnée de l'ensemble.

Activité 166 : Évaluation de l'absentéisme dans une PME

Le Directeur Général d'une PME locale a demandé au Directeur des ressources humaines (DRH) de lui fournir quelques statistiques sur le taux d'absentéisme depuis environ les six derniers mois. Chacun des quatre contremaîtres a fourni au DRH un relevé indiquant le nombre (x_i) d'employés absents durant une journée quelconque et le nombre de fois (f_i) qu'on a observé ce nombre xi durant la période étudiée.

Le tableau ci-dessous récapitule l'information recueillie.

Contremaîtres							
Alain		Bintou		Charles		David	
x_i	f_i	x_i	f_i	x_i	f_i	x_i	f_i
0	24	0	15	0	75	0	90
1	56	1	30	1	78	1	70
2	58	2	48	2	30	2	27
3	30	3	46	3	12	3	6
4	15	4	34		195 jrs	4	2
5	7	5	22				195 jrs
	190 jrs		5				
			200 jrs				

Le contremaître Alain a noté, par exemple, que 3 employés ont été absents en une journée quelconque et que ceci a été observé 30 fois sur une période de 190 jours ou encore qu'il s'est produit à 30 reprises (30 jours) que 3 personnes ne se sont pas présentées au travail.

Si le nombre de jours n'est pas le même pour chaque contremaître, c'est que certains départements ont été fermés durant un certain nombre de jours pour la période couvrant ce relevé.

a) Calculer le taux moyen d'absentéisme dans chaque département.

b) Dans quel département trouve-t-on, en moyenne, le plus grand nombre d'employés absents en une journée ?

c) On a également demandé de fournir une statistique globale pour l'ensemble de la PME, c'est-à-dire calculer

c_1. la moyenne des taux moyens d'absentéisme obtenus en b)

c_2. une moyenne pondérée selon le nombre de jours compilé pour chaque

département.

1. **Calcul du taux moyen d'absentéisme**

Contremaître Alain

$$Moy_1 = \frac{(0)(24) + (1)(56) + (2)(58) + (3)(30) + (4)(15) + (5)(7)}{190} =$$

$$= \frac{0 + 56 + 116 + 90 + 60 + 35}{190} = \frac{357}{190} = 1{,}88 \text{ / jour}$$

Contremaîtresse Bintou

$$Moy_2 = \frac{(0)(15) + (1)(30) + (2)(48) + (3)(46) + (4)(34) + (5)(22) + (6)(5)}{200} =$$

$$= 540 \div 200 = 2{,}77 \text{ / jour}$$

Contremaître Charles

$$Moy_3 = \frac{(0)(75) + (1)(78) + (2)(30) + (3)(12)}{195} = \frac{174}{195} = 0{,}89 \text{ / jour}$$

Contremaître David

$$Moy_4 = [(0x90)+(1x70)+(2x27)+(3x6)+(4x2)]\div 195 = 357\div 195 =$$

$$= 0{,}77 \text{ / jour.}$$

b. **Département avec le plus grand nombre d'absents**

Le tableau récapitulatif suivant est utile pour déterminer le département où on trouve le plus grand nombre d'employés absents.

Départements	Taux moyen d'absentéisme (personnes/jour)
Contremaître Alain	1,88
Contremaîtresse Bintou	2,70
Contremaître Charles	0,89
Contremaître David	0,77

Le taux moyen d'absentéisme le plus élevé correspond à 2,7 personnes/jour, soit celui de la contremaîtresse Bintou.

c. **Statistique globale pour l'ensemble de la PME**

c_1. Moyenne des taux moyens d'absentéisme obtenus en b)

Moyenne des taux moyens = Somme des moyennes ÷ Nombre de taux

$= (1{,}88 + 2{,}70 + 0{,}89 + 0{,}77) \div 4 = 6{,}24 \div 4 = 1{,}56$/jour.

c_2. Moyenne pondérée selon le nombre de jours compilé

$$\text{Moy pondérée} = \frac{(190x1{,}88) + (200x2{,}7) + (195x0{,}89) + (195x0{,}77)}{190 + 200 + 195 + 195}$$

$$= 1\,220{,}9 \div 780 = 1{,}5652\text{/jour.}$$

Activité 167 : Évaluation du temps médian au 200 m d'un champion de course

Bokar, champion de course, effectue une course d'entraînement typique de 200 mètres dans les temps suivants : 26,1 secondes, 25,6 secondes, 25,7 secondes, 25,2 secondes, 25,0 secondes, 27,8 secondes et 24,1 secondes.

1) Calculer le temps médian mis par Bokar.

2) Calculer le temps médian si Bokar effectue sa huitième course de 200 mètres en 24,7 secondes.

1. On commence par classer les valeurs en ordre croissant dans le tableau :

Tableau : Rang associé à chaque valeur du temps au 200 mètres

Rang	Temps (en secondes)
1	24,1
2	25,0
3	25,2
4	25,6
5	25,7
6	26,1
7	27,8

Il y a 7 valeurs (nombre impair). La médiane correspond donc à la valeur de rang (n+1)/2 = (7+1)/2 = 4. Le temps médian est de 25,6 secondes.

2. Complétons le tableau ci-dessus en y ajoutant le temps mis à la 8e course.

Rang	Temps (en secondes)
1	24,1
2	24,7
3	25,0
4	25,2
5	25,6
6	25,7
7	26,1
8	27,8

Il y a maintenant n = 8 valeurs, un nombre pair. La médiane correspond à la moyenne entre la valeur de rang n/2 = 8/2 = 4 et la valeur du rang n/2 + 1 = 8/2 + 1 = 5. Le temps médian est donc (25,2 + 25,6) ÷ 2 = 25,4 secondes.

Activité 168 : Dates de naissances d'un groupe d'amis

Voici les dates de naissance d'un groupe d'amis : 5, 5, 7, 9, 14, 20. Le mode est 5 ; la médiane est 8 et la moyenne est 10.

Réponds aux questions ci-dessous en choisissant un nombre parmi les suivants : 5, 7, 8, 14 ou 19.

a) Choisis un nombre qui permet de diminuer la médiane et la moyenne, tout en gardant le même mode. Justifie ta réponse.

b) *Choisis un nombre qui permet d'augmenter la moyenne et la médiane, et de modifier le mode. Justifie ta réponse.*

c) *Choisis un nombre qui permet de diminuer la moyenne, tout en gardant la même médiane et le même mode. Justifie ta réponse.*

a. On élimine les nombres 14 et 19, car ils font augmenter la médiane et la moyenne. Le nombre 8 n'est pas un bon choix, car il fait diminuer la moyenne, mais pas la médiane qui reste la même. Les nombres 5 et 7 font diminuer la moyenne et la médiane. Mais, le nombre 5 permet de garder le même mode. On choisit donc le nombre 5.
Vérification : 5, 5, 5, 7, 9, 14, 20.
Le mode est toujours 5. La médiane a diminué ; elle correspond à la 4e donnée du nouvel ensemble de données, soit 7.
La moyenne = Somme des données/nombre de données = 67/5 = 9,28. La moyenne a diminué ; elle est environ 9,3.

b. On élimine les nombres 5 et 7, car ils font diminuer la moyenne.
Le nombre 8 n'est pas un bon choix, car il fait diminuer la moyenne, mais pas la médiane. Les nombres 14 et 19 font augmenter la moyenne et la médiane. Mais, le nombre 14 modifie le mode. On choisit donc le nombre 14.
Vérification : 5, 5, 7, 9, 14, 14, 20.
Le mode a changé. Il y a deux modes 5 et 14. La médiane a augmenté; elle correspond à la 4e donnée du nouvel ensemble de données, soit 9.
La moyenne = Somme des données/nombre de données = 74/7 = 10,57. La moyenne a augmenté ; elle est environ 10,6.

c. On élimine les nombres 14 et 19, car ils font augmenter la moyenne et la médiane. Les nombres 5 et 7 ne sont pas de bons choix, car ils font diminuer la médiane.
Le seul nombre qui permet de garder la même médiane et le même mode est le nombre 8. On choisit donc le nombre 8.
Vérification : 5, 5, 7, 8, 9, 14, 20.
Le mode est toujours 5. La médiane est toujours 8, car elle correspond à la 4e donnée du nouvel ensemble de données.
La moyenne = Somme des données/nombre de données = 68/7 = 9,71. La moyenne est environ 9,7.

Activité 169 : Cyclistes se joignant à une course, d'autres se retirant de cette course

Un marchand de roues de vélo organise une course pour voir quelle grosseur de pneu est la plus populaire afin d'ajuster son inventaire en magasin.

Aussi, calcule-t-il les mesures de tendance centrale au début de la course, à partir du rayon d'une roue de chaque vélo.

Toutefois, deux cyclistes se joignent à la course en retard. De plus, en pleine course, deux cyclistes subissent malheureusement une crevaison et doivent se retirer. Déterminez l'incidence sur les mesures de tendance centrale de l'ajout de vélos lors de la course et du retrait des cyclistes avec les crevaisons.

On prend en compte le tableau des données ci-dessous, que l'on complète (voir caractère gras).

Mesure du rayon des roues (en cm) des vélos au début de la course	Mesure du rayon des roues (en cm) des vélos avec l'ajout des nouveaux cyclistes	Mesure du rayon des roues (en cm) des vélos après les crevaisons
26	26	26
24	24	24
24	24	24
22,5	22,5	22,5
16	16	**16**
20	20	20
26	26	26
27,5	27,5	27,5
26	26	26
22	22	22
	29	29
	39	**39**

- On détermine l'incidence sur les mesures de tendance centrale. On place toutes les données du début de la course en ordre croissant. On effectue, ensuite, les mesures de tendance centrale, soit le mode, la médiane et la moyenne.
  Mode : [16 ; 20 ; 22 ; 22,5 ; 24 ; 24 ; **26** ; **26** ; **26** ; 27 ; 27,5].
  Le mode est 26 cm, car c'est le nombre qui se répète le plus souvent.
  Médiane : [16 ; 20, 22, 22,5 ; **24** ; **24** ; 26 ; 26 ; 26 ; 27,5].
  La médiane est 24 cm, car c'est le nombre qui se retrouve au centre des données.
  Moyenne = (16 +20 +22 +22,5 +24 +24 +26 +26 +26 +27,5) ÷ 10 =
  = 234 ÷ 10 = 23,4. La moyenne est 23,4 cm. On la trouve en additionnant toutes les données et en divisant la somme (le résultat) par le nombre total de données.

- En ajoutant deux données au groupe de vélo, le mode n'a pas changé. Cependant, les deux autres mesures de tendance centrale, soit la médiane et la moyenne, ont eu une tendance à la hausse, car les deux nouvelles données étaient supérieures à

la médiane et à la moyenne précédentes.
Mode : [16 ; 20 ; 22 ; 22,5 ; 24 ; 24 ; **26** ; **26** ; **26** ; 27 ; 27,5 ; 29 ; 39]. Le mode est 26 cm.
Médiane : [16 ; 20, 22, 22,5 ; 24 ; **24** ; **26** ; 26 ; 26 ; 27,5 ; 29 ; 39].
La médiane est égale à (24 + 26) ÷ 2= 50 ÷ 2= 25 cm.
Moyenne = (16+ 20 +22 +22,5 +24 +24 +26 +26 +26 +27,5 +29 +39) ÷ 12 = 309 ÷ 12 = 25,2. La moyenne est 25,2 cm.

- Lors de la suppression des données, à cause des crevaisons, le mode ne changera, car on n'a pas enlevé une donnée qui se répète.
Mode: [20 ; 22 ; 22,5 ; 24 ; 24 ; **26** ; **26** ; **26** ; 27 ; 27,5 ; 29]. Le mode est 26 cm.
Médiane : [20, 22, 22,5 ; 24 ; **24** ; **26** ; 26 ; 26 ; 27,5 ; 29]. La médiane est égale à (24 + 26) ÷ 2= 25 cm. Elle demeure la même, car ce sont les données à chacune des extrémités de l'ensemble qui ont été enlevées.
Moyenne = (20 +22 +22,5+ 24 +24 +26 +26 +26 +27,5 +29) ÷ 10 = = 247 ÷ 10 = 24,7. La moyenne (24,7 cm) sera plus petite, car l'une des données enlevées est une donnée aberrante, qui a un impact sur la moyenne.

Activité 170 : Salaires horaires moyens des employés

Les salaires horaires (en milliers de francs guinéens – MGNF) des employés d'une clinique médicale sont les suivants : 16, 16, 16, 16, 16, 16, 18, 18, 18 et 25.
Les employés se plaignent que les salaires ne sont pas assez élevés. Quelles mesures de tendance centrale (mode, médiane ou moyenne) devraient-ils utiliser pour défendre leur point de vue auprès de leur employeur ?

Mode : Le mode des salaires horaires (en milliers de francs guinéens – MGNF) est 16 MGNF, car c'est la donnée la plus fréquente dans l'ensemble. Le salaire horaire modal est 16 000 GNF.

Médiane : La médiane des salaires horaires (en milliers de francs guinéens – MGNF) est 16 MGNF. Puisqu'il y a 10 données (nombre pair), la médiane correspond à la moyenne des deux données situées au centre de l'ensemble des données mises en ordre croissant, soit la 5e (16 MGNF) et la 6e (16 MGNF) données. Le salaire horaire médian est 16 000 GNF.

Moyenne = Somme des données /nombre de données
= (16 +16 +16 +16 +16 +16 +18 +18 +18 +25)/10 = 175/10 = 17,5
Le salaire horaire moyen est 17 500 GNF.
Les employés de cette clinique devraient utiliser le mode ou la médiane pour défendre leur point de vue auprès de leur employeur.

En règle générale, le choix de la mesure (mode, médiane ou mode) qu'on devrait utiliser, dépend un peu du type de données (nominale, ordinale, échelle d'intervalles) disponibles et de ce qu'on en fait. Bien qu'il soit identifié comme une mtc, le mode n'est ni une moyenne de grandeur, ni une moyenne de position, mais plutôt une moyenne de fréquence.

Pour illustrer cette idée, supposons que Yama (salaire horaire de 50 000

GNF), M'Mah (salaire horaire de 60 000 GNF) et Sofia (salaire horaire de 65 000 GNF) sont assises à une table. Le salaire horaire moyen à la table est de 58 333 GNF et le salaire horaire médian est de 60 000 GNF. Puis, Manile (salaire horaire de 100 000 GNF) s'assoit avec elles. Le revenu horaire moyen est maintenant passé à 81 250 GNF, mais le salaire horaire médian n'est que 62 500 GNF. Si l'on veut examiner le salaire horaire global à la table, la moyenne pourrait être la bonne réponse. Mais si l'on s'intéresse au salaire horaire typique à la table, la médiane serait un meilleur choix.

L'espérance mathématique

On commence par définir une ***variable aléatoire quantitative*** comme étant une variable qui peut prendre différentes valeurs dans une expérience aléatoire. On considère, ensuite, la variable aléatoire X à laquelle on peut donner la distribution des probabilités de la façon suivante :

X	x_1	x_2	x_3	x_4	...	x_n
P(X)	$P(x_1)$	$P(x_2)$	$P(x_3)$	$P(x_4)$	...	$P(x_n)$

où la 1ère rangée correspond aux différents résultats d'une expérience aléatoire et où la seconde rangée correspond aux différentes probabilités pour chacun des résultats.

On peut, maintenant, définir l'***espérance mathématique d'une variable aléatoire*** comme étant la somme des produits des valeurs d'une variable aléatoire par leur probabilité. En d'autres termes, l'espérance mathématique correspond à une ***moyenne pondérée*** des résultats d'une expérience aléatoire dans laquelle les facteurs de pondération sont les probabilités d'obtenir chacun des résultats. L'espérance mathématique est souvent notée E ou E(X).

Calcul et interprétation de l'espérance mathématique d'une variable aléatoire

On utilise habituellement le concept d'*espérance mathématique* dans le cadre des jeux de hasard. Dans ce contexte, pour obtenir un gain moyen ou une perte moyenne égale à l'espérance mathématique, il est nécessaire de répéter l'expérience à de nombreuses reprises.

- Lorsque l'espérance mathématique est égale à 0 ($E = 0$), on dit que le jeu est équitable. Cela signifie que si l'on participe à ce jeu, en moyenne, on ne perdra pas d'argent, mais on n'en gagnera pas non plus. Ce jeu n'est donc pas à l'avantage du joueur ou de l'organisme faisant le jeu.
- Lorsque l'espérance mathématique est négative à 0 ($E < 0$), cela signifie qu'en moyenne, le joueur perdra de l'argent à chaque essai. Donc le jeu est avantageux pour l'organisme qui offre le jeu. Le montant perdu à chaque essai sera, en moyenne, égal à l'espérance mathématique.

- Lorsque l'espérance mathématique est positive à 0 ($E > 0$), cela signifie qu'en moyenne, le joueur gagnera de l'argent à chaque essai. Donc le jeu est désavantageux pour l'organisme qui offre le jeu. Le montant gagné à chaque essai sera, en moyenne, égal à cette espérance.

Notons que (i) dans un calcul d'espérance mathématique, il est préférable de ne pas réduire les fractions ; (ii) il faut s'assurer de n'oublier aucun résultat dans les calculs ; (iii) il n'y a pas toujours de mise initiale.

Dans un contexte de jeux de hasard où il y a une mise de départ, on peut calculer l'espérance mathématique de plus d'une façon : soit on enlève la mise initiale à chaque résultat, soit on l'enlève à la fin seulement.

Méthode 1 : Enlever la mise à chaque résultat

On peut calculer l'espérance mathématique de la façon suivante :

$$\boxed{E(X) = p(x_1)x_1 + p(x_2)x_2 + \ldots + p(x_n)x_n}$$

où chacun des $p(x_i)$ correspond à une probabilité associée à un évènement et où chaque x_i correspond à un résultat obtenu, duquel on a soustrait la mise.

Exemple : Un jeu consiste à faire tourner une roulette. La mise initiale à ce jeu est de 2 \$. Les prix sont fixés comme suit : (i) Si la roulette s'arrête sur la partie rouge, le joueur remporte 4 fois sa mise. (ii) Si la roulette s'arrête sur la partie orange, le joueur remporte 4 fois sa mise. (iii) Si la roulette s'arrête sur la partie mauve, le joueur remporte 3 fois sa mise. (iv) Si la roulette s'arrête sur la partie verte, le joueur remporte 5 fois sa mise. (v) Si la roulette s'arrête sur la partie bleue, le joueur ne gagne rien.

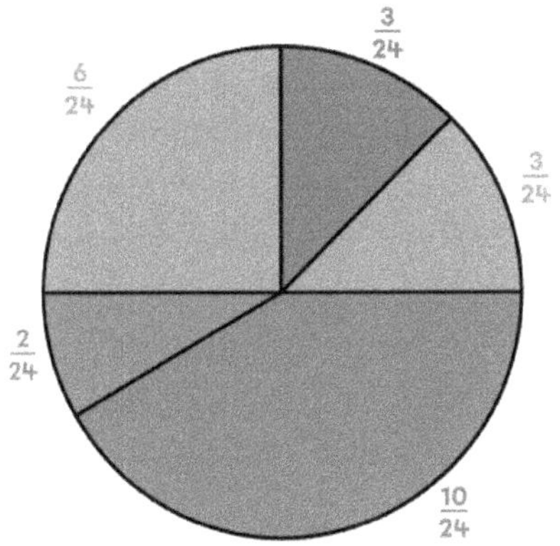

Les probabilités pour chacune des parties sont inscrites sur le dessin.
Ce jeu est-il équitable ?

Pour répondre à cette question, il faut calculer l'espérance mathématique de ce jeu. Pour effectuer les calculs, il est préférable de remplir un tableau où on indique pour chaque probabilité le résultat obtenu. Dans ce tableau, on a soustrait la mise.

- Rouge : 4 fois la mise de laquelle on a soustrait la mise = (4 x 2) -2 = 6 $.
- Orange : 4 fois la mise de laquelle on soustrait la mise = (4 x 2) – 2 = 6 $.
- Mauve : 3 fois la mise de laquelle on soustrait la mise = (3 x 2) – 2 = 4 $.
- Verte : 5 fois la mise de laquelle on soustrait la mise = (5 x 2) – 2 = 8 $.
- Bleue : Le joueur ne gagne rien ; il perd donc sa mise de 2 $.

On obtient le tableau ci-dessous :

X	6 00 $	6 00 $	4 00 $	8 00 $	-2 00 $
P(X)	3/24	3/24	6/24	2/24	10/24

On calcule l'espérance mathématique :

E(X) = (3/24 x 6) +(3/24 x 6) +(6/24 x 4) +(2/4 x 8) +(10/24) x –2 ≈ 2,33 $.

On peut, maintenant dire que ce jeu est favorable au joueur. En effet, l'espérance mathématique est positive. Cela signifie que si le joueur joue plusieurs parties, il gagnera, en moyenne, 2,33 $ par partie.

Méthode 2 : Enlever la mise à la fin

On peut calculer l'espérance mathématique de la façon suivante :

$$\mathbb{E}(\mathbb{X}) = \mathbf{p(x_1)x_1 + p(x_2)x_2 + \ldots + p(x_n)x_n - M}$$

où chacun des $p(x_i)$ correspond à une probabilité associée à un évènement, où chacun des x_i correspond à un résultat obtenu (on ne soustrait pas la mise initiale) et où M est la mise initiale.

Reprenons le même exemple du jeu de roulette pour illustrer la remarque que cette méthode donne le même résultat final que la première méthode présentée ci-haut.

Exemple : Un jeu consiste à faire tourner une roulette. La mise initiale à ce jeu est de 2,00 $. Les prix sont fixés comme suit : Si la roulette s'arrête sur la partie rouge, le joueur remporte 4 fois sa mise tout comme pour la partie orange. Pour la partie mauve, le joueur remporte 3 fois sa mise, tandis qu'il remporte 5 fois sa mise si la roulette s'arrête sur la parie verte. Finalement, pour la partie bleue, il ne gagne rien. Les probabilités pour chacune des parties sont inscrites sur le dessin ci-haut fourni.

Ce jeu est-il équitable ?

Pour répondre à cette question, il faut déterminer l'espérance mathématique de ce jeu. En décodant les données de la situation, on obtient le tableau suivant :

X	8,00 $	8,00 $	6,00 $	10,00 $	-0,00 $
P(X)	3/24	3/24	6/24	2/24	10/24

On calcule l'espérance mathématique :

E(X) = (3/24 x 8) + (3/24 x 8) + (6/24 x 6) + (2/4 x 10) + (10/24) x 0 – 2 ≈ 4,33 -2 $ ≈ 2,33 $. On obtient bel et bien le même résultat qu'avec la première méthode.

On peut, maintenant, répondre à la question en disant que ce jeu est favorable au joueur puisque l'espérance mathématique est supérieure à 0. Même s'il perd quelques parties, il peut quand même s'attendre à faire des gains d'environ 2,33 $ par partie s'il joue de nombreuses parties.

Avec l'exemple suivant, examinons ce qui se passe lorsqu'il n'y a pas de mise initiale.

Exemple : Yéni offre à Abdel le pari en des termes suivants : « Pige une carte dans ce jeu de 52 cartes. Si tu piges un as, je te donne 5 000 GNF. Si tu tires une figure, je te donne 2 000 GNF. Si tu piges une autre carte, tu dois me donner 1 500 GNF. ». Abdel devrait-il accepter le pari que lui propose Yéni ?

Avant de répondre à cette question, Abdel doit calculer l'espérance mathématique de ce jeu. S'il obtient un résultat négatif, il ne devrait pas y participer, puisqu'en moyenne, s'il joue à plusieurs reprises, il perdra de l'argent. Au contraire, si l'espérance mathématique du jeu est positive, il devrait accepter le pari, puisqu'en moyenne, il gagnera de l'argent. Par ailleurs, on remarque qu'il s'agit d'un jeu qui n'a pas de mise initiale.

- Le jeu de cartes contient 4 as sur un total de 52 cartes. La probabilité de piger un as est donc de 4/52 ou de 1/13. Cet évènement est associé à un gain de 5 000 GNF.
- Le jeu de cartes contient 12 figures (4 valets, 4 dames, 4 rois) sur un total de 52 cartes. Cela correspond donc à une probabilité de 12/52 ou de 3/13. Cet évènement est associé à un gain de 2 000 GNF.
- Il y a 36 autres cartes (ni un as, ni un roi, ni une dame, ni un valet) dans un jeu de cartes. Cela correspond donc à une probabilité égale à 36/52 ou 9/13. Cet évènement est associé à une perte de 1 500 GNF ou à un gain de -1 500 GNF.

X	5 000 GNF	2 000 GNF	- 1 500 GNF
P(X)	1/13	3/13	9/13

On peut, maintenant, calculer l'espérance mathématique :

$E(X) = (1/13 \times 5\,000) + (3/13 \times 2\,000) + (9/13 \times (-1\,500)) \approx -190$ GNF.

L'espérance mathématique est négative. En moyenne, Abdel perdra de l'argent. Il ne devrait pas accepter le pari de Yéni.

Activité 171 : Soirée-bénéfice en aide aux sans-abris

Lors d'une soirée-bénéfice pour venir en aide aux sans-abris, on propose un jeu. Une urne contient 6 boules : 3 noires, 2 rouges et 1 verte. Le jeu consiste à tirer une seule boule. Laquelle des hypothèses suivantes rend le jeu équitable ?

Hypothèse	Boule verte	Boule rouge	Boule noire	Mise
1	On gagne 90 000 GNF	On récupère sa mise.	On perd sa mise.	30 000 GNF
2	On gagne 48 000 GNF	On récupère sa mise.	On perd sa mise.	12 000 GNF
3	On gagne 300 000 GNF	On récupère sa mise.	On perd sa mise.	120 000 GNF

P(boule verte) = 1/6 P(boule rouge) = 2/6 P(boule noire) = 3/6

- Espérance mathématique de l'hypothèse 1 :
  E_1 = (1/6 x 90 000) + (2/6 x 30 000) + (3/6 x 0) – 30 000
  = 15 000 + 10 000 + 0 - 30 000 = - 5 000
- Espérance mathématique de l'hypothèse 2 :
  E_2 = (1/6 x 48 000) + (2/6 x 12 000) + (3/6 x 0) – 12 000
  = 8 000 + 4 000 + 0 - 12 000 = 0
- Espérance mathématique de l'hypothèse 3 :
  E_3 = (1/6 x 300 000) + (2/6 x 120 000) + (3/6 x 0) – 120 000
  = 50 000 + 40 000 + 0 - 12 000 = - 30 000

Réponse : C'est l'hypothèse 2 qui rend le jeu équitable.

Activité 172 : Participer aux jeux lors d'une soirée de charité

Pendant une soirée charitable, un joueur a la possibilité de participer à deux jeux :

Le premier jeu consiste à piger une boule dans une boîte contenant 15 boules dont 5 vertes, 6 rouges et les autres jaunes. S'il tire une verte, il gagne 10 000 GNF; s'il tire une rouge, il perd 12 000 GNF et s'il pige une jaune, il gagne 5 000 GNF.

Le deuxième jeu consiste à lancer un dé. Si le joueur obtient un chiffre inférieur à 3, il gagne 8 000 GNF ; s'il obtient le chiffre 3, il gagne 12 000 GNF et s'il obtient un chiffre supérieur à 3, il perd 10 000 GNF.

À quel jeu est-il préférable de participer ? Justifiez la réponse.

Premier jeu
E(X) = (5/15 x 10 000) + (6/15 x (12 000) + (4/15 x 5 000)
= 50 000/15 - 72 000/15 + 20 000/15
= - 2 000/15 = - 400/3 = - 133

Deuxième jeu
E(X) = (2/6 x 8 000) + (1/6 x (12 000) + (3/6 x – 10 000)
= 16 000/6 + 22 000/6 - 30 000/6
= - 2 000/6 = - 1000/3 = - 333

Réponse : Il est préférable de participer au premier jeu car, en moyenne, on y perd moins.

Activité 173 : Yama joue à Pile ou Face

Yama joue à Pile ou Face avec une pièce de monnaie truquée dont la probabilité de sortie de « Face » est p = 3/5.

1) Yama effectue 20 lancers.

a) Définis un univers Ω modélisant la situation.

b) Donne la loi de la variable aléatoire représentant le nombre de fois que « Face » est apparu.

2) Yama lance maintenant la pièce jusqu'à ce que « Face » apparaisse. Donne la loi de la variable aléatoire qui représente le numéro de la première apparition de « Face » et son espérance.

1. a) On considère un jeu comme une suite (a_1, a_2, …, a_{19}, a_{20}) où a_i = « P » ou « F » selon ce qui sort. L'univers Ω est l'ensemble de toutes ces suites. Le germe d'une telle suite est p(a_1, a_2, …, a_{20}) = $(3/5)^k(2/5)^{20-k}$ où k est le nombre de « F » dans la suite.

   b) La variable aléatoire X suit la loi binomiale B(20, 3/5).

   $P(X = k) = C(20,k).(3/5)^k(2/5)^{20-k}$, E(X) = 20 x 3/5 = 12.

2. La variable aléatoire X compte maintenant le numéro du premier succès dans une suite d'expériences indépendantes ayant la probabilité 3/5 de succès. Il s'agit d'une loi géométrique : $P(X = n) = (2/5)^{n-1}$ x 3/5

   On sait que son espérance est égale à 3/5.

Activité 174 : Loi de probabilité et calcul de l'espérance mathématique

Une urne contient 6 boules bleues, 3 boules rouges et 2 boules vertes, indiscernables au toucher. On tire simultanément au hasard 3 boules de l'urne.

a) Calculer la probabilité de chacun des évènements suivants :

E_1 : « Les boules sont toutes de couleurs différentes ».

E_2 : « Les boules sont toutes de la même couleur ».

b) On appelle X la variable aléatoire qui, à tout tirage de trois boules, associe le nombre de boules bleues tirées.

b_1) Établir la loi de probabilité de X.

b_2) Calculer l'espérance mathématique de X.

Une urne contient 6 boules bleues, 3 boules rouges et 2 boules vertes, indiscernables au toucher.

Nombre de possibilités : C(11,3) = 11 !/3 !8 ! = 11 x 10 x 9/3 x 2 x 1 = 165.

a. E_1 : « Les boules sont toutes de couleurs différentes » : on tire 3 parmi les bleues ou 3 parmi les rouges.

   Soit P(E_1) = C(6,1).C(3,1).C(2,1)/165 = 6 x 3 x 2/165 = 36/165 = 0,2181, soit environ 22 % de chance.

   E_2 : « Les boules sont toutes de la même couleur » : on tire une boule parmi chaque couleur.

   Soit P(E_2) = [C(6,3) + C(3,3)]/165 = (20 + 1)/165 = 21/165 = 0,1272, soit environ 13 % de chance.

b. b_1 : X peut prendre les valeurs 0, 1, 2 ou 3 P(X = k) = C(6,k).C(5,3-k)/165.
b_2 : Les calculs donnent successivement :
E(X) = (0 x 10/165) + (1 x 60/165) + (2 x 75/165) + (3 x 20/16) = 270/165 = 1,64. L'espérance mathématique de X est de 1,64.

Activité 175 : Jeu avec des boules indiscernables et calcul de l'espérance mathématique

Une urne contient 10 boules indiscernables : 5 rouges, 3 jaunes et 2 vertes. On tire au hasard et simultanément 3 boules de cette urne. On considère les évènements suivants :

A : « Les trois boules sont rouges ».
B : « Les trois boules sont de la même couleur ».
C : « Les trois boules sont chacune d'une couleur différente »

a) Calculer les probabilités P(A), P(B) et P(C).
b) On appelle X la variable aléatoire qui, à chaque tirage, associe le nombre de couleurs obtenues. Déterminer la loi de probabilité de X. Calculer E(X).

Nombre de possibilités de tirage : C(10,3) = 10!/3!7! = 120.

a. P(A) = C(5,3)/120 = 10/120 = 1/12.
P(B) = [C(5,3) + C(3,3)]/120 = (10 + 1)/120 = 11/120
P(C) = [C(5,1)C(3,1)C(2,1)]/120 = (5 x 3 x 2)/120 = 30/120 = ¼.

b. La variable peut prendre les valeurs 1, 2 ou 3 :
P(X = 1) = P(B) = 11/120 ; P(X = 3) = P(C) = 30/120 = ¼ et
P(X = 2) = 1 – P(X = 1) – P(X = 3) = 1 – 11/120 – 30/120 = 79/120.
Et E(X) = (1 x 11/120) + (2 x 79/120) + (3 x 30/120) = 259/120 = 2,16.

Activité 176 : Aliou joue aux machines à sous ...

Aliou porte une veste dont la poche de droite est divisée en deux compartiments indiscernables au toucher. L'un des compartiments contient 5 billets de 10 000 GNF et l'autre en contient 2 tels billets. Aliou joue aux machines à sous et il plonge donc la main dans cette poche en prenant un billet au hasard.

On s'intéresse à la variable aléatoire définie de la façon suivante :

X = n signifie que, lors du n-ième tirage dans la poche, Aliou prend le dernier billet de l'un des compartiments.

Donner la loi de la variable aléatoire X et son espérance.

Il faut regarder tous les cas possibles pour n. Mais $n = 1$ est impossible.

- $n = 2$: on tire donc deux fois dans le petit compartiment. A chaque tirage, on a une chance sur deux de tomber sur chaque compartiment. Nous avons un cas favorable et 2^2 cas possibles. P(X = 2) = $1/2^2$.

- $n = 3$: Dans les deux premiers tirages, on va une et une seule fois dans le petit compartiment. On y retourne au troisième tirage. Il y a deux cas favorables et 2^3 cas possibles. $P(X = 3) = 2/2^3$.
- $n = 4$: Dans les trois premiers tirages, on va une et une seule fois dans le petit compartiment, et on y retourne au dernier tirage. Il y a trois cas favorables et $P(X = 4) = 3/2^4$.
- $n = 5$: Il y a maintenant 2 éventualités incompatibles : (a) on tire 5 fois de suite dans le grand compartiment, (b) on tire une et une seule fois dans le petit compartiment pendant les 4 premiers tirages, et on y retourne au dernier tirage. Cela fait 1 + 4 = 5 cas favorables, et $P(X = 5) = 5/2^5$.
- $n = 6$: C'est du même style. On vérifie qu'il y a 5 cas favorables pour chacun des deux compartiments, ce qui donne $P(X = 6) = 10/2^6$.
- $n = 7$ et suivants sont impossibles : dans les six premiers tirages, on a nécessairement vidé l'une des poches.

Il est facile de vérifier que la somme fait 1. L'espérance mathématique est donnée par $E(X) = (2 \times 1/2^2)+(3 \times 2/2^3)+(4 \times 3/2^4)+(5 \times 5/2^5)+(6 \times 10/2^6) = 119/32$.

Activité 177 : Un QCM à 20 questions

Un test QCM (questions à choix multiples) contient 20 questions. Chaque question offre quatre réponses possibles, dont une seule est correcte. Un étudiant, Gamma, répond au hasard à chaque question. Soit X la variable aléatoire égale au nombre de bonnes réponses que cet étudiant donne.

Trouver la loi de X et calculer son espérance mathématique.

Les différentes questions sont indépendantes, même si ce n'est pas dit. Chaque question se traduit par un succès (donner la bonne réponse), de probabilité ¼. Nous sommes dans le cadre du nombre de succès parmi 20 expériences indépendantes.

- La variable aléatoire X suit la loi binomiale de paramètres $n = 20$, $p = ¼$.
- Son espérance est égale à : $n \times p = 20 \times 1/4 = 5$. Gamma peut espérer avoir 5/20 si les réponses fausses ne font pas perdre de points.

Activité 178 : On tire des jetons colorés de diverses urnes

Une urne U_1 contient 4 jetons blancs et 3 noirs ; une urne U_2 contient 17 jetons blancs et 18 noirs.

1. *On jette un dé cubique dont chaque face a la même probabilité d'apparaître. Si le 6 apparaît, on tire un jeton de l'urne U_1 sinon on tire un jeton de l'urne U_2.*
   a) *Déterminer la probabilité de tirer un jeton blanc (On considère les évènements A : « On a obtenu 6 en jetant le dé » et B : « On obtient un jeton blanc »).*
   b) *On a tiré un jeton blanc ; calculer la probabilité qu'il provienne de U_1.*
   c) *On a tiré un jeton noir ; calculer la probabilité qu'il provienne de U_2.*

2. *On tire successivement et sans remise les 7 jetons de l'urne U_1. On considère la variable aléatoire X qui prend pour valeur k si le premier jeton blanc apparaît au k-ième tirage.*
Donner la loi de probabilité de X, puis calculer son espérance mathématique et son écart-type.
Les questions 1 et 2 sont indépendantes. On donnera les résultats sous forme de fraction irréductible.

1.a. $P(A) = 1/6$; $P(\bar{A}) = 5/6$ $P(B/A) = 4/7$; $P(B/\bar{A}) = 17/35$
D'après la loi des probabilités totales, on a :
$P(B) = P(A \cap B) + P(\bar{A} \cap B) = (4/7 \times 1/6) + (17/35 \times 5/6) = ½$.
1.b. $P(A/B) \times P(B) = P(A \cap B)$ d'où $P(A/B) = (4/7 \times 1/6) \div ½ = 4/21$.
1.c. De même, B' étant non B, on a :
$P(\bar{A}/B') \times P(B') = P(\bar{A} \cap B')$ d'où $P(\bar{A}/B') = (18/35 \times 5/6) \div 1/2 = 6/7$.

2. L'ensemble des valeurs prises par X est {1, 2, 3, 4}

k	1	2	3	4
P(X = k)	$\frac{4 \times 6!}{7!} = \frac{4}{7}$	$\frac{3 \times 4 \times 5!}{7!} = \frac{2}{7}$	$\frac{4 \times 3 \times 2 \times 4!}{7!} = \frac{4}{35}$	$\frac{3! \times 4!}{7!} = \frac{1}{35}$

Espérance mathématique E(X)
$E(X) = 1 \times (4/7) + 2 \times (2/7) + 3 \times (4/35) + 4 \times (1/35) = 8/35$.
$E(X^2) = 1 \times (4/7) + 2^2 \times (2/7) + 3^2 \times (4/35) + 4^2 \times (1/35) = 20/7$.
Variance de X : $Var(X) = E(X^2) - [E(X)]^2 = 20/7 - (8/35)^2$
Écart-type $\sigma(X) = 1,69$.

Créée en 2014, la Société de Gestion et de Construction Guinée.SA (SGCG SA) est spécialisée dans l'investissement, l'innovation au développement, la construction, l'équipement et la fourniture du matériel dans divers domaines (éducation, santé, secteur social, agriculture, autres secteurs de l'économie). Elle fait aussi de l'importation et de l'exportation des produits et des technologies de première nécessité pour les communautés guinéennes.

Activité 179 : Évaluation du rendement d'un investissement et calcul d'une mesure relative du risque

La Société de Gestion et de Construction Guinée.SA (SGCG SA) envisage d'investir dans des actions ordinaires d'une entreprise locale œuvrant dans le domaine de la microinformatique. Divers rendements sont possibles selon diverses probabilités et ceci pour une période d'un an.

Rendement (%) x_i	Probabilité $f(x_i)$
28,0	0,05
23,4	0,21
18,6	0,34

15,0	0,22
12,0	0,10
8,0	0,08

a. Quel rendement peut espérer réaliser la société SGCG SA ?
b. Calculer l'écart-type et le coefficient de variation du rendement.
c. La Société examine aussi la possibilité d'investir dans les obligations du gouvernement avec un rendement garanti de 12 %. Calculer le coefficient de variation.
d. Lequel des deux investissements présente le plus grand risque ?

a. Notons par X le rendement possible. Il s'agit d'évaluer l'espérance mathématique de cette variable.
$E(X) = x_1.f(x_1) + x_2.f(x_2) + \quad + x_5.f(x_5) + x_6.f(x_6)$
$= (28)(0,05) + (23,4)(0,21) + (18,6)(0,34) +(15)(0,22) + (12)(0,10) +$
$+ (8)(0,08) = 1,4 + 4,914 + 6,324 + 3,3 + 1,2 + 0,64 = 17,778$ %.

b. Utilisons le tableau suivant pour calculer l'écart-type et le coefficient de variation du rendement.

x_i	x^2_i	$f(x_i)$	$x^2_i\ f(x_i)$
28,0	784,00	0,05	39,2000
23,4	547,56	0,21	114,9876
18,6	345,96	0,34	117,6264
15,0	225,00	0,22	49,5000
12,0	144,00	0,10	14,4000
8,0	64,00	0,08	5,1200

On fera usage de la formule simplifiée
$Var(X) = E(X^2) - [E(X)]^2$ où $E(X^2) = \sum x^2_i\ f(x_i)$
On obtient alors $E(X^2) = \sum x^2_i\ f(x_i) = 340,834$. La variance du rendement est
$Var(X) = 340,834 – (17,778)2 = 340,834 – 316,0573 = 24,7767$.
Par conséquent, l'écart-type donne : $\sigma(X) = \sqrt{24,7767} = 4,98$ % et le coefficient de variation, exprimé en pourcentage, est :

$$CV = \frac{\sigma(X)}{E(X)} \times 100 = \frac{4,98}{17,778} \times 100 = 28,01\ \%$$

c. La Société SGCG examine la possibilité d'investir dans les obligations du gouvernement avec un rendement garanti de 12 %. Dans ce cas, la distribution du rendement ne comporte qu'une seule valeur, soit un rendement garanti de 12 %. Par conséquent, l'écart-type est nul, $\sigma(X) = 0$ et le coefficient de variation CV = 0. Cet investissement ne présente aucune incertitude.

d. L'investissement qui présente le plus grand risque
Dans ce type d'application, le coefficient de variation (CV) représente une mesure relative du risque ou de l'incertitude associée à un projet d'investissement.

Type d'investissement	**Mesure relative du risque**
Investissement dans l'entreprise de microinformatique.	CV = 28,01 %
Obligations du gouvernement	CV = 0 %

L'investissement dans l'entreprise de microinformatique présente le plus grand risque puisque CV = 28,01 % > 0 %.

NB : On obtient le CV en divisant l'écart-type par la moyenne arithmétique. Exprimé sous forme de pourcentage, il s'écrit : CV = $(s/\bar{x})$ x 100.

Activité 180 : Lot de pièces accepté sous conditions

Un industriel a commandé à un sous-traitant un lot de 40 pièces dont le diamètre doit mesurer 80 mm. Il est convenu que le lot ne sera accepté que si les deux conditions suivantes sont simultanément satisfaites :

Première condition : l'écart entre 80 mm et la moyenne $\bar{x}$ du lot est inférieur à 0,05 mm.

Deuxième condition : Au moins 60 % des pièces du lot ont un diamètre d tel que : $80 - 0,05 \leq d \leq 80 + 0,05$ (1).

Le tableau ci-dessous résume les 40 mesures effectuées sur le lot.

Mesure de d à 0,05 mm près	79,75	79,80	79,85	79,90	79,95	80	80,05	80,10	80,15	80,20
Effectif	1	2	3	5	6	14	5	2	1	1

1) *Calculer la moyenne $\bar{x}$ des mesures effectuées.*
2) *Déterminer le pourcentage de pièces dont le diamètre d vérifie la double inégalité (1).*
3) *L'industriel va-t-il accepter ou refuser le lot ? Justifier la réponse.*

1. Calcul de la moyenne $\bar{x}$

   La moyenne $\bar{x}$ des mesures effectuées vaut :

   $$\bar{x} = \frac{(1 \times 79,75) + (2 \times 79,80) + \ldots + (1 \times 80,15) + (1 \times 80,20)}{40} = \frac{3198,9}{40} =$$

   = 79,9725. La moyenne des mesures vaut 79,9725 mm.

2. Le nombre de pièces dont le diamètre d vérifie la double inégalité (1) est égal à 6 + 14 + 5 = 25, soit un pourcentage égal à (25/40) x 100 = 62,5 %.

   62,5 % des pièces vérifient la double inégalité (1).

3. L'écart entre la moyenne des mesures $\bar{x}$ (79,9725 mm) et 80 mm étant égal à : 80 – 79,9725 = 0,0275 < 0,05, et plus de 60 % des pièces ayant un diamètre d vérifiant la double inégalité (1), le lot sera accepté par l'industriel.

Activité 181 : Calcul du temps moyen d'exécution d'une opération d'empaquetage et de son étendue

Le Directeur du département d'Organisation et Méthodes de la Société SGCG a mandaté l'un de ses techniciens pour effectuer une étude préliminaire sur le temps d'exécution de l'opération d'empaquetage effectuée à l'extrémité du convoyeur n° 2. L'opération s'effectue dans les mêmes conditions et emploie les mêmes méthodes d'empaquetage par la main-d'œuvre. Elle fournit les temps suivants en secondes : 21, 20, 23, 20, 22, 25, 24, 25, 27, 22, 26, 21.

a) Calculer le temps moyen d'exécution de cette opération, la variabilité du temps d'exécution et la dispersion relative.

b) Calculer l'étendue du temps d'exécution de l'opération d'empaquetage.

a. On dresse le tableau ci-dessous des calculs préliminaires pour la moyenne et la variance des temps d'exécution.

Temps relevés (x_i)	**Écarts ($x_i - \bar{x}$)**	**Carré des écarts ($x_i - \bar{x})^2$**
21	-2	4
20	-3	9
23	0	0
20	-3	9
22	-1	1
25	+2	4
24	+1	1
25	+2	4
27	+4	16
22	-1	1
26	+3	9
21	-2	4
$\sum x_i = 276$	$\sum(x_i - \bar{x}) = 0$	$\sum(x_i - \bar{x})^2 = 62$

En utilisant les calculs préliminaires du tableau, on obtient les valeurs suivantes :

Temps moyen d'exécution : $\bar{x} = \frac{\sum x_i}{N} = \frac{276}{12} = 23$ sec

La somme des carrés : $\sum(x_i - \bar{x})^2 = 62$

La variance est donc : $s^2 = \frac{\sum(x_i - \bar{x})^2}{n-1} = \frac{62}{11} = 5{,}64$ sec^2.

L'écart-type s'obtient de s^2 : $s = \sqrt{5{,}64} = 2{,}37$ sec.

On peut donc résumer les temps observés en disant qu'en moyenne, le temps d'exécution de cette opération est de 23 secondes et que la dispersion des temps autour de la valeur moyenne est mesurée par un écart-type de 2,37 sec. Comparée au temps moyen, cette dispersion donne un coefficient de variation de 10,3 %, ce qui indique une homogénéité raisonnable des temps d'exécution de cette opération d'empaquetage.

Les personnes qui effectuent cette opération ont une cadence de travail similaire, ni trop lente, ni trop vite. On pourrait également dire que le temps moyen ainsi calculé est bien représentatif du temps nécessaire à l'exécution de cette opération.

b. De ce qui précède, on déduit l'étendue du temps d'exécution de l'opération d'empaquetage : E = 27 – 20 = 7 sec. De la table de Pearson et Hartley, on trouve, pour n = 12, d = 0,307. On en déduit l'estimation de l'écart-type avec :

$$s \approx d \times E = (0{,}307)(7) = 2{,}15 \text{ sec.}$$

On avait obtenu s = 2,37 sec. à l'aide de la formule de l'écart-type. On constate que les deux valeurs sont tout à fait comparables. D'une manière générale, elles seront toujours voisines, sinon il y a erreur de calcul.

Activité 182 : Durée moyenne des communications faites dans un centre téléphonique

Un relevé des durées des communications téléphoniques effectuées dans un centre téléphonique a fourni les informations qui sont consignées dans le tableau ci-dessous (l'unité de mesure est la minute).

Intervalle de durée	[0 ; 2[	[2 ; 4[	[4 ; 6[	[6 ; 8[	[8 ; 10[	[10 ; 12[
Effectif	14	16	25	15	17	13

1) Calculez la durée moyenne de l'appel.
2) On regroupe les classes par deux, ce qui revient à considérer les classes [0; 4[, [4; 8[et [8; 12[. Calculez la durée moyenne d'un appel pour cette nouvelle série.
3) Quelle conclusion pouvez-vous formuler ?

1. Pour calculer la moyenne de cette série statistique, on prend en compte le milieu des classes, à savoir :

Intervalle de durée	[0; 2[	[2; 4[	[4; 6[	[6; 8[	[8; 10[	[10; 12[
Milieu des classes	1	3	5	7	9	11
Effectif	14	16	25	15	17	13

La durée moyenne d'un appel vaut donc :

$$\bar{x} = \frac{(1 \text{ x}14) + (3 \text{ x } 16) + (5 \text{ x } 25) + \ldots + (9 \text{ x}17) + (11 \text{ x}13)}{100} = \frac{588}{100} =$$

= 5,88 minutes, soit 5 minutes et 0,88 x 60 = 52,8 secondes. La durée moyenne d'un appel est donc de 5 minutes, 52 secondes et 8 dixièmes.

2. Suite au regroupement des classes, la nouvelle série statistique est :

Intervalle de durée	[0 ; 4[	[4 ; 8[	[8 ; 12[
Effectif	14+16 = 30	25+15= 40	17+13 = 30

Pour calculer la moyenne de cette série statistique, on prend en compte le milieu des classes

Intervalle de durée	[0; 4[	[4; 8[	[8; 12[
Milieu des classes	2	6	10
Effectif	30	40	30

À partir de cette série, la durée moyenne d'un appel vaut donc :

$$\bar{x} = \frac{(2 \text{ x } 30) + (6 \text{ x } 40) + (10 \text{ x } 30)}{100} = \frac{600}{100} = 6 \text{ minutes.}$$

La durée moyenne d'un appel vaut donc 6 minutes.

3. D'après ce qui précède, on peut affirmer que, selon la façon dont on regroupe les communications téléphoniques (donc seulement la présentation de la série statistique), les résultats peuvent être différents.

Activité 183 : Taille moyenne de groupes de lycéens

Dans un sous-groupe de 40 lycéens, la taille moyenne est de 170 cm. Dans un deuxième sous-groupe de 10 lycéens, la taille moyenne est de 180 cm. Dans un troisième sous-groupe de 50 lycéens, la taille moyenne est de 175 cm.

1) Déterminer la taille moyenne du grand groupe constitué par les trois sous-groupes précédents.

2) Quelle serait la taille moyenne si les trois sous-groupes étaient constitués du même nombre de lycéens ?

1. Pour calculer la moyenne du grand groupe formé par ces trois sous-groupes, il faut tenir compte des effectifs de chacun de ces sous-groupes.
   La moyenne du groupe des 40 + 10 + 50 = 100 lycéens vaut donc :
   $$\bar{x} = \frac{(40 \times 170) + (10 \times 180) + (50 \times 175)}{100} = \frac{17\,350}{100} = 173,50 \text{ cm.}$$
   La taille moyenne du grand groupe des 100 lycées est de 173,50 cm.

2. Si les trois sous-groupes étaient constitués du même nombre de lycéens, il suffirait de concéder la moyenne arithmétique des trois valeurs 170, 180 et 175. En effet, si on note X l'effectif commun des trois sous-groupes, alors la moyenne vaudra :
   $$\bar{x} = \frac{(X \times 170) + (X \times 180) + (X \times 175)}{3X} = \frac{X(170+180+175)}{3X} = 175 \text{ cm.}$$
   Si les trois sous-groupes étaient formés du même nombre de lycéens, la taille moyenne du grand groupe vaudrait 175 cm.

Activité 184 : Médiane, décile, quartile « en-actes »

On relève la température à chaque heure pendant quatre jours dans une forêt. On obtient 97 résultats que l'on trie et que l'on rassemble dans le tableau suivant :

Température	14,5	15	15,5	16	16,5	17	17,5	18	18,5	19	19,5
Nombre de fois où cette température a été relevée	5	7	10	12	15	10	11	9	7	7	4

1) Déterminer la médiane M, les quartiles Q1 et Q3 de cette série statistique.

2) On appelle premier décile (noté D1) la plus petite valeur de la température telle qu'au moins 10 % des valeurs sont inférieures ou égales à D1. On appelle neuvième décile (noté D9) la plus petite valeur de la température telle qu'au moins 90 % des valeurs lui sont inférieures ou égales.
Justifier que D1 = 15 et calculer D9.

1. Puisque le nombre d'observations est impair (97), la médiane sera égale à la 49e mesure de température, c'est-à-dire, en observant le tableau, à 16,5° (la 49e observation fait partie des 15 mesures égales à 16,5°).
   Le quartile Q est la plus petite valeur du caractère pour laquelle 25 % des valeurs de la série statistique lui sont inférieures ou égales. Puisque 25 % de l'effectif total représentent 97 x 25/100 = 24,25, le quartile Q1 correspondra à la 25e mesure, c'est-à-dire à 16°.

De même, le quartile Q3 est la plus petite valeur du caractère pour laquelle 75 % des valeurs de la série statistique lui sont inférieures ou égales. Puisque 75 % de l'effectif total représentent 97 x 75/100 = 72,75, le quartile Q3 correspondra à la 73e mesure, c'est-à-dire à 18°.

2. Le décile D1 est la plus petite valeur du caractère pour laquelle 10 % des valeurs de la série statistique lui sont inférieures ou égales. Puisque 10 % de l'effectif total représentent 97 x 10/100 = 9,7, le décile D1 correspondra à la 10e mesure, c'est-à-dire à 15°.
   De même, le décile D9 est la plus petite valeur du caractère pour laquelle 90 % des valeurs de la série statistique lui sont inférieures ou égales. Puisque 90 % de l'effectif total représentent 97 x 90/100 = 87,3, le décile D9 correspondra à la 88e mesure, c'est-à-dire à 19°.

Activité 185 : Des véhicules quittant Kaloum par tranches horaires : histogramme, fréquence ...

À la sortie d'une agglomération, on a relevé, un certain jour, la répartition par tranches horaires des 640 véhicules quittant le centre-ville Kaloum entre 16 heures et 22 heures. Les résultats sont récapitulés dans le tableau ci-dessous.

Tranche horaire	16h-17h	16h-17h	16h-17h	16h-17h	16h-17h	16h-17h
Nombre de véhicules	110	200	160	90	45	35

1) *Représenter l'histogramme des effectifs de cette série statistique.*
2) *Calculer la fréquence de la tranche horaire 19 h – 29 h (on donnera le résultat arrondi à 0,01 près, puis le pourcentage correspondant).*
3) *Calculer le pourcentage de véhicules quittant le centre-ville de Kaloum entre 16 h et 20 h.*

L'enseignante peut rappeler qu'un histogramme est une représentation graphique des fréquences (ou des effectifs) relatifs à un caractère quantitatif continu à l'aide d'une série de rectangles (de bandes) dont la base constitue un intervalle de variation des valeurs du caractère et dont la hauteur représente les fréquences observées. L'histogramme permet de décrire les effectifs observés. On l'utilise pour présenter des données quantitatives discrètes et des données quantitatives continues groupées en classes.

1. Histogramme des effectifs de cette série statistique

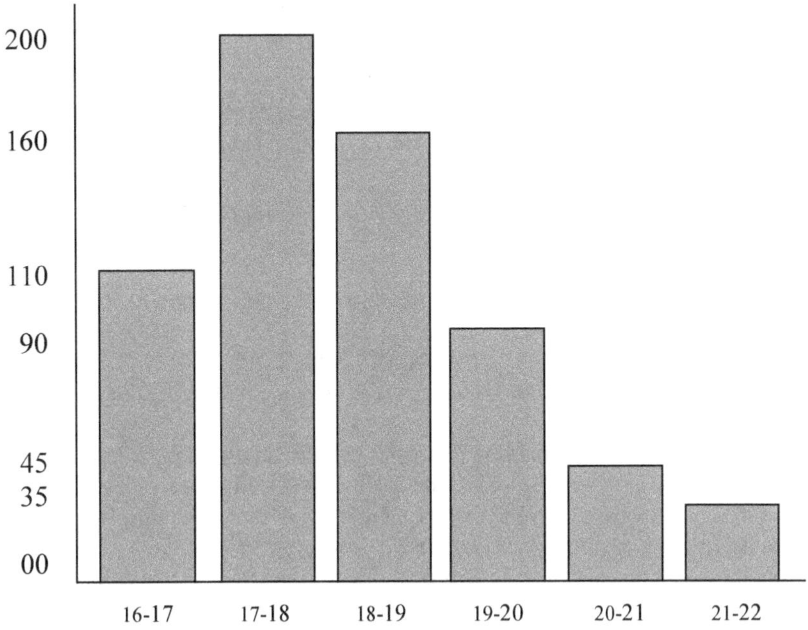

2. **Fréquence de la tranche horaire** 19 h – 20 h :
   90/640 $\approx$ 0,14 = 14 %. 14 % des véhicules quittent Kaloum entre 19 h et 20 h.
3. **Pourcentage de véhicules** quittant Kaloum entre 16 h et 20 h :

$$\frac{110 + 200 + 160 + 90}{640} \times 100 = 87{,}5$$

   87,5 % des véhicules quittent le centre-ville de Kaloum entre 16 h et 20 h.

Activité 186 : Calcul de diverses probabilités

Le directeur des ressources humaines (DRH) d'une multinationale a mis sur microfiche les dossiers de 16 000 employés. Le dénombrement de ces dossiers en fonction de l'âge et du sexe est le suivant :

Âge (ans)	Sexe		
	Masculin (M)	Féminin (F)	Total
Moins de 30 ans (A)	1 200	1 700	2 900
30 – 40 ans (B)	2 600	4 200	6 800
Plus de 40 ans (C)	4 000	2 300	6 300
TOTAL	7 800	8 200	16 000

a) On sélectionne un dossier au hasard. Quelle est la probabilité que ce soit celui d'un employé de moins de 30 ans (A) ?

b) Quelle est la probabilité que ce soit celui d'un employé de moins de 30 ans (A), sachant que l'employé est de sexe féminin (F) ?

c) Quelle est la probabilité que ce soit celui d'un employé masculin (M) de plus de 40 ans (C) ?

d) Quelle est la probabilité que ce soit celui d'un employé féminin (F) ayant 40 ans ou moins (A∪B) ?

e) Quelle est la probabilité que le dossier représente un employé féminin au-dessus de 40 ans (F∩C), sachant que le dossier est celui d'un employé au-dessus de 40 ans (C) ?

f) Les évènements M : « Employé de sexe masculin » et A : « Âgé de moins de 30 ans » sont-ils indépendants ?

a. Il s'agit de calculer le rapport entre le nombre de dossiers appartenant à la catégorie (A), soit 2 900, et le nombre total de dossiers (le nombre d'éléments de l'espace échantillonnal), soit 16 000. P(A) = 2 900/16 000 = 0,1813.
Il y a un peu plus de 18 % de chance que le dossier choisi soit celui d'un employé de moins de 30 ans.

b. Il s'agit de calculer la probabilité du même évènement qu'en a), soit que le dossier soit celui d'un employé de moins de 30 ans, toutefois sous la condition de la réalisation préalable de l'évènement (F), employé de sexe féminin. Ceci aura pour effet de réduire le nombre de dossiers à considérer (on obtient alors un sous-ensemble de S) pour évaluer cette probabilité puisque nous avons seulement 8 200 dossiers de sexe féminin à considérer au lieu des 16 000 dossiers.
D'après la définition de la probabilité conditionnelle, on veut P(A/F). Or P(A/F) = P(A∩F) / P(F). Le nombre de dossiers dans la catégorie « moins de 30 ans et de sexe féminin » est 1 700.

La probabilité de réalisation de A/F est donc : 1 700 ÷ 8 200, soit
P(A/F) = (1 700/16 000) ÷ (8 200/16 000) = 0,2073.
La probabilité de réalisation de l'évènement A sachant que F s'est réalisé, P(A/F), est plus élevée que P(A).

c. Il s'agit de calculer P(M∩C). P(M∩C) = 4 000/16 000 = 0,25, ce qui peut s'écrire, en utilisant la formule des probabilités comme : P(M∩C) = P(M) . P(C/M)
= (7 800/16 000) x (4 000/7 800) = 4 000/16 000 = 0,25.
Ce choix est réalisé dans un cas sur quatre.

d. Il s'agit de calculer P[F∩(AUB)].
P[F∩(AUB)] = P[(F∩A) U(F∩B)] = P(F∩A) + P(F∩B) =
= 1 700/16 000 + 4 200/16 000 = 5 900/16 000 = 0,36875.
Il y a environ 37 % de chance que le choix porte sur un tel employé.

e. Il s'agit de calculer P[(F∩C)/C].
P[(F∩C)/C] = P[(F∩C)∩C] ÷P(C) = P(F∩C)/P(C)
Or P(F∩C) = 2 300/16 000 et P(C) = 6 300/16 000
D'où P[(F∩C)/C] = P(F∩C)/P(C) = (2 300/16 000) ÷ (6 300/16 000)
= 2 300 ÷ 6 300 = 0,3651.
On constate que l'on n'a besoin que d'une partie de l'ensemble des dossiers pour évaluer cette probabilité : ceux des employés âgés de plus de 40 ans et ceux des employés de sexe féminin ayant plus de 40 ans, d'où 2300/6300.

f. Si les évènements M et A sont indépendants, on a alors P(M/A) = P(M) ou P(M∩A) = P(M) x P(A). En calculant séparément P(M∩A) et P(M) x P(A), on obtient : P(M) = 7 800/16 000   P(A) = 2 900/16 000. Ce qui donne : P(M) x P(A) = (7 800/16 000) x (2 900/16 000) = 0, 0883.

D'autre part, P(M∩A) = 1 200/16 000 = 0,075. Par conséquent, P(M∩A) ≠ P(M) x P(A), les évènements M et A ne sont pas indépendants.

Activité 187 : Cent candidats pour un poste de DSF

Cent personnes ont postulé pour un poste de directeur financier d'une importante société fiduciaire (qui effectue des travaux comptables, juridiques, fiscaux, d'organisation, d'expertise etc. pour le compte des entreprises privées). De ce nombre, 55 ont une expérience en supervision de représentants dans des entreprises qui offrent des services fiduciaires et financiers, 35 ont un Master en marketing et 10 ont à la fois l'expérience en supervision et le Master en marketing.

a) Modélisez cette situation-problème à l'aide d'un diagramme de Venn.

b) Déterminez la probabilité pour qu'un des 100 candidats, choisi au hasard, ait uniquement le Master en marketing.

c) Quelle est la probabilité pour qu'un des 100 candidats, choisi au hasard, ait soit l'expérience en supervision, soit le Master en marketing, mais non les deux ?

d) Quelle est la probabilité pour qu'un des 100 candidats, choisi au hasard parmi ceux qui ont le Master en marketing, possède aussi une expérience en supervision ?

e) Quelle est la probabilité pour qu'un des 100 candidats, choisi au hasard, n'ait ni expérience en supervision, ni Master en marketing ?

f) Est-ce que les évènements « Possède une expérience en supervision » et « Possède un Master en marketing » sont dépendants ou indépendants ?

a. Schématisation de la situation-problème

Le diagramme ci-après schématise simplement et clairement la situation.

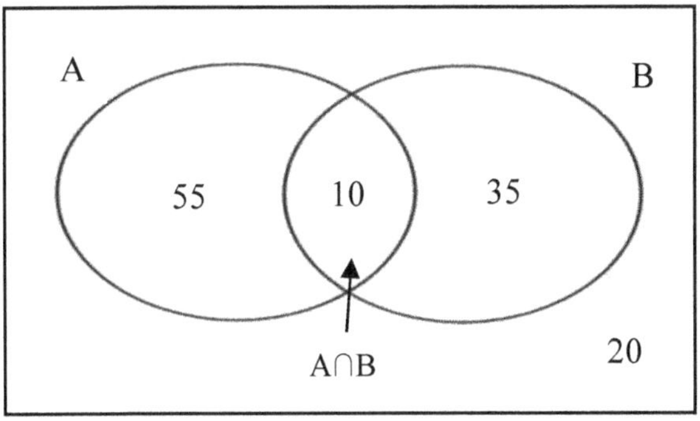

b. **Probabilité que le candidat ait uniquement le Master en marketing.**

$\bar{A}$ étant le contraire de A, on peut noter l'évènement « Possède uniquement le Master en marketing » par $\bar{A}$∩B, évènement qu'on peut schématiser par le diagramme de Venn ci-dessous.

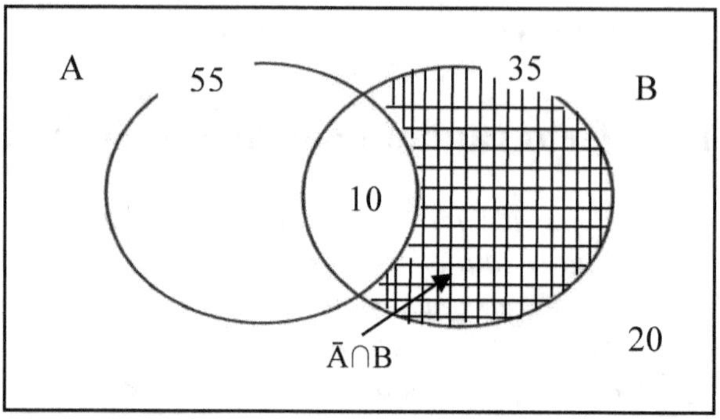

Sa probabilité est donc P(Ā∩B) = P(B) – P(A∩B) = 0,35 – 0,10 = 0,25.
Il y a 25 % de chance (1 cas sur 4) que le candidat possède uniquement le Master en marketing.

c. **Probabilité que le candidat ait soit l'expérience en supervision, soit le Master en marketing, mais pas les deux.**
En notation ensembliste, on note cet évènement par (A∩B')U(Ā∩B) et sa probabilité est P[(A∩B')UP(Ā∩B] = P(A∩B') +P(Ā∩B) = P(A) –P(A∩B) +P(Ā.B)
= 0,55 – 0,10 + 0,25 = 0,70. Cet évènement se produit dans 70 % des cas.

d. **Probabilité que le candidat ayant un Master en marketing possède aussi une expérience en supervision.**
On doit calculer une probabilité conditionnelle, précisément P(A|B).
P(A|B) = P(A∩B)/P(B) = 0,10/0,35 = 0,2857 ou 28, 57 %.

e. **Probabilité que le candidat n'ait ni expérience en supervision, ni Master en marketing.**
Il s'agit de calculer la probabilité P(Ā∩B'). On sait que Ā∩B'= (AUB)'.
On a donc successivement P(Ā∩B') = P(AUB)' = 1 – P(AUB) =
= 1 - [P(A) +P(B) –P(A∩B)] = 1 –(0,55 +0,35 –0,10) = 1 –0,80 = 0,20.
20 candidats sur 100 n'ont ni expérience en supervision ni Master en marketing.

f. **Probabilité que les évènements A et B soient dépendants ou indépendants.**
Si les évènements sont liés, on a : P(A∩B) = P(A).P(B|A).
Si les évènements sont indépendants, on a : P(A∩B) = P(A).P(B) où P(B|A) = P(B).
On sait que, d'une part, P(A) = 0,55 ; P(B) = 0,35 et que, d'autre part, P(B|A) = P(A∩B)/P(A) = 0,10/0,55 = 0,1818. Par conséquent, A et B sont dépendants puisque P(B|A) = 0,1818 ≠ P(B) = 0,35.

Activité 188 : Tirage de bordereaux d'expédition

Une expérience consiste à prélever au hasard trois bordereaux d'expédition d'un grand lot et à observer si chaque bordereau est conforme ou non. On note par A : « bordereau conforme » et par D : « bordereau non conforme ».

a) Définir l'espace échantillonnal Ω, c'est-à-dire dresser la liste de tous les résultats possibles pour cette expérience.
b) Dans la liste des éléments de Ω, à quoi correspond l'évènement B : « les trois bordereaux sont conformes » ?
c) Décrire en mots à quoi correspond l'évènement C: « {AAD, ADA, DAA} ».

d) *On s'intéresse à l'évènement X : « Observer au plus un bordereau non conforme ». Faire la liste des éléments de Ω qui correspondent à cet évènement.*

e) *Déterminer la probabilité de trouver un bordereau non conforme dans l'échantillon de trois, sachant que la proportion de bordereaux non conformes est habituellement de 1 sur 100.*

f) *Déterminer la probabilité que les trois bordereaux soient conformes.*

a. Schématisation des résultats possibles du contrôle

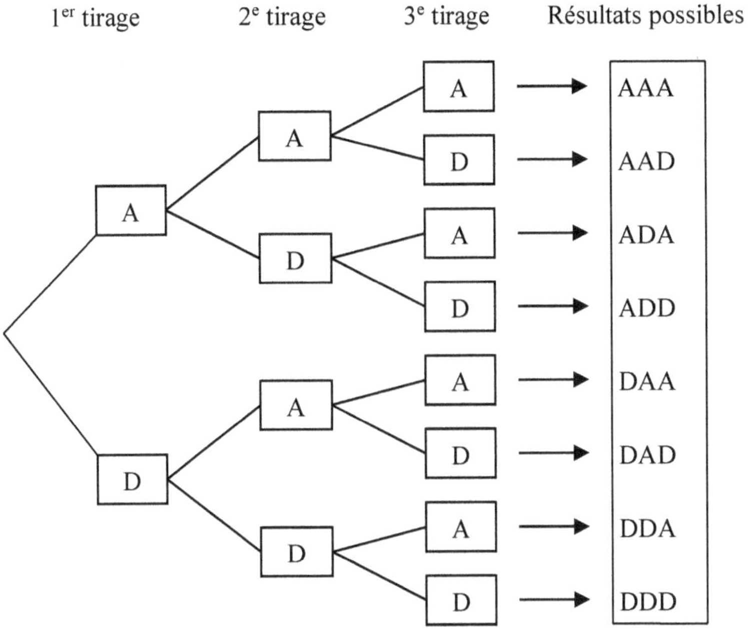

Il y a donc 8 résultats possibles et l'espace échantillonnal est :

Ω= {AAA, AAD, ADA, ADD, DAA, DAD, DDA, DDD}

b. Les trois bordereaux sont conformes : B = {AAA}.

c. Description en mots de l'évènement C : C = {AAD, ADA, DAA}. Cet évènement correspond à obtenir, comme résultat du prélèvement de 3 bordereaux, exactement deux bordereaux conformes ou exactement un bordereau non conforme.

d. On s'intéresse à X : « Observer au plus un bordereau non conforme ».

X = {AAA, AAD, ADA, DAA}.

e. L'évènement correspond à C = {AAD, ADA, DAA}.

P(C) = 3 x [(0,999) x (0,999) x (0,001)] = 0,002994.

f. Il s'agit de l'évènement {AAA} dont la probabilité est $(0,999)^3 = 0,997$.

Activité 189 : Deux postes de vérificateurs à combler

La firme CGI, conseillers en gestion et informatique, effectue actuellement du recrutement dans la région de Nzérékoré pour combler deux postes de vérificateurs internes. Cinq personnes, Amy (A), Blaise (B), Camus (C), Denise (D) et Éveline (E) posent leur candidature.

1) On suppose que ces candidats sont tous qualifiés et compétents pour combler ces postes, et on procède par tirage au sort pour choisir deux candidats. Dressez la liste de tous les résultats possibles de cette expérience.
2) Imaginons, à présent, que les postulants sont classés comme suit : A est excellent, B est très bon, C est bon, D est faible et E est médiocre.
À partir des évènements suivants, identifiez à quoi ils correspondent dans l'espace échantillonnal.
a) « La firme retient la meilleure et la moins bonne candidature ». Dans l'espace échantillonnal, cet évènement est noté : { }.
b) « La firme retient au moins l'un des meilleurs postulants ».
c) « Le candidat médiocre fait partie des postulants retenus ».

1. **Liste de tous les résultats possibles de cette expérience**
$E_1 = \{A,B\}$, $E_2 = \{A,C\}$, $E_3 = \{A,D\}$, $E_4 = \{A,E\}$, $E_5 = \{B,C\}$,
$E_6 = \{B,D\}$, $E_7 = \{B,E\}$, $E_8 = \{C,D\}$, $E_9 = \{C,E\}$, $E_{10} = \{D,E\}$.
L'espace échantillonnal s'écrit $\Omega = \{E_1, E_2, E_3, E_4, E_5, E_6, E_7, E_8, E_9, E_{10}\}$.

2 a. **La firme retient la meilleure (A) et la moins bonne (E).**
Cet évènement correspond au résultat $E_4 = \{A,E\}$.
b. **La firme retient au moins l'un des deux meilleurs postulants.**
Tous les résultats E_1, E_2, E_3, E_4, E_5 , E_6, E_7 satisfont à ce critère. Il s'agit donc de $\{E_1, E_2, E_3, E_4, E_5, E_6, E_7\}$.
c. **Le candidat médiocre fait partie des postulants retenus.**
Il s'agit des résultats $\{E_4, E_7, E_9, E_{10}\}$.

Probabilités conjointes et probabilités marginales

La notion de tableau à double entrée va nous permettre d'aborder les concepts de probabilité conjointe et de probabilité marginale.

Activité 190 : Âge et potentiel entrepreneurial des répondants à une enquête

Le tableau à double entrée suivant donne la répartition des répondants à une enquête en fonction de leur âge et de leur potentiel entrepreneurial, enquête effectuée auprès de 749 personnes désireuses de créer des entreprises pour l'emploi des jeunes et l'autonomisation des femmes.

	Âge (années)			
Potentiel entreprenariat	De 16 à 20 inclus	De 21 à 30 inclus	31 et plus	Total
Taille	36	21	0	57
Moyen	325	206	5	536
Fort	69	84	3	156
Total	430	311	8	749

On sélectionne au hasard l'un de ces répondants et on définit les évènements suivants :

A : « Le répondant a un potentiel entrepreneurial faible ».
B : « Le répondant a un potentiel entrepreneurial moyen ».
C : « Le répondant a un potentiel entrepreneurial fort ».
D : « Le répondant est âgé entre 16 et 20 ans ».
E : « Le répondant est âgé entre 21 et 30 ans ».
F : « Le répondant est âgé entre 31 ans et plus ».

a) Quelle est la probabilité que le répondant ait un potentiel entrepreneurial moyen ?
b) Quelle est la probabilité que le répondant ait un potentiel entrepreneurial moyen, sachant qu'il est âgé entre 21 et 30 ans ?
c) Quelle est la probabilité que le répondant ait un potentiel entrepreneurial fort et appartienne à la catégorie des 16 à 20 ans ?
d) Quelle est la probabilité que le répondant ait un potentiel entrepreneurial faible et soit âgé de 30 ans et moins ?
e) Quelle est la probabilité que le répondant soit âgé de 21 et plus ?
f) Quelle est la probabilité que le répondant ait un potentiel entrepreneurial fort et soit âgé de 21 ans et plus ?
g) Quelle est la probabilité que le répondant soit dans la catégorie de 21 à 30 ans avec un potentiel entrepreneurial fort, sachant que le répondant a un potentiel entrepreneurial fort ?

a. Probabilité que le répondant ait un potentiel entrepreneurial moyen

Pour obtenir cette probabilité, il faut calculer la proportion de répondants appartenant à la modalité « potentiel entrepreneurial moyen » sur l'ensemble des répondants (soit 749). On a donc : P(B) = Card(B) / Card(Ω) = 536/749 = 0,7156.

On pourrait faire de même pour les modalités « faible » et « fort » où, dans ce cas, P(A) = 57/749 = 0,076 et P(C) = 156/749 = 0,2083.

Dans un tableau à double entrée, ces probabilités sont dites *probabilités marginales*. Elles apparaissent en marge du tableau (total de chaque ligne divisé par le total du tableau). Il en est de même pour les colonnes du tableau, caractère selon la catégorie d'âge des répondants :

P(D) = 430/749=0,5741; P(E) =311/749 = 0,4152 ; P(F) =8/749 = 0,0106.

b. Probabilité que le répondant ait un potentiel entrepreneurial moyen, sachant qu'il est âgé entre 21 et 30 ans. On cherche la probabilité conditionnelle P(B|E). On a donc P(B|E) = P(B∩E)/P(E).

On veut calculer la probabilité du même évènement qu'en a), mais sous la condition de la réalisation préalable de l'évènement E, répondant âgé entre 21 et 30 ans. Ceci a pour effet de réduire le nombre de répondants à considérer (on obtient alors une partie de Ω) pour évaluer cette probabilité (seulement 311 au lieu de 749 répondants). La probabilité cherchée est P(B|E) = Card(B∩E))/Card(E) = 206/311 = 0,6624. Ou encore :

P(B|E) = P(B∩E)/P(E) = (206/749)/(311/749) = 206/311 = 0,6624.

Cet évènement se produit dans 66 cas sur 100.

c. **Probabilité que le répondant ait un potentiel entrepreneurial fort (C) et appartienne à la catégorie des 16 à 20 ans (D).** On veut P(C∩D).

P(C∩D) = Card(C∩D)/Card(Ω) = 69/749 = 0,0921

qui peut aussi s'écrire, en utilisant la formule des probabilités composées :

$P(C \cap D) = P(C).P(D|C) = (156/749) \times (69/156) = 69/749 = 0{,}0921$.

Cette probabilité, $P(C \cap D)$, est dite dans ce tableau, *probabilité conjointe*. Le tableau comporte 9 probabilités conjointes : $P(A \cap D)$, $P(A \cap E)$, …, $P(C \cap E)$, $P(C \cap F)$.

d. **Probabilité que le répondant ait un potentiel entrepreneurial faible et soit âgé de 30 ans et moins** . On cherche la probabilité de l'évènement $A \cap (D \cup E)$, qui peut s'écrire : $A \cap (D \cup E) = (A \cap D) \cup (A \cap E)$. On a donc :
$P[(A \cap (D \cup E)] = P(A \cap D) + P(A \cap E) = 36/749 + 21/749 = 57/749 = 0{,}0761$. Environ 8 répondants sur 100 répondent à ce critère.

e. **Probabilité que le répondant soit âgé de 21 et plus.** L'évènement correspondant est $E \cup F$ et sa probabilité est :
$$P(E \cup F) = P(E) + P(F) = 311/749 + 8/749 = 319/749 = 0{,}4259 \text{ ou } 42{,}59\ \%.$$

f. **Probabilité que le répondant ait un potentiel entrepreneurial fort et soit âgé de 21 ans et plus.** L'évènement correspondant est $C \cap (E \cup F)$ et sa probabilité est : $P[(C \cap (E \cup F)] = P[(C \cap E) \cup (C \cap F)] = P(C \cap E) + P(C \cap F) = (84 + 3)/749 = 87/749 = 0{,}1161$. Près de 12 prétendants sur 100 présentent ce profil.

g. **Probabilité que le répondant soit dans la catégorie de 21 à 30 ans avec un potentiel entrepreneurial fort, sachant que le répondant a un potentiel entrepreneurial fort.** L'évènement en question correspond à $E \cap C|C$ et sa probabilité est la probabilité conditionnelle $P(E \cap C|C)$.
$P(E \cap C|C) = P[(E \cap C) \cap C]/P(C) = P(E \cap C)/P(C)$. Or $P(E \cap C) = 84/749$ et $P(C) = 156/749$. Donc $P(E \cap C)/P(C) = (84/749)/(156/749) = 84/156 = 0{,}5385$. Environ, cinquante-quatre sujets sur 100 répondent à ce critère.

Activité 191 : Probabilités et évènement rare

Un procédé industriel produit, en moyenne, une unité non conforme sur 50. Mais, les unités non conformes sont détectées par un senseur électronique et sont écartées de la chaîne de production, pour être ensuite rectifiées. On vient de détecter une suite de cinq unités non conformes de la chaîne de production.

a) En considérant qu'une unité non conforme apparaît de façon aléatoire sur la chaîne d'assemblage, quelle est la probabilité d'observer une suite de cinq unités non conformes ?

b) Si cette situation (5 unités consécutives non conformes) s'est effectivement réalisée, que peut-on conclure quant au procédé industriel utilisé ?

a. Probabilité d'observer une suite de cinq unités non conformes

D'après l'historique de cette chaîne de production, la probabilité d'observer, en une période quelconque, une unité non conforme est 1 sur 50, soit 0,02.

On considère également que les unités non conformes sont indépendantes les unes des autres. Définissons les évènements comme suit :

NC_1 : « La première unité est non conforme » et $P(NC_1) = 0{,}02$.

NC_2 : « La deuxième unité est non conforme » et $P(NC_2) = 0{,}02$, …

NC_5 : « La cinquième unité est non conforme » et $P(NC_5) = 0{,}02$.

Puisque ces évènements sont indépendants, la probabilité d'observer 5 unités non conformes est : P(Les 5 unités sont non conformes) $= P(NC_1).\ P(NC_2).\ \ldots\ P(NC_5)$ $= 1/50 \times 1/50 \times 1/50 \times 1/50 \times 1/50 = 1/312\ 500\ 000 = 0{,}0000000032$.

b. Conclusion quant au procédé industriel utilisé

Le fait d'observer cinq unités consécutives non conformes est très improbable, comme nous l'indique le résultat obtenu en a). On peut conclure que les conditions opérationnelles du procédé ont changé (pour ne pas dire qu'elles se sont détériorées). Le procédé n'est plus maîtrisé. Il faudrait intervenir pour en déterminer la cause.

> En médecine et en médecine vétérinaire, les antibiotiques sont des médicaments généralement puissants (d'où leur efficacité) qui préviennent et traitent les infections bactériennes, empêchent les bactéries de se multiplier, et favorisent la croissance des animaux destinés à la consommation. Certains antibiotiques, comme la pénicilline – premier antibiotique découvert en 1929 par Fleming -, sont historiquement naturels. Mais la plupart sont aujourd'hui des antibiotiques de synthèse. Aussi, en raison de la perturbation de l'équilibre interne du corps, le patient doit-il s'attendre à des effets secondaires des antibiotiques : troubles de l'intestin, fatigue, mycoses, diarrhées, etc.

Activité 192 : Des effets secondaires d'un antibiotique[9]

D'après les essais cliniques d'un antibiotique pour traiter les infections parasitaires, on a constaté des effets secondaires de ce médicament chez 4 % des patients. On suppose que la présence d'effets secondaires chez un patient n'affecte pas la présence d'effets secondaires chez un autre patient.

a) Quelle est la probabilité que deux patients traités avec cet antibiotique présentent conjointement des effets secondaires ?

b) Quelle est la probabilité que le premier patient présente des effets secondaires et que le second ne présente aucun effet secondaire ?

a. On suppose que les évènements suivants sont indépendants.
A : « Le premier patient présente des effets secondaires ».
B : « Le deuxième patient présente des effets secondaires ».
On a : $P(A \cap B) = P(A).P(B) = (0{,}04) \times (0{,}004) = 0{,}0016$.

b. L'évènement correspondant est $A \cap B'$ (B' étant le contraire de B) et sa probabilité est : $P(A \cap B') = P(A).P(B') = (0{,}04)(0{,}96) = 0{,}0384$.
C'est environ dans 4 cas sur 100 que le premier patient présente des effets secondaires et que le second n'en présente aucun.

Activité 193 : Des billets de banque de 5 000, de 10 000 et de 20 000 GNF

[9] Les antibiotiques traitent les infections causées par des bactéries et non celles causées par des virus. C'est pourquoi les médecins ne les prescrivent pas toujours pour traiter une infection. Les antibiotiques sont efficaces pour les infections bactériennes "classiques" comme l'amygdalite bactérienne, la sinusite bactérienne, les infections pulmonaires et les infections urinaires. Les antibiotiques ne fonctionnent pas pour les infections plus courantes, qui sont le produit d'un virus ; c'est le cas de la grippe, de la bronchite, de la pharyngite, de l'otite, où leur emploi ne fera que renforcer la résistance des bactéries aux antibiotiques.

On place dans un sac 5 billets de 5 000 GNF, 7 billets de 10 000 GNF et 10 billets de 20 000 GNF. On choisit au hasard une poignée de 8 billets, chaque billet ayant la même probabilité d'être attrapé.

1) *Quelle est la probabilité de n'avoir choisi aucun billet de 5 000 GNF ?*
2) *Quelle est la probabilité d'avoir obtenu uniquement des billets de 20 000 GNF ?*
3) *Déterminer la probabilité d'avoir obtenu au moins un billet de chaque valeur.*
4) *On recommence l'expérience en tirant les billets un par un et en remettant le billet dans le sac après son tirage. Calculer les probabilités des trois évènements ci-dessus décrits dans cette nouvelle expérience.*

Les billets d'une catégorie n'étant pas facilement discernables, on commence par supposer que les billets sont discernables (numérotés, par exemple). On appelle c_1, c_2, …, c_5 les 5 billets de 5 000 GNF, d_1, d_2, …, d_7 les 7 billets de 10 000 GNF et v_1, v_2, …, v_{10} les 10 billets de 20 000 GNF.

On note alors l'ensemble des billets par $B = \{c_1,\ldots, c_5, d_1,\ldots, d_7, v_1,\ldots, v_{10}\}$. L'univers de l'expérience, Ω, est formé de toutes les poignées de 8 billets distincts, soit donc : $\Omega = \{(b_1, \ldots, b_8)$ tel que, quel que soit i, le billet b_i est pris dans B et tel que pour tout $j \neq i$, on a : $b_i \neq b_j\}$.

Les billets étant équiprobables, on suppose que la probabilité est uniforme sur Ω et que, pour tout évènement A, sa probabilité P(A) est P(A) = Card(A)/Card(Ω). On sait que Card(Ω) est donné par C(22,8) car il s'agit de choisir 8 billets parmi les 22 billets placés dans le sac.

Après avoir décrit l'expérience par son univers et la probabilité associée, on peut passer aux questions proprement dites.

1. Soit l'évènement A : « N'avoir aucun billet de 5 000 GNF ». On peut aussi exprimer A par A : « Avoir uniquement des billets de 10 000 GNF et de 20 000 GNF ». On cherche donc les poignées de 8 billets distincts choisis dans B', l'ensemble complémentaire des 17 billets de 10 000 GNF et de 20 000 GNF. On en déduit alors que : Card(A) = C(17,8) puis que P(A) = C(17,8)/C(22,8) =
= (17!/9!8!) x (14!8!/22!) = (17 x 16 x … x 10)/(22 x 21 x … x 15) $\approx$ 0,076.

On peut interpréter le résultat sous forme d'un tirage séquentiel. En effet, la probabilité de tirer un unique billet qui ne soit pas de 5 000 GNF est de 17/22. Si on tire ensuite un deuxième billet sans remettre le premier, il ne reste plus que 21 billets, dont seulement 16 ne sont pas de 5 000 GNF. La probabilité de ne pas tomber sur un billet de 5 000 GNF devient donc 16/21, puis 15/20 et ainsi de suite, jusqu'à 10/15 pour le huitième billet. On procède exactement de la même façon pour la question suivante.

2. Soit l'évènement D : « Obtenir uniquement des billets de 20 000 GNF ». On cherche ainsi les poignées de 8 billets choisis dans l'ensemble des 10 billets de 20 000 GNF. On a donc : Card(D) = C(10,8) et
P(D) = C(10,8)/C(22,8) = (10 !/8 !8 !) x (14 !8 !/2 x 2 !) $\approx 1{,}41 \times 10^{-4}$.

La troisième question se traite d'une façon assez différente car elle nécessite qu'on réécrive l'évènement.

3. Soit l'évènement E : « Obtenir au moins un billet de chaque valeur ». On se sert de son complémentaire $F = \bar{E}$ qu'on peut décomposer en deux évènements disjoints :

F_1 = {Obtenir des billets d'une seule valeur}, F_2 = {Obtenir des billets de 2 valeurs}

- En fait, F_1 est l'évènement « Obtenir uniquement des billets de 20 000 GNF » = D, car il n'y a pas assez de billets de 5 000 GNF et de 10 000 GNF pour obtenir une poignée de 8 billets composée uniquement de l'une ou l'autre des valeurs. On sait déjà que Card(F_1) = C(10,8).
- On décompose F_2 en trois évènements disjoints :

  G_5 = {Obtenir des billets de 10 000 et de 20 000, et pas de 5 000 GNF},

  G_{10} = {Obtenir des billets de 5 000 et de 20 000, et pas de 10 000 GNF},

  G_{20} = {Obtenir des billets de 5 000 et de 10 000, et pas de 20 000 GNF}.

  On remarque que G_{20} = {N'avoir aucun billet de 20 000 GNF}. En effet, comme il y a strictement moins de 8 billets de 5 000 et de 10 000, « ne pas obtenir de billet de 20 000 GNF » implique « obtenir au moins un billet de 5 000 GNF et au moins un billet de 10 000 GNF ».

  D'après le raisonnement de la 1ère question, on a donc Card(G_{20}) = C(12,8). On remarque aussi que G_5 = {Aucun billet de 5 000|uniquement des billets de 20 000}.

D'après la question 1, Card({Aucun billet de 5 000 GNF} = C(17,8), alors que d'après la question 2, Card({Uniquement des billets de 20 000 GNF} = C(10,8). On a donc Card(G_5) = C(17,8) – C(10,8).

Un raisonnement similaire conduit à Card(G_{10}) = C(15,8) – C(10,8).

En récapitulant, on a successivement : Card(F) = Card(F_1) +Card(G_5) + Card(G_{10}) + Card(G_{20}) = C(10,8) + C(17,8) – C(10,8) + C(15,8) – C(10,8) + C(12,8) =

= C(17,8) + C(15,8) + C(12,8) – C(10,8). On a finalement :

P(E) = 1 – P(F) = 1 – [C(17,8) + C(15,8) + C(12,8) – C(10,8)]/C(22,8) ≈ 0,902.

Le traitement de la 4e question exige qu'on introduise un nouvel univers. Le tirage étant maintenant séquentiel, on obtient une *liste* de billets. De plus, les billets étant remis dans le sac, on peut obtenir plusieurs fois le même billet. Selon la règle de multiplication, l'univers Ω est donc B^8, soit Ω = {(b_1, …, b_8) | quel que soit i, b_i étant pris dans B} et, comme dans les questions précédentes, on utilise la probabilité uniforme sur Ω, ce qui demande le calcul de Card(Ω). Card(Ω) = Card(B)^8 = 22^8.

4. On considère l'évènement A = {N'avoir aucun billet de 5 00 GNF}. Comme pour la question 1, il s'agit de trouver des listes de 8 billets choisis parmi les 10 billets de 20 000 GNF. On a clairement 10^8 listes de ce type, ce qui conduit à P(D) = $10^8/22^8$ ≈ 1,82. 10^{-3}.

Enfin, l'évènement E = {Obtenir au moins un billet de chaque valeur} se traite par décomposition, exactement comme dans la question 3. En utilisant les mêmes notations, on cherche donc la taille de son complémentaire F en passant par F_1 et F_2.

Une différence avec la question 3 est qu'ici on peut obtenir des listes de 8 billets contenant uniquement des billets de 5 000 GNF, ou uniquement des billets de 10 000 GNF, car on remet les billets dans le sac. On décompose donc F_1 en trois sous-évènements disjoints :

H_5 = {Obtenir uniquement des billets de 5 000 GNF},

H_{10} = {Obtenir uniquement des billets de 10 000 GNF},

H_{20} = {Obtenir uniquement des billets de 20 000 GNF}.

Dans chaque cas, on veut des listes formées uniquement des billets d'une catégorie, ce qui conduit à un ensemble contenant k^8 listes si on considère *k* billets. On a donc :

Card(H_5) = 5^8, Card(H_{10}) = 7^8, Card(H_{20}) = 10^8.

Le calcul des cardinaux de G_5, G_{10} et G_{20} se fait selon les mêmes principes que dans la question 3 : on compte d'bord le nombre de listes ne contenant pas de billets de la valeur non souhaitée, puis on enlève au total le nombre de listes composées uniquement d'un type de billet. On obtient ainsi :

$$\mathrm{Card}(G_5) = \underbrace{(7 + 10)^8}_{\text{Pas de 5000}} - \underbrace{7^8}_{\text{uniquement des 10000}} - \underbrace{10^8}_{\text{uniquement des 20000}}$$

$\mathrm{Card}(G_{10}) = (5 + 10)^8 - 5^8 - 10^8$, $\mathrm{Card}(G_{20}) = (5 + 7)^8 - 5^8 - 7^8$.

Enfin, on a : $\mathrm{Card}(F) = \mathrm{Card}(H_5) + \mathrm{Card}(H_{10}) + \mathrm{Card}(H_{20}) + \mathrm{Card}(G_5) + \mathrm{Card}(G_{10}) + \mathrm{Card}(G_{20}) = 17^8 + 15^8 + 12^8 - 5^8 - 7^8 - 10^8$, ce qui donne :

$P(E) = 1 - P(F) = 1 - (17^8 + 15^8 + 12^8 - 5^8 - 7^8 - 10^8)/22^8 \approx 0{,}820$.

Il y a 82 % de chance que les trois évènements ci-dessus décrits dans cette nouvelle expérience se réalisent.

CHAPITRE 7

FAIRE LES MATHS, CE N'EST PAS QUE RÉSOUDRE DES PROBLÈMES

Faire les maths, ce n'est pas seulement résoudre des problèmes ; c'est aussi concevoir et formuler des problèmes signifiants et intéressants pour que les élèves soient mis en *situation de résolution de problème*, c'est-à-dire en situation de recherche ; c'est aussi énoncer des problèmes dont la résolution amène les élèves à mobiliser des connaissances (conceptuelles, procédurales), à développer des compétences, des savoirs et des savoir-faire. La plupart du temps, les enseignants se contentent de donner les problèmes qu'ils puisent des manuels scolaires, problèmes qu'ils ne cherchent même pas à adapter au contexte socioculturel et au niveau académique de leurs élèves. Il n'est, certes, pas facile de formuler un problème signifiant et intéressant ; cela s'apprend comme on apprend à résoudre des problèmes.

Faire les maths, c'est aussi formuler des problèmes

Nous avons constaté que les enseignants en formation ont de la difficulté à formuler des énoncés de problèmes aussi simples que ceux de division. En leur demandant de rédiger des énoncés de problèmes, notamment de division, nous voulions les amener à (i) élargir le répertoire des situations-problèmes, tout en leur permettant de discriminer les énoncés de division de ceux qui n'en sont pas, et (ii) à réaliser qu'en invitant les élèves à inventer des énoncés de division, cela permet à ceux-ci de se donner une compréhension élargie du sens de la division. Il est important que ces énoncés soient lus, commentés et discutés en grand groupe, ce qui permet d'établir des critères quant à la présence ou l'absence de division dans un énoncé. La reconnaissance des tâches caractéristiques de la division est une chose essentielle dans la perspective de la séquence d'enseignement de la division.

Pour concevoir des situations-problèmes concernant une notion, l'enseignante doit prendre en compte (i) l'aspect épistémologique qui permet de retracer l'évolution historique de cette notion, en considérant son rôle en maths et dans les autres disciplines, (ii) la façon dont on conçoit son enseignement dans les programmes et les manuels scolaires, (iii) les erreurs commises par les élèves concernant cette notion, ce qui amènera l'enseignante à formuler des hypothèses sur les causes de ces erreurs et à faire des interventions didactiques nécessaires à l'acquisition de cette notion, (iv) les conceptions des élèves avant tout apprentissage.

Le rôle de l'enseignante dans le choix des problèmes est d'autant plus important que la résolution de ces problèmes permet aux élèves de réaliser de nouveaux apprentissages. L'enseignante peut amener élèves à construire de nouveaux apprentissages si elle leur propose un problème qui présente une réelle difficulté à surmonter, si elle les invite à mobiliser des connaissances anciennes pour s'engager dans une procédure de résolution, connaissances qui se révèleront insuffisantes pour résoudre complètement le problème, si elle les encourage à envisager ce que peut être une solution au problème, et si le problème qu'elle leur dévolue est suffisamment ouvert pour que les procédures proposées soient diverses.

L'enseignante peut choisir des problèmes dont certains ont trait aux situations de la vie courante, en autant qu'elle s'efforce d'adapter ces situations avant de les proposer aux élèves. Le présent ouvrage offre des situations-problèmes qui permettent aux enseignantes d'établir des passerelles entre différentes disciplines et aux élèves de réaliser que les maths ne sont pas seulement « scolaires » mais qu'elles servent aussi à quelque chose dans la vie de tous les jours. L'ouvrage-ci va donc au-delà du formalisme des maths pures et dures et de la simple utilité des formules vers la construction du sens des concepts et des nombreuses applications des maths dans divers domaines. Il aide les enseignantes (formatrices) à rendre les savoirs mathématiques construits à l'école disponibles pour leurs élèves (élèves-maîtres), en dehors de l'école, dans leur environnement socioculturel.

Il n'est certes pas facile de concevoir des situations-problèmes qui font sortir les maths des « livres de maths », de cerner les réalités sur lesquelles on peut faire travailler des élèves et de formuler des questions susceptibles d'intéresser ces derniers. Il peut s'agir des situations de jeux qui retiennent l'attention des jeunes, des thèmes non scolaires que les élèves choisissent eux-mêmes, suite à un sondage : les loisirs, les sorties dans les autobus scolaires, les animaux, le corps humain, le commerce, etc. Rien, dans les énoncés de ces problèmes n'indique les contenus mathématiques sous-jacents. Ce sont les élèves qui, comme dans la vie courante, doivent chercher dans leur gibecière (leur boîte à outils de savoirs et de savoir-faire) ce qui peut leur être utile pour résoudre les problèmes qu'on leur propose.

L'enseignante (la formatrice) peut aussi miser sur les « vraies situations » fonctionnelles qui peuvent se présenter dans sa classe, telles que l'organisation d'une gestion de la cantine scolaire, la gestion des comptes d'une fête de fin d'année, d'un bal des finissants. Elle peut profiter de ces situations au bond de sa classe, chaque année de façon différente, dépendamment des évènements, des centres d'intérêt de ses élèves actuels. Bien sûr que ces situations fonctionnelles, lorsqu'elles sont répétitives et non adaptées aux différentes cohortes d'élèves, sont insuffisantes pour la construction des savoirs et le développement des compétences à résoudre des problèmes ouverts, complexes mais significatifs.

Faire des maths, c'est, selon Alain Mercier (2006) « pour apprendre comment résoudre des problèmes » (par avance, donc on étudie des classes de problèmes afin de savoir) et non pas « pour que les problèmes soient résolus » (un à un, donc on étudie les problèmes qui se présentent et on les résout comme on peut). Car, selon Mercier, « si pour apprendre comment résoudre des problèmes il faut en rencontrer, c'est dans le cadre d'une situation didactique qu'il faut le faire ; faute de quoi il n'y a pas de raison de progresser plus rapidement que le progrès historique ». C'est dire que le choix judicieux des situations-problèmes est essentiel si l'on veut mettre les élèves en situation de recherche. En effet, toutes les situations de recherche ne se valent pas du point de vue de la construction des savoirs.

Considérons, par exemple, les trois situations-problèmes suivantes :

- S_1 : Le problème suivant est proposé à une classe de CE1 : « *Combien peut-on former de paquets de 12 images avec 99 images ?* ».
- S_2 : Le problème suivant est proposé à une classe de CM : « *Alain a des billes, Claire en a deux fois plus et Bernard quatre fois plus. En tout ils en ont 91. Combien en ont-ils chacun ?* ».
- S_3 : L'enseignant propose aux élèves un *logigramme*[10] ou une *grille de Soduku* ou un problème d'échecs.

Les trois situations-problèmes vont amener les élèves à chercher, à débattre et à valider certaines solutions et non d'autres, etc. Et pourtant, du point de vue scolaire, les situations S_1 et S_2 sont beaucoup plus légitimes que la situation S_3. Mercier souligne l'intérêt de la situation S_1 et qualifie ce type de situation de « révolution pédagogique », par le fait de s'autoriser à poser des problèmes de partage ou de groupement. On parle de *révolution pédagogique* pour le fait de dévoluer aux élèves de CP et de CE1 de tels problèmes, c'est-à-dire avant même de leur enseigner, par exemple, la division comme symbole de l'équivalence entre les procédures de partage et de groupement.

La situation S_2 est, elle aussi, complètement pertinente à l'école. Dans un premier temps, les élèves traitent le problème par simulation de ce qui est dit dans l'énoncé en testant des hypothèses : si Alain a 10 billes, Claire en a 20 et Bernard 40. En tout, ça fait… Et, dans l'échange collectif, nul doute que bon nombre d'élèves arrivent à comprendre qu'on peut aussi résoudre ce problème

---

[10] Parfois appelés *carte de processus*, *schéma fonctionnel* ou *modélisation des processus métier*, les logigrammes sont des schémas qui représentent un processus, un système ou un algorithme informatique. On utilise les logigrammes dans plusieurs domaines pour documenter, étudier, planifier, améliorer et faire partager des processus souvent complexes et les transposer ainsi dans des schémas clairs et faciles à comprendre. Par exemple, les représentants commerciaux, les développeurs et les designers les utilisent pour mieux visualiser leurs processus, projets et idées, et les présenter de façon holistique et logique. Comme outil pédagogique, le logigramme permet, dans un cours ou une formation, d'offrir une vue résumée et logique d'étapes à suivre, par exemple, dans un hôpital pour concilier des traitements médicamenteux à risque et éviter les erreurs médicamenteuses.

en cherchant le nombre qui, multiplié par 7, donne 91. Il s'agit donc d'un problème de division qui ne s'offre pas d'emblée comme tel !

On voit très clairement que les problèmes S_1 et S_2 appartiennent à une même classe (celle des problèmes de division) et on voit bien quelle intention didactique, en termes d'acquisition de savoirs, conduit l'enseignante à les proposer aux élèves. Ce n'est pas le cas des situations de type S_3. « Faut-il pour autant s'interdire de proposer [aux élèves] des situations de type S_3 ? », se demande Mercier, qui s'empresse de remarquer que « le temps consacré à ce type d'activité ne l'est pas à favoriser la conceptualisation arithmétique chez les élèves ».

Le *sudoku* (prononcé sudokou) est un jeu de logique. Il apparaît sous la forme d'une grille de 9 carrés (appelés régions) de 9 cases, soit d'un total de 81 cases, sur laquelle de 20 à 35 chiffres sont déjà donnés.

En voici deux exemples de grilles de Sudoku de niveaux différents.

Niveau 1

	6		7					
			8		5			
				6		2	4	5
		5	2	4		8		3
1	3	6			7	4	9	2
2				3		5	1	
				7	8		5	
4	1			5	9	7	2	
7	5				2	6		

Niveau 2

		9			2		5	
5	4					6		1
			4				1	
1		5	9					2
4	7		2	1	6			3
			1				3	
2	5	7	6	9	3			8
				2	4		7	5

Le but du jeu est de remplir les cases vides de la grille en respectant toujours trois règles : (1) Chaque case doit contenir un chiffre de 1 à 9. (2) Tous les chiffres de 1 à 9 doivent se retrouver dans chaque colonne, chaque rangée et chaque région de 3 x 3. (3) Aucun chiffre ne doit se répéter dans une même colonne, ligne ou région.

La meilleure stratégie, pour commencer (au niveau 1), est de repérer les chiffres donnés qui reviennent plusieurs fois. Pour une case définie, on sait que tous les chiffres figurant déjà sur la ligne, dans la colonne, ainsi que dans la région concernée, ne pourront s'y retrouver. Généralement, cela permet au joueur de placer son premier chiffre et de progresser, chaque découverte entraînant de nouvelles possibilités. L'important est de ne pas oublier qu'un sodoku n'est pas un jeu de hasard, c'est un jeu de logique, où tout apparaît par déduction. Bien que chaque grille ne mène qu'à une seule et unique solution, les stratégies pour arriver à cette solution, quant à elles, sont très nombreuses.

Si l'enseignant juge qu'il a fait tout ce qu'il devait faire pour favoriser chez ses élèves la compréhension des équivalences entre procédures qui fondent les opérations arithmétiques, les concepts de fractions, de décimaux, etc., si les élèves prouvent, par leurs compétences en calcul mental notamment, qu'ils savent faire fonctionner ces équivalences, s'ils prouvent par leur comportement dans des situations de type S_1 ou S_2 qu'ils savent construire ce que le psychologue appelle « représentation d'un problème », même lorsqu'il s'agit d'un problème nouveau alors, évidemment, une grille de Soduku n'a jamais fait de mal à un élève. Par contre, le raisonnement qui consiste à penser qu'il serait nécessaire que les élèves apprennent d'abord "à chercher" dans les situations de type S_3 avant de les mettre "à chercher" dans des situations de type S_1 ou S_2 (parce qu'elles sont plus "scolaires"), n'a aucune base scientifique.

Mercier remarque que, bien entendu, les situations S_1, S_2 et S_3 ont été choisies pour permettre au lecteur de théoriser et non pour référer de façon stricte : face à un problème donné, l'enseignante doit toujours se demander si ce problème est proche de S_1 ou S_2 ou proche de S_3. Ainsi, lorsqu'on dit que « faire les maths, ce n'est pas seulement résoudre des problèmes », cette proposition n'est évidemment pas indépendante de la distinction que fait Piaget entre "réussir" et "comprendre (en pensée)". En effet, il ne suffit pas de réussir à résoudre des problèmes, il convient aussi de comprendre le "pourquoi" et le "comment" de cette réussite pour qu'elle ne reste pas sans lendemain. En abordant ce sujet, les didacticiens des maths distinguent les connaissances que les élèves mobilisent face à un problème (leurs modèles implicites d'action) et les savoirs que l'école se doit de leur enseigner.

Le point de vue de ces didacticiens est très piagétien parce qu'ils considèrent généralement que tout ce que les élèves "font", mais qui n'est pas assez rapidement reconnu, qui n'est pas dit ou "récupéré" dans un système de savoirs, sera perdu. D'où l'importance ou la nécessité pour l'enseignante de procéder à des choix didactiques pertinents qu'elle fait, à l'analyse des problèmes qu'elle propose, à la constitution d'un enseignement organisé des mathématiques ***par*** et ***pour*** la résolution de problèmes, à la mise en place d'un contrat didactique favorable à cette résolution, à la définition des tâches qu'elle dévolue aux élèves, aux possibilités qu'elle offre à ces derniers et à son propre rôle dans le processus dynamique d'enseignement/apprentissage.

Quelques choix didactiques pour le Primaire

Pour apprendre aux élèves du Primaire à chercher, l'enseignante peut privilégier les choix suivants : confronter les élèves à de véritables situations de recherche et choisir des compétences à développer chez ces derniers.

Confronter les élèves à de véritables situations de recherche : Il est indispensable de proposer aux élèves des situations de recherche qui constituent pour eux un défi intellectuel. Les élèves doivent eux-mêmes élaborer des procédures de résolution, émettre des hypothèses, les valider, justifier leurs résultats et leurs méthodes. Ceci contribue à développer chez eux une représentation des mathématiques comme un domaine où l'on cherche, plutôt que comme un domaine où l'on applique des formules. La préoccupation de l'enseignante *d'aider les élèves à résoudre le problème* doit converger avec celle des élèves à *trouver la solution du problème*.

Choisir des compétences à développer : Le travail consacré à l'apprentissage de la résolution de problèmes présente plusieurs caractéristiques : il dépend de la mobilisation de savoirs développés dans des domaines différents ; il concerne, en partie, des compétences relatives à des attitudes, des comportements qui se développent à long terme (comme prendre du recul par rapport à sa propre méthode, contrôler ce que l'on est en train de faire, comparer des méthodes, etc.). Plusieurs situations didactiques contribuent au développement de ces compétences, sans que l'apport de chacune puisse faire l'objet d'une évaluation précise. Toutefois, l'investissement des élèves dans ce type de situation devient sensible très rapidement. D'autres objectifs, comme le développement de stratégies de recherche et la résolution de problèmes complexes, nous semblent évaluables à plus court terme.

Considérons quelques activités qui consistent à calculer la probabilité d'un événement à partir de statistiques, c'est ce que font les sondages en période électorale, par exemple. Pour avoir une idée du déroulement d'une telle activité, imaginons une situation de vote dans une classe.

Activité 194 : Deux candidats pour présider la classe

Deux candidats sont en lice pour la présidence d'une classe de 27 élèves. L'enseignante ne va pas demander aux élèves de dire pour qui ils vont voter ; elle va plutôt leur demander de l'indiquer en plaçant, par exemple, une bille blanche ou une bille noire dans un sac selon le candidat supporté. Cela se fait, bien sûr, en secret. On procédera, ensuite, au sondage. Les élèves tirent d'abord, à tour de rôle, une bille tout en la remettant dans le sac après chacun des 25 tirages.

Quels sont les résultats obtenus ? Peut-on prédire qui a gagné sans ouvrir le sac ? Avant d'ouvrir le sac, les élèves essaient une nouvelle fois en tirant 9 fois seulement et en remettant la bille à chaque fois dans le sac. Quels sont les résultats ? Qui sera le gagnant selon ces résultats ? Est-ce que le gagnant est le même que pour le tirage de 25 billes ?

On peut refaire une seconde fois chacun des tirages et vérifier si les résultats précédents sont confirmés. Bien sûr qu'on s'arrêtera avant que les deux candidats ne meurent d'angoisse et l'on vérifiera ce qu'il y a effectivement dans le sac. On pourra alors discuter des résultats prédits par les différents sondages en comparaison avec les résultats réels. Il se peut fort bien que certains tirages n'aient pas annoncé le bon gagnant. Après tout, il y a toujours une marge d'erreur à considérer dans les sondages. Et le résultat peut avoir été serré à un point où il devient impossible de le prédire, 14 à 13, par exemple. On n'a pas besoin d'interroger tous les élèves de la classe ; il suffit d'en prendre un certain nombre au hasard.

Voici une situation-problème plus simple qu'une enseignante de CE1 (3ème année) peut proposer à ses élèves.

Activité 195 : Différentes quantités de billes (ou de cubes)

Dans un sac, j'ai mis des billes de deux couleurs ; mais il y en a plus d'une sorte que de l'autre. Crois-tu que tu pourrais trouver laquelle, après que tous les amis de la classe auront tiré une bille et l'auront remise dans le sac ?

Les élèves peuvent disposer des cubes au lieu de billes. Ils peuvent avoir des objets de trois couleurs à condition qu'il y ait un minimum de différence entre les nombres. Ils pourront essayer différentes combinaisons comme 15 - 10 – 5 ; 20 -10 - 5, etc. L'enseignante peut, ainsi, exploiter plusieurs situations scolaires permettant aux élèves de faire des relevés statistiques qu'ils peuvent consigner dans divers types de graphiques, qu'ils peuvent, ensuite, essayer d'interpréter.

Les élèves sont placés dans une activité significative, c'est-à-dire montrable, racontable et commentable par eux à tout moment du processus de résolution. L'enseignante peut leur proposer les activités suivantes pour les amener à explorer des concepts de probabilité et de statistique qu'il aurait été difficile d'explorer autrement.

Activité 196 : Caractères et types de variables statistiques

1. Dites si les caractères suivants sont quantitatifs ou qualitatifs.

a) Le nombre journalier de clients d'une banque commerciale qui font des dépôts à leur compte.
b) Le nombre de livres sur une étagère du Centre d'étude et de documentation universitaire scientifique et technique (CEDUST) de Guinée.
c) Les régions administratives de la Guinée.
d) Le nombre d'inscriptions à l'Université Général Lansana Conté pendant les cinq dernières années.
e) Le nombre de travailleurs d'une PME artisanale.
f) Le statut civil d'un individu (marié, célibataire, divorcé, veuf).
g) Le sport pratiqué (sur une base régulière).
h) Les types d'équipements informatiques.
i) L'échelle d'appréciation d'un service public comme la desserte en eau potable (de « très apprécié » à « peu apprécié »).
j) Le revenu des employés d'une banque commerciale divisé en catégories (« haut », « moyen » et « bas »).

2. *Pour chacun des caractères de la question précédente, identifiez le type : nominal, ordinal, discret, continu.*

Réponses attendues

1. Caractères (quantitatif/qualitatif)	2. Type (nominal, ordinal, discret, continu)
a. Quantitatif	a. Discret
b. Quantitatif	b. Discret
c. Qualitatif	c. Nominal
d. Quantitatif	d. Discret
e. Quantitatif	e. Discret
f. Qualitatif	f. Nominal
g. Qualitatif	g. Nominal
h. Qualitatif	h. Nominal
i. Qualitatif	i. Ordinal
j. Qualitatif	j. Ordinal

Activité 197 : Lien entre taille et masse

Est-ce qu'il existe un lien entre notre taille et notre masse ?
Peut-on faire un graphique qui nous permettrait de l'observer ?

L'enseignante présente aux élèves une feuille de papier quadrillée et leur demande s'il n'est pas possible de représenter dans ce plan la masse et la taille de chacun. Comme les élèves sont plus habitués à construire des histogrammes qui indiquent le nombre d'élèves dont la masse ou la taille se situe sur des intervalles préalablement fixés, c'est ce qu'ils vont suggérer à l'enseignante. Cette activité peut être prolongée afin de conduire les élèves à établir un lien (une corrélation) entre les deux mesures (taille et masse).

Activité 198 : Établir une fiche d'informations sur les élèves de la classe

1) *Écris sur une fiche les informations suivantes concernent les élèves de ta classe :*
   a) *ton âge en années,*
   b) *le nombre de personnes vivant dans ta famille,*
   c) *le nombre de lettres nécessaires pour écrire ton prénom et ton nom,*
   d) *ta taille au centimètre près et*
   e) *ton poids au kilogramme près.*
2) *Trouve alors la moyenne des données relatives à l'âge des élèves de ta classe et au nombre de personnes vivant dans chaque maison.*

L'activité de l'enseignante consiste, ici, à aider les élèves à surmonter leurs difficultés à établir la fiche d'informations. Il s'agit d'une aide à l'action plutôt qu'une aide à l'apprentissage. En ce sens, la situation-problème et sa résolution sont bien scolairement contextualisées, étroitement enchâssées dans un contexte scolaire qui les structure ; elles sont éloignées de la généralisation attendue.

Activité 199 : Tester l'"honnêteté" d'une pièce de monnaie

a) Détermine si une pièce de monnaie est honnête en tirant 100 fois (Pile ou Face) et en enregistrant les résultats.
b) Quel est le résultat après 50 coups ? Après 75 coups ? Après 100 coups ?
c) Est-ce que les proportions sont à peu près les mêmes ?
d) Crois-tu que cette pièce est « honnête » ? Explique pourquoi.
e) As-tu obtenu 5 Faces d'affilée ? 5 Piles d'affilée ?

Les articulations dynamiques en classe intègrent, entre autres, a) l'organisation du travail des élèves (en petits groupes) ; b) les échanges didactiques (élève-élève, élève-enseignante) ; c) les modes d'action de l'enseignante (aide apportée aux élèves) ; d) la présence et la fonction structurante des objets (le texte-problème, le matériel didactique) ; e) l'organisation spatiale de la classe (différentes façons de regrouper les tables) ; f) les formes d'interaction (contrat didactique) ; g) les normes culturelles (le problème appelle les opérations) ; h) la dévolution et l'organisation temporelle ; i) les modes d'institutionnalisation (la validation et l'invalidation des propositions), etc.

Activité 200 : On tire trois cartes d'un jeu de 52

On tire trois cartes d'un jeu de 52 cartes. Calculer les probabilités des évènements suivants :

(i) Trois piques	*(iv) Au moins un pique*
(ii) Aucun pique	*(v) Trois cartes de la même famille*
(iii) Un pique et deux "non-piques"	*(vi) 3 cartes de familles différentes*
(vii) Trois as	*(viii) Aucun as*

(ix) Trois cartes rouges lorsque …

1) On tire au hasard les cartes, l'une après l'autre, et on les remet dans le jeu.
2) On tire les cartes simultanément au hasard.

On admet qu'un tel jeu de cartes est l'ensemble $\{1, 2, \ldots, 52\}$ avec, par exemple, $\{1, 2, \ldots, 13\}$ les piques, puis les trèfles, puis les cœurs, puis les carreaux.

1) L'univers Ω des tirages possibles est $\{1, 2, \ldots, 52\}^3$; son cardinal est donc Card(Ω) = 52^3. Comme on fait les tirages au hasard, on peut munir Ω de la probabilité uniforme : tous les évènements élémentaires E ont la même probabilité $1/52^3$ de se produire.
Plus généralement, on sait que la probabilité d'un évènement A quelconque se calcule comme le rapport Card(A)/Card(Ω).

(i) Probabilité de tirer 3 piques = 1/64, car à chaque fois 1 pique, il y a 13^3 cas favorables.
(ii) Probabilité de n'avoir aucun pique = 27/64, car il s'agit de faire cette expérience sur 52 – 13 = 39 cartes, autrement dit, 39^3 cas favorables.
(iii) Probabilité de tirer un pique et deux "non-piques" = 27/64, car on a 3 x 13 x 39^2 cas favorables.
(iv) Probabilité de tirer au moins un pique = 37/64 complémentaire de (ii).
(v) Probabilité de tirer 3 cartes de la même famille = 1/16, car il y a 3 x 13^3 cas favorables.
(vi) Probabilité de tirer trois cartes de familles différentes = 3/8, car il y a 52 x 39 x 26 cas favorables.
(vii) Probabilité de tirer 3 as = 1/2197 car il y a 4^3 cas favorables.
(viii) Probabilité de n'avoir aucun as = 1728/2197, car il y a 48^3 cas favorables.
(ix) Probabilité de tirer 2 cartes rouges = 1/8, car il y a 26^3 cas favorables.

2) En supposant qu'on tire les trois cartes simultanément au hasard, l'univers Ω est l'ensemble des combinaisons de 3 éléments (3 cartes) parmi 52. Son cardinal vaut donc C(52,3). Comme les tirages sont faits au hasard, on peut munir Ω de la probabilité uniforme : tous les évènements élémentaires ont la même probabilité 1/C(52,3) de se produire.

Plus généralement, on sait que la probabilité d'un évènement A quelconque se calcule comme le rapport Card(A)/Card(Ω).
(i) Probabilité de tirer 3 piques = C(13,3)/C(52,3).
(ii) Probabilité de n'avoir aucun pique = C(39,3)/C(52,3).
(iii) Probabilité de tirer un pique et deux "non-piques" = C(13,1).C(39,2)/C(52,3).
(iv) Probabilité de tirer au moins un pique = 1 - C(39,3)/C(52,3).
(v) Probabilité de tirer 3 cartes de la même famille = 4C(13,3)/C(52,3).
(vi) Probabilité de tirer trois cartes de familles différentes = 4.$[C(13,1)]^3$/C(52,3).
(vii) Probabilité de tirer 3 as = 4/C(52,3).
(viii) Probabilité de n'avoir aucun as = C(48,3)/C(52,3).
(ix) Probabilité de tirer 2 cartes rouges = C(26,3)/C(52,3).

Activité 201 : Statistique des occupants de voiture

On demande aux enfants d'un quartier de Kaloum City d'observer les voitures qui passent dans une rue donnée, à une certaine heure de la journée, et de noter le nombre d'occupants de chaque voiture. On leur demande de présenter et de commenter les données qu'ils ont recueillies de la façon la plus claire possible.

Avant de traiter le texte comme un énoncé, les élèves vont d'abord le traiter comme un texte à comprendre. L'activité permet de valoriser le point de vue des élèves et de considérer l'efficacité de l'enseignement par la résolution de problèmes comme liée à l'articulation de l'action des élèves avec celle de l'enseignante et pas uniquement aux compétences de cette dernière ou à ses connaissances livresques.

L'enseignante peut proposer l'activité suivante qui amène les élèves à déterminer la combinaison de bonbons colorés assurant la réalisation d'un évènement.

Activité 202 : Des bonbons de toutes les couleurs

Pauvre Madame Siata ! Elle ne peut passer devant l'appareil distributeur de bonbons sans que ses jumeaux n'en réclament de même couleur. On ne peut connaître à l'avance la couleur du bonbon qui va tomber, mais on peut voir la composition du bocal. Un bonbon coûte 600 GNF.

1) Si Mme Siata veut extraire une paire de bonbons assortis, combien doit-elle être prête à dépenser ?
2) Doit-elle ainsi prévoir d'avoir à dépenser 4 800 GNF ?
3) Le distributeur de bonbons contient 6 bonbons rouges, 4 blancs et un bleu. Combien Mme Siata dépensera-t-elle au maximum pour obtenir 3 bonbons assortis ?

1. Mme Siata peut obtenir à coup sûr 2 bonbons rouges en dépensant 3 600 GNF, 2 400 GNF pour extraire les 4 bonbons blancs et 1 200 GNF pour avoir une paire de bonbons rouges ; elle pourrait aussi obtenir à coup sûr 2 bonbons blancs en dépensant 4 800 GNF.
2. Faux ! Si les deux premiers bonbons ne sont pas de la même couleur, le troisième bonbon sera nécessairement assorti à l'un des premiers. Ainsi, Mme Siata dépensera au maximum 1 800 GNF.
3. Considérons d'abord le cas le moins favorable : les premiers bonbons extraits par Mme Siata sont 2 bonbons rouges, 2 bonbons blancs et l'unique bonbon bleu. Le sixième bonbon sera rouge ou blanc, et Mme Siata aura une triade de bonbons de la même couleur. La réponse est donc 3 600 GNF. Si le distributeur avait contenu plus d'un bonbon bleu, Mme Siata aurait pu tirer une paire de chaque couleur, et il aurait éventuellement fallu qu'elle achète un septième bonbon pour compléter la triade.

NB : On peut généraliser ce problème comme suit : soit *n* ensembles de bonbons (chacun d'une couleur spécifique et comprenant au moins *k* bonbons). Pour être sûr d'obtenir un *k-tuplet* assorti, il faut tirer ***n(k – 1) + 1*** bonbons. On peut formuler ce type de problèmes de plusieurs manières.

Par exemple, combien de cartes doit-on tirer d'un jeu de 52 cartes pour être certain d'en obtenir 7 de la même couleur ?

Ici, n = 4, k = 7. La formule nous donne : 4(7 – 1) + 1 = 25. Il faut tirer 25 cartes d'un jeu de 52 cartes pour être sûr d'en avoir 7 de même couleur.

La probabilité d'obtenir moins de 7 cartes de la même couleur si on tire *n* cartes (*n* variant de 7 à 24), sans remettre dans le jeu les cartes est égale à 0 ; elle vaut 1 si on tire du jeu 25 cartes ou plus.

Activité 203 : Des bonbons apportés à une fête

Mazo, Abdel et Ringo se réunissent pour participer à la fête de Souley.

Chacun d'eux a apporté un certain nombre de bonbons. En réalité, ils ont apporté en moyenne 11 bonbons par personne.

a) Combien de bonbons a apporté chacun des trois amis de Souley ?

Mazo ....

Abdel ....

Ringo ....

Est-ce la seule possibilité de déterminer le nombre de bonbons que chacun des trois amis de Souley a apportés ? Justifiez.

b) Un quatrième ami, Mario, est arrivé, mais n'a pas apporté de bonbons. Quel est maintenant la moyenne de bonbons par ami ? Justifiez.

Cette activité a plusieurs solutions. L'enseignante peut en profiter pour faire remarquer que le nombre des combinaisons qui sont solutions d'un problème donné peut être égal à zéro ou à un, qu'il peut être fini ou infini. Ainsi,

- il est impossible de trouver deux nombres entiers impairs tels que leur somme soit impaire ;
- il n'y a qu'une seule façon de combiner deux nombres premiers de sorte que leur produit soit égal à 21 ;
- il existe 3 façons de combiner deux nombres entiers positifs pour que leur somme soit égale à 7 (ces couples de nombres entiers sont les paires de nombres inscrits sur les faces opposées d'un dé) ;
- enfin, le nombre de combinaisons de deux nombres pairs ayant une somme paire est infini.

Activité 204 : Les bébés mélangés dans une maternité

Dans une maternité, on a confondu les plaquettes d'identification de quatre bébés. On parvient à identifier correctement deux bébés, mais pas les deux autres.

1) De combien de manières différentes cela a-t-il pu se faire ?

2) On suppose maintenant qu'après avoir mélangé les plaquettes, 3 bébés ont été identifiés correctement. De combien de façons différentes a-t-on pu le faire ?

Une méthode facile pour trouver la réponse consiste à dresser un tableau, comme celui-ci-dessous, qui indique toutes les possibilités d'occurrence de ces mélanges.

	A	B	C	D
1	**A**	**B**	D	C
2	**A**	D	**C**	B
3	**A**	C	B	**D**
4	D	**B**	**C**	A
5	C	**B**	A	**D**
6	B	A	**C**	**D**

On s'aperçoit qu'il n'y a que 6 façons différentes de mal identifier deux bébés.

2. Ce problème déconcerte nombre d'amateurs qui commettent l'erreur de croire qu'il existe différentes façons d'identifier correctement 3 bébés sur quatre. Si, par contre, on pense en termes du « *principe des tiroirs* », la réponse est évidente.

Supposons que 4 cases soient pourvues chacune d'une étiquette portant le nom d'un des 4 objets. Lorsqu'on a placé 3 des objets dans leur propre case, le quatrième objet ne peut aller que dans une case et c'est naturellement la bonne. Il ne reste donc qu'une seule possibilité : les quatre objets sont tous placés correctement !

Beaucoup de problèmes fascinants sont très proches du problème des bébés, lequel permet aussi d'introduire la théorie élémentaire des probabilités. Si, par exemple, on mélange au hasard les plaquettes d'identification des bébés, on peut se demander quelle est la probabilité pour qu'elles soient toutes les quatre erronées ? Pour qu'une au moins soit correcte ? Pour qu'il n'y en ait qu'une seule correcte ? Pour que deux au moins soient correctes ? Pour que deux au plus soient correctes ?

La question « d'au moins », dans sa forme générale, est une question classique des maths récréatives. On la pose souvent sous la forme suivante : n messieurs déposent leurs chapeaux au vestiaire d'un restaurant. Insouciante ou facétieuse, la « dame du vestiaire » ne fournit aucun effort pour associer les tickets aux bons chapeaux, mais délivre ces tickets au hasard. Quelle est la probabilité qu'un au moins des messieurs récupère son propre chapeau ?

Il se trouve que la probabilité s'approche rapidement de la limite $1-1/e$ lorsque n augmente, et est donc un peu supérieure à ½. On retrouve ici e une constante transcendante bien connue, appelée *constante d'Euler*[11], égale à 2,71828… On la rencontre dans les problèmes de probabilité aussi fréquemment que le nombre π dans les problèmes de géométrie.

Activité 205 : Roue divisée en huit secteurs

Considérons la roue ci-dessous divisée en huit secteurs de même taille, numérotés de 1 à 8.

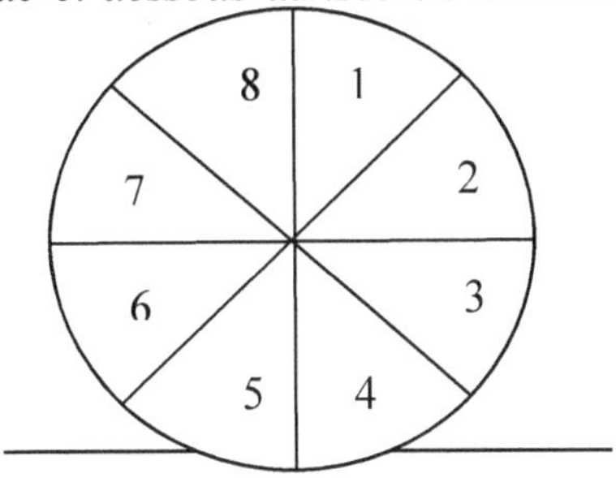

[11] Le nombre e, base des logarithmes naturels, est défini par $\ln(e) = 1$. Le mathématicien Leonard Euler démontre en 1737 que e est *irrationnel*, donc que son développement décimal n'est pas périodique, et il en donne une première approximation avec 23 décimales. En 1873, Charles Hermite montre que le nombre e est même *transcendant*, c'est-à-dire qu'il n'est racine d'aucun polynôme non nul à coefficients entiers.

1) Quelle est la probabilité d'obtenir " 3 " ?
2) Quelle est la probabilité d'obtenir un nombre pair ?
3) Quelle est la probabilité d'obtenir strictement plus de " 6 " ?
4) Quelle est la probabilité d'obtenir un diviseur de 24 ?
5) Quelle est la probabilité d'obtenir un multiple de 3 ?
6) Quelle est la probabilité d'obtenir un nombre premier ?
7) Donner un évènement pour lequel la probabilité est égale à ¼.

1. Notons par T l'évènement « Obtenir 3 ». Sachant que le chiffre 3 occupe un seul des 8 secteurs de même taille, la probabilité P(T) d'obtenir 3 est égale à 1/8.
2. Appelons R l'évènement « Obtenir un nombre pair ». R = {2, 4, 6, 8}, formé de 4 des 8 secteurs, la probabilité d'obtenir un nombre pair est P(R) = 4/8 ou ½.
3. Notons par S l'évènement « Obtenir strictement plus de 6 », c'est-à-dire S = {7,8}, formé de 2 des 8 possibilités. Par conséquent, P(S) = 2/8 ou 1/4.
4. Appelons M l'évènement « Obtenir un diviseur de 24 », c'est-à-dire M = {1, 2, 3, 4, 6, 8, 12, 24}. Mais seuls 1, 2, 3, 4, 6 et 8 sont présents sur la roue, soit 6 secteurs. La probabilité d'avoir un diviseur de 24 est donc égale à P(M) = 6/8 ou 3/4.
5. Appelons N l'évènement « Obtenir un multiple de 3 », soit N = {3, 6}. Par conséquent, la probabilité cherchée est égale à P(N) = 2/8 ou 1/4.
6. Appelons Q l'évènement « Obtenir un nombre premier ». Les nombres premiers compris entre 1 et 8 sont 2, 3, 5 et 7. Il y en a 4 au total. Par conséquent, la probabilité d'obtenir un nombre premier est égale à P(Q) = 4/8 ou ½.
7. Pour avoir une probabilité égale à ¼ et sachant que la roue contient 8 secteurs, il faut un évènement qui ait 2 chances sur 8 de se produire. Citons, par exemple, A : « Obtenir un multiple de 4 » (4 et 8) ; B : « Obtenir strictement moins de 3 » (1 et 2) ; C : « Obtenir plus de 6 » (7 et 8) ; D : « Obtenir un diviseur de 3 » (1 et 3).

Activité 206 : Moyenne, médiane et quartiles …

Avant de rendre les copies à ses 24 élèves de Terminale Sciences expérimentales, la prof Maï a fait quelques calculs statistiques à partir de la série de leurs notes en Probabilités.

Moyenne : 11	*1er quartile : 9*	*Note minimale : 4*
Médiane : 12	*3e quartile : 13*	*Note maximale : 15*

Répondre par vrai ou faux aux affirmations suivantes :

a) La moitié des élèves ont une note en dessous de 11.
b) Il y a au moins un élève qui a eu pour note 12.
c) Il y a au moins un élève qui a eu 13.
d) La moitié des notes de la classe se situent entre 9 et 13.
e) La médiane est la 12e note dans la série des notes rangées dans l'ordre croissant.

a. **Faux** : La médiane est de 12 ; donc la moitié des élèves ont une note en dessous de 12.
b. **Faux** : La médiane est la moyenne de la 12e et de la 13e valeur. Elle n'appartient donc pas nécessairement à la série des notes.

c. **Vrai** : Q3 = 13. Les quartiles appartiennent nécessairement à la série.
d. **Vrai** : Q1 = 9 et Q3 = 13. La moitié des valeurs d'une série sont comprises entre Q1 et Q3.
e. **Faux** : La médiane est la moyenne de la 12e et de la 13e valeur.

Activité 207 : Groupe de 24 personnes envoyant des SMS

On a un groupe de 24 personnes. Au signal donné, chacune envoie un SMS à une autre personne du groupe. Chacune envoie un unique SMS, mais une personne peut en recevoir plusieurs.

On note M : l'évènement « Mia ne reçoit aucun SMS ».

1) *Décrire un espace de probabilité associé à cette expérience. On numérotera les personnes de 1 à 24.*
2) *Décrire l'évènement M comme partie de l'univers Ω.*
3) *Calculer la probabilité P(M).*

1. On numérote les personnes de 1 à 24, en mettant Mia au numéro 1. L'expérience est définie par la donnée des nombres entiers $a_1, a_2, \ldots, a_{24}$, où a_i est le numéro de la personne à laquelle l'individu numéro i a envoyé son SMS. On a donc $a_i \neq i$. L'univers Ω est défini comme suit : $\Omega = \{(a_1, a_2, \ldots, a_{24}), a_i \neq i, 1 \leq i \leq 24\}$. Chaque a_i prend 23 valeurs possibles. L'univers Ω contient 23^{24} éléments, et il y a équiprobabilité.
2. M est l'ensemble des suites où tous les a_i sont différents de 1 :
   - a_i prend encore 23 valeurs possibles.
   - Les autres a_i prennent seulement 24 –1 –1 = 22 valeurs (il faut éliminer i et 1).
3. Il y a donc $\frac{23 \times 22^{23}}{23^{24}} = (22/23)^{23} \approx 36\ \%$ des cas où Mia n'a aucun SMS.

Activité 208 : Élection du maire de la commune de Lan-Tah

Lan-Tah (Cité de l'unité et de la concorde, en Sousou) a un Conseil Municipal formé de 56 conseillers dont 20 vont voter pour le candidat Aly et 36 pour la candidate Raby lors de l'élection du maire ou de la mairesse.

On prend un échantillon de 15 conseillers.

1) *Combien a-t-on d'échantillons possibles ?*
2) *Combien a-t-on d'échantillons où tout le monde va voter Aly ?*
3) *Soit $0 \leq k \leq 15$. Combien a-t-on d'échantillons où k conseillers vont voter Aly et les autres Raby ?*

1. Un échantillon est une combinaison des 56 personnes prises 15 à 15 : il y en a C(56,15).
2. Les 15 personnes sont à prendre parmi les 20 partisans d'Aly. Il y a donc C(20,15) tels échantillons.

3. Il faut choisir k personnes parmi les 20 partisans d'Aly, ce qui fait C(20,k) possibilités, et 15 – k personnes parmi les 36 partisans de Raby, ce qui fait C(36, 15 – k) possibilités. En appliquant le principe multiplicatif, cela nous donne au total : C(20,k) x C(36, 15 – k) échantillons possibles.

Activité 209 : Absences au travail pendant l'épidémie de grippe

Dans une entreprise agricole, on s'intéresse à la probabilité qu'un employé soit absent durant une période d'épidémie de grippe. Un employé malade est absent. La 1ère semaine de travail, l'employé n'est pas malade ; il tombe malade la semaine n+1 avec la probabilité égale 0,04. Si la semaine n l'employé n'est pas malade, la semaine n+1 il est malade avec une probabilité égale à 0,04. Si la semaine n l'employé est malade, il reste malade la semaine n+1 avec une probabilité égale à 0,24.

On désigne, pour tout entier naturel n supérieur ou égal à 1, par E_n l'évènement « L'employé est absent pour cause de maladie la n-ième semaine ». On note p_n la probabilité de l'évènement E_n. On a ainsi $p_1 = 0$ et, pour tout entier naturel n supérieur ou égal à 1, $0 \leq p_n \leq 1$.

1) *Déterminer la valeur de P à l'aide d'un arbre de probabilités.*
2) *Sachant que l'employé a été absent pour cause de maladie la troisième semaine, déterminer la probabilité qu'il ait été aussi absent pour la même cause la deuxième semaine.*
3) *Cette entreprise emploie 220 salariés. Pour la suite, on admet que la probabilité pour qu'un employé soit malade une semaine donnée durant cette période est égale à p = 0,05. On suppose que l'état de santé d'un employé ne dépend pas de l'état de santé de ses collègues. On désigne par X la variable aléatoire qui donne le nombre d'employés malades une semaine donnée.*
   a) Justifier que la variable aléatoire X suit une loi binomiale dont on donnera les paramètres.
   b) Calculer l'espérance mathématique m et l'écart-type de la variable X.

1. En remarquant que la 1ère semaine l'employé n'est pas malade, on peut construire l'arbre suivant :

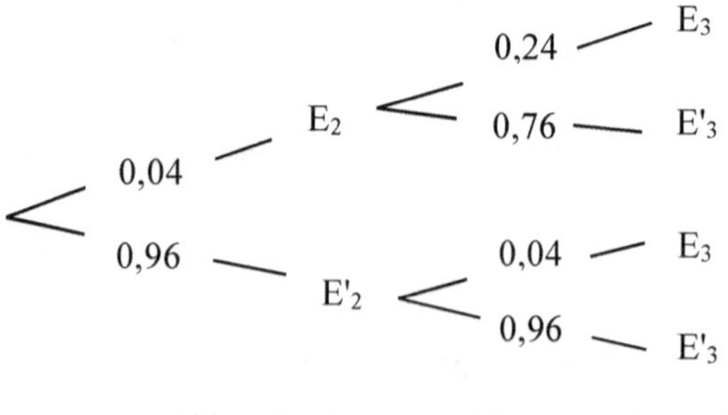

E'2 et E'3 forment une partition de l'univers. D'après la formule des probabilités

totales, on a successivement : $P(E_3) = P(E_2 \cap E_3) + P(E_2 \cap E_3) =$
$= (0,04 \times 0,24) + (0,96 \times 0,04) = 0,048.$

Donc, la probabilité que l'employé soit absent la 3e semaine est d'environ 5 %.

2. Il s'agit de calculer la probabilité conditionnelle $P(E_2/E_3)$.
   $P(E_2/E_3) = P(E_2 \cap E_3)/P(E_3) = (0,04 \times 0,24) \div 0,048 = 0,2$.
   L'employé se trouve dans cette situation dans 20 % des cas (1 cas sur 5).

3. a. La situation revient à répéter 220 fois de façon indépendante une expérience de Bernoulli dont la probabilité du succès (le salarié est malade) vaut 0,05. Donc la variable aléatoire X qui compte le nombre d'employés malades suit une loi binomiale $B(220; 0,05)$ $n = 220$ et $p = 0,05$.
   b. En utilisant les formules du cours, on a : $\mu = n \times p = 220 \times 0,05 = 11$ et $\sigma = \sqrt{n \times p(1-p)} = \sqrt{11(1-0,05)} \approx 3,23$.

Activité 210 : Salaire moyen annuel des travailleurs ...

Le salaire moyen annuel de dix travailleurs du Service de gardiennage d'une PME agricole est de 15 665 000 GNF. On sait que deux de ces travailleurs gagnent chacun 20 000 000 GNF par année. Quel est le salaire annuel moyen des huit autres travailleurs ?

Il y a dix valeurs correspondant aux salaires des dix gardiens. Le salaire total des 10 travailleurs est 10 fois la moyenne des salaires. On a donc : $\bar{x} = (\sum x_i)/n$ et si on reporte les valeurs connues, on peut écrire : $15\,665\,000 = (\sum x)/10$. On a alors : $\sum x_i = 15\,665\,000$ GNF $\times 10 = 156\,650\,000$ GNF.

On sait que deux gardiens gagnent ensemble $2 \times 20\,000\,000$ GNF $= 40\,000\,000$ GNF.

Aussi, les huit autres gardiens ont-ils un revenu total de $156\,650\,000 - 40\,000\,000 = 116\,650\,000$.

Alors, pour ces 8 travailleurs $\bar{x} = (\sum x_i)/n = 116\,650\,000 \div 8 = 14\,581\,250$.
Le salaire annuel moyen des huit autres travailleurs est de 14 581 250 GNF.

Activité 211 : Retransmission et analyse d'un match

Lors d'une soirée sportive, une chaîne de télévision a retransmis un match de football. Cette chaîne a ensuite proposé une émission d'analyse de ce match. On dispose des informations suivantes : 56 % des téléspectateurs ont regardé le match ; un quart des téléspectateurs ayant regardé le match ont aussi regardé l'émission ; 16,2 % des téléspectateurs ont regardé l'émission. On interroge au hasard un téléspectateur. On note les évènements M : « le téléspectateur a regardé le match », E : « le téléspectateur a regardé l'émission ». On note x la probabilité qu'un spectateur ait regardé l'émission, sachant qu'il n'a pas regardé le match.

1) Construire un arbre pondéré illustrant la situation.
2) Déterminer la probabilité de l'évènement $M \cap E$.
3) a. Vérifier que $P(E) = 0,44x + 0,14$.

b. En déduire la valeur de la probabilité x.

4) Le téléspectateur interrogé n'a pas regardé l'émission. Quelle est la probabilité, arrondie à 10^{-2}, qu'il ait regardé le match ?

1. On peut construire l'arbre pondéré suivant :

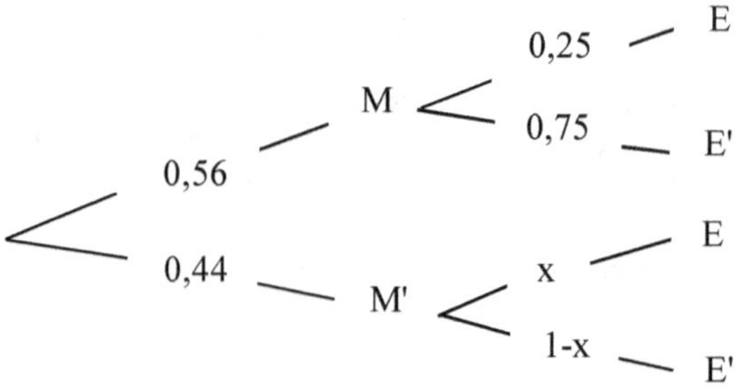

2. On a : P(M∩E) = P(M) x P(E/M) = 0,56 x 0,25 = 0,14 ou 14 % de probabilité.
3. **a**. M et M' forment un système complet d'évènements. D'après la formule des probabilités totales, on a : P(E) = P(M∩E) + P((M'∩E) = 0,14 + 0,44x.
   b. On sait que P(E) = 0,162. Par conséquent, 0,44x + 0,14 = 0,162 ↔
   ↔ 0,44x = 0,22 ↔ x = 0,05.
4. On veut calculer P(M/E). P(M/E) = P(E'∩M)/(1 – P(E)) = 0,75 x 0,56/0,838 ≈ 0,50. Il y a 50 % de chance que le téléspectateur ait regardé le match, sachant qu'il n'a pas regardé l'émission.

> Pour bon nombre de croyants, le Ramadan est l'un des temps de la guignolée, i.e. de la collecte de fonds et de denrées permettant non seulement de rendre ce mois de pénitence plus joyeux à des milliers de familles démunies, mais aussi d'aider les organismes à soutenir leur communauté tout au long du carême et les jours suivant l'*Aïd el-Fitr*. C'est pourquoi les élèves du Lycée moderne de Donka ont décidé de faire des dons aussi modestes soient-ils.

Activité 212 : La guignolée des lycéens de Donka

C'est le temps de la guignolée correspondant au Ramadan et les élèves du Lycée moderne de Donka ont décidé de faire des dons aux familles qui ont besoin d'un coup de main pour manger à leur faim. Pour les encourager, la direction du lycée dit qu'elle réserve une surprise à la classe dont la moyenne de don par élève sera la plus élevée.

Dans la classe de Terminale Sciences Maths, tous les élèves ont fait un don et leur prof a trouvé que le don moyen est de 45 000 GNF. Dans la classe de Terminale Sciences Expérimentales, le don moyen est présentement de 43 800 GNF; mais il y a encore deux élèves sur les 29 de cette classe qui n'ont rien donné.

Quelle devrait être, au minimum, la moyenne des dons de ces deux élèves pour que leur classe se mérite la surprise ?

- Les 29 élèves de Sciences expérimentales cherchent à offrir un don total supérieur à celui versé par les élèves de Sciences maths, c'est-à-dire un montant total supérieur à 29 x 45 000 GNF, soit 1 305 000 GNF.
- Les 27 élèves de cette classe ont déjà effectué un don de 27 x 43 800 GNF, soit un don de 1 182 600 GNF.
- Les deux derniers, qui n'ont pas encore contribué, devront à eux deux débourser plus de 1 305 000 GNF – 1 182 600 GNF = 122 400 GNF.
- Pour permettre à leur classe de mériter la surprise de la direction du lycée, chacun des deux derniers élèves devrait payer plus de 122 400 GNF ÷ 2, c'est-à-dire plus de 61 200 GNF chacun. La moyenne des dons des deux derniers élèves de Terminale Sciences expérimentales doit être supérieure à 61 200 GNF.

Activité 213 : Âge des lecteurs et des lectrices

Une revue mensuelle traitant de la santé et de la sécurité du travail a effectué un sondage auprès de sa clientèle. Divers caractères socioéconomiques ont été mesurés lors de ce sondage, entre autres, l'âge des lecteurs et des lectrices. Le résumé de la compilation de 800 questionnaires selon l'âge des lecteurs apparaît dans le tableau ci-dessous :

Âge (années)	Nombre de lecteurs
$20 \leq x < 25$	67
$25 \leq x < 30$	82
$30 \leq x < 35$	209
$35 \leq x < 40$	201
$40 \leq x < 45$	102
$45 \leq x < 50$	95
$50 \leq x < 55$	33
$55 \leq x < 60$	9
$60 \leq x < 65$	2

Si on choisit au hasard un de ces lecteurs,

a) quelle est la probabilité que son âge soit supérieur ou égal à 30 ans mais inférieur à 35 ans ?

b) Trouvez la probabilité que son âge soit supérieur ou égal à 35 ans mais inférieur à 45 ans.

c) Trouvez la probabilité que son âge soit d'au moins 20 ans.

a. En appliquant la notion fréquentielle de la probabilité pour évaluer la possibilité que l'âge de ce lecteur se situe dans l'intervalle mentionné, on a :

$$P(30 \leq x < 35) = \frac{\text{Nombre de lecteurs appartenant à cette classe}}{\text{Nombre total}} =$$

$= 209 \div 800 = 0{,}26125$, soit 26 % de chance que cela arrive.

b. On veut $P[(35 \leq x < 40) \cup (40 \leq x < 45)]$.

$$P[(35 \leq x < 40) \cup (40 \leq x < 45)] = P(35 \leq x < 40) + P(40 \leq x < 45) =$$

$$201/800 + 102/800 = 303/800 = 0{,}37875$$

Il y a environ 38 % de chance que l'âge de ce lecteur soit supérieur ou égal à 35 ans mais moins de 40 ans.

c. On cherche à déterminer la probabilité que l'évènement $x \geq 20$ se réalise.

$P(x \geq 20) = 1$. On pourrait qualifier cet évènement comme certain.

Activité 214 : Spectacle-bénéfice

Aliou et quatre de ses amis organisent un spectacle pour soutenir les locataires de la Cité de Solidarité de leur quartier. Ils se fixent pour objectif de remettre au moins 12 500 000 GNF à la Cité. Ils donnent trois représentations de leur spectacle. Chaque billet de spectacle coûte 30 000 GNF. Le coût de la location de la salle pour les 3 représentations est de 3 750 000 GNF. Le tableau ci-dessous indique le nombre de spectateurs aux trois représentations.

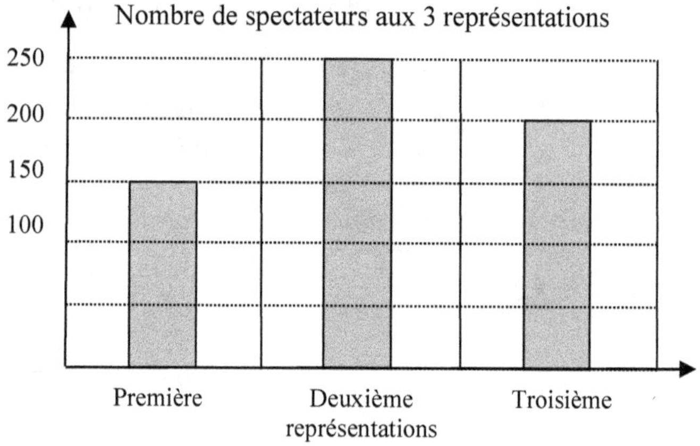

Aliou et ses amis ont-ils atteint leur objectif ? Justifie ta réponse.

L'enseignante pourrait demander aux élèves si « *Aliou et quatre de ses amis* » est une information essentielle pour résoudre ce problème.

Activité 215: Le poids des cartables des élèves

On a mené une enquête au Lycée Elhadj Souleymane Thiam sur le poids des cartables des élèves. Pour ce faire, on a pesé le cartable de 48 élèves du lycée. Les résultats de l'enquête sont consignés dans le tableau ci-dessous :

Poids en kg	1	2	3	4	5	6	7	8	9	10
Effectif	1	2	4	2	5	11	8	8	3	4

1) *Calculez l'étendue de cette série statistique.*
2) *Déterminez la médiane de cette série statistique.*
3) *Déterminez les valeurs du premier quartile et du troisième quartile de la série.*
4) *Oumou affirme que plus des trois quarts des 48 élèves viennent au Lycée Elhadj Souleymane Thiam avec un cartable qui pèse 5 kg ou plus. A-t-elle raison ? Justifiez votre réponse.*

1. L'étendue est la différence entre la plus grande et la plus petite valeur de la série, soit 10 – 1 = 9.
2. L'effectif total est de 48 élèves (nombre pair). La médiane est donc la moyenne entre la 24e et la 25e valeur. On a besoin d'utiliser un tableau avec les effectifs cumulés croissants.

Poids en kg	1	2	3	4	5	6	7	8	9	10
Effectif	1	2	4	2	5	11	8	8	3	4
Effectifs cumulés croissants	1	3	7	9	14	25	33	41	44	48

La 24e valeur est 6 et la 25e valeur est 6 ; la médiane de la série est donc 6.
3. Valeur du premier quartile (Q1) Q1 = ¼ x Effectif = ¼ x 48 = 12.
Le premier quartile est la 12ième valeur, soit 5, d'après le tableau des effectifs cumulés croissants.
Valeur du troisième quartile (Q3) Q3 = 3/4 x Effectif = 3/4 x 48 = 36.
Le troisième quartile est la 36ième valeur, soit 8, d'après le tableau des effectifs cumulés croissants.
4. ¾ de l'effectif total représente ¾ x 48 = 36 élèves.
Nombre d'élèves ayant un cartable dont le poids est égal ou supérieur à 5 kg est : 5 + 11 + 8 + 8 + 3 + 4 = 39 élèves, soit plus des ¾ ont un cartable dont le poids est égal ou supérieur à 5 kg. Oumou a donc raison.

Activité 216 : Une équipe de soccer à l'épreuve des penalties

On s'intéresse à une équipe de football qui s'entraîne pour l'épreuve des tirs au but. On considère que lorsqu'un joueur de cette équipe tire, il a trois chances sur quatre de réussir le tir.

1) Un joueur effectue 10 tirs. Quelle est la probabilité qu'il réussisse tous les tirs ? Plus généralement, quelle est la loi du nombre de tirs que le joueur réussit ?
2) Le joueur tire jusqu'à ce qu'il en rate un. Soit X le numéro du tir qu'il rate. Donner la loi de X et son espérance.
3) Même s'il a raté un tir, le joueur continue à jouer. Quelle est la loi du numéro (compté à partir du début de la partie) du deuxième tir raté ?

1. Le joueur a 3 chances sur 4 de réussir un tir. Les tirs étant indépendants, il a, au bout de 10 tirs, une probabilité de $(3/4)^{10}$ chance de réussir tous les tirs. Il s'agit, en fait, de l'intersection de 10 évènements indépendants « réussir un tir » de même probabilité ¾. Plus généralement, la variable comptant le nombre de tirs réussis suit la loi binomiale B(10, ¾).
2. L'évènement (X = *n*) signifie que le joueur a réussi chacun des *n*–1 premiers tirs et qu'il a raté le numéro *n*. On reconnaît la loi géométrique
$$P(X = n) = (3/4)^{n-1} \times ¼, \text{ d'espérance } 1 \div ¼ = 4.$$
3. La variable aléatoire T prend ses valeurs à partir de *n* = 2 seulement. Dire que T = *n* signifie que …
   - parmi les *n* – 1 premiers tirs, il y a exactement un échec (un raté). Cela fait donc n – 2 succès et un échec ;

- il y a échec au tir numéro n. Il y a $n - 1$ façons de placer le premier échec parmi les $n - 1$ premiers tirs. Il y a $n - 2$ succès et 2 échecs. On obtient donc :
$$P(T = n) = (n - 1)(3/4)^{n-2}(1/4)^2.$$

Remarque : Un calcul de $E(T) = \sum(n-1)(3/4)^{n-2}(1/4)^2$ donne $E(T) = 8$, comme on peut s'y attendre.

Activité 217 : Les mois de naissance d'Aly et de Natou

Le mois de naissance d'Aly est un multiple de 3 et sa journée de naissance est un multiple de 8. Le mois de naissance de Natou commence par la lettre J et sa journée de naissance est un multiple de 6.

a) Utilise un mode de représentation (grille, réseau ou arbre) pour représenter les dates d'anniversaire possibles d'Aly.

b) Utilise un mode de représentation différent pour représenter les dates d'anniversaire possibles de Natou.

c) Écris l'ensemble Ω des dates anniversaires possibles (i) pour Aly et (ii) pour Natou.

d) Aly et Natou ont la même date d'anniversaire. Quelle est-elle ?

a. Mode de représentation d'anniversaire possible d'Aly.

Plusieurs réponses sont possibles. On peut, par exemple, utiliser un réseau comme celui ci-dessous:

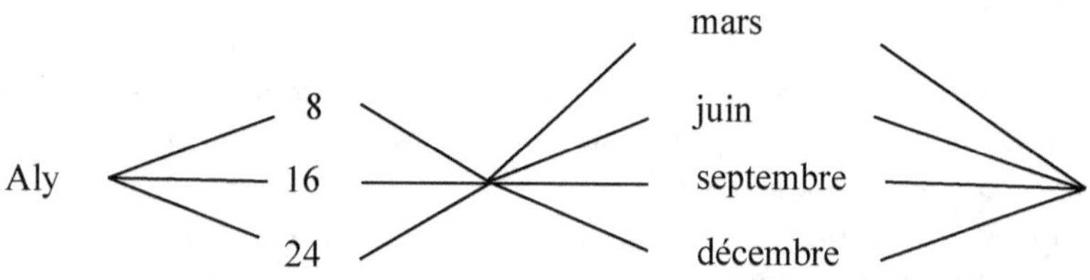

Ainsi, Aly peut être né le 8 mars ou le 8 juin ou le 8 septembre ou encore le 8 décembre. Mais, il peut aussi être né le 16 mars ou le 16 juin ou le 16 septembre, etc. Il peut être né le 24 mars ou le 24 juin ou le 24 septembre ou encore le 24 décembre.

b) **Mode de représentation différent d'anniversaire possibles de Natou.**

Plusieurs réponses sont possibles. On peut, par exemple, utiliser un réseau comme celui-ci-dessous :

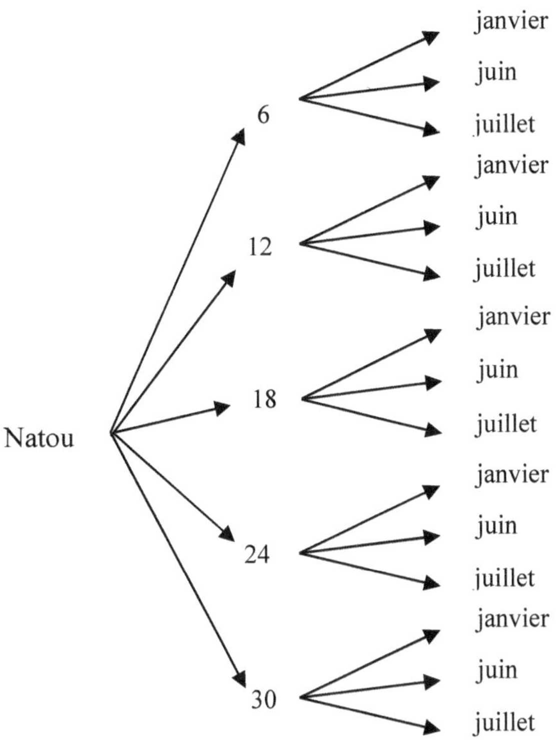

c. Ensemble Ω des dates anniversaires possibles

(i) Pour Aly : l'ensemble des dates anniversaires est Ω = {8 mars, 8 juin, 8 décembre, 16 mars, 16 juin, 16 décembre, 24 mars, 24 juin, 24 décembre}.

(ii) Pour Natou : l'ensemble des dates anniversaires est Ω = {6 janvier, 6 juin, 6 juillet, 12 janvier, 12 juin, 12 juillet, 18 janvier, 18 juin, 18 juillet, 24 janvier, 24 juin, 24 juillet, 30 janvier, 30 juin, 30 juillet}.

d. Aly et Natou ont la même date d'anniversaire. Quelle est-elle ?

Aly et Natou ont la même date d'anniversaire, c'est le 24 juin.

Activité 218 : Des économies sur les tarifs d'affranchissements

Une entreprise pharmaceutique décide de faire des économies sur les tarifs d'affranchissements des courriers publicitaires à envoyer aux clients. Aussi, décide-t-elle d'affranchir, au hasard, une proportion de trois lettres sur cinq au tarif urgent, les autres au tarif normal.

1) *Quatre lettres sont envoyées dans un cabinet médical de quatre médecins. Déterminer la probabilité des évènements suivants : A : « Au moins l'un d'entre eux reçoit une lettre au tarif urgent » ; B : « Exactement deux médecins sur les quatre reçoivent une lettre au tarif urgent ».*
2) *Soit X la variable aléatoire qui représente le « nombre de lettres affranchies au tarif urgent parmi les 10 lettres ». Déterminer ...*
   a) *la loi de probabilité de X ;*

b) L'espérance mathématique et la variance de X.

1. On utilise une loi binomiale, loi de la variable aléatoire : « nombre de lettres affranchies au tarif urgent parmi 4 lettres », de paramètres n = 5, p = 3/5. On obtient : $P(A) = 1 - (2/5)^4 = 0{,}9744$; $P(B) = C(4,2) \times (2/5)^2 \times (3/5)^2 = 0{,}3456$.
2. a. La loi de probabilité de X est une loi binomiale, loi de la variable aléatoire X = « nombre de lettres affranchies au tarif urgent parmi 19 lettres », loi de paramètres n = 10, p = 3/5.
   b. L'espérance mathématique de X est E(X) = np = 10 x 3/5 = 6.
   Sa variance est Var(X) = np(1 – p) = 6 x (1 – 3/5) = 12/5 = 2,40.

La création des micros et petites entreprises (MPE) est d'autant plus pertinente que ce secteur continue à avoir dans l'économie guinéenne une part importante et continuellement croissante en matière de création d'emplois, de formation professionnelle et d'intégration socioéconomique. Cependant, la création des MPE est soumise à un certain nombre d'obligations administratives et juridiques. Aussi, le traitement de diverses formes administratives est-il statistiquement fourni par une entreprise de service spécialisée en traitement informatique.

Activité 219 : Entreprise de service pour le traitement de formes administratives

Dans une entreprise de service, le traitement de diverses formes administratives présente un certain pourcentage d'erreurs par les trois employés affectés à cette tâche. Le commis Amar traite 40 % des formes ; le commis Boniface traite 35 % des formes alors que le commis Cheik en traite 25 %. Le commis A présente un taux d'erreur de 4 %; le commis B présente un taux d'erreur de 6 % alors que le commis C a un taux d'erreur de 3 %.

On sélectionne au hasard une forme administrative parmi le lot de formes qui ont été traitées au cours de la journée et qui présentent une erreur. On identifie les évènements concernés comme suit :

A : « La forme administrative choisie au hasard présente une erreur ».

E_1 : « La forme administrative a été traitée par le commis Amar ».

E_2 : « La forme administrative a été traitée par le commis Boniface ».

E_3 : « La forme administrative a été traitée par le commis Cheik ».

$\bar{A}$: « La forme administrative sélectionnée au hasard ne présente pas d'erreur ».

a) Schématisez cette situation-problème à l'aide d'un diagramme ou d'un arbre et indiquez les diverses probabilités.

b) Quelle est la probabilité que cette forme administrative ait été traitée par le commis Amar ?

c) La forme administrative, sélectionnée au hasard parmi le lot de formes qui ont été traitées au cours de la journée, présente une erreur. Quelle est la probabilité que la forme ait été traitée par le commis Cheik ?

a. Schéma de cette épreuve et des divers évènements en jeu

Répartition du travail de traitement des formes administratives — **La forme présente une erreur ou non** — **La forme a été traitée par le commis Ci et présente une erreur.**

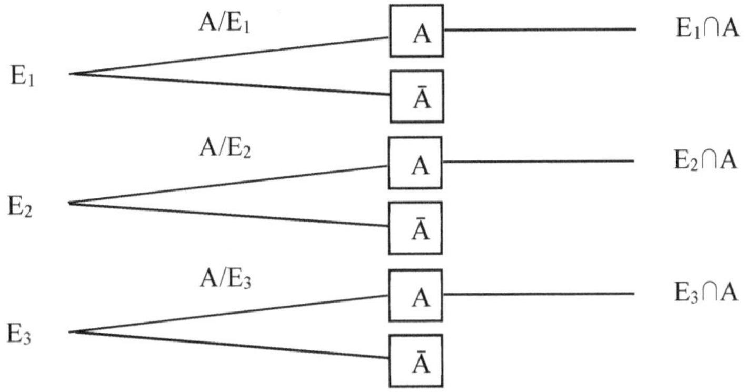

Nous constatons sur le schéma qu'il y a trois branches qui peuvent nous amener à une forme administrative comportant une erreur. Ce sont des évènements composés $E_1 \cap A$, $E_2 \cap A$ et $E_3 \cap A$ qui sont mutuellement exclusifs. Cependant, nous cherchons à déterminer, pour un évènement donné (A : « la forme administrative présente une erreur »), la probabilité qu'une cause donnée (le commis Amar) en soit l'origine : $P(E_1/A)$.

Par définition de la probabilité conditionnelle, $P(E_1/A) = P(E_1 \cap A)/P(A)$. Par la formule des probabilités composées, $P(E_1 \cap A) = P(E_1) \times P(A/E_1)$. Par ailleurs, l'évènement A : « La forme administrative choisie au hasard présente une erreur » est composé de trois évènements incompatibles comme l'indique le diagramme ci-dessous : $A = (E_1 \cap A)U(E_2 \cap A)U(E_3 \cap A)$.

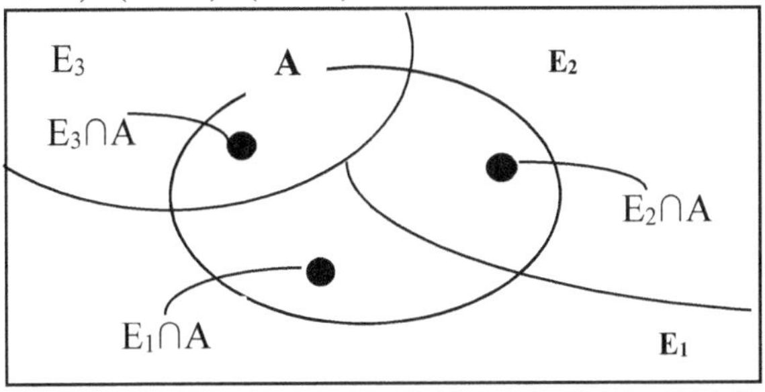

Par conséquent, on peut écrire : $P(A) = P(E_1 \cap A) + P(E_2 \cap A) + P(E_3 \cap A)$.
Puisque $P(E_1 \cap A) = P(E_1) \times P(A/E_1)$, $P(E_2 \cap A) = P(E_2) \times P(A/E_2)$ et $P(E_3 \cap A) = P(E_3) \times P(A/E_3)$, alors $P(E_1/A)$ s'écrit : $P(E_1/A) = P(E_1 \cap A)/P(A)$, ce qui donne
$P(E_1/A) = [P(E_1)P(A/E]/[P(E_1)P(A/E_1) + P(E_2)P(A/E_2) + P(E_3)P(A/E_3)]$
Ce résultat constitue la formule de Bayes. On peut alors déterminer la probabilité demandée précédemment :

$P(E_1/A)$ = P(la forme administrative a été traitée par le commis Amar, sachant qu'elle présente une erreur) = (0,40 x 0,04)/[(0,40 x 0,04) + (0,35 x 0,06) +(0,25 x 0,03)] = 0,06/0,0445 = 0,35955. Il y a environ 36 % de chance que le commis Amar ait traitée cette forme administrative, sachant qu'elle présente une erreur.

Reprenons le schéma précédent et indiquons cette fois les probabilités de réalisation des divers évènements.

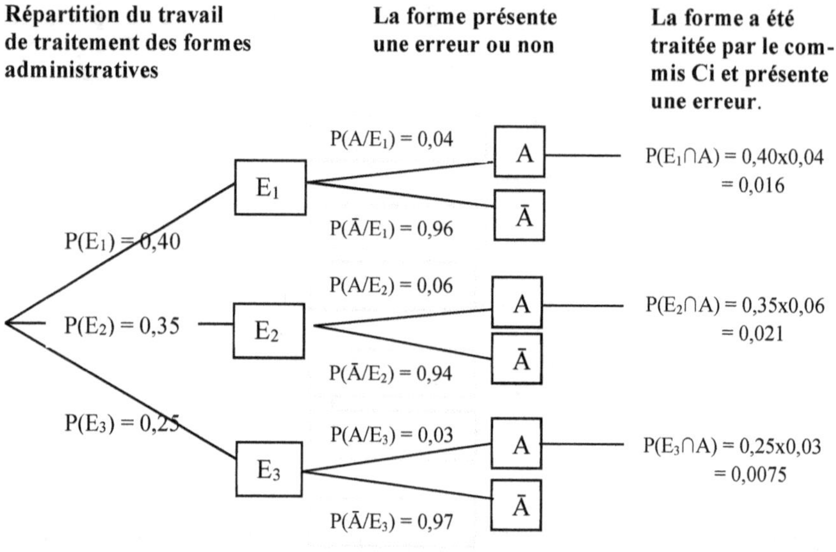

On remarque que l'évènement A peut être causé soit par E_1, soit par E_2 ou soit par E_3. La probabilité que E_1 (le commis Amar) soit la cause de A (la forme administrative présente une erreur) s'évalue comme suit :

$$P(E_1/A) = \frac{\text{Probabilité composée du processus reliant } E_1 \text{ et A}}{\text{Somme des probas composées de tous les parcours dont l'issue est A}}$$

$= 0{,}016/[0{,}016 + 0{,}021 + 0{,}0075] = 0{,}016/0{,}0445 = 0{,}3595 \approx 36\ \%$.

Activité 220 : Minibus et réservations

Un minibus peut accueillir 20 personnes. Des statistiques montrent que 25 % des clients ayant réservé ne viennent pas. On note X la variable aléatoire désignant le nombre de clients qui viennent après réservation parmi 20.

a) Quelle est la loi de X ? (On peut se contenter de sa forme générale).
b) Quelle est l'espérance et l'écart-type de X ?
c) Quelle est la probabilité pour que X soit égale à 15 ?

a. Soit X la variable aléatoire représentant le nombre de clients qui viennent après réservation parmi les 20. La loi de X est une loi binomiale de paramètres $n = 20$, $p = 0{,}75$.

b. L'espérance mathématique de X est $E(X) = n \times p = 20 \times 0{,}75 = 15$.
Son écart-type est $\sqrt{n \times p(1 - p)} = \sqrt{15 \times 0{,}25} = \sqrt{3{,}75} = 1{,}9365$.

c. La probabilité pour que X soit égal à 15 est $P(X = 15)$.
$P(X = 15) = C(20,15) \times (0{,}75)^{15} \times (0{,}25)^5 = 0{,}20233$, soit un peu plus de 20 %.

Activité 221 : Sondage sur les goûts des adolescents

Suite à un sondage sur le goût des adolescents pour la télévision, on a obtenu les résultats suivants classés dans un tableau. On a interviewé en tout 500 jeunes.

a) Compléter le tableau suivant :

Sexe \ Préférence	Sports	Musique	Documentaire	Total
Garçons	125		25	
Filles		150	50	250
Total				

b) Quelle est la probabilité que ce soit une fille si on choisit une personne qui préfère le sport ?

c) Si on choisit parmi les garçons, quelle est la probabilité qu'il préfère la musique ?

a. On complète le tableau comme suit :

Sexe \ Préférence	Sports	Musique	Documentaire	Total
Garçons	125	**100**	25	**250**
Filles	**50**	150	50	250
Total	**175**	**250**	**75**	**500**

b. Probabilité que ce soit une fille si la personne choisie préfère le sport

P(Fille/Sport) = 50/175 = 2/7 = 0,2857.

Il y a environ 29 % de chance de choisir une personne qui soit une fille et qui aime le sport.

c. Probabilité que la personne choisie préfère la musique, étant un garçon : P(Musique/Garçon) = 100/250 = 2/5 = 0,40, soit 40 % de chance de choisir parmi les garçons une personne qui préfère la musique.

Activité 222 : Des paniers de produits frais et des bouteilles de jus de fruits

Chaque semaine, une maraîchère de Kanya propose en vente à chacun de ses clients un panier de légumes frais contenant une seule bouteille de jus de fruits. Dans un esprit de développement durable, elle fait le choix de bouteilles en verre incassable et demande à ce que chaque semaine le client lui rapporte sa bouteille vide. On admet que le nombre de clients approvisionnés par la maraîchère reste constant. On considère les résultats suivants donnés par une étude statistique : (i) À l'issue de la 1ère semaine, la probabilité qu'un client rapporte la bouteille de son panier est 0,9. (ii) Si le client a rapporté la bouteille de son panier une semaine, alors la probabilité qu'il ramène la bouteille du panier la semaine suivante est 0,95; (iii) Si le client n'a pas rapporté la bouteille de son panier une semaine, alors la probabilité qu'il ramène la bouteille du panier la semaine suivante est 0,2.

On choisit au hasard un client parmi la clientèle de la maraîchère. Pour tout nombre entier naturel n *non nul, on note R_n l'évènement « le client rapporte la bouteille de son panier de la n-ième semaine ».*

1) *Modéliser la situation étudiée pour les deux premières semaines à l'aide d'un arbre pondéré qui fera intervenir R_1 et R_2.*
2) *Déterminer la probabilité que le client rapporte ses bouteilles de la 1ère et de la 2e semaine.*
3) *Montrer que la probabilité que le client rapporte la bouteille du panier de la deuxième semaine est égale à 0,875.*
4) *Sachant que le client a rapporté la bouteille de son panier de la 2e semaine, quelle est la probabilité qu'il n'ait pas rapporté la bouteille de son panier de la 1ère semaine ? On arrondira le résultat à 10^{-3}.*

1. On obtient l'arbre pondéré ci-dessous

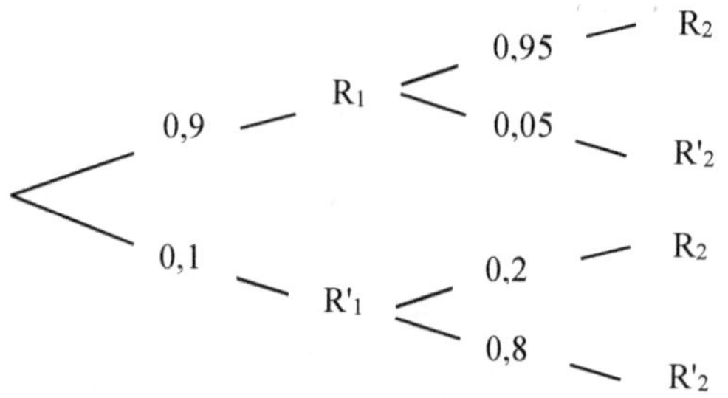

2. Il s'agit de calculer $P(R_1 \cap R_2)$ x $P(R_1 \cap R_2) = P(R_1) x P(R_2/R_1) = 0,9 x 0,95 = 0,855$. Il y a 85,50 % de chance que le client rapporte ses bouteilles de la 1ère et de la 2e semaine.
3. On veut déterminer $P(R_2)$. R_1 et R'_1 forment un système complet d'évènements fini. D'après la formule des probabilités totales, on a : $P(R_2) = P(R_1 \cap R_2) + P(R'_1 \cap R_2) = 0,855 + (0,1 x 0,2) = 0,875$. Ainsi, il y a 87,50 % de probabilité que le client rapporte la bouteille du panier de la deuxième semaine.
4. Il est question de calculer la probabilité conditionnelle $P(R'_1/R_2)$. $P(R'_1/R_2) = P(R_2 \cap R'_1)/P(R_2) = 0,02/0,875 \approx 0,023$. Il y a 2,3 % de chance que le client n'ait pas rapporté la bouteille de son panier de la 1ère semaine, sachant qu'il a rapporté la bouteille de son panier de la 2e semaine.

Activité 223 : Membres du club photo ou du club théâtre

Dans une classe de trente collégiens sont formés un club photo et un club de théâtre. Le club photo est formé de 10 membres, le club théâtre de 6 membres. On compte 2 collégiens qui sont membres des deux clubs à la fois. On interroge un élève de la classe qu'on a choisi au hasard. On considère les évènements suivants : P : « l'élève est membre du club photo » et T : « L'élève est membre du club de théâtre ».

1) *Montrer que les évènements P et T sont indépendants.*
2) *Lors d'une séance du club photo, les 10 membres sont tous présents. On tire au hasard un premier élève qui doit prendre la photo d'un autre membre du club, qui sera lui aussi tiré au sort.*
   a) *On appelle T_1 l'évènement « Le 1er élève est membre du club théâtre ». Calculer $P(T_1)$.*
   b) *On appelle T_2 l'évènement « L'élève pris en photo est membre du club théâtre ». Calculer $P(T_2/T_1)$ puis $P(T_2/\overline{T}_1)$. En déduire $P(T_2 \cap T_1)$ et $P(T_2 \cap \overline{T}_1)$. (On note que $\overline{T}_1$ est l'évènement contraire de T).*
3) *Toutes les semaines, on recommence de façon indépendante la séance de photographie avec tirage au sort du photographe et du photographié. Le même élève peut être photographié plusieurs semaines de suite. Calculer la probabilité qu'au bout de 4 semaines aucun membre du club théâtre n'ait été photographié.*

1. Avec des patates, le résultat est immédiat (en réalité, on n'en a pas besoin ; l'élève les utilise juste pour prouver qu'il est super fortiche avec Word).

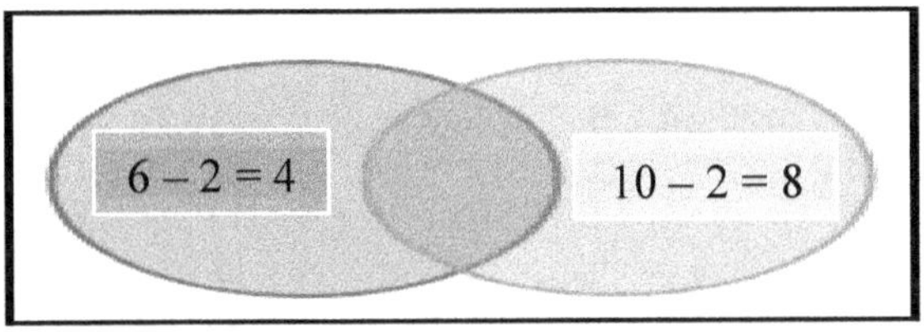

Proba(P) = 10/30 = 1/3 et P(T) = 6/30 = 1/5. On a alors $P(P \cap T)$ = 2/30 = 1/15.
Et P(P) x P(T) = 1/3 x 1/5 = 1/15. Les évènements P et T sont donc indépendants. Ceci est un pur hasard ; en effet, si l'on change, par exemple, le nombre de collégiens dans la classe, ça ne marche plus.

2. Lors d'une séance du club photo, les 10 membres sont tous présents. Un premier élève est choisi au hasard. Il doit prendre la photo d'un autre membre du club, qui sera lui aussi tiré au sort.

a. On demande de calculer la probabilité $P(T_1)$.
   P(T1) = 2/10 = 1/5 = 0,20. Il y a 20 % de chance que l'élève tiré au sort fasse partie du club théâtre.
b. Il s'agit de calculer la probabilité conditionnelle $P(T_2 \cap \overline{T}_1)$.
   $P(T_2/T_1) = 1/9$: il reste à choisir un membre du club théâtre parmi les neufs restants.
   $P(T_2/\overline{T}_1) = 2/9$: si $\overline{T}_1$ est réalisé, le 1er élève ne fait pas de théâtre ; il reste deux choix à faire parmi les 9 restants.
   $P(T_2 \cap T_1) = P(T_2/T_1) \times P(T_1) = 1/9 \times 1/5 = 1/45$.
   $P(T_2 \cap \overline{T}_1) = P(T_2/\overline{T}_1) \times P(\overline{T}_1) = 2/9 \times 4/5 = 8/45 \approx 18$ % de probabilité.

3. Posons X = nombre de fois où l'élève photographié n'appartient pas au club théâtre. $P(X = 4) = C(4,k)p^4(1 - p)^0 = 4^4/5^4 = 256/625 = 0{,}4096$. Il y a environ 41 % de chance qu'au bout de 4 semaines aucun membre du club théâtre n'ait été photographié

Activité 224 : Contrôle de l'état de marche des machines

Un industriel doit vérifier l'état de marche de ses machines et en remplacer certaines, le cas échéant. D'après des statistiques précédentes, il évalue à 30 % la probabilité pour une machine de tomber en panne en 5 ans. Parmi ces dernières, la probabilité de devenir hors d'usage, suite à une panne grave, est évaluée à 75 %; cette probabilité est de 40 % pour une machine n'ayant jamais eu de panne.

1) *Déterminer la probabilité qu'une machine donnée de plus de cinq ans soit hors d'usage.*
2) *Quelle est la probabilité pour une machine hors d'usage de n'avoir jamais eu de panne auparavant ?*
3) *Soit X la variable aléatoire « nombre de machines qui tombent en panne au bout de 5 ans, parmi 10 machines choisies au hasard ».*
   a) *Quelle est la loi de probabilité de X (on donne le type de loi et les règles de calcul).*
   b) *Déterminer son espérance, sa variance et son écart-type.*
4) *Calculer P(X = 5).*

1. Notons Pa : l'évènement « La machine est en panne » ; on sait que P(Pa) = 30 %
   La probabilité pour une machine donnée de plus de 5 ans d'être hors d'usage est :
   P(HU) = P(HU/Pa).P(Pa) + P(HU/non Pa).(P(non Pa) = (0,3 x 0,75) + (0,4 x 0,7) = 0,505. Il y a 50,50 % de chance que cet évènement se produise.

2. La probabilité pour une machine hors d'usage de n'avoir jamais eu de panne auparavant est : P(non Pa/HU) = P(HU/non Pa).P(non Pa)/P(HU) =
   = (0,4 x 0,7)/0,505 = 0,55446, soit 55,45 % de chance que cet évènement se produise.

3. a. La loi de probabilité de la variable aléatoire X est une loi binomiale de paramètres n = 10 et p = 0,3.

   b. Son espérance mathématique est n x p = 10 x 0,3 = 3.
      Sa variance est n x p(1 – p) = 3(1 – 0,3) = 2,1.
      Son écart-type est $\sqrt{np(1-p)} = \sqrt{2,1} \approx 1,4499$.

4. $P(X = 5) = C(10,5)\,(0,3)^5(0,7)^5 = 0,10292$.

Activité 225 : Dany joue avec des cubes pour enfants

Une boîte contient 8 cubes dont 1 gros rouge et 3 petits rouges ; 2 gros verts et 1 petit vert ; et 1 petit jaune.

1) *Dany choisit au hasard et simultanément 3 cubes de la boîte. On admet que la probabilité de tirer un cube donné est indépendante de sa taille et de sa couleur.*

a. Calculer la probabilité que Dany obtienne des cubes de couleurs différentes.

b. Vérifier que la probabilité qu'il obtienne au plus un petit cube vaut 2/7.

2) Soit X la variable aléatoire donnant le nombre de petits cubes rouges tirés par Dany.

a. Déterminer la loi de probabilité de X.

b. Calculer l'espérance mathématique de X.

3) Dany répète 5 fois l'épreuve « tirer simultanément 3 cubes de la boîte », en remettant dans la boîte les cubes tirés avant de procéder au tirage suivant. Les tirages sont indépendants. On note p la probabilité que Dany obtienne au plu un petit cube.

a. Déterminer la probabilité que cet évènement soit réalisé au moins une fois à l'issue des 5 épreuves.

b. Déterminer la probabilité que cet évènement soit réalisé exactement 3 fois.

Les résultats seront donnés sous la forme de fractions irréductibles.

On commence par noter A l'évènement : « Obtenir des cubes de couleurs *différentes »* et B : l'évènement « Obtenir *au plus* un petit cube ».
Il est aussi important de noter qu'il y a C(8,3) = (8 x 7 x 6)/(3 x 2) = 56 façons de tirer les 3 cubes.

1. Obtenir des cubes de couleurs différentes revient à obtenir 1 rouge ***et*** 1 vert ***et*** 1 jaune, c'est-à-dire obtenir 1 rouge parmi les 4, et 1 vert parmi les 3, et le jaune.

   P(A) = C(4,1) x C(3,1) / 56 = 4 x 3 x 1/56 = 3/14.

   Obtenir au plus 1 petit cube, c'est n'en obtenir aucun ***ou*** en obtenir un seul.

   P(B) – C(3,3)/56 + [C(5,1) x C(3,2)]/56 = 1/56 + (5x3)/56 = 16/56 = 2/7.

   En effet, n'obtenir aucun petit cube, c'est prendre les 3 gros, et il n'y a qu'une possibilité (3 parmi 3) ***ou*** n'en prendre qu'un (parmi les 5) ***et*** prendre 2 gros cubes (parmi les 3).

2. La variable aléatoire donne le nombre de petits cubes rouges tirés; il y en a trois en tout. On peut donc en tirer 0, 1, 2 ou 3.
   - Aucun petit cube rouge : P(X = 0) = C(3,0)C(5,3)/56 = 10/56 = 5/28.
   - Un seul petit cube rouge : P(X = 1) = C(3,1)C(5,2) = 30/56 = 15/28.
   - Deux petits cubes rouges : P(X = 2) = C(3,2)C(5,1) = 3x5/56 = 15/56.
   - Trois petits cubes rouges : P(X = 3) = C(3,3)C(5,0) = 1x1/56 = 1/56.

   On peut établir la loi de probabilité de cette variable comme suit :

$x_k = (X = k)$	0	1	2	3	Somme ∑
$P_k = P(X = k)$	$\frac{5}{28}$	$\frac{15}{28}$	$\frac{15}{56}$	$\frac{15}{56}$	1
$p_k x_k$	0	$\frac{15}{28}$	$\frac{15}{28}$	$\frac{3}{56}$	$\frac{63}{56} = \frac{9}{8}$

   2b. Espérance mathématique de X : E(X)

   E(X)= $\sum p_k x_k$ = 15/28 + 15/28 + 3/56 = 9/8 (k variant de 0 à 3)

3. Les évènements sont indépendants. Il s'agit d'un schéma de Bernoulli avec :
   - Succès : « Obtenir au plus 1 petit cube »
   - p ∈ P(S) = 2/7 (Voir éléments de réponse à la question 1).

- Il y a 5 épreuves.
- On obtient k succès lors des n épreuves
$$P(Y = k) = C(5,k)p^k(1 - p)^{5-k} = C(5,k)(2/7)^k(5/7)^{5-k}.$$

a. On veut obtenir au moins 1 succès lors des 5 épreuves. On appelle Y la variable aléatoire qui donne le nombre de succès lors des 5 épreuves. Il s'agit de calculer $P(Y \geqslant 1) = 1 - P(Y = 0) = 1 - C(5,0)p^0(1-p)^{5-0} = 1 -(5/7)^5 = 13\,682/16\,807 \approx 0{,}8141$. Il y a un peu plus de 81 % de chance d'obtenir au plus 1 petit cube, à l'issue des 5 épreuves.

b. $P(Y = 3) = C(5,3)p^3(1-p)^{5-3} = C(5,3)(2/7)^3(5/7)^2 = 2\,000/16\,807 \approx 0{,}1190$. Il y a environ 12 % de chance que l'on obtienne au plus 1 petit cube exactement 3 fois au cours des 5 épreuves.

Activité 226 : Urne contenant 10 boules rouges et 10 boules noires

On dispose d'un sac contenant 10 boules rouges et 10 boules noires. On tire deux boules sans remise.

1) *Quel est le nombre de tirages possibles ?*
2) *Quel est le nombre de tirages possibles où les boules sont de couleurs différentes ?*
3) *Quel est le nombre de tirages possibles où les 2 boules sont rouges ? Où les 2 boules sont de même couleur ?*
4) *À partir des questions 2 et 3, retrouver le résultat de la question 1.*
5) *On tire ces deux boules de la façon suivante : on tire une 1ère boule (que l'on ne remet pas dans l'urne) et dont on note la couleur, puis une seconde boule dont on note aussi la couleur.*
   a. *Quel est le nombre de tirages où la 1ère boule est rouge et la seconde est noire ? Où la 1ère boule est noire et la seconde est rouge ?*
   b. *Comment peut-on retrouver ainsi le résultat de la question 2 ?*
   6) *Hormis le petit souci apparent de la question 5, que faut-il garder en mémoire dans cette situation-problème, et plus généralement dans tout tirage où il y a plusieurs boules de même couleur ?*

1. **Nombre de tirages possibles** : C'est le nombre de combinaisons des 20 boules prises 2 à 2, soit C(20,2) = (20 x 19)/2 = 190 tirages possibles.
2. **Nombre de tirages possibles où les boules sont de couleurs différentes** : On a 10 choix possibles pour la boule rouge, et de même pour la boule noire. Cela fait $10^2 = 100$ tirages possibles.
3. **Nombre de tirages possibles où les 2 boules sont rouges** : On tire 2 boules parmi les 10 boules rouges, sans ordre, ce qui donne une combinaison. On aura donc C(10,2) = 10 x 9/2 = 45 tirages possibles.
   Nombre de tirages où les 2 boules sont de même couleur : On obtient le même résultat pour 2 boules noires. Le nombre de tirages où les 2 boules sont de même couleur est donc la somme 45 + 45 = 90. Il y a 90 tirages où les boules sont de même couleur
4. , **Retrouver le résultat de la question 1 à partir des questions 2 et 3**

Un tirage donne soit 2 boules de couleurs différentes (question 2), soit 2 boules de même couleur (question 3). Le nombre total de tirages est donc la somme du nombre de tirages avec 2 boules de couleurs différentes et du nombre de tirages avec 2 boules de même couleur. On obtient ainsi 100 + 90 = 190, et l'on retrouve le résultat de la question 1.

5. **a. Nombre de tirages où la 1ère boule est rouge et où la seconde est noire** : On a 10 choix pour la 1ère boule rouge et aussi 10 pour la seconde boule, noire. Cela donne $10^2 = 100$ tirages possibles.

   Nombre de tirages où la 1ère boule est noire et où la seconde est rouge : Il en va de même pour cet ordre, qui est l'inverse du précédent, soit 100 tirages possibles.

   b. Comment peut-on retrouver ainsi le résultat de la question 2 : La 1ère idée est la suivante : tirer 2 boules de couleurs différentes revient à tirer d'abord une rouge puis une noire, ou bien tirer d'abord une noire et ensuite une rouge. Ces deux situations sont disjointes, et il faut donc faire100 + 100 = 200 possibilités. On ne retrouve pas le résultat de la question 2. Cette méthode est donc fausse ! L'erreur est la suivante : tirer d'abord une rouge puis une noire ou bien d'abord une noire puis une rouge donne le même résultat, i.e.; deux boules de couleurs différentes. Chaque tirage bicolore est donc compté deux fois avec le raisonnement que nous venons de faire ! Il faut donc diviser ce total de 200 par 2, pour retrouver la vraie valeur de 100.

6. **Que faut-il garder en mémoire dans cette situation-problème ...**
   On considère l'urne comme un ensemble à 20 éléments, ce qui sous-entend que ces éléments sont distincts. Moralement, nous avons donc numéroté les boules rouges pour les rendre distinctes (par exemple, de 1 à 10) et de même pour les boules noires (par exemple, de 11 à 20).

En revenant dans le contexte scolaire, l'enseignante pourra formuler des énoncés de problèmes faisant appel à l'usage des symboles mathématiques, du diagramme de Venn, du tableau à double entrée, du diagramme en arbre ; au tirage de l'urne (ou des urnes) des boules de différentes couleurs, au tirage des sacs de jetons colorés, au jeu de 32 cartes, au jeu de 52 cartes, au lancer d'une pièce de monnaie, au calcul de l'étendue, de la moyenne, de la médiane des notes obtenues par les élèves en maths ou dans d'autres domaines.

Activité 227 : Illustration par l'arbre de probabilités

Illustrer par un diagramme en arbre toutes les possibilités de choisir deux livres parmi cinq livres différents.

Diagramme en arbre illustrant toutes les possibilités de choisir 2 livres parmi 5 livres différents.

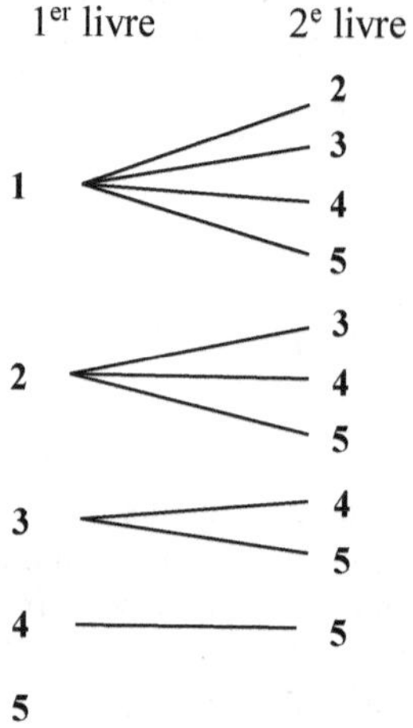

Activité 228 : On pige des boules colorées d'une urne

On a placé dans une urne 5 boules rouges, 9 boules blanches et 11 boules noires. On pige une première boule, puis une deuxième, sans remettre la première dans l'urne.

a) Quelle est la probabilité que la deuxième boule soit rouge si l'on a déjà tiré une boule rouge à la première pige ?

b) Quelle est la probabilité que la première boule soit noire, étant donné que la deuxième est blanche ?

a. Après la 1ère pige, il reste 4 boules rouges, 9 blanches et 11 noires dans l'urne. La probabilité de piger une autre boule rouge est donc :
P(Rouge) = Nombre de rouges qui restent/Nombre total de boules restantes = 4/24 = 1/6 = ou 16,67 % de chance de piger une 2ème rouge après en avoir déjà pigé une.
On peut aussi obtenir cette solution en construisant un diagramme en arbre (page suivante), duquel on peut écrire successivement :
P(2R/r au 1er tour) = P(2R∩R au 1er tour)/P(R au 1er tour) = (1/30)/(1/5) =
= 1/30 x 5/1 = 5/30 = 1/6 = 0,1667 ou 16,67 %.

b. Il s'agit de calculer P(1N/2B). Le même diagramme peut servir pour répondre à cette nouvelle question. P(1N/2B) = P(1N∩2B)/P(2B) = 33/200 (voir le diagramme, 8e ligne).
Total des probabilités quand la 2e boule est blanche :
45/600 + 81/600 + 99/600 = 225/600 = 3/8.
P(1N/2B) = P(1N∩2B)/P(2B) = (33/200)/(3/8) = 33/200 x 8/3 = 11/25 = 44 %.Il y a 44 % de chance que la 1ère boule soit noire, étant donné que la 2e est blanche.

Diagramme en arbre du tirage des boules

1ère pige	2e pige	Probabilité
Rouge (5/25)	Rouge (4/24)	(5/25)(4/24)=20/600=1/30
	Blanche (9/24)	(5/25)(9/24)=45/600=3/40
	Noire (11/24)	(5/25)(11/24)=55/600=11/120
Blanche (9/25)	Rouge (4/24)	(9/25)(4/24)=36/600=1/6
	Blanche (9/24)	(9/25)(9/24)=81/600=27/200
	Noire (11/24)	(9/25)(11/24)=99/600=33/200
Noire (11/25)	Rouge (4/24)	(11/25)(4/24)=44/600=11/120
	Blanche (9/21)	(11/25)(9/24)=99/600=33/200
	Noire (11/24)	(11/25)(11/24) = 121/600

Total des probabilités d'avoir une rouge au 1er tirage : 45/600+55/600=100/600=1/6.

Activité 229 : Urne contenant des boules bleues et des boules rouges

Une urne contient 6 boules bleues, 3 boules rouges et 2 boules vertes, indiscernables au toucher. On en tire simultanément au hasard 3 boules.

a) Calculer la probabilité de chacun des évènements suivants :
E_1 : « Les boules sont toutes de couleurs différentes ».
E_2 : « Les boules sont toutes de la même couleur ».

b) On appelle X la variable aléatoire qui, à tout tirage de 3 boules, associe le nombre de boules bleues tirées. Établir la loi de probabilité de X. Calculer son espérance mathématique. (On donnera les réponses sous forme de fractions).

L'urne contient en tout 6 + 3 + 2 = 11 boules indiscernables au toucher. Le nombre de possibilités de tirer 3 boules de l'urne est C(11,3) = (11 x 10 x 9)/3 x 2 x 1= 165.

a. E_1 : « Les boules sont toutes de couleurs différentes ».
On tire une boule parmi chaque couleur, soit
$P(E_1)$ = [C(6,1)C(3,1)C(2,1)]/165 = (6 x 3 x 2)/625 = 36/165 = 12/55.

b. E_2 : « Les boules sont toutes de la même couleur ».
On tire parmi les bleues ou 3 parmi les rouges, soit
P(E2) = [C(6,3) + C(5,3)]/165 = 20 + 1/165 = 21/165 = 7/55.

Activité 230 : Sac contenant des jetons blancs ou rouges

Un sac contient 10 jetons indiscernables au toucher : 4 jetons blancs marqués 0 ; 3 jetons rouges marqués 7 ; 2 jetons blancs marqués 2 ; 1 jeton rouge marqué 5.

1) *On tire simultanément 4 jetons du sac. Quel est le nombre de tirages possibles ?*
2) *On suppose que tous les tirages sont équiprobables et on considère les évènements :*
A : « Les 4 numéros sont identiques », B : « Avec les jetons tirés on peut former le nombre 2 000 », C : « Tous les jetons sont blancs », D : « Tous les jetons sont de la même couleur », E : « Au moins un jeton porte un numéro différent des autres ».
a. *Calculer la probabilité de B.*
b. *Calculer la probabilité des évènements A, C, D et E.*
c. *On suppose que l'évènement C est réalisé, calculer alors la probabilité de l'évènement B.*

1. Il y a C(10,4) = 210 tirages possibles.

2. **a**. P(B) = C(2,1) x C(4,3)/210 = 8/210 = 4/105.

b. A n'est réalisé que lorsque les 4 jetons portent le numéro 0, il n'y a qu'une possibilité. P(A) = 1/210.
Il y a 6 jetons blancs. La probabilité est donc P(C) = C(6,4)/210 = 15/210 = 1/14.
Les jetons peuvent être soit tous blancs, soit tous rouges. Or, il n'y a que 4 jetons rouges, donc une seule possibilité qu'ils soient tous rouges :

P(D) = P(C) + 1/210 = 16/210 = 8/105.

Au moins 1 jeton porte un numéro différent des autres. Le contraire est « Tous les jetons ont le même numéro », qui n'est réalisé que pour le numéro 0. On a donc P(E) = 1 – P(A) = 1 – 1/210 = 209/210.

c. L'évènement C est réalisé si tous les jetons sont blancs. On rappelle que 4 d'entre eux ont le numéro 0 et deux d'entre eux, le numéro 2. Pour que l'évènement B soit réalisé, la probabilité est donc de
P(B/C) = P(B∩C)/P(C) = P(B)/P(C) = (4/105)/(1/14) = 8/15. En effet, on a P(B∩C) = P(B) car on ne peut former 2000 qu'avec des jetons blancs.

Activité 231 : On lance une pièce de monnaie ...

On lance une pièce de monnaie dix fois.

a) *Quel est le nombre d'éléments dans l'espace échantillonnal de cette expérience ?*
b) *On tire au hasard un nombre parmi les dix premiers nombres pairs de l'ensemble des nombres naturels. Énumérer l'espace échantillonnal de cette expérience.*

a. Le nombre de résultats possibles d'un lancer est 2 (Pile ou Face) et le nombre de fois que l'expérience est répétée est 10. Alors on a :

$$2 \times 2 \times 2 \times 2 \times 2 \times 2 \times 2 \times 2 \times 2 \times 2 = 2^{10} = 1\,024 \text{ éléments.}$$

b. L'espace échantillonnal de l'expérience est $\Omega = \{0, 2, 4, 6, 8, 10, 12, 14, 16, 18\}$.

Activité 232 : Au jeu de 32 cartes

Un jeu de 32 cartes est composé de quatre familles : « carreau » et « cœur » de couleur rouge ainsi que « trèfle » et « pique » de couleur noire. Pour chacune de ces familles, les cartes existantes sont le 7, le 8, le 9, le 10, le valet, la dame, le roi et l'as.

1) Quelle est la probabilité de tirer un roi ?
2) Quelle est la probabilité de tirer une carte avec un nombre ?
3) Quelle est la probabilité de tirer une carte de couleur noire ?
4) Quelle est la probabilité de tirer une carte de couleur rouge ?

1. Notons par R l'évènement « Obtenir un roi ». Il y a 4 rois dans un jeu de 32 cartes (un de chacune des 4 familles). La probabilité de tirer un roi est donc égale à P(R) = 4/32 = 0,125 ou 12,50 % de chance que cela arrive.
2. Notons par N l'évènement « Obtenir un nombre ». Les cartes avec un nombre sont le 7, le 8, le 9 et le 10. Il y a 4 familles pour chacune d'entre elles, ce qui fait en tout 16 cartes. La probabilité de tirer une carte avec un nombre est donc égale à P(N) = 16/32 = 0,5 ou 50 % des cas.
3. Notons par O l'évènement « Obtenir une carte noire ». Il y a 2 familles de couleur noire (trèfle et pique), soit un total de 16 cartes elles, ce qui fait en tout 16 cartes. La probabilité de tirer une carte de couleur noire est donc égale à P(O) = 16/32 = 0,5 ou 50 % des cas.
4. Notons par V l'évènement « Obtenir un valet de couleur rouge ». Il y a 2 cartes possibles : un valet de cœur et un valet de carreau. La probabilité de tirer un valet de couleur rouge est donc égale à P(V) = 2/32 = 0,06255 ou 6,25 % des cas.

Activité 233 : Au jeu régulier de 52 cartes

On dispose d'un jeu de 52 cartes (il s'agit de pique ♠, de cœur ♥, de carreau ♦ et de trèfle ♣) non truqué. On appelle, ici, jeu le tirage au hasard de quatre cartes sans remise.

1) Combien a-t-on de jeux possibles ?
2) Combien a-t-on de jeux possibles pour chacun des cas suivants :
a) contenant une carte de chaque couleur ?
b) contenant exactement un as ? *c) ne contenant aucun as ?*
d) contenant au moins un as ? *e) contenant exactement 2 piques ?*
f) formés de 2 piques et 2 cœurs ?
g) 2 cartes d'une couleur et 2 cartes d'une autre couleur ?
h) un jeu bicolore ?

1. Il y a C(52,4) paquets possibles de 4 cartes dans le jeu, le terme « paquet » signifiant « sans ordre » parmi ces 4 cartes tirées.
2. **a** Il y a C(13,1) = 13 choix possibles de la carte trèfle et ainsi de suite. On veut tirer un trèfle <u>et</u> un carreau <u>et</u> un cœur <u>et</u> un pique ; ces « et » se traduisent par des multiplications. Et, selon le principe multiplicatif, on obtient $[C(13,4)]^4$ jeux possibles.

b. L'as est à prendre parmi 4 cartes, soit C(4,1) choix possibles, et les trois cartes restantes sont à prendre parmi les 48 cartes autres que les as, ce qui fait C(48,3). On obtient finalement C(4,1) x C(48,3) jeux possibles.

c. Les quatre cartes sont à prendre parmi les 48 « non as », ce qui donne C(48,4) jeux.

d. Les deux possibilités c) et d) sont complémentaires l'une de l'autre. On obtient ainsi C(52,4) – C(48,4) jeux ayant au moins un as.

e. C(13,2) choix possibles des 2 piques et C(39,2) choix possibles des deux autres cartes à prendre parmi les 52 – 13 = 39 « non pique ». Cela donne C(13,2) x C(39,2) jeux.

f. On obtient C(13,2) x C(13,2) jeux.

g. Quand les 2 couleurs sont fixées, on obtient $[C(13,2)]^2$ jeux. Il faut, ensuite, fixer ces 2 couleurs, deux à choisir parmi 4, soit C(4,2) = 6 choix possibles. On a finalement C(4,2) x $[C(13,2)]^2$ jeux.

h. On a soit une carte d'une couleur et 3 cartes d'une autre couleur, soit 2 cartes d'une couleur et 2 cartes d'une autre couleur. Le second cas vient d'être calculé. Pour le 1er cas, on fixe la couleur à une carte (soit C(4,1)), on fixe la couleur à 3 cartes (soit C(3,1)), on fixe la carte unique (soit C(13,1)) et les trois cartes de même couleur (soit C(13,3)). Le 1er cas nous donne le produit C(4,1)C(3,1)C(13,1)C(13,3). Finalement, on obtient :
C(4,1)C(3,1)C913,1)C(13,3) + C(4,2) x $[C(13,2)]^2$ jeux.

Activité 234 : Moyenne des notes des élèves d'une classe

Le tableau suivant fournit les notes des élèves d'une classe lors d'un devoir de maths.

Notes	2	4	5	7	8	9	10	11	12	14	15	18
Effectif	1	2	3	2	3	4	5	3	3	2	1	1

1) *Quel est le pourcentage (à 0,1 % près) d'élèves de cette classe ayant obtenu une note ...*
   a. *comprise entre 8 et 12 (valeurs incluses) ?*
   b. *strictement inférieure à 9 ?*
2) *Déterminer l'étendue, la médiane, les quartiles de cette série.*
3) *Déterminer la moyenne de la classe sur ce devoir.*
4) *Dans une autre classe, il y a 20 filles et 15 garçons. À un contrôle, la moyenne des filles était de 11,8 et celle des garçons de 10,2. Quelle était la moyenne de la classe ?*
5) *Ce contrôle était commun avec la première classe de 30 élèves ; la moyenne des deux classes était de 10,7. Quelle était la moyenne dans la première classe ?*

1. **a. Pourcentage des élèves ayant une note comprise entre 8 et 12** : Selon les données du problème, 18 élèves sur 30 ont une note comprise entre 8 et 12. Cela représente donc 18/30 = 0,60 ou 60 % des élèves.
   b. Pourcentage des élèves ayant une note strictement inférieure à 9 : Selon les mêmes données, 11 élèves sur 30 ont une note strictement inférieure à 9. Cela représente donc 11/30 = 0,367 ≈ 36,7 % des élèves.

2. L'**étendue** de cette série est la différence entre la plus grande note (18) et la plus petite note(2) ; c'est donc 18 – 2 = 16.
La **médiane** est la moyenne de la 15e et de la 16e valeur, soit (9 + 10)/2 = 9,5.
Premier quartile : 30/4 = 7,5. Le 1er quartile est donc la 8e valeur, soit $Q_1 = 7$.
Troisième quartile : 30 x ¾ = 22,5. Le 3e quartile est donc la 23e valcur, soit $Q_3 = 11$.

3. La **moyenne** de la classe sur le devoir est :
[(2x1) + (4x2) + (5x3) + … + (14x2) + (15x1) + (18x1)]/30 = 9,3.

4. La **moyenne** dans la 2ème classe au contrôle commun est :
[(20 x 11,8) + (15 x 10,2)]/35 = 389/35 ≈ 11,11.

5. En notant par x la **moyenne cherchée**, on peut traduire la situation par l'équation suivante : (30x + 389)/(30 + 35) = 10,7. Ainsi, 30x + 389 = 65 x 10,7.
D'où30x + 389 = 695,5 et 30x = 306,5. Par conséquent, x = 306,5/30 ≈ 10,22.

Activité 235 : Intervalle de présence au guichet d'une banque commerciale

Dans une banque commerciale, il y a 5 % de chances pour qu'un client se présente au guichet durant un intervalle de 30 secondes. Quelle est la probabilité pour que ...
a) 10 clients se présentent en une heure ?
b) Au moins 15 clients se présentent en une heure ?

Si la probabilité qu'un client se présente durant un intervalle de 30 secondes est 0,05, le nombre moyen de clients par heure est : (0,05 x 3 600) ÷ 30 = 6.
Par conséquent, on calcule les valeurs cherchées en utilisant la table de Poisson de paramètre 6.
a. Probabilité que 10 clients se présentent en une heure : P(X = 10) = 4,13 %.
b. Probabilité qu'au moins 15 clients se présentent en une heure :
$P(X \geq 15) = 1 - 0,9986 = 0,0014$, soit 0,14 %.

Activité 236 : Chance d'être président(e) ou trésorière du comité des élèves

Dans un collège de Lola, les élèves de 8e, 9e et 10e années sont répartis de la manière présentée dans le tableau suivant.

Répartition des élèves

	8e année	9e année	10e année
Garçons	122	116	131
Filles	143	135	137

En admettant que chaque élève est éligible, déterminer la probabilité que :
a) le président du comité des élèves soit un garçon ;

b) ce soit une trésorière qui soit élue et qu'elle provienne du groupe de la 10e année.

Il y a 369 garçons et 415 filles pour un total de 784 collégiens.

a. **probabilité que le président du comité des élèves soit un garçon** :
369/784 = 0,4707. Il y a 47 % de chance que cela se produise.

b. **Probabilité qu'on élise une trésorière provenant de la 10e année** :
137/784 = 0,1747. Il y a un peu plus de 17 % qu'une trésorière soit ainsi élue.

En encourageant les élèves à résoudre les problèmes ci-haut proposés, l'enseignante ne perd pas de vue que les apprentissages visés ne peuvent être atteints par une simple fréquentation épisodique. En effet, il ne suffit pas de proposer simplement une ou deux situations isolées pour mettre en place des conditions favorables à un apprentissage des maths par la résolution de problèmes. Il est également nécessaire de construire dans ce domaine de véritables progressions, donnant l'occasion aux élèves de réutiliser les méthodes appréhendées dans d'autres situations. C'est pourquoi la plupart des situations-problèmes font l'objet d'une proposition de reprise sous la forme d'un problème similaire. Ceci est d'autant plus important que, pour bon nombre d'élèves, il n'est pas suffisant de s'être approprié un problème, d'avoir tenté de le résoudre et d'avoir essayé de comprendre, lors de la mise en commun, les méthodes utilisées, éventuellement plus performantes, que d'autres élèves ont pu utiliser. Ils doivent pouvoir réinvestir rapidement ces acquis et appréhender leur efficacité dans une situation didactique proche.

Mettre en place un contrat didactique idoine à la RP

Les activités de RP demandent un investissement, des initiatives et un comportement différent de celui qui est en jeu dans d'autres activités mathématiques. L'enseignante doit donc préciser avec les élèves ce qu'elle attend d'eux, quel est le contrat didactique spécifique à l'activité « RP ». Le contrat didactique est, selon Brousseau (1982), « ce qui détermine explicitement pour une petite part mais surtout implicitement, ce que chaque partenaire va avoir à charge de gérer et dont il sera d'une manière ou d'une autre comptable devant l'autre ». La mise en place de ce contrat nécessite de tenir compte des tâches dévolues aux élèves et des possibilités qui leur sont offertes. Le paradigme voulant que les problèmes servent à construire des savoirs a des implications importantes sur le plan qu'occupe la RP dans le processus d'enseignement/apprentissage des mathématiques et sur les rôles que jouent l'élève et l'enseignante dans un tel contexte.

Les tâches de l'élève

Dans le cadre de l'apprentissage des mathématiques par la RP, les élèves recourent à l'*autoquestionnement*, stratégie qui consiste à se poser

- des *questions d'approbation* : Quel est le but de … ? ;
- des *questions de prédiction ou d'anticipation* : Que va-t-il se passer ? Qu'est-ce que je devrais savoir ? Qu'est-ce que je sais déjà à propos de ce qu'on me demande de faire ? ;
- des *questions plus factuelles* : Qui ?, Quoi ? ;
- des *questions de compréhension* : Pourquoi ?, Que faut-il comprendre ? ;
- des *questions reliées aux contextes* : Où ?, Quand ?, Comment ? ;
- des *questions de réflexion* : Que faut-il en penser ?, Quelle est la pertinence de … ? ;
- des *questions d'évaluation et d'application* : Qu'est-ce que j'ai appris ? Qu'est-ce que je ferai de cette information ?, Qu'est-ce que je veux savoir de plus ?

Les élèves recourent également au processus de RP, avec le soutien de leur enseignante. Ils travaillent, hors des rencontres en équipe, de façon autonome en utilisant les ressources mises à leur disposition ou en consultant les personnes-ressources désignées. Dans ces activités, les élèves doivent savoir qu'ils ont à :

- chercher, accepter le fait que résoudre un problème n'est pas toujours une tâche facile, que cela peut prendre du temps ;
- raisonner, c'est-à-dire « établir des relations, les combiner et les soumettre à diverses opérations pour créer de nouveaux concepts et pousser plus loin l'exercice de la pensée mathématique » (MEQ, 2006) ;
- produire une solution personnelle et en laisser la trace écrite ;
- formuler une réponse dans les termes du problème ;
- chercher à vérifier par eux-mêmes leurs solutions en faisant appel à des concepts et à des processus mathématiques ;
- justifier leurs résultats, essayer d'expliquer leurs méthodes ;
- communiquer à l'aide du langage mathématique leurs solutions en partageant leur raisonnement, leur point de vue et leurs stratégies de résolution des problèmes donnés, en les verbalisant ou en les écrivant en vue de les comparer (observer les ressemblances et les différences), de faire des liens entre elles, de constater leur efficacité, etc.

Les possibilités offertes aux élèves

Pour mener à bien ces tâches, l'enseignante doit faire comprendre aux élèves qu'ils peuvent prendre des initiatives personnelles, choisir leurs méthodes, faire des essais, recommencer, utiliser la calculatrice, travailler sur leur feuille comme avec un brouillon : les ratures sont permises, mais sans effacer les essais pour pouvoir relire les productions. Pour certains problèmes, l'enseignante peut, cependant, imposer des contraintes particulières. Le contrat didactique relatif à la RP doit évoluer à partir de la 2ième année (CP2), en particulier en ce qui concerne la gestion des traces écrites. Les traces écrites sont d'abord une formulation de la solution que l'élève a élaborée, au moyen d'une phrase exprimant sa réponse dans les termes de l'énoncé. Produites en fin de résolution, ces traces écrites sont alors destinées à l'enseignante ou éventuellement aux autres élèves en vue d'échanges écrits, et doivent pouvoir être lues par eux.

Mais, les traces écrites peuvent être aussi les traces des essais des élèves qui leur permettent, en cours de résolution, de savoir où ils en sont, de réinterpréter un résultat ou un calcul, d'améliorer une procédure. Ces traces peuvent également servir aux élèves pour les aider à justifier leur solution ou à communiquer leur méthode au cours d'une mise en commun. Lors de la résolution de certains problèmes, en 4e année (CE2), par exemple, l'enseignante veillera à mettre en évidence l'intérêt ou la nécessité d'une réorganisation de ces traces écrites, sans viser la systématisation d'outils de présentation (tableaux, schémas, arbres, etc.).

Il ne suffit pas de formuler aux élèves les éléments de ce contrat qui concerne l'ensemble des problèmes proposés en classe, pour qu'il soit reconnu. Ce contrat se manifeste dans le quotidien des interactions, par des agressions de face, plus ou moins volontaires de la part de l'enseignante (usage trop fréquent de questions rhétoriques à visée maïeutique mais que certains élèves décryptent comme de la manipulation ; ignorance systématique des mauvaises réponses au profit des bonnes ; disqualifications publiques, propos ironiques) ou des élèves (stratégies d'évitement des questions ; impossibilité de satisfaire aux exigences de l'enseignante sans se couper de la reconnaissance des pairs, qui passe par une valorisation des transgressions de l'autorité de l'enseignante).

La *maïeutique*, selon Socrate, est l'art du questionnement dont l'objectif est de montrer à celui qui se croit ignorant, qu'il est en réalité savant. En d'autres termes, les élèves savent tous, si on leur indique correctement comment chercher la réponse. C'est dans la pratique, au quotidien, que le contrat didactique prend forme ; mais à certains moments, il peut être utile d'en élucider quelques aspects. Il n'est pas nécessaire de prévoir, comme en 3e année (CE1), un module spécifique destiné à mettre en place ledit contrat : les situations de début d'année consacrées au « développement de stratégies de recherche » permettent de le faire.

Le rôle de l'enseignante

Dans une conception de l'apprentissage des maths par la résolution de problèmes, le rôle de l'enseignante consiste à proposer, au bon moment, des problèmes bien choisis ; veiller à ce que les élèves se les approprient, se sentent responsables de leur résolution ; laisser les élèves résoudre les problèmes avec leurs propres procédures, si laborieuses voire erronées soient-elles ; les amener à rechercher des procédures de validation des solutions élaborées ; organiser la mise en commun de ces procédures personnelles de façon à faire émerger des ressemblances ou des différences, le degré d'efficience, de fiabilité, etc. ; amener les concepts en jeu comme de nouveaux outils, efficaces, moins coûteux que les procédures fastidieuses, approximatives ; institutionnaliser ces outils, c'est-à-dire leur donner le statut de procédure sociale issue du patrimoine culturel disponible ; donner aux élèves de nouvelles occasions à la fois de choisir ces outils (ces nouvelles connaissances), de les faire fonctionner (réinvestissement) et d'améliorer leur fonctionnement (entraînement).

La mise en place d'un tel ensemble d'attentes est largement conditionnée par l'attitude de l'enseignante dans les différentes phases de l'activité de résolution de problèmes. Son rôle est précisé par les points suivants.

- ✓ Mettre en place un climat de classe favorisant l'engagement cognitif et la participation active des élèves dans le processus de résolution de problèmes.
- ✓ Faire vivre et parfois expliciter les éléments du contrat didactique.
- ✓ Adapter les situations (valeurs numériques, aides, etc.) aux possibilités des élèves.
- ✓ Mettre en œuvre les phases d'appropriation pour les situations des différents modules.
- ✓ Repérer les procédures produites et les difficultés rencontrées, prévisibles ou non.
- ✓ Décider, le cas échéant, de poursuivre la recherche à un autre moment si la séance a déjà été trop longue ou de différer la mise en commun si celle-ci apparaît trop précoce et si l'enseignante juge nécessaire d'analyser préalablement les productions des élèves.
- ✓ Proposer aux élèves en difficulté une situation analogue, dans laquelle ils peuvent réinvestir ce qu'ils ont pu découvrir lors de la mise en commun. Cette reprise est à gérer par l'enseignante et peut s'adresser ou non à tous les élèves selon les situations ; en cela, elle constitue aussi un élément de différenciation pour l'enseignante. Un élève qui ne progresse pas sur l'un des objectifs d'une activité pourra être confronté quelques temps plus tard à une situation différente, mais qui sollicite les mêmes compétences.
- ✓ Organiser la mise en commun avec les objectifs suivants :
  - o confronter les solutions avec les contraintes du problème (explicitation des résultats, prise de conscience des erreurs, etc.) ;
  - o confronter les propositions des élèves et préciser dans quelles conditions chacun peut intervenir pour expliquer sa solution, pour questionner, pour contester ;
  - o formuler les méthodes utilisées pour en favoriser la prise de conscience, ce qui met en valeur la nécessité d'en garder la trace ;
  - o débattre et argumenter sur les propositions ;
  - o relancer éventuellement la recherche.

Dans le déroulement des mises en commun, il est souvent utile de faire expliciter certaines productions, notamment :

- ✓ celles qui ne prennent pas en compte toutes les contraintes (mais en veillant à ne pas mettre en échec certains élèves supposés "faibles" en les sollicitant systématiquement) ;
- ✓ celles qui sont des solutions inachevées ;
- ✓ celles qui proposent des solutions dont les méthodes sont accessibles aux plus "faibles" ;
- ✓ ou encore des solutions performantes mais qui peuvent mettre en jeu des connaissances mal assimilées par d'autres.

Contrairement à ce qui se passe pour des situations d'autres thèmes, la mise en commun ne va pas s'achever par l'institutionnalisation d'une nouvelle connaissance, mais plutôt par une réflexion sur les méthodes utilisées, sur leur efficacité et leur économie. Il ne s'agit pas de montrer toutes les méthodes. Il ne s'agit pas non plus de privilégier la « meilleure », car celle-ci peut être spécifique à un problème donné et sa systématisation peut ne présenter aucun intérêt ; ceci ne pourrait amener qu'un désinvestissement des élèves les plus "faibles" qui ne verraient pas leurs démarches prises en compte.

Quelques axes de travail

Il est nécessaire de préciser des objectifs évaluables. À défaut de cela, les problèmes « pour apprendre à chercher » risquent d'apparaître comme des compléments ludiques, parfois déroutants pour l'enseignante car leurs effets seraient dépourvus de continuité d'une situation à l'autre. Un autre risque serait de se limiter soit à un travail sur les énoncés de problèmes où l'enjeu mathématique de la résolution est esquivé au profit de la mise en relation préalable des questions et des données, soit à l'enseignement d'un « mode d'emploi » général relatif à la résolution de problèmes. Aucune de ces pistes ne garantit une évolution des procédures et des méthodes personnelles produites dans des situations de recherche.

Développer des stratégies de recherche

Le développement des stratégies a pour objectifs :

- ➢ améliorer la gestion des procédures par essais : mettre en œuvre des procédures de résolution par essais de calculs successifs et prendre confiance dans ces procédures ; vérifier que les solutions sont compatibles avec les contraintes de l'énoncé ;
- ➢ garder la trace des essais, les relire, en identifier les variables, faire des ajustements au voisinage du but ;
- ➢ produire plusieurs solutions et s'organiser pour les trouver toutes dans des problèmes de recherche de tous les possibles.

Plus l'enseignante ouvre le champ des possibles, plus elle permet aux élèves qui ont assimilé différemment les connaissances enseignées de pouvoir aborder et résoudre les mêmes problèmes. Mais il y a une condition à cela : l'enseignante doit assurer (et réassurer) les élèves que toute résolution qui conduit à la réponse sera acceptée et valorisée. Pour cela, l'exploitation du travail des élèves ne devrait pas se limiter à établir le corrigé (la résolution attendue de l'enseignante), mais, bien au contraire, à mettre en débat la diversité des modes de résolution. C'est toute la différence entre une mise en commun et une correction.

Par exemple, en 3e année, les objectifs se limitent à la production de plusieurs solutions sans les rechercher de façon exhaustive, ce qui est visé en 4e année. Certaines situations demandent une coopération de l'ensemble de la classe afin de comparer les résultats et de débattre des méthodes pour pouvoir chercher d'autres solutions. Des méthodes spécifiques à chaque type de problèmes (comme « faire la somme de tous les nombres et chercher la moitié ») peuvent être produites par certains élèves et être communiquées lors des mises en commun. Mais l'enseignante peut ne pas vouloir les institutionnaliser. En effet, le transfert de telles méthodes d'un problème à l'autre n'est pas possible, en général et, de plus, cela nécessiterait de proposer des séries de « problèmes types ».

La compréhension du but et des contraintes de ces situations nécessite, comme souvent dans la résolution de « problèmes ouverts », une phase d'appropriation pour éviter une interprétation erronée de la question. Le rôle de cette phase d'appropriation est de permettre que le problème devienne le problème de l'élève. Elle se compose des étapes suivantes :

- la présentation de l'énoncé, accompagnée éventuellement d'une explicitation de mots inconnus à certains élèves ;
- un premier temps de recherche individuelle où l'enseignante n'intervient pas et où l'élève ébauche des procédures qui lui permettent de prendre en compte les contraintes de la situation ;
- une mise au point rapide (au cas où l'enseignante constate que certains élèves ont interprété différemment ces contraintes) permet aux élèves d'expliciter ce qu'ils ont compris de la situation. L'enseignante peut alors reformuler les contraintes de la situation et préciser de nouvelles consignes. Il ne s'agit pas ici d'évoquer des méthodes de résolution.

Sélectionner les informations (les données) utiles et comprendre les énoncés de problèmes

La sélection d'informations utiles et la compréhension d'énoncés de problèmes a pour objectifs de :

✓ sélectionner des informations sur différents supports : tableaux, cartes, diagrammes, etc. ;

- ✓ poser des questions pertinentes, trier des informations. L'enseignante cherche à faire prendre conscience aux élèves des relations entre les éléments d'un énoncé. Par exemple, pour les élèves qui n'auraient pas, en 3e année, travaillé sur des situations-problèmes visant ces deux objectifs ou qui n'auraient pas eu l'occasion de comprendre qu'il y a une distance entre la situation évoquée par un énoncé et une situation réelle, l'enseignante peut proposer aux élèves de la 4e année de reprendre le travail fait en 3e année, en l'adaptant au début de la 4e année. Il s'agit à la fois d'apprendre à poser des questions pertinentes auxquelles on peut répondre par un calcul et de trier les informations utiles pour répondre à une question ;
- ✓ concevoir des étapes, poser et organiser des questions intermédiaires. L'enseignante vise également à faire prendre conscience aux élèves que pour résoudre certains problèmes, il faut produire des calculs intermédiaires, les interpréter, confronter ses résultats à la question finale et se poser d'autres questions ;
- ✓ utiliser et déduire des informations, en particulier savoir traiter des réponses négatives pour déduire d'autres informations, dans des situations où toute l'information n'est pas disponible en début d'activité et où les élèves doivent développer des stratégies pour obtenir avec le plus d'efficacité des renseignements utiles.

La résolution de problèmes complexes permet aux élèves de devenir autonomes par rapport à la prise d'informations d'un énoncé. En général, la résolution de ces problèmes comporte des étapes qui ne sont pas explicitées par des questions successives et qui font intervenir des savoirs construits dans différents domaines. Ce sont des problèmes de synthèse dont la résolution se développe au CM1 et au CM2. À la fin du CE1, l'enseignante devrait avoir sensibilisé ses élèves à la nécessité d'effectuer des calculs intermédiaires et de se poser des questions intermédiaires. Au CE2, l'objectif est de permettre, dans un premier temps, à tous les élèves de résoudre ce type de problèmes en produisant des résultats intermédiaires. Les élèves doivent exprimer ces résultats dans les termes du problème (« Dans l'album, il y a 48 photos » et non « ça fait 48 »).

Puis, dans un second temps, l'enseignante cherchera à faire prendre conscience aux élèves qu'il faut faire le point, relire la question finale pour vérifier s'ils y ont répondu, interpréter leurs calculs, etc. Ensuite, elle pourra faire expliciter par les élèves les étapes de leurs calculs, les amener à comparer, et éventuellement à formuler les questions intermédiaires qu'ils ont traitées. L'enjeu n'est plus de trouver la réponse qui sera officialisée au moment de la correction, mais de trouver celle qui correspond à la réalité et que cette réalité permet de valider. Par la suite, dans le but de travailler sur les énoncés écrits de problèmes, l'enseignante peut demander aux élèves de rédiger un texte qui présente le problème qu'ils viennent de résoudre pour qu'il soit proposé à des camarades d'une autre classe.

Les différents supports de la RP

Au CM1 et au CM2, l'enseignante peut utiliser trois types de supports.

➢ **Des situations qui évoquent la vie quotidienne** pour des problèmes souvent qualifiés de « concrets ». S'il ne s'agit ni de problèmes de trains qui ne se croisent pas ni de baignoires qui se remplissent et se vident de façon compliquée, ces problèmes mettent en scène des situations supposées connues des élèves (sinon directement vécues par eux), les maths étant alors au service de leur résolution. Il n'est, certes, pas possible de se limiter aux seuls vrais problèmes qui se posent aux élèves durant l'année scolaire. En effet, ces problèmes arrivent de façon quasi aléatoire ou dans un projet de vie communautaire plus que dans un projet didactique.

En évoquant les « *pédagogies du concret* » ou « *du projet* », Philippe Meirieu note qu'une telle démarche se heurte vite à deux obstacles importants : D'une part, dans la poursuite d'un projet, rien ne garantit la progressivité des difficultés ; rien ne garantit non plus que la même question ne reviendra pas plusieurs fois et ne continuera pas à revenir inutilement quand l'apprentissage aura été effectué ; rien ne garantit non plus que la « bonne question », elle, viendra au « bon moment ». D'autre part, les pédagogies du problème ignorent souvent que l'apprentissage, devant une difficulté, est presque toujours la solution la plus coûteuse : il est tellement plus facile de ne pas apprendre, de faire appel à quelqu'un qui sait résoudre le problème à votre place, de chercher une solution « toute faite ».

Puisque l'enseignante ne peut se contenter d'attendre la bonne occasion, et puisqu'il lui faut néanmoins amener les élèves à utiliser les outils mathématiques dans des situations externes aux mathématiques elles-mêmes, elle est conduite à proposer des situations « semblables ». On sait bien que ce « faux concret » peut comporter bien des difficultés pour certains élèves qui ne savent pas toujours faire la différence entre les situations fonctionnelles réelles (organisation d'une sortie de classe ou compte de la coopérative, par exemple) et ce type de problème fictif en référence à la vie courante.

➢ **Des situations plus abstraites**, portant sur les nombres eux-mêmes, problèmes que l'on pourrait qualifier de « théoriques », comme ceux que se sont posés les mathématiciens tout au long de l'histoire, c'est-à-dire dont la réponse n'est pas nécessaire à la vie quotidienne mais qui se posent comme un défi et qui suscitent un désir de savoir, de comprendre, de mettre en relation. Dans la partie « Connaître les nombres », c'est souvent ce dernier type de problème qui est proposé aux élèves. Dans l'activité « Des chiffres pour écrire des nombres », on demande aux élèves de déterminer combien de fois on utilise un chiffre donné pour numéroter les 78 pages d'un livre. C'est une activité faussement pratique !

➢ **Des situations ludiques** appartenant, par exemple, au patrimoine guinéen, français ou québécois, des jeux construits spécifiquement pour un apprentissage particulier : le recours à des *situations ludiques* est souvent utilisé pour créer une motivation dans des tâches d'entraînement. « La rançon du chien de Lucky Luke » en est une humoristique et excellente illustration. « Les Dalton ont enlevé le chien de Lucky Luke. [Celui-ci] doit leur payer une rançon en billets de 10 euros. Averell reçoit 260 euros. Jack reçoit 860 euros. William reçoit 1 500 euros. Joe reçoit 2 000 euros. Combien de billets de 10 euros chacun des Dalton aura-t-il ? ».

➢ **Des situations qui font utiliser différents modèles de représentation**, où les élèves sont invités à communiquer en appuyant leurs propos à l'aide de modes de représentation suivants : mots, symboles et expressions numériques ; dessins ou schémas, diagrammes et figures ; grilles et tableaux ; matériel de manipulation. Il est important que les élèves se montrent flexibles dans le passage d'un mode de représentation à un autre. En effet, « chaque mode de représentation est incomplet en soi pour ce qui est de permettre, de comprendre et d'exprimer un raisonnement » (Duval, 2007). En ce sens, une juxtaposition ou une articulation des modes de représentation est souhaitable et permet d'approfondir la compréhension conceptuelle et de soutenir la communication ainsi que le raisonnement.

Le matériel de manipulation ne sert pas à concrétiser les maths, mais à représenter les concepts et à soutenir le raisonnement des élèves. Et le fait que ceux-ci aient en leur possession du matériel de manipulation ne produira pas à lui seul un apprentissage. Il faut, en plus, que l'enseignante ait une intention d'apprentissage claire dont la prise en considération sera facilitée par ce matériel. Ainsi, si l'intention pédagogique est la compréhension des concepts d'arête et de sommet, la manipulation de solides en trois dimensions peut soutenir la prise en compte de cette intention.

Van de Walle et Lovin (2007) mentionnent que « l'erreur la plus courante commise par les enseignants quant au matériel de manipulation consiste à structurer les leçons de telle sorte que les élèves suivent à la lettre les consignes de l'enseignante et peuvent même donner faussement l'impression de les avoir comprises ». Le matériel de manipulation doit être exploré et étudié avec souplesse pour soutenir la représentation et la compréhension des concepts et des processus mathématiques, ou pour traduire un raisonnement ou une réflexion mathématique qu'on veut communiquer.

Le rôle de l'écrit en résolution de problèmes

Si les écritures mathématiques sont nécessaires aux élèves du Primaire comme outil et support pour élaborer une procédure de résolution, il arrive aussi que, pour certains, elles n'aient qu'un statut formel : lorsqu'on résout un problème, il faut écrire avec les nombres de l'énoncé, même si cette écriture n'a pas de sens pour l'élève qui s'astreint à l'utiliser pour répondre à une attente supposée ou explicite de l'enseignante. De même que les seules manipulations d'objets réels ne peuvent constituer une activité mathématique mais en sont, en quelque sorte, les prémisses, les *actions mentales* qui constituent l'activité mathématique conduisent à utiliser, en cours de résolution, ce langage symbolique abstrait que sont les écritures mathématiques.

Si, tout au long du CE1 et du CE2, l'enseignante a pu amener les élèves à comprendre l'intérêt de garder une trace de leurs essais ou d'écrire un résultat pour pouvoir le conserver ou le communiquer, ou encore de conclure la recherche de solution par une phrase formulant une réponse à la question posée dans les termes mêmes de l'énoncé, il est également important qu'elle amène les élèves du CM1 et du CM2 à bien distinguer les *écrits « pour chercher » des écrits conventionnels*. Les premiers peuvent prendre des formes variées (en particulier, un langage mathématique pas toujours aussi châtié que le désire le mathématicien, tel que 3 + 5 = 8 + 2 = 10 - 4 = 6, par exemple) et qui font partie du travail privé de l'élève. Les seconds sont ceux pour lesquels une syntaxe rigoureuse doit être respectée, une fois qu'elle a été justifiée et travaillée. Ces écrits ont deux fonctions principales : ce sont des « *écrits-mémoire* », écrits pour soi, pour se souvenir (règles, définitions, procédures automatisées, etc.) ou bien ils sont destinés à être rendus publics (en direction de l'enseignante, des pairs, des parents).

Cependant, même en 5e et 6e années, le passage à l'écrit reste difficile pour beaucoup d'élèves. Dans bien des cas, ce passage ne devient possible qu'après une phase de verbalisation médiatisée par l'enseignante : c'est celle-ci qui va aider les élèves à « mettre en mots » ce qu'ils viennent de réaliser sans en avoir encore bien conscience. En effet, l'élève qui a trouvé le résultat qu'il cherchait ne s'intéresse plus à la procédure qui lui a permis de le trouver. Bon nombre d'élèves, sollicités par un adulte (l'enseignante) pour expliquer « comment ils ont trouvé », construisent a *posteriori* une nouvelle procédure. Si l'enseignante veut que le travail de recherche soit valorisé, elle ne peut qu'aider les élèves à formuler oralement les éléments essentiels de leur démarche, « à chaud », avant de rédiger une proposition de solution qui masquera ou gommera purement et simplement la démarche elle-même.

Les débats, les mises en commun

L'enseignante joue le rôle de médiatrice à plusieurs niveaux : auprès de chaque élève, auprès de petits groupes, avec toute la classe. Ce rôle est particulièrement crucial lorsque l'enseignante travaille avec tous les élèves dans ce qu'on appelle les « *mises en commun* ». Nombreuses sont les situations dévolues aux élèves qui comprennent ce moment essentiel de mise en commun qu'il est important de clarifier. En effet, c'est, sans doute, là qu'apparaît le plus nettement toute la dimension de médiation qui caractérise la tâche de l'enseignante : faire mettre à jour, faire circuler, et si possible analyser et mettre en discussion par le groupe-classe les productions de tel élève ou de tel groupe d'élèves, mais aussi faire en sorte que les connaissances qui viennent d'être construites de façon très contextualisée puissent acquérir un statut de savoir, en partie, « décontextualisé ».

Moment essentiel de l'action didactique, toute mise en commun s'avère délicate à mener. Touré (2004, 2021) met en évidence les difficultés que peut rencontrer une future enseignante dans cette phase de l'enseignement, de façon à pouvoir mieux préciser ce que les formateurs en attendent. Il s'agit des difficultés d'intégration des connaissances qui se situent, en quelque sorte, dans des registres opposés : difficultés d'implication dans le travail d'aujourd'hui, de la tentation de communiquer la « bonne » réponse et du piège de la non-intervention (p. 320).

Formes et fonction de la mise en commun

Il est important de comprendre qu'il n'existe pas une forme unique pour les mises en commun, pour la simple raison qu'elles n'ont pas toutes les mêmes fonctions. En effet, la fonction d'une mise en commun dépend de l'objectif que l'enseignante assigne à la situation proposée.

a) Si la situation est une situation de recherche très ouverte, nouvelle pour les élèves, dont l'objectif est essentiellement d'apprendre à chercher, on s'attend à ce que les élèves s'engagent dans des procédures très variées. La mise en commun a pour fonctions : (i) préciser à nouveau le contrat d'une situation de recherche ; il n'y a pas nécessairement une seule bonne solution (celle du "leader" de la classe), il faut essayer de formuler sa réponse par rapport à la question posée, etc. ; (ii) revenir sur les contraintes de la situation particulière qui n'ont pas été intégralement respectées par certains élèves ; (iii) mettre l'accent sur la richesse et la diversité des procédures employées, sans mépris des productions erronées ou valorisation excessive de procédures "géniales" mais marginales que les autres élèves peuvent difficilement s'approprier.

L'enseignante va donc tenter de dresser un tableau des procédures que les élèves ont effectivement utilisées, de façon à mettre en évidence et à valoriser la multiplicité, voire l'originalité : « Vous voyez, on peut faire comme Henriette, mais aussi comme Ibra. Il y a plusieurs façons de résoudre le problème ». L'enseignante saisit l'occasion qui lui est offerte pour développer des modes de pensée dits « divergents », indispensables à la créativité mathématique. Elle organisera la présentation et l'analyse des différentes procédures de façon rapide et dynamique pour conserver l'attention des élèves et ne pas les lasser.

b) À l'opposé, si la situation vise la stabilisation d'une notion ou d'une procédure experte, la mise en commun est le moment même de l'institutionnalisation de ce savoir. L'attention de tous les élèves doit être focalisée sur cet élément de savoir, de façon à ce qu'il devienne un repère sûr dont la parole de l'enseignante se fait l'écho : « Pour comparer deux nombres décimaux, on regarde d'abord ... ». C'est l'axe de la pensée convergente qui détermine, ici, le style de la mise en commun. Si les discours ne sont pas toujours efficaces et ne suffisent pas, il est des mots qui doivent être clairement dits par l'enseignante, de façon à permettre à chaque élève de comprendre ce que l'on cherche à lui faire acquérir, de préciser ce qui vient d'être fait, d'adhérer aux moyens qui sont choisis pour cela, de mettre en évidence ce qui a de l'intérêt, ce qu'il faut retenir, ce sur quoi il faudra encore s'entraîner. Ces repères didactiques, fournis au bon moment, celui de l'institutionnalisation, évitent aux élèves de se sentir menés sur des chemins diffus dont ils distinguent difficilement l'issue.

c) Entre ces deux extrêmes, il existe, bien sûr, toute une gamme de situations possibles. Il peut s'agir, par exemple, non pas d'un simple inventaire exhaustif des procédures, mais, à partir de l'analyse qu'a pu en faire l'enseignante avant la mise en commun, de focaliser l'attention des élèves sur certaines d'entre elles de façon à les aider à prendre conscience de leur spécificité : telle procédure semble plus économique, telle autre plus astucieuse, etc. Le rôle de l'enseignante est alors de permettre aux élèves de construire progressivement, mentalement, une sorte de hiérarchie des procédures utilisées, organisation qui doit rester souple, le principe d'économie étant bien souvent fonction des capacités cognitives de chacun. Si « ça va plus vite » pour Asta, la méthode d'Asta ne deviendra pas nécessairement celle qui permet à Matou d'aller, elle aussi, « plus vite ».

d) Une mise en commun peut également être un moment privilégié pour aider les élèves à mettre en évidence les liens qui existent entre différentes procédures, les filiations, les parentés. Ainsi, dans les situations de partage, dessiner, par exemple, les vingt-cinq protagonistes bénéficiaires du résultat d'un partage et leur distribuer un objet un à un, peut être mis en relation avec le calcul d'une somme de termes tous égaux à 25 alors que les procédures utilisant des soustractions de la quantité globale paraîtront beaucoup plus éloignées, fastidieuses. Le passage d'une procédure connue à une procédure nouvelle reconnue comme équivalente ne peut se faire pour tous les élèves au même moment. Le rôle de l'enseignante peut consister alors à repérer les élèves ayant utilisé des procédures voisines, c'est-à-dire des procédures que les élèves peuvent se communiquer et même s'approprier.

Pourtant, en dépit de cette évidente diversité, l'enseignante ne doit pas perdre de vue la dimension fondamentale et transversale de toutes les mises en commun : il s'agit toujours d'un moment d'échange didactique, d'explicitation, de débat dans lequel le langage (principalement oral mais parfois écrit ou s'appuyant sur des représentations) va jouer un rôle déterminant pour permettre l'élucidation de la pensée. Mettre en commun, c'est rendre d'abord public, soumettre au regard, à la critique des autres. C'est donc faire accepter progressivement par les élèves les exigences d'une communication rationnelle. Non seulement les élèves ont à apprendre - et ils peuvent le faire dans ces moments de mise en commun - les règles d'une communication collective, mais ils doivent aussi apprendre à formuler leur propre pensée de façon à la rendre accessible à autrui, c'est-à-dire l'expliciter, la justifier (« Nous, on a d'abord écrit tous les nombres, parce que nous craignions d'en oublier... »).

De même, les élèves apprennent à tenir compte de la pensée d'autrui, à contester un argument ou à solliciter une explication. Certes, il s'agit là d'un travail de longue haleine et qui trouvera un développement beaucoup plus important tout au long du CM1 et du CM2. Ce travail impose justement une pratique régulière, fréquente, rigoureuse de la discussion collective. Avant d'être pleinement intériorisées, l'élucidation de sa propre pensée, la justification de son point de vue et, plus tard, l'argumentation proprement dite, se construisent de façon interactive : c'est en essayant de répondre aux « pourquoi ? » et aux « comment ? » des autres élèves ou de l'enseignante que chaque élève est amené à revenir sur ses propres actions, à les décrire, à les défendre, à prendre conscience de leur pertinence et de leur validité. Réciproquement, c'est en interrogeant les démarches des autres que chacun peut faire sienne une nouvelle procédure, élargir le champ de ses connaissances et ses compétences.

Ainsi, grâce à l'exigence collective de confrontation, sans cesse rappelée par l'enseignante lors des mises en commun, les élèves prennent peu à peu conscience de leur activité cognitive (mentale, intellectuelle) : identifier de nouvelles connaissances, mesurer le degré de maîtrise acquis (« je sais ce que je sais »), mais aussi reconnaître ce qu'ils n'arrivent pas encore à faire seul (« je sais ce qu'il faut que j'apprenne encore ») et les moyens dont l'enseignante dispose pour atteindre ce but (« demain, on cherchera un nouveau problème et tu essaieras de mieux dire ce que tu auras fait pour trouver la solution » ou bien « ce calcul que tu as trouvé difficile, on va le refaire ensemble pour que tu puisses le faire seul ensuite », etc.).

Ces prises de conscience peuvent se traduire par une trace écrite : par exemple, un petit carnet (joli de préférence), sur lequel chaque élève note les sommes qu'il connaît par cœur ; ou une table de Pythagore qu'on élabore collectivement et qui évolue en fonction des connaissances du groupe-classe, etc. Ces multiples prises de conscience traduisent l'importance que toute enseignante devrait accorder aux activités métacognitives, c'est-à-dire à tout ce qui peut permettre aux élèves de revenir sur leurs actions, sur leurs démarches intellectuelles, sur leurs propres acquis, puissant levier de progrès dans l'apprentissage.

Implications en formation de maîtres

C'est souvent dans la résolution de problèmes que se joue l'avenir mathématique des élèves. D'où l'importance d'engager les futurs enseignants aussi bien dans les activités de résolution de problèmes que dans celles de recherche ou de formulation de problèmes. Les futurs enseignants ont besoin d'une banque d'énoncés de problèmes dont les différents contextes (réels, réalistes, fantaisistes ou purement mathématiques) sont signifiants et pertinents pour les élèves, et qui permettent d'exposer ces derniers à une variété de situations-problèmes.

En formation didactique, les futurs enseignants sont invités à formuler des problèmes sans nombres ; des problèmes dont la solution se trouve en suivant des directives (comme dans une recette) ; des problèmes exigeant une recherche d'informations (toutes les données n'étant pas fournies) ; des problèmes où il faut interpréter des données dans des diagrammes ou des tableaux ; des problèmes contenant des données superflues ; des problèmes où il est nécessaire de faire un classement ; des problèmes où l'on doit utiliser un modèle (géométrique, probabiliste, statistique, etc.) ; des problèmes à plusieurs étapes (p. ex : réaliser une maquette, construire un arbre pondéré) ; des problèmes où l'on doit utiliser des formules ; des problèmes à inventer à partir des données fournies ; des problèmes à réponses personnalisées (p. ex : construire un dallage ou une mosaïque) ; des problèmes qui demandent une réponse approximative ; des problèmes à plusieurs solutions.

Il est, bien sûr, important de doser les activités qui permettent de persuader les futurs enseignants qu'on apprend des mathématiques en résolvant des problèmes, et les activités qui leur font prendre conscience de leurs difficultés, de leurs manques en connaissances pédagogiques et didactiques. Les futurs enseignants ne devront pas oublier que résoudre des problèmes n'implique pas nécessairement de présenter que des problèmes écrits et qu'ils peuvent les présenter sous forme d'un énoncé écrit, à l'oral, par une illustration (photo, vidéo, etc.) ou même une combinaison de toutes ces représentations, en autant qu'ils sont formulés clairement, de façon à être compris par tous les élèves.

Les formateurs des ÉNI et de l'ISSEG feront explorer plusieurs pistes de différenciation pédagogique aussi bien pour les futurs enseignants du Primaire que pour ceux du Secondaire. À la suite du Ministère de l'éducation, des loisirs et du sport du Québec (MELS, 2005), on retrouve parmi les « pistes favorisant une pratique de différenciation », les suivantes : amener les élèves à concevoir eux-mêmes des situations-problèmes ; offrir aux élèves la possibilité de choisir entre des situations qui font appel aux mêmes concepts et processus, mais dont les contextes diffèrent ; proposer des situations d'apprentissage qui peuvent être exploitées dans différents champs des mathématiques ou à l'aide de différents registres de représentation (tâches écrites, photos, vidéos, tâches visuelles, réalisation de projets, etc.) ; varier les modalités d''organisation de la classe (activités individuelles ou travaux de groupe).

Faire des maths, c'est résoudre des problèmes - une pratique importante qui s'entretient bien au-delà des contenus de l'école. C'est en cela que faire des mathématiques, c'est aussi penser

Faire les maths, c'est aussi penser

Faire les maths, c'est aussi penser, dit et répète à l'envi le didacticien émérite Nicolas Rouche. Il insiste pour que l'enseignement des maths ne se réduise pas à l'enseignement des recettes de type technique mais entretienne en permanence le sens des concepts. Il écrit : « Apprendre des mathématiques, faire des mathématiques, c'est penser, ce n'est pas appliquer des règles, ce n'est pas chercher l'unique bonne réponse par l'unique bonne méthode ». Rouche constate qu'on passe trop de temps dans les écoles à s'entraîner à effectuer des calculs selon des règles imposées ou à faible marge de manœuvre. Ces calculs ne sont issus d'aucun problème ; ils ne viennent de nulle part. Et, par conséquent, ils ne vont nulle part, sauf chez le professeur qui comptabilise les fautes. Le calcul n'est rien par lui-même. Ce qui compte, c'est ce qu'il permet de faire : savoir répondre à des questions, résoudre des problèmes. Tout calcul sensé vient d'un problème et y retourne.

Les concepts et les théories doivent servir à résoudre des problèmes : la trigonométrie n'est pas née du désir soudain d'un mathématicien d'étudier les angles du triangle mais comme instrument d'étude des astres. L'école semble parfois oublier les leçons de l'histoire. Il lui arrive d'enseigner des théories pour elles-mêmes, sans avoir matière à les utiliser dans des applications dignes de ce nom. Et, malheureusement, les élèves vivent alors « la débâcle du sens ». L'échec en maths se fait ravageur à tous les niveaux.

Pour donner du sens aux concepts concernés, il faut les aborder dans des situations-problèmes contextualisées ; il faut partir du terrain des élèves, répondre à des questions qu'ils se posent ou les accrocher par des questions provocatrices. Il faut permettre et exploiter les erreurs ; il faut considérer ces erreurs comme une étape nécessaire à l'apprentissage ; il faut susciter de nouvelles questions à partir des réponses apportées. Pour inciter les élèves à s'investir dans les activités de résolution de problèmes, il faut leur proposer des défis ni trop grands, ni trop petits, rédigés dans leur langage, plus ou moins mathématique selon leur niveau. Ces défis leur permettent d'être inventifs. Ils sont l'occasion d'étonnements et de débats, d'expérimentations, de conjectures, de modélisations, d'argumentations. Pour Rouche, « il faut tout faire pour laisser à l'élève sa part d'initiative et de mérite. Il ne faut pas le faire réussir à n'importe quel prix. Mais il faut d'abord l'amener à se battre tant et si bien qu'il se doive et s'attribue son succès ».

Depuis des décennies, on a accumulé des recherches, des études et des résultats théoriques sur l'enseignement et l'apprentissage des mathématiques. Dans les classes, les réformes se succèdent, mais peu de choses changent. Mathématiciens, profs de maths et formateurs d'enseignants ne peuvent pas sous-traiter chacun de leur côté l'étude des difficultés de l'enseignement. Ils doivent mettre leur expérience en commun. Lorsqu'un enseignant n'est pas lui-même chercheur, il n'a aucune chance d'être réceptif aux recherches poursuivies par d'autres que lui. Et pour que les enseignants deviennent chercheurs, il faut leur en donner les moyens : une formation initiale et continue idoine en didactique des disciplines (Touré, 2020), du temps, un soutien hiérarchique à l'expérimentation, un accès facile à la documentation, des possibilités d'échanges de leurs productions, en somme tout ce qui soutient une recherche en sciences de l'éducation. Qui plus est, les enseignants devraient recevoir une initiation explicite à la pratique de la recherche, à la fois en général et dans leur domaine disciplinaire, en particulier.

PORTRAIT DE L'AUTEUR

Bardé de diplômes (Diplôme d'Études Supérieures en maths appliquées de l'Université guinéenne ; Diplôme d'Intégration de la Recherche à la Pratique Éducative, Université du Québec à Montréal, Canada ; Master of Science in Curriculum & Instruction, Cornell University, Ithaca, New York, USA ; Doctorat en sciences de l'éducation, option Didactique, avec mention d'honneur, Université de Montréal, Canada), Dr Mohamed Lamine TOURÉ a dispensé plusieurs cours de maths dans les établissements secondaires de Kankan, à l'Institut Polytechnique de Kankan et à Escola Bàsica Agraria de Chokwé, (Mozambique). Il a aussi enseigné les probabilités et la statistique à la Faculté des sciences sociales et de la nature de Donka, et à la Faculté de Droit et des sciences économiques de l'Université Gamal A. N. de Conakry.

Aux USA, Dr Touré a collaboré à l'encadrement des futurs enseignants stagiaires à Cornell University et à l'animation de divers Ateliers. Au Canada, il a dispensé plusieurs cours de didactique des mathématiques au Département de Didactique de la Faculté des Sciences de l'Éducation de l'Université de Montréal et au Département des Sciences de l'Éducation de l'Université du Québec à Chicoutimi.

Membre fondateur de la Société Mathématique de Guinée (SMG) et de l'Association des Éducateurs pour la paix (AÉP), Dr Touré est auteur de plusieurs articles publiés dans *Africa Notes* et de nombreuses communications aux Congrès de l'Association Francophone pour l'Avancement de la Science (ACFAS), aux séminaires de l'*Institute for African Development* organisés par Cornell University, et à la Semaine Nationale de Mathématique organisée conjointement par la SMG et la Société Mathématique de Côte d'Ivoire.

C'est fort de cette riche somme d'expériences d'enseignement que Dr Touré montre dans son troisième ouvrage publié dans l'Harmattan Guinée, que faire des maths, c'est essentiellement résoudre des problèmes, mais c'est aussi en formuler ; qu'apprendre à résoudre des problèmes, c'est essentiel en maths ; que cela permet d'entraîner la gymnastique de l'esprit critique, de l'imagination créatrice, de la rigueur de la pensée ; que cela encourage la recherche de l'autonomie intellectuelle et de l'effort persévérant.

Cet ouvrage s'adresse aux étudiants en Licence des maths, aux élèves-maîtres des écoles nationales d'instituteurs (ÉNI), aux enseignants-chercheurs et encadreurs de l'Institut supérieur des sciences de l'éducation de Guinée (ISSEG). Il s'adresse également à tous ceux pour qui les "maudites" mais indispensables maths restent indigestes. Cet ouvrage constitue certainement une aide efficace et agréable en prouvant à tous ceux-ci que la résolution d'une riche variété de problèmes est indispensable à la bonne compréhension des concepts et des processus mathématiques (probabilistes et statistiques).

RÉFÉRENCES BIBLIOGRAPHIQUES

Adihou, A. (2011). Enseignement-apprentissage des mathématiques et souffrance à l'école. *Les Collectifs du Cercle interdisciplinaire de recherches phénoménologiques*, Vol. 2, pp. 90-102.

Antoine de La Garanderie (2002). La pédagogie des gestes mentaux

Artigue, M. (2012). La résolution de problèmes en France : perspectives didactiques et curriculaires, Zentralblatt für Didaktih Mathematik (ZDM).

Artigue, M. et Houdement, C. (2007). Problem solving in France : Didactic and curricula perspectives. ZDM.

Astolfi, J-P., Develay, M. (1989). *La didactique des sciences*, PUF, coll. Que Sais-je ?

Bachelard, G. (1938). *La formation de l'esprit scientifique*, Paris, Vrin.

Baeursfeld, H. (1994). Réflexions sur la formation des maîtres et sur l'enseignement des mathématiques au primaire. *Revue des sciences de l'éducation*, XX(1), 175-198.

Bair, J., Haesbroeck, G. et Haesbroeck, J.J. (2000). Formation mathématique par la résolution de problèmes. Collections.

Balacheff, N. (1987). Processus de preuve et de validation. *Educational Studies in Mathematics*, 18(2), 147-176.

Balacheff, N. (1982). Preuve et démonstration au collège. *Recherches en didactique des Mathématiques*, vol. 3.3, p. 261-304.

Barbeau, D., Montini, A. et Roy, C. (1887). *Tracer les chemins de la connaissance: la motivation scolaire*. Montréal : Association québécoise de pédagogie collégiale (AQCP).

Baruk, S. (2004). *Si 7 = 0* – Quelles mathématiques pour l'école ? Odile Jacob.

Baruk, S. (1992). *Dictionnaire de mathématiques élémentaires*, Seuil.

Baruk, S. (1985). *Échec et maths*. Éditions du Seuil.

Baruk, S. (1977). *Fabrice ou l'école des mathématiques*, Seuil.

Baruk, S. (1973). L'*âge du capitaine*. De l'erreur en mathématiques. Éditions du Seuil.

Batanero, C., Ortiz, J.-J, Roa, R. et Serrano, L. (2013). La statistique dans le curriculum en Espagne. *Statistique et enseignement*, 4(1), 89-106.

Batanero, C. et Diaz, C. (2007). The meaning and understanding of mathematics : The case of probability. Dans *Philosophical Dimensions in Mathematics Education*, (p. 107-127). Dordrecht, Springer.

Bednarz, N. (1996). Langage activities, conceptualization and problem solving. The role played by verbalization in the development of mathematical thought by young children. Dans H. M. Mansfield, N. A. Pateman et N. Bednarz (dir.), *Mathematics for Tomorrow's Young Children : International Perspectives on Curriculum* (p. 228-239). Dordrecht: Kluwer.

Belli, T. et Pech, E. (2006). *Rapport au savoir en mathématiques*. Mémoire professionnel, Institut Universitaire de Formation des Maîtres de l'académie d'Aix-Marseille.

Bernoulli, D. (1738). Théorie sur la mesure du risque. Paradoxe de Saint-Pétersbourg. Sciences – Histoire des XVII et XVIIIe s.

Bissonnette, S., M. Richard, C. Gauthier et C. Bouchard (2010). Quelles sont les stratégies d'enseignement efficaces favorisant les apprentissages fondamentaux auprès des élèves en difficulté de niveau élémentaire ? Résultats d'une méga-analyse. *Revue de recherche appliquée sur l'apprentissage*, 3(1), 1-35.

Blouin, Y. (1985). La « bosse des maths » : une notion dangereuse, Montréal, pp. 43-51.

Boissinot, A. (1991). Didactique et enseignement du français. Dans J.-L. Martinand, M. Legrand, M. Mante, A. Giordan, L. Dabène, E. Chatel, A. Boissinot, F. Audigiewr, N. Grataloup et J. Marsenach, *Approche de la didactique*, Paris : Adapt-Snes.

Borovcnick, M. et Kapadia, R. (2010). Research and developments in probability education internationally ! Dans M. Joubert et P. Andrews (dir.), *Actes du Colloque du British Congress of Mathematics Education* : BCME – 7 (p. 41-48). Manchester, University of Manchester.

Bourdieu, P. (1980). Le sens pratique : Les Éditions de Minuit.

Broué, M. (2014). « Le monde est régi par les maths », *Franceinfo*.

Brousseau, G. (2009). L'erreur en mathématiques du point de vue didactique. *Tangente Éducation*, n° 7.

Brousseau, G. et Warfield, V. (2002). Le cas de Gaël. *Les cahiers du laboratoire de Leibniz*, 55, 1-46.

Brousseau, G. et Antibi, A. (2000). La dé-transposition des connaissances scolaires. *Recherche en Didactique des Mathématiques*, 20(1), pp. 7-40.

Brousseau, G. (1998). Théorie des situations didactiques. Grenoble : La pensée sauvage.

Brousseau, G. (1991). Glossaire de didactique. Inédit transmis à la 6e école d'été de didactique des mathématiques, 3p.

Brousseau, G. (1989). « Utilité et intérêt de la didactique pour un professeur de collège », *Petit x*, Grenoble.

Brousseau, G. (1988). Les différents rôles du maître. *Bulletin de l'Association Mathématique du Québec*.

Brousseau G. (1987) Fondements et méthodes de la didactique. Recherches en didactique des mathématiques, 7-2, 33-115.

Brousseau, G. (1986). *La théorisation des phénomènes d'enseignement des mathématiques*. Thèse de doctorat, Université de Bordeaux I.

Brousseau, G. (1983). Les obstacles épistémologiques et les problèmes en mathématiques. *Recherches en didactique des mathématiques*, Vol. 4-2, La Pensée sauvage.

Brun, J. (1996). Didactique des mathématiques, Delachaux et Niestlé, coll. « Textes de base en pédagogie ».

Burkhardt, H. et Bell, A. (2007). Problem solving in the United Kingdom. *ZDM*, 39, 395-403.

Cai, J. & Nie, B. (2007). Problem solving in Chinese mathematics education. Research and practice. ZOM, 39, 459-473.

Caron, F. (2002). Splendeurs et misères de l'enseignement des probabilités au primaire. Actes du Colloque GDM 2002 : Continuités et rubriques entre les mathématiques enseignées au primaire et au secondaire. Trois-Rivières – UQTR.

Centre national de ressources textuelles et lexicales (CNRTL, 2012), Analyse et traitement informatique de la langue française, ATILF, CNRS – Nancy Université.

Charnay, R., Douaire, J., Valentin, D. et Guillaume, J.-C. (2005). *Apprentissages numériques et résolution de problèmes* : CP cycle 2. Paris : Hatier.

Charnay, R. (2003). L'analyse a priori, un outil pour l'enseignant, *Math-École*, 209, 19-26.

Charnay, R. et Mante, M. (1995). Préparation au concours des professeurs des écoles (2 tomes), Hatier ERMEL : Apprentissages numériques et résolution de problèmes.

Chevallard, Y. (1992). Concepts fondamentaux de la didactique : perspectives apportées par une approche anthropologique. *Recherches en didactique des mathématiques*, 12(1), 73-112.

Chevallard, Y. (1985). La transposition didactique : du savoir savant au savoir enseigné. Grenoble : Éditions de la Pensée sauvage.

Coquet, F., Diouf, A. et Laffiteau, E. (2020). Enjeux de la formation statistique en Afrique francophone : l'expérience des écoles de statistiques africaines. *Statéco* n° 114, pp. 77-91.

Conne, F. (1981). « La transposition didactique à travers l'enseignement des mathématiques en première et deuxième année de l'école primaire ». Thèse de doctorat, Faculté de psychologie et des sciences de l'éducation, Université de Genève.

Cournot, M.A. (1843). Exposition de la théorie des chances et des probabilités. Paris: Librairie de L. Hachette.

Cummins, D. D., Kintsch, W., Reusser, K. et Weiner, R. (1988). The role of understanding in solving word problems. *Cognitive Psychology*, vol. 20, Issue 4, pp. 405-438.

Daniel, M.-F., Darveau, M., Lafortune, L. et Pallascio, R. (2005). Pour l'apprentissage d'une pensée critique au primaire. Presses Université du Québec.

Darmois, G. (1941). Statistiques et Applications (2e édition). Paris, Armand-Colin.

DeBlois, L. (2014). Les tensions et les questions soulevées dans les rapports enseignement/apprentissage des mathématiques liés aux élèves dits en difficulté : réflexion issue des textes de cet ouvrage. Dans C. Mary, H. Squalli, L. Theis et L. DeBlois (dir.). *Recherches sur les difficultés d'enseignement et d'apprentissage des mathématiques. Regard didactique* (p. 229-242). Québec : Presses de l'Université du Québec.

DeCaro, M.S., et B. Rittle-Johnson (2012). Exploring Mathematics Problems Prepares Children to Learn from Instruction. *Journal of Experimental Child Psychology*, 113, 552-568.

Delahaye, J.-P. (1994). *Information, complexité et hasard.* Hermès.

Demonty, I. (2013). Quels indicateurs pour un état des lieux de l'enseignement des mathématiques en Fédération Wallonie Bruxelles ? Les apports de l'enquête internationale PISA. Colloque des mathématiques, 14-15 novembre, Liège.

Devidal, M. (1997). Stratégies de lecture et résolution de problèmes arithmétiques, L'*Année psychologique*, PUF.

Dienes, Z.P. (1967). *Les six étapes de l'apprentissage en mathématiques.* OCDL, Paris. 217 p.

Douady, R. (1984). Jeux de cadres et dialectique outil-objet dans l'enseignement des mathématiques. Une réalisation dans tout le cursus primaire, Thèse d'État, Université Paris 7.

Ferris, J. et Wyne, H. (2001). L'indice canadien du jeu excessif : rapport final. Ottawa, Centre canadien de lutte contre l'alcoolisme et les toxicomanies.

Fischbein, E. et Schnarch, D. (1997). The evolution with age of probabilistic intuitively based misconceptions. *Journal for Research in Mathematics Education*, 28(1), 96-105.

Fischbein, E. et Gazit, A. (1984). La résolution d'une situation-problème probabiliste en équipe hétérogène : le cas d'une élève à risque du primaire. *Nouveaux cahiers de la recherche en éducation*, vol. 14, n° 1, p. 49-69.

Fisher, R.A. (1956). Statistical Methods and Scientific Inference. Edinburgh : Oliver and Boyd.

Flavell, J. H. (1976). Metacognitive Aspects of Problem Solving. Dans L.B. Resnick (dir.), *The Nature of Intelligence* (p. 231-235). Hillsdale : Lawrence Erlbaum.

Focant, J. et J. Grégoire. (2008). Les stratégies d'autorégulation cognitive : une aide à la résolution de problèmes arithmétiques. Dans M. Crahay, L. Verschaffel, E., E. De Corte et J. Grégoire (dir.), *Enseignement et apprentissage des mathématiques. Que disent les recherches pédagogiques (pp. 201-221).* Bruxelles : De Boeck.

Fourez, G. (1992). La construction des sciences. Les logiques des inventions scientifiques. Introduction à la philosophie et à l'éthique des sciences. Bruxelles. De Boeck, 2 édition revue.

Gardner, M. (1998). « Un quart de siècle de mathématiques récréatives ». Scientific American.

Garofalo, J. et Lester, F.K. (1985). Metacognition, cognitive monitoring, and mathematical performance. *Journal for Research in Mathematics Education*, 16, 163-176.

Gattuso, L. et Vermette, S. (2013). L'enseignement de statistique et probabilités au Canada et en Italie. *Statistique et enseignement*, 4(1), 107-129.

Giasson, J. (2003). La lecture: de la théorie à la pratique, 2e édition. Boucherville: Gaëtan Morin Éditeur.

Giasson, J. (1990). La compréhension en lecture. Boucherville : Gaëtan Morin Éditeur.

Giroux, J. (2015). Variations sur les processus interprétatifs dans l'étude des difficultés d'apprentissage en mathématiques. In D. Butlen (éd.). *Rôles et place de la didactique et des didacticiens des mathématiques dans la société et dans le système éducatif.* (pp. 211-235). Éditions La pensée sauvage.

Giroux, J. (2014). Les difficultés d'enseignement et d'apprentissage des mathématiques : historique et perspectives théoriques. Dans C. Mary, H. Squalli, L. Theis et L. DeBlois (dir.), *Recherches sur les difficultés d'enseignement et d'apprentissage des mathématiques. Regard didactique* (p. 11-44). Québec, Presses de l'Université du Québec.

Gough, P. et Juel, C. (1989). Les premières étapes de la reconnaissance des mots, dans L. Rieben et C. Perfetti (Dir.). *L'Apprenti lecteur*, Neuchâtel, Delachaux et Niestlé.

Goulet, M.-P. (2018). *Méthodes de résolution de problèmes écrits de mathématiques présentées au primaire : pratiques associées et effets de ces méthodes sur l'activité mathématique des élèves*. Thèse de doctorat inédite. Montréal, Université du Québec à Montréal, 368 p.

Gray, P. (1994). *Psychologie* (2e éd.). Éditeurs dignes.

Hayes, J.R. (1981). The complete problem solver. Philadelphia : Franklin Institute Press.

Hegarty, M., Mayer, R.E. et Monk, A. (1995). Comprehension of arithmetic word problems : a comparison of successful and unsuccessful problem solvers. *Journal of Educational Psychology*, 87(1), 18-32.

Hollingsworth, S. (1989). Prior beliefs and cognitive change in learning to teach. American Educational Research Journal, 26, 160-189.

Houle, V. et J. Giroux. (2016). *Difficultés en mathématiques : contribution de différentes disciplines et plaidoyer en faveur d'une approche didactique*. Récupéré au http://chroniques.uqam.ca/index.php/2016/12/25/difficultes.

Jones, G.A.A, Langrall, C.W. et Mooney, E.S. (2007). Research in probability : Responding to classroom realities. Dans F.K. Lester (dir.), *Second Handbook of Research on Mathematics Teaching and Learning*, p(909-956). Reston/Charlotte, NCTM/Information Age Publishing Inc.

Jonnaert, P. (2007). Le nouveau curriculum pour le premier cycle du primaire au Québec et son implication pour les activités mathématiques. *Math-VIP*.

Joshua, S. & Dupin, J.-J. (1993). Introduction à la didactique des sciences et des mathématiques. Paris : PUF. In : *Didaskalia*, n° 2, p. 133.

Lafortune, L. (1997). *Dimensions affectives en mathématiques*. Bruxelles : De Boeck.

Lajoie, C. et Bednarz, N. (2012). Évolution de la résolution de problèmes en enseignement des mathématiques au Québec : un parcours sur cent ans des programmes et documents pédagogiques. *Revue canadienne de l'enseignement des sciences, des mathématiques et des technologies*, 12(2), 178-213.

Lajoie, S.P., Jacobs, V.R. et Lavigne, N.C. (1995). Empowering children in the use of statistics. *Journal of Mathematical Behavior*, 14(2), 401-425.

Laplace, P.S. (1812). Théorie analytique des probabilités. Paris, Vé. Courrier.

Laurin, S. et Gaudreau, L. (2001). De la didactique aux didactiques : dialogue sur des enjeux éducatifs. Dans P. Jonnaert et S. Laurin (dir.), *Les didactiques des disciplines : un débat contemporain* (p. 9-27). Sillery : Presses de l'Université du Québec.

Legendre, R. (2005). Dictionnaire actuel de l'éducation (3e éd.). Montréal : Guérin.

Lemoyne, G., Giroux, J. et Biron, D. (1990). Connaissances utilisées par des élèves de 8 à 12 ans dans la formulation de problèmes arithmétiques concrets. *European Journal of Psychology of Education.*

Lemoyne, G. et Tremblay, C. (1986). Addition and multiplication : Problem-solving and interpretation of relevant data. *Educational Studies in Mathematics*, 17(2), 97-123.

Martin, V., Thibault, M. et Theis, L. (dir.) (2019). Enseigner les premiers concepts de probabilités : un monde de possibilités ! Presses de l'Université du Québec. (p. 1-16), Québec,

Mary, C. et Theis, L. (2007). Les élèves à risque dans des situations-problèmes statistiques : stratégies de résolution et obstacles cognitifs. *Revue des sciences de l'éducation*, 33(3), pp. 579-599.

Mayer, R.E. (1991). *Thinking, Problem Solving, Cognition.* Worth Publishers, 560 p.

Meirieu, P. (2015). Comment aider nos enfants à réussir : À l'école, dans leur vie, pour le monde. Éd. Bayard.

Mercier, A. (2008). *Une question curriculaire de l'enseignement élémentaire des mathématiques : La résolution de problèmes. L'enseignement des mathématiques au primaire.* Acte du séminaire national. Paris, 13-14 novembre 2007, p. 93-116.

Milgram, S. (1967). « The Small World Problem ». *Psychology Today.*

Ministère de l'Éducation, du Loisir et du Sport, MELS (2011a). *Cadre d'évaluation des apprentissages. Mathématique. Enseignement primaire* 1er, 2e et 3e cycles. Québec : Gouvernement du Québec.

Ministère de l'Éducation, du Loisir et du Sport, MELS (2011b). *Cadre d'évaluation des apprentissages. Mathématique. Enseignement secondaire* 1er et 2e cycles. Québec : Gouvernement du Québec.

Ministère de l'Éducation, du Loisir et du Sport, MELS (2010). *Progression des apprentissages. Mathématique. Secondaire*. Québec : Gouvernement du Québec.

Ministère de l'Éducation, du Loisir et du Sport, MELS (2009). *Progression des apprentissages. Mathématique. Primaire.* Québec : Gouvernement du Québec. Québec : Gouvernement du Québec.

Ministère de l'Éducation, du Loisir et du Sport, MELS (2007). *Programme de formation de l'école québécoise*. Enseignement secondaire, deuxième cycle. Québec. Québec : Gouvernement du Québec.

Ministère de l'Éducation, du Loisir et du Sport, MELS (2005). Sortir des sentiers battus. Le cheminement des femmes qui optent pour un métier traditionnellement masculin.

Ministère de l'Éducation, du Loisir et du Sport, MELS (2003). Attirer, former et retenir des enseignants de qualité au Québec.

Ministère de l'Éducation du Québec. (2001a). *La formation à l'enseignement. Les orientations. Les compétences professionnelles* : Québec, Gouvernement du Québec.

Ministère de l'Éducation du Québec. (2001b). *Programme de formation de l'école québécoise. Version approuvée. Éducation préscolaire. Enseignement primaire* : Québec, Gouvernement du Québec.

Ministère de l'Éducation du Québec. (2000). *Programme de formation de l'école québécoise.* Éducation préscolaire, enseignement primaire : Québec, Gouvernement du Québec.

Ministère de l'Éducation du Québec. (1998). *Une école d'avenir. Politique d'intégration scolaire et d'éducation interculturelle.* Québec, MEQ.

Ministère de l'Éducation du Québec. (1988). Guide pédagogique. Primaire : Mathématique. Résolution de problèmes. Orientation générale. *Fascicule K.* Québec: Gouvernement du Québec.

Montague, M (2006). Self-Regulation Strategies for Better Math Performance in Middle School. Dans M. Montague et A.K. Jitendra (dir.). *Teaching Mathematics to Middle School Students with Learning Difficulties* (p. 89-107). New York: Guilford.

Mottier-Lopez, L. (2012). La régulation des apprentissages en classe. Bruxelles : De Boeck.

National Council of Teachers of Mathematics (2000). *Principles and Standards for School mathematics*. Reston, NCTM.

National Council of Teachers of Mathematics (1989). *Curriculum and Evaluation Standards for School mathematics*. Reston, NCTM.

National Council of Teachers of Mathematics (1980). *An Agenda for Action.* Reston, NCTM.

Newell, A. et Simon, H.A. (1972). Human problem solving, Englewood Cliffs, N. J., Erlbaum.

Noël. B. (1991). La métacognition. Pédagogies en développement : problématiques et recherches. Bruxelles : De Boeck Université.

Paine, L. (1989). Orientations toward diversity : what do preservice teachers bring? Report. East Lansing, M.I. : National Center for Research on Teacher Education.

Pallascio, R. (2005). Les situations-problèmes : un concept central du nouveau programme de mathématique. Vie *Pédagogique*, 136, pp. 32-35.

Parzysz, B. (2017). Les problèmes dans l'enseignement secondaire d'hier à demain. Dans L. Vivier (dir.). *Les probabilités et la statistique au lycée. Pour un enseignement et une formation sans aléa ... ou presque.* (p. 17-55). Besançon, Presses universitaires de France. Comté.

Pearson, K. P. (2007). La grammaire de la science : la physique. Paris, Félix Alean.

Perrenoud, P. (1994). *Métier d'élève et sens du travail scolaire*, ESP.

Piaget, J. (1973). Introduction à l'épistémologie génétique : la pensée mathématique, 2e édition. Paris : *Presses universitaires de France.*

Piaget J. et Inhelder, B. (1951). La genèse de l'idée de hasard et d'argent chez l'enfant. Paris, *Presses universitaires de France.*

Poirier, L. (2001). *Enseigner les mathématiques au primaire.* Notes didactiques, Montréal, ERPL.

Poirier-Proulx, L. (1999). La résolution de problèmes en enseignement : cadre référentiel et outils de formation. Paris : De Boeck.

Poirier, R. (1922). Remarques sur la probabilité des inductions, Paris, Vrin, 1931.

Polya, G. (1965). Comment poser et résoudre un problème. Paris. Dunod.

Polya, G. (1945). *How to Solve It.* Princeton : Princeton University Press.

Portugais, J. (1995). Didactique des mathématiques et formation des enseignants. Berne : Lang, 312 pages.

Poissant, H., Poëllhuber, B., Falardeau, M. (1994). Résolution de problèmes, autorégulation et apprentissage. *Revue canadienne de l'éducation*, 19(1), 30-44.

Radford, L. (1996). La résolution de problèmes : comprendre puis résoudre. Bulletin AMQ, 36(3), 19-30.

Raisky, C., Caillot, M. (Eds.) (1996). Au-delà des didactiques, le didactique. Débats autour de concepts fédérateurs. Paris, Bruxelles : De Boeck Université.

Richard, J.-F. (1991). Les activités mentales. Comprendre, raisonner, trouver des solutions. Paris : Armand Colin, 435 p.

Richardson, V. (1996). The role of attitude and beliefs in learning to teach. In J. Sikula, T. Buttery & E. Guyton (Eds.), Handbook of research on teacher education (pp. 102-119). New York: Macmillan.

Rouche, N. (1998). *Pourquoi ont-ils inventé les fractions* ? Ellipses/éditions marketing S.A. Paris, 125 p.

Saint-Laurent, L. (2002). *Enseigner aux lèves à risque et en difficulté au primaire.* Montréal : G. Morin.

Sarrazy, B. (1997). Sens et situations : une mise en question de l'enseignement des stratégies métacognitives en mathématiques. *Recherche en didactique des mathématiques*, 17(2), 135-166.

Saughnessy J.M. (1992). Research in probability and statistics : reflections and directions. Dans D. Grouws (dir.), *Handbook on Research in Mathematics Teaching and Learning*, (p. 465-494), New York, Macmillan.

Savard, A. et DeBlois, L. (2005). Un cadre théorique pour éclairer l'apprentissage des probabilités à l'école primaire : vers une prise de décision à l'égard des jeux de hasard et d'argent. *Actes du colloque du Groupe des didacticiens des mathématiques du Québec : Raisonnement mathématique et formation citoyenne*, Montréal : Université du Québec à Montréal, 61-72.

Schneps, L. (2018). Pensée statistique, pensée probabiliste : Statistique, probabilités et justice. *Cahiers philosophiques*, n° 155, pp. 21-36.

Schmidt, S. (2002). Difficultés liées au développement du raisonnement probabiliste. *Instantanés Mathématiques*, 38(3), 56-97.

Seeley, C.L. (2016). Building a Math-Positive Culture : How to Support Great Math Teaching in your School : Amazon.ca : Livres.

Sentis, P. (2005). La notion de hasard : ses différentes définitions et leurs utilisations. *Laval théologique et philosophique*, 61(3), 463-496.

Sirota, R. (1993). « Le métier d'élève ». *Revue Française de Pédagogie*, n° 104, pp. 85-108.

Small, M. (2013). *Making Math Meaningful to Canadian Students*, K-8. Toronto: Nelson Education.

Snyders, G. (2010). J'ai voulu qu'apprendre soit une joie. L'orientation scolaire et professionnelle, 39(1). Paris : Institut de Recherches de la FSU – Syllepses.

Sugrue, C. (1996). Student teachers' lay theories : Implications for professional development. In I.F. Goodson & A. Hargraves (Eds.), Teachers' professional lives (pp. 1Washin Falmer Press.

Thouin, M. (1997). *La didactique des sciences de la nature au primaire*, Sainte-Foy: Les Éditions MultiMondes.

Threadgill-Sowder, J. (1983). Question Placement in Mathematical Word Problems. *School Science and mathematics*, Vol. 83(2).

Tobias, S. (1994). *Overcoming Math Anxiety*. New York : WW Norton.

Touré, M.L. (2021). « *L'enseignement des identités remarquables : un dispositif de formation initiale des enseignants* du secondaire », L'Harmattan Guinée, 391 p.

Touré, M.L. (2020). « *La formation en didactique des disciplines : un défi majeur de la formation initiale et continue des enseignants de Guinée* », Préface de Denis Rolland, L'Harmattan Guinée, 275 p.

Touré, M.L. (1997). *Teachers' Understanding of the Fraction and Ratio Concepts in Additive Situations : A Study with Cornell and Conakry Preservice Teachers*. Master of Science Thesis, Department of Education, Cornell University, Ithaca, New York, USA.

Tversky, A. & Kahneman, D. (1979). « Prospect Theory : An Analysis of Decision under Risk », *Econometrica*, vol. 47, n° 2, pp. 263-291.

Van de Walle, J.A. et Lovin, L.H. (2007). *L'enseignement des mathématiques. L'élève au centre de son apprentissage*. Tome 1. Montréal : ERPI.

Vergnaud, G. (1986). Psychologie du développement cognitif et didactique des mathématiques : un exemple, les structures additives. *Grand N*, 38, pp. 21-40.

Vergnaud, G. (1981). *L'enfant, la mathématique et la réalité*, Berne : Lang.

Verret, M. (1975). Le temps des études, 2 volumes, Paris : Honoré Champion.

Verschaffel, L. et De Corte, E. (2008). Apprendre et enseigner les mathématiques : un cadre conceptuel pour concevoir des environnements d'enseignement-apprentissage stimulants. Dans : *Enseignement et apprentissage des mathématiques*, (pp. 25-54).

Verschaffel, L. et De Corte, E. (2005). La modélisation et la résolution de problèmes d'application : de l'analyse à l'utilisation efficace. Dans : *Enseignement et apprentissage des mathématiques*, (pp. 153-176).

Verschaffel, L., B. Greer et E. De Corte, E. (2000). *Making Sense of Word Problems*. Lisse : Swets & Zeitlinger.

Von Neumann, J. (1944). *Theory of Games and Economic Behavior*. Princeton University Press.

Voyer, D. et Forest, M-P. (2019). La résolution de problèmes pour favoriser une compréhension conceptuelle en mathématiques : un exemple d'enseignement implicite. 44e Congrès de l'Institut des troubles d'apprentissage, Montréal, Québec.

Voyer, D. (2006). L'influence des facteurs liés à l'élève ou à l'énoncé sur la compréhension en résolution de problèmes écrits d'arithmétique. Thèse de doctorat inédite, Université Laval, Canada.

Vygotski, L.S. (1997). *Pensée et langage*. Paris, La Dispute.

Weber, S. & Mitchell, C. (1996). Drawing ourselves into teaching : studying the images that shape and distort teacher education. *Teaching and Teacher Education*, 12(3), 303-313.

Weinstein, C.S. (1990). Prospective elementary teachers' beliefs about teaching : Implications for teacher education. *Teaching and Teacher Education*, 6(3), 279-290.

Weisser, M. (1995). Le rôle de l'implicite dans l'apprentissage. Thèse de doctorat en sciences de l'éducation. Université de Strasbourg II et Université de Padoue.

Wessels, H. et Nieuwoudt, H. (2010). Teacher knowledge and confidence in grade 8 and 9 data handling and probability. Dans *Data and Context in Statistics Education*: Towards an Evidence-Based Society. Actes du colloque du Eigth International Conference on Teaching Statistics : ICOTS8. (Vol. 8). Ljubljana.

Wolf, M. (1984). *La bosse des maths est-elle une maladie mentale* ? Paris : La Découverte.

TABLE DES MATIÈRES

Des généralités 7

Apprendre les maths par la résolution de problèmes 8

Résoudre quels types de problèmes … 9

Le travail du mathématicien 10

Des recréations mathématiques 11

La traversée de quatre ménages 13

Des problèmes non encore résolus 16

De la formulation et du sens des problèmes 19

Des « *automathes* » … 20

Des situations-problèmes prétendument « concrètes » 21

De la « méthode Baruk » 22

Apport de la psychologie, de la psychopédagogie et des moyens technologiques 24

Fonctions dévolues à la résolution de problèmes 24

La notion de situation-problème : une notion essentielle 25

Rôles généraux de la RP au Secondaire 26

L'étendue du continent "Mathématique" 27

La statistique, domaine des maths mixtes 27

Activité 1 : Usage de la table de nombres aléatoires 28

Domaines ou centres d'application 29

De la méthode statistique 30

Les programmes du Secondaire 31

De la formation des enseignants 32

La pédagogie des gestes mentaux 34
Des difficultés d'évocation 35
Évocation dans le domaine de résolution de problèmes 36
Nécessité de la formation pédagogique et didactique 38
Des nouveaux programmes de formation 38
Le rôle des formateurs des ÉNI et de l'ISSEG 39
Introduction *41*
La statistique, le point faible de plusieurs enseignants 42
La statistique : pour le constat, l'explication, l'action 43
Le jeu à deux joueurs, jeu à somme nulle 47
Jeu à somme non nulle 47
Jeux stratégiques, jeux à somme non nulle 48
La statistique comme « maths appliquées » 48
Des « erreurs de type 1 », des « erreurs de type 2 » 49
Des difficultés liées au sondage 53
Des méthodes particulières 54
Corrélation et causalité 55
L'analyse régressive, un autre outil statistique 56
Des erreurs courantes de statistiques 56
La résolution de problèmes, pierre angulaire de l'enseignement-apprentissage des maths 58
Trois intentions didactiques 59
L'expérience québécoise, source d'inspiration 60
Le PFEQ basé sur le développement des compétences 61
Des compétences transversales 61
Compétence « Résoudre des situations-problèmes » 62
Se donner des méthodes de travail efficaces 63

Exploiter les technologies de l'information et de la communication (TIC) 64
Résoudre des problèmes pour mieux comprendre 65
Vertus pédagogiques et didactiques de la RP 66
Stratégies d'enseignement 67
Stratégies générales, stratégies d'appoint 67
Choix des situations-problèmes 68
Structure pédagogique de l'ouvrage 68
Organisation de l'ouvrage 69
Chapitre 1 *71*
Clarification terminologique et épistémologique des termes et expressions clés *71*
Didactique 71
Didactique des mathématiques (DDM) 73
Situation didactique 74
La dialectique de l'action 75
La dialectique de la formulation 75
La dialectique de la validation 75
Institutionnalisation 76
Les questions de validation 77
Les questions de formulation 77
Les questions d'action ou de décision mathématique 77
Situation adidactique 77
Dévolution 78
Situation non didactique 79
« Problème » ou « situation-problème » 80
Situation-problème (SP) 80

Caractéristiques de la situation-problème ________ 81
Problème ________ 82
Exercice ou problème ________ 83
Des exemples concrets ________ 83
Références à la psychologie cognitive ________ 85
Définition de Legendre & Al. ________ 86
Qu'en est-il en Guinée … ________ 87
« Situation-problème » = « problème » ________ 87
Différentes sortes de problèmes ________ 88
Classification de Vergnaud pour les problèmes additifs ________ 91
Composition d'états ________ 91
Transformation d'états ________ 91
Comparaison d'états ________ 92
Classification de Vergnaud pour les problèmes multiplicatifs ________ 93
Activité 2 : Problèmes de proportionnalité ________ 93
Problème simple, problème complexe ________ 94
Autre choix : privilégier une variété de stratégies ________ 95
Fonctions de la résolution de problèmes ________ 97
Finalités de la résolution de problèmes ________ 97
Choix et organisation des activités de RP ________ 98
Variables didactiques ________ 98
Variables didactiques « principales » ________ 100
Variables contextuelles ________ 101
Exploitation pédagogique de la dévolution ________ 101
Contrat pédagogique, contrat didactique ________ 102
Conception moderne de l'enseignement ________ 103

Dialectique outil–objet (D.O.O.) ____ 106
Jeu de cadres ____ 107
Obstacle en didactique des maths ____ 109
Obstacle et erreur ____ 110
Typologie des obstacles selon leur origine ____ 110
L'exemple des nombres décimaux ____ 111
Représentations ou croyances ____ 112
Représentations des futurs enseignants ____ 113
Ce qu'est un " bon prof de maths " … ____ 114
Intégrer ces représentations en formation de maîtres ____ 116
Souffrance des élèves ____ 116
Perte du plaisir d'apprendre les maths ____ 117
Le manque de motivation des élèves ____ 118
Stress et malaise chez les enseignants ____ 118
Résolution de situations-problèmes (RSP) ou résolution de problèmes (RP) ____ 119
Chapitre 2 ____ 121
Enseignement-apprentissage des maths par / pour la résolution de problèmes ____ 121
Enseignement-apprentissage des maths *par* la RP ____ 122
Les rôles de l'enseignante et de l'élève ____ 123
Rôles de l'enseignante ____ 124
Rôles de l'élève ____ 125
Le choix de problème et l'analyse a priori ____ 126
Caractéristiques d'un "bon" problème ____ 126
L'analyse a priori de la situation-problème ____ 128
Organisation de l'enseignement des maths par la RP ____ 128

Enseignement-apprentissage des maths *pour* la résolution de problèmes ____ 130

Plusieurs façons d'effectuer une tâche ____ 131

Résoudre des problèmes pour apprendre à résoudre des problèmes ____ 132

Les heuristiques de résolution de problèmes ____ 132

Heuristique de RP de Polya (1945) ____ 133

Heuristique de résolution de problèmes de Verschaffel, Greer et De Corte (2000) ____ 134

Heuristique de RP de Poirier (2001) ____ 134

D'autres heuristiques de RP ____ 135

Le développement des stratégies cognitives et métacognitives au service de la RP ____ 136

Le concept de métacognition ____ 136

D'autres stratégies majeures ____ 138

Stratégies affectives, de gestion des ressources ____ 140

Critique des didacticiens des maths ____ 141

La compréhension du problème ____ 142

Facteurs influençant le rendement en RP ____ 143

Variables en lien avec l'élève ____ 144

Variables en lien avec l'énoncé mathématique ____ 144

Implications en formation professionnelle ____ 146

Différentes étapes de la RP ____ 146

Analyse de la tâche de « RP » ____ 148

Chapitre 3 ____ *151*

Aspects didactiques de la résolution de problèmes de probabilités et de statistique ____ *151*

Réseau de formation à la statistique en Afrique ____ 153

Quelques expériences en guise d'introduction ______________ 157

Activité 3 : Un, deux, trois, … Pan ! ______________ 157

Activité 4 : Un dé pour trois joueurs______________ 158

Activité 5 : Deux pièces de monnaie pour trois joueurs______ 158

Analyse didactique des activités______________ 158

Chapitre 4 ______________ *163*

L'aventure du « hasard » et l'explicitation de quelques mots clés liés aux probabilités ______________ *163*

Arabie : possible départ de « hasard » … ______________ 164

Le « hasard » et les sorts de l'aventure______________ 165

Quelques tentatives de définition du « hasard » ______________ 165

Hasard, destin, destinée, fatalité, providence ______________ 168

Quand César jette le dé … ______________ 168

Blaise Pascal, le hasard et les jeux ______________ 169

Quand Bayes et Kolmogorov rentrent dans la danse ________ 170

Activité 6 : On tire une carte d'un jeu de 52 cartes ________ 170

Activité 7 : On tire simultanément 3 boules d'une urne______ 171

La probabilité conditionnelle de Bayes ______________ 171

L'aventure du « hasard » se poursuit dans les sciences ______ 173

L'expérience de Stanley Milgrim______________ 185

Le problème « du petit monde »______________ 186

Hasard et coïncidences ______________ 187

Probabilités et statistiques au laboratoire médical ________ 187

Le hasard, les coïncidences et la loi ______________ 188

Probabilités et performances professionnelles ______________ 189

Les enfants d'une famille ______________ 190

Probabilités d'avoir des filles ou/et des garçons______________ 191

Prévisions d'évènements rares ____ 191
Évènements indépendants ____ 192
Activité 8 : Avec deux dés équilibrés ____ 193
Exemples d'évènements manifestement indépendants ____ 193
Probabilité conditionnelle ____ 193
Confusion entre les probabilités conditionnelles ____ 194
Sonder en toute confiance ____ 195
Le binôme des « gagnants » et des « perdants » ____ 196
Deux résultats théoriques essentiels ____ 198
Loi normale ____ 198
Quelques erreurs de statistiques ____ 199
Quelques remarques supplémentaires ____ 201
Ce qu'on peut retenir de tout ce qui précède ____ 202
Chapitre 5 ____ *205*
Résolution de problèmes et calcul des probabilités ____ *205*
De la combinatoire en calcul de probabilités ____ 206
Estimateurs statistiques ____ 206
Révision Bayésienne ____ 207
La règle du produit (ou du dénombrement) : principe fondamental de l'analyse combinatoire (PFAC) ____ 208
Activité 9 : Modèles de tours de trois étages ____ 211
Remarques ____ 212
Activité 10 : Combien de nombres différents de 6 chiffres ____ 212
Activité 11 : Avec les dés ____ 212
La règle du produit dans le calcul de probabilités ____ 213
Activité 12 : Avec un dé et une pièce de monnaie ____ 213
Activité 13 : Rencontres de parties de tennis ____ 214

Remarques ____ 214
Activité 14 : Avec des boules ____ 215
Activité 15 : De combien de façons peut-on asseoir … ____ 216
Le principe des probabilités complémentaires ____ 217
Activité 16 : On tire deux cartes d'un jeu de 52 cartes ____ 217
Analyse combinatoire et dénombrement ____ 218
Activité 17 : Combien de menus peut-on composer ____ 220
Activité 18 : Quelques boulangeries de Kaloum City ____ 221
Activité 19 : Le cadenas et le code à 3 chiffres … ____ 222
Symbole factoriel ____ 223
Activité 20 : Quand Maï range ses livres sur une étagère ____ 223
Activité 21 : File d'attente au Centre de vaccination ____ 223
Permutations ____ 224
Activité 22 : De combien de façons peut-on arranger 5 personnes… ____ 225
Activité 23 : Hommes et femmes autour d'une table ____ 226
Activité 24 : Des Chefs d'État ou de gouvernement réunis pour une conférence au sommet ____ 227
Permutations avec répétition ____ 227
Activité 25 : Dénombrement des anagrammes des mots ____ 229
Activité 26 : Des livres disposés dans une bibliothèque ____ 229
Activité 27 : Nombre de façons d'asseoir garçons et filles ____ 230
Activité 28 : Mathématiciens, physiciens et chimistes réunis ____ 230
Arrangements ____ 231
Activité 29 : Fana retrouve le bon branchement ____ 233
Activité 30 : Un clavier de 9 touches et le code d'entrée d'un immeuble ____ 233

Activité 31 : Combien de mots formés de 10 lettres … 234
Activité 32 : Des sigles d'immatriculation de véhicules 235
Activité 33 : Des candidats à des fonctions non cumulables 236
Activité 34 : Des arrangements avec ou sans répétition 236
Activité 35 : Trois boules tirées les unes après les autres 238
Combinaisons 239
Activité 36 : Dé équilibré lancé quatre fois de suite 241
Activité 37 : Mimi invite cinq de ses onze amis 242
Activité 38 : Un groupe parlementaire de 12 conseillers dont 5 femmes et 7 hommes au CNT 242
Activité 39 : Vingt postulants pour former un club de foot 243
Activité 40 : Répondre aux questions d'un examen 243
Activité 41 : Kessery et Julie seraient-ils des "ennemis" 244
Activité 42 : Asseoir des personnes sur des tables 244
Activité 43 : Urne contenant des boules blanches et des boules rouges indiscernables au toucher 245
Activité 44 : Comités de trois joueurs sous contraintes 246
Attention de ne pas confondre combinaison, arrangement et permutation 247
Activité 45 : Contrôle de circuits imprimés 249
Activité 46 : Nombre de combinaisons et de permutations 250
Activité 47: Urne de 20 boules de différentes couleurs 251
Activité 48 : Visite annuelle à la médecine du travail 253
Activité 49 : Aspirine ou paracétamol contre la migraine 254
Activité 50 : Test de dépistage d'une certaine maladie 254
Activité 51 : Constats dans un laboratoire de l'IRBAG 255
Activité 52 : Un programme aidant pour « écraser » 256

Activité 53 : Aly finira-t-il ou non par arrêter de fumer_______ 257

Activité 54 : Tests de dépistage de l'hépatite _______________ 258

Activité 55 : Tests de dépistage de la tuberculose ___________ 259

Activité 56 : Le sexe du dernier enfant est indépendant de celui des autres enfants de la famille _____________________________ 259

Activité 57 : On s'intéresse à la famille de David ___________ 260

Activité 58 : Réfrigérateur contenant des vaccins contre la grippe, le méningocoque et le pneumocoque ____________________ 261

Activité 59 : Huit nouveaux profs affectés à N'Zérékoré______ 262

Probabilité conditionnelle et tableau à double entrée_________ 262

Activité 60 : Se rendre à l'école à pied, à vélo ou à moto _____ 262

Activité 62 : Voitures de même type avec un défaut probable__ 265

Activité 63 : Abé et Jo dans un même bureau avec un seul téléphone fixe ____ 266

Activité 64 : Machines pour des pièces cylindriques _________ 267

Activité 65 : La météo à Conakry au mois de mai ___________ 267

Activité 66 : Des yeux et des cheveux des nageuses aux Jeux Olympiques d'hiver de Pékin 2022 ____________________ 269

Activité 67 : Des kilomètres parcourus par les cyclistes ______ 270

Activité 68 : Des problèmes de corrosion de voitures ________ 271

Activité 69 : Des personnels d'une entreprise industrielle_____ 272

Activité 70 : Langues et sports choisis par des stagiaires______ 274

Activité 71 : Répartition des employés d'une entreprise ______ 275

Activité 72 : Fabrique de pièces pour l'horlogerie ___________ 276

Activité 73 : Défauts de fabrication de chaudières … ________ 277

Activité 74 : Quand le jardinier traite ses tulipes en bouton____ 279

Activité 75 : Des jetons colorés, de formes géométriques _____ 280

Activité 76 : Spectateurs à une représentation théâtrale 281
Activité 77 : Juristes formant un cabinet d'avocats … 282
Activité 78 : Un club de tennis de 14 membres 283
Activité 79 : Dépistage systématique de deux maladies 284
Activité 80 : Des chimpanzés gauchers ou droitiers 285
Chapitre 6 *287*
Probabilités et Statistique au service de l'enquête *287*
Activité 81 : Une enquête sur les risques d'accident 289
Activité 82 : Enquête auprès de directeurs d'école d'administration 290
Activité 83 : Les habitants d'un secteur de Koloma parlent Sousou et/ou Pular 290
Activité 84 : Une enquête sur les défauts des téléviseurs 291
Activité 85 : Catégorie d'emploi du personnel d'une DPE 292
Activité 86 : Recherche en marketing et préférence d'un produit 293
Sondage 294
Activité 87 : Intentions de vote pour le poste de « chef Secteur » 295
Activité 88 : Sondage sur le chômage des jeunes 296
Activité 89 : Profil des clients d'une banque 296
Activité 90 : Sondage auprès de la population de Tâgbé 297
Activité 91 : L'Agence Dounia Voyage fait un sondage 298
L'expérience aléatoire 299
Un seul lancer du dé 299
Un lancer de deux dés simultanés 300
Activité 92 : Discriminer l'aléatoire du non-aléatoire 300
Dénombrement de résultats possibles ou favorables lors d'une expérience aléatoire simple et calcul d'une probabilité 301

Activité 93 : Tirage de boules numérotées ______ 302
Activité 94 : Sac contenant des boules indiscernables ______ 302
Activité 95 : Dé équilibré lancé deux fois de suite ______ 303
Activité 96 : Tirage au sort ______ 303
Dénombrement de résultats possibles dans les tirages avec ou sans remise ______ 304
Activité 97 : Vrai ou Faux, après tirage sans remise ______ 304
Activité 98 : Financer les activités d'un organisme de charité ______ 305
L'univers des possibles ou l'espace de probabilité ______ 305
Activité 99 : On tire simultanément 3 boules d'une urne ______ 306
Activité 100 : Données expérimentales vs données mathématiques ______ 306
Activité 101 : Coordination des loteries guinéennes ______ 307
Notions d'épreuve, de résultat, d'espace échantillonnal et d'évènement ______ 309
Un évènement ______ 310
Évènement élémentaire ______ 311
Évènement composé ______ 311
Activité 102 : Cours d'anglais, d'espagnol ______ 312
Activité 103 : Cours de musique ______ 312
Activité 104 : Des boules numérotées de 1 à 100 ______ 313
Activité 105 : Aliou joue avec un dé truqué ______ 314
Les évènements certains, possibles, impossibles ______ 314
Évènements moins probables, évènements plus probables, évènements équiprobables ______ 316
Activité 106 : Avec un dé régulier … ______ 316
Utilisation du diagramme de Venn dans différents domaines, notamment en statistique et probabilités ______ 317

Activité 107 : Les élèves aiment les maths et/ou la physique __ 317
Activité 108 : Diagramme de Venn et calcul de probabilités___ 318
Activité 109 : Diagramme de Venn et organisation de données_ 319
Les évènements complémentaires ______________________ 322
Activité 110 : On peut jouer au football et au basket _________ 323
Activité 111 : Tirer une dame ou une rouge au jeu de cartes ___ 323
Les évènements compatibles, incompatibles _______________ 324
Activité 112 : Tirer un Pique ou une Dame au jeu de 52 cartes _ 325
Activité 113 : Évènements incompatibles/indépendants ______ 327
Probabilités totales : évènements ne s'excluant pas _________ 327
Activité 114 : Les Canadiens et les jeux d'argent __________ 328
Évènements liés, probabilité conditionnelle, probabilités composées et évènements indépendants ___________________________ 328
Activité 115 : Efficacité d'un test de dépistage de la tuberculose 329
Évènements indépendants_____________________________ 330
Activité 116 : Enquête sur le tabagisme dans deux débarcadères de Kaloum ____ 330
Évènements dépendants _____________________________ 331
Activité 117 : Indépendance 2 à 2 et indépendance mutuelle___ 331
Activité 118 : Classement … ________________________ 332
Activité 119 : Répartition des employés d'une entreprise agroindustrielle_______________________________________ 332
Activité 120 : Indépendance d'évènements et contexte _______ 334
Activité 121 : Multiplier les probabilités (prolongement de l'activité 120)____ 334
Activité 122 : Avec 4 billes bleues, 5 rouges et 11 blanches ___ 335
Évènements mutuellement exclusifs (e.m.e.), non mutuellement exclusifs (e.n.m.e.) _________________________________ 335

Activité 123 : Mutuellement exclusifs : Vrai ou Faux ?_______ 336

Probabilité d'un événement________________________________ 336

Les types de probabilité ______________________________ 337

Activité 124 : Calcul de probabilités au jeu de dé __________ 338

Activité 125 : Jeu de 32 cartes _________________________ 339

Activité 126 : Nombre de « mains » dans un jeu de 32 cartes __ 339

Activité 127 : Sac opaque de boules numérotées ___________ 340

Activité 128 : Saliou tire deux cartes d'un jeu de 52 cartes ____ 341

Activité 129 : Anniversaires de trente personnes ___________ 342

Activité 130 : Taille des garçons et des filles dans un gymnase_ 342

Activité 131 : Avec un dé truqué _______________________ 344

Activité 132 : Adèle s'amuse avec une pièce de monnaie _____ 344

Activité 133 : Mêmes pièces fabriquées par deux ateliers _____ 345

Activité 134 : Âge de la clientèle d'une revue de micro-informatique ______________________________________ 346

Activité 136 : Probabilités de remporter un tirage __________ 349

Activité 137 : Évaluation de quelques PME_______________ 350

Activité 138 : Des clés et des portes_____________________ 352

Activité 139 : Club photo et club théâtre ________________ 353

Activité 140 : On sonne chez Siata avant ses examens _______ 354

Activité 141 : Dépistage de troubles de l'audition __________ 355

Activité 142 : Diagramme de Venn et calcul de probabilité conditionnelle ______________________________________ 356

Activité 143 : Des chances pour une grossesse ectopique de se développer____ 358

Activité 144 : Diagramme de Venn et conditionnalité ________ 359

Activité 145 : Assemblée de 400 profs de langues nationales __ 360

Arbre de probabilités ________ 361
Activité 147 : On s'intéresse à la clientèle d'un musée ________ 362
Activité 149 : On s'intéresse aux familles ayant 2 enfants ________ 364
Activité 150 : Prolongement de l'activité 149 ________ 365
Activité 151 : On s'intéresse aux familles ayant 3 enfants ________ 365
Activité 152 : On s'intéresse aux familles ayant 4 enfants ________ 367
Activité 153 : On étudie l'anglais, l'allemand et/ou l'espagnol _ 368
Activité 154 : Urne opaque contenant des billets de banque ___ 369
Activité 155 : Arbre de probabilités et efficacité d'un test ________ 370
Activité 156 : Maï a l'intention de passer des examens ________ 371
Activité 157 : Efficacité d'un test Covid-19 ________ 372
Tableau à double entrée ________ 374
Activité 158 : Parler anglais et/ou espagnol … ou pas ________ 374
Des calculs avec les probabilités conditionnelles ________ 375
Activité 159 : Asta et ses sacs de boules colorées ________ 375
D. Les probabilités géométriques ________ 376
La probabilité et les rapports de longueurs ________ 376
La probabilité et les rapports de mesures d'angles ________ 377
La probabilité et les rapports de périmètres ________ 378
La probabilité et les rapports d'aires ________ 378
Activité 161 : Les chances « pour » être dans la section ________ 379
Activité 162 : Une mouche sur la partie sombre des tuiles ____ 379
La probabilité et les rapports de volumes ________ 380
Activité 163 : Une cerise au fond d'un pichet d'orange ________ 380
La probabilité et les rapports dans un plan cartésien ________ 381
Activité 164 : Pixel défectueux d'un poste de télévision ________ 382

Les mesures de tendance centrale 383

La moyenne 383

Le mode 388

La médiane 390

Activité 165 : À la conférence sur la gestion des émotions 393

Activité 166 : Évaluation de l'absentéisme dans une PME 394

Activité 167 : Évaluation du temps médian au 200 m d'un champion de course 396

Activité 168 : Dates de naissances d'un groupe d'amis 396

Activité 169 : Cyclistes se joignant à une course, d'autres se retirant de cette course 397

Activité 170 : Salaires horaires moyens des employés 399

L'espérance mathématique 400

Calcul et interprétation de l'espérance mathématique d'une variable aléatoire 400

Méthode 1 : Enlever la mise à chaque résultat 401

Méthode 2 : Enlever la mise à la fin 402

Activité 171 : Soirée-bénéfice en aide aux sans-abris 403

Activité 172 : Participer aux jeux lors d'une soirée de charité 404

Activité 173 : Yama joue à Pile ou Face 404

Activité 174 : Loi de probabilité et calcul de l'espérance mathématique 405

Activité 175 : Jeu avec des boules indiscernables et calcul de l'espérance mathématique 406

Activité 176 : Aliou joue aux machines à sous … 406

Activité 177 : Un QCM à 20 questions 407

Activité 178 : On tire des jetons colorés de diverses urnes 407

Activité 179 : Évaluation du rendement d'un investissement et calcul d'une mesure relative du risque ____ 408

Activité 180 : Lot de pièces accepté sous conditions ____ 410

Activité 181 : Calcul du temps moyen d'exécution d'une opération d'empaquetage et de son étendue ____ 410

Activité 183 : Taille moyenne de groupes de lycéens ____ 412

Activité 184 : Médiane, décile, quartile « en-actes » ____ 413

Activité 185 : Des véhicules quittant Kaloum par tranches horaires : histogramme, fréquence … ____ 414

Activité 186 : Calcul de diverses probabilités ____ 415

Activité 187 : Cent candidats pour un poste de DSF ____ 417

Activité 188 : Tirage de bordereaux d'expédition ____ 418

Probabilités conjointes et probabilités marginales ____ 420

Activité 190 : Âge et potentiel entrepreneurial des répondants à une enquête ____ 420

Activité 191 : Probabilités et évènement rare ____ 422

Activité 192 : Des effets secondaires d'un antibiotique ____ 423

Activité 193 : Des billets de banque de 5 000, de 10 000 et de 20 000 GNF ____ 423

Chapitre 7 ____ *427*

Faire les maths, ce n'est pas que résoudre des problèmes ____ *427*

Faire les maths, c'est aussi formuler des problèmes ____ 427

Quelques choix didactiques pour le Primaire ____ 431

Activité 194 : Deux candidats pour présider la classe ____ 432

Activité 195 : Différentes quantités de billes (ou de cubes) ____ 433

Activité 196 : Caractères et types de variables statistiques ____ 433

Activité 197 : Lien entre taille et masse ____ 434

Activité 198 : Établir une fiche d'informations sur les élèves de la classe ______ 434
Activité 199 : Tester l'"honnêteté" d'une pièce de monnaie ___ 435
Activité 200 : On tire trois cartes d'un jeu de 52 ______ 435
Activité 201 : Statistique des occupants de voiture ______ 436
Activité 202 : Des bonbons de toutes les couleurs ______ 437
Activité 203 : Des bonbons apportés à une fête ______ 437
Activité 204 : Les bébés mélangés dans une maternité ______ 438
Activité 205 : Roue divisée en huit secteurs ______ 439
Activité 206 : Moyenne, médiane et quartiles … ______ 440
Activité 207 : Groupe de 24 personnes envoyant des SMS ____ 441
Activité 208 : Élection du maire de la commune de Lan-Tah __ 441
Activité 209 : Absences au travail pendant l'épidémie de grippe 442
Activité 210 : Salaire moyen annuel des travailleurs … ______ 443
Activité 211 : Retransmission et analyse d'un match ______ 443
Activité 212 : La guignolée des lycéens de Donka ______ 444
Activité 213 : Âge des lecteurs et des lectrices ______ 445
Activité 214 : Spectacle-bénéfice ______ 446
Activité 215: Le poids des cartables des élèves ______ 446
Activité 216 : Une équipe de soccer à l'épreuve des penalties__ 447
Activité 217 : Les mois de naissance d'Aly et de Natou ______ 448
Activité 218 : Des économies sur les tarifs d'affranchissements 449
Activité 219 : Entreprise de service pour le traitement de formes administratives ______ 450
Activité 220 : Minibus et réservations ______ 452
Activité 221 : Sondage sur les goûts des adolescents ______ 452

Activité 222 : Des paniers de produits frais et des bouteilles de jus de fruits 453
Activité 223 : Membres du club photo ou du club théâtre 454
Activité 224 : Contrôle de l'état de marche des machines 456
Activité 225 : Dany joue avec des cubes pour enfants 456
Activité 226 : Urne contenant 10 boules rouges et 10 boules noires 458
Activité 227 : Illustration par l'arbre de probabilités 459
Activité 228 : On pige des boules colorées d'une urne 460
Activité 229 : Urne contenant des boules bleues et des boules rouges 461
Activité 230 : Sac contenant des jetons blancs ou rouges 461
Activité 231 : On lance une pièce de monnaie … 462
Activité 232 : Au jeu de 32 cartes 463
Activité 233 : Au jeu régulier de 52 cartes 463
Activité 234 : Moyenne des notes des élèves d'une classe 464
Activité 235 : Intervalle de présence au guichet d'une banque commerciale 465
Activité 236 : Chance d'être président(e) ou trésorière du comité des élèves 465
Mettre en place un contrat didactique idoine à la RP 466
Les tâches de l'élève 466
Les possibilités offertes aux élèves 467
Le rôle de l'enseignante 468
Quelques axes de travail 470
Développer des stratégies de recherche 470
Sélectionner les informations (les données) utiles et comprendre les énoncés de problèmes 471

Les différents supports de la RP ____ 473
Le rôle de l'écrit en résolution de problèmes ____ 474
Les débats, les mises en commun ____ 475
Formes et fonction de la mise en commun ____ 476
Implications en formation de maîtres ____ 478
Faire les maths, c'est aussi penser ____ 479
Portrait de l'auteur ____ *481*
Références bibliographiques ____ *483*
Table des matières ____ *493*

Structures éditoriales du groupe L'Harmattan

L'Harmattan Italie
Via degli Artisti, 15
10124 Torino
harmattan.italia@gmail.com

L'Harmattan Hongrie
Kossuth l. u. 14-16.
1053 Budapest
harmattan@harmattan.hu

L'Harmattan Sénégal
10 VDN en face Mermoz
BP 45034 Dakar-Fann
senharmattan@gmail.com

L'Harmattan Cameroun
TSINGA/FECAFOOT
BP 11486 Yaoundé
inkoukam@gmail.com

L'Harmattan Burkina Faso
Achille Somé – tengnule@hotmail.fr

L'Harmattan Guinée
Almamya, rue KA 028 OKB Agency
BP 3470 Conakry
harmattanguinee@yahoo.fr

L'Harmattan RDC
185, avenue Nyangwe
Commune de Lingwala – Kinshasa
matangilamusadila@yahoo.fr

L'Harmattan Congo
67, boulevard Denis-Sassou-N'Guesso
BP 2874 Brazzaville
harmattan.congo@yahoo.fr

L'Harmattan Mali
Sirakoro-Meguetana V31
Bamako
syllaka@yahoo.fr

L'Harmattan Togo
Djidjole – Lomé
Maison Amela
face EPP BATOME
ddamela@aol.com

L'Harmattan Côte d'Ivoire
Résidence Karl – Cité des Arts
Abidjan-Cocody
03 BP 1588 Abidjan
espace_harmattan.ci@hotmail.fr

L'Harmattan Algérie
22, rue Moulay-Mohamed
31000 Oran
info2@harmattan-algerie.com

L'Harmattan Maroc
5, rue Ferrane-Kouicha, Talaâ-Elkbira
Chrableyine, Fès-Médine
30000 Fès
harmattan.maroc@gmail.com

Nos librairies en France

Librairie internationale
16, rue des Écoles – 75005 Paris
librairie.internationale@harmattan.fr
01 40 46 79 11
www.librairieharmattan.com

Librairie l'Espace Harmattan
21 bis, rue des Écoles – 75005 paris
librairie.espace@harmattan.fr
01 43 29 49 42

Lib. sciences humaines & histoire
21, rue des Écoles – 75005 paris
librairie.sh@harmattan.fr
01 46 34 13 71
www.librairieharmattansh.com

Lib. Méditerranée & Moyen-Orient
7, rue des Carmes – 75005 Paris
librairie.mediterranee@harmattan.fr
01 43 29 71 15

Librairie Le Lucernaire
53, rue Notre-Dame-des-Champs – 75006 Paris
librairie@lucernaire.fr
01 42 22 67 13

www.ingramcontent.com/pod-product-compliance
Lightning Source LLC
LaVergne TN
LVHW021133061026
849535LV00002B/227
* 9 7 8 2 3 3 6 4 7 0 6 7 2 *